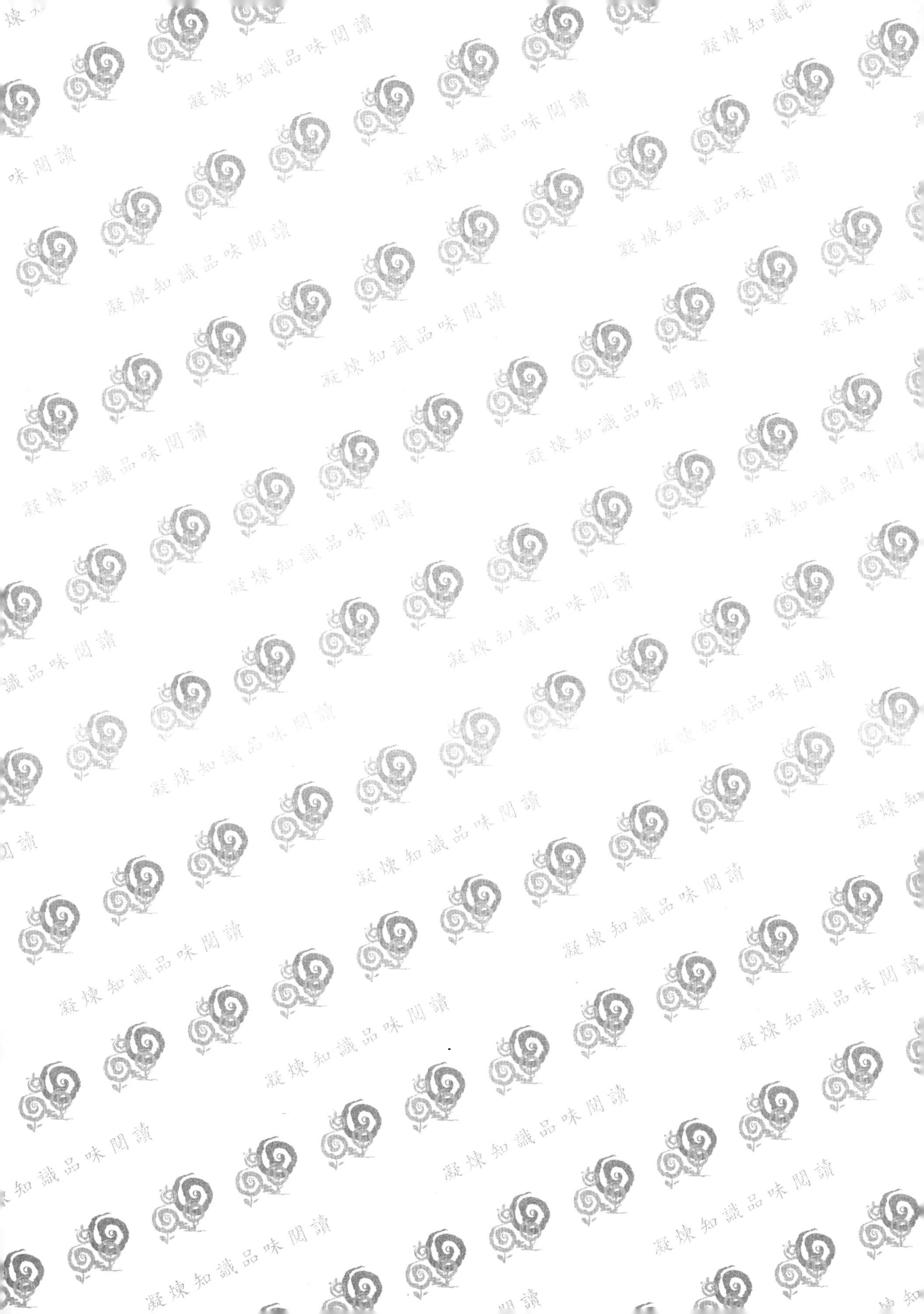

五南出版

材料學概論

◆作　者◆ 田民波
◆校　訂◆ 張勁燕

五南圖書出版公司 印行

内容簡介

《材料學概論》和《創新材料學》作為材料學組合教材，系統鳥瞰學科概況。《材料學概論》按 10 條橫線討論緒論、元素週期表、金屬、粉體、玻璃、陶瓷、聚合物、複合材料、磁性材料、薄膜材料，說明每一類材料從原料到成品的製造全程、相關性能及應用，推薦作為本科新生入門教材，以《創新材料學》為輔。《創新材料學》按 10 條縱線介紹各類材料在半導體積體電路、微電子封裝、平板顯示器（包括觸控面板和 3D 電視）、白光 LED 固體照明、化學電池、太陽電池、核能利用、能量及信號轉換、電磁遮罩、環境保護等領域的應用，推薦作為研究生新生教材，以《材料學概論》為輔。縱橫交叉，旁及上下左右，共涉及百餘個重要知識點，力圖以快捷、形象的方式，將讀者領入材料學知識的浩瀚海洋。

本材料學組合材料既不是海闊天空的漫談，也不是《材料科學基礎》課程的壓縮，更不是甲、乙、丙、丁開中藥鋪。在內容上避免深、難、偏、窄、玄，強調淺、寬、新、活、鮮。在佔有大量資料的前提下，採用圖文並茂的形式，全面且簡明扼要地介紹各類材料的新進展、新性能、新應用，力求深入淺出，通俗易懂。想方設法使知識新起來、動起來、活起來，做到有聲有色，栩栩如生。

本書可作為材料、機械、精密儀器、化工、能源、汽車、環境、微電子、電腦、物理、化學、光學等學科本科生及研究生教材，對於從事相關行業的科技工作者和工程技術人員，也具有極為難得的參考價值。

前 言

材料、資訊技術與能源被稱為現代人類文明的三大支柱。材料又是基礎中的基礎，作為先導和支柱產業，起著不可替代的作用。

材料是人類進步時代劃分標誌、文明社會的骨架、各類產業的基礎、技術創新的泉源、國家核心競爭力的體現、日常生活的陪伴。試想，如果沒有當代豐富多彩、各式各樣的材料，說不定人類要返回原始社會之前。

世界各國對新材料的研究與開發莫不予以足夠重視。美國、歐盟、日本和韓國等在其最新國家計畫中，都把新材料及其製作技術列為國家關鍵技術之一加以重點支援。例如，美國國家研究理事會（National Research Council, NRC）確定的「未來30年十大研究方向」中，與材料直接和間接相關的就有8項；美國國家關鍵技術委員會把新材料列為影響經濟繁榮和國家安全的6大類關鍵技術首位。20世紀90年代初確定的22項關鍵技術中，材料佔了5項。

當今世界正處於新科技革命的前期，新技術革命和產業革命初現端倪。一些重要科技領域顯現發生革命性突破的先兆。物質科學、能源資源科技、資訊科技、材料科技、生命科學與生物科技、生態環保科技、海洋與太空科技等領域，都醞釀著激動人心的重大突破，並將深化我們對人類自身和宇宙自然的認識，提升人們的科學理性，開闢生產力發展的新空間，創造新的社會需求，深刻影響人類的生產方式、生活方式、思維方式，從根本上改變21世紀人類社會發展面貌，催生以知識文明為特徵的新型人類文明。

以上所述關於國家和世界發展的戰略性方針和決策，無一不與材料相關，足見材料是何等重要。材料的重要性無論如何強調也不為過。

從目前與材料相關的教學、科研、生產、經營等方面看，一般涉及下述幾種方式：

(1) **學院式——按材料的類型劃分院系和專業**　依照構成材料的結合鍵，材料一般分為金屬、陶瓷、聚合物、複合材料；再加上面向功能應用的電子材料，共涉及五大類工程材料。目前大學的相關院系，也以此設置專業。這樣可以有效組織力量，配置資源，便於交流，易於管理。

(2) **學者型——著眼於材料宏觀性能與微觀結構之間的關係**　比較典型的是一般材料院系所開設的專業基礎課程《材料科學基礎》、《X射線繞射分析》等。經過歸納和演繹，從特殊到一般，再從一般到特殊，符合人類的認識規律，可高效率地獲取知識。

(3) **研究院、研究所型——集中力量，不惜成本，追求最高性能**　由於有人才密集、知識密集、資金密集等得天獨厚的條件，再加上設備條件的保證等，可以較快地做出成果，以便發表文章、申請專利、獲獎等。

(4) **工廠、企業型——強調材料的綜合運用，以便實現整體功能**　不管採用什麼材料，以滿足性能、功能要求為目的。這就需要材料及構成物的設計者、使用者熟悉各種材料的性能、價格、資源狀況、環境影響等，選擇最合適的材料，實現最佳功能。

(5) **經營者型 —— 在激烈的競爭環境中，追求最高經濟效益**　需要及時了解國內外動態、科學決策、開發新產品、搶佔先機、打造品牌、開拓市場，以及建立、維護上下游、國內外客户的關係。

企業作為生產經營的市場主體，直接參與市場競爭，對產業和產品新技術發展創新最為敏感。只有企業主導技術研發和創新，才能加快技術創新成果轉化應用，有效整合產學研力量，以企業為主體、產學研相結合的技術創新體系方能真正建立起來，也能有效解決科技與經濟兩面問題。

(6) **文明社會要求 —— 公平、道德、社會責任、環保、社會效益等**　迫切需要改變經濟增長模式、樹立科學發展觀；強調創新、低碳、可持續發展、增強綜合國力等。

許多本科系出身的大學生，飽讀教科書，往往熟悉上述 (1) 、(2) 、(3) 項，掌握的多半是孤立、靜止、死板的知識，但對於 (4) 、(5) 、(6) 項則訓練不多。一出校門，面對現實，特別是激烈的競爭、活躍的創新、眼花撩亂的新產品，往往顯得無能為力、無所適從。如何做到從課堂到現場，從書本到產業，從理論到實踐，從基礎到創新，一直是需要認真解決、特別是在當前更為突出的問題。

我們培養的學生從一進校門就應該逐漸了解、不斷適應、主動關注上述各種不同知識和研究材料的方式。應特別強調上述 (4) 、(5) 、(6) 項，開闊眼界，擴大視野，了解國內外最新進展，增加綜合的、動態的、鮮活的知識，讓學生學的知識活起來、動起來，做到有滋有味、栩栩如生。

《材料學概論》和《創新材料學》作為材料學組合教材，試圖在這方面作些嘗試。面對初次接觸材料科學與工程的新同學，本教材的主要目的有：

(1) 在大一同學現有知識與材料科學知識之間搭建橋樑，並為後續課程作必要準備。做到承先啓後，融會貫通。

(2) 建立材料科學與工程學科的總體印象，使同學登高望遠，開闊眼界。

(3) 使同學了解材料成分、組織與結構、合成與加工、性能與價格四者之間的關係，作為本學科的主線，加深同學的印象。

(4) 介紹材料科學與工程學科的最新進展，特別是新材料在高科技發展、自主創新中的作用。

(5) 使學生感受到材料科學與工程的知識無處不在，作為其它學科和產業的基礎，可以大顯身手。

本書幫助初學者從跨入材料學領域開始，便建立起立體化、網路化的知識體系。除了可用於本科生、研究生的入門教材之外，還可以作為畢業生所學知識的總結，參加工作前自我測試的試題彙編。

此外，本書亦可作為材料、機械、精密儀器、化工、能源、汽車、環境、微電子、電腦、物理、化學、光學等學科本科生及研究生教材，對於從事相關行業的科技工作者和工程技術人員，也具有極為難得的參考價值。

本書得到清華大學985名優良教材基金的資助，並受到清華大學材料學院的全力支援。劉偉、陳娟、程利霞博士參加了本書少部分編寫，在此一併表示衷心感謝。

作者專業有限，書中若有不妥或謬誤之處在所難免，懇請讀者批評指正。

田民波

2015年1月10日

目 錄

1 材料的支柱和先導作用 1

1.1 材料的定義和分類……2
1.1.1 材料的定義……2
1.1.2 材料與物質、原料的區別……2
1.1.3 材料的分類……3
1.2 材料是人類社會進步的標誌……6
1.2.1 舊石器時代和新石器時代……6
1.2.2 陶器時代……7
1.2.3 青銅器時代……7
1.2.4 鐵器時代……8
1.3 材料是當代文明社會的根基……10
1.3.1 水泥的發明和使用……10
1.3.2 鋼鐵時代……11
1.3.3 以矽為代表的半導體時代……11
1.3.4 高分子和先進陶瓷時代……12
1.4 材料是各類產業的基礎……15
1.4.1 五大類工程材料……15
1.4.2 基於功能的材料分類……15
1.4.3 鐵達尼號海難——環境和其它影響因素……16
1.4.4 選擇材料的原則……17
1.5 先進材料是高科技的核心……19
1.5.1 航空燃氣渦輪發動機的構造及對材料的要求……19
1.5.2 鎳基超級合金的出現迎來了噴氣式飛機……20
1.5.3 大型客機處處離不開複合材料……20
1.5.4 高溫陶瓷的出現催生了太空梭……21
1.6 材料可以「點石成金，化腐朽爲神奇」……24
1.6.1 從「心憂炭賤願天寒」的炭到價值連城的鑽石……24
1.6.2 炭、石墨和鑽石「本是同根生」……24
1.6.3 步入科學殿堂的二氧化矽……25

1.6.4 高錕發明的光纖是當今電子通信產業的「根」……26
1.7 複合材料和功能材料大大擴展了材料的應用領域……29
1.7.1 各類工程材料的降伏強度對比……29
1.7.2 不同材料的比強度和比模量……29
1.7.3 複合材料可以做到「1+1>2」……30
1.7.4 沒有吸波材料就談不到隱形飛機……30
1.8 材料科學與工程的定義和學科特點……34
1.8.1 材料科學與工程的定義……34
1.8.2 材料科學與工程是學科的融合與交叉……35
1.8.3 材料科學與工程技術有著不可分割的關係……35
1.8.4 材料科學與工程有很強的應用目的和明確的應用背景……36
1.9 材料科學與工程四要素……37
1.9.1 結構與成分……37
1.9.2 性質或固有性能……38
1.9.3 使用特性或服役效能……38
1.9.4 合成（製作）與加工（技術）……38
1.10 重視材料的加工和製造……39
1.10.1 加工成材是實現材料應用的第一步……39
1.10.2 材料不同，加工方法各異……39
1.10.3 材料加工的創新任重道遠……40
1.10.4 鎂合金的加工和應用……41
1.11 關注材料的最新應用——強調發展，注重創新……44
1.11.1 新型電子材料……44
1.11.2 低維材料和亞穩材料……44
1.11.3 生物材料和智慧材料……45
1.11.4 新能源材料……46
1.12 「911」世貿大廈垮塌和「311」福島核事故都涉及材料……48
1.12.1 結構材料從原始到現代的進步……48
1.12.2 鋼筋混凝土使世界上的高樓大廈拔地而起……48
1.12.3 「911」世貿大廈垮塌高溫下材料失效是內因，巨大的衝擊力是外因……49
1.12.4 「311」福島核事故……50

2 材料就在元素週期表中 55

2.1 在元素週期表中發現材料 ······ 56
2.1.1 元素週期表 ······ 56
2.1.2 週期和族 ······ 56
2.1.3 主族和副族 ······ 56
2.1.4 材料就在元素週期表中 ······ 57
2.2 120 種元素綜合分析 ······ 59
2.2.1 金屬、半金屬 ······ 59
2.2.2 黑色金屬、有色金屬，輕金屬、重金屬 ······ 59
2.2.3 賤金屬、貴金屬 ······ 60
2.2.4 稀有金屬、稀散金屬 ······ 60
2.3 原子的核外電子排佈 (1)── 量子數和電子軌道 ······ 61
2.3.1 主量子數 n ······ 62
2.3.2 軌道角量子數 l ······ 62
2.3.3 軌道磁量子數 m ······ 63
2.3.4 自旋量子數 m_s ······ 63
2.4 原子的核外電子排佈 (2)── 電子排佈的三個準則 ······ 65
2.4.1 電子軌道排佈的三個準則 ······ 65
2.4.2 電子的軌道能階分布 ······ 66
2.4.3 金屬最集中的三類元素 ······ 66
2.4.4 為什麼 Fe、Co、Ni 是鐵磁性的？ ······ 66
2.5 核外電子排佈的應用 (1)── 不同碳材料的晶體結構 ······ 70
2.5.1 碳的 sp^3、sp^2、sp^1 混成 ······ 70
2.5.2 碳材料的鍵特性和相對應的晶體結構 ······ 70
2.5.3 富勒烯、石墨烯和碳奈米管的結構 ······ 71
2.5.4 藉由 3 種不同碳 — 碳鍵合構成的有機化合物及衍生的各種碳材料 ······ 72
2.6 核外電子排佈的應用 (2)── 碳材料的多樣性 ······ 74
2.6.1 碳材料的多樣性 ······ 74
2.6.2 四面體的奇妙之處 ······ 74
2.6.3 碳原子的堆置方式和石墨的晶體結構 ······ 75

2.6.4 各種各樣的碳（石墨）製品 ……75
2.7 原子的核外電子排佈 (3)── 過渡族元素和難熔金屬 ……77
2.7.1 過渡族元素 ──d 或 f 次層電子未填滿的元素 ……77
2.7.2 過渡族元素的一般特徵 ……78
2.7.3 難熔金屬的特徵 ……79
2.7.4 難熔金屬的應用 ……79
2.8 原子半徑、離子半徑和元素的電負性 ……81
2.8.1 原子半徑 ……81
2.8.2 離子半徑 ……82
2.8.3 元素的電負性 ……82
2.8.4 價電子濃度 ……83
2.9 日常生活中須臾不可離開的元素 ……84
2.9.1 地殼中的八種含量最多的元素 ……84
2.9.2 組成人體的四種主要物質 ……85
2.9.3 人體不可缺少的礦物質 ……85
2.9.4 重金屬污染成為重要的環境問題 ……86
2.10 材料性能與微觀結構的關係 ……88
2.10.1 組織敏感特性和組織非敏感特性 ……88
2.10.2 常溫下元素的晶體結構 ……88
2.10.3 常見金屬晶體結構類型 ……89
2.10.4 晶體中的缺陷 ……89
2.11 從軌道能階到能帶 ── 絕緣體、導體和半導體的能帶圖 ……92
2.11.1 固體能帶的形狀 ……92
2.11.2 金屬的能帶結構與導電性 ……93
2.11.3 絕緣體、導體和半導體的能帶圖 ……93
2.11.4 半導體的能帶結構與導電性 ……94
2.12 化合物半導體和螢光體材料 ……97
2.12.1 元素半導體和化合物半導體 ……97
2.12.2 化合物半導體的組成和特長 ……97
2.12.3 Ⅳ-Ⅳ族、Ⅲ-Ⅴ族、Ⅱ-Ⅵ族、Ⅰ-Ⅲ-$Ⅵ_2$族和$Ⅰ_2$-Ⅱ-Ⅳ-$Ⅵ_2$族化合物半導體 ……98
2.12.4 螢光體材料重現光輝 ── 同一類材料會滲透到高新技術的各個領域 ……99

3 金屬及合金材料 105

3.1 從礦石到金屬製品 (1)── 高爐煉鐵 ······ 106
3.1.1 鋼材的傳統生產流程 ······ 106
3.1.2 高爐煉鐵中的化學反應 ······ 106
3.1.3 高爐的構造 ······ 107
3.1.4 高爐煉鐵運行過程 ······ 107
3.2 從礦石到金屬製品 (2)── 轉爐煉鋼 ······ 108
3.2.1 煉鋼的目的 ······ 108
3.2.2 氧氣轉爐煉鋼的原料 ······ 109
3.2.3 氧氣轉爐煉鋼中的主要化學反應 ······ 109
3.2.4 沸騰鋼和鎮靜鋼 ······ 111
3.3 晶態和非晶態，單晶體和多晶體 ······ 112
3.3.1 晶態和非晶態 ······ 112
3.3.2 單晶體和多晶體 ······ 113
3.3.3 固溶體和金屬間化合物 ······ 113
3.3.4 鋼的組織和結構 ······ 114
3.4 相、相圖、組織和結構 ······ 116
3.4.1 相和相圖 ······ 116
3.4.2 Fe-C 相圖 ······ 117
3.4.3 利用 Fe-C 相圖分析鋼的平衡組織 ······ 118
3.4.4 相圖的應用 ······ 118
3.5 凝固中的成核與長大 ······ 119
3.5.1 金屬的熔化與凝固 ······ 119
3.5.2 成核與長大 ······ 120
3.5.3 多晶體的形成 ······ 121
3.5.4 鑄錠細化晶粒的措施 ······ 121
3.6 鋼的各種組織形態 ······ 123
3.6.1 鋼從鑄造前直到冷軋製品的一系列組織變化 ······ 123
3.6.2 鑄造組織、加熱組織和壓延組織 ······ 124
3.6.3 TTT 曲線和 CCT 曲線 ······ 124
3.6.4 珠光體、貝氏體和馬氏體 ······ 125

3.7 鋼的強化機制及合金鋼 …… 127
3.7.1 碳鋼中的各種組織 …… 127
3.7.2 鋼的強化機制 …… 128
3.7.3 合金鋼及合金元素的作用 …… 129
3.7.4 鐵的磁性 …… 129
3.8 應用最廣的碳鋼 …… 132
3.8.1 鋼鐵按 C 濃度的分類 …… 132
3.8.2 鋼的強度和碳的作用 …… 133
3.8.3 結構用壓延鋼和機械結構用碳素鋼 …… 134
3.8.4 藉由火花鑒別鋼種類 …… 134
3.9 金屬的熱變形 …… 137
3.9.1 金屬變形的目的 …… 137
3.9.2 何謂金屬的熱變形和冷變形 …… 137
3.9.3 熱變形方式 …… 138
3.9.4 熱變形引起的組織、性能變化 …… 139
3.10 金屬的冷變形 …… 141
3.10.1 金屬樣品拉伸的應力—應變曲線 …… 141
3.10.2 單晶體和多晶體的塑性變形 …… 142
3.10.3 冷加工引起的組織、性能變化 …… 142
3.10.4 鋼鐵結構材料的主要強化方式 …… 143
3.11 熱處理的目的和熱處理溫度的確定 …… 146
3.11.1 熱處理的概念和目的 …… 146
3.11.2 對應 Fe-C 相圖的平衡轉變組織 …… 146
3.11.3 鋼在加熱時的組織轉變 …… 147
3.11.4 影響奧氏體晶粒長大的因素 …… 148
3.12 鋼的退火 …… 150
3.12.1 退火的定義和目的 …… 150
3.12.2 完全退火和中間退火 …… 150
3.12.3 球化退火和均勻化退火 …… 150
3.12.4 熱處理的加熱爐和冷卻裝置 …… 151
3.13 鋼的正火 …… 155
3.13.1 正火的定義和目的 …… 155

3.13.2 正火操作 ··· 156
3.12.3 如何測量硬度 ··· 156
3.13 鋼的淬火 —— 加熱和急冷的選擇 ··· 159
3.13.1 加熱溫度的選擇 ··· 159
3.13.2 冷卻速度的選擇 ··· 160
3.13.3 淬火用冷卻劑 ··· 160
3.13.4 不完全淬火 ··· 161
3.14 鋼的回火 ··· 163
3.14.1 回火的定義和目的 ··· 163
3.14.2 回火組織和回火脆性 ··· 164
3.14.3 低溫、高溫和中溫回火 ··· 164
3.14.4 二次硬化現象 ··· 165
3.15 表面處理 —— 表面淬火及滲碳淬火 ··· 167
3.15.1 表面淬火 ··· 167
3.15.2 高頻淬火 ··· 168
3.15.3 硬化層深度 ··· 169
3.15.4 滲碳淬火的方法 ··· 169
3.16 合金鋼 (1) —— 強韌鋼、可焊高強度鋼和工具鋼 ··· 172
3.16.1 滲硫處理提高鋼的耐磨性 ··· 172
3.16.2 高淬透性的強韌鋼 ··· 173
3.16.3 表示鋼的焊接性的碳素當量 ··· 173
3.16.4 耐磨損的工具鋼 ··· 174
3.17 合金鋼 (2) —— 高速鋼、不鏽鋼、彈簧鋼和軸承鋼 ··· 177
3.17.1 用於高速切削刀具的高速鋼 ··· 177
3.17.2 不鏽鋼中有五種不同的類型 ··· 177
3.17.3 彈簧鋼 ··· 178
3.17.4 能承受高速旋轉的軸承鋼 ··· 178

4 粉體和奈米材料 185

4.1 粉體及其特殊性能 (1) —— 小粒徑和高比表面積 ··· 186
4.1.1 常見粉體的尺寸和大小 ··· 186

4.1.2 粉粒越小比表面積越大 ⋯⋯ 186
4.1.3 塗料粒子使光（色）漫反射的原理 ⋯⋯ 187
4.1.4 粉碎成粉體後成型加工變得容易 ⋯⋯ 187
4.2 粉體及其特殊性能 (2)── 高分散性和易流動性 ⋯⋯ 190
4.2.1 粉體的流動化 ⋯⋯ 190
4.2.2 粉體的流動模式 ⋯⋯ 190
4.2.3 粉體的浮游性 ── 靠空氣浮起來輸運 ⋯⋯ 191
4.2.4 地震中因地基液態化而引起的災害 ⋯⋯ 192
4.3 粉體及其特殊性能 (3)── 低熔點和高化學活性 ⋯⋯ 194
4.3.1 顆粒做細，變得易燃、易於溶解 ⋯⋯ 194
4.3.2 煙火彈的構造及粉體材料在其中的應用 ⋯⋯ 195
4.3.3 小麥筒倉發生粉塵爆炸的瞬間 ⋯⋯ 195
4.3.4 電子複印裝置（影印機）的工作原理 ⋯⋯ 196
4.4 粉體的特性及測定 (1)── 粒徑和粒徑分布的測定 ⋯⋯ 199
4.4.1 如何定義粉體的粒徑 ⋯⋯ 199
4.4.2 不同的測定方法適應不同的粒徑範圍 ⋯⋯ 199
4.4.3 粉體粒徑及其計測方法 ⋯⋯ 201
4.4.4 複雜的粒子形狀可由形狀指數表示 ⋯⋯ 201
4.5 粉體的特性及測定 (2)── 密度及比表面積的測定 ⋯⋯ 203
4.5.1 粒徑分布如何表示 ⋯⋯ 203
4.5.2 奈米粒子大小的測量 ── 微分型電遷移率分析儀（DMA）和動態光散射儀 ⋯⋯ 204
4.5.3 粒子密度的測定 ── 比重瓶法和貝克曼比重計法 ⋯⋯ 205
4.5.4 比表面積的測定 ── 光透射法和吸附法 ⋯⋯ 205
4.6 粉體的特性及測定 (3)── 折射率和附著力的測定 ⋯⋯ 207
4.6.1 粉體的折射率及其測定 ⋯⋯ 207
4.6.2 粉體層的附著力和附著力的三個測試方法 ⋯⋯ 208
4.6.3 粒子的親水性、疏水性及其測定 ⋯⋯ 209
4.6.4 固體粉碎化技術的變遷 ── 從石磨到氣流粉碎機（jet mill）⋯⋯ 209
4.7 非機械式粉體製作方法 ⋯⋯ 212
4.7.1 PVD 法製作粉體 ⋯⋯ 212
4.7.2 CVD 法製作粉體 ⋯⋯ 212

4.7.3 液相化學反應法製作粉體 …… 213
4.7.4 介面活性劑法製作粉體 …… 214
4.8 日常生活用的粉體 …… 216
4.8.1 化妝品（cosmetics）、家庭用品中的粉體 …… 216
4.8.2 食品、調味品中的粉體 …… 217
4.8.3 粉體技術用於緩釋性藥物 …… 217
4.8.4 粉體技術用於癌細胞分離 …… 218
4.9 工業應用的粉體材料 …… 221
4.9.1 粉體粒子的附著現象 …… 221
4.9.2 古人用沙子製作的防盜墓機關 …… 221
4.9.3 液晶顯示器中的隔離子 …… 222
4.9.4 CMP 用研磨劑 …… 222
4.10 奈米材料與奈米技術 …… 225
4.10.1 奈米材料與奈米技術的概念 …… 225
4.10.2 為什麼「奈米」範圍定義為 1～100nm …… 225
4.10.3 奈米效應 …… 226
4.10.4 碳奈米管（CNT）的性質和主要用途 …… 227
4.11 包羅萬象的奈米領域 …… 229
4.11.1 奈米新材料 …… 229
4.11.2 奈米新能源 …… 229
4.11.3 奈米電子及奈米通信 …… 230
4.11.4 奈米生物及環保 …… 231
4.12 「奈米」就在我們身邊 …… 233
4.12.1 奈米技術之樹 …… 233
4.12.2 奈米結構科學與技術組織圖 …… 233
4.12.3 半導體積體電路微細化有無極限？ …… 233
4.12.4 奈米光合成和染料敏化太陽電池 …… 234
4.13 奈米材料製作和奈米加工 …… 238
4.13.1 在利用奈米技術的環境中容易實現化學反應 …… 238
4.13.2 積體電路晶片 —— 高性能電子產品的心臟 …… 238
4.13.3 乾法成膜和濕法成膜技術（bottom-up 方式） …… 239
4.13.4 乾法刻蝕和濕法刻蝕加工技術（top-down 方式） …… 240

4.14 奈米材料與奈米技術的發展前景 ······ 242
4.14.1 利用奈米技術改變半導體的特性 ······ 242
4.14.2 如何用光窺視奈米世界 ······ 243
4.14.3 對原子、分子進行直接操作 ······ 244
4.14.4 碳奈米管電晶體製作嘗試 —— 奈米微組裝遇到的挑戰 ······ 244

5 陶瓷及陶瓷材料 249

5.1 陶瓷進化發展史 —— 人類文明進步的標誌 ······ 250
5.1.1 China 是中國景德鎮在宋朝前古名昌南鎮的音譯 ······ 250
5.1.2 陶器出現在 10000 年前，秦兵馬俑、唐三彩堪稱典範 ······ 250
5.1.3 瓷器出現在 3000 年前，宋代五大名窯、元青花、鬥彩、粉彩曠世絕倫 ······ 251
5.1.4 特種陶瓷應新技術而出現，隨高新技術而發展 ······ 251
5.2 日用陶瓷的進展 ······ 254
5.3 陶瓷及陶瓷材料 (1)—— 按緻密度和原料分類 ······ 255
5.3.1 陶瓷的概念和範疇 ······ 255
5.3.2 按陶瓷胚體緻密度的不同分類 —— 陶器和瓷器 ······ 256
5.3.3 按陶瓷製品的性能和用途分類 —— 普通陶瓷和特種陶瓷 ······ 257
5.3.4 按陶瓷原料分類 —— 氧化物陶瓷和非氧化物陶瓷 ······ 257
5.4 陶瓷及陶瓷材料 (2)—— 按性能和用途分類 ······ 259
5.4.1 普通陶瓷和精細陶瓷 ······ 259
5.4.2 精細陶瓷舉例 ······ 259
5.4.3 結構陶瓷和功能瓷器 ······ 260
5.4.4 對結構陶瓷和功能陶瓷的特殊要求 ······ 261
5.5 普通黏土陶瓷的主要原料 ······ 262
5.5.1 黏土類原料 ······ 262
5.5.2 石英類原料 ······ 262
5.5.3 長石類原料 ······ 263
5.5.4 其它原料 ······ 264
5.6 陶瓷成型技術 (1)—— 旋轉製胚成型和注漿成型 ······ 266
5.6.1 幾種工業陶瓷塑性泥料的配方 ······ 266

5.6.2 由溶液製造陶瓷粉末的共沉澱法 …… 266
5.6.3 旋轉製胚成型 …… 267
5.6.4 注漿成型 …… 267
5.7 陶瓷成型技術 (2)──乾壓成型、熱壓注成型和等靜壓成型 …… 269
5.7.1 乾壓成型及等靜壓成型 …… 269
5.7.2 使用包套的 HIP 成型 …… 270
5.7.3 熱壓注成型 …… 271
5.7.4 熱等均（靜）壓成型 …… 271
5.8 普通陶瓷的燒結過程 …… 273
5.8.1 何謂燒結 …… 273
5.8.2 燒結過程 …… 274
5.9 結構陶瓷及應用 (1)──Al_2O_3 和 ZrO_2 …… 277
5.9.1 使用透明氧化鋁的高壓鈉燈 …… 277
5.9.2 注射成型設備及注射成型的半成品 …… 277
5.9.3 精密注射成型製品 …… 278
5.9.4 氧化鋁陶瓷牙科材料 …… 279
5.10 結構陶瓷及應用 (2)──SiC 和 Si_3N_4 …… 281
5.10.1 高熱導率、電氣絕緣性 SiC 陶瓷的製作技術 …… 281
5.10.2 SiC 單晶的各種晶型 …… 282
5.10.3 SiC 和 Si_3N_4 的反應燒結 …… 282
5.10.4 新一代陶瓷切削刀具 ──Si_3N_4 刀具 …… 283
5.11 低溫共燒陶瓷（LTCC）基板 …… 285
5.11.1 HTCC 和 LTCC …… 285
5.11.2 流延法製作生片，疊層共燒 …… 286
5.11.3 LTCC 的性能 …… 287
5.11.4 LTCC 的應用 …… 287
5.12 單晶材料及製作 …… 288
5.12.1 單晶製作方法及單晶材料實例 …… 288
5.12.2 化合物半導體塊體單晶生長方法 …… 289
5.12.3 壓電效應、熱釋電效應和鐵電效應 …… 289
5.12.4 壓電性、熱釋電性、鐵電性單晶體實例 …… 290
5.13 功能陶瓷及應用 (1)──陶瓷電子元件 …… 291

5.13.1 $BaTiO_3$ 的介電常數隨溫度變化 ……291
5.13.2 陶瓷表面波元件 ……292
5.13.3 不斷向小型化發展的電容器 ……293
5.13.4 大電流用超導線的斷面結構 ……293
5.14 功能陶瓷及應用 (2)── 微波元件、感測器和超聲波馬達 ……295
5.14.1 功能陶瓷的微波及感測器功能 ……295
5.14.2 資訊功能陶瓷元件 ……296
5.14.3 $BaTiO_3$ 陶瓷的改性和多層陶瓷電容器 MLCC ……297
5.14.4 壓電陶瓷超聲波馬達在航太領域的應用技術 ……297

6 玻璃及玻璃材料 303

6.1 玻璃的發現至少有 5000 年 ……304
6.1.1 玻璃的發現 ……304
6.1.2 玻璃的故鄉 ── 美索不達米亞 ……304
6.1.3 從古代玻璃到近代玻璃 ……305
6.2 玻璃熔融和加工 ……308
6.2.1 玻璃熔融和成型加工 ……308
6.2.2 浮法玻璃製造 ── 在熔融錫表面上形成平板玻璃 ……309
6.2.3 TFT LCD 液晶電視對玻璃基板的要求 ……310
6.2.4 溢流法製作 TFT LCD 液晶電視用玻璃 ……310
6.3 非傳統方法製造玻璃 ……313
6.3.1 溶膠—凝膠法製作玻璃 ……313
6.3.2 金屬玻璃及其製作方法 ……313
6.3.3 不斷進步的玻璃循環 ……314
6.3.4 單向可視玻璃窗 ……315
6.4 新型建築玻璃 (1) ……318
6.4.1 免擦洗玻璃 ……318
6.4.2 保證冬暖夏涼的中空玻璃 ……319
6.4.3 夏天冷房用節能玻璃 ……320
6.4.4 防盜玻璃 ……321
6.5 新型建築玻璃 (2) ……324

6.5.1 子彈難以穿透的防彈玻璃 …… 324
6.5.2 防止火勢蔓延的防火玻璃 …… 325
6.5.3 電致變色（加電壓時著色）玻璃 …… 326
6.5.4 防水霧（防朦朧）鏡子的秘密 …… 327
6.6 汽車、高鐵用玻璃 (1) …… 330
6.6.1 高鐵車廂用窗玻璃 …… 330
6.6.2 汽車前窗用鋼化玻璃 …… 331
6.6.3 下雨也不用雨刷的疏水性玻璃 …… 332
6.6.4 防紫外線玻璃 …… 333
6.7 汽車、高鐵用玻璃 (2) …… 336
6.7.1 隱蔽玻璃 …… 336
6.7.2 反光玻璃微珠 …… 337
6.7.3 天線玻璃 …… 338
6.7.4 汽車用防水霧玻璃 …… 338
6.8 生物醫學用玻璃材料 …… 341
6.8.1 創生能量的雷射核融合玻璃 …… 341
6.8.2 可變成人骨的人工骨移植玻璃 …… 342
6.8.3 治療癌症的玻璃 …… 343
6.8.4 固化核廢料的玻璃 …… 343
6.9 特殊性能玻璃材料 …… 347
6.9.1 用於半導體及金屬封接的封接玻璃 …… 347
6.9.2 硫屬元素化合物玻璃的功能特性 …… 348
6.9.3 氟化物玻璃和作為紅外線光纖的氟化物玻璃 …… 348
6.9.4 超離子導體玻璃 …… 349
6.10 圖像顯示、光通信用玻璃材料 (1) …… 352
6.10.1 CRT 電視陰極射線管用玻璃 …… 352
6.10.2 TFT LCD 液晶電視用玻璃 …… 352
6.10.3 PDP 電漿電視用玻璃 …… 353
6.10.4 光碟記憶元件用玻璃 …… 353
6.11 圖像顯示、光通信用玻璃材料 (2) …… 358
6.11.1 帶透明導電膜的 ITO 玻璃 …… 358
6.11.2 折射率分布型玻璃微透鏡 …… 358

6.11.3 照明燈具用玻璃 359
6.11.4 光纖及光纖用石英玻璃 359
6.12 高新技術前沿用玻璃材料 363
6.12.1 藉由紫外線製作的光纖 —— 布拉格光柵 363
6.12.2 藉由強雷射形成高折射率玻璃 —— 非線性光學玻璃及應用 364
6.12.3 藉由非線性光學玻璃實現超高速光開關 365
6.12.4 熱轉態、光轉態和紫外線轉態 365

7 高分子及聚合物材料 371

7.1 何謂高分子和聚合物 372
7.1.1 樹脂、高分子聚合物、塑料等術語的內涵及相互關係 372
7.1.2 乙烯分子中的共價鍵 372
7.1.3 高分子的特徵 373
7.1.4 乙烯在引發劑 H_2O_2 的作用下發生聚合反應 374
7.2 加聚反應和聚合物實例 (1) —— 均加聚 376
7.2.1 由乙烯聚合為低密度聚乙烯和高密度聚乙烯 376
7.2.2 乙烯基聚合物大分子鏈的結構示意 377
7.2.3 氯乙烯聚合為聚氯乙烯 377
7.2.4 丙烯酸酯樹脂的聚合反應 378
7.3 加聚反應和聚合物實例 (2) —— 共加聚 380
7.3.1 乙烯和醋酸乙烯酯的共聚 380
7.3.2 一些乙烯基和偏乙烯基聚合物 381
7.3.3 由苯乙烯聚合為聚苯乙烯 381
7.3.4 ABS 塑料及 m-PPE 的共聚 382
7.4 幾種熱塑性聚合物的聚合反應及結構 385
7.4.1 塑料的分類 —— 通用塑料和工程塑料 385
7.4.2 苯乙烯共聚物塑料的組成、特性和用途 385
7.4.3 尼龍的聚合反應 387
7.5 高分子鏈的結構層次和化學結構 389
7.5.1 高分子鏈的結構圖像 —— 近程結構 389

7.5.2 高分子鏈的二級結構 —— 遠程結構 390
7.5.3 高分子鏈的三級結構 —— 凝聚態結構 391
7.5.4 高分子鏈的化學結構 —— 共聚和支化 391
7.6 天然橡膠和合成橡膠 393
7.6.1 生橡膠和熟橡膠 393
7.6.2 橡膠的橋架結構和反發彈性 393
7.6.3 合成橡膠 394
7.6.4 氯丁橡膠的結構單元和氯丁橡膠的硫化 395
7.7 高分子的聚集態結構 397
7.7.1 線性聚酯（polyester）聚合成交聯聚酯 397
7.7.2 熱塑性合成橡膠藉由擬似橋架而產生的反發彈性與天然橡膠的對比 398
7.7.3 高分子中球晶的形成過程 398
7.7.4 晶態和非晶態聚合物 399
7.8 熱固性樹脂（熱固性塑料） 402
7.8.1 何謂熱固性樹脂 402
7.8.2 電子材料用熱固性樹脂的種類和基本構造 403
7.8.3 環氧樹脂與乙二胺的反應聚合 403
7.8.4 高分子的各個結構層次 404
7.9 聚合物的結構模型及力學特性 406
7.9.1 部分晶態聚合物的結構 (1)—— 纓狀膠束結構模型 406
7.9.2 部分晶態聚合物的結構 (2)—— 摺疊鏈結構模型 407
7.9.3 非晶態聚合物的幾種結構模型 407
7.9.4 不同溫度下 PMMA 的拉伸應力 — 應變曲線 408
7.10 聚合物的形變機制及變形特性 410
7.10.1 聚合物材料的形變機制 410
7.10.2 聚合物材料塑性變形的結果 —— 延伸和取向 410
7.10.3 尼龍的拉拔強化 411
7.10.4 聚烯烴的改性方法 412
7.11 常見聚合物的結構和用途 —— 按性能和用途分類 413
7.11.1 熱塑性塑料 413
7.11.2 熱固性塑料 414

7.11.3 纖維和彈性體 ······ 415
7.11.4 黏接劑和塗料 ······ 415
7.12 工程塑料 ······ 416
7.12.1 塑料的分類、特性和用途 ······ 416
7.12.2 塑料分類的依據 ······ 418
7.12.3 五大工程塑料 ······ 419
7.12.4 準超工程塑料和超工程塑料 ······ 419
7.13 新型電子產業用的塑料膜層 ······ 423
7.13.1 撓性覆銅合板（FCCL）和撓性印刷線路板（FPC） ······ 423
7.13.2 兩層法撓性板製作技術 —— 鑄造法 ······ 424
7.13.3 兩層法撓性板製作技術 —— 濺鍍／電鍍法和疊層熱壓法 ······ 424
7.13.4 TFT LCD 用各類高性能光學膜 ······ 425
7.14 聚合物的成形加工及設備 (1)—— 壓縮模塑和傳遞模塑 ······ 428
7.14.1 熱塑性塑料的分子結構和熱成形 ······ 428
7.14.2 熱固性塑料的分子結構和熱壓成形 ······ 428
7.14.3 熱固性塑料的典型成形技術 —— 壓縮模塑和傳遞模塑 ······ 429
7.14.4 熱塑性塑料的典型成形技術 —— 擠出吹塑和射出吹塑 ······ 429
7.15 聚合物的成形加工及設備 (2)—— 擠出成形和射出成形 ······ 433
7.15.1 擠出成形機的結構和工作原理 ······ 433
7.15.2 T 型模具塑料薄膜成形機 ······ 433
7.15.3 往復螺桿射出成形機結構及操作程式 ······ 434
7.15.4 射出成形機的模具結構和射出成形過程 ······ 434
7.16 黏接劑 —— 黏接劑的構成和黏結原理 ······ 437
7.16.1 古人製作弓箭和雨傘等都離不開黏接劑 ······ 437
7.16.2 黏接劑主成分的分類 ······ 437
7.16.3 高分子只要能溶解便可做成黏接劑 ······ 438
7.16.4 黏結的本質是聚合 ······ 439
7.17 塗料 —— 塗料的分類及構成 ······ 442
7.17.1 塗料的分類 ······ 442
7.17.2 塗料的成分 ······ 442
7.17.3 溶劑型塗料的製程 ······ 443
7.17.4 粉體型塗料的製程 ······ 444

8 複合材料和生物材料 451

8.1 複合材料的定義和分類……452
8.1.1 複合材料的定義……452
8.1.2 複合材料的組成……452
8.1.3 複合材料的命名……453
8.1.4 複合材料的分類……453
8.2 複合材料的介面……455
8.2.1 複合材料微觀組織中增強相的存在模式……455
8.2.2 陶瓷材料韌性提高的幾種機制……456
8.2.3 介面的定義……457
8.2.4 介面的效應……457
8.3 複合材料的特長及優勢……459
8.3.1 優異的力學性能……459
8.3.2 特殊的功能特性……459
8.3.3 結構及性能的穩定性……460
8.3.4 各類複合材料性能比較……460
8.4 複合材料中增強材料與基體材料的匹配……464
8.4.1 幾種複合材料的典型結構……464
8.4.2 骨骼就是纖維增強的天然複合材料……464
8.4.3 各種增強纖維力學性能的比較……465
8.4.4 複合材料中應保證增強材料與基體材料間的匹配……466
8.5 碳纖維及 C/C 複合材料……469
8.5.1 碳纖維及製作方法……469
8.5.2 碳纖維的應用……469
8.5.3 C/C 複合材料的性能……470
8.5.4 C/C 複合材料製造……470
8.6 複合材料 —— 在航空太空領域的應用……473
8.6.1 沿海巡航艇所用的複合材料……473
8.6.2 大型客機中使用的各種複合材料……473
8.6.3 太空梭用的熱保護系統……474
8.6.4 太空梭的前錐體是由 C/C 複合材料做成的……475

8.7 生物材料的定義和範疇 …… 477
8.7.1 生物材料的定義 …… 477
8.7.2 生物材料按其生物性能分類 …… 478
8.7.3 生物材料按其屬性的分類 …… 478
8.7.4 生物材料的發展 …… 479
8.8 骨骼、筋和韌帶組織 …… 480
8.8.1 成人股骨的縱斷面 …… 480
8.8.2 鬆質骨、有皮外骨的顯微組織 …… 481
8.8.3 腱、韌帶的宏觀圖像和微細組織 …… 482
8.8.4 韌帶、腱、軟骨的微結構 …… 482
8.9 各種植入人體的材料 …… 484
8.9.1 人造的眼鏡內透鏡 —— 人工水晶體 …… 484
8.9.2 人造心臟瓣膜 …… 485
8.9.3 鈷—鉻合金人造膝蓋替換件 …… 485
8.9.4 牙科植入構件和髖關節義肢 …… 486

9 磁性及磁性材料 491

9.1 磁性源於電流 …… 492
9.1.1 「慈石招鐵，或引之也」 …… 492
9.1.2 磁性源於電流，物質的磁性源於原子中電子的運動 …… 492
9.1.3 磁性分類及其產生機制 …… 493
9.2 磁矩、磁導率和磁化率 …… 496
9.2.1 磁通密度、羅倫茲力和磁矩 …… 496
9.2.2 磁導率和磁化率及溫度的影響 …… 497
9.2.3 亞鐵磁體及磁矩結構實例 …… 498
9.2.4 元素的磁化率及磁性類型 …… 498
9.3 過渡金屬元素 3d 殼層的電子結構與其磁性的關係 …… 500
9.3.1 3d 殼層的電子結構 …… 500
9.3.2 某些 3d 過渡族金屬原子及離子的電子排佈及磁矩 …… 501
9.3.3 3d 原子磁交換作用能與比值 a/d 的關係 …… 502
9.3.4 Fe 的電子殼層和電子軌道，合金的磁性斯拉特—鮑林（Slater-

Pauling）曲線 …… 502
9.4 高磁導率材料、高矯頑力材料及半硬質磁性材料 …… 504
9.4.1 何謂軟磁材料和硬磁材料 …… 504
9.4.2 高磁導率材料 …… 505
9.4.3 高矯頑力材料 …… 506
9.4.4 半硬質磁性材料 …… 507
9.5 亞鐵磁性和鐵氧體材料 …… 510
9.5.1 軟磁鐵氧體的晶體結構及正離子超相互作用模型 …… 510
9.5.2 多晶鐵氧體的微細組織 …… 511
9.5.3 軟磁鐵氧體的代表性用途 …… 511
9.5.4 微量成分對 Mn-Zn 鐵氧體的影響效果 …… 512
9.6 鐵氧體硬磁材料的製作 …… 514
9.6.1 鐵氧體永磁體與各向異性鋁鎳鈷永磁體製作技術的對比 …… 514
9.6.2 鐵氧體磁性材料的分類 …… 515
9.6.3 鐵氧體永磁體的製作技術流程 …… 515
9.6.4 硬磁鐵氧體的晶體結構（六方晶）及在磁場中取向 …… 516
9.7 硬磁鐵氧體和軟磁鐵氧體的磁學特性及應用 …… 519
9.7.1 常見軟磁合金材料的幾個選定磁性能 …… 519
9.7.2 軟磁鐵氧體和硬磁鐵氧體 …… 520
9.7.3 硬磁鐵氧體的磁學特徵及應用領域 …… 520
9.7.4 軟磁鐵氧體的磁學特徵及應用領域 …… 521
9.8 磁疇及磁疇壁的運動 …… 524
9.8.1 磁疇 —— 所有磁偶極子（磁矩）同向排列的區域 …… 524
9.8.2 磁疇結構及磁疇壁的移動 …… 524
9.8.3 順應外磁場的磁疇生長、長大和旋轉，不順應的磁疇收縮 …… 525
9.8.4 外加磁場增加時，磁疇的變化規律 —— 順者昌，逆者亡 …… 526
9.9 磁滯迴線及其決定因素 …… 528
9.9.1 磁滯迴線的描畫及磁滯迴線的意義 …… 528
9.9.2 軟磁材料和硬磁材料的磁滯迴線 …… 529
9.9.3 鐵磁體的磁化及磁疇、磁疇壁結構 …… 529
9.9.4 鐵磁體的磁滯迴線及磁疇壁移動模式 …… 530
9.10 永磁材料及其進展 …… 532

9.10.1 高矯頑力材料的進步 ······ 532
9.10.2 從最大磁能積 $(BH)_{max}$ 看永磁材料的進展 ······ 533
9.10.3 實用永磁體的種類及特性範圍 ······ 533
9.10.4 永磁體的歷史變遷 ······ 534
9.11 釹鐵硼稀土永磁材料及製作技術 ······ 536
9.11.1 Nd-Fe-B 系燒結磁體的製作技術及金相組織 ······ 536
9.11.2 Nd-Fe-B 系快淬磁體的製作技術及金相組織 ······ 537
9.11.3 一個 $Nd_2Fe_{14}B$ 單胞內的原子排佈 ······ 538
9.11.4 稀土元素 4f 軌道以外的電子殼層排列與其磁性的關係 ······ 538
9.12 永磁材料的應用和退磁曲線 ······ 540
9.12.1 永磁材料的磁化曲線和退磁曲線 ······ 540
9.12.2 反磁場 $\mu_0 H_d$ 與永磁體內的磁通密度 B_c ······ 541
9.12.3 退磁曲線與最大磁能積的關係 ······ 541
9.12.4 馬達使用量多少是高級轎車性能的重要參數 ······ 542
9.13 磁記錄材料 ······ 544
9.13.1 磁記錄密度隨年代的推移 ······ 544
9.13.2 硬碟記錄裝置的構成 ······ 544
9.13.3 垂直磁記錄及其材料 ······ 545
9.13.4 熱磁記錄及其材料 ······ 546
9.14 光磁記錄材料 ······ 548
9.14.1 光碟與磁片記錄特性的對比 ······ 548
9.14.2 光碟資訊存儲的記錄原理 ······ 549
9.14.3 光碟記錄、再生系統 ······ 550
9.14.4 資訊存儲的競爭 ······ 550

10 薄膜材料及薄膜製造技術 555

10.1 薄膜的定義和薄膜材料的特殊性能 ······ 556
10.1.1 薄膜的應用就在我們身邊 ······ 556
10.1.2 薄膜形成方法 —— 乾法成膜和濕法成膜 ······ 556
10.1.3 物理吸附和化學吸附 ······ 557
10.1.4 薄膜的定義和薄膜材料的特殊性能 ······ 558

10.2 獲得薄膜的三個必要條件……561
10.2.1 獲得薄膜的三個必要條件——熱的蒸發源、冷的基板和真空環境……561
10.2.2 物理氣相沉積和化學氣相沉積……561
10.2.3 真空的定義——壓強低、分子密度小、平均自由程大……562
10.2.4 氣體分子的運動速率、平均動能和入射壁面的頻度……563
10.3 薄膜是如何沉積的……565
10.3.1 薄膜的生長過程……565
10.3.2 薄膜生長的三種模式——島狀、層狀、層狀＋島狀……566
10.3.3 多晶薄膜的結構及熱處理的改善……566
10.3.4 如何獲得理想的單晶薄膜……567
10.4 電漿與薄膜沉積……569
10.4.1 電漿的特性參數……569
10.4.2 薄膜沉積中的電漿……570
10.4.3 離子參與的薄膜沉積法及沉積粒子的能量分布……571
10.4.4 超淨工作間（無塵室）……571
10.5 物理氣相沉積（PVD）(1)——真空蒸鍍……574
10.5.1 各種類型的蒸發源……574
10.5.2 電阻加熱蒸發源……575
10.5.3 電子束蒸發源……575
10.5.4 e型電子槍的結構和工作原理……576
10.6 物理氣相沉積（PVD）(2)——離子鍍和雷射熔射……579
10.6.1 如何實現膜厚均勻性……579
10.6.2 離子參與的薄膜沉積——離子鍍和離子束輔助沉積……580
10.6.3 脈衝雷射熔射……581
10.6.4 磁性膜和ITO透明導電膜……581
10.7 物理氣相沉積（PVD）(3)——濺射鍍膜……586
10.7.1 何謂濺射？……586
10.7.2 濺射鍍膜的主要方式……587
10.7.3 射頻濺鍍……587
10.7.4 磁控濺鍍……588
10.8 物理氣相沉積（PVD）(4)——磁控濺鍍靶……592

10.8.1 平面磁控濺鍍源和濺鍍靶 ······ 592
10.8.2 大量生產用流水線型濺鍍裝置 ······ 593
10.8.3 鋁合金的濺鍍 ······ 593
10.8.4 Ta 膜、TaN 膜的濺鍍 ······ 594
10.9 化學氣相沉積（CVD）(1)── 原理及設備 ······ 596
10.9.1 何謂化學氣相沉積 ······ 596
10.9.2 熱 CVD、PECVD 和光 CVD ······ 597
10.9.3 矽系薄膜的 CVD ······ 597
10.9.4 金屬及導體的 CVD ······ 598
10.10 化學氣相沉積（CVD）(2)── 各類 CVD 的應用 ······ 601
10.10.1 高介電常數膜和低介電常數膜的 CVD ······ 601
10.10.2 液晶電視用的非晶矽（a-Si）薄膜 ······ 602
10.10.3 由表面改性形成薄膜 ······ 603
10.10.4 TFT LCD 中應用的各種膜層 ······ 604
10.11 電鍍薄膜 ······ 607
10.11.1 電鍍技術的新生 ── 電鍍 Cu 膜用於積體電路佈線製作 ·· 607
10.11.2 電鍍膜生長過程分析 ······ 608
10.11.3 精密電鍍技術 ······ 609
10.11.4 電解銅箔製作方法 ······ 610
10.12 反應離子刻蝕（RIE）和反應離子束刻蝕（RIBE）······ 612
10.12.1 反應離子刻蝕的原理 ······ 612
10.12.2 如何確定 RIE 的刻蝕條件 ······ 612
10.12.3 利用極細的離子束修理掩模和晶片的故障 ······ 613
10.12.4 平坦化 ── 實現微細化至關重要的技術 ······ 613
10.13 平坦化技術 ······ 617
10.13.1 表面無凹凸的平坦化膜製作 ······ 617
10.13.2 如何製作絕緣材料的平坦化膜 ······ 617
10.13.3 利用 CMP 技術實現全域平坦化 ······ 618
10.13.4 積體電路（LSI）中多層佈線間的連接 ······ 619

1 材料的支柱和先導作用

1.1 材料的定義和分類
1.2 材料是人類社會進步的標誌
1.3 材料是當代文明社會的根基
1.4 材料是各類產業的基礎
1.5 先進材料是高科技的核心
1.6 材料可以「點石成金，化腐朽爲神奇」
1.7 複合材料和功能材料大大擴展了材料的應用領域
1.8 材料科學與工程的定義和學科特點
1.9 材料科學與工程四要素
1.10 重視材料的加工和製造
1.11 關注材料的最新應用——強調發展，注重創新
1.12「911」世貿大廈垮塌和「311」福島核事故都涉及材料

1.1 材料的定義和分類

1.1.1 材料的定義

材料（material）一般指具有特定性質，能用於製造結構和構件、機器、儀表和元件以及各種產品的物質。金屬、陶瓷、半導體、超導體、塑料、玻璃、介電體、纖維、木頭、沙子、石頭及各種複合材料都是常見的。

通常所說的材料，係指經過再加工，達到某種性能和功能要求，具備特定形態或形狀的固體。

1.1.2 材料與物質、原料的區別

材料是能讓人類經濟地用於製造有用物品的物質。材料是物質，但不是所有物質都可以稱為材料。宇宙是由物質組成的，但宇宙中的許多物質就不能稱為材料。物質更強調的是客觀存在，相對於意識而言，物質是第一性的；原料往往相對於製成品而言，原料的用途主要體現在製成品的製造技術上。而材料更強調兩個方面，一是具有特定性質，二是其特性主要體現在製成品的功能和用途上。關於材料的定義，需要注意下述幾個方面。

(1) 材料要能為人類所利用。材料經過再加工，應達到某些性能和功能要求，這是材料區別於一般物質的最主要特徵。我們一般說物質，主要是強調它的客觀存在，而材料則注重它的可應用性。前面所說的性能和功能要求，對於不同的應用領域，例如航空太空（space）和日用消耗品，差異是很大的。

(2) 材料的獲得離不開人的勞動。我們日常生活須臾不可離開的陽光、空氣和水，一般就不算是材料。隨著環境的惡化，說不定有一天，人類為獲得溫暖的陽光、潔淨的空氣、清澈的水，需要艱苦的勞動，屆時這些物質也會「升格」為材料。

(3) 材料，包括獲得它的資源，沒有重要性大小之分。例如，作為今天手機、電視機等不可或缺的 ITO 膜中所使用的銦（In），因共生於鉛鋅礦，以前作為廢泥而拋棄，今天已成為緊缺資源，今後說不定會成為平板顯示器及光伏產業發展的瓶頸。

1.1.3　材料的分類

1. 按材料的來源進行分類

依據材料的來源，可分為天然材料和人造材料兩大類。目前正在大量使用的天然材料只有石料、木材、橡膠等，並且用量也在逐漸減少，許多領域原先使用的天然材料正日益被人造材料取代。如鐵道上的鋼筋水泥軌枕代替枕木、人造橡膠代替天然橡膠、化學纖維代替植物纖維等。

2. 按材料的發展進行分類

一般將材料分為傳統材料（traditional material）和新型材料（advanced material）兩大類。

傳統材料是指那些已經成熟且在工業中已批量生產並大量應用的材料，如鋼鐵、水泥、玻璃、陶瓷、塑料等。

這類材料由於用量大、產值高、涉及面廣，又是很多產業的基礎，所以又稱為基礎材料。

新型材料（或稱為先進材料）是指那些正在發展，且具有優異性能和應用前景的一類材料。

新型材料與傳統材料之間並無明顯界限，傳統材料通過採用新技術，提高技術含量、性能，大幅度增加附加價值而成為新型材料；新材料在經過長期生產與應用之後，也就成為傳統材料。傳統材料是發展新材料和高新技術的基礎，而新型材料又往往能推動傳統材料的進一步發展。

3. 按原子結合鍵類型進行分類

從原子結合鍵類型，或者說從物理化學屬性來分，可分為金屬材料、無機非金屬材料、有機高分子材料和由不同類型材料組合而成的複合材料。

金屬材料的結合鍵主要是金屬鍵；無機非金屬材料的結合鍵主要是共價鍵；而高分子材料其結合鍵主要是共價鍵、分子鍵和氫鍵。隨著科學技術的發展，人類已從合成材料時代步入了複合材料時代。因為要想合成一種新的單一材料使之滿足各種高要求的綜合指標是非常困難的，但如果把現有的金屬材料、無機非金屬材料和高分子材料通過複合技術組成複合材料，則可以利用它們所特有的複合效應，使之產生原組成材料不具備的性能，而且還可以通過材料設計達到預期的性能指標，並產生節約材料的作用。

4. 按材料的功能和用途進行分類

根據材料用途或者對性能的要求特點，一般將材料分為結構材料（structure material）和功能材料（functional material）兩大類。

當把材料的「強度」作為主要功能時，即要求某種材料製成的成品能保持其形狀，不發生變形或斷裂，這種材料稱為結構材料。結構材料是以力學性能為基礎，用於製造受力構造的材料，當然，結構材料對物理或化學性能也有一定要求，如光澤、熱導率、抗輻射、抗腐蝕、抗氧化等。這些材料是機械製造、建築、交通運輸、航空太空等工業的物質基礎。注意，並非所有考慮到力學性能的材料都稱為結構材料。有些使用的是其特殊力學性能，這樣的材料則成為力學功能材料，如減振合金、超塑性合金、彈性合金等。

若主要要求的材料性能為其化學性能和物理性能時，這些材料被稱之為功能材料。功能材料主要是利用物質的獨特物理、化學性質或生物功能等而形成的一類材料。如考慮其化學性能的功能材料有：儲氫材料、生物材料、環境材料等；考慮其物理性能的功能材料有：導電材料、磁性材料、光學材料等。電子、雷射（laser）、能源、通信、生物等許多新技術的發展，都必須有相應的功能材料。可以認為，沒有許多功能材料，就不可能有現代科學技術的發展。

5. 按原子的排列方式進行分類

同樣的元素組成、同樣的結合鍵，只是由於原子排列週期性的不同，也可以形成具有不同性質的材料。按原子排列週期性的不同，材料可分為單晶體、多晶體、非晶體、準晶體和液晶等。

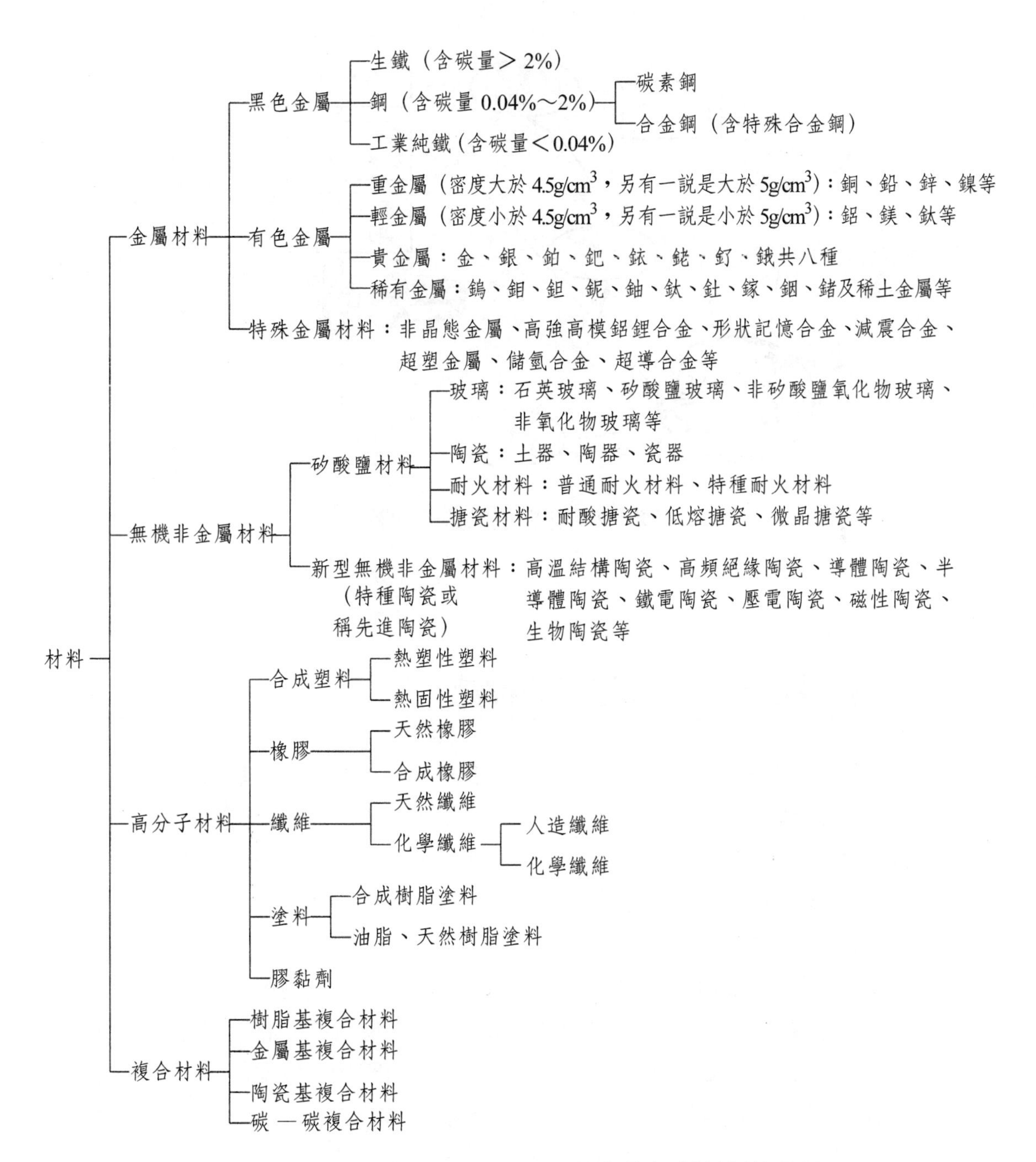

圖 1.1　按原子結合鍵類型（物理化學屬性）對材料的分類

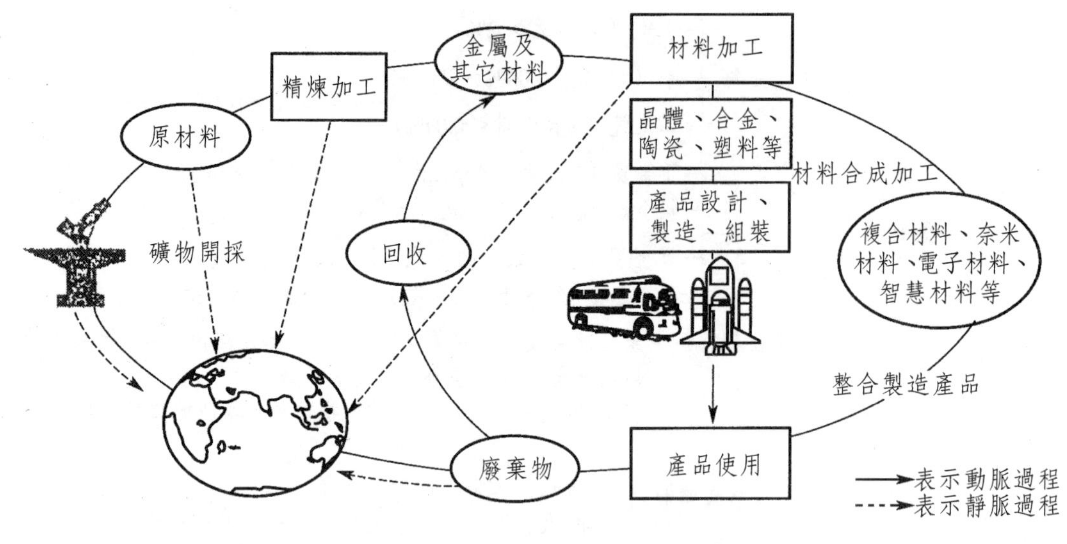

圖 1.2　材料生命週期的循環

1.2　材料是人類社會進步的標誌

材料是人類一切生產和生活活動的物質基礎，是生產力的體現，被看成是人類社會進步的標誌。在人類發展的歷史長河中，材料起著舉足輕重的作用。對材料的認識和利用的能力，決定著社會的形態和人類生活的品質，歷史學家往往用製造工具的原材料來作為歷史分期的標誌。一部人類文明史，從某種意義上說，也可以稱為世界材料發展史。

古代的石器、青銅器、鐵器等興起和廣泛利用，極大地改變了人們的生活和生產方式，對社會進步有著關鍵性的推動作用。這些具體的材料被歷史學家作為劃分某一個時代的重要標誌，如石器時代、青銅器時代、鐵器時代等。只要考察一下從石器時代、青銅器時代、鐵器時代，直到目前資訊（information）時代的歷史發展軌跡，就可以明顯地看出材料在社會進步中的巨大作用。

1.2.1　舊石器時代和新石器時代

早在一百萬年以前，人類開始使用竹、木、骨、牙、皮、毛、石等天然材料，這些材料在自然中大量存在，人類可以直接從自然界中獲取，並且經過比較簡單的加工就可以被人類所利用，這就是歷史上的舊石器時代，由於生產工具極其落後，所以社會發展極其緩慢。

大約一萬年以前，人類開始對石頭進行加工，人類進入了新石器時代。今天人們從考古學家挖掘的人類當年所使用之各種用途的鋒利石片，可以想像人類遠祖的艱苦和聰明。他們能夠區別、選用各種石頭創造出各種用具，用於生產、生活和戰爭。

有人認為，石器時代跨越原始社會。

1.2.2　陶器時代

在新石器時代後期，人類就發明了用黏土做原料燒製陶器。陶器是由黏土或以黏土、長石、石英等為主的混合物，經成型、乾燥、燒製（燒製溫度低於1200℃）而成的製品總稱。陶土可塑性強，可以獲得人們希望形狀的器物。陶的出現，使蒸煮食物更為方便，人們得到了豐富的養分，增強了體能，促進人類的健康發展。陶俑的出現，代替了以人殉葬的野蠻做法。那時的陶器不但用於器皿，而且也是裝飾品，這無疑是對人類文明的一大推進。

陶器可以說是人類創造的首例無機非金屬材料。這個劃時代的發明不僅意味著使用材料的變化，而且比這更深遠重要的是，人類第一次有意識地創造發明了自然界沒有的，並且全新性能的「新」材料。從此人類能離開依賴上天賜予而進入自主創造材料的時代。

1.2.3　青銅器時代

在新石器時代，人類也已經發現了自然銅和天然金，但由於數量有限、分散細小，沒有對人類社會產生明顯影響。但人們在燒製陶器過程中，卻發現了在高溫下被炭還原的金屬銅和錫，隨後又發明了色澤鮮豔、能澆注成型的青銅，人類進入了青銅器時代。

青銅即銅錫合金，其冶煉溫度較低，製作器具的成型性好，是人類最早大規模利用的金屬材料。我國青銅的冶煉在西元前2140年至前1711年開始。晚於埃及和西亞（伊朗、伊拉克），但發展快、水準高，到殷、西周已經發展到鼎盛時期。青銅逐步取代部分石器、木器、骨器和紅銅器，成為生產工具的重要組成部分，在生產力的發展上起了劃時代的作用。

青銅的歷史貢獻不僅體現在對生產力的推動，還體現在社會秩序的建立。西周中晚期有著嚴格的列鼎制度，即用形狀花紋相同而大小依次遞減的奇數組鼎來代表貴族的身分。《春秋公羊傳》記載，天子用 9 鼎、諸侯用 7 鼎、卿大夫用 5 鼎、士用 3 鼎或 1 鼎。

青銅的另一個重要用途就是用來鑄造武器，如鉞、戈、矛、戟、刀、劍、弩、鏃、盔等。青銅武器相對於石製和純銅武器來說，其威力如同槍炮對刀戟，當軍隊、戰爭成為一個國家的暴力機器和手段時，青銅以它 4.7 倍於純銅的硬度頻頻向統治貴族獲取赫赫戰功。

有人認為，陶器、青銅器時代跨越奴隸制社會。

1.2.4 鐵器時代

西元前 14～13 世紀左右，人類開始使用鐵。西元前 7 世紀，春秋戰國時期發明了生鐵冶煉技術，用鐵水澆鑄成農具、工具，鐵器的使用量逐漸超過了青銅器，人類又進入了鐵器時代。鐵是地球上儲存量居於第三的元素（前兩位為矽、鋁），資源比銅更加豐富。鐵的冶煉溫度比銅高，但鐵碳合金的硬度大於各種銅合金。鐵的價格便宜，作為農具易於大面積推廣應用；鐵的耐磨性能高於青銅，鐵製農具更加耐用，對農業生產有更大的促進作用，鐵製農具迅速佔領了生產材料市場；鐵的密度比銅小，強度和硬度比銅高，鐵製盔甲比銅製盔甲輕得多，增加了戰士的靈活性；鐵製兵器也比銅製兵器鋒利、耐用。所以，鐵製武器裝備大大提高了軍隊的戰鬥力。

有學者認為，鐵器時代跨越封建社會。

豬紋陶盆　　半坡人面網紋陶盆

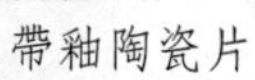

帶釉陶瓷片

秦兵馬俑　　唐三彩

圖 1.3　陶製器皿及裝飾品

漢代鐵農具

山西晉祠鐵人

湖北當陽鐵塔

甘露寺鐵塔

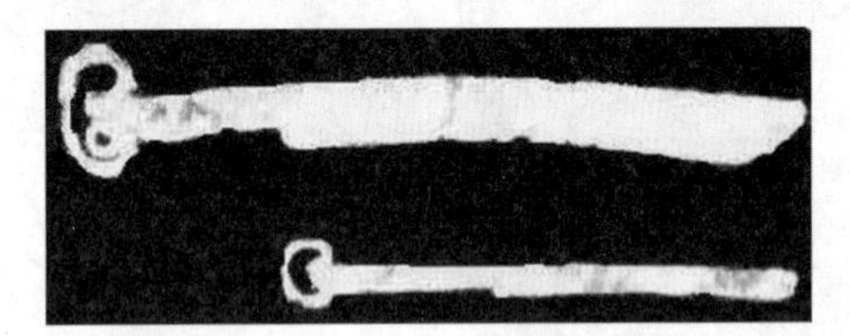
燕下都鐵兵器

圖 1.4 鐵製工具及鑄鐵件

1.3 材料是當代文明社會的根基

1.3.1 水泥的發明和使用

水泥（cement）的發明是一個漸進的過程，並不是一蹴而幾的。西元前 7 世紀，周朝出現了用蛤殼燒製而成的石灰材料，其主要原料是碳酸鈣。當時已發現它具有良好的吸濕防潮性能和膠凝性能。到秦漢時代，除木結構建築外，磚石結構建築佔有重要地位。磚石結構需要用優良性能的膠凝材料進行砌築，這就促使石灰製造業迅速發展。到漢代，石灰的應用已很普遍，採用石灰砌築的磚石結構能建造多層樓閣，並大量用於修築長城。在西元 5 世紀的中國南北朝時期，出現一種名叫「三合土」的建築材料，它由石灰、黏土和細砂所組成，一般用作地面、屋面、房基和地面墊層，是最初的混凝土。中國古代建築凝膠材料有過自己輝煌的歷史，在與西方古代建築膠凝材料基本同步發展的過程中，由於廣泛採用石灰與有機物相結合的膠凝材料而顯得略高一籌。然後，到清朝乾隆末期，中國的膠凝材料停滯不前，與西方的差距越來越大。西方建築膠凝材料朝著現代水泥的方向不斷提高，最終發明水泥。

1.3.2　鋼鐵時代

18 世紀，鋼鐵工業的發展，使之成為產業革命的重要內容和物質基礎。19 世紀中葉，現代平爐和轉爐煉鋼技術的發明，使世界鋼產量從 1850 年的 6 萬噸突增到 1900 年的 2800 萬噸，使人類真正進入了鋼鐵時代，推動了機器製造、鐵路交通等各項事業飛速發展，為 20 世紀的物質文明奠定了基礎。與此同時，銅、鉛、鋅也大量得到應用，鋁、鎂、鈦等有色金屬相繼問世並得到應用。直到 20 世紀中葉，金屬材料在材料工業中一直佔有主導地位。

有學者認為，鋼鐵時代跨越資本主義社會。

1.3.3　以矽爲代表的半導體時代

20 世紀 50 年代以矽、鍺單晶材料為基礎的半導體元件（device）和積體電路技術的突破，使人類跨越了現代資訊生活，對社會生產力的提高，產生不可估量的推動作用。20 世紀 70 年代，材料與能源、資訊一同被公認為現代社會發展的三大基礎支柱。20 世紀 80 年代開始，歷史進入新技術革命時代，以高新技術群為代表的新技術革命，把新材料技術、資訊技術和生物技術並列為新技術革命的重要標誌。

矽（Si）在地殼表面的儲量佔 27.72% ，僅次於氧（佔 46.60%），在所有元素中排行等二。在路邊隨手撿起一塊石頭，裡面就含有相當量的矽。可惜的是，這種矽並不是矽單質，而是與氧和其它元素結合在一起而存在的。材料製作技術中的改良西門子（Siement）法就能將頑石中的矽提純到 99.999999999%（11 個 9），再拉成單晶矽，用於積體電路晶片（wafer）製作，可謂「點石成金，化腐朽為神奇」。怪不得人們常說「矽是上帝賜給人的寶物」、「矽材料是根，根深才能葉茂」、「擁矽者為王，得矽者得天下」、「我們不能捧著金（矽）碗要飯吃」。

有學者認為，以矽為代表的半導體時代使人類跨入當代社會。

1.3.4 高分子和先進陶瓷時代

20世紀中葉以後，可持續技術迅猛發展，曾經「在歷史上起過革命性作用的」鋼鐵，已經遠遠無法滿足人類日益增長的物質和文化生活所需，作為發明之母和產業糧食的新材料又出現了劃時代的變化。首先是人工合成高分子（polymer）材料問世，並得到廣泛應用。僅半個世紀時間，高分子材料已與有上千年歷史的金屬材料並駕齊驅，並在年產量的體積上已超過了鋼，成為國民經濟、國防尖端科學和高科技領域不可缺少的材料。其次是陶瓷材料的發展。陶瓷是人類首個利用自然界所提供的原料製造而成的材料。50年代，合成化工原料和特殊製作技術的發展，使陶瓷材料產生了一個躍進，出現了從傳統陶瓷向先進陶瓷的轉變，許多新型功能陶瓷形成了產業，滿足了電力、電子技術和太空技術的發展需要。

由此可見，每一種新材料的發現，每一項新材料技術的應用，都會給社會生產和人類的生活帶來巨大改變，將人類文明向前推進。材料工業始終是世界經濟的重要基礎和支柱，隨著社會的進步，材料的內容正在發生重大變化，一些新材料和相應技術正在不斷替代或局部替代傳統材料。材料既古老又年輕，既普通又深奧。說「古老」，是因為它的歷史和人類社會的歷史同樣悠久；說「年輕」，是因為時至今日，它依然保持著蓬勃發展的生機；說「普通」，是因為它與每一個人的衣食住行息息相關；說「深奧」，是因為它包含著許多讓人充滿希望又充滿困惑的難解之謎。可以毫不誇張地說，世界上的萬事萬物，就其和人類社會生存與發展關係密切的程度而言，沒有任何東西堪與「材料」相比。

材料的發展創新已是各個高新技術領域發展的突破口，新材料的進步，在很大程度上決定新興產業的進程。先進材料是現代社會經濟的先導、現代工業和現代農業發展的基礎，也是國防現代化的保證，深刻地影響著世界經濟、軍事和社會的發展。材料科學的發展不僅是科技進步、社會發展的物質基礎，同時也改變著人們在社會活動中的實踐方式和思維方式，由此極大地推動社會進步。當今世界各國政府對材料科學技術發展日趨重視，新材料作為新技術革命的先鋒，其發展對經濟、科技、國防以及綜合國力的增強，都具有特別重要的作用。

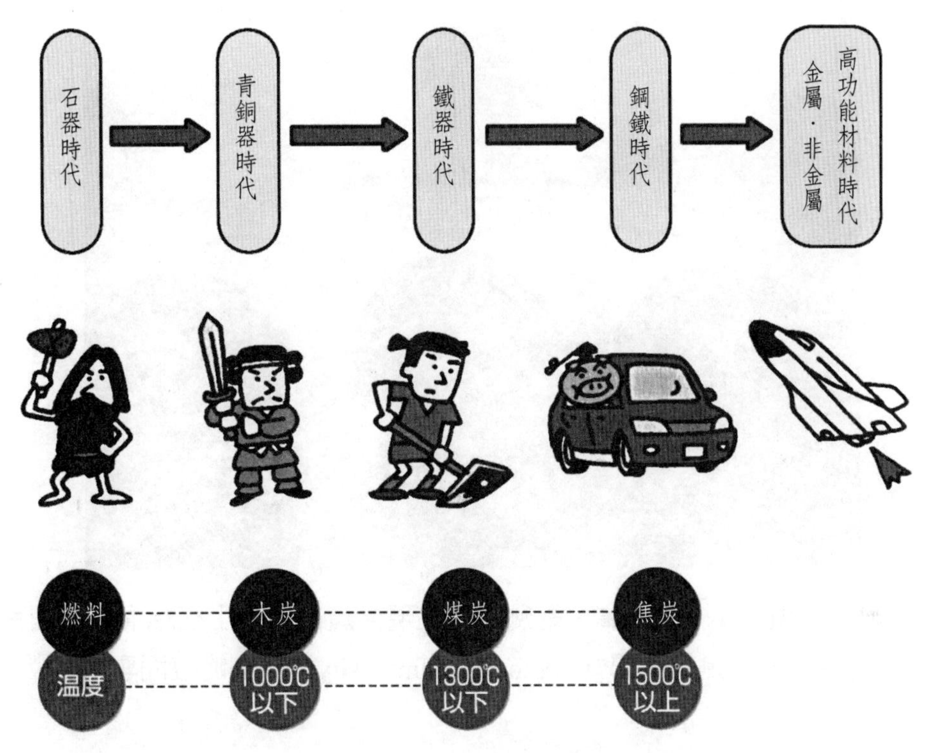

人們一般不說存在低熔點的鋁的時代。這是由於電發明之後，將作為鋁礦石的礬土礦利用電流作用下的還原，即可製成金屬鋁。

圖 1.5　材料作為文明社會進步的標誌

表 1.1　人類使用材料的七個時代起始時間

起始時間	時代
公元前 100 萬年	石器時代
公元前 300 年	青銅器時代
公元前 100 年	鐵器時代
公元 0 年	水泥時代
公元 1800	鋼鐵時代
公元 1950	矽時代
公元 1990	新材料時代

圖 1.6　建於 1640 年的 Clare 橋，是劍橋河上現存最古老的土石結構橋，因其經受時間的磨難與劍橋大學（Cambridge University）共同屹立而享有盛譽

圖 1.7　中國的錢塘江大橋（由茅以升設計並主持建造）

1.4 材料是各類產業的基礎

1.4.1 五大類工程材料

20 世紀 70 年代，人們把材料、資訊（information）和能源（energy source）歸納為現代物質文明的三大支柱，材料又是一切技術發展的物質基礎。

依照構成材料的結合鍵，材料一般分為金屬、陶瓷、聚合物（polymer）、複合材料（composite material）；再加上面對功能應用的電子材料，共涉及五大類工程材料。先進材料及先進材料技術對國民經濟水準、國家安全及經濟實力有著基礎和關鍵性作用。人們所享用的所有物質，無一不是由材料組成。

從半導體晶片到由柔韌混凝土構成的摩天大廈；從塑膠袋到芭蕾舞演員的人造臀骨以及構成太空梭的複合材料；材料的影響不僅限於具體的產品，還涉及千千萬萬的就業機會。

「巧婦難為無米之炊」，基礎工業、尖端產業、軍工產品、資訊產業、衣食住行日常生活，無一不以材料為基礎。

1.4.2 基於功能的材料分類

依著眼點和關注點不同，對材料有不同的分類方法。表中表示從不同角度對材料的分類。

表 1.2 從不同角度對材料的分類

①按化學成分特點（或工程特點）分類	金屬材料、聚合物材料（高分子材料）、無機非金屬材料（陶瓷材料）、複合材料
②按使用性能用途分類	結構材料、功能材料
③按結晶狀態分類	單晶材料、多晶材料、非晶材料、準晶（quasi crystal）材料、液晶材料等
④按物理性能分類	高強度材料、絕緣材料、高溫材料、超硬材料、導電材料、磁性材料、半導體材料、透光材料等
⑤按物理效應分類	壓電材料、光電材料、熱電材料、聲光材料、鐵電材料、磁光材料、電光材料、雷射（laser）材料等
⑥從應用角度分類	結構材料、電子材料、航空太空材料、汽車材料、核材料、建築材料、包裝材料、能源材料、生物醫學材料、資訊材料

⑦從化學角度分類	無機材料、有機材料
⑧按開發與應用時期分類	傳統材料、新型材料（先進材料或現代材料）

1.4.3 鐵達尼號海難 —— 環境和其它影響因素

鐵達尼號（Titanic）是一艘奧林匹克級油輪，於 1912 年 4 月處女航時撞上冰山後沉沒。鐵達尼號由位於愛爾蘭島貝爾法斯特的哈蘭德與沃爾夫造船廠興建，是當時最大的客運輪船。在她的處女航中，鐵達尼號從英國南安普頓出發，途經法國瑟堡、奧克特維爾以及愛爾蘭昆士敦，計畫中的目的地為美國紐約。1912 年 4 月 14 日晚間 11 點 40 分，鐵達尼號撞上冰山，2 小時 40 分鐘後，即 4 月 15 日淩晨 2 點 20 分，船裂成兩半後沉入大西洋。鐵達尼號上 2208 名船員和旅客中，只有 705 人生還。鐵達尼號海難是和平時期死傷人數最為慘重的海難之一，同時也是最為人所知的海上事故之一。

這艘偌大的油輪究竟為什麼會沉於海底呢？由於技術上的原因，直至 1991 年，科學考察隊才開始到水下對殘骸進行考察，並收集了殘骸的金屬碎片供科研使用。這些碎片以及沉船在海底的狀況，使人們終於解開了巨輪「鐵達尼號」罹難之謎。考察隊員們發現導致「鐵達尼號」沉沒重要細節，因造船工程師只考慮到要增加鋼的強度，而沒有想到增加其韌性（toughness）。把殘骸的金屬碎片和如今的造船鋼材做一對比試驗，發現在「鐵達尼號」船頭殘骸沉沒地點的水溫中，如今的造船鋼材在受到撞擊時可彎成 V 形，而殘骸的鋼材則因韌性不夠而很快斷裂。由此發現了鋼材的冷脆性，即在 -40～0℃的溫度下，鋼材的力學行為由韌性變成脆性，從而導致災難性的脆性斷裂。而用現代技術煉的鋼，只有在 -70℃～-60℃的溫度下才會變脆（fragile）。不過不能責怪當時的工程師，因為當時誰也不知道，為了增加鋼的強度而將煉鋼原料中增加大量硫化物會大大增加鋼的脆性，以致釀成了「鐵達尼號」沉沒的悲劇。另據美國《紐約時報》報導，一個海洋法醫專家小組對打撈起來的「鐵達尼號」船殼上的鉚釘進行了分析，發現固定船殼鋼板的鉚釘裡，含有異常多的玻璃狀渣粒，因而使鉚釘變得非常脆弱，容易斷裂。這一分析顯示：在冰山的撞擊下，可能是鉚釘斷裂導致船殼解體，最終使得「鐵達尼號」葬身於大西洋底。

1.4.4　選擇材料的原則

(1) 選擇材料首先應滿足性能和功能要求，稱此為功能優先原則。

(2) 選擇材料要考慮可加工性。金屬及合金之所以應用得如此廣泛，除了其具有很多優良性能之外，能隨心所欲地加工成各種形狀（從航空母艦到手錶零件等），也是重要原因之一。陶瓷在燒結成型之後，很難進行再加工，再加上它的脆性，從而大大限制了它的用途。在選擇無鉛焊料時，只有那些能同時加工成焊條、焊絲、焊片、焊球，用於焊膏的焊粉材料，才能為業內所接受。

(3) 選擇材料要考慮經濟性。比如鑽石很硬，一般硬度越大的材料越耐磨，但由於它的稀有和昂貴就不適於作為耐磨材料，在滿足性能和功能要求的前提下，當然要選擇便宜而不昂貴的材料。材料的生產和科研必須進行成本分析、經濟核算，從而計算經濟效果，這便是材料經濟學。

(4) 選擇材料要考慮環境友好。材料應該是環境友好的，起碼是無毒的，不污染環境的。例如，砷（As）、鈹（Be）、鉈（Tl）及許多放射性元素有劇毒，其使用自然嚴格受限。即使原先已成熟使用的材料，隨著環境保護規則的嚴格化，其使用也可能受到限制。例如，2006 年歐盟頒佈的 RoHS 指令就對鉛（Pb）、汞（Hg）、六價鉻（Cr^{6+}）、鎘（Cd）、PBB（多溴聯苯）、PBDE（多溴二苯醚）等六種物質的使用加以限制。

(5) 選擇材料要考慮資源因素。合金鋼的大量使用，致使鎢（W）、鉬（Mo）、鈷（Co）等金屬成為戰略物資；雷射（laser）、催化、磁性等領域的廣泛應用，使稀土資源更加緊缺；平板顯示器的出現，使製作透明導電膜銦（In）的價格飛騰；白光 LED 固體照明和薄膜太陽電池的普及，使銦（In）、鎵（Ga）、碲（Te）成為稀有資源。在考慮材料的資源因素時，應考察其絕對儲量，儲量與用量是否匹配，能否再生和迴圈再利用、能否替代等。

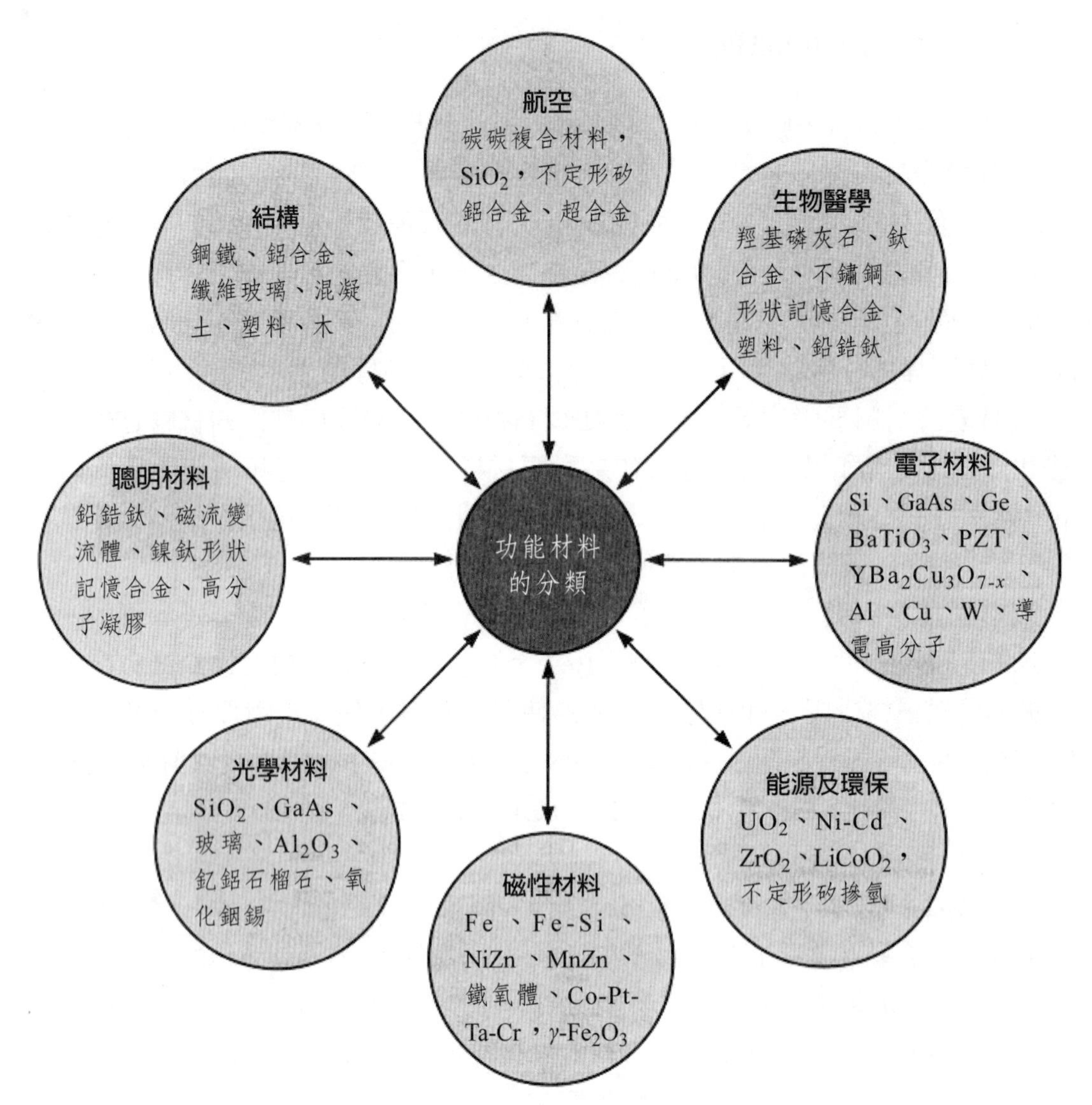

圖 1.8　金屬、塑料、陶瓷都被分在不同功能類別中的材料分類

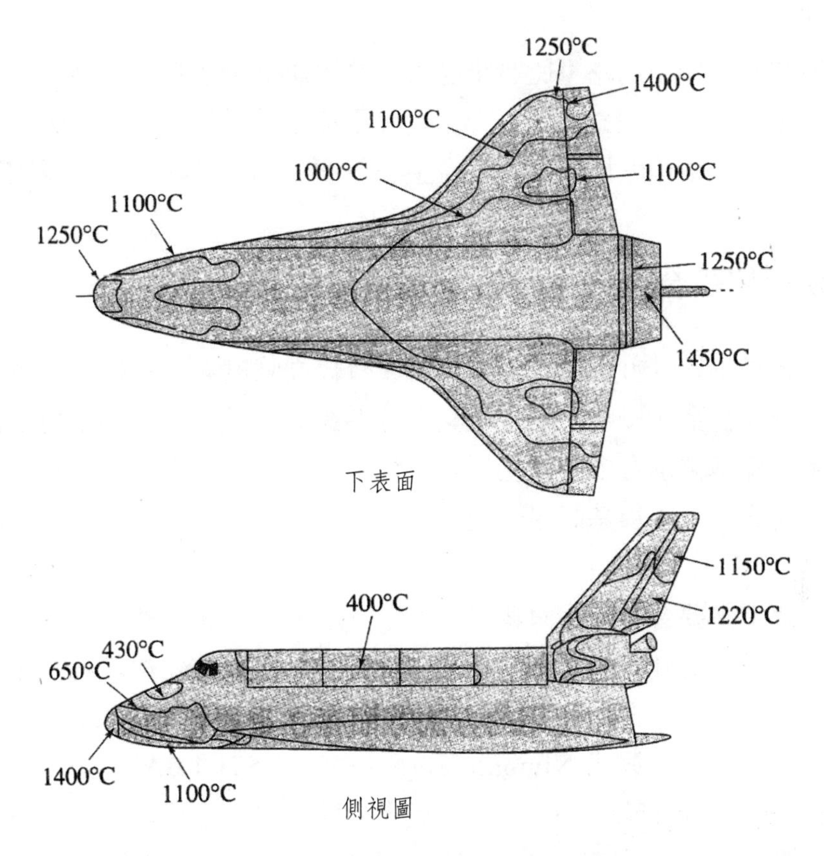

圖 1.9　太空梭（space shuttle）重返地球通過大氣層時的表面溫度分布

1.5　先進材料是高科技的核心

1.5.1　航空燃氣渦輪發動機的構造及對材料的要求

航空燃氣渦輪發動機是噴氣式飛機的主要動力裝置，為飛機提供推進力。其分為四種類型，即渦輪噴氣發動機、渦輪風扇發動機、渦輪螺旋槳發動機、渦輪軸發動機。這些發動機中均有壓氣機、燃燒室和驅動壓氣機的燃氣渦輪，因此稱之為燃氣渦輪發動機。

工作時，進入發動機的空氣經壓氣機壓縮提高壓力，減小體積後進入燃燒室，並與噴入的燃油（航空煤油）混合後燃燒，形成高溫高壓燃氣，再進入驅動壓氣機的燃氣渦輪中膨脹做功，使渦輪高速旋轉並輸出驅動壓氣機及發動機附件所需要的功率。

現代航空發動機中的總壓比越來越大，高壓壓氣機出口處的空氣溫度已高達500～600℃或更高，一般鈦（Ti）合金已經不能承受。為此，在絕大多數發動機中，壓氣機的後幾級輪盤均採用高溫合金 —— 鎳（Ni）基超級合金製作。

1.5.2 鎳基超級合金的出現迎來了噴氣式飛機

鎳基合金是指在650～1000℃高溫下，有較高強度與一定抗氧化腐蝕能力等綜合性能的一類合金。按照主要性能又細分為鎳基耐熱合金、鎳基耐蝕合金、鎳基耐磨合金、鎳基精密合金與鎳基形狀記憶合金等。高溫合金按照基體的不同，分為：鐵基高溫合金、鎳基高溫合金與鈷基高溫合金。其中鎳基高溫合金簡稱鎳基合金。

鎳基合金中主要合金元素有鉻、鎢、鉬、鈷、鋁、鈦、硼、鋯等。其中Cr，Ti等主要產生抗氧化作用，其它元素有固溶強化、沉澱強化與晶界強化等作用。

英國於1941年首先生產出鎳基合金Nimonic-75(Ni-20Cr-0.4Ti)；為了提高蠕變強度又添加鋁，研製出Nimonic-80(Ni-20Cr-2.5Ti-1.3Al)。美國於40年代中期，蘇聯於40年代後期，中國於50年代中期也研製出鎳基合金。鎳基合金的發展包括兩個方面：合金成分的改進和生產技術的革新。50年代初，真空熔煉技術的發展，為煉製含高鋁和鈦的鎳基合金創造了條件。初期的鎳基合金大都是變形合金。50年代後期，由於渦輪葉片工作溫度的提高，要求合金有更高的高溫強度，但是合金的強度增高了，就難以變形，甚至不能變形，於是採用熔模精密鑄造技術，發展出一系列具有良好高溫強度的鑄造合金。60年代中期發展出性能更好的定向結晶和單晶高溫合金以及粉末冶金高溫合金。為了滿足艦船和工業燃氣輪機的需要，60年代以來還發展出一批抗熱腐蝕性能較好、組織穩定的高鉻鎳基合金。從40年代初到70年代末大約40年的時間內，鎳基合金的工作溫度從700℃提高到1100℃，平均每年提高10℃左右。

1.5.3 大型客機處處離不開複合材料

由於複合材料具有高比強度、高比剛度、較好的抗疲勞性和耐腐蝕性等優點，它在大型客機的結構設計中應用越來越廣泛。波音（Boeing）787客機把巡航時座艙的壓力提高到有利於乘客健康、相當於海拔1800m高度的壓力（而不是現在一般客機相當於海拔 2400m 高度的壓力），從而使機身座艙結構承受的壓差增大（比現有客機大）。同時，加大了機身視窗達到 483 釐米 ×279 釐米，使乘客有更大視野。由此引起的設計增重，複合材料機身為 70kg ，而鋁合金機身則要 1000kg ，充分體現了複合材料性能的可設計性和優異的疲勞性能帶來的效益。

空中巴士（Air Bus）集團研究試製的超人型客機 A380 有雙層客艙，載客 550～650 人，於 2004 年實現首飛，2006 年交付航線使用。在 A380 機上就大量應用了各種複合材料。機翼，包括中央翼盒和部分外翼。該翼盒重 8.8t ，用複合材料 5.3t ，較金屬翼盒可減重 1.5t 。垂直尾翼和水平尾翼、地板支架和後承壓框，採用碳纖維增強複合材料的硬殼式結構。固定機翼前緣和機身上的某些次加強物，採用熱塑性複合材料製造。各種翼身整流罩、襟翼滑軌整流罩、操縱面和起落架艙門等處，採用複合材料夾層面板結構製造。機翼後緣處的襟、副翼，使用碳纖維增強複合材料。機身蒙皮壁板大規模採用一種名為 Glare 層板的超混雜複合材料結構。空巴 380 上僅碳纖維複合材料的用量已達 32t 左右，佔結構總重的 15%，再加上其它種類的複合材料，估計其總用量可達結構總重的 25% 左右。

波音 787-8 型飛機是空巴 A380 的競爭機型，最大載客量為 467 人。波音 747 型飛機上採用的複合材料用量已達結構重量 50%，人性化設計的全複合材料機身，使乘坐的舒適性和便利性得到顯著改善。

1.5.4　高溫陶瓷的出現催生了太空梭

太空梭（space shuttle）是一種垂直起飛、水平降落的載人飛行器，它以火箭發動機為動力發射到太空，能在軌道上運行，且可往返於地球表面和近地軌道之間，可部分重複使用的運載工具。它由軌道器、固體燃料助推火箭和外儲箱三大部分組成。

太空梭在進行空間飛行時，要經受上升階段和重返大氣層時的氣動力加熱。因此其防熱系統在整個結構重量中佔有很大比重。如水星（Mercury）太空梭和阿波羅（Apollo）太空梭的防熱系統佔整個太空梭裝載時重量的 12% 和 13.9%。作為可以重複使用的太空飛行器，對防熱系統的要求是重複使用 100 次以上，且飛行後的檢修保養要簡便易行、安全可靠且成本低。

理論分析顯示，太空梭表面將受到 317～1652℃的高溫，其中以頭錐和機翼前緣的溫度最高，機身上的表面溫度最低。

通常太空梭在返回大氣層時，要經受因與大氣劇烈摩擦所產生的攝氏3000℃左右的高溫，此一氣動加熱溫度在太空梭返航、著地前 16 分鐘左右（距地面約 60km）時變得最大。太空梭要經受如此熾熱高溫燒烤，其外表採用的防熱瓦必須能夠耐高溫且在高溫下性能穩定。目前能夠在 2000℃以上使用的超高溫材料主要有難熔金屬、C/C 複合材料以及超高溫陶瓷等，其中，超高溫陶瓷材料被認為是未來超高溫領域潛力巨大的應用材料。

太空梭的底部部分，會受到 649～1260℃的高溫，因此膠接一層高溫重複使用表面隔熱材料（HRSI, high temperature reusable surface insulation）製成的隔熱瓦。隔熱瓦表面塗有具高輻射特性的黑色陶瓷塗層，並提高其防水、防潮、耐磨性能。

再如乘員艙、機身側面和垂直尾翼等部位，要經受 398～649℃高溫。以上部位仍膠接隔熱瓦，但採用白色陶瓷塗層，即低溫重複使用隔熱材料（LRSI, low temperature reusable surface insulation），產生反射太陽能作用。

圖 1.10　發射中的太空梭

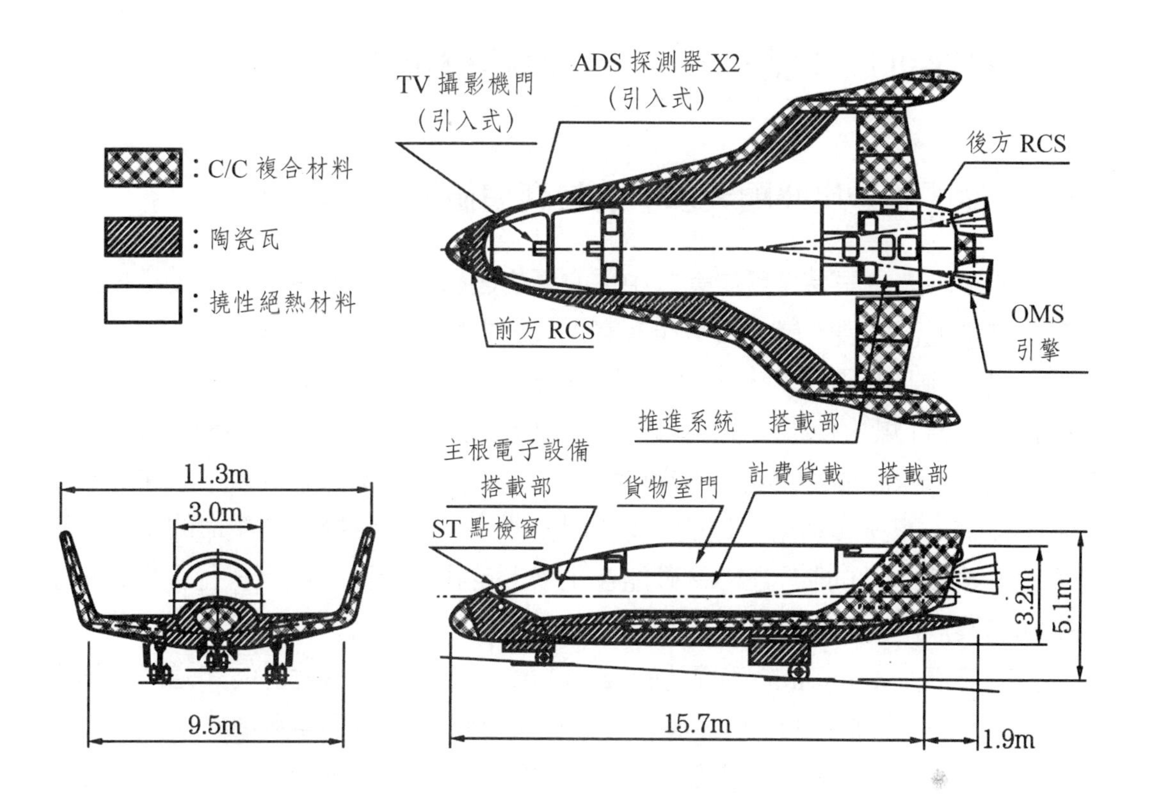

圖 1.11　太空梭的結構和採用的各種耐高溫材料

圖 1.12　運行中的國際太空站

1.6　材料可以「點石成金，化腐朽爲神奇」

1.6.1　從「心憂炭賤願天寒」的炭到價值連城的鑽石

唐代大詩人白居易《賣炭翁》中「心憂炭賤願天寒」的詩句，生動地描述了窮苦人辛辛苦苦燒製的炭，只是作為富人取暖之用，值不了幾個錢。

碳是一種非金屬元素，位於元素週期表的第二週期 IVA 族。拉丁語為 Carbonium，意為「煤、木炭」。漢字「碳」字由木炭的「炭」字加石字旁構成，從「炭」字音。碳是一種很常見的元素，它以多種形式廣泛存在於大氣和地殼之中。碳單質很早就被人認識和利用，碳的一系列化合物 —— 有機物更是生命的根本。碳是生鐵、熟鐵和鋼的成分之一。碳能在化學上自我結合而形成大量化合物，在生物上和商業上是重要的材料。生物體內大多數分子都含有碳元素。

關於鑽石（diamond）和石墨（graphite），史前人類就已經知道。而富勒烯（fullerene）則於 1985 年被發現，此後又發現了一系列排列方式不同的碳單質。同位素碳 14 由美國科學家馬丁．卡門和撒母耳．魯賓於 1940 年發現。六角鑽石由美國科學家加利福德．榮迪爾和尤蘇拉．馬溫於 1967 年發現。單斜超硬碳由美國科學家邦迪和卡斯伯於 1967 年實驗發現，其晶體結構由吉林大學李全博士和導師馬琰銘教授於 2009 年確定理論。2004 年，英國曼徹斯特大學（Manchester University）的安德列．K．海姆（Andre K Geim）等製出了石墨烯（graphene）。海姆和他的同事偶然發現了一種簡單易行的新途徑。他們強行將石墨分離成較小的碎片，從碎片中剝離出較薄的石墨薄片，然後用一種特殊塑料膠帶黏住薄片的兩側，撕開膠帶，薄片也隨之一分為二。不斷重複著此一過程，就可以獲得越來越薄的石墨薄片，而其中部分樣品僅由一層碳原子構成 —— 他們製得了石墨烯。

1.6.2　炭、石墨和鑽石「本是同根生」

鑽石（diamond）和石墨都是碳的晶體。偉大的科學家牛頓（Newton）、羅蒙諾索夫（Lgmonosov）等人都曾揣測過鑽石的化學成分和它的成因，但都找不到滿意的答案。在 18 世紀末，法國著名化學家拉瓦錫（Lavoisier）曾經指出鑽石和碳有很大的關係，但卻不敢宣佈他的論文。拉瓦錫去世幾十年後，義大利佛羅倫斯科學院的幾位院士在陽光下用放大鏡觀察一小塊鑽石結構時，發現在放大鏡焦點下的小鑽石突然著火燃燒，後來經過反覆試驗，終於證明了鑽石正是拉瓦錫提過的碳晶體。

石墨和鑽石都是由碳組成的，但石墨不透光，是黑色，而鑽石卻透光，因為它們互為同素異形體。結構決定性質。鑽石（金剛石）的空間構型是正四面體結構，而石墨是平面型結構。簡單的說就是結構不同，所以表現出來的性質不同。

1.6.3 步入科學殿堂的二氧化矽

隨著科學技術的發展，特別是材料科學的進步，昔日的黃沙已能「點石成金」，成為高新技術產業中不可或缺的新寵。二氧化矽（SiO_2）具有密度低、不吸潮、光學性能好、化學性能穩定、耐酸鹼腐蝕、硬度高、熱膨脹係數低、介電常數低、高絕緣特性、耐熱性好、導熱性較好、環境友好、對矽晶片無污染等特性，除了傳統用途之外，在環氧塑封料（EMC, epoxy molding compound）、石英坩堝、光導纖維、高溫多晶矽（HTPS, high temperature polysilicon）液晶顯示器、化學機械拋光（CMP, chemical mechanical polishing）磨料等方面具有不可替代的用途。

石英玻璃（quartz glass）是二氧化矽（SiO_2）單一組分的特種工業技術玻璃，它是用天然二氧化矽含量最高的水晶或經特殊技術提純的高純砂（實際上也是小顆粒水晶）做原料，在 2000℃高溫下熔融製成的玻璃，SiO_2 含量高達 99.995%～99.998%。石英玻璃具有一系列優良的物理化學性能：它有極良好的透光性能，在紫外線、可見光、紅外線全波段都有極高的透過率（90% 以上）；它的耐高溫性能很好，是透明的耐火材料，使用溫度高達 1100℃，比普通玻璃高 700℃。它的膨脹係數極低，為 5×10^{-7}/℃，相當於普通玻璃的二十分之一，所以熱穩定性特別好，3 釐米厚的石英玻璃加熱到 1100℃投入到 20℃水中不會炸裂。它的電真空性能也特別好，可以容易實現 10^{-6}Pa 的真空度。它的電學性能，化學穩定性也特別好，電阻率：20℃為 $1\times10^{18}\Omega\cdot cm$，800℃時為 $5\times10^{6}\Omega\cdot cm$，是一般玻璃無法比擬的。因此，石英玻璃被人們譽稱為「玻璃王」。石英玻璃製品廣泛應用於半導體積體電路（integrated circuits）產業、微電子產業、平板顯示器、光通信產業、太陽能光伏產業、生物工程、核能技術、雷射技術、太空航空技術等各種高新技術產業。

1.6.4 高錕發明的光纖是當今電子通信產業的「根」

1870 年的一天，英國物理學家丁達爾（Tyndall）到皇家學會的演講廳講解光的全反射（total reflection）原理，他做了一個簡單的實驗：在裝滿水的木桶上鑽個孔，然後用燈在桶邊把水照亮。結果使觀眾們大吃一驚。人們看到，發光的水從水桶的小孔裡流了出來，水流彎曲，光線也跟著彎曲，光居然被彎彎曲曲的水擄獲了。這是因為光線全反射的作用，即光從水中射向空氣，當入射角大於、等於某一角度時，光線就像撞到牆壁的皮球一樣，全部都反射回水中，光線經過多次全反射向前傳播。

從 1963 年開始，華裔科學家高錕就著手對玻璃纖維進行理論和實用方面的研究，並設想利用一種玻璃纖維傳送雷射脈衝以代替金屬電纜。1966 年高錕教授發表了利用極高純度的玻璃纖維作為媒介傳送光波，這項成果最終促使光纖通信系統問世，而正是光纖通信為當今網際網路（internet）的發展鋪平了道路，高錕「光纖之父」的美譽也傳遍世界，並榮獲 2009 年諾貝爾物理學獎（Nobel prize in physics）。1981 年，第一個光纖（optical fiber）系統面世。從此，比人髮還要纖細的光纖取代了體積龐大的千百萬條銅線，成為傳送容量接近無限的資訊傳輸管道，徹底改變了人類的通信模式。光纖的傳導性能良好，傳輸資訊容量大。一對金屬電話線至多只能同時傳送 1000 多路電話，而根據理論計算，一對細如蛛絲的光導纖維可以同時接通 100 億路電話！鋪設 1000 公里的同軸電纜大約需要 500 噸銅，改用光纖通信只需幾千克石英就可以了。隨著光學技術和光纖材料的發展，光纖通信技術將徹底取代電訊通信。

自 1949 年發明第一個雙極電晶體起，矽就成為微電子產業最重要的半導體材料。直至今天，矽元件仍佔據 95% 以上的半導體元件市場。

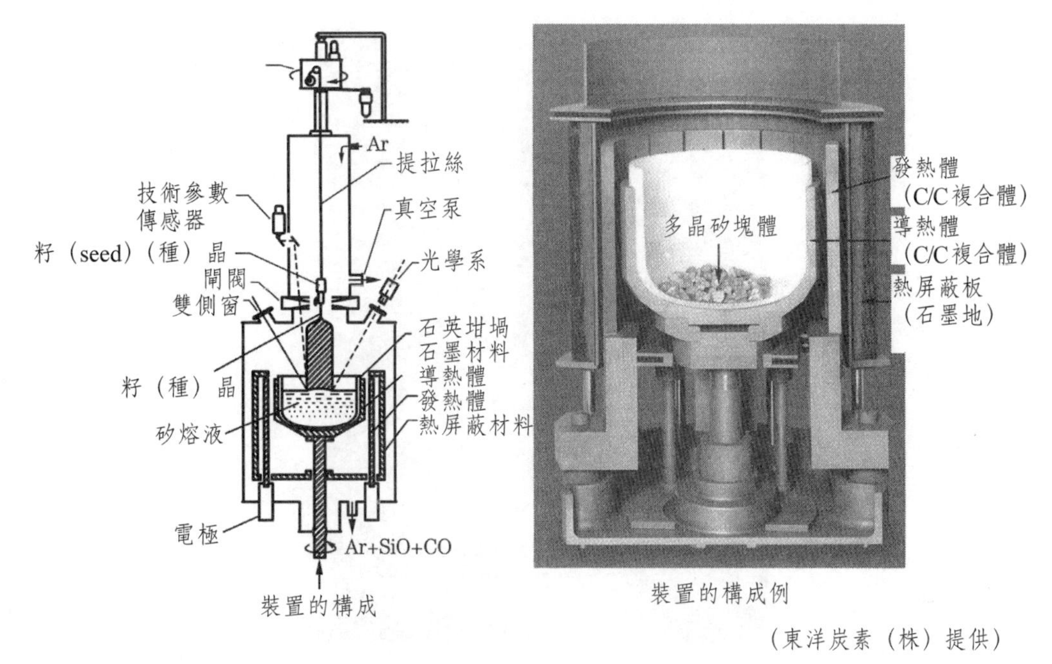

圖 1.13　拉製大直徑（8 英寸、12 英寸）矽單晶棒的單晶爐

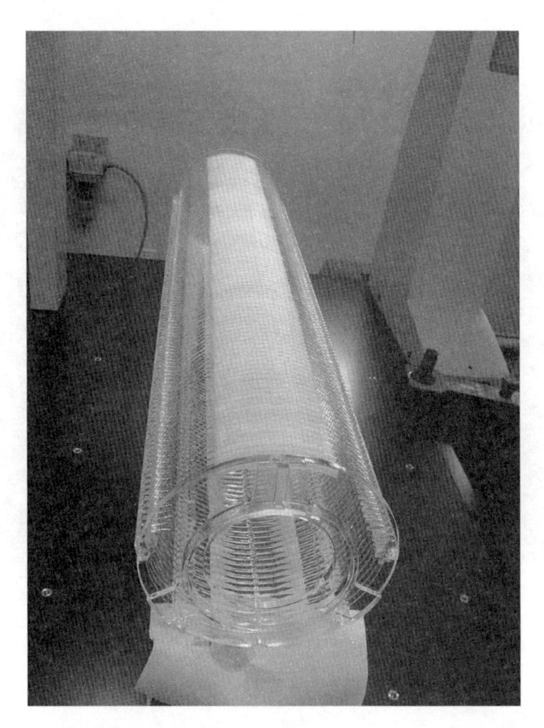

圖 1.14　放置晶圓的石英晶舟（quartz boat）

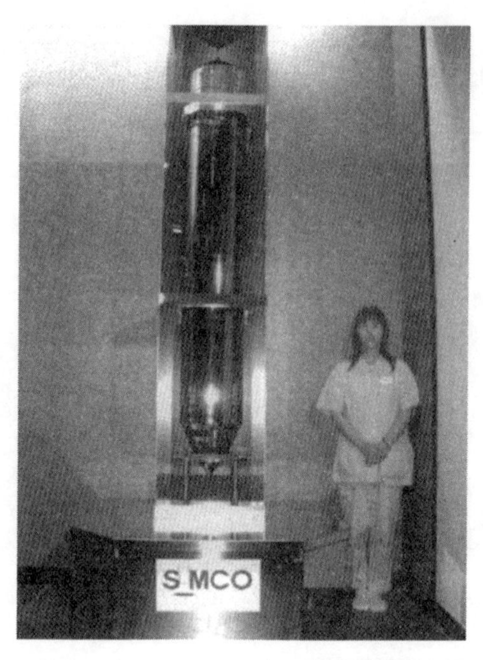

圖 1.15　由柴可斯拉基・柴氏（Czochralski）法拉所製的長 2m 、直徑 12 英寸的矽單晶棒

圖 1.16　大口徑石英玻璃管

1.7 複合材料和功能材料大大擴展了材料的應用領域

1.7.1 各類工程材料的降伏強度對比

降伏強度（yield strength）是材料的重要力學性能之一，標誌著材料在承受載荷時抵抗塑性變形的能力。各類材料的降伏強度範圍如圖 1.17 所示。

常用工程陶瓷的降伏強度都很高，SiC 、Si_3N_4、Al_2O_3 及各種碳化物的強度值高於所有金屬，但它們塑性極低，斷裂應變值幾乎為零。

純金屬的降伏強度很低，且強度隨著材料純度及合金（alloy）成分的不同，可在很大範圍內變化。超純金屬的降伏強度僅為 1～20MPa ，而工業純金屬的強度可提高一個數量級，加入合金元素後，強度又可再提高一個數量級。與陶瓷不同的是，金屬常具有良好的延性，此一優點為材料的冷成型提供了必要條件，同時冷成型時的加工硬化又顯著提高了金屬材料的強度。此外，不少金屬可以進行熱處理，熱處理也能大幅度改變材料的強度和塑性。

聚合物的強度一般比金屬低得多，即使是強度最高的聚合物，仍低於金屬中強度較低的鋁合金。然而用聚合物製成複合材料後，其強度可大幅度地提高，如用碳纖維增強的聚合物，其強度已經明顯地超過鋁合金的水準，若以強度來考慮，複合材料更優於金屬。

1.7.2 不同材料的比強度和比模量

材料的比強度（specific strength）是指抗拉強度除以其體積重量。選用高比強度材料可設計出重量輕的機械構件。在工程中，彈性模量（elastic modulus）用於表徵材料對彈性變形的抗力，即材料的剛度（rigidity），其值越大，則在相同應力下產生的彈性變形就越小。在機械構件或建築結構設計時，為了保證不產生過大的彈性變形，都要考慮所選用材料的彈性模量。因此，彈性模量是結構材料的重要力學性能之一。在某些情況下，例如選擇太空梭（space shuttle）用的材料，為了既保證結構的剛度，又要求有較輕的的品質，就要使用「比彈性模量」的概念來作為衡量材料彈性性能的指標。比彈性模量是指材料的彈性模量與其單位體積品質的比值，亦稱為「比模量（specific modulus）」或「比剛度（specific stiffness）」。

在結構材料中，具有共價鍵、離子鍵或金屬鍵的陶瓷材料和金屬材料都有較高的彈性模量，一般陶瓷的比彈性模量都比金屬材料的大；而在金屬材料中，大多數金屬的比彈性模量相差不大，只有鈹（Be）的比彈性模量顯得特別突出。高分子聚合物由於分子鍵結合力弱，因而其比彈性模量較低。

複合材料由於結構的特點，其拉伸強度比金屬明顯提高，許多複合材料的比拉伸模量更是遠高於金屬。幾種單一材料與聚合物基複合材料的比拉伸強度比拉伸模量如圖 1.18 所示。

1.7.3 複合材料可以做到「1 + 1 > 2」

複合材料（composite material）可定義為：用經過選擇的一定數量比的兩種或兩種以上的組分（或稱組元），通過人工複合，組成多相、三維結合且各相之間有明顯介面的、具有特殊性能的材料。

複合材料的特點有：(1) 複合材料的組分和其相對含量是經人工選擇和設計的；(2) 複合材料是經人工製造而非天然形成的（區別於具有某些複合材料特徵的天然物質）；(3) 組成複合材料的某些組分複合後，仍保持其固有的物理和化學性質（區別於化合物和合金）；(4) 複合材料的性能取決於各組分相性能的協同。複合材料具有新的性能，這些性能是單個組分材料性能所不及或不同的，而且，複合材料可以做到「1 + 1 > 2」；(5) 複合材料是各組分之間被明顯介面區分的多相材料。

由不同的基體材料和增強體材料可組成品種繁多的複合材料。按複合材料的主要用途，可分為結構複合材料、功能複合材料與智慧複合材料。

1.7.4 沒有吸波材料就談不到隱形飛機

吸波材料的吸波性能取決於吸收劑的損耗吸收能力，因此吸收劑的研究一直是吸波材料的研究重點。目前最受重視的吸收劑主要有：

(1) 鐵氧體系列吸收劑：鐵氧體系列吸收劑包括鎳鋅鐵氧體、錳鋅鐵氧體和鋇系鐵氧體等，是發展最早、應用最廣泛的吸收劑。由於強烈的鐵磁共振吸收和磁導率的頻散效應，鐵氧體吸波材料具有吸收強、吸收頻帶寬的特點，被廣泛用於隱身領域。鐵氧體材料在高頻下具有較高的磁導率，且其電阻率（electrical resistivity）亦高（10^8～$10^{12}\Omega \cdot cm$），電磁波易於進入並得到有效的衰減。

(2) 多晶鐵纖維系列吸收劑：多晶鐵纖維系列包括鐵纖維、鎳纖維、鈷纖維及其合金纖維。多晶鐵纖維以其獨特的形狀特徵和複合損耗機制（磁損耗和介電損耗），而具有重量輕、頻帶寬的優點。調節纖維的長度、直徑及排列方式，可容易地調節吸波塗層的電磁參數。

(3) 導電高聚物：導電高聚物吸波材料是利用某些具有共軛 π 電子的高分子聚合物的線形，或平面形構型與高分子電荷轉移絡合物作用，設計其導電結構，實現阻抗匹配和電磁損耗，從而吸收雷達波。

(4) 手徵性（chirality）材料：研究顯示，手徵性材料能夠減少入射電磁波的反射並能吸收電磁波。手徵性材料在實際應用中，主要可分為本徵手徵性材料和結構手徵性材料，前者自身的幾何形狀（如螺旋線等）就使其成為手徵性物體，後者是通過其各向異性的不同部分與其它部分形成一定角度關係而產生手徵性為使其成為手徵性材料。手徵性材料與一般吸波材料相比，具有吸波頻率高、吸收頻帶寬的優點，並可通過調節旋波參數來改善吸波特性。

(5) 磁性金屬奈米粒子吸收劑：這種材料具有強烈的表面效應，在電磁場輻射下原子、電子運動加劇，促使磁化，使電磁能轉化為熱能，從而可以很好地吸收電磁波（包括可見光、紅外線光），因而可用於毫米波隱身及可見光－紅外線隱身。

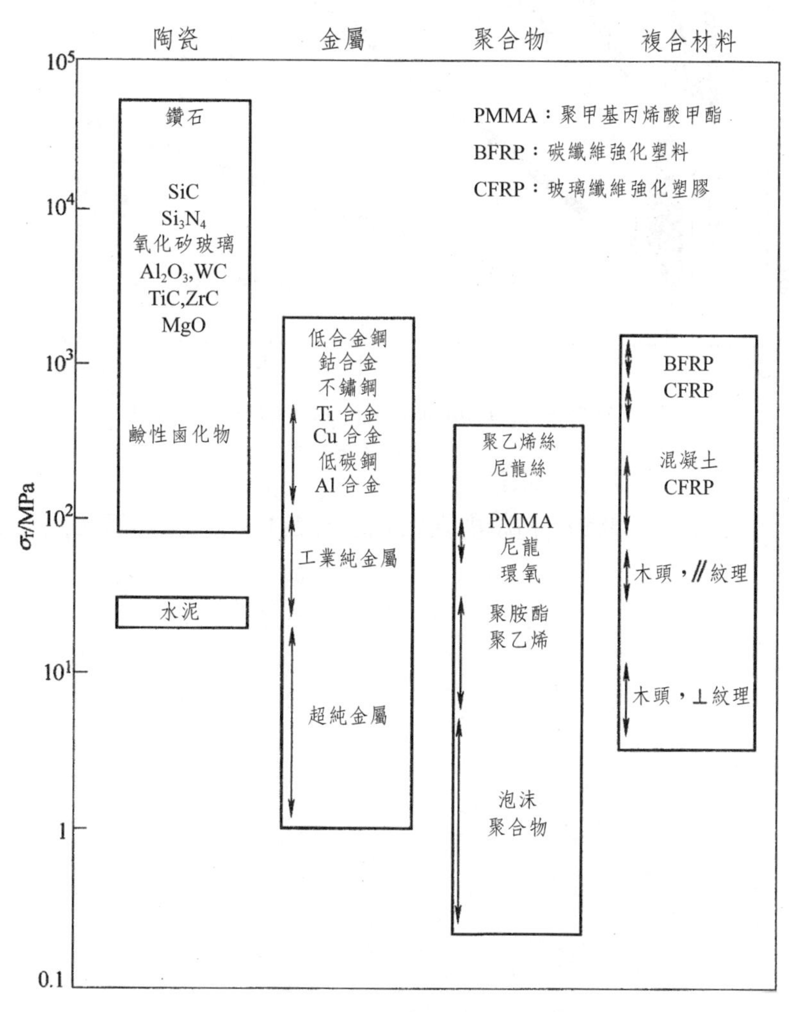

圖 1.17　各類工程材料的降伏強度對比

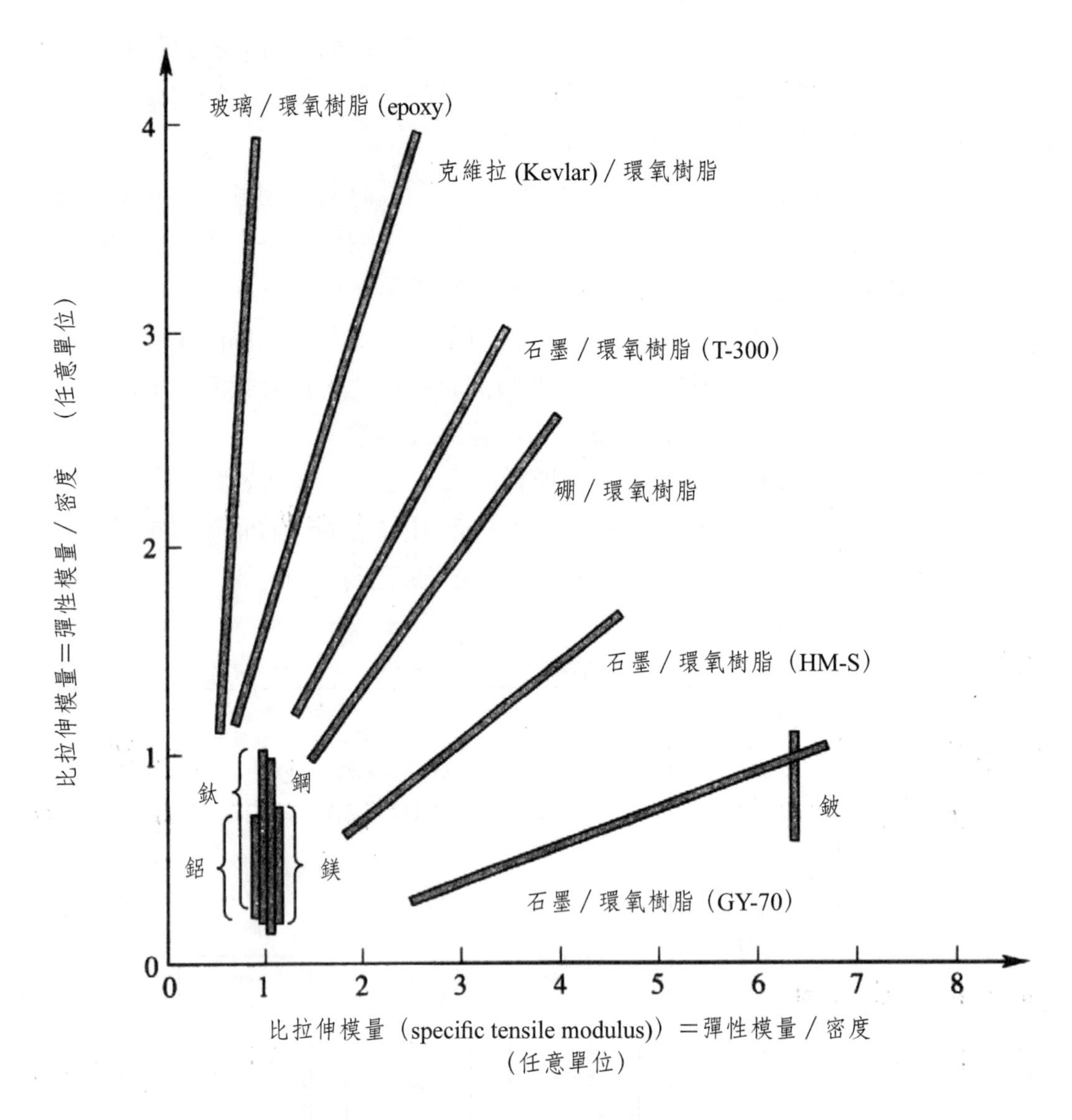

圖 1.18　幾種單一材料與聚合物基複合材料的比強度和比模量

（三菱レイヨン（株）提供）

圖 1.19　使用碳纖維強化塑料（CFRP, carbon fiber reinforced plastics）複合材料製作船體和桅桿的賽艇

圖 1.20　屢屢在巴基斯坦（Pakistan）偷襲，並被伊朗（Iran）擊落的一種美國隱形無人駕駛機

圖 1.21　在擊斃賓拉登（Osama bin Laden）行動中，海豹突擊隊在巴基斯坦墜毀的直升機

1.8　材料科學與工程的定義和學科特點

1.8.1　材料科學與工程的定義

1986 年，英國 Pergamon 公司出版的《材料科學與工程百科全書》中，對材料科學與工程的定義為：材料科學與工程研究的是有關材料組織、結構、製造技術流程、材料性能和用途的關係及其應用。或者說，材料科學與工程的研究物件是材料組成（成分、組織與結構）、性能、合成或生產流程（技術）和使用性能以及它們之間的關係，簡稱材料的四要素。

材料科學的核心內容一方面是研究材料的組織結構與性能之間的關係，具有「研究為什麼」的性質；另一方面，材料又是面向實際、為經濟建設服務的。它是一門應用學科，研究和發展材料的目的在於應用，而人類又必須通過合理的技術流程才能製作出具有實用價值的材料，通過批量生產才能使之成為工程材料。

所以，在「材料科學」這個名詞出現後不久，就提出了「材料工程」和「材料科學與工程」。材料工程是指研究材料在製作、處理加工過程中的技術和各種工程問題，具有「解決怎樣做」的性質。

材料工程研究的是，提供經濟、品質、資源、環保、能源等五個方面能被社會所接受的材料結構、性能和形狀。

材料科學為材料工程提供了設計依據，為更好的選擇、使用、發展新材料提供了理論基礎；材料工程為材料科學提供了豐富的研究課題和物質基礎。可見，材料科學和材料工程緊密聯繫，它們之間沒有明顯的界線。在解決實際問題中，不能將科學因素和工程因素獨立考慮。因此，人們常將二者合稱為材料科學與工程。

1.8.2 材料科學與工程是學科的融合與交叉

材料科學與工程具有物理學、化學、冶金學、陶瓷學、高分子學、電腦科學、醫學、生物學等多學科相互融合與交叉的特點，並且與實際應用結合得非常密切，具有鮮明的工程性。實驗室的研究成果必須經過工程研究與開發，以確定合理的工藝流程，通過中階試驗後，才能生產出符合要求的材料。各種材料在資訊、交通運輸、能源及製造業的使用中，可能會暴露出問題，須回饋與研究與開發，進行改進後再回到各應用領域。只有通過多次反覆的應用與改進，才能成為成熟的材料。即使是成熟的材料，隨著科學技術的發展與需求的推動，還要不斷加以改進。因此，在材料的基礎與應用研究中，涉及材料的研究、技術改進、試驗測試、中階試驗、推廣應用以及完善改進等各階段的研究還有大量工作要做。

1.8.3 材料科學與工程技術有著不可分割的關係

材料科學研究的是，材料的組織結構與性能的關係，從而發展新型材料、合理有效地使用材料，並使材料能商品化，需經過一定經濟合理的技術流程才能製成，這就是材料工程；反之，工程要發展，也需要研製出新的材料才能實現。在材料科學與工程這個整體中，相對而言科學側重於發現和揭示材料四要素之間的關係，提出新概念、新理論；材料工程則側重於尋求新手段以實現新材料的設計思想並使之投入應用，兩者相輔相成。這裡舉一個簡單的例子。尼龍（nylon）是大家熟知的一種合成纖維，目前已廣泛用於工業和日常生活中。1928 年杜邦公司（Dupont）開始對尼龍進行基礎研究，但並無明確的產品目標。當時人們對於天然纖維成纖機制的認識還不足，雖然已經發現它們是由相對分子品質很高的聚合物組成的，而且也已觀察到蠶絲是蠶從唾液腺中分泌出的一種液體遇到空氣後凝固而成的，但當時的人造絲所用的原料，實際上也還是天然纖維素。後來，在著名高分子科學家 Carother 的率領下，相關的基礎研究才有所突破且成果卓著。有機化學家們成功地合成了一系列高相對分子質量的聚合物，如聚酯、聚醯胺（尼龍）、聚酐等；物理化學家們在性能研究中發現，用玻璃棒能把聚酯熔體拉成線，這種線在冷拉中能延伸好幾倍，得到的細纖維遠比未拉伸時強得多。與此同時，物理學家在 X 射線繞射（x-ray diffraction）研究中又發現，拉伸聚酯纖維中的晶粒取向與蠶絲中的相同，纖維的高強度源自分子鏈的高度取向排列。科學家們因此看到了製作和應用合成纖維的可能性。只是由於當時的聚酯熔點較低，又比較容易溶於溶劑，一時忽略了它作為織物纖維的前景。19 世紀 30 年代，Carother 等人集中研究了尼龍，提出了熔融紡織的新概念，並在一批製造人造絲方面富有經驗的工程師們的努力下，發明了尼龍熔融紡織的技術。終於在 1938 年推出了首批合成尼龍纖維產品，此後可大量生產，成為半個世紀以來最重要的合成纖維之一。

諸如此類的例子還有很多。綜觀新材料的發展史，可以看到，對晶體（crystal）位元錯（dislocation ，差排）的理解和對位錯的控制，帶來了一批高強度結構材料；對半導體電子結構，特別是對雜質影響的理解，導致超純單晶矽的問世等。

1.8.4 材料科學與工程有很強的應用目的和明確的應用背景

材料科學與工程有很強的應用目的和應用背景。發展材料科學與工程的目的是開發新材料，為發展新材料提供新技術、新方法或新流程，或者提高已有材料的性能和品質，同時降低成本和減少污染等，更好地使用已有材料，以充分發揮其作用，進而能對使用壽命做出正確的估算。材料科學與工程在這一點與材料化學及材料物理有重要區別。

此外，材料科學與工程是發展中的科學，還將隨著各種有關學科的發展而不斷得到補充和完善。

1.9　材料科學與工程四要素

材料科學與工程是研究材料組成、結構、性能、生產流程和使用效能以及它們之間關係的科學。因此，材料科學與工程這一寬廣的學科領域至少應包括以下四個要素。

(1) 材料的組成和結構，包括原子和原子團等基本結構單元的類型及其在幾何維數（零維到三維）和尺度〔奈（nano）、介（meso）、微（micro）、宏觀（macro）〕範圍內的排列。

(2) 獲得上述排列的合成方法和製作技術。

(3) 由上述排列以及合成方法和製作技術決定的材料性質。

(4) 材料的使用特性或服役效能，即考慮經濟的、社會的、環境的成本和效能。

上述四個要素的關係，可由材料科學與工程四要素四面體來表徵。

關於材料的性質（property）、功能（function）和效能（performance）存在以下區別：

「性質」泛指材料所固有的特性，或說是本性。

「效能」是指材料對外界刺激（外力、熱、電、磁、化學刺激、藥品）的反應的抵抗（被動的回應）。「效能」又稱為「表現行為」，performance 有時也譯作「性能」。

「功能」是指物質（材料）對應於某種輸入信號時，所發生質或量的變化，或其中有某些變化會產生其它性能的輸出，即能感生出另一種效應。

所以，強度、電阻（導電）、耐熱性、透明度、耐化學藥品性等均屬於行為或表現，即性能；而光電或電光效應、熱電效應、壓電效應、分離和吸附等則屬於功能。

1.9.1　結構與成分

每個特定的材料都含有一個從原子和電子尺度到宏觀尺度的結構關係，對於大多數材料，所有這些結構尺度上的化學成分和分布是立體變化的，這是製造這種特定材料所採用的合成與加工的結果。在各種尺度上對結構和成分的深入了解，是材料科學與工程的一個主要方面。結構的表示包含四個層次：電子層次、原子或分子排列層次、顯微層次和宏觀層次。當前，材料的性質和使用性能愈來愈多地取決於材料的奈米結構，介於宏觀尺度和微觀尺度之間的奈米尺度探究，已成為材料科學與工程的新重點。

1.9.2 性質或固有性能

材料在外界刺激下都有相應的響應，性質就是這種功能特性和效用的定量描述。每一種材料都有其特有的性能和應用。材料的性能包括材料本身所具有的物理性能（如導電性、導熱性、光學性能、磁化率、超導轉變溫度等）、化學性能（如抗氧化和抗腐蝕、聚合物的降解等）和力學性能（如強度、塑性、韌性等）。任何狀態、任何尺度材料的性能，都是經合成或加工後的材料結構和成分變化所產生的結果。釐清性質和結構的關係，有助於合成出性質更好的材料，並可依所需綜合性質設計材料，且最終將影響材料的使用性能。

1.9.3 使用特性或服役效能

使用特性是材料在使用條件下有用性的度量，或者說是材料在使用條件下的表現，如使用環境、受力狀態對材料性能和壽命的影響等。度量使用特性的指標有：可靠性、有效壽命、安全性和成本等綜合因素，利用物理性能時，還包括能量轉換率、靈敏度等。使用效能是材料的性質、產品設計、工程應用能力的綜合反應，也是決定材料能否得到發展或大量使用的關鍵。有些材料在實驗室的測定值相當樂觀，而在實際使用中卻表現很差，以致難以推廣，只有採取有效措施改進材料，才能使之具有真正的使用價值。事實上，每當創造、發展一種新材料，人們首先關注的是材料表現出來的基本性能及其使用特性，建立材料基本性能與使用特性相關聯的模型，對了解失效模式、發展合理的模擬試驗程式、開展可靠性研究、以最低代價延長使用期，以及先進材料的研製、設計和工藝來說，是至關重要的。

1.9.4 合成（製作）與加工（技術）

合成與加工是指建立原子、分子與分子聚集體的新排列，在原子尺度到宏觀尺度上對結構進行控制，以及高效而有競爭力地製造材料和零件的演變過程。合成（製作）通常是指原子和分子組合在一起製造新材料所採用的物理和化學方法。加工（技術）（這裡指成型加工）除了為生產有用材料對原子、分子控制外，還包括在較大尺度上的改變，有時也包括材料製造等工程方面的問題。材料加工涉及許多學科，是科學、工程以及經驗的綜合，是製造技術的一部分，也是整個技術發展的關鍵一步。必須指出，現在合成與加工間的界限已經變得越來越模糊，這是因為選擇各種合成反應往往必須考慮由此得到的材料是否適合於進一步加工。

合成（製作）與加工（技術）的方法和性能之影響，隨材料種類的不同而異。

研究顯示，材料的性能和使用性能取決於它的組成和各個層次上的結構，後者又取決於合成與加工。因此，材料科學家與工程師們的任務就是研究這四種要素以及他們之間的相互關係，並在此基礎上創造新材料，以滿足社會需要，推動社會發展。

1.10　重視材料的加工和製造

1.10.1　加工成材是實現材料應用的第一步

在辭典裡，「加工」的定義是：(1) 通過特殊處理，使原材料、半成品變得合用或達到某種要求；(2) 為改善外觀、味道、用途或其它性能而進行的工作。

而在製造學中，「加工」就是按照一定的組織程式或者規律對轉變物質進行符合目的的改造過程。加工可能是化學過程，也可能是物理過程，還可能是複合過程（composite process）。加工既可以是人力完成的，即人工的，也可以是自然力進行的。它們只是反應物質的一種自組織和他主的變化過程。

加工前，材料都還只是一堆混亂無用的原料，不能應用於具體的工程。而加工後，不僅它們的形狀變得符合人們的需求，它們的組織結構也發生改變，從而獲得更有利於工業應用的性能。

1.10.2　材料不同，加工方法各異

首先，材料不同，獲得材料的方法各不相同。為便於初學者區分和理解，請讀者記住下面幾個短句：

金屬是冶煉成的，陶瓷是燒結成的；玻璃是熔凝成的，粉體是粉碎成的；高分子是聚合成的，複合材料是疊壓成的；單晶體是拉製成的，半導體是摻雜成的；薄膜是沉積成的，異質半導體是磊晶（epitaxl）成的。

利用材料的加工技術可以將未經過成型的胚料加工成零件所要求的形狀。其中金屬的加工方法很多：有將液體金屬注入模子中的方法（鑄造），有將分離的

金屬連接在一起的方法（焊接，膠接），有在高壓下將固體金屬加工成有用形狀的方法（鍛、拉、擠、軋、彎），有將金屬粉末壓製成固體的方法（粉末冶金），或去除多餘材料將固體金屬加工成所需形狀的方法（機械加工）。同樣地，採用相應的技術方法，如通常在濕態下進行鑄造、成型、拉擠或壓製加工，可以使陶瓷胚料成型。將軟化的塑料注入模具（類似鑄造）、採用注塑和擠出等成型方法，可以形成高分子聚合物製品。為了使材料的組織結構發生合乎要求的變化，往往在其熔點以下的某個溫度對材料進行熱處理，熱處理技術依材料種類、工件大小、組織結構不同而異，為了獲得所需要的性能，需選擇最合適的熱處理技術。

1.10.3　材料加工的創新任重道遠

加工並不僅限於改變材料的形狀，而且常常還會影響材料的組織結構，從而改變材料的性能。例如，當用錐形模口拉製絲材時，隨著直徑的縮小，材料強化變硬，這種硬化效應對於導電用的銅絲是不希望發生的，然而，工程技術人員憑藉此方法製成高強度鋼絲，其用途如鋼絲繩、彈簧、自行車輻條等。再如使用鑄造方法生產出來的銅棒，其內部組織與成型技術製造的銅棒完全不同，晶粒的形狀、尺寸和取向（orientation）可能不同。鑄造組織可能還有收縮或氣泡生長的空洞，而且組織內部可能夾帶著非金屬夾雜物；變形的材料一般含有被拉長的非金屬夾雜物和內部原子排列的缺陷。鑄造的組織和相應的最終性能與加工成型產品的組織和性能也是完全不同的。因此，不論人們願意與否，只要材料的製造技術過程改變了材料的內部結構，那麼性能肯定會改變，同樣，材料的熱處理過程也會改變材料的內部結構（但一般不改變材料的形狀與尺寸），這個加工過程包括退火（anneal）、高溫淬火（quench）以及許多別的熱處理。我們的目的是要懂得材料在加工過程中的結構變化規律，從而確定適合的加工方法與步驟，獲得所需的材料性能。

另一方面，原始組織和性能又決定著採用何種方法將材料加工成所需的形狀。含有大縮孔的鑄件，在隨後的壓力加工過程中可能開裂；通過增加微觀結構缺陷而強化的合金，在成型過程中也會變脆和破裂；金屬中被拉長的晶粒在以後的成型過程中，有可能獲得不均勻的形狀。熱固性塑料不能通過一般方法成型，而熱塑性塑料則很容易成型。

1.10.4　鎂合金的加工和應用

鎂合金（magnesium alloy）是以鎂為基礎，加入其它元素組成的合金。其特點是：密度小（1.8g/cm^3 左右），比強度高，彈性模量大，散熱好，消震性好，承受衝擊載荷能力比鋁合金大，耐有機物和鹼的腐蝕性能好。主要合金元素有鋁、鋅、錳、鈰、釷以及少量鋯或鎘等。目前使用最廣的是鎂鋁合金，其次是鎂錳合金和鎂鋅鋯合金。鎂合金主要用於航空、太空、運輸、化工、火箭等工業部門。

鎂的化學性質活潑、易氧化、耐蝕性差，熔煉、鑄造以及加熱時，必須採取防護措施，並要注意安全。在加工過程中，胚料和所獲得的產品表面要氧化處理，塗油包裝。除鎂鋰合金外，大多數鎂合金為密排六方點陣結構，在室溫下，塑性變形能力差，但在 200℃以上加工，由於滑移系增加以及發生恢復、再結晶軟化，使鎂及鎂合金具有較高的塑性，所以一般要用熱加工或溫加工技術。鎂合金在加工時易形成粗大晶粒，會使力學性能變差，熔煉時，必須採用細化晶粒措施。

主要加工技術：(1) 熔煉。常用反射爐和坩堝爐，須用熔劑覆蓋爐料。鎂合金精煉主要是去除非金屬夾雜物。熔煉時應加入變質劑以改善和調整晶粒組織，並消除少量熔點高的鐵、銅、錳金屬夾雜物；(2) 鑄造。常用半連續鑄造的方法，在保護氣氛下或在封閉系統內進行；(3) 軋製。通常用平輥軋製板材。主要工序為：熱軋、粗軋、中軋和精軋；(4) 擠壓。有正向擠壓、反向擠壓、潤滑擠壓和無潤滑擠壓，可生產各種斷面的型材、棒材、管材和空心製品。擠壓溫度、速度和變形率都會顯著影響製品的性能；(5) 熱處理。鎂合金的加工製品晶粒大小對性能有明顯影響。為防止晶粒粗化，一般退火溫度為 350～370℃，加熱速度越快越好。加工硬化的鎂合金在 160～210℃之間進行低溫退火，可提高合金的伸長率和耐蝕性。

主要應用：(1) 鎂合金具有較高的抗震能力和良好的吸熱性能，在汽油、煤油和潤滑油中很穩定，在旋轉和往復運動中產生的慣性力較小。故民用機和軍用飛機，尤其是轟炸機都廣泛使用鎂合金製品；(2) 鎂合金在汽車上的應用零部件主要為殼體類和支架類；(3) 在內部產生高溫的電腦和投影機等之外殼和散熱部件上使用鎂合金。電視機的外殼上使用鎂合金可做到無散熱孔；(4) 在硬碟（hard disk）驅動器的讀出裝置等振動源附近零件上使用鎂合金；(5) 為了在汽車受到撞擊後提高吸收衝擊力和輕量化，在方向盤和坐椅上使用鎂合金；(6) 鎂合金由於密度低、強度較高，具有一定的防腐性能，常用來做單眼相機的骨架。

1 實用金屬中，屬於最輕者

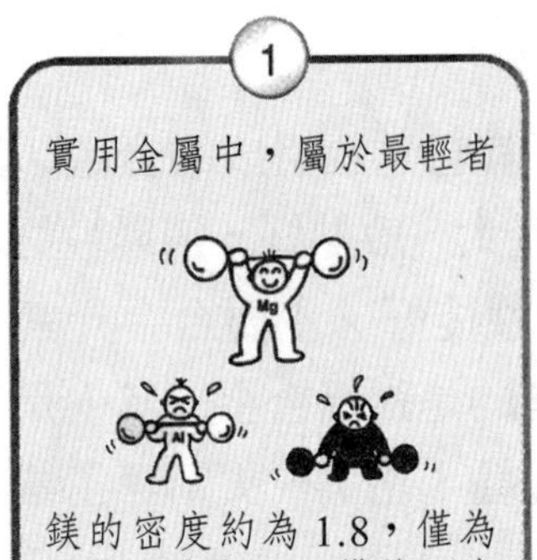

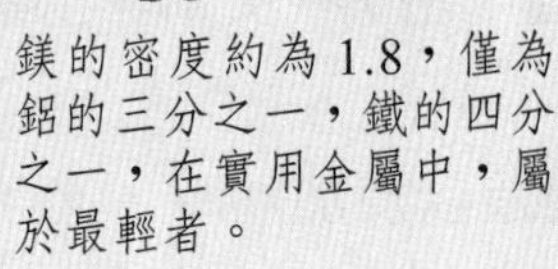

鎂的密度約為 1.8，僅為鋁的三分之一，鐵的四分之一，在實用金屬中，屬於最輕者。

2 作為結構件的強度

與塑料相比，儘管鎂的密度要高些，但鎂的彎曲彈性模量、拉伸強度要高得多，因此可以製作更加輕而薄的結構件。

3 散熱特性

純鎂的熱導率為 150W/m · K，屬於相當高的。因此設備內發生的熱可以有效傳出，具有良好的散熱特性。

4 電磁波遮罩性

鎂較之塑料上電鍍金屬層的遮罩效果要好得多，鎂對電磁波的遮罩效果與鋁不相上下。

5 可迴圈再利用性

鎂作為金屬，可藉由再熔融、精煉等比較容易地轉變為原來的材料，便於迴圈再利用。

其它特性

- 尺寸穩定性
  溫度變化及隨時間推移尺寸變化小。
- 耐衝擊不容易產生表面凹坑，對變形的抵抗力高，受衝擊也不容易產生表凹坑。
- 機械加工性
  切削加工容易，可以大幅度減少加工時間、加工費用等
- 振動吸收性
  有效吸收振動，可延長機械裝置的壽命、減少噪音。
- 豐富的資源
  除海水中含量約 0.13% 之外，作為礦石，地殼中蘊藏豐富。

圖 1.22　金屬鎂的特性

表 1.3　鎂合金的物理、機械性能與其它材料的比較

材料		密度	融點 (°C)	熱導率 (W/mK)	抗拉強度 (MPa)	耐力 (MPa)	延伸率 (%)	比強度 (σ/ρ)	彈性模量 (GPa)
鎂合金	AZ91D	1.81	598	54	250	260	7	138	45
	AM608	1.8	615	61	240	130	13	133	45
鎂合金	A380	2.70	595	100	315	180	3	116	71
鋼鐵	炭素鋼	7.86	1520	42	517	400	22	80	200
塑料	ABS	1.003	*	0.9	96	*	60	93	*
	PC	1.23	*	*	118	*	2.7	95	*

表 1.4　典型的材料加工技術

材料類別	技術方法	技術原理
金屬材料	鑄造：砂型、壓鑄、永久鑄型、連續鑄造	將液態金屬澆入或注入固體模中，得到所要求的形狀
	成型：鍛造、拉絲、深沖、彎曲	通常在熱狀態下，用高壓力將固體金屬變形為有用形狀
	連接：氣焊、接觸焊、纖焊、氧弧焊、摩擦焊、擴散焊	採用液態金屬、變形或高壓、高溫，將幾塊金屬連接在一起
	機械加工：車、鑽、磨等	切削加工去掉多餘金屬，獲得成品件
	粉末冶金	先在高溫下將金屬粉末壓製成需要的形狀，然後進行高溫加熱，使微粒連接成整體
陶瓷材料	鑄造：包括塗泥釉	將液體陶瓷或液體加固體的陶瓷泥漿澆注成所需形狀
	壓製：擠壓、壓製、等靜壓成型	將液體陶瓷或液體加固體的陶瓷泥漿壓製成有用形狀
	燒結（sinter）	將壓製成的固體陶瓷進行高溫加熱，使之黏連成塊
聚合物	模製：注模法、轉移注模法	將熱的甚至液態的聚合物壓入模具中，其類似鑄造
	成型：旋壓、擠壓、真空成型	將受熱的聚合物強迫通過模孔或包裹在模胎上，以獲得某種形狀
複合材料	鑄造：包括滲透	液體組分包圍著另一種組分，以獲得完整的複合材料
	成型	用強力迫使一個軟質組分圍繞複合材料的第二個組分發生變形
	連接：膠黏劑黏結、爆炸連接、擴散連接	通過膠接、變形或高溫過程，將兩種組分連接在一起
	壓製或燒結	將粉末狀組分壓製成型，然後加熱使粉末連接在一起

1.11 關注材料的最新應用 —— 強調發展，注重創新

1.11.1 新型電子材料

功能材料與元件（device）相組合，並趨向小型化和多功能化。特別是磊晶技術與超晶格（super lattice）理論的發展，使材料與元件的製作可以控制在原子尺度，將成為今後發展的重點。其它資訊功能材料發展也很快，品種日益增加，性能不斷提高。這裡主要指的是半導體、雷射、光電子、液晶、敏感及磁性材料、超導材料等。它們是發展資訊產業的基礎，在材料中無疑佔有十分重要的地位。特別是半導體材料中的 SiGe 在製造高電子遷移率的新型元件，Ⅲ - Ⅴ族、Ⅱ - Ⅵ族化合物半導體在 LED 固體照明和太陽能光伏發電方面已構建起新興產業。

1.11.2 低維材料和亞穩材料

低維材料包括零維的奈米點（nanometer dot）、一維的奈米線（nanometer line）、二維的奈米膜（nanometer film）、三維的奈米管（nanometer tube）、球形顆粒、桿、梳狀物、角狀物，以及其它非特指的幾何構造等。低維材料在過去十年裡成為基礎研究和應用研究中的前沿課題，它的一個重要特點是在基礎科學的原子、分子尺度、工程和製造的微觀尺度之間，搭建起至關重要的尺度橋樑。

低維材料具有目前主體材料所不具備的性質。如作為零維的奈米級金屬顆粒是電的絕緣體及吸光的黑體；以奈米微粒製成的陶瓷，具有較高的韌性和超塑性；奈米級金屬鋁的硬度為塊體鋁的 8 倍等等。這些都是待開發的領域。作為一維材料碳纖維、SiC 纖維、高強度有機纖維、光導纖維，作為二維材料的鑽石薄膜、超導薄膜，都已顯示出廣闊的前景。

由微米、奈米或微／奈米複合結構組成的薄膜，因為其新奇的表面性質和潛在的重要應用而吸引人們愈來愈大的關注，這些潛在應用包括催化、感測器、電池、表面增強拉曼散射（SERS, surface enhanced Raman scattering）、資料存儲、超疏水性或超親水性薄膜、光子晶體、光電子學、微電子學、光學元件、電化學電解質等。開發這種薄膜在某些元件，比如染料敏化太陽電池，鋰離子電池和電化學超級電容器，貯氫元件，以及化學、氣體、生物感測器中新的應用，更是人們夢寐以求，並始終為之奮鬥的目標。

非晶材料是亞穩材料的一種，具有很多優異性能，將會得到很大發展。

1.11.3　生物材料和智慧材料

生物醫學材料的目標是對人體組織的矯形、修復、再造、充填以維持其原有功能。它要求材料不僅具有相應的性能（強度、硬度），還必須與人體組織有相容性以及一定的生物活性。

人們比較熟悉的有活性羥基磷灰石和微晶玻璃，這些是牙根種植體、牙槽矯形、頜骨再造等牙科用的材料；高強度的氧化鋁、氧化鋯以及帶有陶瓷塗層的鈦系合金，往往選作承受負荷部位的生物矯形複合材料。聚乳酸與羥基磷灰石、磷酸鈣的複合材料，以及加入鈦纖維或玻璃纖維組成的複合材料，也是矯形固定器、組織再造等有效材料。此外，還有基本研製成功的用作人造心瓣膜的碳基複合材料。生物醫學材料有廣闊的前景，需要材料科學家和醫學家密切配合。

智慧材料（intelligent material）是具有感知和驅動雙重功能的材料，它能對外界環境進行觀測（感覺）並做出反應（驅動），從另一個角度來看，這是一種仿生物（生命）系統的材料。

智慧材料有一系列特殊功能，它們的英文名字都是以 S 開頭：選擇性（selectivity）、自調節性（self-tuning）、靈敏性（sensitivity）、可變形性（shapeability）、自恢復（self-recovery）、簡化性（simplicity）、自修復（self-repair）、穩定性與多元穩定性（stability and multistability）、候補現象（stand-by phenomena）、免毀能力（survivability）和開關性（switchability）等。因此，稱為「S 行為材料」。以上的一些 S 行為有些比較接近，如自恢復、候補現象、自修復等，所以只要具備幾個 S 特性就可以認為是智慧材料了。

Smart 和 Intelligent 兩個詞都有智慧的意思，但程度有所不同。Smart 是靈巧的意思，目前的智慧材料大都是 Smart 型材料而不是智慧（intelligent）材料。PTC 熱敏電阻、壓敏電阻、靈巧窗等是大家熟知的 Smart 元件；電流變體（一種電場會影響材料黏度的物體，它們隨外電場的大小，可發生固態與液態間的可逆變化）則是一種新型的 Smart 材料。

1.11.4 新能源材料

包括可再生能源材料、新型儲能材料和節能、高效光源材料等。例如：各類太陽電池材料，鋰離子電池、鎳－氫電池、燃料電池（fuel cell）（包括儲能）；金屬－空氣電池材料、超級電容器材料以及 LED、OLED 光源材料等。

20 世紀 90 年代 C_{60} 的出現，為發展新材料開闢了一個嶄新的途徑。在今後的年代裡，利用原子簇技術可能發展出更多的新材料。新發現的多孔矽在光學方面具有明顯的特徵，在發展可見矽光源、矽光電元件、太陽電池等方面，都可能找到用武之地，是一種正待開發的新材料。

新材料的開發，有些是理論突破的結果，有些是經驗的總結，有些是偶然的新發現。如 1986 年氧化物超導體的出現，20 世紀 90 年代初 C_{60} 的合成，以及多孔矽的發現，都屬於後一種。這些都是難以預料的，但其影響卻很深遠。

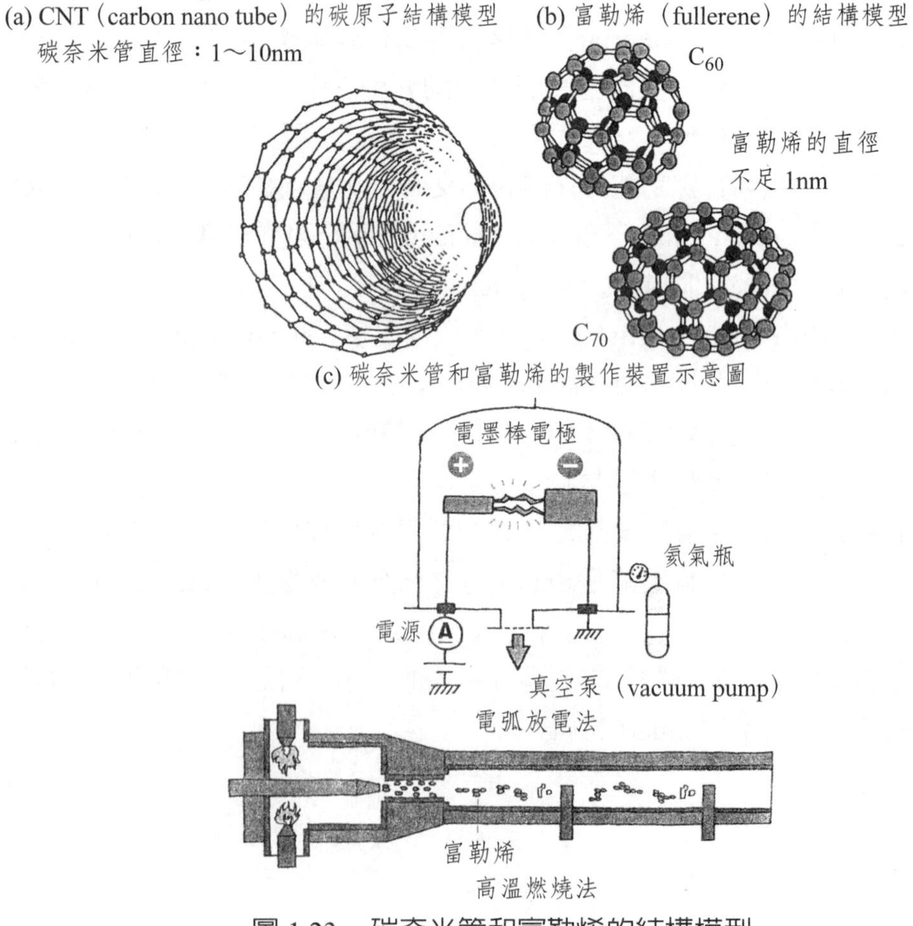

圖 1.23　碳奈米管和富勒烯的結構模型

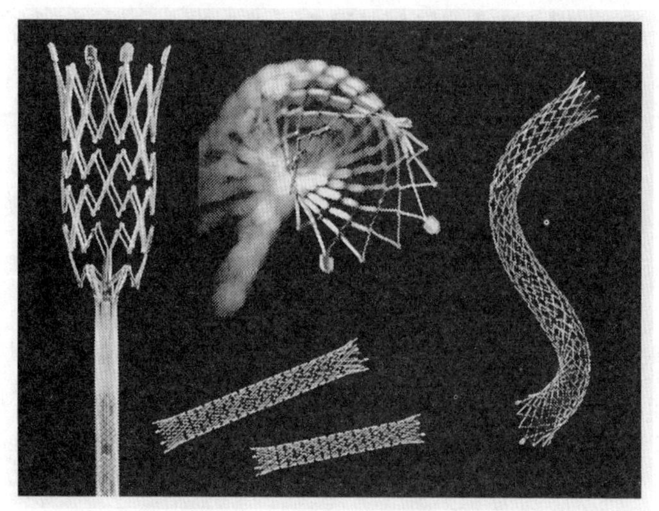

對心肌梗塞以及與狹心症相伴的冠動脈閉塞、狹窄病變，與閉塞性動脈硬化症相伴的腎動脈及下肢動脈的閉塞、狹窄病變的患者，有治療和防止突然危患的功效。本例中的支架由Ni-Ti合金製作，兼具自擴張性和柔軟性。

圖 1.24　自擴張型金屬支架實例 —— 血管內金屬支架

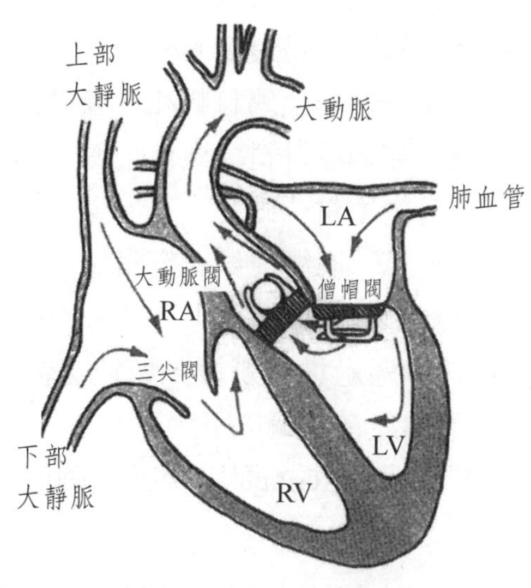

圖 1.25　人造心臟瓣膜

1.12 「911」世貿大廈垮塌和「311」福島核事故都涉及材料

1.12.1 結構材料從原始到現代的進步

作為材料，在青銅器、鐵器應用以前，木材、石材、骨及皮等自古就多有採用。但作為結構材料，金屬材料中，特別是鋼鐵，有得天獨厚的優勢。

石材、纖維、布匹、木材，還有金屬，統統都是材料。但金屬以外的材料，儘管也有一定承擔載荷的能力，但在某些方向上施力，卻幾乎無強度而言，這是其致命弱點。

例如石材，自古就在建築物中使用，承載壓縮應力非常強。中國的長城、埃及的金字塔、羅馬水道等都成功使用了石材。但一有較大的拉應力作用，建築結構就會突然崩塌。布匹是由纖維編織而成的，對於拉伸，它具有相當不錯的強度，但對於壓縮，卻全然無強度可言。

而金屬既耐壓縮又耐拉伸，且可實現兩者的良好平衡。特別是鋼鐵，即使在金屬材料中，其可實現的強度範圍也是最廣的。

若對材料做大的分類，可分為非金屬材料和金屬材料。金屬材料還可以進一步分為非鐵材料（有色金屬）和鋼鐵材料（黑色金屬）。

非金屬材料可以進一步分為木材、磚瓦、石、骨、玻璃等耐壓縮強度強而耐拉伸強度非常弱的一類，和皮革、麻繩、絹布等耐拉伸強度強而耐壓縮強度弱的另一類。大部分的非金屬材料只有 100MPa 上下較低的拉伸強度。

非鐵（有色金屬）材料，通過材質選擇，如鈦合金，拉伸強度可達到接近 1GPa，但大部分有色金屬的強度在軟鋼以下。

鋼鐵材料從 270MPa 的軟鋼到 3GPa 的鋼琴絲，強度的變化範圍極寬。

1.12.2 鋼筋混凝土使世界上的高樓大廈拔地而起

混凝土（concrete）是水泥（cement）（通常矽酸鹽水泥）與骨料的混合物。當加入一定量的水分時，水泥水化形成微觀不透明晶格結構，從而包裹和結合骨料成為整體結構。通常混凝土結構擁有較強的抗壓強度（大約 3000psi，21MPa）。但是混凝土的抗拉強度較低，通常只有抗壓強度的十分之一左右，任何顯著的拉彎作用都會使其微觀晶格結構開裂和分離，從而導致結構的破壞。而絕大多數結構構件內部都有受拉應力作用的需求，故未加鋼筋的混凝土極少被單獨使用於工程。相較於混凝土而言，鋼筋抗拉強度非常高，一般在200MPa以上，故通常要在混凝土中加入鋼筋等加筋材料與之共同工作，由鋼筋承擔其中的拉力應力，由混凝土承擔壓應力部分。

鋼筋混凝土之所以協調共同工作是由其自身材料性質決定的。首先鋼筋與混凝土有著近似相同的線膨脹係數，不會由環境不同產生過大的應力。其次鋼筋與混凝土之間有良好的黏結力，有時鋼筋的表面也被加工成有間隔的肋條（稱為變形鋼筋），以提高混凝土與鋼筋之間的機械咬合，當此仍不足以傳遞鋼筋與混凝土之間的拉力時，通常將鋼筋的端部彎起180°的彎鉤。此外混凝土中的氫氧化鈣提供的鹼性環境，在鋼筋表面形成了一層鈍化保護膜，使鋼筋相對於中性與酸性環境下更不易腐蝕。

鋼筋混凝土結構的發明，成就了世界上令人驚歎的高樓大廈。哈里發塔（Khalifa）（世界最高建築，高828m）總共使用33萬立方米混凝土、3.9萬噸鋼材，多倫多國家電視塔（高553m）共由40,524m^3混凝土澆鑄而成。可以說，沒有鋼筋混凝土，現代建築就不可能如此美觀實用。

1.12.3　「911」世貿大廈垮塌高溫下材料失效是內因，巨大的衝擊力是外因

2001年9月11日這一天，4架民航客機在美國上空飛翔，然而這4架飛機卻被劫機犯無聲無息地劫持，當美國人剛剛準備開始一天的工作時，舉世聞名的美國紐約世貿中心（World Trade Center）大廈遭受恐怖襲擊，20世紀70年代全球建築經典「雙子星」（Gemini）大廈轟然倒塌，暫態化為一片廢墟，3000多人不幸喪生。

高聳入雲的現代摩天大廈受到恐怖襲擊為何輕易地倒塌？堅固挺拔的高樓為何如此不堪一擊？關鍵是材料變質、失效，由於不堪重負而破壞。

民航客機的巨大衝擊力引發著火，油箱「火上澆油」，火藉風勢，風助火威，迅速蔓延，先是窗玻璃熔化破損，氧氣由四周源源不斷提供，「雙子星」變成「沖天爐」，溫度迅速升高，100℃、300℃、500℃、700℃，最終達到上千度。在高溫下，鋼筋和鋼樑的強度降低，迅速軟化。

與此同時，在高溫受熱下，混凝土中的毛細孔會逐漸地失去水分，水泥的水化產物會脫水導致組織硬化、脫水加劇、混凝土收縮、出現裂紋，並且骨料開始膨脹，水泥骨架開始遭到破壞，導致強度和彈性模量下降，最終造成普通混凝土

的大面積裂紋以及坍塌。一旦某一層結構破壞，重物下落，自上而下的巨大衝擊力就會使世貿中心大廈垮塌。

1.12.4 「311」福島核事故

2011 年 3 月 11 日東日本發生的空前大地震〔芮氏（Richter）9 級〕，以及由地震引發的大海嘯（tsunami）（達 15m），導致了東京電力（Tokyo Electric Power）福島第一核電站 1～4 號反應器的大事故。1 號、3 號反應器發生氫爆炸，致使反應器上方的建築物破損；1～3 號反應器中發生燃料的破損、熔化，造成反應器壓力殼、安全殼的損壞；4 號反應器使用過的乏燃料池中貯藏的燃料，因冷卻失效，發生燃料破損、熔融。如此一來，從 1～4 號反應器中便有燃料的洩漏。特別是 1 號反應器發生全器芯熔融，流到壓力容器下部的高溫燃料（達 2800℃），使局部反應器壓力殼熔化穿透。

「311」福島核事故的原因是，作為輔助外部電源的非常狀態用柴油發電機全部不能運轉，致使冷卻反應器的電源全部喪失。若反應器在 100% 功率輸出的運行狀態下停止運轉，當時即有相當於滿功率輸出 10% 的衰變熱發生。由於冷卻功能的喪失，對於核工廠不可缺少的三個功能 ──「停堆」、「冷卻」、「封閉」中的「冷卻」失效，進而發生燃料的損毀、熔融，致使反應器壓力容器下方被熔融燃料穿孔，反應器安全殼也發生破損。封閉放射性物質的五道防護壁中，作為最後一道防護壁的反應器上方的建築物，也在 1、3、4 號反應器中發生破壞，「封閉」功能喪失殆盡，從而釀成「311」福島核事故。

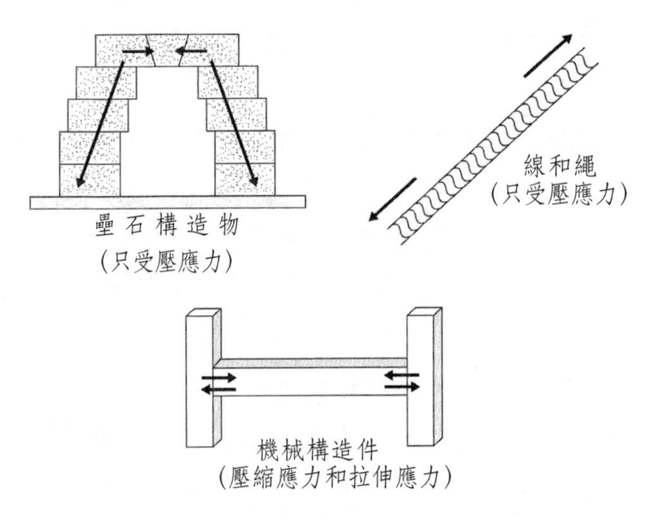

圖 1.26　結構材料擔當承受應力的重任

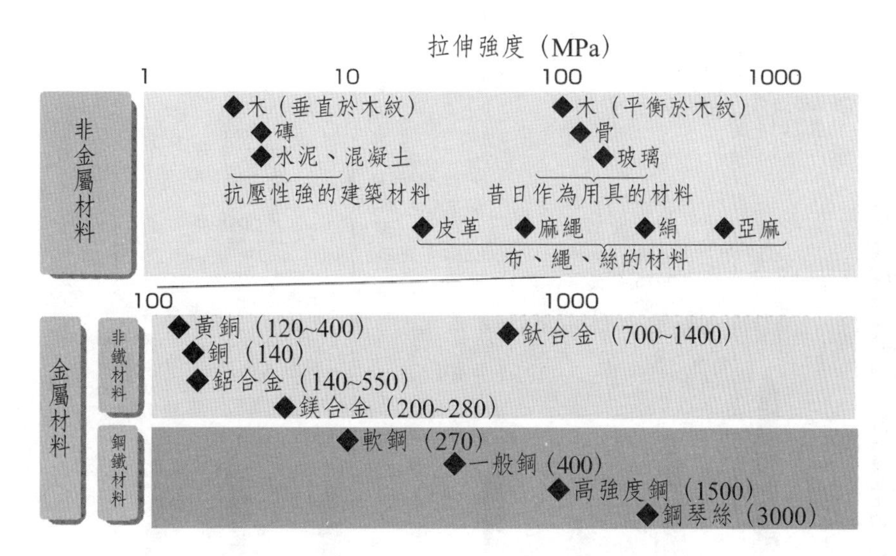

圖 1.27 各種材料拉伸強度的實例

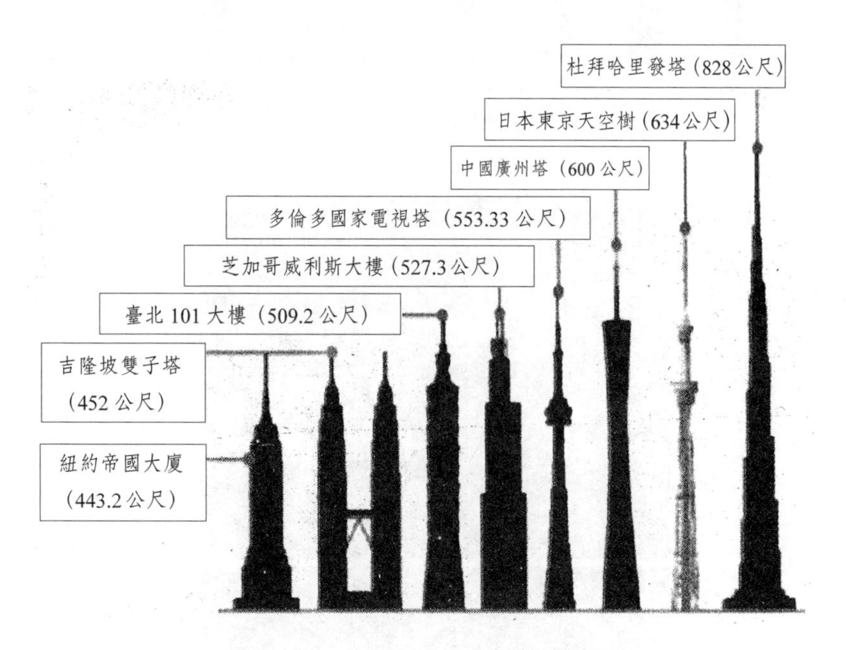

圖 1.28 世界上的高層建築

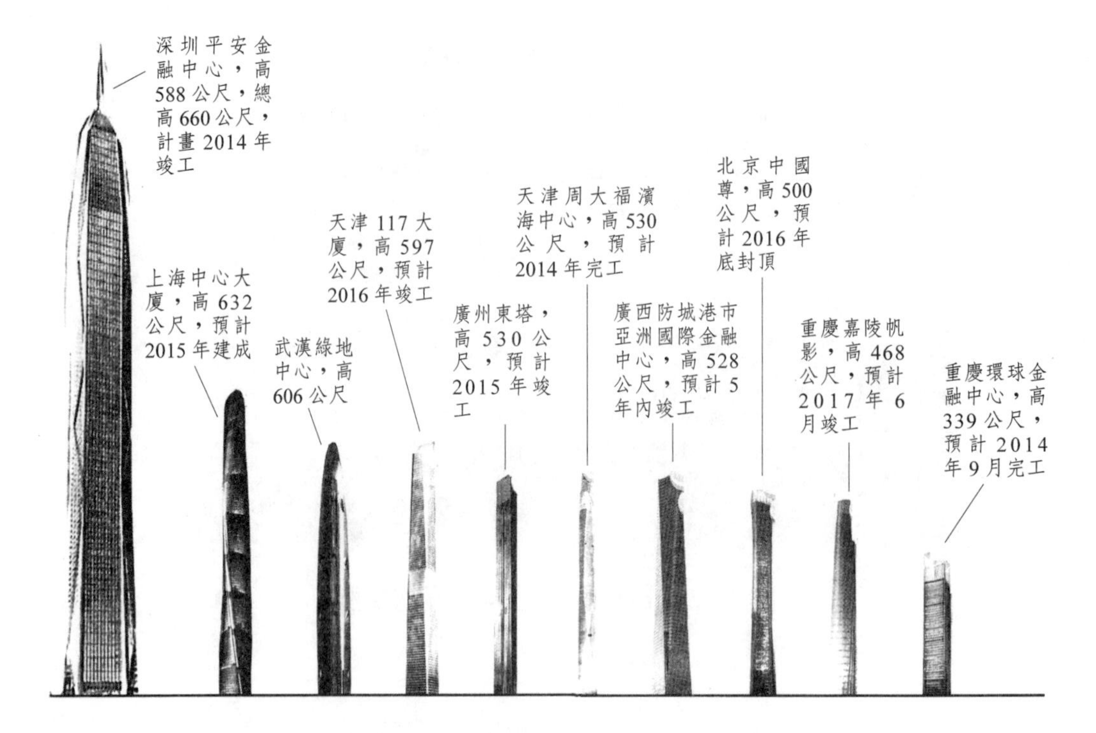

圖 1.29　中國興建中的十大高樓

圖 1.30　高溫熔體穿透壓力殼，致使核燃料大量洩漏

思考題及練習題

1.1　寫出材料的定義，說明材料與物質、材料與原料的區別。

1.2　為什麼說材料的發展是人類文明的里程碑？分別舉例說明。

1.3　按組成、化學鍵及屬性等通常共涉及哪五大類工程材料？分別舉例說明。

1.4　何謂新材料？舉例說明先進材料是高新技術的核心。

1.5　如何理解「矽是上帝賜予人類的寶物」這句話？

1.6　試舉 SiO_2 不可替代的重要用途。

1.7　列出車子上所用的各種材料，並說明其主要功能。

1.8　何謂材料科學與工程，什麼是材料科學與工程四要素？

1.9　材料從尺度上可分為哪幾個層次？這些層次是如何決定材料的組織和性能？

1.10　將「金屬是冶煉成的，陶瓷是燒結成的，玻璃是熔凝成的，高分子是聚合成的，單晶是拉製成的，半導體是摻雜成的，複合材料是疊壓成的，薄膜是沉積成的」譯成英語。

1.11　金屬鎂作為結構材料有什麼優勢和劣勢？評價鎂合金的應用背景。

1.12　試對新材料的發展和最新應用進行評價和展望。

1.13　請調查與材料科學（偏重物理）相關的諾貝爾獎（Nobel prize）獲獎者，分別寫出他們的簡歷。

參考文獻

[1] Donald R.Askeland, Pradeep P.Phulé.The Science and Engineering of Materials.4th ed.Brooks/Cole, Thomson Learning, Inco., 2003.
材料科學與工程（第 4 版），北京：清華大學出版社，2005 年。

[2] Michael F Ashby, David R H Jones. Engineering Materials 1——An Introduction to Properties, Applications and Design. 3rd ed. Elsevier Butterworth-Heinemann, 2005.
工程材料 (1)—— 性能、應用、設計引論（第 3 版），北京：科學出版社，2007 年。

[3] William F. Smith, Javad Hashemi. Foundations of Materials Science and Engineering. 5th ed. New York, McGraw-Hill, Inco. Higher Education, 2010.
材料科學與工程基礎（第 5 版），北京：機械工業出版社，2011 年。

[4] 潘金生，仝健民，田民波，材料科學基礎（修訂版），北京：清華大學出版社，2011 年。

[5] 杜雙明，王曉剛，材料科學與工程概論，西安：西安電子科技大學出版社，2011 年 8 月。

[6] 王高潮，材料科學與工程導論，北京：機械工業出版社，2006 年 1 月。

[7] 周達飛，材料概論（第二版），北京：化學工業出版社，2009 年 2 月。

[8] 施惠生，材料概論（第二版），上海：同濟大學出版社，2009 年 8 月。

[9] 李恆德，劉伯操，韓雅芳，周瑞發，王祖法，現代材料科學與工程辭典，濟南：山東科學技術出版社，2001 年 8 月。

[10] 平井平八郎，犬石嘉雄，成田賢仁，安藤慶一，家田正之，浜川圭弘。電気電子材料，Ohmsha，2008 年。

[11] 澤岡昭，電子材料：基礎から光機能材料まで，森北出版株式會社，1999 年 3 月。

2 材料就在元素週期表中

2.1 在元素週期表中發現材料
2.2 120 種元素綜合分析
2.3 原子的核外電子排佈 (1)—— 量子數和電子軌道
2.4 原子的核外電子排佈 (2)—— 電子排佈的三個準則
2.5 核外電子排佈的應用 (1)—— 不同碳材料的晶體結構
2.6 核外電子排佈的應用 (2)—— 碳材料的多樣性
2.7 原子的核外電子排佈 (3)—— 過渡族元素和難熔金屬
2.8 原子半徑、離子半徑和元素的電負性
2.9 日常生活中須臾不可離開的元素
2.10 材料性能與微觀結構的關係
2.11 從軌道能階到能帶 —— 絕緣體、導體和半導體的能帶圖
2.12 化合物半導體和螢光體材料

2.1 在元素週期表中發現材料

2.1.1 元素週期表

元素週期表是於 1869 年由俄國科學家門捷列夫（Dmitri Mendeleev）首創的，後來又經過多名科學家多年的修訂，才形成當代的形式。

到 2012 年，元素週期表中已包括 120 種元素（已正式命名的有 116 種）。每一種元素都有一個編號，其數值恰好等於該元素原子的核內電荷數，這個編號稱為原子序數（atomic number）。

原子的性質隨其核外電子排佈有明顯的規律性，科學家們是按原子序數遞增排列，將電子層數相同的元素放在同一行，將最外層電子數相同的元素放在同一列。元素週期表是元素週期的體現形式，它能概括地反映元素性質的週期性變化規律。

2.1.2 週期和族

在週期表（periodic table）中，元素是以元素的原子序數排列，原子序數最小的排行最先。表中一橫行稱為一個週期，一列稱為一個族。週期表中有 7 個橫行，表示 7 個週期：1 個超短週期、2 個短週期、2 個長週期、1 個超長週期、1 個不完全週期。第一週期僅有兩個元素，稱為超短週期；第二、第三週期各有 8 個元素，稱為短週期；第四、第五週期各有 18 個元素，稱為長週期；第六週期有 32 種元素，稱為超長週期；而第七週期至今尚未填完，稱不完全週期。週期表中共有 18 個縱行，每一縱行表示一個族，而族又有主族和副族之分。其中 IA 至 VIIA 為第一至第七主族，標有 IB 至 VIIB 為第一到第七副族，標有Ⅷ的為第八族，標有 0 的為零族。第八族有時稱為 0，亦稱為零族。

2.1.3 主族和副族

主族（He 除外）以及 IB 、IIB 族的族序數等於最外層電子數；IIIB～VIIB 族的族序數等於最外層電子數與次外層 d 亞層（軌道）電子數之和。上述規律不適用於第 VIIIB 族。

同族元素原子的最外層電子構型基本上一致，只是殼層數不同。正是因為同族元素原子具有相似的電子構型，才具有相似的化學性質和物理性質。

週期表中的元素除了按週期和族劃分外，還可按元素的原子在哪一亞層增加電子，而將它們劃分為 s、p、d、f、g 五個區，詳見 2.10.4 節。

元素週期表中各主族的元素，其原子的電子層除最外層外，都具有穩定的結構。價電子都在最外層上，參與反應時，僅這層電子發生變化。同一主族的元素，其原子的最外層電子數相同，且數目與族序數相同，因此常具有相同的化合價。隨著原子電子層數增加，它們的金屬性逐漸增強，非金屬性逐漸減弱。主族元素共有 38 種。其中 22 種是金屬元素，16 種是非金屬元素。

副族元素失電子多少不像主族元素那麼簡單，其化合價往往不止一種，但也有一些規律可循，這與原子的核外電子排佈規律有關，這可由核外電子排佈規律之一 ——「洪德規則（Hund’s rule）」（當電子亞層處於全空、半滿和全滿時較穩定）來解釋。此外，副族元素的最高正價一般也等於它的族序數，這一點和主族元素一樣。元素週期表中各副族的元素，大多數的原子電子層結構不僅外層不穩定，次外層也不穩定（銅族、鋅族除外）。價電子（valence electron）分布在外層或次外層中，因此參加反應時，不僅外層而且次外層電子也可能發生變化。同一副族的元素，一般具有相同的化合價。但性質的遞變規律不及主族明顯，大體上隨著原子序數增加，金屬性減弱（鈧族例外）。副族元素迄今已有 50 餘種，它們都是金屬元素。

2.1.4 材料就在元素週期表中

元素週期表是一座化學知識的寶庫，裡面蘊藏著很多重要的化學規律，為發展過渡元素結構、鑭系和錒系結構理論，指導新元素的合成、預測新元素的結構和性質提供了重要線索。在實際生產中具有廣泛的應用，主要表現為位置靠近的元素性質相似，啟發著人們在某個區域內尋找新的物質。例如：(1) 農藥：多數是含 F、Cl、P、S 等元素的化合物，主要在週期表的右上部。(2) 半導體：主要為 Si、Ga、Ge 等元素的單質，位於金屬與非金屬分界線附近。(3) 催化劑（catalyst）：過渡元素（transition element）對許多化學反應有良好的催化性能，可在過渡元素（包括稀土元素）中尋找各種優良催化劑。(4) 特種合金：在週期表裡從 IIIB 到 IVB 的過渡元素，如鈦、鉭、鉬、鎢、鉻，具有耐高溫、耐腐蝕等特點，它們是製作耐高溫、耐腐蝕特種合金的優良材料，是製造飛彈、火箭、太空梭等不可缺少的金屬。(5) 礦物尋找：元素在地球上的分布跟它們在週期表的位置有密切的聯繫，如相對原子品質較小的元素在地殼中含量較多，相對原子品質較大的元素在地殼中含量較少；原子序數為偶數的元素較多，原子序數為奇數的元素較少；處於地球表面的元素多數呈現高價，處於岩石深處的元素多數呈現低價；熔點、離子半徑、得失電子能力相近的元素往往共生在一起，處於同一種礦石中。

主族元素 (IA–IIA)；主族元素 (IIIA–VIIIA)

金屬（主族）
金屬（過渡族）
金屬（內過渡族）
類金屬
非金屬

週期	IA (1)	IIA (2)	IIIB (3)	IVB (4)	VB (5)	VIB (6)	VIIB (7)	VIIIB (8)	VIIIB (9)	VIIIB (10)	IB (11)	IIB (12)	IIIA (13)	IVA (14)	VA (15)	VIA (16)	VIIA (17)	VIIIA (18)
1	1 H 1.008																	2 He 4.003
2	3 Li 6.941	4 Be 9.012											5 B 10.81	6 C 12.01	7 N 14.01	8 O 16.00	9 F 19.00	10 Ne 20.18
3	11 Na 22.99	12 Mg 24.31											13 Al 26.98	14 Si 28.09	15 P 30.97	16 S 32.07	17 Cl 35.45	18 Ar 39.95
4	19 K 39.10	20 Ca 40.08	21 Sc 44.96	22 Ti 47.88	23 V 50.94	24 Cr 52.00	25 Mn 54.94	26 Fe 55.85	27 Co 58.93	28 Ni 58.69	29 Cu 63.55	30 Zn 65.39	31 Ga 69.72	32 Ge 72.61	33 As 74.92	34 Se 78.96	35 Br 79.90	36 Kr 83.80
5	37 Rb 85.47	38 Sr 87.62	39 Y 88.91	40 Zr 91.22	41 Nb 92.91	42 Mo 95.94	43 Tc (98)	44 Ru 101.1	45 Rh 102.9	46 Pd 106.4	47 Ag 107.9	48 Cd 112.4	49 In 114.8	50 Sn 118.7	51 Sb 121.8	52 Te 127.6	53 I 126.9	54 Xe 131.3
6	55 Cs 132.9	56 Ba 137.3	57 La 138.9	72 Hf 178.5	73 Ta 180.9	74 W 183.9	75 Re 186.2	76 Os 190.2	77 Ir 192.2	78 Pt 195.1	79 Au 197.0	80 Hg 200.6	81 Tl 204.4	82 Pb 207.2	83 Bi 209.0	84 Po (209)	85 At (210)	86 Rn (222)
7	87 Fr (223)	88 Ra (226)	89 Ac (227)	104 Rf (261)	105 Db (262)	106 Sg (266)	107 Bh (262)	108 Hs (265)	109 Mt (266)	110 Uun (269)	111 Uuu (272)	112 Uub (277)	113	114 Uug (285)	115	116 Uuh (289)	117	118 Uuo

內過渡族元素

週期															
6	＊鑭系	58 Ce 140.1	59 Pr 140.9	60 Nd 144.2	61 Pm (145)	62 Sm 150.4	63 Eu 152.0	64 Gd 157.3	65 Tb 158.9	66 Dy 162.5	67 Ho 164.9	68 Er 167.3	69 Tm 168.9	70 Yb 173.0	71 Lu 175.0
7	＊＊錒系	90 Th 232.0	91 Pa (231)	92 U 238.0	93 Np (237)	94 Pu (242)	95 Am (243)	96 Cm (247)	97 Bk (247)	98 Cf (251)	99 Es (252)	100 Fm (257)	101 Md (258)	102 No (259)	103 Lr (260)

最新的元素週期表給出 7 個週期、8 個主族元素、過渡族元素和內過渡族元素。注意大多數元素是按金屬和非金屬分類的

圖 2.1　元素週期表（Periodic Table of the Elements）

2.2 120 種元素綜合分析

2.2.1 金屬、半金屬

目前使用的含 112 種元素的元素週期表中，金屬元素共 90 種，位於「硼 — 砈分界線」的左下方，在 s 區、p 區、d 區、f 區、g 區等 5 個區域都有金屬元素，過渡元素全部是金屬元素。金屬是一種具有光澤（即對可見光強烈反射）、富有延展性、容易導電、導熱等性質的物質。金屬的上述特質都跟金屬晶體內含自由電子有關。金屬之間的連結是金屬鍵，因此隨意更換位置都可再重新建立連結，這也是金屬伸展性良好的原因。金屬元素在化合物中通常只顯正價。

半金屬（semi-metal，又稱類金屬）這個名詞起源於中世紀的歐洲，用來稱呼鉍，因為它缺少正常金屬的延展性，只算得上是「半」金屬。目前指的是導電電子濃度遠低於正常金屬的一類金屬。正常金屬的載子濃度都在 $10^{22}cm^{-3}$ 以上。而半金屬的載子濃度在 10^{22}～$10^{17}cm^{-3}$ 之間。半金屬元素在週期表中處於金屬向非金屬過渡位置，若沿著元素週期表Ⅲ A 族的硼和鋁之間到Ⅵ A 族的碲和釙之間畫一鋸齒形斜線，則貼近這條斜線的元素（除鋁外）都是半金屬，通常包括硼 B、矽 Si、砷 As、碲 Te、硒 Se、釙 Po 和砈 At，鍺 Ge、銻 Sb 也可歸入半金屬。半金屬一般性脆，呈金屬光澤。電負性在 1.8～2.4 之間，大於金屬，小於非金屬。

2.2.2 黑色金屬、有色金屬，輕金屬、重金屬

工業上把金屬及其合金分成兩大部分：

(1) 黑色金屬：主要是指鐵、錳、鉻及其合金（鋼、生鐵、鑄鐵和鐵合金等）。黑色金屬又稱鐵類金屬（ferrous alloy）。

(2) 有色金屬：黑色金屬之外的所有金屬及其合金。有色金屬又稱非鐵金屬（nonferrous alloy）。

黑色金屬應用最廣，以鐵為基礎的合金材料佔整個結構材料和工具材料的 90% 以上，黑色金屬的工程性能比較優越，價格也比較便宜。另外，鐵族金屬一般是指 Fe、Co、Ni 等。

按照性能特點，有色金屬大致可分成：

輕金屬：Be、Mg、Al 等密度小於 $4.5g/cm^3$（或 $5g/cm^3$）的金屬，密度更高的稱為重金屬；

易熔金屬：Zn、Ga、Ge、Cd、In、Sn、Sb、Hg、Pb、Bi；

難熔金屬：Ti、V、Cr、Zr、Nb、Mo、Tc、Hf、Ta、W、Re；

貴金屬：Ru、Rh、Pd、Ag、Os、Ir、Pt、Au 等共八種；

稀土金屬：Y、La、鑭系（58～71 號）；

錒金屬：Ac、錒系（90～103 號）；

鹼金屬及鹼土金屬：Li、Na、K、Rb、Cs、Fr、Ca、Sr、Ba、Ra、Sc。

主要的有色金屬包括鋁、銅、鎳、鎂、鈦和鋅。這六種金屬的合金佔了有色金屬總量的 90%。每年使用的鋁、銅和鎂有 30% 得到了回收利用，這就進一步增加了它們的用量。

2.2.3 賤金屬、貴金屬

在化學中，賤金屬一詞是指比較容易被氧化或腐蝕的金屬，通常情況下用稀鹽酸（或鹽酸）與之反應可形成氫氣。比如鐵、鎳、鉛和鋅等。銅也被認為是賤金屬，儘管它不與鹽酸反應，只因為它比較容易氧化。在礦業和經濟領域，賤金屬是指工業非鐵金屬（不含貴金屬）。賤金屬相對比較便宜。

貴金屬（noble metal）主要是指金、銀和鉑族金屬（釕、銠、鈀、鋨、銥、鉑）等 8 種金屬元素。這些金屬大多數擁有美麗的色澤，對化學藥品的抵抗力相當大，在一般條件下不易引起化學反應。在古代，錢幣主要是用貴金屬製成，而現代大多數硬幣都是由賤金屬製成。貴金屬被用來製作珠寶和紀念品，而且還有廣泛的工業用途。

2.2.4 稀有金屬、稀散金屬

稀有金屬（rare metal）通常指在自然界中含量較少或分布稀散的金屬，它們難於從原料中提取，在工業上製作和應用較晚，但在現代工業中有廣泛的用途。中國稀有金屬資源豐富，如鎢、鈦、稀土、釩、鋯、鉬、鈮、鋰、鈹等已探明的儲量，都居於世界前列，中國正在逐步建立稀有金屬工業體系。

稀散金屬通常是指由鎵（Ga）、銦（In）、鉈（Tl）、鍺（Ge）、硒（Se）、碲（Te）和錸（Re）7 個元素組成的一組化學元素。但也有人將銣、鉿、鈧、釩和鎘等包括在內。這 7 個元素從 1782 年發現碲以來，直到 1925 年發現錸才被全部發現。這一組元素之所以被稱為稀散金屬，一是因為它們之間的物理及化學性質等相似，劃為一組；二是由於它們常以類質同象形式存在有關的礦物當中，難以形成獨立且具有單獨開採價值的稀散金屬礦床；三是它們在地殼中平均含量較低，以稀少分散狀態伴生在其它礦物之中，只能隨開採主金屬礦床時，在選冶中加以綜合回收、綜合利用。稀散金屬具有極為重要的用途，是當代高科技新材料的重要組成部分。

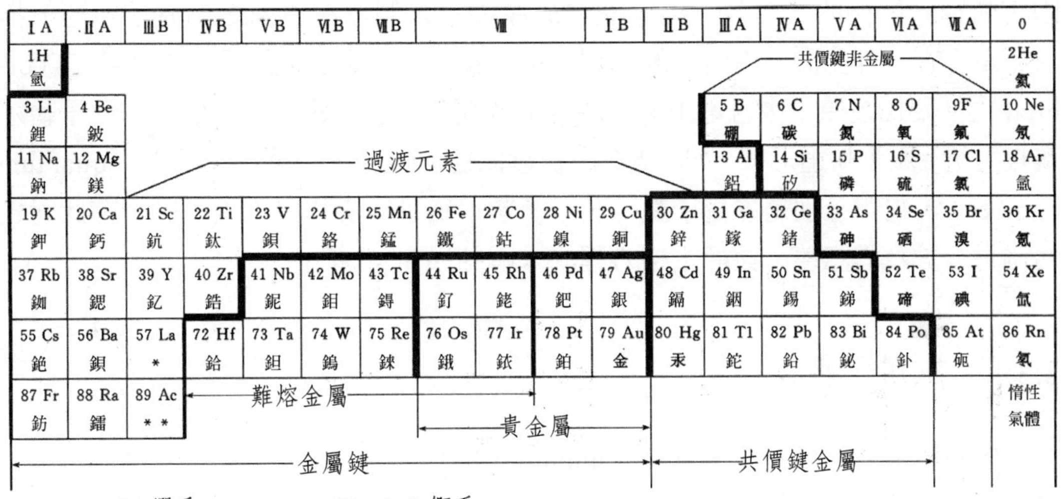

·57～71 鑭系　　·89～103 錒系

- 鹼金屬中不含 H。
- 鹼土金屬一般指：Ca、Sr、Ba。
- 硫屬元素中不含 O。
- 貴金屬共八種：釕（Ru）、銠（Rh）、鈀（Pd）、銀（Ag）、鋨（Os）、銥（Ir）、鉑（Pt）金（Au）。
- 過渡元素包括：稀土元素（內過渡族）、鈦族、釩族、鉻族、錳族、鐵族（Fe，Co，Ni）、白金族等。

圖 2.2　簡化元素週期表

2.3　原子的核外電子排佈 (1) —— 量子數和電子軌道

在結構上，原子（atom）由原子核（nucleus）及分布在核周圍的電子構成。原子核內有質子（proton）和中子（neutron），核的體積很小，卻集中了原子的絕大多數品質。電子（electron）繞著原子核在一定的軌道上旋轉，它們的質量雖可忽略，但電子的分布卻是原子結構中最重要的問題。原子之間的差異以及表現在力學、物理、化學性能方面的不同，主要是由於各種原子的電子分布不同造成的。本節介紹的原子結構，就是指電子的運動軌道和排列方式。

量子力學（quantum mechanics）的研究發現，電子的旋轉軌道不是任意的，它的運動途徑或確切位置也是測不準的。薛丁格方程（Schrödinger equations）成功地解決了電子在核外運動狀態的變化規律，方程中引入了波函數（wave function）的概念，以取代經典物理學（classical physics）中電子繞核的（圓形）固定軌道，解得的波函數（由於歷史的原因，人們習慣上稱之為原子軌道）描述了電子在核外空間各處位置的出現機率，相當於給出了電子運動的「軌道（orbital）」。要描述原子中各電子的「軌道」或運動狀態（例如電子所在的原子軌道離核遠近、原子軌道形狀、伸展方向、自旋狀態），需要引入四個量子數（quantum number），它們分別是主量子數、角量子數、磁量子數和自旋量子數。在此對這四個量子數及其意義，與薛丁格方程的求解結果作一說明。

2.3.1　主量子數 n

主量子數（principal quantum number）n（n = 1、2、3、4⋯ ）是描述電子離核遠近和能量高低的主要參數，在四個量子數中是最重要的。n 的數值越小，電子離核的平均距離越近、能量越低。在鄰近原子核的第一殼層上，n = 1，按光譜學的習慣稱為 K 殼層，該殼層上電子受核引力最大，值最負，故能量最低，而 n = 2、3、4⋯ 分別代表電子處於第二、第三、第四⋯⋯殼層上，依次稱為 L、M、N、O、P、Q⋯，其能量也依次增加。

2.3.2　軌道角量子數 l

角量子數（angular quantum number）l 既反映了原子軌道（或電子雲）的形狀，也反映了同一電子層中具有不同形狀的亞層。在同一主層上（主量子數 n）的電子，可以根據角量子數 l 分成若干個能量不同的亞殼層，l = 0、1、2、3⋯n − 1，這些亞殼層按光譜學的習慣，分別稱為 s、p、d、f、g 狀態，其 s 亞層為球形，p 亞層為啞鈴形，d 亞層為花瓣形，f 亞層的形狀複雜。各主層上亞殼層的數目隨主量子數不同，例如 n = 1 時，l 只能為 0，即第一殼層只有一個亞殼層 s，處於這種狀態的電子稱為 1s 電子；n = 2 時，l 可以有 0、1 兩種狀態，即第二殼層上由兩個亞殼層 s、p，處於這種狀態的電子分別稱為 2s、2p 電子；n = 3 時，l 可以有 0、1、2 三種狀態，即第三殼層上有 s、p、d 三個亞殼層，處於這種狀態的電子分別稱為 3s、3p、3d 電子；n = 4 時，l 可以有 0、1、2、3 四種狀態，即第四殼層上有 s 、p 、d 、f 四個亞殼層，處於這種狀態的電子分別稱為 4s 、4p 、4d 、4f 電子。決定電子軌道能量水準的主要因素是主量子數 n 和角量子數 l。總體規律為：n 不同而 l 相同時，其能量水準按 1s 、2s 、3s 、4s 順序依次升高；n 相同而 l 不同時，其能量水準按 s 、p 、d 、f 順序依次升高；n 和 l 均不同時，有時出現能階（energy level）交錯現象。例如，4s 的能量水準反而低於 3d ，5s 的能階水準也低於 4d 、4f；n 和 l 相同時，原子軌道相等（等價），如 2p 亞層中 3 個在空間相互垂直的軌道（$2p_x$ 、$2p_y$ 、$2p_z$）是等價軌道，3d 亞層中 5 個在空間取向不同的軌道也是等價軌道。需要注意的是，在有外磁場時，這些處於同一亞層而空間取向不同的軌道能量會略有差別。

軌道角量子數 l 決定了軌道角動量的大小，對鹼金屬原子，能量不僅與 n 有關，還與 l 有關。

2.3.3 軌道磁量子數 m

磁量子數（magnetic quantum number）m 確定了原子軌道在空間的伸展方向。m 的取值為 0、±1、±2…±l ，共 $2l+1$ 個取值，即原子軌道共有 $2l+1$ 個空間取向。我們常把電子主層、電子亞層和空間取向（orientation）都已確定（即 n 、m 、l 都確定）的運動狀態稱為原子軌道。s 亞層（$l=0$）有 1 個原子軌道（對應 $m=0$）；p 亞層（$l=1$）有 3 個原子軌道（對應 $m=0$、±1）；d 亞層（$l=2$）有 5 個原子軌道（對應 $m=0$、±1、±2），以此類推。軌道磁量子數 m 決定了軌道角動量在外磁場方向的投影值。

2.3.4 自旋量子數 m_s

自旋量子數（spin quantum number）m_s 是描寫電子自旋（spin）運動的量子數，是電子運動狀態的第四個量子數。原子中電子不僅繞核高速旋轉，還做自旋運動。電子有兩種不同方向的自旋，即順時針方向和逆時針方向，所以 m_s 有兩個取值 ±1/2，表示在每個狀態下可以存在自旋方向相反的兩個電子，於是在 s 、p 、d 、f 的各個亞層中，可以容納的最大電子數分別為 2、6、10、14。由四個量子數所確定的各殼層及亞殼層中的電子狀態，每一電子層中，原子軌道的總數為 n^2，各主層總電子數位 $2n^2$ 。自旋方向相反的兩個電子只是在磁場下的能量會略有差別。

自旋量子數 m_s 決定了軌道角動量在外磁場方向的投影值。

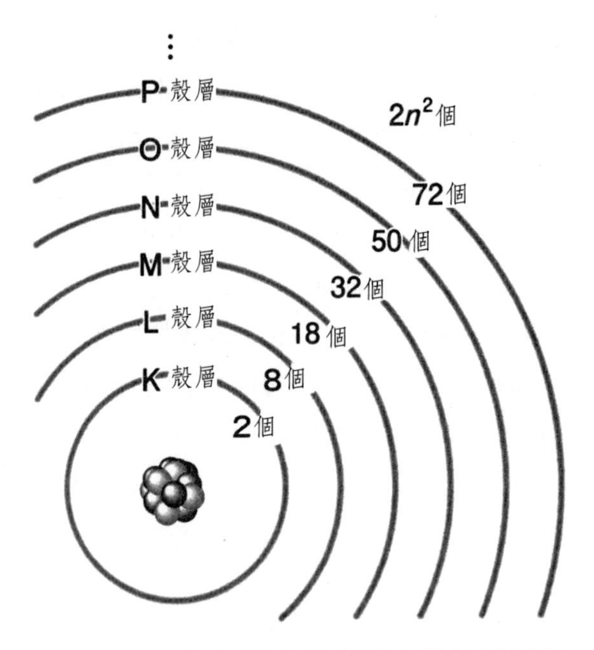

圖 2.3　每個殼層中最多可容納的電子數

電子殼層	主量子數 n	角量子數 l	磁量子數 m	相應的軌道	自旋量子數 s	l 的最大電子數	n 的最大電子數
K	1	0 (s)	0	1s	+½ −½	2	2
L	2	0 (s)	0	2s	+½ −½	2	8
		1 (p)	−1	2py	+½ −½	6	
			0	2pz	+½ −½		
			+1	2px	+½ −½		
M	3	0 (s)	0	3s	+½ −½	2	18
		1 (p)	−1	3py	+½ −½	6	
			0	3pz	+½ −½		
			+1	3px	+½ −½		
		2 (d)	−2	3dxy	+½ −½	10	
			−1	3dyz	+½ −½		
			0	$3dz^2$	+½ −½		
			+1	3dzx	+½ −½		
			+2	$3dx^2$-y^2	+½ −½		
N	4	0 (s)	0	4s	+½ −½	2	32
		1 (p)	−1	4py	+½ −½	6	
			0	4pz	+½ −½		
			+1	4px	+½ −½		
		2 (d)	−2	4dxy	+½ −½	⋮	
			⋮	⋮	⋮ ⋮		

圖 2.4　量子數與電子能階

2.4 原子的核外電子排佈 (2) —— 電子排佈的三個準則

2.4.1 電子軌道排佈的三個準則

原子核外電子的分布與四個量子數有關，且符合以下三個基本原則：

(1) 包利不相容（Pauli exclusion）原理。一個原子中不可能存在四個量子數完全相同的兩個電子。

(2) 能量最低原理。核外電子優先佔有能量最低的軌道。

(3) 洪德規則（Hund's rule）（也稱最多軌道原則）。在能量相等的軌道（等價軌道，例如 3 個 p 軌道，5 個 d 軌道，7 個 f 軌道）上分布的電子，將盡可能分佔不同的軌道，且自旋方向相同。

另外，作為洪德規則的特例，等價軌道的全填滿、半填滿或全空的狀態一般比較穩定。例如，29 號元素 Cu 的電子分散式不是 $1s^22s^22p^63s^23p^63d^94s^2$，而是 $1s^22s^22p^63s^23p^63d^{10}4s^1$；$_{24}Cr$ 的電子分散式不是 $1s^22s^22p^63s^23p^63d^44s^2$，而是 $1s^22s^22p^63s^23p^63d^54s^1$；此外，$_{79}Au$、$_{42}Mo$、$_{64}Gd$、$_{96}Cm$、$_{47}Ag$ 也有類似的情況。

根據原子軌道能階順序和核外電子分布的三個規則，可以寫出不同原子序數原子中的電子排佈方式。

例 2.1 寫出 Ni 的核外電子排列式。

解 步驟如下：

①寫出原子軌道能階順序，即 1s2s2p3s3p4s3d4p5s4d5p。

②按核外電子排佈的三個基本原則在每個軌道上排佈電子。由於 Ni 的原子序數為 28，共有 28 個電子直至排完為止，即 $1s^22s^22p^63s^23p^64s^23d^8$。

③將相同主量子數的各亞層按 s、p、d 等順序整理好，即得 Ni 原子的電子排列式 $1s^22s^22p^63s^23p^63d^84s^2$。

例 2.2 寫出 Ni^{2+} 的核外電子排列式。

解 光譜實驗顯示，原子失去電子而變成陽離子（cation）時，一般失去的是能量較高的最外層的電子，而往往會引起電子層數的減少，即陽離子的軌道能階一般不存在交錯現象。因此 Ni 原子失去的兩個電子是 4s 上的，而不是 3d 上的，即 Ni^{2+} 的核外電子排列式為 $1s^22s^22p^63s^23p^63d^8$，簡寫為 [Ar] $3d^8$ 或 $3d^8$。

2.4.2 電子的軌道能階分布

原子中的電子，均帶有一定的能量在原子核的周圍旋轉，該能量按能階從低到高，順序分別命名為 1s、2s、2p、3s、3p、3d、…。1s、2s、3s 等 s 能階的能量，分別可由 2 個電子所具有，而這 2 個電子的自旋（spin）方向必須是相反的。而且，2p 、3p 等的 p 能階的能量，分別合計由 6 個電子所據有，按相互自旋方向的不同，分成 3 組，分別位於 3 個所謂 p 軌道。s 能階中有一個軌道，故稱其為 s 軌道。

2.4.3 金屬最集中的三類元素

過渡元素（transition element）是元素週期表中從 IIIB 族到 VIII 族的化學元素。這些元素在原子結構上的共同特點是，價電子依次充填在次外層的 d 軌道上，因此，有時人們也把鑭系元素和錒系元素包括在過渡元素之中。另外，IB 族元素（銅、銀、金）在形成 +2 和 +3 價化合物時，也使用了 d 電子；IIB 族元素（鋅、鎘、汞）在形成穩定配位化合物的能力上與傳統過渡元素相似，因此，也常把 IB 和 IIB 族元素列入過渡元素之中。

指外層有電子，而次外層並未完全填滿的一組化學元素。共計 67 個，按結構特點分為三類：①主過渡元素或 d 區元素，包括 f 殼層有電子而 d 殼層僅部分填滿的元素及鋅族元素，共 37 個；②鑭系元素，從鑭到鎦的 15 個元素，殼層結構為 $4f^{0\sim14}5d^{0\sim1}6s^2$，再加上釔，鈧，17 個元素被稱為稀土元素（rare earth element）；③錒系元素，從錒開始的 15 個元素，殼層結構為 $5f^{0\sim14}6d^{0\sim1}7s^{0\sim2}$，其同位素均為放射性。

2.4.4 爲什麼 Fe、Co、Ni 是鐵磁性的？

第四週期過渡元素包括 Sc 、Ti 、V 、Cr 、Mn 、Fe 、Co 、Ni 、Cu 、Zn。它們核外電子排佈有一定共性，內層電子排佈均為 $1s^22s^22p^63s^23p^6$，閉殼層；外層電子排佈隨原子核電荷數增加而變化，表現在 3d 殼層上電子數依次增多。以 Fe 為例，其 $3d^6$ 軌道有 6 個電子佔據，但 $3d^6$ 軌道有 10 個位置（軌道數 5），為非閉殼層；$4s^2$ 軌道 2 個電子滿環，閉殼層。

由此可見，3d 軌道為非閉殼層，尚有 4 個空餘位置。3d 軌道上，最多可以容納自旋磁矩（magnetic moment）方向向上的 5 個電子和向下的 5 個電子，但電子的排佈要服從包利不相容原理和洪德規則，即一個電子軌道上可以同時容納一個自旋方向向上的電子和一個自旋方向向下的電子，但不可以同時容納 2 個自旋方向相同的電子。對於 Fe 來說，為了滿足洪德規則，電子可能的排佈方式是，5 個同方向的自旋電子和一個不同方向的電子相組合，兩者相抵，剩餘的 4 個自旋磁矩對磁化產生貢獻。

a/d 是某些 3d 過渡族元素的平衡原子問距與其 3d 電了軌道直徑之比，通過 a/d 的大小，可計算得知兩個近鄰電子接近距離（即 $r_{ab}-2r$）的大小，進而由 Bethe-Slater 曲線得出交換積分 J 及原子磁交換能 E_{ex} 的大小。

在此基礎上，奈爾總結出各種 3d、4d 及 4f 族金屬及合金的交換積分 J 與兩個近鄰電子接近距離的關係，即 Bethe-Slater 曲線。當電子的接近距離由大減小時，交換積分為正值並有一個峰值，Fe、Ni、Ni-Co、Ni-Fe 等鐵磁性物質正處於這一段位置。但當接近距離再減小時，則交換積分變為負值，Mn、Cr、Pt、V 等反鐵磁物質正處於該段位置。當 $J>0$ 時，各電子自旋的穩定狀態（E_{ex} 取極小值）是自旋方向一致平行的，因而產生了自發磁矩。這就是鐵磁性（ferromagnetic）的來源。當 $J<0$ 時，則電子自旋的穩定狀態是近鄰自旋方向相反的狀態，因而無自發磁矩。這就是反鐵磁性（anti-ferromagnetic）。

電子結構中的量子數

量子數

量子數是表徵原子中電子所屬離散能階的數值表現。

每個電子所屬的能階由四個量子數決定。

- 主量子數 n
- 角量子數 l
- 磁量子數 m_l
- 自旋量子數 m_s
- n 表示電子所屬的量子殼層

  $n=1\ 2\ 3\ 4\ 5\ 6\ 7$

  殼層＝K L M N O P Q
- 每個量子殼層的能階數量取決於角量子數 l 和磁量子數 m_l

  $l=0\ 1\ 2\ 3\cdots\ n-1$

  亞層＝s p d f …

  （或：軌道，或：次能階）

· 磁量子數 m_l 給出每個角量子數下的能階數，或軌道數

$m_l = -l \cdots 0 \cdots l$（共有 $2l + 1$ 個）

· $m_s = \pm \frac{1}{2}$

m_l = 對電子的能階幾乎沒有影響。

m_s = 對電子的能階只有非常小的影響。

表 2.1 各能階中的電子分布

軌道 / 殼層	**$\ell = 0$ (s)**	**$\ell = 1$ (p)**	**$\ell = 2$ (d)**	**$\ell = 3$ (f)**	**$\ell = 4$ (g)**	**$\ell = 5$ (h)**	
$n = 1$(K)	2						2
$n = 2$(L)	2	6					8
$n = 3$(M)	2	6	10				18
$n = 4$(N)	2	6	10	14			32
$n = 5$(O)	2	6	10	14	18		50
$n = 6$(P)	2	6	10	14	18	22	72
註：2、6、10、14…… 指的是能階中的電子數。							$2n^2$

表 2.2　洪德規則：同一亞層（角量子數）的電子排佈總是盡可能分佔不同的軌道，且自旋方向相同。

低原子序數原子的電子排佈和軌道填充圖

電子排佈		軌道填充圖 1s	2s	2p		
H	$1s^1$	↑				
He	$1s^2$	↑↓				
Li	$1s^22s$	↑↓	↑			
Be	$1s^22s^1$	↑↓	↑↓			
B	$1s^22s^22p^1$	↑↓	↑↓	↑		
C	$1s^22s^22p^2$	↑↓	↑↓	↑	↑	
N	$1s^22s^22p^3$	↑↓	↑↓	↑	↑	↑
O	$1s^22s^22p^4$	↑↓	↑↓	↑↓	↑	↑
F	$1s^22s^22p^5$	↑↓	↑↓	↑↓	↑↓	↑
Ne	$1s^22s^22p^6$	↑↓	↑↓	↑↓	↑↓	↑↓

2.5 核外電子排佈的應用 (1) —— 不同碳材料的晶體結構

2.5.1 碳的 sp^3、sp^2、sp^1 混成

儘管電子處於不停的運動中，但為了描述其存在的機率（probability），多數情況是描出一個電子存在可能性最高的軌跡，稱其為電子軌道（或軌道）。2s 電子繞球形軌道旋轉，而 2p 電子在以原子核為中心，沿三個方向伸出的軌道上運動，這三個軌道以 $2p_x$、$2p_y$、$2p_z$ 加以區別，每個軌道可以容納 2 個電子。原子各式各樣的性質，與原子核外電子數及其能量狀態密切相關，一般來說，特別是由最外層（能量最高層）電子（最外殼層電子）的能量狀態決定的。

設想碳原子僅一個存在於真空中的情況（稱其處於基態），屬於碳原子的 6 個電子分別處於：1s 能階 2 個、2s 能階 2 個、2p 能階 2 個，寫作：$1s^22s^22p^2$。當該碳原子處於與其它原子（含碳原子）相結合的狀態時（稱其為激發狀態），存在於能階彼此接近的 2s 和 2p 軌道的電子混合而成，形成所謂混成軌道（hybrid orbital）。在由碳原子構成的混成軌道中，共分下述三種：

2s 軌道與 3 種 2p 軌道全部混成（hybrid），形成所謂的 sp^3 混成軌道；2s 軌道與 2 種 2p 軌道混成，餘下的一個軌道繼續保持其原有的 2p 軌道能量，形成所謂的 sp^2 混成軌道；2s 軌道與 1 種 2p 軌道混成，餘下的二個軌道繼續保持其原有的 2p 軌道能量，形成所謂的 sp^1 混成軌道。

2.5.2 碳材料的鍵特性和相對應的晶體結構

碳原子的最外殼層電子合計有 4 個，在基態（ground state）（非激發狀態）下，2s 軌道上有 2 個電子，$2p_x$ 及 $2p_y$ 軌道上分別有 1 個電子。但是，在激發狀態下，則變為可取 sp^3、sp^2、sp^1 這三種混成狀態中的任一種。對於由一個 2s 軌道和 3 個 2p 軌道全部混成的 sp^3 混成軌道情況，會產生互呈 109.5° 角的四個軌道。當與其它的原子結合時，上述每個軌道與其它原子的電子軌道重疊，分屬每個電子軌道的各一個電子形成電子對（自旋方向不同的兩個電子），通過共用電子對，實現原子結合。

若全部 sp^3 混成軌道都為了與碳原子結合而使用，則碳原子就實現互呈 109.5° 角的三維結合。大量碳原子若都以這種方式結合，便構成鑽石單晶。其中，對於每個碳原子來說，都有四組電子對與其相鄰的碳原子共用（共價鍵），結合

強固，方向互呈 109.5°，也是固定的。這便造就鑽石最強、最硬、熔點最高、而且晶瑩剔透。

若只有 2 個碳原子藉由 sp^3 混成軌道實現結合，每個碳原子中餘下的 3 個 sp^3 混成軌道若與氫相結合，則形成乙烷（C_2H_6）。

對於由 2s 軌道與 2p 軌道混成，形成 3 個混成軌道（sp^2 混成軌道）的情況，3 個 sp^2 混成軌道在 x y 平面上相互呈 120° 而存在。餘下的一個電子屬於 $2p_z$ 軌道，存在於垂直於 xy 平面的 z 軸上。sp^2 混成軌道之間藉由其軸上的重疊共用電子對。與此同時，$2p_z$ 軌道藉由側面之間的重疊產生電子對。這種 p_z 軌道，是沿 z 軸上下伸出的軌道，而 sp^2 混成軌道是在軸上形成藉由重疊而產生鍵合的軌道。因此，利用 sp^2 混成軌道藉由軸上重疊而產生的鍵合，與 p_z 軌道利用側面重疊而產生的鍵合相較，在強度及方向性上都是不同的，稱前者 σ 鍵，稱後者為 π 鍵。這樣兩個碳原子間的鍵合也稱為由 σ 鍵和 π 鍵兩種鍵組合而成的二重鍵合。

若餘下的 sp^2 混成軌道與氫鍵合，便構成乙烯（C_2H_4）。

2.5.3 富勒烯、石墨烯和碳奈米管的結構

若 5 個碳原子利用 sp^2 混成軌道實現鍵合，也可以構成 5 碳環。這種情況下，由於 3 個混成軌道互呈 120° 的角度，要形成平面是很難的，故要形成略帶彎曲的曲面。使 12 個 5 碳環和 20 個 6 碳環交互鍵合，可得到封閉的殼層，它便是富勒烯（fullerene）C_{60} 分子。

此外，還能構成 2 個 sp^1 混成軌道。這種 sp^1 混成軌道位於直線上（x 軸上），餘下的 2 個 p 電子位於 *y* 及 *z* 軸上。2 個碳原子如果利用這種 sp^1 混成軌道中的 1 個實現鍵合，則 p_y 及 p_z 軌道會相互在側面重疊，形成兩個 π 鍵。在餘下的 sp 混成軌道中，若與氫鍵合，便是乙炔（C_2H_2），其中，碳原子間由一個 σ 鍵、2 個 π 鍵連接，故也稱之為三鍵鍵合（記作 H—C ≡ C—H）。多數碳原子相互間利用 sp^1 混成軌道而鍵合的物質稱為雙鍵碳鏈（carbyl），其中又分為由 2 個 π 鍵將一個碳 — 碳鍵合局域化的情況，以及所有的碳 — 碳鍵合都一致形成的情況。前者單鍵與三鍵往復出現（ —C ≡ C—C ≡ C— ），稱其為聚炔烴（polyyne）；後者雙鍵往復出現（= C = C = C = C =），稱其為累接雙鍵烴（cumurene）。

如上所述，由於碳原子之間的鍵合中分別利用了 sp^3、sp^2、sp^1 混成軌道，由此便形成了鑽石、石墨、富勒烯及雙鍵碳鏈等四種碳材料的基體骨架。

2.5.4 藉由 3 種不同碳－碳鍵合構成的有機化合物及衍生的各種碳材料

如前所述，碳原子可取 sp^3、sp^2、sp^1 三種混成軌道中的任何一種。藉由這三種混成軌道的組合，可以形成數量龐大的有機化合物。

藉由 sp^2 混成軌道，可形成碳原子的平面 6 碳環，進而形成苯（benzene）、蒽（anthracene）、卵苯（ovalene）等的芳香族碳氫化合物。餘下的一個電子（p_z 電子）與相鄰的 p_z 電子形成 π 鍵合，π 鍵除了可增強由 sp^2 混成軌道形成的 σ 之外，還沿著六碳環兩面形成 π 電子雲。另外，利用 sp^2 混成軌道形成的五碳環不呈平面狀而略有彎曲。藉由在這種五碳環周圍配以六碳環，就可以形成烷烯（五圈烯）分子。另一方面，利用 sp^3 混成軌道形成的碳－碳鍵合是方向完全確定的 σ 鍵，除了形成甲烷、乙烷、丙烷等飽和脂肪族碳氫化合物之外，藉由三維的碳－碳鍵合網路還可形成金剛烷分子。在利用 sp 混成軌道的碳－碳鍵合的情況下，每個碳原子還有兩個 π 電子，利用 π 電子共振的方式，可以發生一次鍵合、二次鍵合、三次鍵合，分別可以得到乙炔、聚乙炔、丁二烯等不飽和脂肪族碳氫化合物分子。可以想像，當 sp^3、sp^2、sp^1 混成軌道混合存在時，會形成數量更多的高分子碳氫化合物。

由無數碳原子構成的碳材料，可以認為是由高分子碳氫化合物進一步巨大分子化而形成的物質。若使作為芳香族碳氫化合物基礎的六碳環多數集合，構成平面，並相互平行規則積層，就構成石墨。與之相對，即使同樣採用 sp^2 混成軌道，若含有五碳環，由於非平面構成閉殼層，則會形成富勒烯。利用 sp^3 混成軌道使無數的碳原子鍵合，就構成具有三維構造的鑽石。另外，利用 sp^1 混成軌道的情況，若使鏈狀的碳原子並排，就得到人們所稱的雙鍵碳鏈。

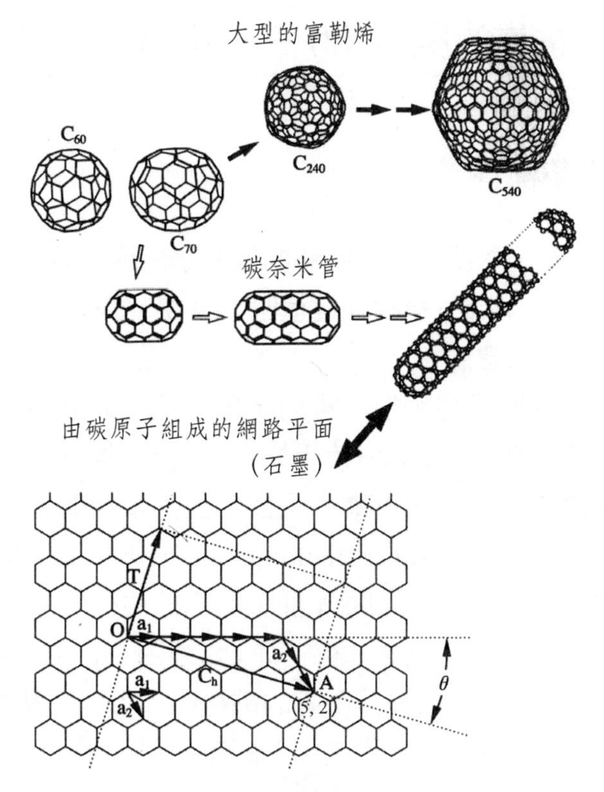

圖 2.5　富勒烯和碳奈米管的結構

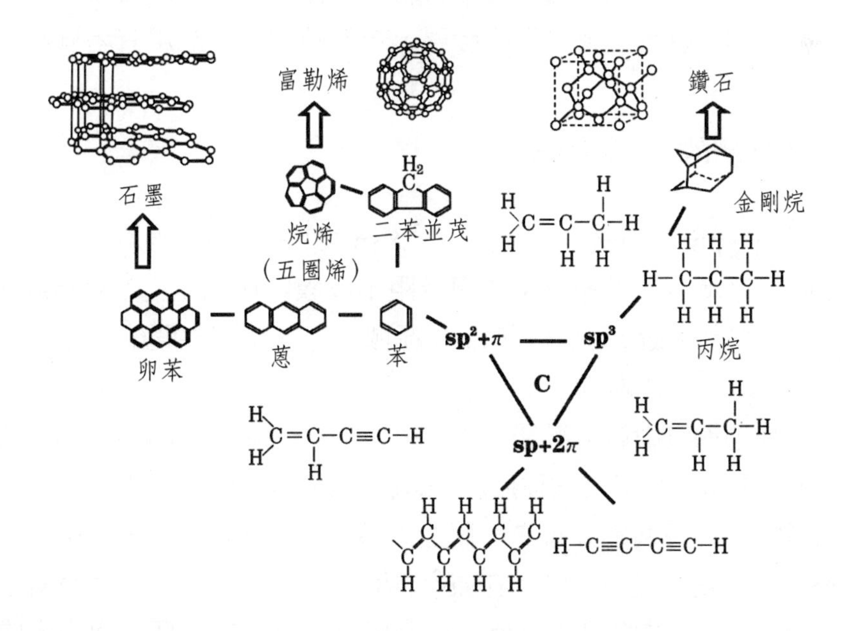

圖 2.6　藉由 3 種不同碳 — 碳鍵合構成的有機化合物以及衍生的各種碳材料

2.6 核外電子排佈的應用 (2) —— 碳材料的多樣性

2.6.1 碳材料的多樣性

碳材料的多樣性起因於處於激發狀態的碳原子所取的混成軌道，並可分為鑽石（diamond）、石墨、富勒烯、雙鍵碳鏈這四大家族。在碳材料的多樣性圖示中，對各家族的多樣性進行了彙總。

鑽石和石墨中的碳原子都呈規則排列，構成確定的晶體結構，二者都是碳的同素異構體。但是，實際上我們所使用的碳材料，例如人造石墨中所看到的那樣，儘管具有與石墨相同的六角形網狀平面，但其積層的規則性及大小卻各式各樣。另外，還有類鑽石碳（DLC, diamond like carbon），儘管 DLC 採用與鑽石同樣的 sp^3 混成軌道，但其中的碳原子並不呈規則性排列〔稱其為非晶態（amphorous）〕。進一步，富勒烯的情況，存在從 C_{60} 經由 C_{70}、C_{78}、C_{82}，到稱之為巨大富勒烯的一系列構形。因此，並非所有的碳材料都可以按熱力學平衡相（穩定的結構）來處理，其中有些處於準穩定相，即在我們人類生活的常壓、常溫下，在其壽命範圍內完全不發生變化。

今天，由人工製作的各種各樣碳材料，不僅進入我們的日常生活，而且廣泛應用於各種產業。隨著高新技術的發展，新型碳材料的應用有增無減。

2.6.2 四面體的奇妙之處

三元相圖（phase diagram）中，sp^3、sp^2 和 H 分別代表鑽石、石墨和碳氫化合物。H 附近區域內非晶態碳不成膜，距不成膜區域稍遠處為聚合物。沿 sp^2 到 sp^3 分別為玻璃碳、濺鍍的 a-C 和 ta-C 區域。三元相圖中間部分分別為濺鍍的 a-C:H、ta-C:H 和 a-C:H 區域。

碳是元素週期表中最值得關注的元素之一。它具有多種不同的晶體形式和畸變的結構，這是基於它形成三種混成，即 sp^3、sp^2、sp^1 混成的能力。在 sp^3 構型中，碳的四個價電子，每個都分布在一個四面體方向的 sp^3 軌道，並與相鄰的原子形成很強的 σ 鍵，正如在鑽石中；在 sp^2 構型，如在石墨中，四個價電子中的三個分布在一個三角形方向的 sp^2 軌道，並與相鄰的原子在一個平面內形成 σ 鍵，第四個電子位於 p 軌道電子形成一個較弱的 π 鍵；在 sp^1 構型中，四個價電子中的兩個進入 sp^1 軌道，每個形成方向沿著 x 軸的 σ 鍵。其它兩個電子沿著 y 和 z 方向進入 p 軌道。

2.6.3 碳原子的堆置方式和石墨的晶體結構

在碳的晶體形式中，最為廣為人知的相是鑽石和石墨。石墨晶體屬於面心立（face center cubic, FCC）方晶格（lattice），每個陣點上有兩個碳原子。其中一個相對於另一個沿體對角線方向移動四分之一對角線長度。晶格常數（lattice constant）為 3.5670Å。鑽石表現出超常的物理性能是源於強 σ 鍵，包括很寬的 5.5eV 的帶隙，超越所有固體的彈性模量，最高的原子密度，最高的室溫導熱率，最小的熱膨脹係數。

石墨晶體屬於六方晶格，晶格常數（lattice constant）a = 2.4612Å，c = 6.7079Å，空間群為 D6h。石墨具有強的層中 σ 鍵和弱的層間凡得瓦鍵（van der Waals bond）。單片石墨是零帶隙半導體，而三維石墨表現為各向異性金屬特性。

鑽石和石墨中的碳原子都呈規則排列，構成確定的晶體結構，二者都是碳的同素異構體。但是，實際上我們所使用的碳材料，例如人造石墨中所看到的那樣，儘管具有與石墨相同的六角形網狀平面，但其積層的規則性及大小卻各式各樣。另外，還有類鑽石 (DLC)，儘管 DLC 採用與鑽石同樣的 sp^3 混成軌道，但其中的碳原子並不呈規則性排列（稱其為非晶態）。進一步，富勒烯的情況，存在從 C_{60} 經由 C_{70}、C_{78}、C_{82}，到稱之為巨大富勒烯的一系列構形。因此，並非所有的碳材料都可以按熱力學平衡相（穩定的結構）來處理，其中有些處於準穩定相，即在我們人類生活的常壓、常溫下，在其壽命範圍內完全不發生變化。

這樣看來，不採用傳統基於取不同晶體結構的同素異構體概念，而是根據作為碳材料根基的碳 — 碳鍵合，將碳材料分類為鑽石、石墨、富勒烯以及雙鍵碳鏈四個家族更為妥當。

2.6.4 各種各樣的碳（石墨）製品

在動物王國中，人類遠比任何其它動物聰明。在材料世界，鑽石可以承受任何其它材料所不能承受的極限條件。

碳在宇宙富有的元素中排行第四，位於三個氣體元素，氫、氦、氧之後。因此，由它構成宇宙中體積最龐大的固體群。碳原子形成有機化合物的骨架，致使有機化合物的多樣性遠甚於所有其它元素的組合。碳也是生物細胞（例如，形成去氧核糖核酸 DNA 、蛋白質）和活性生命的精髓。碳在形成有機化合物時，表現出的富於多樣性的功能，是基於其獨特形成線型（sp^1）、面型（sp^2）、體型（sp^3）鍵的能力，特別是鑽石的剛性結構。

鑽石表現出許多極端特性。這包括璀璨奪目的外觀、高力學強度、高耐磨損性、高刃口鋒利性、高熱導率、低熱膨脹係數、高德拜溫度（Debye temperature）、高聲速、高擊穿電壓、高電洞（hole）遷移率、高化學惰性、高光學透射性、高耐輻射性、容易電子發射、高表面光潔性、低摩擦係數等。這些極端的特性可使鑽石在許多超常應用中非其莫屬。

類鑽石碳（diamond like carbon，簡稱 DLC）薄膜是一種含有一定量鑽石鍵的非晶碳的亞穩（meta stable）類型薄膜，主要成分為碳。類鑽石具有類似於鑽石的性能特點，硬度和耐磨性僅次於鑽石，具有極高的電阻率、電絕緣強度、熱導率和光學性能，同時具有良好的化學穩定性和生物相容性等獨特的性能特點。通過摻雜各種原子到非晶態碳塗層中，可以改變非晶態碳的附著力、摩擦係數、耐磨性、表面能、電阻率、生物相容性、內應力、熱穩定性等性能。類鑽石薄膜可應用於機械方面，改良刀具；應用於光電方面，如摻磷製半導體是矽和鍺光電元件理想減反射膜；生物醫學方面，可對人工心臟瓣袋、血管支架進行表面改性 DLC。其新用途還在不斷開發之中，有誘人的應用前景。

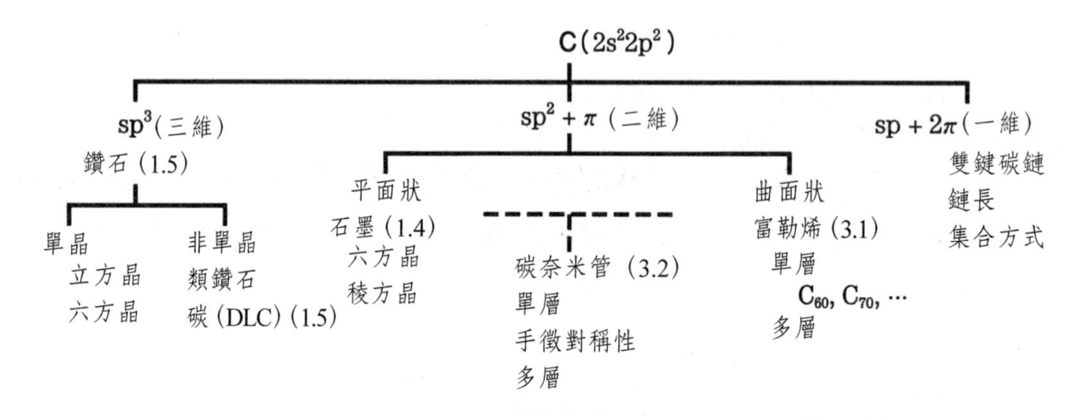

圖 2.7　碳材料的多樣性

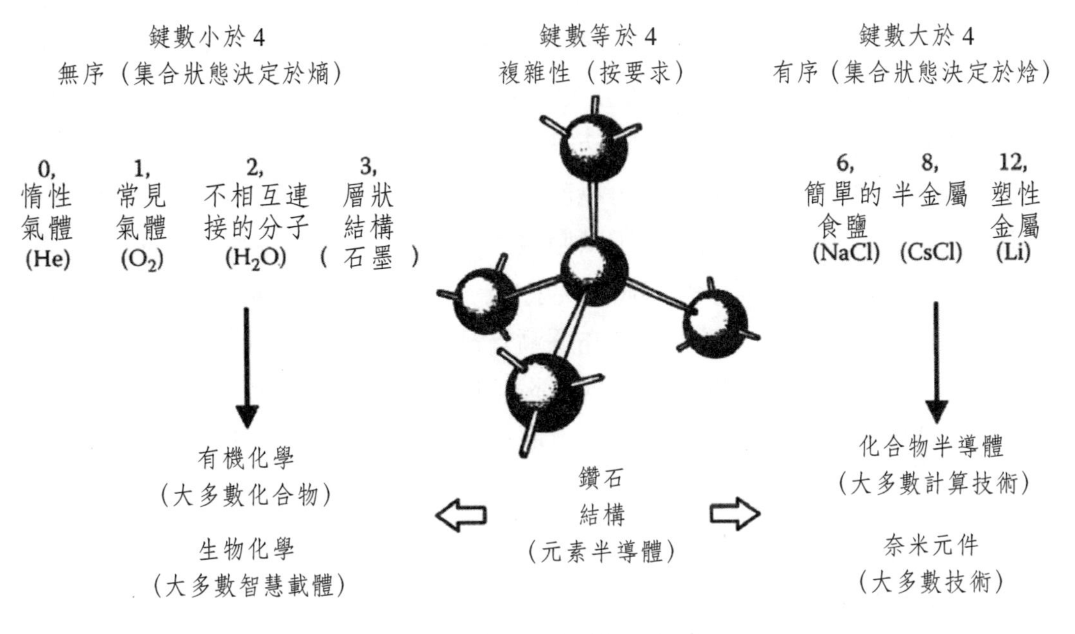

圖 2.8 碳原子的堆置方式

2.7 原子的核外電子排佈 (3) —— 過渡族元素和難熔金屬

2.7.1 過渡族元素 ——d 或 f 次層電子未填滿的元素

過渡元素（transition element）位於週期表中部，原子中 d 或 f 亞層電子未填滿。這些元素都是金屬，也稱為過渡金屬（transition metal）。根據電子結構特點，過渡元素又可分為：外過渡元素（又稱 d 區元素）及內過渡元素（又稱 f 區元素）兩大組。外過渡元素包括鑭、錒和除鑭系、錒系以外的其它過渡元素，它們的 d 軌道並沒有全部填滿電子，f 軌道為全空（四、五週期）或全滿（第六週期）。內過渡元素指鑭系和錒系元素，它們的電子部分填充到 f 軌道。d 區過渡元素可按元素所處的週期分成三個系列：(1) 位於週期表中第 4 週期的 Sc～Ni—— 稱為第一過渡系元素；(2) 第 5 週期中的 Y～Pd 成為第二過渡系元素；(3) 第 6 週期中的 La～Pt 稱為第三過渡系元素週期表中從 IIIB 族到 VIII 族的元素。

共有三個系列的元素（鈧到鎳、釔到鈀和鑭到鉑），電子逐項填入它們的 3d、4d 和 5d 軌道。

過渡元素原子電子構型的特點是，它們的 d 軌道上的電子未充滿（Pd 例外），最外層僅有 1～2 個電子，它們的價電子構型為（$n-1$）d^{1-9} ns^{1-2}（Pd 為 4d5s）。多電子原子的原子軌道能量變化是比較複雜的，由於在 4s 和 3d 、5s 和 4d 、6s 和 5d 軌道之間出現了能階交錯現象，能階之間的能量差值較小，所以在許多反應中，過渡元素的 d 電子可以部分或全部參加成鍵。過渡元素最外層 s 電子和次外層 d 電子可參加成鍵，所以過渡元素常有多種氧化態。一般可由＋Ⅱ依次增加到與族數相同的氧化態（Ⅷ B 族除 Ru 、Os 外，其它元素尚無＋Ⅷ氧化態）。

同一週期從左到右，氧化態首先逐漸升高，隨後又逐漸降低；過渡元素與同週期的 IA 、IIA 族元素相較，原子半徑較小；各週期中隨著原子序數的增加，原子半徑依次減小，而到銅副族前後，原子半徑增大；離子半徑變化規律與原子半徑變化相似。

2.7.2 過渡族元素的一般特徵

過渡族元素的一般特徵為：(1) 最外層電子不超過兩個，易失去，屬於金屬；(2) 大都是具有高的硬度、強度、熔點（melting point）及沸點（boiling point）的金屬；(3) 易形成合金；(4) 除鈀和鉑電位值 $E_0 > 0$ 外，其餘 $E_0 < 0$，一般屬於活潑金屬；(5) 均表現出變價性；(6) 水合離子大多數有顏色；(7) 易形成配價化合物；(8) 大多數化合物為順磁性（para-magnetic）。

過渡族元素的熔點高而壓縮係數低，這表明這些金屬的結合強度比 IA 族和 IB 族金屬都大。人們對此解釋是：d 軌道的結合電子也參與了（sp）和（spd）混成軌道，形成所謂的共振金屬鍵。

過渡族元素的原子半徑和壓縮係數較小，這是因為這些元素的離子實半徑和原子半徑非常接近（故被稱為「封閉金屬」）。雖然一般金屬的原子半徑是隨週期數而增加，但從 IVA 族到 IB 族的過渡族金屬原子半徑與週期數關係不大，這種現象叫做「鑭系收縮」，它是由於經過稀土系元素後，核電核大大增加所致。

過渡元素的物理性質：(1) 過渡元素一般具有較小的原子半徑，最外層 s 電子和次外層 d 電子都可以參與形成金屬鍵，使鍵的強度增加。(2) 過渡金屬一般呈銀白色或灰色（鋨呈灰藍色），有金屬光澤。(3) 除鈧和鈦屬輕金屬外，其餘都是重金屬。(4) 大多數過渡元素都有較高的熔點和沸點，有較大的的硬度（hardness）和密度（density）。如，鎢是所有金屬中最難熔的，鉻是金屬中最硬的。

2.7.3　難熔金屬的特徵

難熔金屬（refractory metal）是指熔點很高的金屬。典型難熔金屬是 VA 族的 V、Nb、Ta，VIA 族的 Cr、Mo、W 以及它們的合金。這些金屬和合金的熔點都在 1550℃以上。也有將 Ni（熔點約 1450℃）、Co（熔點約 1500℃）和石墨（3227℃昇華）歸於難熔金屬。典型的難熔金屬有以下特點：(1) 熔點很高；(2) 體心立方結構；(3) 外層電子填充在 d 電子殼層；(4) 強度高而塑性差；(5) 易氧化。其中 VA 族和 VIA 族金屬又有較大的區別，VA 族的塑性和導電性都明顯優於 VIA 族。原因是前者對間隙原子的溶解度比後者大很多，因而在 VA 族金屬中間隙原子處於固溶狀態，而在 VIA 族金屬中間隙原子和金屬形成化合物，且往往偏聚於晶界，因而非常脆，導電率也非常高。

2.7.4　難熔金屬的應用

20 世紀 40 年代中期以前，主要是用粉末冶金法生產難熔金屬的。40 年代後期至 60 年代初，由於航太技術和原子能技術的發展，自耗電弧爐、電子轟擊爐等冶金技術的應用，推動了包括難熔金屬在內的、能在 1093～2360℃或更高溫度下使用的耐高溫材料研製工作。這是難熔金屬及其合金生產發展較快的時期。60 年代以後，難熔金屬雖然有韌性、抗氧化性不良等缺陷，在航太工業中應用受到限制，但在冶金、化工、電子、光源、機械工業等部門，仍得到廣泛應用。主要用途有：(1) 用作鋼鐵、有色金屬合金的添加劑，鉬和鈮在這方面的用量約佔其總用量的 4/5；(2) 用作製造切削刀具、礦山工具、加工模具等硬質合金，鎢在這方面的用量約佔其總用量的 2/3，鉭、鈮和鉬也是硬質合金的重要組分；(3) 用作電子、電光源和電氣等部門的燈絲、陰極（cathode）、電容器、觸頭材料等，其中鉭在電容器中的用量佔其總用量的 2/3。此外，還用於製造化工部門耐蝕部件、高溫高真空的發熱體和隔熱屏、穿甲彈芯、防輻射材料、儀表部件、熱加工工具和焊接電極等。

表 2.3 部分非富有元素在地殼中的存在質量比

元素	存在質量比（**ppm**）	元素	存在質量比（**ppm**）	元素	存在質量比（**ppm**）
Tl	4400	Y	33	Sm	6
Mn	950	La	30	Gd	5.4
Ba	425	Nd	25	Dy	4.8
C	200	Co	25	Sn	2
Zr	165	Nb	20	Mo	1.5
V	135	Li	20	W	1.5
Cr	100	Ge	15	Ta	1.2
Nl	75	Pb	13	Tb	0.8
Zn	70	B	10	In	0.1
Ce	60	Pr	8.2	Pt	0.01
Cu	55	Th	7.2	Au	0.004

表 2.4 難熔金屬的基本特性

		Nb	**Ta**	**Mo**	**W**	**Re**
結構和原子性能	原子序數（atomic number）	41	73	42	74	75
	原子質量（atomic weight）	92.906	180.95	95.94	183.85	186.31
	密度（20°C）/ g・cm^{-3}	8.57	16.6	10.22	19.25	21.04
	晶體結構	bcc	bcc	bcc	bcc	hep
	晶格常數 / mm（lattice constant）	0.3294	0.3303	0.3147	0.3165	0.2761
		-	-	-	-	0.4583
熱性能	熔點 / °C	2468	2996	2610	3410	3180
	沸點 / °C	4927	5427	5560	5700	5760
	膨脹係數（20°C）/ K^{-1}	7.6×10^{-6}	6.5×10^{-6}	4.9×10^{-6}	4.6×10^{-6}	6.7×10^{-6}
	熱傳導係數（20°C）/ W・$(m・K)^{-1}$	52.7	54.4	142	155	71
	熱傳導係數（500°C）/ W・$(m・K)^{-1}$	63.2	66.6	123	130	-

		Nb	Ta	Mo	W	Re
電特性	電導率（18°C）	13.2	13.0	33.0	30.0	8.1
	電阻率（18°C）/ μΩ · cm	160	135	32	53	193
	電化學當量 / mg · C^{-1}	0.1926	0.375	0.166	0.318	0.276
磁特性						
	磁化率（25°C）	28×10^{-6}	10.4×10^{-6}	1.17×10^{-6}	4.1×10^{-6}	0.37×10^{-6}
其它特性	彈性模量 / GPa	103	185	324	400	469
	泊松比（25°C）（Poisson ratio）	0.38	0.35	0.32	0.28	0.49
	韌性脆性轉變溫度 / °C	-250	＜-25	0	275	-
高溫氧化行為		在1370°C以上出現 Nb_2O_3 昇華現象	在1370°C以上出現 Ta_2O_3 昇華現象	在795°C以上出現 MoO_3 昇華現象	在1000°C以上出現 WO_3 昇華現象	-

2.8 原子半徑、離子半徑和元素的電負性

由於原子的電子結構週期性變化，與電子層結構有關的元素基本性質，如原子半徑、電離能（ionization energy）、電子親和能（electron affinity）、電負性（electronegativity）等，也呈現明顯的週期性變化。

2.8.1 原子半徑

在分析合金結構時，人們往往將原子看成是剛性小球，並假定最近鄰的原子或離子是相切的，如此，最鄰近原子或離子之間的距離，就等於兩個原子或半徑之和。

影響原子半徑的因素有三個：一是核電荷數，核電荷數越多，其對核外電子的引力越大（使電子向核收縮），則原子半徑越小；二是核外電子數，因電子運動要佔據一定的空間，則電子數越多原子半徑越大；三是電子層數（電子的分層排佈與離核遠近空間大小以及電子雲之間的相對排斥有關），電子層越多，原子

半徑越大。

原子半徑大小由上述一對矛盾因素決定。核電荷增加使原子半徑縮小，而電子數增加和電子層數增加，也使原子半徑增加。當這對矛盾因素相互作用達到平衡時，原子就具有了一定的半徑。

值得注意的是，即使是同一元素，其原子半徑也未必是一個確定值。例如，對共價晶體來說，原子半徑就取決於原子間的結合鍵是單鍵、雙鍵或三鍵。不難想像，同一元素的單鍵共價半徑大於雙鍵或三鍵的共價半徑，因為後者的結合力比前者強，因而原子靠得更近。對金屬來說，原子半徑與配位數（coordination number）有關。以Fe為例，利用X光測定α-Fe和γ-Fe的晶格常數就可發現，α-Fe中的原子半徑比γ-Fe中的原子半徑小3%。

2.8.2 離子半徑

離子半徑是描述離子大小的參數。取決於離子所帶電荷、電子分布和晶體結構型式。設$r_{陽}$為陽離子（cation）半徑，$r_{陰}$為陰離子（anion）半徑。$r_{陽}+r_{陰}=$鍵長。$r_{陽}/r_{陰}$與晶體類型有關。可從鍵長計算離子半徑。一般採用Goldschmidt半徑和Pauling半徑，皆是NaCl型結構配位元數為6的資料。Shannon考慮了配位元數和電子自選狀態的影響，得到兩套最新資料，其中一套資料，參考電子雲密度圖，陽離子半徑比傳統資料大14pm，陰離子小14pm，更接近晶體實際。

離子半徑同時也是反映離子大小的一個物理量。離子可近似視為球體，離子半徑的匯出以正、負離子半徑之和等於離子鍵鍵長此一原理為基礎，從大量X射線晶體結構分析實測鍵長值中推引出離子半徑。離子半徑的大小主要取決於離子所帶電荷和離子本身的電子分布，但還要受離子化合物結構型式（如配位數等）的影響，離子半徑一般以配位數為6的氯化鈉晶體為基準，配位元數為8時，半徑值約增加3%；配位數為4時，半徑值下降約5%。負離子半徑一般較大，約為1.3～2.5Å；正離子半徑較小，約為0.1～1.7Å。根據正、負離子半徑值可匯出正、負離子的半徑和及半徑比，這是闡明離子化合物性能和結構型式的兩項重要因素。

2.8.3 元素的電負性

元素的電負性又稱為相對電負性，簡稱電負性。在綜合考慮了電離能和電子親和能的基礎上，萊納斯．卡爾．鮑林（Pauling）首先於1932年引入電負性的概念，用來表示兩個不同原子形成化學鍵時，吸引電子能力的相對強弱。鮑林給電負性下的定義為「電負性是元素的原子在化合物中吸引電子能力的標度」。元素電負性數值越大，表示其原子在化合物中吸引電子的能力越強；反之，電負性數值越小，相應原子在化合物中吸引電子的能力越弱（稀有氣體原子除外）。由於電負性是相對值，所以沒有單位。而且電負性的計算方法有很多種（即採用不同的標度），因而每一種方法的電負性數值都不同，所以利用電負性值時，必須是同一套數值進行比較。比較有代表性的電負性計算方法有 3 種：

(1) L.C. 鮑林提出的標度。根據熱化學資料和分子的鍵能，指定氟的電負性為 4.0，鋰的電負性 1.0，計算其它元素的相對電負性。一般情況下，多採用這種相對電負性。

(2) R.S. 密立根（Millikan）從電離勢和電子親和能計算的絕對電負性。

(3) A.L. 阿萊提出的建立在核合成鍵原子的電子靜電作用基礎上的電負性。

元素電負性的大小可以衡量元素的金屬性和非金屬性的相對強弱。一般來說，金屬元素的電負性在 2.0 以下，非金屬元素的電負性在 2.0 以上。元素的電負性也是呈週期性變化的，在同一週期中，從左到右電負性遞增，元素的非金屬性逐漸增強；同一主族元素儘管具有相同的外殼電子數，從而具有非常相似的化學性能，但從上到下電負性逐漸遞減，元素的金屬性逐漸增強，非金屬性逐漸減弱。同一週期中，IB 和 IIB 族元素的外殼層價電子數分別為 1 和 2，這一點與 IA 和 IIA 族元素相似，但 IA 和 IIA 族的內殼層電子尚未填滿，而 IB 和 IIB 族的內殼層已填滿，因此在化學性能上，IB 、IIB 族元素不如 IA 、IIA 族活潑。如 IA 族的 K（鉀）的電子排列為 $\cdots 3p^6 4s^1$，而同週期的 IB 族元素 Cu 的電子排列為 $3p^6 3d^{10} 4s^1$，兩者相比，K 的化學性質更活潑，更容易失去電子，電負性更低。

2.8.4 價電子濃度

價電子濃度（或簡稱電子濃度）是指合金中每個原子平均的價電子數（valence electron），用 e/a 表示。對於由 1、2…m 組元合金，價電子濃度可以表示為：

$$e/a = Z_1 C_1 + Z_2 C_2 + \cdots + Z_m C_m$$

式中，Z_i（$i = 1 \sim m$）為組元 i 的原子價電子數，C_i 為組元 i 的原子分數（$C_1 + C_2 + \cdots + C_m = 1$）。對於第 VIII 族組元，規定其價電子數為零（$Z = 0$），而對其

它組元，價電子數就等於它在週期表中的族數（$Z = N$）。例如，對 60at%Cu + 40at%Zn 這個二元合金，$e/a = 1 \times 0.60 + 2 \times 0.40 = 1.40$。

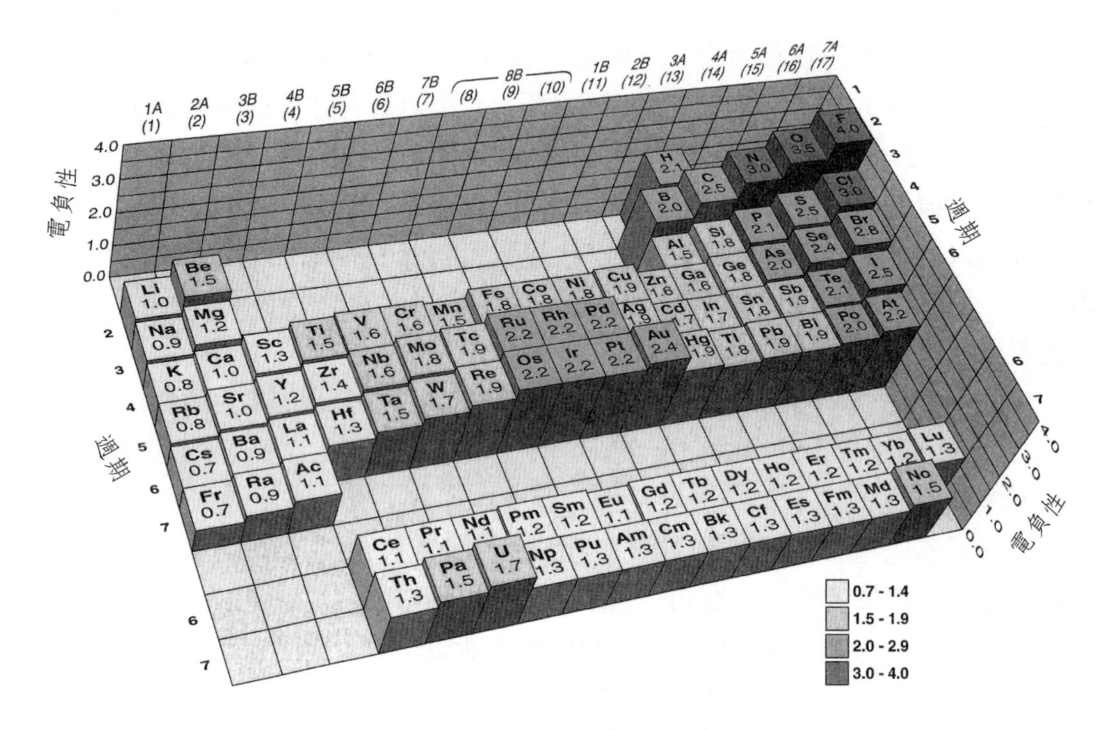

圖 2.9　元素週期表中各元素的電負性

2.9　日常生活中須臾不可離開的元素

2.9.1　地殼中的八種含量最多的元素

表中列出地殼中的 8 中含量最多的元素。其中第一位是氧（46.60%），第二位是矽（27.72%），第三位是鋁（8.13%）。由於這些元素多以化合物的形式（如氧以水，矽以矽酸鹽）存在，因此更顯得無時、無處不在。正因生物與這些元素長期共生共存，且得益於其所構成的營養，不僅人體能與這些元素良好相容，而且成為人們日常生活須臾不可離開的物質。

2.9.2 組成人體的四種主要物質

人體重量中，96% 是有機物和水分，4% 為無機元素組成。人體內約有 50 多種礦物質在這些無機元素中，已發現有 20 種左右的元素是構成人體組織、維持生理功能、生化代謝所必需的，除 C、H、O、N 主要以有機化合物形式存在外，其餘均稱為無機鹽或礦物質。大致可分為常量元素和微量元素兩大類。

2.9.3 人體不可缺少的礦物質

人體必需的礦物質，有鈣、磷、鉀、鈉、氯等需要量較多的巨集量元素，鐵、鋅、銅、錳、鈷、鉬、硒、碘、鉻等需要量少的微量元素。但無論哪種元素，和人體所需蛋白質相比，都是非常少量的。

幾種常見食物中的礦物質：

鈣：鈣在我們身體中的礦物質約佔體重 5% ，鈣約佔體重的 2%。身體的鈣大多分布在骨骼和牙齒中，約佔總量的 99% ，其餘 1% 分布在血液、細胞間液及軟組織中。缺鈣會造成人體生理障礙，進而引發一系列嚴重疾病。

磷：磷是人體中第二種最豐富的礦物質（僅次於鈣），約佔人體重的 1% ，成人體內可含有 600～900g 的磷，它不但構成人體成分，且參與生命活動中非常重要的代謝過程。磷是構成骨骼和牙齒的重要原料。磷也構成細胞，作為核酸、蛋白質、磷酸和輔酶（酵素，enzyme）的組成成分，參與非常重要的代謝過程。幾乎所有生物或細胞功能都直接或間接地與磷有關。

銅：銅主要來源於核仁、豆類、蜜糖、提子幹（raisin）、各種水果、菜莖根。銅是血、肝、腦等銅蛋白的組成部分，也是幾種胺氧化酶的必需成分。缺銅動物中出現的血管彈性硬蛋白、結締組織和骨骼膠元蛋白的合成障礙，就是由於組織中胺氧化酶活性下降的結果。在銅缺乏後期，肝臟、肌肉和神經組織中，細胞色素氧化酶的活性顯著減弱。

碘：碘的生理功能其實就是甲狀腺素的生理功能。它促進能量代謝：促進物質的分解代謝，產生能量，維持基本生命活動；維持垂體的生理功能；促進發育：發育期兒童的身高、體重、骨骼、肌肉的增長發育和性發育都有賴於甲狀腺素，如果這個階段缺少碘，則會導致兒童發育不良；促進大腦發育：在腦發育的初級階段（從懷孕開始到嬰兒出生後 2 歲），人的神經系統發育必須依賴於甲狀腺素，如果這個時期飲食中缺少了碘，則會導致嬰兒的腦發育落後，嚴重者在臨床上稱為「呆小症」，而且這個過程是不可逆的，以後即使再補充碘，也不可能恢復正常。

鐵：鐵作為載體及酶的組分，參與了血紅蛋白與肌紅蛋白的組成，擔負著運載體內氧和二氧化碳的重要作用，參與蛋白質合成和能量代謝，生理防衛與免疫機能。

鎂：鎂是人體細胞內的主要陽離子，在細胞外液僅次於鈉和鈣，居第三位。正常成人體內總鎂含量約 25g，其中 60%～65% 存在於骨骼、牙齒中，27% 分布於軟組織。Mg 主要分布於細胞內（99%），細胞外不超過 1%。鎂溶液經過十二指腸時，可以打開膽囊的開關促使膽汁排出，所以鎂有良好的利膽作用。透過適量補充鎂元素，可改善胰島素（insulin）的生物活性。

總括來說，礦物質參與構成人體組織結構，維持細胞內外水準的平衡，有助細胞功能正常地發揮，維持體液酸鹼度的穩定與平衡，有助保持健康狀態。參與遺傳物質的代謝。協助多種營養素發揮作用。目前人體所需的礦物質有 22 種之多，而這些礦物質攝取後，大多會留存在我們的骨骼與肌肉組織中。

鋅是人體必需的微量元素之一，在人體生長發育過程中起著極其重要的作用，常被人們譽為「生命之花」和「智慧之源」。處於生長發育期的兒童如果缺鋅，會導致味覺下降，出現厭食、偏食甚至異食。缺乏嚴重時，將會導致「侏儒症」和智力發育不良。

硒和維生素 E 都是抗氧劑，二者相輔相成，可防止因氧化而引起的衰老、組織硬化，減慢其變化的速度，而且它還具有活化免疫系統、預防癌症的功效，是人體必需的微量元素。

2.9.4 重金屬污染成為重要的環境問題

重金屬對於人類社會的發展不可或缺。從人類最早使用的銅，到目前航空太空上大量使用的鎳及其合金，以及在能源工業上使用的汞、鎘、鉛等，為人類發現和使用新材料、促進工業技術的發展，立下了汗馬功勞。

汞、鎘、砷、銅、鉛、鉻、鋅、鎳等重金屬元素對人類和環境的危害，正日益受到人們的關注。重金屬對生物體的危害，一方面是因為它們與酶的活性中心或活性蛋白的硫基結合，導致生物大分子的構象改變，擾亂了細胞正常的生理和代謝；另一方面通過氧化還原反應，產生自由基而導致細胞氧化損傷。重金屬在人體內過量積累，會導致癌症（cancer）（鉻、鎳）、染色體損傷（鉛、鎘）、腎臟疾病（鎘、鉻、汞、鎳、鉛、鈾）、智力下降（鉛）等。世界「八大公害事件」中的富山骨痛病事件（1931 年，日本，鎘污染）和熊本水俁病（minamata disease）事件（1953 年，日本，汞污染），即是就直接與重金屬（或類重金屬）

污染有關。因此，重金屬污染已經成為人類可持續發展所面臨的環境問題之一。

表 2.5 地殼中 8 種主要元素的含量與分布情況

元素	質量分類 / %	原子分數 / %(質量 % 被相對原子質量除)	體積分數 / %
O	46.60	62.55	93.77
Si	27.72	21.22	0.86
Al	8.13	6.47	0.47
Fe	5.00	1.92	0.43
Mg	2.09	1.84	0.29
Ca	3.36	1.94	1.03
Na	2.83	2.64	1.32
K	2.59	1.42	1.83

表 2.6 一些重要的礦石及其所含金屬量

金屬	礦物學名稱	含金屬的氧化物及其它化合物	礦石中金屬實際含量 / %（質量分數）
鐵	赤鐵礦（hematite）	Fe_2O_3	40～60
	磁鐵礦（magmetite）	Fe_3O_4	45～70
	褐鐵礦（limonite）	$2Fe_2O_3 \cdot 3H_2O$ 和類似化合物	30～35
	菱鐵礦（sederite）	FeO_3	25～40
鋁	鋁土礦（bauxite）	$Al(OH)_3$	20～30
銅	輝銅礦，黃銅礦（chalcoite）	Cu_2S, CuFeS	0.5～5
鈦	金紅石（rutile）	TiO_2	40～50

2.10 材料性能與微觀結構的關係

2.10.1 組織敏感特性和組織非敏感特性

材料結構從微觀到宏觀，即按研究的層次，大致可分為：(1) 組成材料的原子的結構，包括原子的電子結構、原子半徑大小、電負性的強弱、電子濃度的高低等；(2) 組成材料的原子（或離子，分子）之間的結合方式，它們之間依靠一種或幾種鍵力〔金屬鍵、離子鍵、共價鍵、分子鍵和氫鍵（hydrogen bond）〕相互結合起來；(3) 組成材料的粒子（原子，離子，分子）排列結構或聚集狀態結構，包括晶體結構與晶體缺陷〔空位（vacancy），雜質（impurity）和溶質原子，位錯，晶界（grain boundry）等〕；(4) 顯微組織結構，即藉助光學顯微鏡和電子顯微鏡觀察到的晶粒或相的集合狀態；例如金屬鑄錠經外壓加工或熱處理後，晶粒（或相區）變細。(5) 宏觀組織結構是指人們用肉眼或放大鏡所能觀察到的晶粒或相的集合狀態。

儘管英語教科書中通常將上述層次統稱為結構（structure），但中文敘述中，一般將 (1) 、(2) 、(3) 歸類為結構，而將 (4) 和 (5) 歸類為組織。材料性能一般都與上述結構和組織相關，但不同性能之間，與每種結構和組織的相關度差異很大。例如，材料的許多力學性能，如強度、斷裂韌性是組織敏感性的，但彈性模量卻是組織非敏感特性的。

2.10.2 常溫下元素的晶體結構

自然界中的晶體有成千上萬種，它們的晶體結構各不相同，正像世界上沒有面貌完全相同的兩個人一樣。但若根據單位晶胞中六個參數（$a, b, c, \alpha, \beta, \gamma$）對晶體進行分類，則可分為七個晶系，屬於 14 種布拉斐晶格（Bravis lattice）。以元素週期表中的元素（均以固體形式）而論，它們的晶體結構按其位置可分為圖 2.10 中所示的三大類：

(1) 包括位於週期表左半部的大部分金屬，其晶體取面心立方（fcc）、體心立方（bcc）、密排六方（hcp）、三種較為簡單的結構。

(2) 包括 IIB 、IIIB 、IVB 族的部分元素，它們的晶體結構兼具第 (1) 類和第 (3) 類的一些特徵。

(3) 包括位於週期表右邊的大部分非金屬元素，原子間由共價鍵合，每個節點的原子數符合 8-N 規則，N 代表該原子所屬的族數。顯然，8-N 規則是原子通過共價鍵達到八電子層結構的必然結果。該類元素的晶體多取菱方結構。

2.10.3 常見金屬晶體結構類型

在已發現的近 120 種元素中，有近 100 種是金屬，而 90% 以上金屬的晶體屬於立方晶系。最常見的金屬晶體結構有以下三種。

(1) 體心立方（bcc, body center cubic）結構：它的晶胞是一個立方體，在立方體的八個頂角和立方體的中心，各排列一個原子。屬於這種晶格類型的金屬有 α-Fe、W、Mo、Cr、V 等。其單位晶胞的原子數 $n = 2$，配位數（coordination number）是 8，原子密堆因數（packing factor）為 0.68，密排方向為體對角線，密排面為包括體對角線的等分斜切面。

(2) 面心立方（fcc, face center cubic）結構：它的晶胞是一個立方體，在立方體八個頂角和六個面的中心，各排列一個原子。屬於這種晶格類型的金屬有 γ-Fe、Al、Cu、Ni、Pb 等。其單位晶胞的原子數 $n = 4$，配位數是 12，原子密堆係數為0.74，密排方向為面對角線，密排面為由三條面對角線組成的的斜切面。

(3) 密排六方（hcp, hexagonal close packed）結構：它的晶胞是一個正六方稜柱，在柱體的每個頂角上，以及上、下底的中心各排列一個原子，在晶胞內部還排列有三個原子。屬於這種晶格類型的金屬有 Mg、Zn、Be 等。其單位晶胞的原子數 $n = 6$，配位數是 12（理想的 hcp），原子密堆係數為 0.74，密排方向為底面正六邊形的每條邊，密排面為底面。

2.10.4 晶體中的缺陷

在實際應用的金屬中，總是不可避免地存在不完整性，即原子的排列都不是完美無缺的。實際金屬中原子排列的不完整性稱為晶體缺陷。按照晶體缺陷的幾何形態特徵，可以將其分為以下三類：

(1) 點缺陷（point defect）：為零維缺陷，另一個方向上的尺寸，例如空位、間隙原子、置換原子等。①空位：在實際晶體的晶格中，並不是每個平衡位置都為原子所佔據，總有極少數位置是空著的，這就是空位；②間隙原子：間隙原子就是處於晶格空隙中的原子。晶格中原子間的空隙是很小的，一個原子硬擠進去，必然使周圍的原子偏離平衡位置，造成晶格畸變，因此間隙原子也是一種點缺陷；③置換原子：許多異類原子溶入金屬晶體時，如果佔據在原來基體原子的平衡位置上，則稱為置換原子。

(2) 線缺陷（line defect）：為一維缺陷，其特徵是在兩個方向上的尺寸很小，另一個方向上的尺寸相對很大，屬於這一缺陷的主要是位錯。①刃型位錯：當一個完整晶體某晶面以上的某處多出半個原子面，該晶面像刀刃一樣切入晶體，這個多餘原子面的邊緣就是刃型空位；②螺型位錯：晶體的上半部分已經發生了局部滑移，左邊是未滑移區，右邊是已滑移區，原子相對移動了原子間距。在已滑移區和未滑移區之間，有一個很窄的過渡區，在過渡區中，原子都偏離了平衡位置，使原子面畸變成一串螺旋面。在這螺旋面的軸心處，晶格畸變最大，這就是一條螺型錯位；③混合位錯。

(3) 面缺陷（surface defect）：為二維缺陷，其特徵是在一個方向上的尺寸很小，另兩個方向上的尺寸相對很大，例如晶界、亞晶界等。①晶界（grain boundry）：在多晶體中，由於各晶粒之間的存在著位向差，故在不同位向的晶粒之間存在著原子無規則排列的渡層，這個過渡層是晶界。晶界處的原子排列極不規則，使晶格產生畸變，這就使晶粒內部有著許多不同的特性；②亞晶界：在電鏡下觀察晶粒，可以看出除晶界外，每個晶粒也有一些小晶塊所組成，這種小晶塊稱為亞晶粒，亞晶粒的邊界稱為亞晶界。

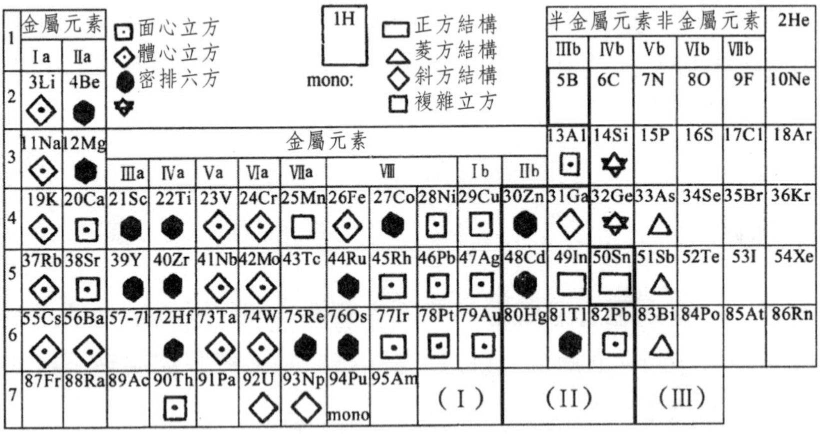

	金屬元素												半金屬元素非金屬元素					
1	Ⅰa	Ⅱa						1H					Ⅲb	Ⅳb	Ⅴb	Ⅵb	Ⅶb	2He
2	3Li	4Be											5B	6C	7N	8O	9F	10Ne
3	11Na	12Mg	金屬元素										13Al	14Si	15P	16S	17Cl	18Ar
			Ⅲa	Ⅳa	Ⅴa	Ⅵa	Ⅶa	Ⅷ			Ⅰb	Ⅱb						
4	19K	20Ca	21Sc	22Ti	23V	24Cr	25Mn	26Fe	27Co	28Ni	29Cu	30Zn	31Ga	32Ge	33As	34Se	35Br	36Kr
5	37Rb	38Sr	39Y	40Zr	41Nb	42Mo	43Tc	44Ru	45Rh	46Pb	47Ag	48Cd	49In	50Sn	51Sb	52Te	53I	54Xe
6	55Cs	56Ba	57-71	72Hf	73Ta	74W	75Re	76Os	77Ir	78Pt	79Au	80Hg	81Tl	82Pb	83Bi	84Po	85At	86Rn
7	87Fr	88Ra	89Ac	90Th	91Pa	92U	93Np	94Pu mono	95Am	（Ⅰ）			（Ⅱ）			（Ⅲ）		

面心立方　體心立方　密排六方

mono:　正方結構　菱方結構　斜方結構　複雜立方

週期表中元素（固體）的晶體結構按其位置可以分為三大類：

(1) 包括位於週期表左半部的大部分金屬，其晶體取面心立方（fcc）、體心立方（bcc）、密排六方（hcp）三種較為簡單的結構。
(2) 兼具第 1 類和第 3 的一些特徵。
(3) 包括位於週期表右邊的大部分非金屬，原子間由共價鍵合，每個節點原子數符合 8-N 規律，晶體多取菱方結構。

圖 2.10　常溫下元素的晶體結構

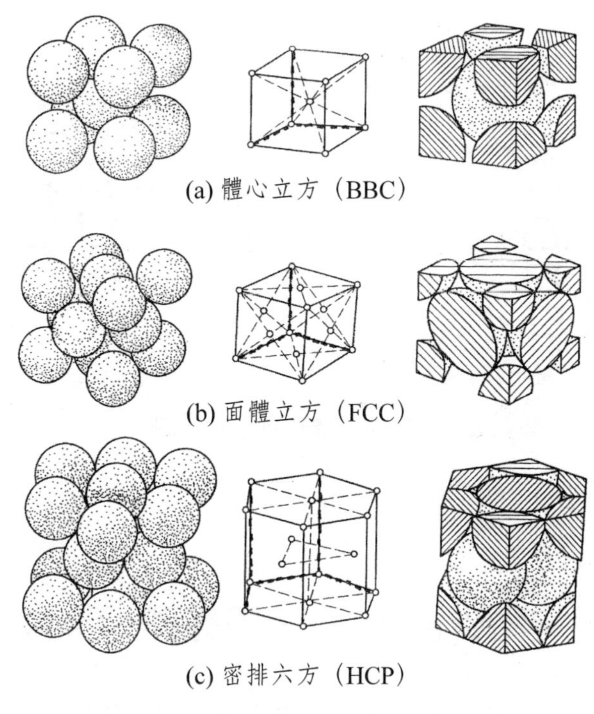

圖 2.11　常見金屬晶體結構類型

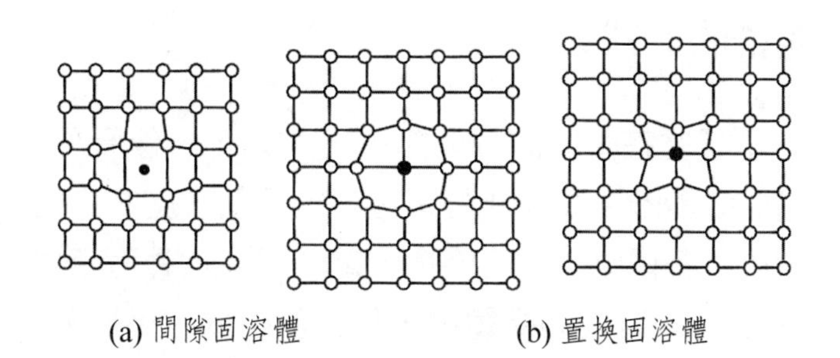

圖 2.12　固溶體結構示意圖

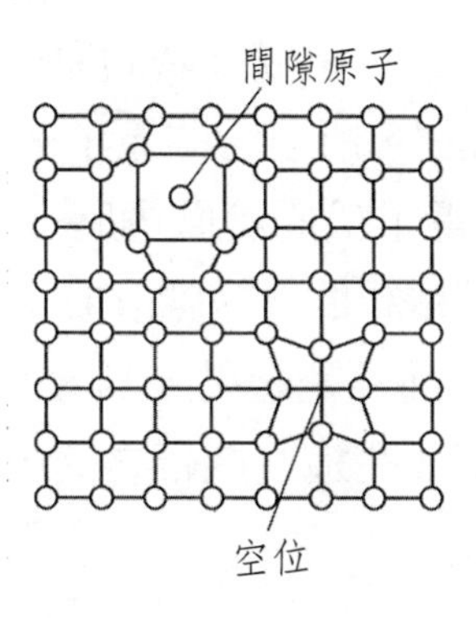

圖 2.13　線缺陷示意圖

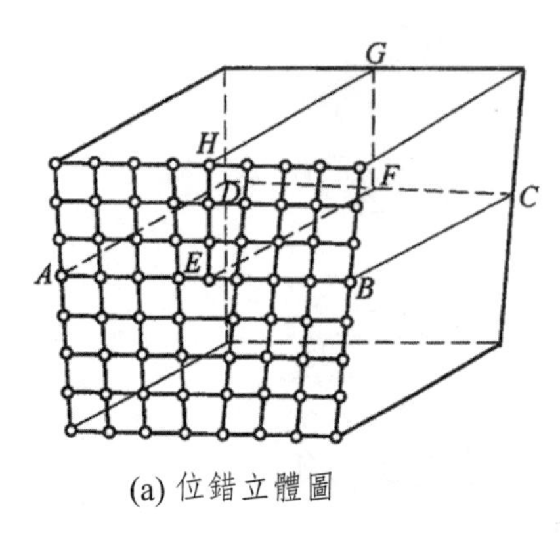

(a) 位錯立體圖

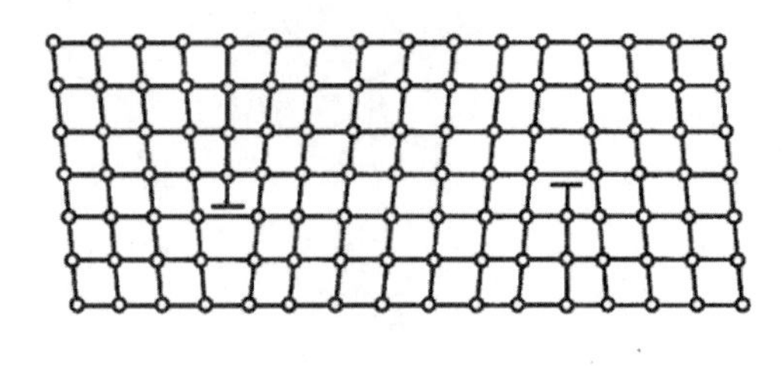

(b) 位錯平面圖

圖 2.14　點缺陷示意圖

2.11　從軌道能階到能帶── 絕緣體、導體和半導體的能帶圖

2.11.1　固體能帶的形狀

對單個原子，電子處在不同的分能階上。例如，一個原子有一個 2s 能階、三個 2p 能階、五個 3d 能階。每個能階上可容納兩個自旋方向相反的電子。但當大量原子組成晶體後，各個原子的能階會因電子雲的重疊而產生分裂現象。理論計算顯示：在由 N 個原子組成的晶體中，每個原子的能階將分裂成 N 個，每個能階上的電子數不變。這樣，對 N 個原子組成晶體之後，2s 態上有 $2N$ 個電子、2p 態上有 $6N$ 個電子、3d 態上有 $10N$ 個電子等。能階分裂後，其最高與最低能階之間的能量差只有幾十個電子伏，組成晶體的原子數對它影響不大。但是實際晶體中，即使體積小到只有 $1mm^3$，所包含的原子數也有 10^{19} 個左右，當分裂成的 10^{19} 個能階只分布在幾十個電子伏的範圍內時，每一能階的範圍非常小，電子的能量或能階只能看成是連續變化的，這就形成了能帶（energy band）。因此，對固體來說，主要討論的是能帶而不是能階，2s 能階、2p 能階、3d 能階相應地就是 2s 能帶、2p 能帶、3d 能帶。在這些能帶之間，存在著一些無電子能階的能量區域，稱為禁帶。

2.11.2 金屬的能帶結構與導電性

從本質上講，固體材料導電性的大小是由其內部的電子結構決定的。對於鹼金屬，位於週期表中 IA 組，其外層只有一個價電子。例如，鋰中的 2s 電子、鈉中的 3s 電子、鉀中的 4s 電子。這些作為單個鹼金屬的 s 能階，在形成固體時，將分裂成很寬的能帶，而且電子是半填滿的。在鈉的能帶結構中，陰影區為電子完全填滿能階的部分。在 3s 能帶上，只有下半部分的所有能階是被電子佔據的，這一部分能帶稱為價帶（valence band）（也稱滿帶），在 3s 能帶上半部分的所有能階沒有被電子佔據、是空的，這一部分能帶稱為導帶（conduction band）。在外電場下，電子可由價帶躍遷到導帶，從而形成電流，這就是導電性的由來。因此，只有那些電子未填滿能帶的材料才有導電性。

貴金屬 Cu、Ag、Au 位於週期表 IB 族，它們和鹼金屬（alkaline metal）一樣，原子的最外層只有 1 個電子。銅原子的價電子為 4s 電子，銀原子的價電子為 5s 電子，金原子的電子為 6s 電子。但它們與鹼金屬不同，內部的 d 層填滿了電子，而鹼金屬內部的 d 層完全空著，填滿 d 層的電子與原子核間有強烈的交互作用，使 s 層的價電子和原子核的作用大大減弱，因而貴金屬中的價帶電子更容易在外加電場下進入導帶，故具有極好的導電性。

鹼土金屬（alkaline earth metal）從其電子結構來看，似乎能帶已被電子填滿，如鎂的電子結構為 $1s^2 2s^2 2p^6 3s^2$，理應是絕緣體，但大量原子結合成固體時，除了能階分裂形成能帶外，還會產生能帶重疊。例如鎂的 3p 能帶與 3s 能帶重疊，3s 能帶上的電子可躍遷到 3p 能帶上，因而也有較好的導電性，所以能帶的重疊實際可容納的電子數已變為 $8N$。

過渡族金屬元素的特點是具有未填滿的 d 電子層。它可分為三組，分別對應著 3d、4d 和 5d 電子層未填滿的情況。以第一組過渡元素鐵為例，電子在 $4s^2$ 填滿後，再填充 3d，3d 層本可填充 10 個電子，但只有 6 個可用，在鐵原子形成晶體時，其 4s 能帶和 3d 能帶重疊。由於價電子和內層電子有較強的交互作用，因此鐵的導電性就稍差一些。

2.11.3 絕緣體、導體和半導體的能帶圖

實際上，當 N 個原子集合在一起組成晶體時，孤立原子的一個能階在能帶中擴展的樣子因晶體不同而異。最簡單的情況，孤立原子時的一個能階，與晶體一個一個的能帶相對應的場合，從某一 s 能階產生的容許能帶中產生 N 個能階，

這些能階中可以容納 $2N$ 個電子。

進入這些能帶中的電子服從包利不相容（Pauli exclusion）原理，從低能量的能階按順序向上排佈。被電子佔滿的容許能帶稱為滿帶（filled band），沒有電子進入的容許能帶稱為空帶（empty band）。最上方的滿帶又稱為價帶（valence band）。具有這種帶結構的固體稱為絕緣體，如氬（Ar）這樣的分子型晶體及食鹽（NaCl）這樣的離子型晶體與此相當。

在電子部分佔據的容許能中，電子可以被電場簡單地加速，因此這種固體稱為導體。鈉（Na）這樣的一價金屬與此相當。因此，在其一部分存在電子的容許能帶稱為導帶（conduction band）。

在週期表 IVA 族中的 C、Si、Ge、Sn 為半導體（semiconductor）元素。從原子結構看，例如 C 為 $1s^2 2s^2 2p^2$，初看起來，由於 p 軌道電子遠未填滿，這些元素似乎有良好的導電性，但由於它們是共價鍵結合的，2s 軌道與 2p 軌道混成，形成了兩個 sp^3 混成軌道（帶），每個 sp^3 混成帶可容納 $4N$ 個電子，而兩個 sp^3 混成帶之間有較大的能隙（energy gap）E_g。C、Si 等是 4 價元素，可用的電子數就是 $4N$，當完全填滿 1 個 sp^3 混成帶之後，中間隔開一個較大的能隙 E_g，上面才是另一個 sp^3 混成帶。如此，對上面的混成帶已沒有電子可填充。由於電場和溫度的影響，電子能否由價帶躍遷到空的導帶中，主要取決於能隙的大小。C、Si、Ge、Sn 的能隙分別為 5.4eV、1.1eV、0.67eV、0.08eV，這決定了鑽石為絕緣體、Si 和 Ge 為半導體，而 Sn 為導電性弱的導體。

2.11.4 半導體的能帶結構與導電性

n 型半導體的能帶如圖 2.17 所示。在絕對零度，如圖 (a) 所示，由於雜質而產生的禁帶中的電子能階（位於導帶底附近）全部被電子所佔據。隨著溫度上升，如圖 (b) 所示，佔據該能階的電子逐漸被激發而離脫，上升至導帶。如果將雜質考慮為晶體外的體系，可以看作由其向完整的結晶體系供應電子，因此這種雜質成為施主（donor）。

p 型半導體如圖 2.17 所示。在絕對零度，如圖 (a) 所示，源於雜質而產生的禁帶中的電子能階（位於價帶頂附近）不存在電子。隨著溫度上升，如圖 (b) 所示，位於價帶的電子逐漸被激發至該能階，致使價帶的電洞增加。如果將雜質考慮為晶體外的體系，可以看作由其接受源於完整結晶體系的價電子（valence electron），因此這種雜質成為受主（acceptor）。

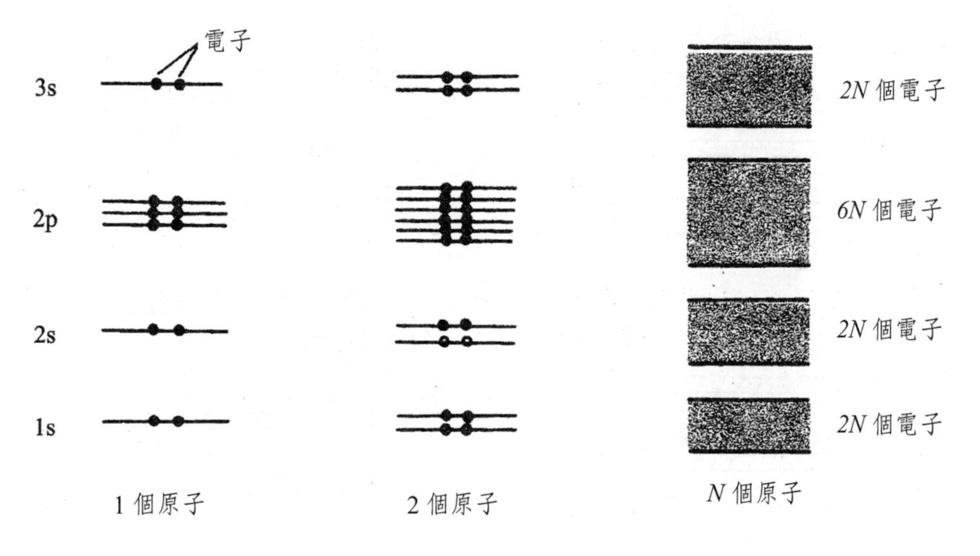

圖 2.15　能帶的形成

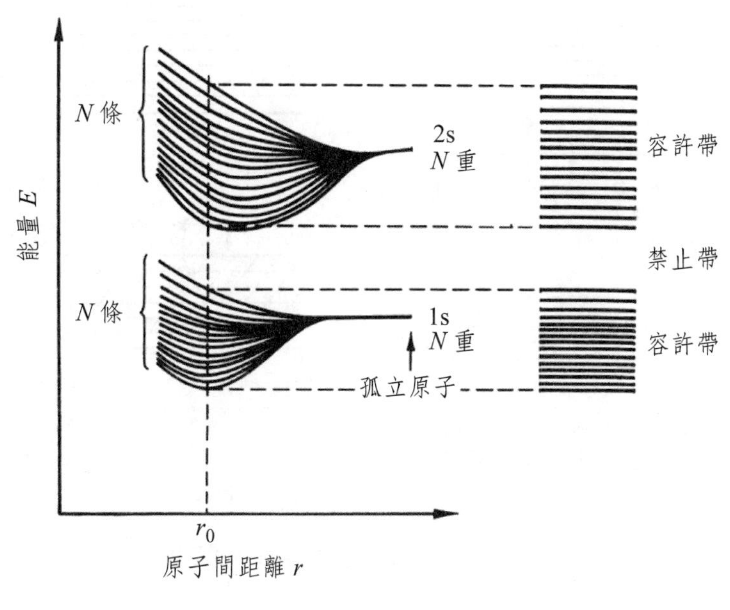

圖 2.16　禁帶的形成

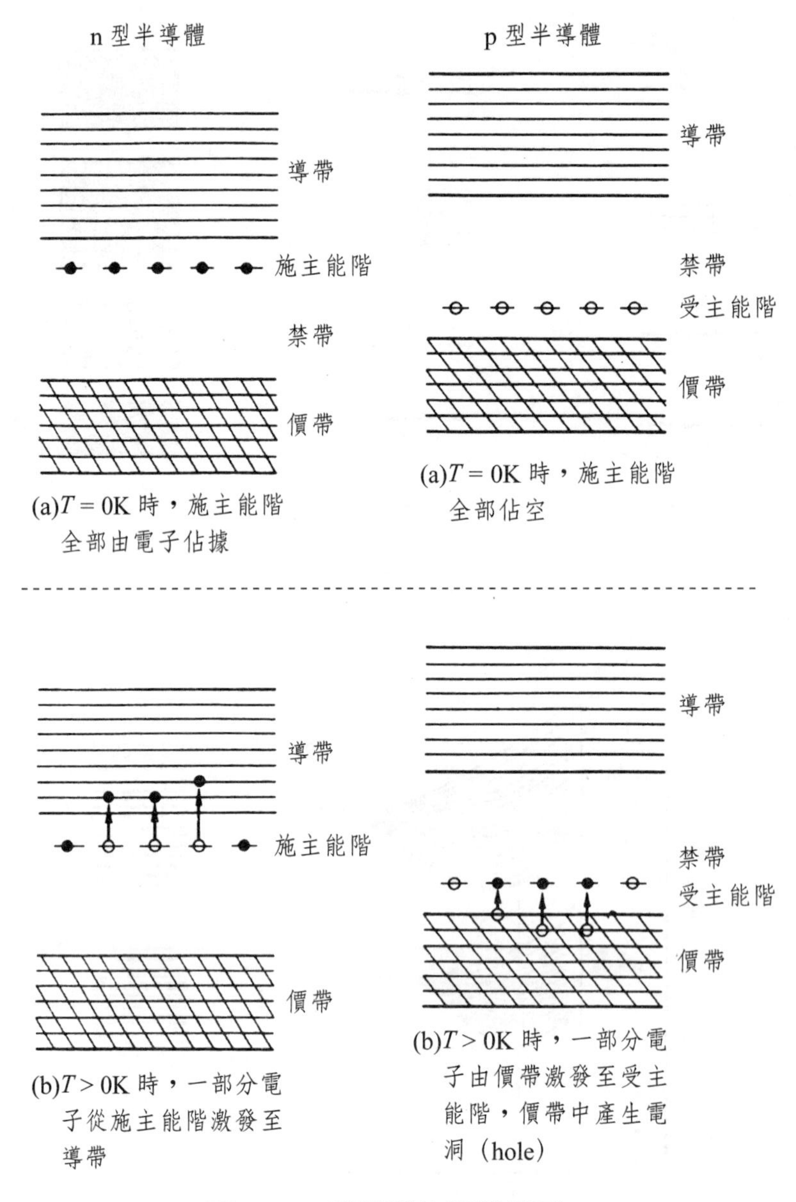

圖 2.17　半導體的能帶模型

2.12　化合物半導體和螢光體材料

2.12.1　元素半導體和化合物半導體

半導體指電阻率（resistivity）ρ 在導體和絕緣體之間的固體材料。導體的 $\rho \approx 10^{-6}\Omega \cdot cm$ 量級，絕緣體的 $\rho \approx 10^{14} \sim 10^{22}\Omega \cdot cm$，而半導體的 $\rho \approx 10^{-2} \sim 10^{9}\Omega \cdot cm$。半導體材料的另一個特點是，它的 ρ 並不隨溫度升高而單調增加，這與金屬不同。從能帶角度看，半導體的能隙（即價帶頂部與導帶底部之間的能量差 $\triangle E$）在導體和絕緣體之間（導體沒有能隙，絕緣體有很大的能隙，半導體則有較小的能隙）。

半導體材料的種類繁多，從單質到化合物，從無機物到有機物，從單晶體（single crystal）到非晶體（amorphous），都可以作為半導體材料。根據材料的化學組成和結構，可以將半導體劃分為：元素半導體，如矽（Si）、鍺（Ge）；二元化合物半導體，如砷化鎵（GaAs）、銻化銦（InSb）；三元化合物半導體，如 GaAsAl、GaAsP；固溶體半導體，如 Ge-Si、GaAs-GaP；玻璃半導體（又稱非晶態半導體），如非晶矽、玻璃態氧化物半導體；有機半導體，如酞菁、酞菁銅、聚丙烯腈等。

2.12.2　化合物半導體的組成和特長

所謂多元混晶化合物，是指由不同元素構成的化合物單晶體。以 III - V 族化合物半導體單晶為例，III 族元素所佔的 A 位可以是 Al、Ga、In，V 族元素所佔的B位元可以是N、P、As。如果僅考慮由A位元構成的次晶格（sublattice），每個晶格上不是由 Al 就是由 Ga 或 In 佔據，即三者之間具有「置換性」，Al、Ga 或 In 所佔據的位置是不確定的，因此具有「無序性」；而 Al、Ga 或 In 在某一陣點佔據的機率可以從 0 到 1，因此具有「無限性」。由 B 位構成的次晶格也有類似的情況。由兩種次晶格按一定的平衡關係嵌套在一起，即組成混晶（單晶體）。隨著化合物半導體混晶中組元、成分的不同，禁帶寬度不同，從而發出光的波長，即顏色不同。因此，通過控制混晶的組元及組元間比例（成分），便可獲得所需要顏色的光。

元素的原子序數越小，則構成單晶體的晶格常數越小，禁帶寬度越大。這可以從構成化合物的組元原子半徑、電負性、電子濃度等因素得到解釋。

在使大多數的化合物半導體異質磊晶生長時，一個基本要求是選用與其晶格常數盡可能相近的基板，否則由於晶格失配太大而難以獲得高品質的單晶膜。

2.12.3 Ⅳ-Ⅳ族、Ⅲ-Ⅴ族、Ⅱ-Ⅵ族、Ⅰ-Ⅲ-$Ⅵ_2$族和$Ⅰ_2$-Ⅱ-Ⅳ-$Ⅵ_2$族化合物半導體

II-VI 族化合物半導體（compound semiconductor）主要是指由 IIB 族元素 Zn 、Cd 、Hg 和 VI 族元素 O 、S 、Se 、Te 組成的二元和三元化合物半導體。常見的 II-VI 半導體，包括 ZnO 、ZnSe 、ZnS 、ZnTe 、CdSe 、CdTe 、CdS 、HgSe 、HgTe 、HgS 、ZnCdSe 、ZnSSe 、HgCdTe 、CdZnTe ，它們通常具有立方閃鋅礦（zinc blende）結構和六方纖鋅礦（wurzite）結構。帶隙範圍可從微小的負值到達約 3，9eV（ZnS）；由於這些材料大多都能實現直接帶隙，且通過能帶工程幾乎能實現任何指定的能隙值，能隙覆蓋了從遠紅外線（far-infrared）到紫外（ultra-violet）的光譜範圍，這就註定了該類材料會表現出豐富的光學和電子學性質，在未來以光電子、光子為基礎的資訊時代，必定會得到更廣泛的研究和應用。也有將 IIA 族元素：Mg 、Ca 、Sr 、Ba 與 VI 族元素組成化合物稱為 II-VI 族化合物，諸如 MgS 、MgSe 、MgTe 、CaS 、CaSe 、SrS 、SrSe 、SrTe 、BaS 、BaSe 、BaTe 等。

II-VI 族化合物半導體是一類重要的半導體，由於其具有較寬的帶隙和較大的激子（exciton）束縛能（binding energy），被公眾推為短波長光發射及雷射元件的理想候選材料。尤其是三元化合物半導體，如 CdZnTe 、CdZnS 和 CdZnSe 等，隨著組分的調整，其發光可以覆蓋整個可見光光譜範圍，甚至達到紫外和紅外線區。較大的（與室溫對應的 26meV 可比擬）激子束縛能可使材料的激子特性一直延續室溫以上，為常溫工作的元件奠定基礎，寬頻 II-VI 半導體被認為是短波長雷射器的最重要候選材料之一。

I-III-VI_2 族化合物由一個 I 族和一個 III 族原子去替代 II-VI 族中兩個 II 族原子所構成的，如 $CuGaSe_2$、$AgInTe_2$、$AgTlTe_2$、$CuInSe_2$、$CuAlS_2$ 等。

III-V 族化合物半導體是元素週期表中 III A 族元素 B 、Al 、Ga 、In 和 VA 族元素 N 、P 、As 、Sb 所化合相成的 15 種化合物 BN 、BP 、BAs 、AIN 、AIAs 、AIP 、AlSb 、GaN 、GaAs 、GaP 、GaSb 、InN 、InP 和 InSb。自 1952 年德國科學家威克爾（Welker）指出，III-V 族化合物半導體具有與 Si 、Ge 相類似的半導體性質以來，對它們的性質、製作技術和元件應用研究都取得了巨大進展，在微電子學和光電子學方面得到日益重要和廣泛的應用。

2.12.4 螢光體材料重現光輝——同一類材料會滲透到高新技術的各個領域

日光燈（fluorescent lamp）的原理大家並不生疏，在真空玻璃管中充入水銀蒸汽，施加電壓，發生氣體放電並產生電漿。由電漿產生的紫外線照射預先塗覆在玻璃管內側、由紅（R）、綠（G）、藍（B）三色螢光體配合好的白色發光材料，使其發光照明。

大約十年前，每家使用的幾乎都是 CRT 彩色電視，它是由 30kV 的高壓電子槍（三槍）產生電子，分別對著塗覆有紅（R）、綠（G）、藍（B）螢光體材料的亞圖元（subpixel）進行掃描，再由紅、綠、藍三色相組合，顯示所需要的電視畫面。

日光燈與 CRT 彩色電視所用兩種螢光體材料的最大區別是，前者由紫外線照射激發，而後者由電子束照射激發。

電漿電視（PDP）顯示與日光燈照明都是利用紫外線照射螢光體，使後者受激發光，但二者有下述幾點區別：(1) 前者激發採用的是由氖氙氣體放電發出的 147nm 波長紫外線，而後者激發採用的是由汞蒸汽放電發出的 245nm 波長紫外線；(2) 前者每個亞圖元採用的都是單色螢光體，或紅、或綠、或藍，而後者採用的是由三波長螢光體配合而成的白光螢光體；(3) 前者所用螢光體材料強調單色發光的色調和色純度，如發光波長、半高寬等，而後者更強調三波長螢光體發白光的綜合效應。

1993 年，採用藍寶石（sapphire）基板的 GaN 系 DH 雙異質接面（double hetero junction）藍光 LED 的出現，為螢光體 phosphor 材料的應用擴展了新的領域。1996 年，將 GaN 系藍光 LED 與 YAG：Ce〔添加 Ce 的釔鋁石榴石（yttrium aluminum garnet）〕黃光螢光體相組合，實現了白光的 LED。

除了靠藍光 LED 激發發光的 YAG 系之外，還對包括近紫外光激發的螢光體在內的其它螢光體，如硫化物系、硫鎵酸鹽系、矽酸鹽系、鋁酸鹽系等，進行了廣泛的研究開發。

表 2.7 螢光（fluorescent）材料的用途實例（同一類材料應用到高新技術的各個領域）

序號	用途		激發方法	代表性的螢光材料	螢光顏色
1	彩色電視機（CRT）		18k～27kV 電子束	ZnS:Ag, Cl ZnS:Cu, Ag, Cl Y_2O_2S:Eu	藍 綠 紅
2	觀測用陰極射線管（CRT）		1.5k～10kV 電子束	Zn_2SiO_4:Mn	綠
3	電子顯微鏡（SEM）		50k～3000kV 電子束	(Zn,Cd)S:Cu, Al	綠
4	螢光管顯示器（VFD）		150kV 噴淋狀 電子束	ZnO:Zn	綠
5	無機 EL	第一代 螢光體	150V 以上的 電壓	ZnS:Mn, ZnS:Tb	黃橙色（包括從綠到紅的成分）
		第二代 螢光體		SrS:Ce, SrS:Cu	藍綠光，藍色發光
		第三代 螢光體		$BaAl_2S_4$:Eu	藍光發光
6	場發射顯示器（FED）		200～400V， ～7kV 電子束	參照 CRT 和 VED	單色或多色
7	螢光燈		254nm 紫外線	$Ca_{10}(PO_4)_6$ $(F, Cl)_2$:Sb, Mn	白
8	PDP	紅亞圖元	147nm 真空 紫外線	$(Y, Gd)BO_3:Eu^{3+}$	紅
		綠亞圖元		Zn_2SIO_4:Mn	綠
		藍亞圖元		$BaMgAl_{14}O_{23}:Eu^{2+}$	藍
9	白光 LED （藍光激發）	黃光螢光體	460nm 藍光	$Y_3Al_5O_{12}$:Ce	黃（與藍光組合為白）
		紅光螢光體		$(Sr,Ca)_2Si_5N_8$:Eu	紅
		綠光螢光體		$Ca_8MgSi_4O_{16}C_{12}$:Eu	綠
10	白光 LED （近紫外線）	紅光螢光體	365～420nm 近紫外	$BaMgAl_{10}O_{13}$:Eu	藍
		綠光螢光體		$Ba_3S_{16}O_{12}N_2$:Eu	綠
		藍光螢光體		$CaAlSiN_3$-Si_2N_2O:Eu	紅
11	螢光水銀燈		365nm 紫外線	Y（V,P）O_4:Eu	紅
12	複寫用燈		254nm 紫外線	Zn_2SiO_4:Mn	綠

序號	用途	激發方法	代表性的螢光材料	螢光顏色
13	X 射線增感紙	X 射線	$CaWO_4$ Gd_2O_2S:Tb	藍白 黃綠
14	固體雷射（solid laser）	光（近紫外～近紅外線）	$Y_3A_{l5}O_{12}$:Nd(YAG)	紅外線

思考題及練習題

2.1　元素週期表中包括哪些週期和族？何謂主族和副族？

2.2　原子中每個電子所屬的能階可由哪四個量子數決定？說出它們的取值範圍。

2.3　原子中的軌道電子排佈遵循哪些準則？據此表示原子鐵（Fe）的電子排佈。

2.4　為什麼說「碳在元素週期表中處於王者之位」？解釋碳材料（包括化合物）多樣性的原因。

2.5　比較鑽石和石墨的特性，說明二者性能差異的原因。

2.6　容易放出電子的原子和容易接受電子的原子各有哪些？說出它們的潛在應用價值。

2.7　何謂過渡族金屬，它們有什麼共同特點？寫出難熔金屬和貴金屬的元素名稱和元素符號。

2.8　同一週期中從左至右、同一主族中從上至下，原子半徑變化有什麼特點，請解釋原因。

2.9　何謂元素的電負性和電離能，按元素在週期表中的位置，二者有什麼變化規律？

2.10　何謂稀土元素，共包括哪些元素？稀土元素有哪些共同特性，指出它們的應用。

2.11　試比較物理吸附和化學吸附。

2.12　材料的哪些性能屬於非結構敏感性的，哪些性能屬於結構敏感性的？

2.13　畫出 n 型摻雜和 p 型摻雜的能帶結構，分別寫出載子濃度的運算式。

2.14　以Ⅲ-Ⅴ族化合物半導體為例，說明如何通過調整組元及含量來調整其禁帶寬度？

2.15　請調查與材料科學（偏重化學）相關的諾貝爾獎（Nobel prize）獲得者，分別寫出他們的簡歷。

參考文獻

[1] 富永裕久，圖解雜學：元素，ナツメ社，2005 年 12 月。

[2] 山口潤一郎，最新元素の基本と仕組み，秀和システム，2007 年 3 月。

[3] James A Jacobs, Thomas F Kilduff. Engineering Materials Technology —— Structure, Proccssing, Properties, and Selection. 5th ed. Pearson Prentice Hall Inco, 2005.

[4] Smith W F, Hashemi J. Foundations of Materials Science and Engineering. 5th ed. New York: McGraw-Hill Inco, Higher Education, 2008.

[5] Van Vlack L H. Elements of Materials Science and Engineering. 6th ed. Addison-Wesley Publishing Co, 1989.

[6] 潘金生，仝健民，田民波，材料科學基礎（修訂版），北京：清華大學出版社，2011 年。

[7] 杜雙明，王曉剛，材料科學與工程概論，西安：西安電子科技大學出版社，2011 年 8 月。

[8] 王周讓，王曉輝，何西華，航空工程材料，北京：北京航空航太大學出版社，2010 年 2 月。

[9] 胡靜，新材料，南京：東南大學出版社，2011 年 12 月。

[10] 齊寶森，呂宇鵬，徐淑瓊，21 世紀新型材料，北京：化學工業出版社，2011 年 7 月。

[11] 王修智，蔣民華，神奇的新材料，濟南：山東科學技術出版社，2007 年 4 月。

[12] 稻垣道夫，カーボン —— 古くて新しい材料，工業調查會，2009 年 3 月。

[13] 岩本正光，よくわかる電気電子物性，Ohmsha，1995 年。

[14] 澤岡昭，電子材料：基礎から光機能材料まで，森北出版株式會社，1999 年 3 月。

参考文献

[1] [illegible]

[2] [illegible]

[3] [illegible] Materials Technology [illegible] Properties, and Selection [illegible] Prentice Hall, [illegible]

[4] Smith W. F., Hashemi J. Foundations of Materials Science and Engineering [illegible] New York: McGraw-Hill Higher Education [illegible]

[5] Van Vlack L. H. [illegible] Publishing [illegible]

[6] [illegible]

[7] [illegible]

[8] [illegible]

[9] [illegible]

[10] [illegible]

[11] [illegible]

[12] [illegible]

[13] [illegible]

[14] [illegible]

3 金屬及合金材料

3.1 從礦石到金屬製品 (1)—— 高爐煉鐵
3.2 從礦石到金屬製品 (2)—— 轉爐煉鋼
3.3 晶態和非晶態，單晶體和多晶體
3.4 相、相圖、組織和結構
3.5 凝固中的成核與長大
3.6 鋼的各種組織形態
3.7 鋼的強化機制及合金鋼
3.8 應用最廣的碳鋼
3.9 金屬的熱變形
3.10 金屬的冷變形
3.11 熱處理的目的和熱處理溫度的確定
3.12 鋼的退火
3.13 鋼的正火
3.14 鋼的淬火 —— 加熱和急冷的選擇
3.15 鋼的回火
3.16 表面處理 —— 表面淬火及滲碳淬火
3.17 合金鋼 (1)—— 強韌鋼、可焊高強度鋼和工具鋼
3.18 合金鋼 (2)—— 高速鋼、不鏽鋼、彈簧鋼和軸承鋼

3.1 從礦石到金屬製品 (1) —— 高爐煉鐵

3.1.1 鋼材的傳統生產流程

2011 年全世界的鋼產量預計將達到 15 億噸，其中中國近 7 億噸（實際產能逾 9 億噸），約佔 46%。中國已成為名符其實的鋼鐵大國。

鋼鐵是文明社會的骨架、現代工業的基礎、國家實力的體現。各種機器設備、交通運輸工具、房屋建築、武器裝備、農機具、日常用品等，都離不開鋼鐵。據統計，在結構類材料中，90% 所使用的都是鋼鐵。鋼材的冶金過程，可分為煉鐵、煉鋼和鋼的成型加工等三個階段。

3.1.2 高爐煉鐵中的化學反應

煉鐵的目的是從鐵礦石〔磁鐵礦 Fe_3O_4、赤鐵礦（hematite）Fe_2O_3、菱鐵礦（sederite）$FeCO_3$、褐鐵礦（limonite）（$2Fe_2O_3 \cdot 3H_2O$ 和類似化合物）等〕中還原出生鐵，需要在高溫下由還原劑（一般是焦炭）對鐵礦石進行下述還原反應得到液態鐵：

$$Fe_3O_4 + 2C \longrightarrow 3Fe + 2CO_2 + (\Delta G_R - \Delta G_M) \quad (3\text{-}1)$$

式中，ΔG_M 是被還原氧化物形成的自由能（free energy）；ΔG_R 是還原劑與還原氧化合所釋放的能量。

實際上，藉由礦石與焦炭（coke）直接接觸的還原反應，在溫度低於 1100℃時難於進行。這是因為一旦在礦石表面產生了金屬鐵，它就立即把還原反應的雙方隔開，使反應無法繼續進行下去。實際的還原反應是一個分兩步驟的氣一固反應，CO/CO_2 混合氣體起著把氧從金屬「M」傳遞給還原劑「R」的作用：

$$Fe_3O_4 + 4CO \longrightarrow 3Fe + 2CO_2 \quad (3\text{-}2a)$$

$$CO_2 + 2C \longrightarrow 4CO \quad (3\text{-}2b)$$

這兩步驟反應的總和就是反應式（3-1）。通過部分 CO_2 與固體煤發生反應，將不斷產生氣體 CO（「煤的氣化」）供給總反應的需要。因此，對於用固體炭進行礦石還原反應過程來說，焦炭與 CO_2 的反應能力和礦石與 CO 的反應能力，具有同等重要意義。所以，焦炭的空隙度、細微性大小，還有它的催化（catalysis）作用等，都起著重要作用。反應式（3-2a/b）的複合反應，稱為礦石與煤炭的間接還原反應。

3.1.3　高爐的構造

高爐冶煉是一複雜的物理化學反應過程。在冶煉過程中，爐料與煤氣作相對運動，其中上升的煤氣流為高爐生產的能源（熱能、化學能），下降的爐料為高爐生產的物源。

高爐是煉鐵廠的主體設備，按容積大小可分為大（> $850m^3$）、中（100～$850m^3$）、小（< $100m^3$）三種。現代煉鐵廠的設備，主要由高爐爐體、爐頂裝料、熱風機和鼓風機、高爐煤氣除塵、渣鐵處理設備所構成。

高爐爐體由以下五部分組成。(1) 爐缸：在爐子下部呈圓柱形，用來儲存鐵水和爐渣，缸內溫度高達 1700℃；(2) 爐腹：位於爐缸上面，呈向上擴張的截頭圓錐形，其作用適應於爐料熔化體積收縮和煤氣溫度升高體積增大的特點；(3) 爐腰：爐子中呈圓柱形部分，造渣區主要在這裡形成，也是爐腹和爐身的緩衝帶；(4) 爐身：在爐子上部呈現上小下大的截頭圓錐形，在高爐中容積最大，適應於爐料下降受熱膨脹和煤氣流上升收縮的特點；(5) 爐喉：爐子最上部呈圓柱形，其作用是調劑爐料的分布和封閉煤氣流。

3.1.4　高爐煉鐵運行過程

高爐是根據逆流反應器原理建造的豎式鼓風爐，高爐爐體從上到下由爐喉、爐身、爐腹、爐腰、爐缸等組成。爐體周圍配以爐頂裝料、熱風機和鼓風機、高爐煤氣除塵、渣鐵處理等輔助設備。高爐煉鐵的簡要運行過程如下：

(1) 固體物料（礦石、焦炭、添加劑）由高爐上部（頂部）加入，並由上部向下沉降，完成反應後由爐底排出。

(2) 氣體（CO/CO_2，來自燃燒空氣中的氧）從高爐下部向上運動，完成反應後，作為高爐煤氣排出並予以應用。

(3) 在高爐下部導入預熱空氣（「熱風」），使焦炭燃燒產生熱量，並供給還原反應所需的 CO。

(4) 這裡所產生的熱量，一方面是熔化並分離所產生的金屬鐵所必須的，另一方面則是為了使礦石 — 焦炭混合物溫度達到還原反應在動力學上得以實現的程度。

(5) 按 Fe-C 相圖（phase diagram）（見 3.4 節），在高爐底部，焦炭與鐵的直接接觸導致熔融 Fe 的滲碳量達 4.3 w_C%（17at.%），由此使鐵的熔點從 1530℃降至 1150℃，對「煉鐵」而言，這無疑是有很大好處，但得到的「生鐵」難當大用。

(6) 由於其密度較大，飽和滲碳的鐵水集中在高爐的底部。從高爐底部間隙式地排放出鐵水。生鐵中的主要雜質除了 C 之外，還有 Mn、Si、P、S 等。

(7) 礦石中的礦渣和其它雜質與適當選擇的添加劑（為了降低冶煉溫度，所加入相當數量的石灰石和白雲石），一起形成熔點低達 1000℃左右的熔渣（類似熔岩）。它浮在生鐵的上部，由渣口排放出，並加以利用（絕緣材料、鋪路材料、水泥等）。

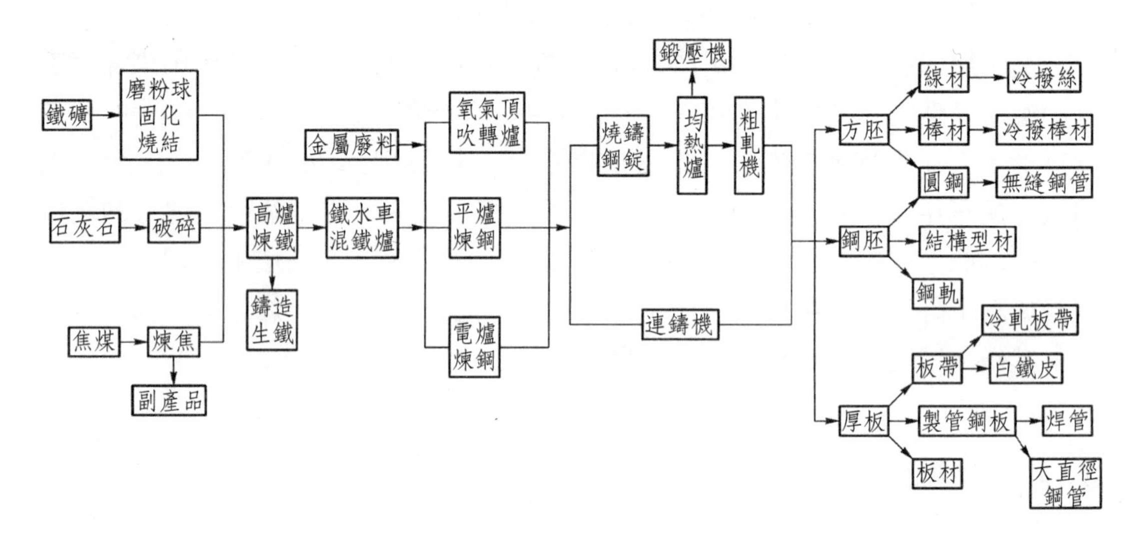

圖 3.1　鋼材的傳統生產流程

3.2　從礦石到金屬製品 (2) —— 轉爐煉鋼

3.2.1　煉鋼的目的

煉鋼的目的主要有三條：(1) 去除生鐵中的雜質，主要是 Mn、Si、P、S；(2)

降低、調整碳含量；(3) 加入合金元素，實現所需要的性能。

按冶煉方法可分為平爐鋼、轉爐鋼和電爐鋼三大類，每一類還可以根據爐襯材料的不同，分為鹼性和酸性兩類。現代煉鋼方法主要有轉爐煉鋼法和電爐煉鋼法。

3.2.2　氧氣轉爐煉鋼的原料

氧氣轉爐煉鋼的原料主要有：金屬（鐵水、廢鋼和生鐵塊）、冷卻劑（廢鋼、鐵礦石、氧化鐵皮、生鐵塊）、造渣劑〔石灰（lime）、螢石（fluorite）和白雲石（dolomite）〕，氧化劑（氧氣、鐵礦石和氧化鐵皮），去氧劑（矽、錳、鋁及鐵合金）。原料中以鐵水和石灰的品質對煉鋼過程影響最大。

鋼與生鐵的主要差別是含碳量不同，鋼中碳的品質分數小於 2.11%（生鐵中碳的品質分數一般在 3.5%～4.5%）。碳鋼的成分以 Fe 、C 元素為主，另外，還有少量的 Si 、Mn 、S 、P 、H 、O 、N 等非特意加入的雜質元素，它們主要來自煉鋼時所加的廢鋼、鐵礦石、去氧劑等。其中，S 、P 是雜質元素，對鋼的性能有不良影響，需在冶煉時加以控制，其它元素的含量則需在煉鋼時通過各種化學反應來調整，使鋼的成分最終達到技術要求。

3.2.3　氧氣轉爐煉鋼中的主要化學反應

氧氣頂吹轉爐煉鋼的主要化學反應說明如下。

(1) 元素的氧化順序　在煉鋼的高溫下，一般是矽、錳先被氧化，隨後是碳和磷，這是由於各元素與氧的親和力不同所致。由於鋼液的大量存在，因此鐵在開始時就已大量氧化。

(2) 矽、錳的氧化反應　煉鋼過程中，矽、錳會發生直接氧化反應：

$$Si + O_2 = SiO_2 \quad (3\text{-}3a)$$

$$2Mn + O_2 = 2MnO \quad (3\text{-}3b)$$

由於在吹氧開始，Fe 即被大量氧化成 FeO ，因此，矽、錳主要是發生間接氧化反應：

$$Si + 2FeO = SiO_2 + 2Fe \qquad (3\text{-}4a)$$

$$Mn + FeO = MnO + Fe \qquad (3\text{-}4b)$$

以上反應都是放熱反應，所以在低溫下就可進行。且 SiO_2 與 FeO 反應、MnO 與 SiO_2 反應形成矽酸鐵（$FeSiO_3$）和矽酸錳（$Mn \cdot SiO_2$）爐渣：

$$SiO_2 + 2FeO = 2FeO \cdot SiO_2 \qquad (3\text{-}5a)$$

$$SiO_2 + 2MnO = 2MnO \cdot SiO_2 \qquad (3\text{-}5b)$$

而且，由於吹煉中石灰的分解，矽酸鐵又與 CaO 作用生成正矽酸鹽（$2CaO \cdot SiO_2$），把 FeO 置換出來。

(3) **脫碳反應**　脫碳反應貫穿於煉鋼的全過程，鋼液中的碳可同氣體接觸而直接氧化：

$$C + O_2 = CO_2 \qquad (3\text{-}6)$$

碳也與溶解於鋼渣中的氧發生間接氧化反應：

$$C + FeO = CO \uparrow + Fe \qquad (3\text{-}7)$$

煉鋼熔池中的脫碳反應，是一個複雜的多相反應動力學過程，包括擴散、化學反應及氣泡生成和排除等環節。脫碳反應產生的 CO 氣泡有助於鋼液的攪動「沸騰」，使成分均勻化，並能有效清除鋼液中的氣體和非金屬夾雜。

(4) **脫磷、脫硫反應**　磷在鋼中以磷化鐵（Fe_2P）形態存在，在煉鋼過程中與爐渣的 FeO 和 CaO 化合生成磷酸鈣：

$$2Fe_2P + 5FeO + 4CaO = 4CaO \cdot P_2O_5 + 9Fe \qquad (3\text{-}8)$$

這個反應是放熱反應，所以低溫有利於脫磷。由於高鹼度和強氧化性的爐渣也是脫磷重要條件，因此酸性爐內去磷較難。

硫在鋼中是以硫化亞鐵（FeS）形式存在。若在渣中加入碳，則反應為：

$$FeS + CaO + C = Fe + CaS + CO \qquad (3\text{-}9)$$

由於上述反應的平衡常數與溫度成正比，因此煉鋼過程中高溫有利於脫硫。

3.2.4 沸騰鋼和鎮靜鋼

煉鋼生產中，大部分時間是向熔池供氧，通過氧化精煉去除金屬原料中的矽、碳、錳、磷等雜質。隨著煉鋼過程的進行，金屬液體中碳、磷的品質分數不斷降低，含氧量逐漸提高，在氧化精煉完成後，金屬液體中的含氧量高於成分鋼的允許值。

當澆鑄和凝固時，鋼水溫度下降，因此氧溶解度降低。這導致CO的生成（$C + O \rightarrow CO \uparrow$），CO形成氣泡猛烈排除 —— 使正凝固的鋼水變得「沸騰」。從而使得這種「非鎮定」鑄鋼件中的均勻性和品質都受到損害。為了抑制沸騰，應採用「鎮靜」鋼生產技術，鑄造前藉由加入Al或Si的去氧反應，將鋼水中的溶解氧除去，反應結果形成固態的 Al_2O_3 或液態的 SiO_2。

在鋼液中去氧元素與氧結合的能力順序為：$Al > Ca > Si > Mn$，這是目前廣泛使用的幾種去氧元素。此外，去氧劑的熔點必須低於鋼液溫度，去氧產物應較易上浮排出，或殘留在鋼中的去氧元素對鋼性能應無損害等。

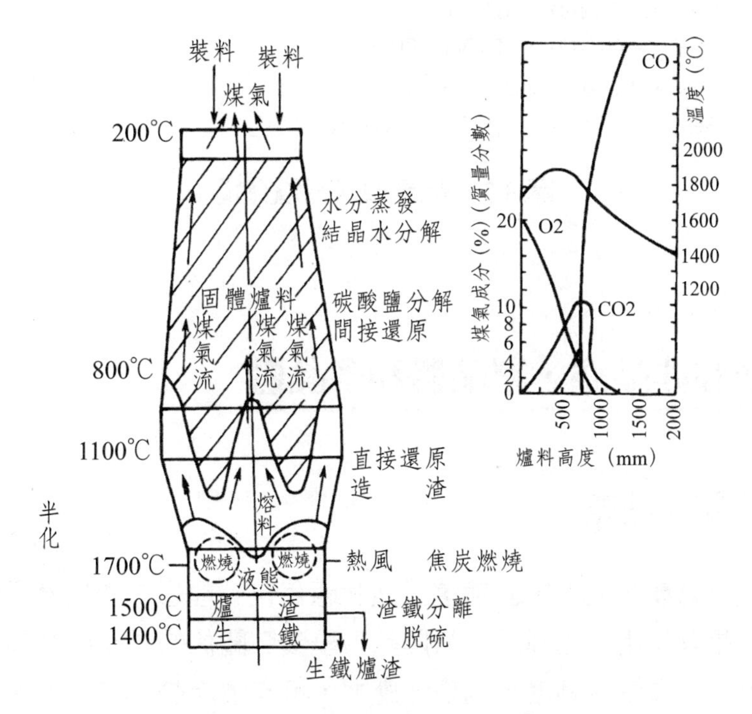

圖 3.2 高爐治煉原理示意圖

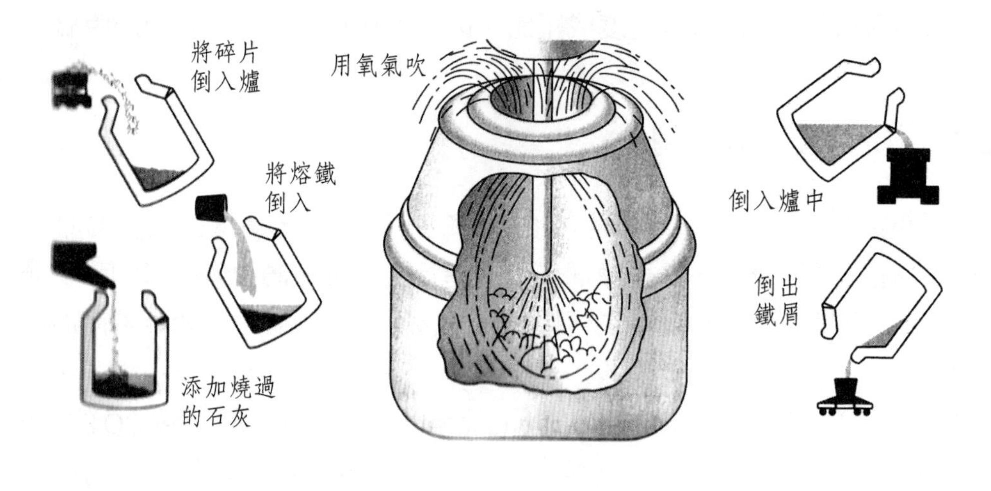

除 C：$[C] + \{O_2\} = \{CO_2\}$

$[C] + [O] = \{CO\}$

除 Si：$[Si] + \{O_2\} = (SiO_2)$

$[Si] + 2(FeO_2) = (SiO_2) + 2[Fe]$

除 Mn：$2[Mn] + \{O_2\} = 2(MnO)$

$[Mn] + (FO_2) = (MnO) + [Fe]$

造渣：$(SiO_2) + (FeO) = 2FeO \cdot SiO_2$

$(SiO_2) + 2(MnO) = MnO \cdot SiO_2$

除 P：$2(Fe_2P) + 5(FeO) + 4(CaO)$

$= 4(CaO) \cdot (P_2O_5) + 9[Fe]$

除 S：$(FeS) + (CaO) = 4(FeO) + (CaS)$

$(FeS) + (CaO) + [C] = [Fe] + (CaS) + \{CO\}$

圖 3.3　氧氣頂吹轉爐煉鋼

3.3　晶態和非晶態，單晶體和多晶體

3.3.1　晶態和非晶態

物質一般以氣態、液態、固態這三種狀態存在。理想氣體是分子除彈性碰撞之外，彼此不相互作用。描述理想氣體熱力學參數關係的是狀態方程。氣體無表面，無宏觀外形，幾乎無黏度，內部無應力，可自由流動，無孔不入，充滿其所在整個空間等。

在液體中，分子無固定位置，但其所在位置卻處於暫態受力（分子間的引力和斥力）平衡狀態。液體有表面，其宏觀外形決定於盛裝它的容器，可以從高處向低處流動，液體有黏度但無硬度，液體中的壓強僅與深度有關，但與方向無關等。

顯然，處於氣態或液態下的物質，一般不適於結構材料來使用。

在固體中，原子或分子處於固定的平衡位置。固體有確定的形狀和硬度，其外形不容易隨意改變，承載能力強。因此，結構材料幾乎都選用固體。

從微觀結構講，固體有晶態和非晶態之分。所謂晶態是指構成物質的原子、分子或原子團（一般抽象為幾何學的節點）呈三維規則有序的排列狀態，即節點排列具有週期性和等同性。與之相反，不存在上述規則排列特徵的物質，例如玻璃，則呈非晶態（amorphous）。

3.3.2 單晶體和多晶體

在晶態中又有單晶體（single crystal）和多晶體（poly-crystal）之分。前者中的原子，在宏觀尺度上均保持同樣的三維規則有序排列，而後者以晶粒為單位，保持相同的三維規則有序排列，晶粒與晶粒間的排列方位不同，或說彼此存在位向差，且晶粒與晶粒之間存在晶粒邊界，即晶界。

固體金屬一般呈多晶態。這一方面是由於多晶材料容易得到，另一方面是多晶材料的各向同性對於加工和使用既必要又方便。

晶體中，原子或分子的規則排列狀態構成點陣（晶格）或晶體結構。原子很小，其直徑一般為埃（Å ，1Å = 0.1nm）量級，用顯微鏡難以觀察到。但是，利用 X 射線照射具有特定結構的晶格，藉由晶格對 X 射線的繞射（回折）現象，則可以觀測到晶格特徵尺寸的大小及結構等，這種方法稱為 X 射線衍射（x-ray diffraction）。布拉格（Bragg）父子因 X 射線繞射技術的發明而雙雙獲得諾貝爾獎（Nobel prize）。

3.3.3 固溶體和金屬間化合物

由同一種元素構成的為純金屬，而由兩種以上元素組合便構成合金。在兩種元素組合的情況下，因濃度不同而異，以液相、固相而存在的溫度會發生變化。也就是說，純金屬除了熔點之外，某一溫度下到底是以固相還是液相存在是確定的，而合金在多數情況下則是以兩種以上的相平衡共存。

在合金相中，存在固溶體和金屬間化合物兩大類。後兩者在液相下合二為一，而在固相下則以各自的形式存在。

所謂固溶體（solid solution）是指，以合金某一組元為溶劑（solvent），在其晶格中溶入其它組元〔溶質（solute）〕原子後所形成的一種合金相，其特徵是，仍保持溶劑晶格類型，節點或間隙中含有其它組元原子。簡單地說，是溶質共用溶劑的晶格。當觀察固溶體的組織時，已不能區分原來的兩種金屬，因為溶質金屬已溶入溶劑金屬的晶格中。注意即使溶質原子是非金屬元素，也稱得到的合金相為固溶體。

根據固溶體的不同特點，可進行下述分類：

(1) 根據溶質原子在溶劑晶格中所佔據的位置，固溶體可分為置換式固溶體和間隙式固溶體。

置換式固溶體是溶劑原子晶格的一部分被溶質原子所置換，多見於二者原子大小相差較小的情況。當然，固溶度的大小還與二者原子的電負性、價電子濃度以及晶體結構等相關。

間隙式固溶體是溶劑原子的晶格保持不變，而溶質原子進入溶劑晶格的間隙中，多見於溶質原子相對較小的情況。

無論是置換式固溶體還是間隙式固溶體，溶質原子的溶入一般都會引起溶劑原子晶格的畸變。

(2) 根據溶質原子在溶劑中的固溶能力，固溶體可分為有限固溶體和無限固溶體。

(3) 根據溶質原子在固溶體中的分布是否有規律，固溶體又分為無序固溶體和有序固溶體。

金屬間化合物要求組合金屬間的組成比為簡單的整數關係，由兩者化合並形成不同於前兩者的晶體結構。一般來說，所形成化合物的性質與原來的金屬完全不同，例如具有高硬度、塑性、韌性低而脆、電阻率高等。

3.3.4 鋼的組織和結構

由於合金（alloy）的成分及加工、處理等條件不同，其合金相將以不同的類型、形態、數量、大小與分布組合，構成不同的合金組織狀態。所謂組織，是指可用肉眼或顯微鏡觀察到的不同組成相的形狀、分布及各相之間的組合狀態，常稱之為具有特徵形態的微觀形貌。相是組織的基本組成部分，而組織是決定材料性能的一個重要因素。在工業生產中，通常是藉由控制和改變合金的組織，來改變和提高合金性能。

順便提出，組織和結構對應同一英文名詞 —— structure，只是組織相對宏觀些，規則性差些，而結構相對微觀些，規則性相對更強些。

在相圖中，從某一位置在保持平衡狀態下冷卻到室溫時，可以看到與平衡相圖對應的組織。稱此為標準組織或平衡組織。與之相對，在不保持平衡而急速冷卻條件下得到的組織，是平衡相圖中不存在的特殊組織或非平衡組織（有些相圖中用虛線表示）。

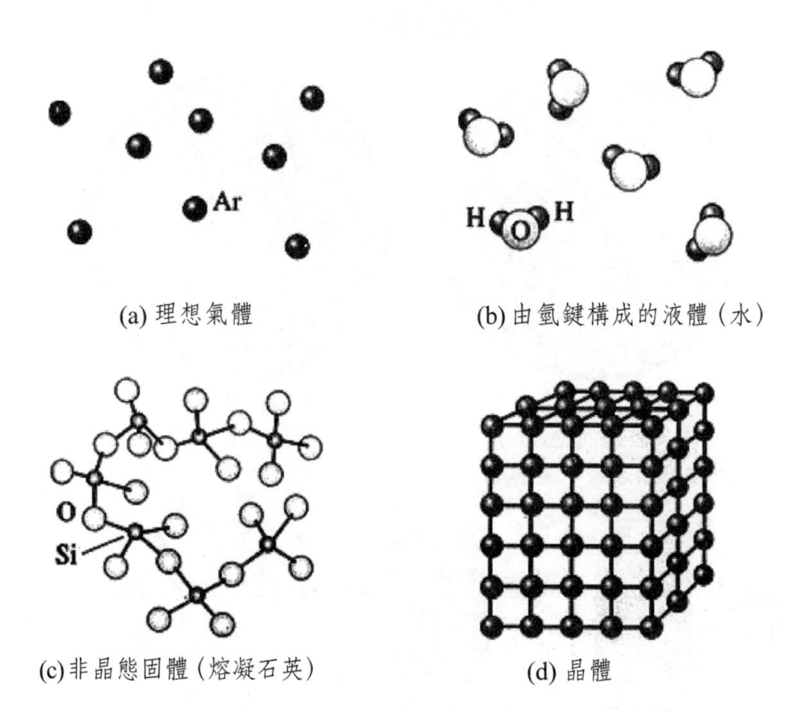

(a) 理想氣體

(b) 由氫鍵構成的液體（水）

(c) 非晶態固體（熔凝石英）

(d) 晶體

理想氣體中，氣體分子除了碰撞之外彼此不相互作用，氣體可壓縮、無表面，充滿所佔整個空間，無孔不入。

液體中分子無固定位置，所在位置為暫態平衡，液體有表面，其形狀決定於盛裝它的容器，液體有黏度但無硬度。

固體中原子處於固定的平衡位置。固體有確定的形狀和硬度，其外形不容易隨意改變，承載能力強。

圖 3.4　從氣體到凝霧態，原子排列有序性越來越高

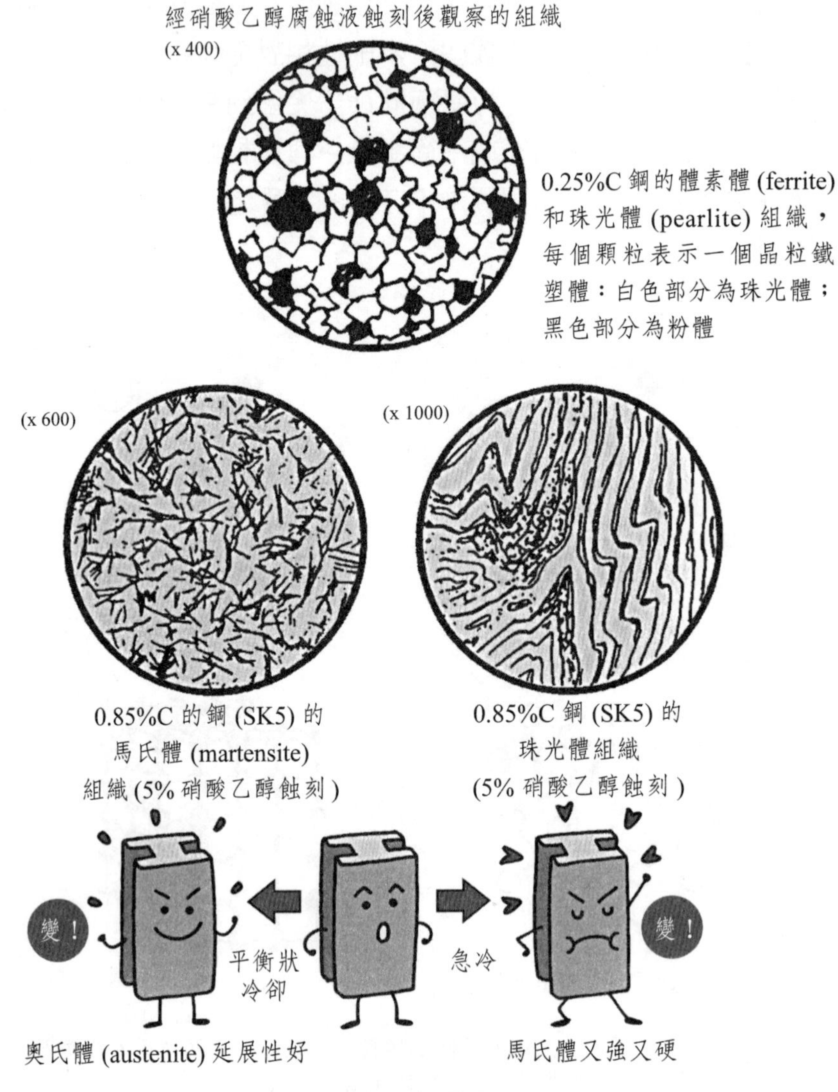

圖 3.5　鐵的組織模式

3.4　相、相圖、組織和結構

3.4.1　相和相圖

在日常生活中，我們經常聽到真相、相貌、照相這些詞語。所謂相（phase），泛指呈現在外部的姿態和形象。據此表述物質三態者，分別為氣相、液相和固相。

嚴格地講，所謂相，是指合金中具有同一聚集狀態、同一晶體結構、成分基本相同（不發生突變）、並有明確介面與其它部分分開的均勻組成分布。

金屬和合金到底處於何種狀態，是由取決於氣壓、溫度、成分間相互關係、被稱作相律的規則決定，而且要求這種狀態在長時間下不發生變化，稱這種狀態為平衡態。

例如，純鐵（Fe）在 1539℃以下為固相，超過此溫度為液相。當 Fe 中溶有其它物質時，隨溫度變化，固相 — 液相分界的溫度（熔點）會發生變化。一般來說，純金屬比其合金的熔點要高。而且，當混入 Fe 的合金元素為某一濃度時，固相和液相可以平衡共存。

材料的相圖是綜合表示平衡狀態下材料系統中，成分、溫度和相狀態關係的圖形，相圖在材料學中有重要的應用價值。

3.4.2 Fe-C 相圖

在 Fe-C 相圖（phase diagram）中，縱軸表示溫度，橫軸表示 C 濃度的變化，其左端的 C 濃度為 0%。圖中所示的各個區域，分別表示不同相平衡存在的範圍。Fe-C 相圖中存在五種相：(1) 液相 L ，是鐵和碳的液溶體；(2)δ 相，又稱高溫鐵素體，是碳在 δ-Fe 中的間隙固溶體，呈體心立方（BCC）結構；(3)α 相，也稱鐵素體（ferrite），用符號 F 或 α 表示，是碳在 α-Fe 中的間隙固溶體，呈體心立方（BCC）結構；(4)γ 相，常稱為奧氏體（austenite），用符號 A 或 γ 表示，是碳在 γ-Fe 中的間隙固溶體，呈面心立方（FCC）結構；(5)Fe_3C 相，是一個化合物相，又稱滲碳體（cementite）（用符號 Cm 表示）。滲碳體根據生成條件不同而有條狀、網狀、片狀、粒狀等形態，形態對鐵碳合金的機械性能有很大影響。

照理說，在 Fe-C 相圖中，C 濃度應該表示到 100%。但 C 濃度達到 6.67% 時就會形成金屬間化合物（inter-metallic compound）（Fe_3C 滲碳體），在此以上的 C 濃度下所產生的相，並無實用意義。因此，在一般的 Fe-C 相圖中，以 C 濃度 6.67% 為限。

純鐵隨溫度不同，其晶體結構會發生變化，從室溫～910℃範圍內為體心立方（BCC），稱其為 α-Fe；超過 910℃立即轉變為面心立方（FCC），稱其為 γ-Fe；再進一步升溫至 1400℃，又轉變為體心立方（BCC），稱其為 δ-Fe。像這樣在某一溫度下晶體結構發生變化的現象稱為相變，對應的溫度為相變點。

C 在 α-Fe 中的固溶度隨溫度升高而增加，最大固溶度為 0.02%；同樣地，C

在 γ-Fe 中的最大固溶度為 2.06%。

在 $Fe-Fe_3C$ 相圖中，隨著 C 濃度增加，在達到 4.3% 之前，完全轉變為液相的溫度逐漸降低，這由液相線（liquidus）來表示，而表示完全轉變為固相的線稱為固相線（solidus）。

3.4.3 利用 Fe-C 相圖分析鋼的平衡組織

在上述 $Fe-Fe_3C$ 系相圖中，當 C 的濃度達到大約 0.8% 時，合金為稱作共析鋼的碳素鋼。C 濃度在此以下為亞共析鋼，而在此以上為過共析鋼。

為觀察標準組織，要採用光學顯微鏡。但若僅把樣品表面拋光、去除凹凸，則什麼也觀察不到。因此，需要對樣品表面進行腐蝕。用於鐵合金的腐蝕液，一般採用硝酸乙醇腐蝕液（nital ，在乙醇中加入微量硝酸）等。如此，藉由試樣表面由於不同部位耐蝕性的差異，進而可觀察到不同的組織。C 濃度小時為 α-Fe，其組織為鐵素體，質地軟而塑性好。用顯微鏡對其觀察時，由於耐腐蝕而呈白色。

共析鋼和過共析鋼的 C 濃度變高，利用顯微鏡觀察時，呈現黑色的部分越來越多。該組織稱為珠光體（用符號 P 表示），它是由鐵素體（α-Fe）和滲碳體（Fe_3C）組成的層片狀混合物，其中滲碳體更容易被腐蝕。

在 $Fe-Fe_3C$ 相圖中，除了上述組織之中，還有稱作 γ-Fe 的奧氏體（austenite），其耐蝕性強，只在高溫時存在，故在室溫時不可見。它是硬度稍高、具有較高韌性（抗斷裂能力）的組織。

急冷得到的是，與標準組織不同的非平衡組織。其典型代表是馬氏體。馬氏體組織有板條狀（片層狀）和透鏡狀（竹片狀）之分，是非常強固的組織。

如此，通過對金屬材料進行組織觀察，可以按種類和性質對其進行分類。

3.4.4 相圖的應用

相圖可反映不同成分材料在不同溫度下的平衡組織，而成分和組織決定材料的性能。因此，相圖與具有平衡組織材料的性能之間，存在著一定的對應關係。例如，$Fe-Fe_3C$ 相圖在鋼鐵材料選用、鑄造技術，熱軋、熱鍛技術、熱處理工藝等方面均有應用。

在運用 $Fe-Fe_3C$ 相圖時，應注意以下兩點：

(1) $Fe-Fe_3C$ 相圖只反映鐵碳二元合金中相的平衡狀態，如含有其它元素，相圖將發生變化。

(2) Fe-Fe_3C 相圖反映的是平衡條件下鐵碳合金中相的狀態，如冷卻或加熱速度較快時，其組織轉變就不能只用相圖來分析了。

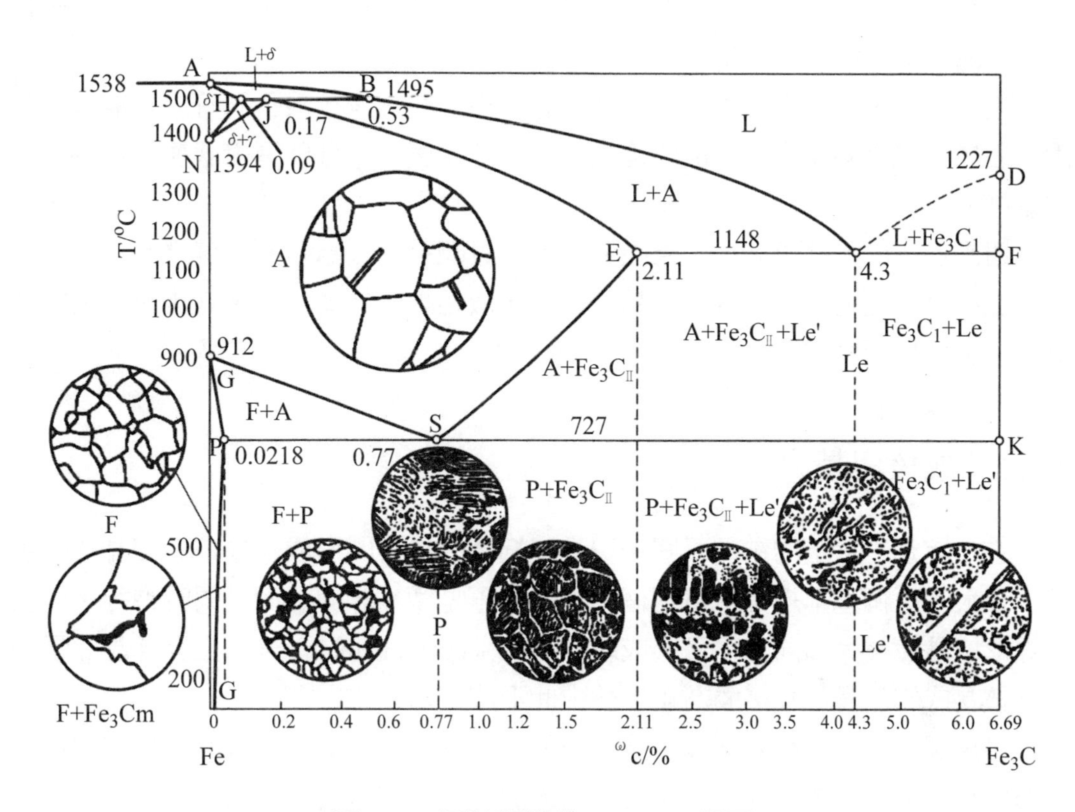

圖 3.6 標註組織的 Fe-Fe_3C 相圖

3.5 凝固中的成核與長大

3.5.1 金屬的熔化與凝固

金屬以熔點（熔融溫度）為分界，在此以下為固態，以上為熔融態。由熔融態轉變為固態稱為凝固，而由固態轉變為熔融態稱為熔解或熔化。

在材料學中，一般將固體、液體、氣體分別稱為固相、液相、氣相。相是物質所呈現的相貌和狀態。作為晶體材料的特徵之一，每種金屬都有其特定的熔點，例如，純鋁（Al）為 659℃、純鐵（Fe）為 1539℃、純金（Au）為 1083℃等。

金屬的凝固是從熔融狀態冷卻時，在某一溫度開始變為固體的過程。該溫度稱為凝固點（freezing point）。在平衡狀態下，熔點和凝固點處於同一溫度。金屬並非整體地由熔融狀態瞬間轉變為固相，而是維持凝固點的狀態下，經過一定時間才轉變為固相。在平衡凝固過程中，首先在液相開始產生固相，液相與固相共存，隨著固相的容積比率增加，直至全部轉變為固相。

理論上講，若在凝固點保持平衡狀態，熔液要經過無限長的時間才能完成凝固。因此，實際的凝固過程都要提供一定的過冷度，以打破平衡狀態，提供足夠的驅動力。

所謂過冷度是平衡凝固（結晶）溫度與實際凝固（結晶）溫度之差。

在提供一定過冷度的實際結晶溫度下，液相轉變為固相時，其化學自由能會降低，這便是凝固的驅動力。

3.5.2 成核與長大

在一定過冷度下的結晶凝固過程，包括晶體核心的形成（成核）和晶核的生長（長大）兩個基本過程。這兩個基本過程不是截然分開，而是同時進行，即在已經形成晶核長大的同時，又形成新的晶核（crystal nucleus），直至結晶完了，由晶核長成的晶體相互接觸為止，並由此形成多晶。

金屬凝固時的成核有兩種方式，一是在金屬液體中依靠自身的結構均勻自發地形成核心，二是依靠外來夾雜所提供的異相介面非自發不均勻地成核。前者叫做均勻成核，後者叫做不均勻成核。

以均勻成核為例，設在液相中以半徑為 r 的球形顆粒成核，成核時系統吉布斯自由能的變化為

$$\Delta G = \frac{4}{3}\pi r^3 \cdot \Delta G_v + 4\pi r^2 \cdot \gamma_{SL} \qquad (3\text{-}10)$$

式中，ΔG_v（< 0）為單位體積吉布斯自由能（Gibbs free energy）差；γ_{SL} 為液－固相的介面能。

由上式可以看出，當 r 很小時，第二項產生支配作用，ΔG 隨 r 增大；r 增大至一定數值後，第一項起支配作用，ΔG 隨 r 增大而降低。故ΔG 隨 r 變化的曲線，為一有極大值點的曲線。在 $r = r^*$ 處，ΔG 有極大值。

3.5.3 多晶體的形成

均勻成核是液體結構中不穩定的近程排列原子集團（晶胚）在一定條件下，轉變為穩定的固相晶核過程。成核開始往往需要局部的成分漲落、溫度漲落和能量漲落等。

當晶核半徑小於臨界晶核半徑，即 $r < r^*$ 時，當 r 增大時，ΔG 隨之增大，系統吉布斯自由能增加；相反，r 減小，系統吉布斯自由能降低。故半徑小於 r^* 的原子集團在液相中不能穩定存在，它被溶解而消失的機率，大於它繼續長大而超越 r^* 的機率。半徑小於 r^* 的原子集團可稱為晶胚。當 $r > r^*$ 時，隨著 r 增大、ΔG 減少，系統吉布斯自由能下降，故大於 r^* 的原子集團可以穩定存在（繼續長大的機率大於被溶解而消失的機率），作為晶核而長大。因此，$r = r^*$ 的晶核叫臨界晶核，r^* 叫臨界晶核尺寸。形成臨界晶核所需克服的能壘，還要依靠系統的能量起伏（漲落）來提供。

一開始，液相中彼此分離的成核長大過程是獨立進行的；接著，晶核生長為小晶體，每個小晶體都有各自的晶體學取向；隨著晶粒長大，小晶體結合在一起構成晶粒組合，晶粒與晶粒之間形成晶界。注意每個晶粒是隨機取向的，由於構成多晶體的各個晶粒位向不同，因此造就了多晶體各向同性的特徵。

3.5.4 鑄錠細化晶粒的措施

鑄錠（ingot）組織對材料性能有重要影響，細小晶粒有好的強韌性能，粗大晶粒使性能變壞。晶區分布也影響性能，柱狀晶純淨、緻密，但在其交界處結合差，聚集雜質，形成弱面，熱加工時容易開裂，故應防止柱晶穿透的穿晶組織。等軸晶粒間結合緊密，不形成弱面，有好的熱加工性。鑄錠組織（晶粒大小和晶區分布）則可通過凝固時的冷卻條件來控制。

1. 提高冷卻速度，增加過冷度

冷卻速度決定於實際的澆注條件 —— 錠模材料、錠模預熱情況、澆注溫度和澆注速度。如金屬模比砂模冷卻快，厚模比薄模冷卻快，不預熱的冷模比預熱的熱模冷卻快；同樣錠模條件下，低的澆注溫度、慢的澆注速度比高的澆溫、快的澆速冷卻快；相應在較快冷卻的澆注條件下，可以得到較大的過冷度，形成細小的晶粒。

2. 加入成核劑

實際鑄錠凝固，主要依靠非均勻成核。因此，人為加入成核劑，可增加非自發晶核的成核數目，有利於細化晶粒。

3. 液體金屬的振動

採用機械振動、超聲波振動和電磁攪拌等措施，使液體金屬在錠模中運動，可促使依附在模壁上的細晶脫落，或使柱晶局部折斷，藉由增加晶核的數目而使晶粒細化。

金屬	熔點		熔化熱 /J/cm³	表面能 /J/cm²	觀測到的最大過冷度Δ *T*/°C
	/°C	/K			
Pb	327	600	280	33.3×10^{-7}	80
Al	660	933	1066	93×10^{-7}	130
Ag	962	1235	1097	126×10^{-7}	227
Cu	1083	1356	1826	177×10^{-7}	236
Ni	1453	1726	2660	255×10^{-7}	319
Fe	1535	1808	2098	204×10^{-7}	295
Pt	1772	2045	2160	240×10^{-7}	332

Source: B. Chalmers, "Solidification of Metals," Wiley, 1964.

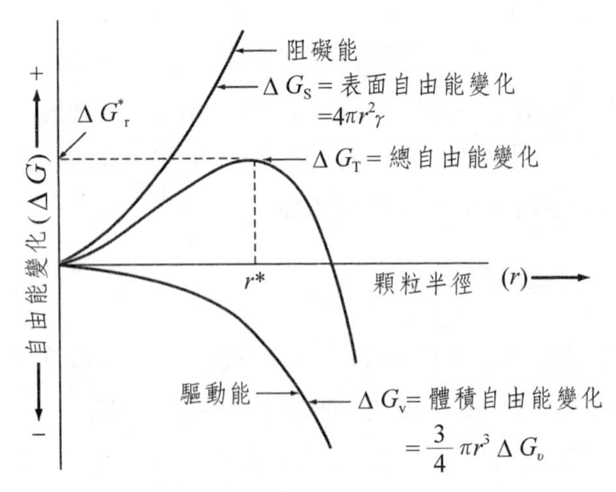

純金屬凝固過程中，晶胚或晶核的自由能變化ΔG與其半徑的關係。如果顆粒半徑大於r^*，則穩定晶核將連續生長。

圖 3.7 幾種常見金屬的熔點、熔化熱、表面能和最大過冷度數值

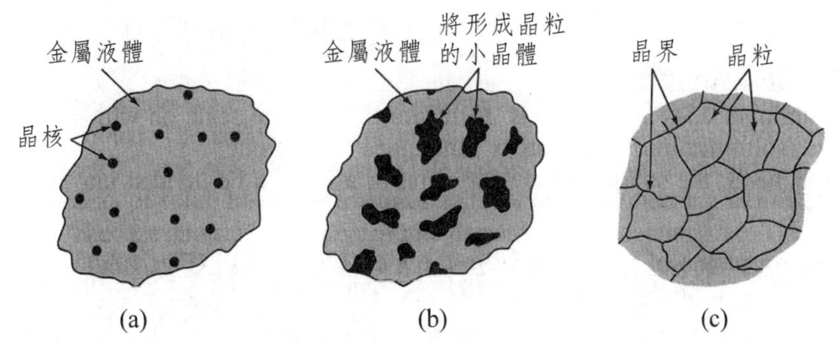

(a) 晶核的形成；(b) 晶核生長為小晶體；(c) 小晶體結合在一起構成晶粒組合，晶粒與晶粒之間形成晶界。注意每個晶粒是隨機取向（orientation）的。

在錘子敲打下，一個晶粒組合從某一電弧熔鑄合金錠中分離。從該晶粒組合可明顯看出，原始鑄造結構中每個晶粒的真實結合面

圖 3.8　表示金屬凝固過程中幾個階段的示意圖

3.6　鋼的各種組織形態

3.6.1　鋼從鑄造前直到冷軋製品的一系列組織變化

鋼的實際晶體結構依合金成分、凝固狀態、加工條件及熱處理技術等不同而異。特別是藉由碳素鋼，可以方便地觀察到各種典型的組織形態。

鋼的組織，從鑄造件直到製成品，要持續地經歷一系列大變化：從鋼液到鑄件形成鑄造組織；將其在加熱爐中加熱，變為加熱的 γ- 晶粒；再經熱加工變成混合組織；經冷加工變成冷加工組織；再經退火變為再結晶組織。各種組織均受合金成分及此前鑄造、加熱、冷熱加工等加工熱處理過程的影響。也就是說，最終工程所獲得的組織，可以通過成分及加工熱處理等一系列工序進行控制，以便達到所需要的組織和性能。

3.6.2 鑄造組織、加熱組織和壓延組織

鋼的實際凝固組織是由各種不同鑄造組織構成的。鑄造的凝固是從四周向內部逐漸進行的。在鑄片的表層，由於凝固以非常快的速度進行，因此形成稱為激冷（chill）晶的微細晶粒緻密層。在稍稍進入內部的凝固初期，凝固的進行方向與傳熱方向正好相反，呈樹枝狀晶（dendrite）生長。進一步在內部的凝固中期，作為傳熱動力的熱（溫度）梯度變小，從而逐漸過渡到等軸晶。在凝固末期，鋼液殘存於凝固組織的間隔中，由於溶質濃度變高而發生所謂的中心偏析現象。

鑄造是鋼鐵加工的最初期操作，若觀察鑄件的斷面，可發現其組織各不相同且富於變化，這往往成為最終製品材質參差不齊的重要原因。

鋼鑄件的實際加熱組織與原始鑄造組織的差別，在於前者產生另外的加熱 γ-晶粒。如果觀察加熱後的鑄造組織，在表面存在加熱中發生的標度，還可以看到作為鑄造組織的激冷細晶及樹枝晶。若對奧氏體晶界進行腐蝕，則可以更鮮明地看到。加熱 γ- 晶粒是向奧氏體轉變中發生的，加熱溫度越高、保溫時間越長，則晶粒越大。加熱 γ- 晶粒的大小，決定了其後熱加工所得組織的形態。因此要綜合考慮合金成分及想要得到的壓延組織，合理決定鑄件的加熱溫度。

鋼的壓延組織有熱壓延和冷壓延之分。所謂壓延（通常稱為加工），是指要變形的鋼材在上下兩個圓柱狀軋輥間通過的同時，被壓扁的操作。細微觀看，鋼材厚度減薄的操作，是使鋼的組織一個一個變薄且延展的過程。

加熱鑄件的壓延，表現為加熱 γ- 晶粒的延伸。在高溫區域，延伸的組織立即發生再結晶（recrystallization）（回復再結晶）。在低溫區域難以再結晶，γ- 晶粒變薄為扁平的盤狀並被固定。若進一步冷卻，從這種 γ- 晶粒會析出 α- 晶粒（鐵素體）及珠光體等。這便是熱壓延組織。

所謂冷壓延，是指將上述組織進一步變薄延伸的操作。壓延時，賦予鋼的加工能除了作為熱而發散之外，還有一部分作為鐵素體等加工應變能而殘留。因此，冷壓延組織是包含加工應變能而被延伸的 α- 晶粒纖維狀組織。

3.6.3 TTT 曲線和 CCT 曲線

為分析鋼經由熱處理得到的組織，離不開相變曲線。相變曲線是在時間 t（橫

軸）和溫度 *T*（縱軸）座標系中，表徵不同相存在範圍的曲線。鋼的實際組織是在溫度下降過程中。由奧氏體（austenite）（γ- 鐵）變為不同組織而形成的。

在各種溫度保持不變時，表徵發生何種相變發生的曲線為 TTT（time-temperature transformation，等溫轉變）曲線。這條曲線要從左向右閱讀。若在縱軸的某一確定溫度下（沿水平線），從左側開始移動，則先後存在相變開始的時間和相變終了的時間。分別將不同溫度下的這兩點連接起來，便構成相變開始曲線和相變終了曲線。進一步也可以知道在保持該溫度下所生成的組織。如果將溫度迅速下降至該區域，則生成的組織是含馬氏體的組織。

表示溫度連續下降時所發生相變的曲線，則為 CCT（continuous cooling transformation，連續冷卻轉變）曲線。

3.6.4 珠光體、貝氏體和馬氏體

珠光體（pearlite）是鋼共析反應結果所得到的組織。所謂共析，是單一固相分解（分離）為兩種不同固相的現象。珠光體是由鐵素體（α- 鐵）和滲碳體（鐵碳化合物 Fe_3C）所構成的層狀機械混合物，以彼此相間的層片狀相互分隔。不同碳含量的碳鋼所得組織，隨碳濃度不同而異。碳濃度 0.8% 的共析鋼為珠光體單相組織，碳濃度低時，會有鐵素體初生相（初析鐵素體），碳濃度高時，會有滲碳體初生相（初析滲碳體），並分別於珠光體形成混合組織。

貝氏體（bainite）是從奧氏體相直接析出的。在具有同樣析出特性的組織中，還有馬氏體。

貝氏體的組織形態，依冷卻速度及析出溫度的不同而異。在較高溫度析出的情況，為羽毛狀貝氏體；在較低溫度析出的情況，為針狀貝氏體。貝氏體的析出起點晶界多，一般是從奧氏體晶界向著晶粒內生長。

馬氏體即使在實際的晶體結構中，也屬於十分特殊的結構。因為在理想的平衡相變中，只有 γ- 鐵與 α- 鐵之間的轉變。而馬氏體相變屬於非平衡相變，當然不屬於這種理想的相變舉動。

冷卻速度一旦超過某一閾值，且冷卻停止溫度及其以降的溫度下鐵、碳原子擴散難以發生，則只能發生晶體結構不發生很大變化的擬似相變。這便是馬氏體相變。它並非面心立方結構與體心立方結構間的相變，而是面心立方經切邊畸變而發生的擬似相變。在馬氏體組織中有針狀、板條狀以及透鏡狀之分。不同形態主要受馬氏體相變的溫度履歷影響。

實際的晶體結構決定於相變從奧氏體是在何種溫度下進行的。若取 50% 相變完成的溫度為橫軸，則 650℃以上得到的是珠光體組織，450℃以上至 650℃為貝氏體組織，450℃以下為馬氏體組織。這些組織分別對應著特徵強度等特性。

鋼的實際晶體結構決定鋼的大致強度。珠光體組織的強度大致在 400MPa 左右，貝氏體在 1GPa 以下，而馬氏體在 1GPa 以上。

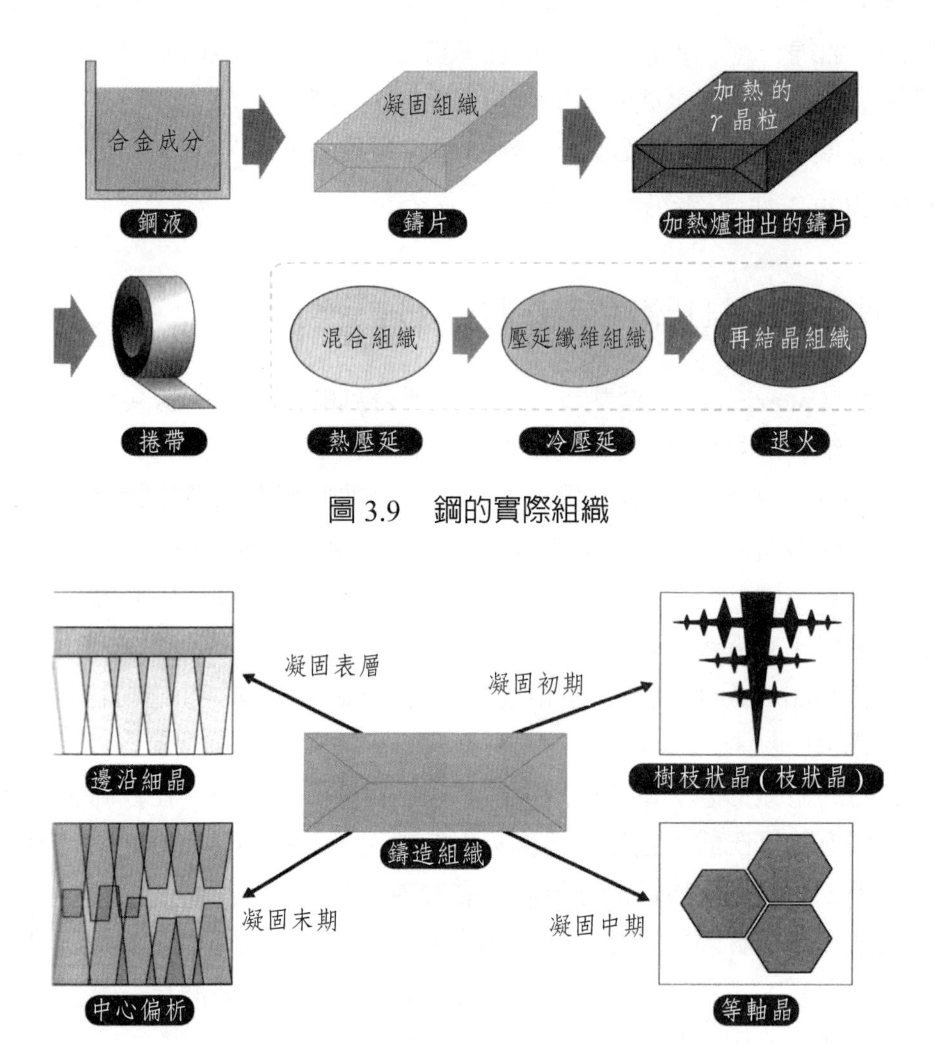

圖 3.9　鋼的實際組織

圖 3.10　實際鑄片的鑄造組織

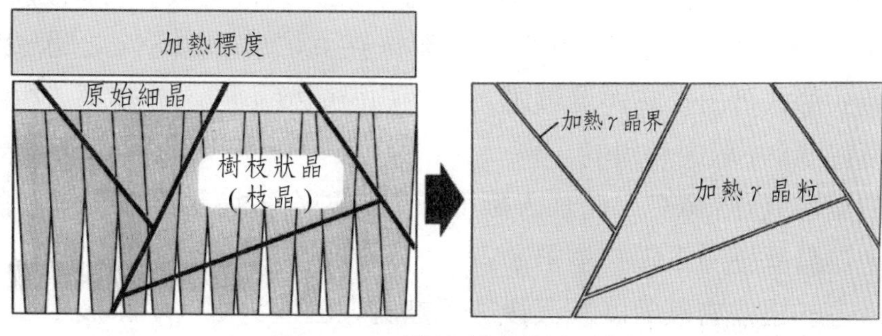

圖 3.11　鑄片的加熱組織

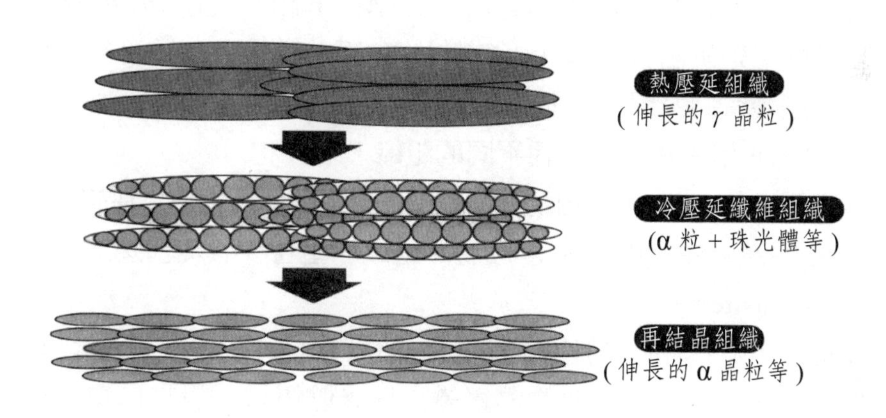

圖 3.12　壓延組織模式圖

3.7　鋼的強化機制及合金鋼

3.7.1　碳鋼中的各種組織

鐵碳合金在鐵合金中最為重要。在其二元相圖中可以發現共晶（eutectic）、共析（eutectoid）這兩種典型相變。

鐵－碳二元相圖中重要的碳濃度是 0.02% 和 2.14%。前者是溫度下降時鐵素體生成的最大溫度，後者是奧氏體單相生成的最大濃度。一般情況下，碳濃度 0.02% 以下為軟鐵，0.02%～2.14% 為碳鋼（亦簡稱為鋼），2.14% 以上為鑄鐵。

所謂鋼，是指高溫下為奧氏體（austenite）（γ- 鐵），溫度下降時析出鐵素體（ferritic）（α- 鐵）、珠光體（pearlite）（α- 鐵與滲碳體的共析組織）或滲碳體（Fe_3C）的鐵碳合金。碳濃度 0.8% 的位置是共析點。在 0.02% 到 0.8% 之間，滲碳體以珠光體組織的形式析出，它與滲碳體為單相的鐵組織不同，並非第二相。鋼多半都是碳濃度在 0.8% 以內利用的。

純鐵的熔點在 1536℃，而加入碳形成的鐵碳合金熔點則會下降。隨碳濃度上升，合金熔點呈逐漸下降的趨勢。

鐵碳合金的組織由碳濃度及其後加工熱處理過程決定。組織幾乎都不是單一相，而是由各種不同的實際晶體結構組合而成的。

碳濃度在 0.8% 以下時，首先生成鐵素體（α- 鐵）。稱此為初析鐵素體。若冷卻速度慢，殘留奧氏體（γ- 鐵）轉變為珠光體（P 相），並形成 α- 鐵 + P 相；若冷卻速度較快，則析出貝氏體（bainite）(b) 而非珠光體。依冷卻速度不同，還可生成奧氏體殘留的殘留奧氏體（殘留 γ- 相）。進一步還有 α- 鐵 + P 相 + 殘留 γ- 相、α- 鐵 + P 相 + B 相等各種不同的組織。

若碳濃度超過 0.8%，初析相為珠光體（P 相）或貝氏體相。在該濃度區域，還可形成 P 相 + 滲碳體、B 相 + 滲碳體等組織的組合。若冷卻速度再快，則生成馬氏體（martensite）。

碳濃度超過 2% ，則形成鑄鐵組織。鑄鐵分白口鑄鐵、灰口鑄鐵、球墨鑄鐵等。灰口鑄鐵還可進一步分為鐵素體鑄鐵、珠光體鑄鐵。對灰口鑄鐵進行熱處理，還可得到鑄造後可加工的可鍛鑄鐵。可鍛鑄鐵中還有白心可鍛鑄鐵和黑心可鍛鑄鐵之分。

綜上所述，實際的晶體結構（組織）取決於合金成分和加工熱處理過程，極富多樣性。

3.7.2 鋼的強化機制

鋼一般藉由五種機制加以強化，以提高其抗拉強度。除了固溶強化、加工強化、細晶強化之外，還有彌散（析出）強化和馬氏體強化。

鐵的抗拉強度並不很高，超低碳素鋼充其量在 200MPa 左右。細晶粒低碳鋼在 300MPa ，珠光體組織最高達 500MPa ，而利用組織強化的鐵素體、珠光體以及採用固溶強化及組織強化的高張力鋼達 1GPa ，由馬氏體進行組織強化的馬氏體鋼最高達 2GPa。

鐵的理想（理論）強度極高，對鐵晶鬚等無缺陷的單晶進行拉伸，得到的強度甚至高達 77GPa。目前一般鋼鐵製品的強度，僅利用了鐵理想強度的 5%。鋼鐵可以提高強度的餘地還很大，這種神奇金屬的秘密有待進一步挖掘。

3.7.3 合金鋼及合金元素的作用

鐵首先是與碳相相結合，構成鐵碳合金的碳鋼。而合金鋼實際上是以鋼鐵為基礎，與其它金屬所構成的合金。合金鋼按用途，主要有機械結構材料、不鏽鋼（stainless steel）、工具鋼及耐磨損鋼等特殊用途鋼、採用微合金的低合金高強度鋼，以及耐熱鋼等等。

從圖中元素的種類可以看出，大部分合金元素的原子半徑與鐵原子半徑之差在 20% 以內，一般作為置換型元素，有的還進一步形成金屬間化合物。

正是基於合金鋼與碳鋼所具有的不同組織的組合，得以產生滿足各種要求的特性，致使鋼鐵成為用途最廣的結構材料。

合金添加元素對鋼的影響，大致可以分為組織控制和鋼的材質改善兩大類。前者通過改善淬透性、晶粒細化、碳化物形成而體現；後者表現在耐腐蝕性、耐磨損、易切削、高溫強度、低溫韌性等方面的改善。

改善淬透性，是通過所加合金元素，達到控制生成馬氏體的冷卻速度之目的；晶粒細化是依據 Hall-Petch 公式（$\sigma_{ys} = \sigma_0 + kd^{-1/2}$），材料的降伏強度（yield strength）與晶粒直徑的平方根成反比，因此是提高材質的有效手段，特別是它對韌性的改善也有效果；碳化物的形成，是藉由析出強化而提高強度的手段。

耐腐蝕性主要是藉由不鏽鋼來改善，不鏽鋼一般指含鉻量大於 12% 的合金鋼，1Cr18Ni9Ti 是其典型代表；耐磨損性能一般通過組織強化和形成硬的碳化物加以改善；易切削性是通過添加元素達到切削時，切削面的改善及切屑的改善、降低切削時的阻抗來實現的；高溫強度是通過置換型固溶強化和金屬間化合物使性能提高來實現的；低溫韌性的改善是與 Ni 形成合金的獨角戲。

3.7.4 鐵的磁性

鐵具有鐵磁性（ferro-magnetic）── 將鐵置於磁場中便被磁化（magnetization）。若外磁場取消，磁化仍存在，則稱其為硬磁材料（hard magnetic material）；取消外磁場，磁化便消失，則稱其為軟磁材料（soft magnetic material）。

通過調整成分和結構（組織），鋼鐵既可以製成硬磁材料，又可以製成軟磁材料。

鐵磁性（硬磁性）是在常溫一經磁化，磁性便可以保留的性質，這種性質通過製成永磁體便可以利用。鐵的另一個性質是，一旦加熱超過一定溫度，便喪失磁性。這一溫度在 770℃，稱其為居里溫度（Curie temperature）。

常見的鐵磁性金屬元素很少，只有鐵、鈷、鎳三種。它們都屬於過渡金屬中的 3d 族元素。如果居里溫度高，則在高溫也能保持磁性。鈷的居里溫度為 1393K（1120℃），可保留磁化的溫度最高，其次是鐵 1043K（770℃），最低位鎳 631K（358℃）。

在鐵磁性金屬中，鐵的磁晶各向異性（anisotropic）最小。所謂磁晶各向異性，是指不同晶體學方向的磁化程度各不相同的現象。常溫下 α- 鐵為體心立方結構。在體心立方結構中，不同晶向的原子線密度及不同晶面的原子面密度相差較小，而 Ni（面心立方）、Co（密排六方）這種差別較大，從而造成磁晶各向異性的差異。

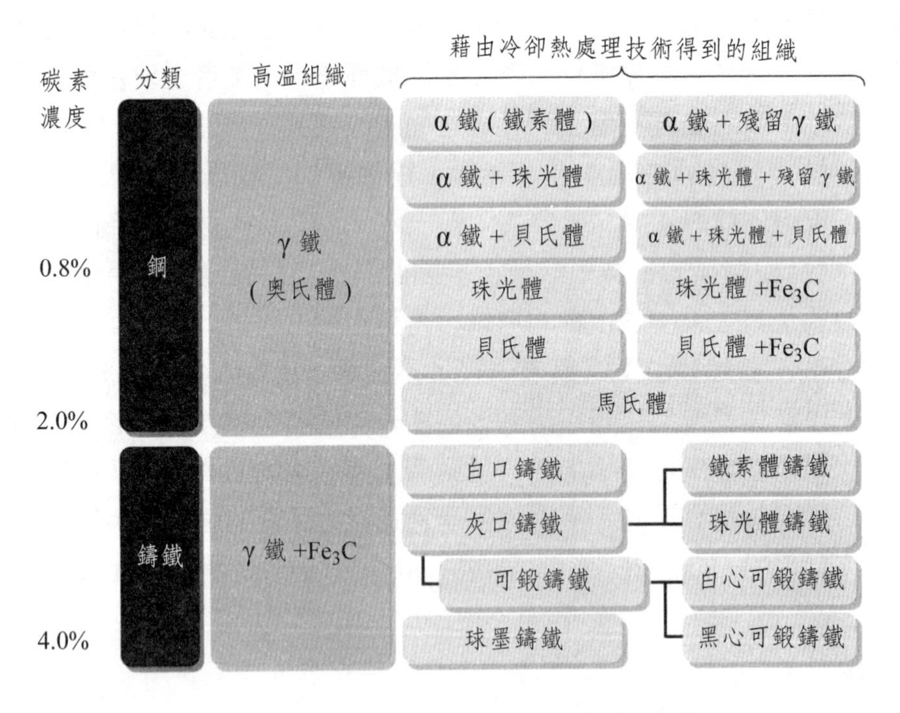

圖 3.13　由鐵碳合金可得到的組織實例

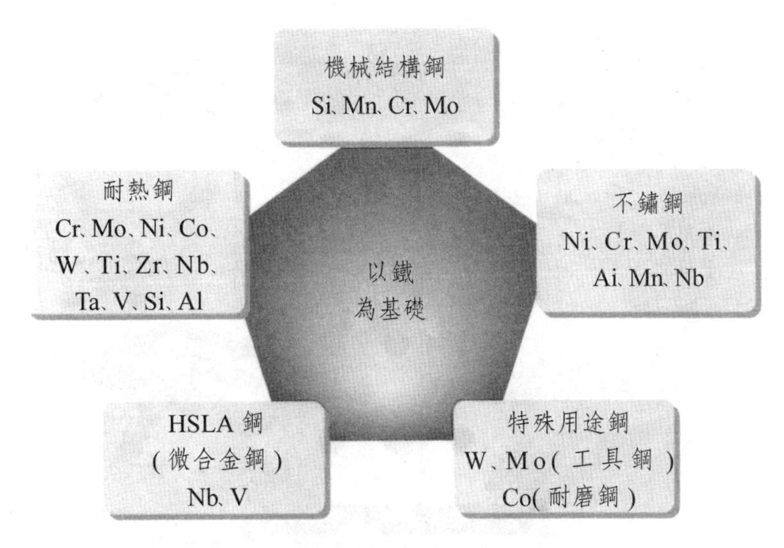

圖 3.14 各類合金鋼及其合金元素

表 3.1 鋼中添加的合金元素對組織和材質的影響

		鋼中添加的合金元素									
		Mn	Ni	Cr	Co	V	Mo	W	Nb	Ti	B
鋼的組織控制	滲透性	●	●	●		●	●	●			●
	晶粒微細化					●			●	●	
	碳化物形成			●		●	●	●	●	●	●
鋼的材質	耐腐蝕性		●	●					●	●	
	耐磨損性			●	●	●		●			
	易切屑性	Se	Te								
	高溫強度	●	●	●	●	●	●	●	●		●
	低溫韌性		●								

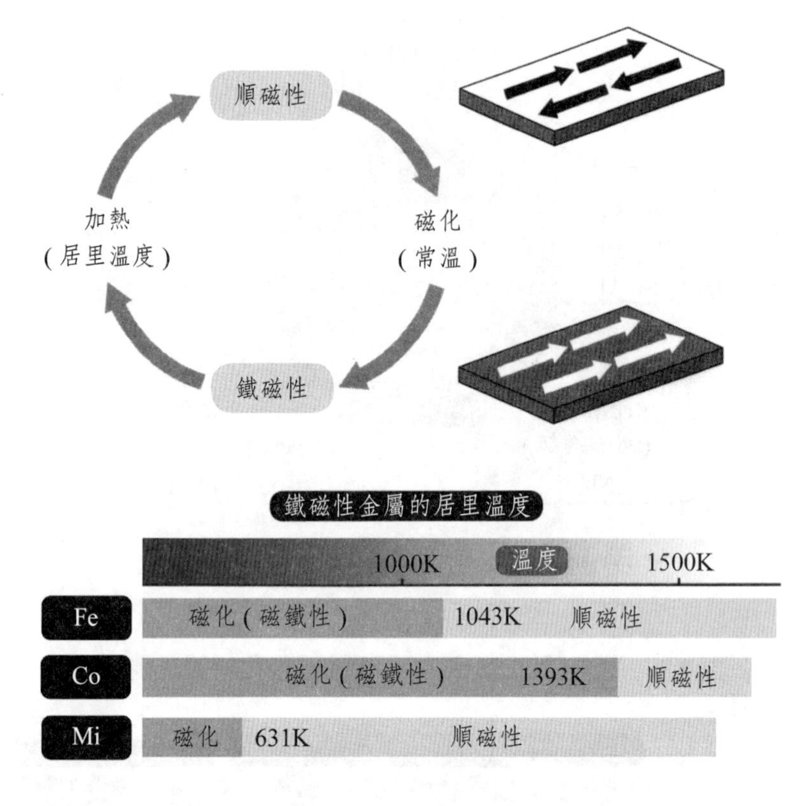

圖 3.15　鐵的磁性

3.8　應用最廣的碳鋼

3.8.1　鋼鐵按 C 濃度的分類

學術上，鋼鐵可按其組成來分類。所謂組成，指鐵中固溶成分的濃度，一般用質量分數（mass fraction）〔有時也用摩爾分數（mole fraction）〕來表示。通常鐵中所固溶的元素以 C、Si、Mn、P、S 為多，被稱為鐵中的 5 元素。其中，由於 C 對鐵性能的影響最大，因此，鐵一般按 C 濃度來分類。

鐵按 C 濃度分為三大類：純鐵（pure iron）（一般簡稱為鐵）、鋼（steel）和鑄鐵（cast iron）。

理論上講，純鐵的 C 濃度應為 0%，但低於 0.02% 的都稱為鐵。C 濃度超過 0.02% 低於 2.06% 的為鋼，鑄鐵可固溶 C 的濃度極限為 6.67%。鐵中固溶 C 越多，硬度越高，強度也相應增加。

純鐵的組織為鐵素體（ferritic），質軟從而便於塑性變形，可以加工成薄板、箔及細絲等。例如，薄板可以進一步製成各種包裝盒、易開罐、裝飾品，甚至日曆、郵票等。

鋼中則固溶較多的 C。其組織為鐵素體和珠光體（paarlite）的混合，而珠光體由硬的滲碳體和較軟的鐵素體按層片狀重疊的方式構成。C 濃度高則滲碳體增加，因此硬度增加。

由於鋼具有較高的強度，因此在與生活關聯的商品及產業界得到最廣泛應用。實際上，相對於純鐵和鑄鐵而言，熱處理更多的是以鋼為對象。鋼中僅以含量不多的碳濃度的差異，就會對其性質產生重大影響，並以碳濃度高低，進一步將其細分為更具實用意義的低碳鋼、中碳鋼、高碳鋼。

鑄鐵中 C 濃度是極高的（2.06%～6.67%），C 除了在鐵中固溶之外，還單獨存在。也就是說，鑄鐵的組織是由鐵素體、珠光體、石墨（graphite）（單獨存在）構成的。鑄鐵的特性硬而脆，一般由鑄造法製作。我們身邊常見的鑄造品，包括人孔蓋板和門柵欄等。

3.8.2 鋼的強度和碳的作用

不僅鋼鐵的種類，而且鋼鐵的機械性能也與 C 濃度密切相關。在低碳鋼區域，鋼的強度〔這裡指拉伸強度（tensile strength）〕隨碳含量的增加而逐漸增加，並達到一定的數值，特別是在中碳鋼和高碳鋼區域，鋼的強度隨 C 含量增加而急劇增加。

這是因為隨著 C 濃度增加，在鐵素體和珠光體的混合組織中，鐵素體的組織比率變小，而珠光體增加所致。珠光體中有較硬的滲碳體，其比率和量的增加，必然導致強度升高。但是，儘管在 C 濃度增加的同時強度變高，但含碳量超過 1%，則強度增加的趨勢變小，在大約超過 1.2%，直到 2.06% 之前，強度只有小幅升高。

以上是以拉伸強度為例來討論的（詳見 3.9.1 節）。在鋼的力學性質中，還有延伸率（elongation）和斷面收縮率等等，延伸率數值較小，但一般與拉伸強度成反比。另外，鋼的硬度與拉伸強度具有近似的變化規律。

Fe 中固溶 C 致使拉伸強度增加，組織上滲碳體的增加是理由之一。此外，C 在 Fe 中的固溶為間隙型，致使 Fe 的晶格發生較大畸變，抵抗外力變形的能力增加，從而拉伸強度升高。

鑄鐵的典型種類是灰口鑄鐵，因外觀灰色而得名。其組織有單獨的石墨部分存在。這種具有石墨的鑄鐵拉伸強度低而脆，但由於石墨所具的特性，致使鑄鐵具有鋼所不具備的特性，例如吸音、耐振特性，而且具有優良的耐熱性和耐磨性等。

3.8.3　結構用壓延鋼和機械結構用碳素鋼

實用碳素鋼的代表，一類為一般結構用壓延鋼，另一類為機械結構用碳素鋼。

一般結構用壓延鋼多用於建築、橋樑、船舶、機車、鐵塔等構造物。由於含碳量較低，易於變形和焊接。這種鋼材只規定對拉伸強度的要求，在成分上只對P和S有要求，儘管對碳含量不做規定，但須保證為低碳鋼。

一般結構用壓延鋼的提供形式，有鋼板、平鋼、型鋼、棒鋼等。鋼板是幅寬而長度長的板材。平鋼是比鋼板幅度寬而長度長的帶狀鋼板。型鋼有斷面形狀各異的數種，可供使用前選擇。其斷面形狀、尺寸、壁厚等都有規定，供選擇的範圍很廣。棒鋼包括圓鋼、方鋼、方角鋼等，每種都有不同的規格。這些都是從鎮靜鋼的鋼錠利用大型變形裝置，經由鍛造等熱加工及熱軋、冷軋等加工方式，在改善力學性能的同時，達到所需要的規格尺寸。

由鎮靜鋼獲得的機械構造用碳素鋼，與一般結構用壓延鋼比較，品質可靠性要求更高，多用於精密機械構件及強度要求高的母材。一般包括C含量在0.01%～0.58%範圍內的20餘種，其它四種元素（Si、Mn、P、S）的含量也較低。

對於碳含量低於0.25%的低碳鋼，熱處理多採用退火。此範圍內的碳素鋼拉伸強度低，延伸率大，因此多用於那些延伸率比強度更為優先考慮的場合，例如礦山內安保構件等應用。

與壓延鋼材良好的焊接性能相比，機械結構用碳素鋼中含碳量0.3%以下的低碳鋼儘管可以焊接，但一般來說，含碳量高於中碳鋼以上的鋼材焊接較難。

3.8.4　藉由火花鑒別鋼種類

當用高速旋轉的砂輪磨削鋼時，會發生火花。藉由觀察發生火花的方向、飛散情況及消失的瞬間，可以對鋼種進行鑒別。

在火花試驗中，對瞬間發生火花的觀察極為關鍵。要仔細觀察該瞬間火花的形狀、彩度、亮度、飛散的狀態、消失時間、流線軌跡、燃燒經過等，在充分認識其特性的基礎上，進行綜合整理再得出結論。當然，操作者的經驗極為重要。

由於碳素鋼 C 火花的發生只有燃燒，因此鑒別比較容易。而且，可以此時的火花特性為基準。含碳量多時，火花會逐漸顯示出更多分叉的特徵。

合金元素的火花鑒別比較困難。代表性的 Si、Ni、Mo 等會出現斷開及變化的火花。對於不鏽鋼和高速鋼等特殊鋼種，火花還會出現分割、斷續、波動等特徵。火花的鑒別除了人工作業進行確認之外，還可利用錄影機錄影。

通過火花檢驗若能進行鋼種的判定和異種材料的鑒別，則對於處理材料的機械加工及熱處理等是十分方便的。

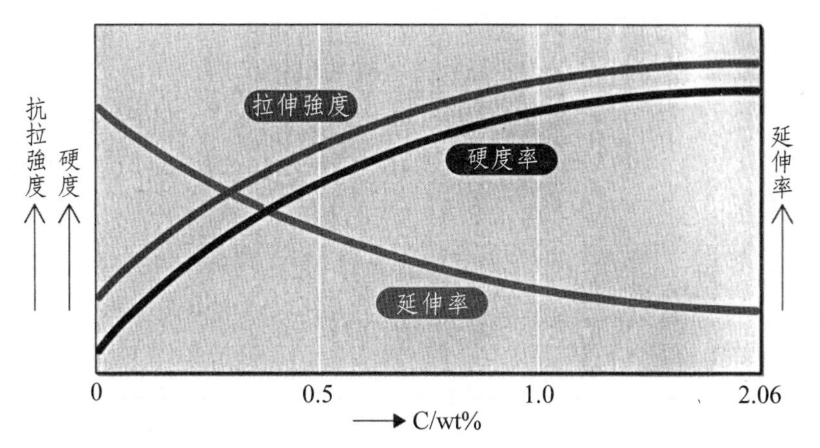

圖 3.16　鋼的力學性能與鋼中碳含量的關係

拉伸強度	小	小 ⟷ 大	小
延伸率	大	大 ⟷ 小	小
用　途	塑性加工品	手銬、腳鐐、保安器具；軸用材料；高強度母料；高硬度材料（刀具、工具）	耐腐蝕材料、耐熱材料、耐震動材料、耐磨損材料
C/wt%	0　0.02	2.06	6.67

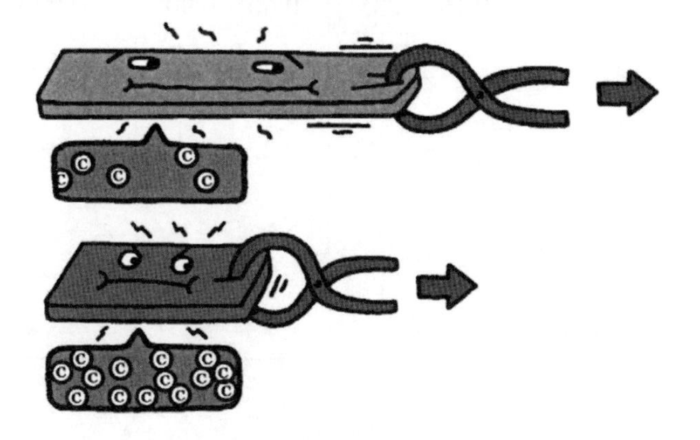

圖 3.17　純鐵、鋼、鑄鐵之性能不同，原因在於碳含量

表 3.2　碳素鋼的種類

C（%）	種　類
～0.1	極軟鋼
0.1～0.3	軟　鋼
0.3～0.4	半硬鋼
0.4～0.5	硬　鋼
0.5～	超硬鋼

表 3.3　一般結構用壓延鋼（JIS G 3101）

記號	成分（%）		參考抗拉強度 /MPa
	P	S	
SS330	0.050 >	0.050 >	33～44
SS400	"	"	40～52
SS490	"	"	49～62
SS540	0.040 >	0.040 >	54 <

表 3.4　機械結構用碳素鋼（JIS G4051）

JIS 記號（20 種）	成分（%）				
	C	Si	Mn	P	S
S10C	0.08～0.13	−	0.30～0.60	−	−
⋮		−	⋮	−	−
12	0.10～0.15	−	⋮	−	−
30	0.27～0.33	−	⋮	−	−
⋮	⋮	0.15～0.35	0.60～0.90	0.030 >	0.035 >
40	0.37～0.43	−	⋮	−	−
⋮	⋮	−	⋮	−	−
50	0.47～0.53	−	−	−	−
⋮	⋮	−	−	−	−
58	0.55～0.61	−	−	−	−

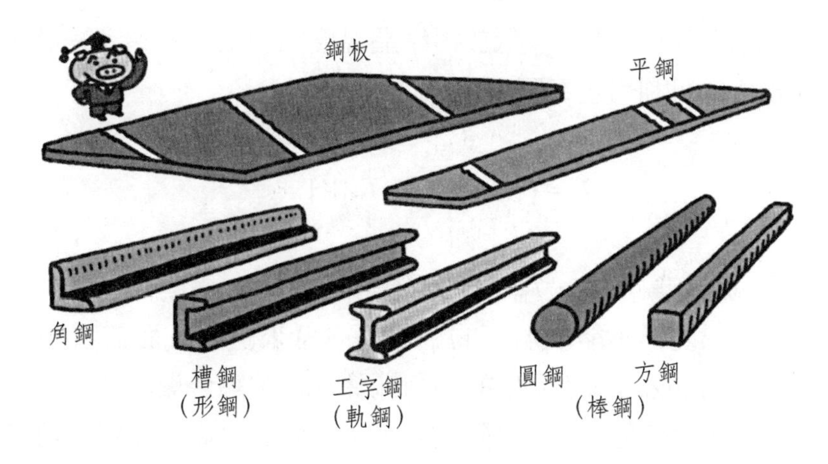

圖 3.18 各種鋼材

3.9 金屬的熱變形

3.9.1 金屬變形的目的

從一個大型鋼錠變成一個個小物件，小到 10# 的釘書針、薄到刮臉刀片，細到注射針頭，都是由金屬變形來實現的。這裡所說的變形，是指金屬在外力作用下所發生之不可恢復的塑性變形，而非像彈簧那樣所發生的外力取消，便可恢復原樣的彈性變形。

金屬變形主要有下述幾個目的：

(1) 由原來的胚體改變為所需要的形狀，有些物件是全部，有些物件是最終要由塑性變形（plastic deformation）來完成的。

(2) 改善原始胚體的缺陷和組織結構，例如熱變形改善鑄件內組織缺陷，冷變形提高構件的強度等。

(3) 金屬變形與熱處理相組合，即通常所說的「形變熱處理」，是提高材料性能的有效手段。

3.9.2 何謂金屬的熱變形和冷變形

熱變形〔如熱鍛（heat acclimation）、熱軋（heat rolling）〕是在金屬再結

晶溫度以上進行的加工、變形；低於再結晶溫度的加工，稱為冷變形或溫變形。再結晶開始溫度 T_r 可利用包奇瓦爾經驗公式估算：

$$T_r = (0.35 \sim 0.40) T_m [K] \tag{3-11}$$

式中，T_m 是金屬的熔點；T_r、T_m 都採用絕對溫度。

因此，冷、熱變形不能以溫度的絕對高、低來區分，而需看變形溫度與金屬再結晶（recrystallization）溫度的相對關係。低熔點金屬（如 Pb ，Sn 等）再結晶溫度低於室溫，室溫下加工實際為熱加工；難熔金屬，如鎢，再結晶溫度在 1200℃，因此，在 1000℃加工也算不上熱變形，而是「溫」變形。

熱變形實質上是在變形中變形硬化與動態軟化同時進行的過程，形變硬化為動態軟化所抵消，因而不顯示加工硬化作用。

3.9.3　熱變形方式

在熱變形溫度下，被變形材料的塑性好，變形抗力低，便於大工件、大變形量變形，特別適合模鍛、反沖擠等成型加工。特別是熱加工一般不會產生熱應力（thermal stress），不需要加工道次之間的退火（anneal）以消除應力，大變形量也不會引起開裂等。特別適合大型鋼錠的開胚、大馬力機軸的鍛造、中厚板的熱軋、型鋼的初軋等。

熱加工設備噸位大、耗能高，設備使用、維修都有一定難度，終軋製品尺寸精度和表面品質差，需要冷變形或機加工與之配合。

實際上，熱變形設備（如油壓機、水壓機、初軋機等）能力的大小，是衡量一個國家基礎工業水準的重要標誌。

通常採用的熱加工手段有鍛造（自由鍛、模鍛）、擠壓（正擠、反沖擠）、軋製、拉拔（拉管、拔絲）、沖壓、旋壓等。

鋼處於奧氏體（austenite）狀態時強度較低、塑性較好，因此，鍛造或熱軋選在單相奧氏體區內進行。一般始鍛、始軋溫度控制在固相線以下 100～200℃範圍內。溫度高，鋼的變形抗力小，節約資源，設備要求的噸位低，但溫度不能過高，以防鋼材嚴重燒損或發生晶界熔化（過燒）。

終鍛、終軋溫度不能過低，以免鋼材因塑性差而發生鍛裂或軋裂。亞共析鋼熱加工終止溫度多控制在略高於 *GS* 線（參照 3.4 節的圖 3.6Fe-Fe_3C 相圖），以免變形時出現大量鐵素體，形成帶狀組織而使韌性降低。過共析鋼變形終止溫度應控制在略高於 *GS* 線，以免變形時出現大量鐵素體，形成帶狀組織而使韌性降低。過共析鋼變形終止溫度應控制在略高於 *PSK* 線，以便把呈網狀析出的二次滲碳體打碎。終止溫度不能太高，否則，再結晶後奧氏體晶粒粗大，使熱加工後的組織也粗大。一般始鍛溫度為 1150～1250℃，終鍛溫度為 750～850℃。

3.9.4 熱變形引起的組織、性能變化

(1) 改善鍛造狀態的組織缺陷：鑄造材料的某些缺陷（如氣孔、疏鬆）在熱變形時大部分可被焊合，使組織緻密性增加，鑄態粗大的柱狀晶通過變形和再結晶被破壞，形成細小的等晶軸；鑄態組織中的偏析通過熱變形中的高溫加熱和變形，使原子擴散加速而減少或消除。其結果使材料的緻密性和機械性能有所提高，因此材料經熱變形後，較之鑄態有較佳的機械性能。

(2) 熱變形形成流線，出現各向異性（anisotropic）：鑄態組織中夾雜物一般沿晶界分布。熱加工時晶粒變形，晶界夾雜物也承受變形，塑性夾雜被拉長，脆性夾雜被打碎成鏈狀，都沿著變形方向分布。晶粒發生再結晶，形成不同於鑄態的新的等軸晶粒，而夾雜仍沿變形方向呈現纖維狀分布，形成流線狀的夾雜分布。流線的形成使熱變形金屬性能出現各向異性，沿變形方向（縱向）和垂直變形方向（橫向）性能不同。

(3) 帶狀組織的形成：熱變形後亞共析鋼中的鐵素體和珠光體呈條帶狀分布，稱其為帶狀組織。帶狀組織也使材料的機械性能產生方向性，當帶狀組織伴隨夾雜的流線分布，橫向的塑性和韌性顯著降低。帶狀組織也使材料的切削性能變差。為防止和消除帶狀組織，一是不在兩相區溫度下變形，二是減少夾雜元素含量，三是採用高溫擴散退火，消除元素偏析；對已出現帶狀組織的材料，可在單相區加熱，進行正火（normalizing）處理，予以消除或改善。

(4) 熱變形冷卻後的晶粒變化：採用低的變形終止溫度、大的最終變形量和快的冷卻速度，可得到細小晶粒；加入微量合金元素，阻礙熱變形後發生的靜態再結晶和晶粒長大，也是得到細小晶粒的有效措施。

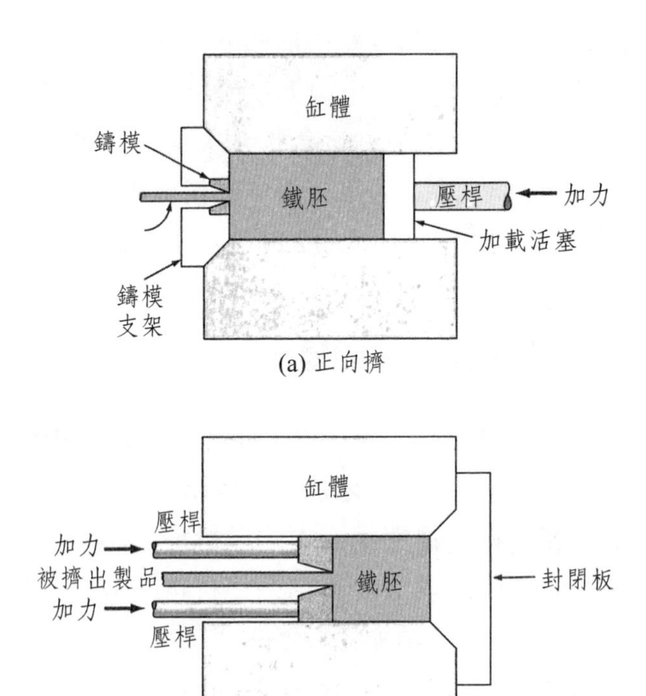

圖 3.19　金屬胚料擠壓加工的兩種基本類型

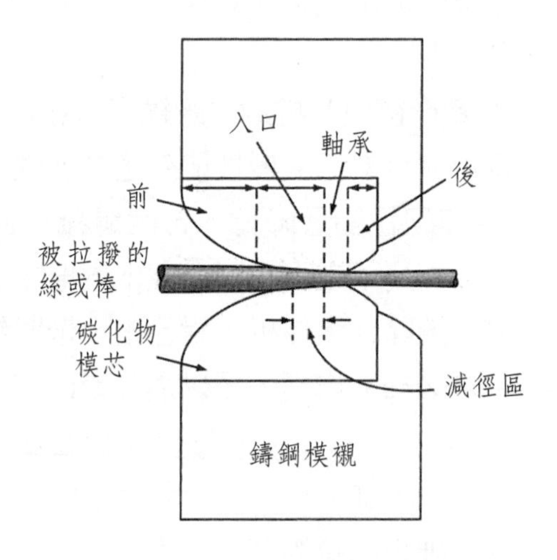

圖 3.20　拔絲模工作模式斷面圖

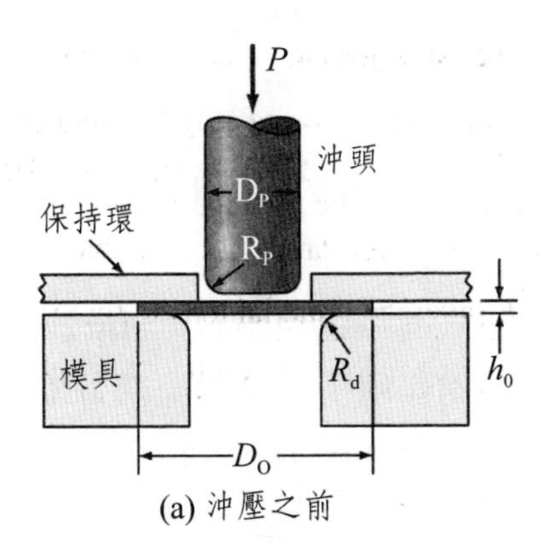

(a) 沖壓之前

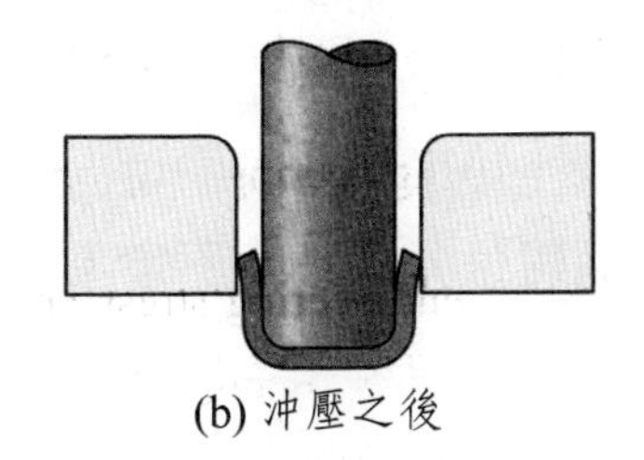

(b) 沖壓之後

圖 3.21 圓柱形杯子的深沖加工

3.10 金屬的冷變形

3.10.1 金屬樣品拉伸的應力－應變曲線

實際的金屬構件，如大橋的鋼樑、反應器的壓力殼、航空母艦的船體等，受力狀態極為複雜，難以用有限的試樣模擬材料在這些構件中的所有應力狀態。

單軸拉伸應力－應變試驗採用統一的試樣、標準的方法，利用簡單的方式能得到材料的基本特性。這些特性不僅可用於材料間的對比，而且可以用於結構設計的依據。

由單軸拉伸應力－應變曲線（stress-strain curve），可獲得材料的下述性能：(1) 彈性模量（elastic modulus）$E = \Delta\sigma / \Delta\varepsilon$；(2) 彈性極限（強度）；(3) 降伏強度；(4) 拉伸強度；(5) 破壞（斷裂）強度；(6) 破壞（斷裂）延伸率（elongation）；(7) 斷裂（破壞）延伸率；(8) 斷面收縮率。

3.10.2 單晶體和多晶體的塑性變形

大家小時候可能看過「捏麵人」，一塊泥團或麵團在師傅手中，一下子就能變成活靈活現或人物和栩栩如生的動物。泥團或麵團的變形是不可恢復的永久變形，稱其為塑性變形。

單晶體塑性變形的基本方式有兩種：滑移（slip）和孿生（twin）。二者都是晶體在切應力（shear stress）的作用下，晶體一部分沿一定晶面（滑移面或孿生面）上的一定方向（滑移方向或孿生方向），相對於另一部分發生滑動。只要外加應力在滑移面上的投影（分切應力），達到由單晶體本身決定的臨界分切應力，單晶體便會發生滑移變形。滑移面通常為單晶體的密排面，而滑移方向總是滑移面上的密排方向。孿生與滑移不同的是，孿生的臨界分切應力更大，切變量的大小與距孿生面的距離成正比，孿生後形成孿晶的位向與基體呈鏡面對稱關係；滑移切變量的大小任意，滑移後晶體位元向關係不變。

多晶體是由許多微小的單個晶粒雜亂組合而成的，其塑性變形過程可以看成是許多單個晶粒塑性變形的總合；另外，多晶體塑性變形還存在著晶粒與晶粒之間的滑移和轉動，晶間變形需要良好的協同性。每個晶粒內部存在很多滑移面，因此整塊金屬的變形量可以比較大。金屬的晶粒越細，其強度越高，而且塑性、韌性也越好。一般在生產中都盡量獲得細晶組織，以達到強化金屬的目的。

3.10.3 冷加工引起的組織、性能變化

1. 塑性變形後組織結構的變化

(1) 晶粒變形：除了每個晶粒內部出現大量的滑移帶和孿晶帶外，隨著變形度的增加，原來的等軸晶粒將逐漸沿其變形方向伸長。當變形量很大時，晶粒變得模糊不清，晶粒已難以分辨，而呈現出一片如纖維狀的條紋，成為纖維組織。

(2) 形變織構：在冷變形時，不同位向的晶粒隨著變形程度的增加，在先後進行滑移過程中，其滑移係逐漸趨於受力方向轉動。而當變形達到一定程度後，各晶粒的取向趨於一致，該過程稱為擇優取向；而變形金屬產生擇優取向的結構，稱為變形織構。

2. 塑性變形（plastic deformation）對性能的影響

隨著金屬冷變形程度的增加，金屬材料的強度和硬度都有所提高，但塑性有

所下降，這種現象稱為冷變形強化。變形金屬的晶粒被壓扁或拉長，甚至形成纖維組織。此時，金屬晶體中的位元錯密度提高，變形阻力增大。

3. 塑性變形與內應力

殘餘內應力是指外力去除之後，殘留於金屬內部且平衡於金屬內部的應力，它主要是金屬在外力作用下，內部變形不均勻造成的，通常可將其分為三類。

第一類內應力：又稱宏觀殘餘應力，由宏觀變形不均勻引起；第二類內應力為晶間內應力；第三類內應力為晶格畸變內應力，第二、第三類內應力又稱微觀殘餘應力，由微觀變形不均勻引起。三類殘餘內應力之比約為 1：10：100。總體來說，殘餘內應力是有害的，將導致材料及工件的變形、開裂和產生應力腐蝕；但當表面存在承受壓應力的一薄層時，反而對使用壽命有利。

3.10.4　鋼鐵結構材料的主要強化方式

鋼鐵結構材料約佔鋼鐵材料的 90%，強韌化是結構材料的基本發展方向。鋼鐵材料提高強度的途徑主要有四條：

(1) 通過合金元素和間隙元素原子溶解於基體組織產生固溶強化，它是點缺陷的強化作用。

(2) 通過加工變形增加位元錯密度，造成鋼材承載時位錯運動困難（位錯強化），它是線缺陷的強化作用。

(3) 通過晶粒細化使位錯穿過晶界受阻產生細晶強化，它是面缺陷的強化作用。

(4) 通過第二相〔一般為 $M_x(C,N)_y$ 析出相或彌散相〕使位錯發生弓彎〔奧羅萬機制（Orowan mechasism）〕和受阻產生析出強化，它是體缺陷的強化作用。

這四種強化機制中，細晶強化在普通結構鋼中強化效果最明顯，也是唯一強度與韌性同時增加的機制。其它三種強化機制表現為強度增加、塑性（有時韌性）下降。

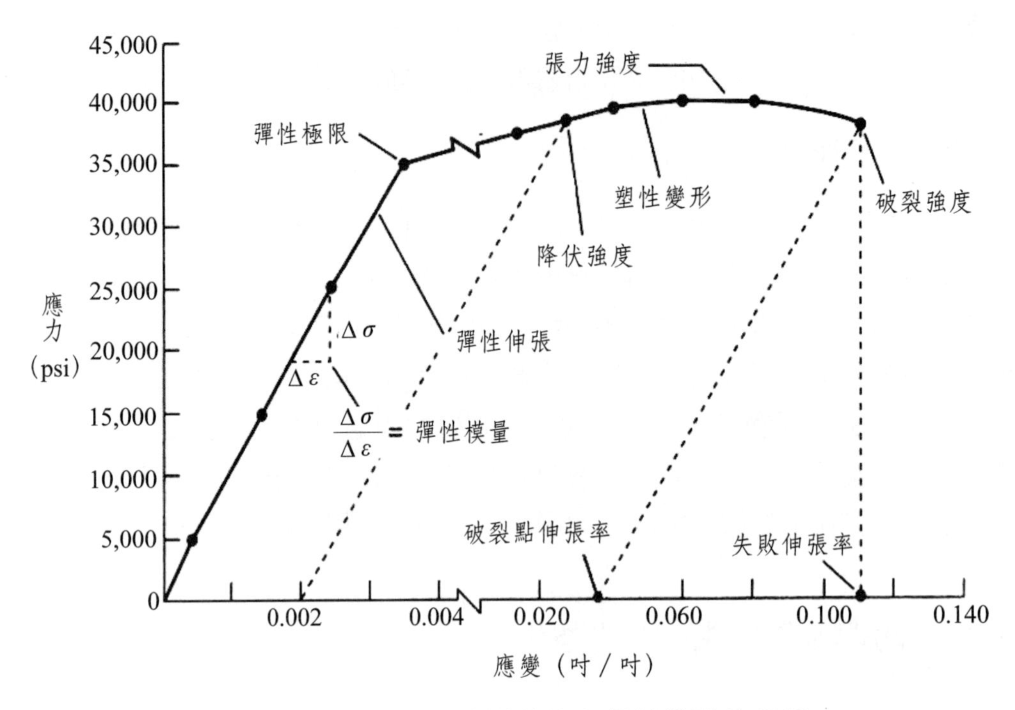

圖 3.22　應力－應變曲線上各特性點的名稱

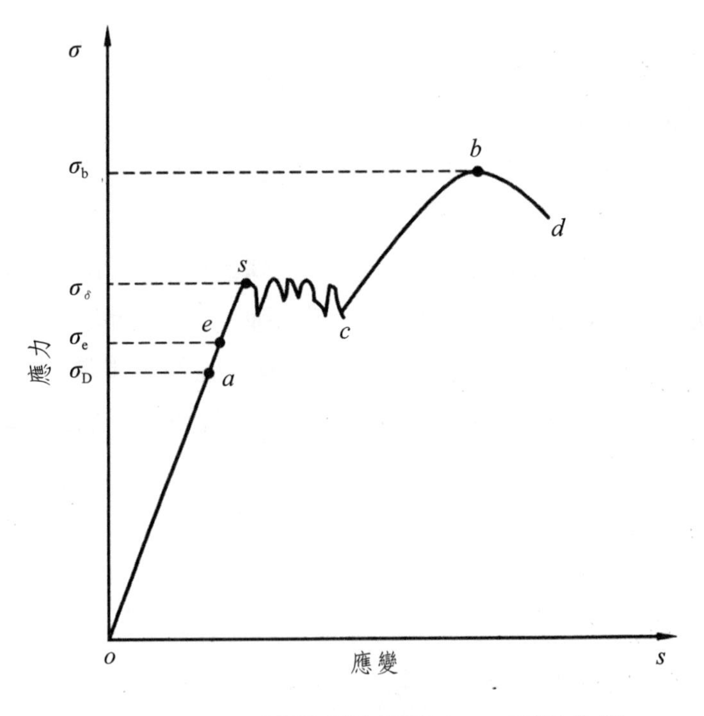

圖 3.23　低碳鋼拉伸應力－應變曲線

圖 3.24 金屬薄板、冷軋薄鋼帶、鍍鋅板、有色金屬薄板等冷軋

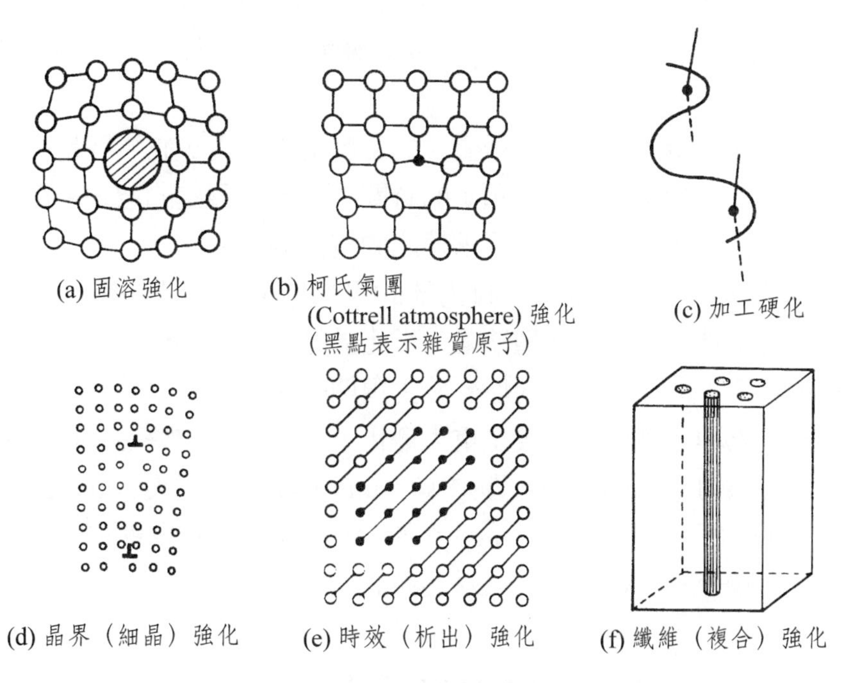

圖 3.25 合金的種種強化機制示意

3.11 熱處理的目的和熱處理溫度的確定

3.11.1 熱處理的概念和目的

鋼鐵依成分特別是碳含量及加工方法、加工度等不同，其性質會隨之而異。特別是對鋼進行一系列的加熱冷卻處理，會使鋼的性能發生明顯變化。

材料是人類進步的標誌。從世界文明的發祥地看，生產活動中使用的工具、戰爭中所用的武器優劣，決定著興衰和成敗，並不斷推動人類社會向前發展。人類社會先後經歷了石器時代、青銅器時代、鐵器時代、鋼鐵時代、金屬／非金屬／高分子材料時代。

為了製造鐵，高加熱溫度是必要條件。與製造青銅所採用的木炭燃料相比，煤炭燃料的使用可以獲得更高的溫度，再加上還原鐵礦石技術（know-how）的確立，使人類跨入鐵器、鋼鐵時代，從人類發展歷史來看，戰爭用的武器相對於生產生活用具來講，往往採用更先進的材料。鋒利的刀劍和箭頭就是由優良的鐵礦石經高溫還原成鐵，再經調整 C 濃度加鍛造製成的。

但是，至此製造工程並未完結，要想真正做到鋒利無比、「削鐵如泥」、富於彈性等，一般都要進行熱處理，使材料性質發生變化，以得到更堅硬、更強韌、更牢固的武器和用具。

熱處理（heat treatment）是一種重要的金屬處理技術，它主要是把金屬材料在固態下加熱到預定的溫度，保溫預定的時間，然後以預定的方式冷卻，通過一系列的加熱及冷卻操作，以獲得所要求性能的技術過程。

通過熱處理，可以改變金屬材料內部的組織結構，並消除鋼材經鑄造、鍛造、焊接等熱加工技術造成的各種缺陷，細化晶粒、消除偏析、降低應力，使組織和性能更加均勻，從而使工件的性能發生預期的變化。

鋼鐵通過熱處理，其性能可發生重大變化，這是鋼鐵的特點，也是重要優點之一。熱處理一般可分為四大類，即退火（annealing）、正火（normalizing）、淬火（quenching）、回火（tempering）。在詳細討論這些熱處理技術之前，為了方便後面進行比較，先認識對應 Fe-C 相圖的平衡轉變組織。

3.11.2 對應 Fe-C 相圖的平衡轉變組織

根據對不同 C 含量的 Fe-C 合金結晶過程分析，可將組織標註在圖 3.6 的 Fe-C 相圖中。從圖中可以看出，鐵碳含量在室溫下的平衡組織皆有鐵素體 (f) 和滲碳體（Fe_3C）兩相組成，兩相的相對品質分數可由槓桿定律（lever law）確定。隨著碳品質分數的增加，F 的量逐漸變少，由 100% 按直線關係變至 0%〔(w_c) = 6.69%C〕時，Fe_3C 的量則逐漸增多，相應地，由 0% 按直線關係變至 100%。具體來說：

小於 0.0218%C 合金，為工業純鐵，其組織為 F + $Cm_{Ⅲ}$。

含碳量超過 0.0218%，但小於 0.77% 的合金為亞共析鋼，組織為 F + P。

含碳量 0.77% 為共析鋼，組織為 P。

含碳量大於 0.77%，至 2.11% 為過共析鋼，其組織為 P + $Cm_{Ⅱ}$。

含碳量大於 2.11%，小於 4.3% 的合金為亞共析鋼鑄鐵，組織為 P + $Cm_{Ⅱ}$ + L'd。

含碳量 4.3% 合金為共晶鑄鐵，其組織為 L'd。含碳量大於 4.3% 合金為過共晶鑄鐵，組織為 L'd + $Cm_{Ⅰ}$。

綜上所述，Fe-Fe_3C 合金隨著碳品質分數增大，組織一般按下列順序變化：

F → F + $Cm_{Ⅲ}$ → P + $Cm_{Ⅱ}$ → P + $Cm_{Ⅰ}$ → P + $Cm_{Ⅱ}$ + L'd → L'd → L'd + $Cm_{Ⅱ}$ + $Cm_{Ⅰ}$。

3.11.3 鋼在加熱時的組織轉變

加熱是熱處理的第一道工序，大多數情況下是要將鋼加熱到相變點以上，獲得奧氏體組織。相變點也稱為臨界點（critical point）〔或臨界溫度（critical temperature）〕，在熱處理中，通常將鐵碳相圖中的 PSK 線稱為 A_1 線，將 GS 線稱為 A_3 線，將 ES 線稱為 A_{cm} 線（亦參照 3.4 節的圖 3.6Fe-Fe_3C 相圖）。這些線上每一合金的相變點，也稱 A_1 點、A_3 點、A_{cm} 點。

實際熱處理生產中，加熱和冷卻都是在非平衡狀態下進行，因此組織轉變溫度都偏離平衡相變點，此時分別用 A_{c1}、A_{c3}、A_{ccm} 和 A_{r1}、A_{r3}、A_{rcm}，表示加熱和冷卻時的臨界溫度。圖 3.27 表示臨界溫度在鐵碳相圖上的位置示意。

共析鋼在室溫時的平衡組織全部為珠光體（pearlite），當加熱到 Ac1 線以上溫度時，轉變為奧氏體晶粒。這一組織轉變的過程可表示為：生成的奧氏體相不僅晶格類型與鐵素鐵和滲碳體相不同，而且含碳量也有很大的區別。由此可見，奧氏體化的過程必然進行著鐵原子的晶格改組和鐵、碳原子的擴散，其轉變過程也是遵循成核和長大基本規律，並通過以下四個階段來完成：(1) 奧氏體晶核的形成；(2) 奧氏體的長大；(3) 殘餘滲碳體的溶解；(4) 奧氏體成分的均勻化。

亞共析鋼和過共析鋼的奧氏體形成，需要加熱到 A_{c3} 或 Ac_{cm} 以上，才能獲得單一的奧氏體組織。

3.11.4　影響奧氏體晶粒長大的因素

奧氏體（austenite）晶粒的大小，將影響冷卻轉變後鋼的組織和性能。奧氏體晶粒越細小，冷卻轉變後鋼組織的晶粒也越細小，其力學性能也越高；奧氏體晶粒粗大，冷卻轉變後鋼組織的晶粒也越粗大，力學性能變差，特別是衝擊韌性下降較多。因此，鋼在熱處理加熱過程中，加熱溫度和保溫時間必須限制在一定範圍內，以便獲得細小而均勻的奧氏體晶粒。

影響奧氏體晶粒大小的因素有：加熱溫度、保溫時間、加熱速度、含碳量和合金元素等。

按照晶粒度標準的評級，1～3 級晶粒度（直徑為 250～125μm）為粗晶、4～6 級（直徑為 88～44μm）為中等晶粒，7～8 級（直徑為 31～22μm）為細晶。若純鐵在鐵素體晶粒尺寸為 20μm 時，普通鋼材的降伏強度 σ_s 為 200MPa 級，若細化在 5μm 以下，σ_s 就能倍增；具有低碳貝氏體或針狀鐵素體的鋼材，若顯微組織細化至 2μm 以下，強度就能倍增；具有回火馬氏體的合金鋼或貝／馬複相鋼，若顯微組織細化至 5μm 以下，強度就能倍增。因此超細晶鋼是將目前細晶鋼的基體組織細化至微米數量級。

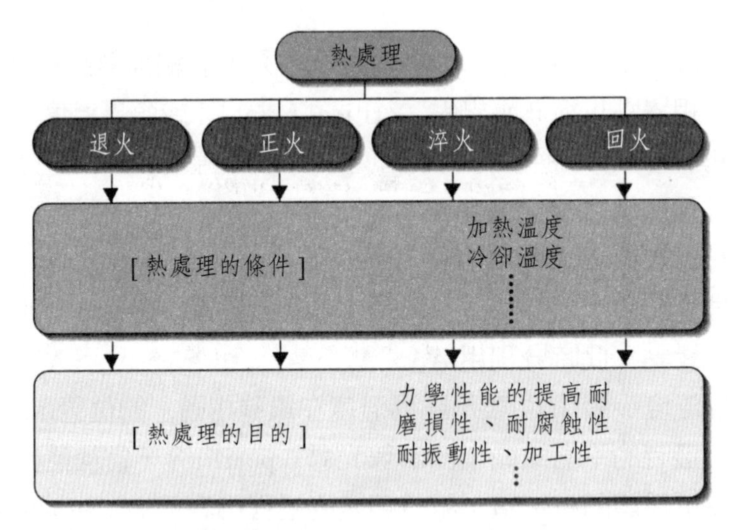

退火：將金屬、合金加熱到適當溫度，保持一定時間，以適當的速度冷卻至室溫的熱處理技術。按合金成分和目的選擇退火溫度和冷卻速度。分為完全、不完全、等溫退火，消除應力、擴散均勻化、再結晶、除氫退火等。

正火：又稱正常化和常化。是將鋼加熱至 A_{c3} 或 Ac_{cm} 以上 30～50℃保溫，在靜止空氣中自然冷卻的熱處理技術。

淬火：將鋼或合金加熱至適當溫度，保溫一段時間以獲得不同要求的高溫相，然後快速冷卻，獲得遠離平衡狀態組織的熱處理技術。

回火：鋼件經淬火後，再加熱到奧氏體開始形成溫度 A_{c1} 以下的某一溫度，並以適當速度冷卻到室溫的金屬熱處理技術。

圖 3.26　熱處理的分類和目的

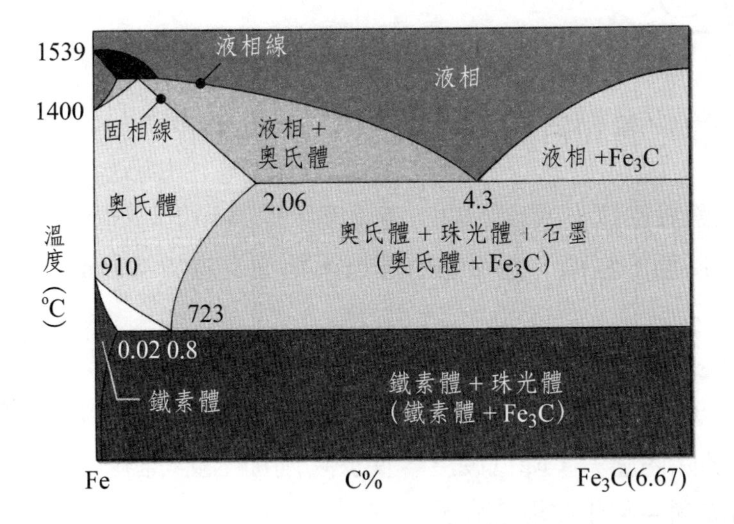

圖 3.27 Fe-Fe_3C 系統相圖

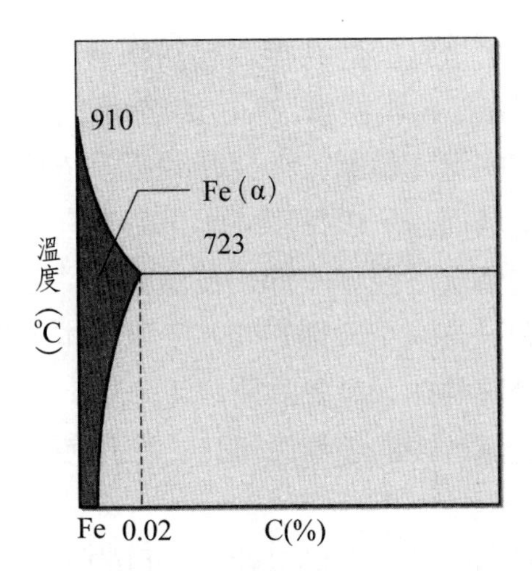

C 在 Fe (α) 中的固溶量，從室溫至 723℃的高溫逐漸增加。該曲線稱為固溶度曲線。

圖 3.28 C 在 Fe (α) 中的固溶和固溶度

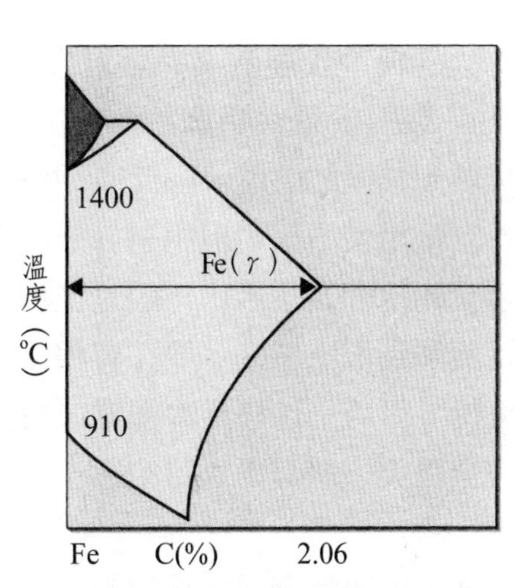

Fe(γ) 相在高溫如箭頭所指範圍，C 在其中的固溶度也隨溫度上升而增加。

圖 3.29 C 在 Fe (γ) 中的固溶和固溶度

3.12 鋼的退火

3.12.1 退火的定義和目的

將鋼加熱到臨界點以上或以下的一定溫度，保溫一定時間，然後緩慢冷卻，以獲得接近平衡狀態的組織，這種熱處理技術稱之為退火（annealing）。退火可以達到下述目的：

(1) 消除鋼錠的成分偏析，使成分均勻化；

(2) 消除鑄、鍛件存在的帶狀組織，細化晶粒、改善組織，使組織均勻化；

(3) 釋放與消除內應力，降低硬度，便於切削加工並保證工件的穩定性；

(4) 改善高碳鋼中碳化物形態和分布。

3.12.2 完全退火和中間退火

退火的典型代表為「完全退火」。這種方法是對於亞共析鋼加熱到 A_{c3} 點以上 50℃，或對於過共析鋼加熱到 A_{c1} 點以上 50℃，再緩慢冷卻。由於鋼的內部必須加熱到相同的溫度，因此必須維持在設定的溫度範圍。保溫時間儘管依爐子的加熱容量增減不一，但相對於被處理物的壁厚而言，以每英寸 1 小時為宜。

退火的冷卻為緩冷，一般是在切斷電源的情況下隨爐冷卻。被退火工件在爐內開始冷卻到取出爐外，要花費相當長的時間。為減少冷卻時間、降低成本，加熱結束後，可將工件移至冷卻爐或將工件置於隔熱劑（發熱的炭灰等）中。

完全退火一般有兩大目的，一是使熱加工鋼件中的組織微細化，二是使材質軟化。

另外，由於完全退火花費的時間長，熱量消耗大，若僅以軟化為目的，也可以由「中間退火」（或低溫退火）來完成。採用的方法是，將工件加熱到一定溫度後，取出爐外進行空冷。鋼可由此進行充分軟化，提高切削性和加工性。

3.12.3 球化退火和均勻化退火

對於含 C 量較高的過共析鋼（高碳鋼）而言，珠光體（pearlite）中的滲碳體（Fe_3C）比率較高。由於滲碳體硬度高，是工具鋼及軸承鋼中常見的組織。在製作鋼時，由於組織內滲碳體的大小及形狀等各式各樣，希望通過退火，使其向小尺寸集中，而且由異形或板狀漸向球形變化。這種使滲碳體的尺寸變小並使其球形化的操作，便是「球化退火」。球化退火的結果，使工具更鋒利，使軸承更具耐磨性。

當加熱到定點溫度左右，板狀滲碳體被分割為一小段一小段的，儘管其形狀各異，但在表面張力作用下轉變為小球，最終實現球形化。

滲碳體的組織形貌可藉由光學顯微鏡來確認。

均勻化退火主要是針對鑄造件。鑄造件是熔融態鋼經鑄型澆注製造的。儘管熔融態鋼中各種成分相互熔合，即使在完善的澆注條件下，仍會存在部分不能相互固溶的情況。這可能是由於成分間固溶難易不同，也可能是由於成分間相對密度的差異引起。在這種狀態下進行澆注，冷卻後當然也會出現局部的成分差異。而且，有些鑄件形狀還會助長這種情況的發生。

成分上的濃度差異稱為偏析。若能使鑄件的成分更均勻地互溶，減少偏析，則可明顯改善鑄鋼的品質，而均勻化退火就是有效對策之一。

對於鑄鋼件來說，均勻化退火是將其升溫至 1100～1150℃的高溫，加熱保溫，通過擴散使鋼鑄件內部的各種成分和雜質等均勻化。

3.12.4 熱處理的加熱爐和冷卻裝置

為進行熱處理（heat treatment），加熱必不可少。工業用加熱一般要採用各種形式的加熱爐。為能承受爐內的高溫，爐襯採用耐火磚（主成分為 Al_2O_3、MgO 、SiC 等），外側圍上隔熱層。爐外壁由鋼板圍成爐殼，外面多塗以耐火性銀白色塗料。

加熱爐從結構形式上可分為據置式和連續式熱處理爐（隧道爐）兩大類。

單側開門據置式加熱爐在爐前設門，用於工件的裝入、取出。門的開闔有手動或電動的。大型的批量式加熱爐以這種方式居多，為了裝入、取出方便，還有將工件載於台車上一起加熱。

為防止爐內熱量散逸，爐內要採用密封結構。而且，為使加熱爐與其它裝置相連，有的還在爐後設門。

連續式熱處理爐是將加熱爐與其它裝置組合而成的長形隧道構造，裝入的工件在輸送鏈上運動的同時，完成一系列的熱處理操作，特別適用於汽車產業等大批量生產領域。

加熱爐按熱源可分為電加熱和燃油加熱兩大類。

電加熱發熱體多採用 Ni-Cr 合金絲或矽碳（SiC）棒。電加熱控溫容易，溫度可精密確保，但電阻發熱體的加熱溫度以 1200℃左右為限，由於長時間高溫劣化，需要定期檢查和更換。

由重油、煤油燃燒加熱方式與電加熱方式相比，更適用於大型加熱爐，可獲得更高溫度，但溫度調整和控制較難，且對環境有污染。

冷卻裝置與加熱裝置一樣，對於熱處理來說也是必不可少，儘管前者要簡約些。

冷卻中需要考慮的是，每單位時間的溫度下降數據，即冷卻速度。當需要冷卻速度盡可能慢時，是將被加熱工件在停止加熱的情況下於爐中冷卻，這稱為隨爐冷卻（爐冷）。此時的冷卻速度依爐內蓄積的熱量、工件蓄積的熱量、向爐外散逸的熱量等而變化。在需要嚴格控制冷卻速度的情況下，當溫度下降過快時，還必須階段性地途中加熱。但是，如果冷卻速度比目的速度更慢，則是不能控制的，必須在此前調整好爐子的結構、操作程式以及裝料等。

有時需要將工件從加熱爐取出，放在室內使其發生溫度自然下降的冷卻，稱此為空氣冷卻（空冷）。這種方法依工件的品質及表面積大小的不同，每次溫度下降的速度也各不相同。空冷的場所即使在放置高溫加熱工件的情況下，也必須確保地基及基礎而不發生問題。

大型、重型工件即使空冷，溫度也下降很慢。此時要用大型噴霧器進行冷卻，此稱為噴霧冷卻。淬火需要急冷，原則上應以盡可能快的速度降溫，因此需要能將工件急冷至室溫的水槽。在多次淬火（quenching）的情況下，因水溫升高而不能冷卻，故也必須考慮水槽的容量。必要時，還需外加水冷裝置以及水槽內的攪拌裝置等。

冷卻劑採用油的情況也是一樣。用油淬火時，設計油溫的條件也很重要，必須附設油溫加熱和冷卻的裝置。每次淬火往往會有淬火碎屑從工件籃落入水槽及油槽的底部，因此需要設置定期去除的裝置。

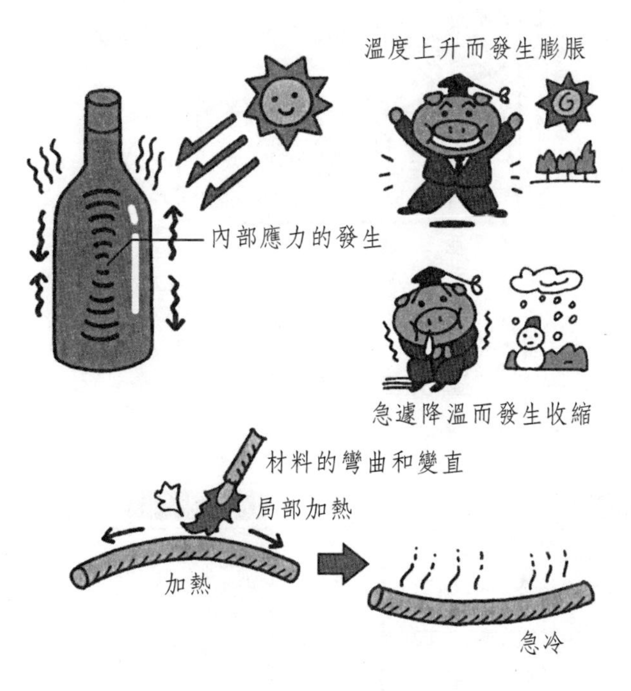

圖 3.30 熱應力

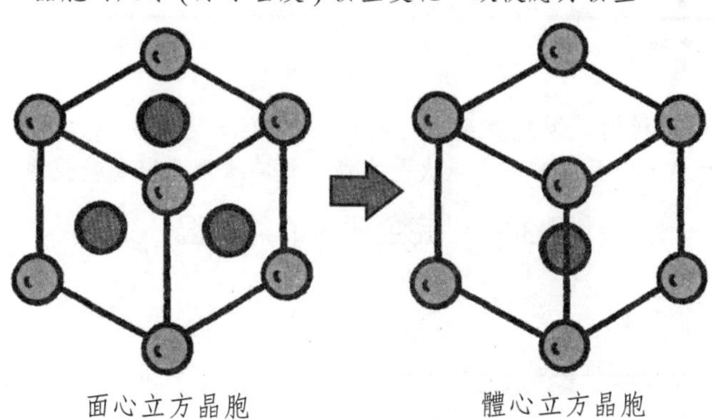

圖 3.31 Fe 的相變

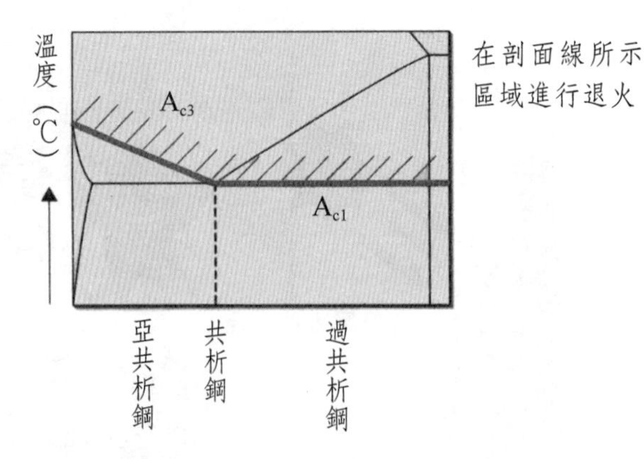

圖 3.32　退火溫度

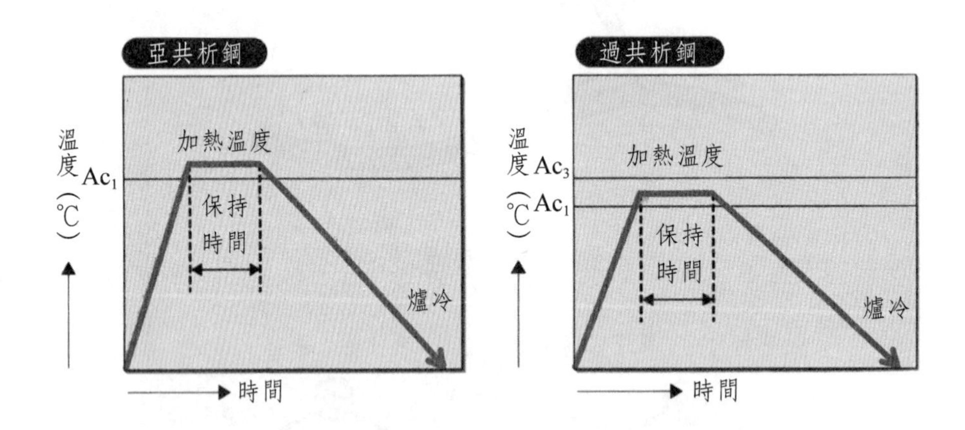

完全退火對於亞共析鋼來說是直到 A_{c3} 點以上 50℃，過共析鋼是直到 A_{c1} 點以上 50℃的範圍內加熱，而且由於完全退火是在爐內緩冷，因此需要較長的時間

圖 3.33　完全退火的熱過程

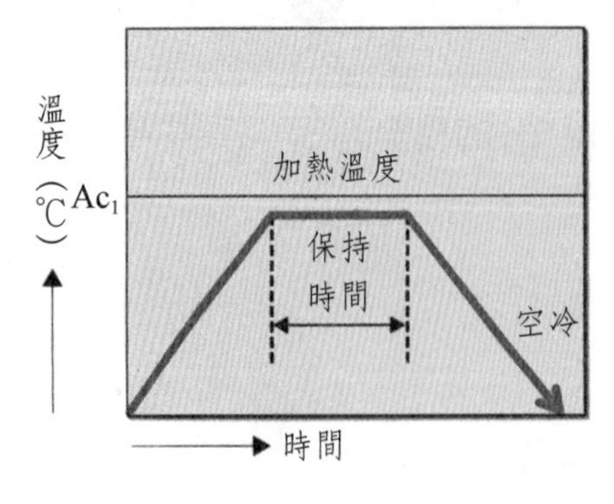

由於僅使鋼軟化為目的，只要剛好加熱到 A_{c1} 點以下，通過空冷就能實現充分軟化。

圖 3.34　中間退火的熱過程

3.13 鋼的正火

3.13.1 正火的定義和目的

正火（normalising）是將鋼加熱到一定位置、一定溫度時，在維持內外溫度一定條件下，保溫足夠時間，然後從加熱爐取出，在空氣中冷卻（空冷）的熱處理技術。與完全退火相比，正火的冷卻速度更快。正火多用於亞共析鋼加工件的最終熱處理。

鋼正火處理的主要目的有：

(1) 鋼中內應力的釋放、消除；

(2) 使鋼的晶粒度細化，提高硬度，改善切削加工性；

(3) 改善鋼的材質，提高綜合力學性能；

(4) 對於大型鍛件、壓延加工的鋼材，正火可以消除塑性變形造成的帶狀或纖維組織、細化晶粒，使組織均勻化。

其中，(1) 與 (4) 也是相互關聯的。為了將鋼加工成各種形狀及規定的尺寸，一般要進行熱加工。儘管稱其為熱加工，但由於變形度大，鋼中結晶結構中的原子排列會發生較大程度的混亂，表現為原子偏差平衡位置、出現晶格畸變（creep）、甚至晶格常數的變化等，進而產生應力。正如我們身體受外力碰撞感覺痛疼一樣，這實際上是內應力在起作用。

在存在內應力的情況下，經過一段時間，在內應力作用下，晶格返回原始狀態的過程中，會使試樣外形尺寸發生變化，因此需要消除工件內部積蓄的應力。

(2) 在高溫下加工變形的鋼，晶粒尺寸過大。這是因為鋼在高溫下，特別是被加熱到某定點以上時，晶粒與晶粒會發生合併，並進一步增長。大晶粒鋼與小晶粒鋼相比，力學性能變差。因此，熱加工後的鋼材必須使其晶粒細化。

(3) 對於某些中碳鋼或中碳低合金鋼，通過改善析出物的形貌，對於過共析鋼，通過消除網狀碳化物等，以提高其綜合力學性能。

(4) 由於在壓延變形等熱加工後，於加工方向產生纖維組織。在顯微鏡下觀察，可以看到白色基體的鐵素體以及呈黑色的珠光體都呈現被拉長的纖維化顯微組織。如果整個工件中都呈現這種不均勻組織，則耐磨損性差，而且，力學性能沿著纖維方向和垂直纖維方向也不相同，即呈現各向異性，從而不能確保相同的強度。這些需要由正火處理達到組織均勻性。

3.13.2 正火操作

正火加熱溫度高，操作不當會引起晶粒生長而粗大化；處於高溫的工件從爐中直接取出置於空氣中冷卻，對周圍環境和人員都可能造成危害和影響，對這些都必須嚴加注意。

與完全退火之後的顯微組織為鐵素體和珠光體（鐵素體和滲碳體的層狀混合物）相對，正火之後可以觀察到索氏體（sorbite）組織。這種索氏體基本上與珠光體相同，只是晶粒更小、組織更微細。前者的硬度、強度更高，強韌性更好，多在彈簧及線材等製造中採用。

進行正火處理的工件各式各樣。大型工件由於熱容量大，從加熱爐取出之後難以快速冷卻。這樣就難以形成索氏體組織，晶粒也難以變小。作為對策，可進行噴霧冷卻。通過向自來水管中壓入空氣形成氣泡，強力噴射在所需要冷卻的範圍內。

對於體積更大的重型工件，上述操作亦受到限制。可將從加熱爐取出的整個工件直接浸入水槽之中，以使表面溫度快速下降。在水開始沸騰時，將工件取出，由於內部熱量匯出會使表面重新返回紅色，但對於整個工件來說，可達到相當高的冷卻速度。

3.12.3 如何測量硬度

不同鋼種，特別是經過不同的熱處理，硬度變化很大。因此，硬度測量必不可少。常使用的代表性硬度測量計有四種：(1) 洛氏（Rockwell）硬度計；(2) 布氏（Brinell）硬度計；(3) 維氏（Vickers）硬度計；(4) 肖氏（Shore）硬度計。每種硬度計都有各自的特徵。

(1) 洛氏（HR）硬度計　用鋼球對被測物施加壓力，使被測物發生局部塑性變形，由計測儀讀出阻止塑性變形的能力。

(2) 布氏（HB）硬度計　與 (1) 一樣，也是用鋼球對被測物施加壓力，由此產生同樣的塑性變形而形成球面凹坑。通過測量凹坑的直徑而換算成硬度。凹坑的直徑越大，被測材料越軟。

(3) 維氏（HV）硬度計　用菱形鑽石壓頭對被測物施壓，使其產生菱形壓痕。通過計測菱形對角線的長度換算成硬度。

(4) 肖氏硬度計　此為使用最方便的硬度計。使被測物與計量器垂直放置，利用鎖定於內部的重錘落下並被反彈。由計測器顯示重錘的反彈高度，並由此表示被測物的硬度。

熱處理工廠都備有上述硬度計。但是，不同硬度計依被測物件的大小、重量、測量位置而各有優勢和限制。而且，工件內部的硬度測定還需要破壞性檢查。因此，重複性試驗資料和經驗的積累極為重要。

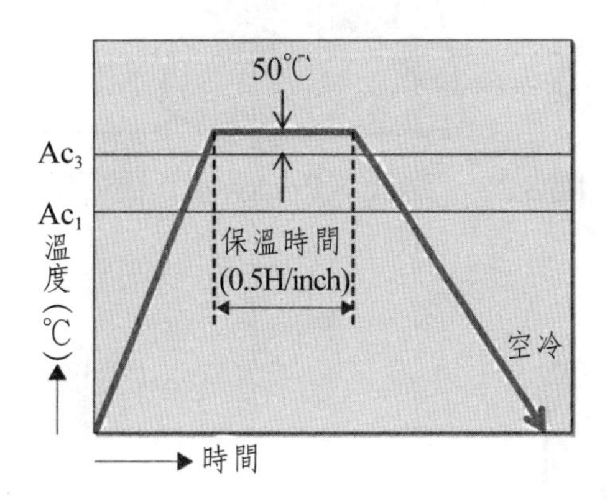

圖 3.35　共析鋼正火的熱過程

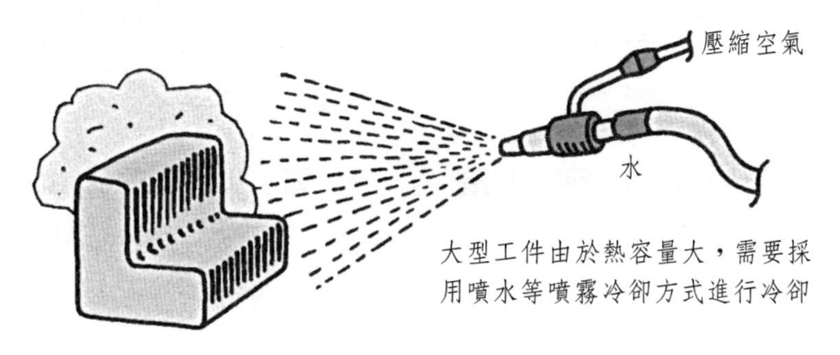

圖 3.36　利用噴霧冷卻進行正火處理

圖 3.37　大尺寸超重量工件利用一端水冷提升法進行正火

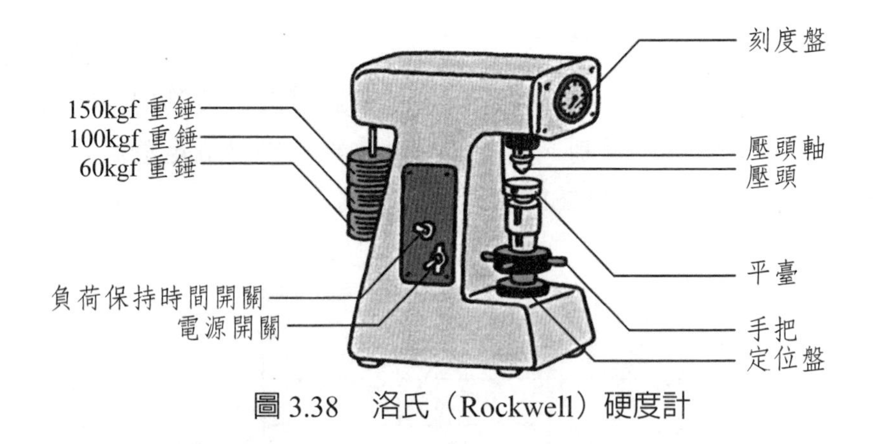

圖 3.38 洛氏（Rockwell）硬度計

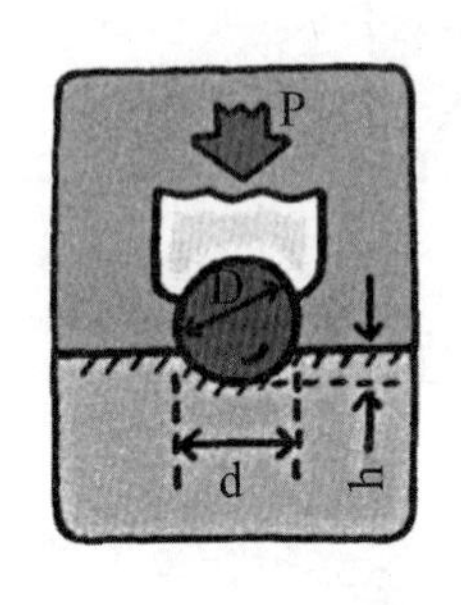

圖 3.39 布氏（Brinell）硬度測量方法

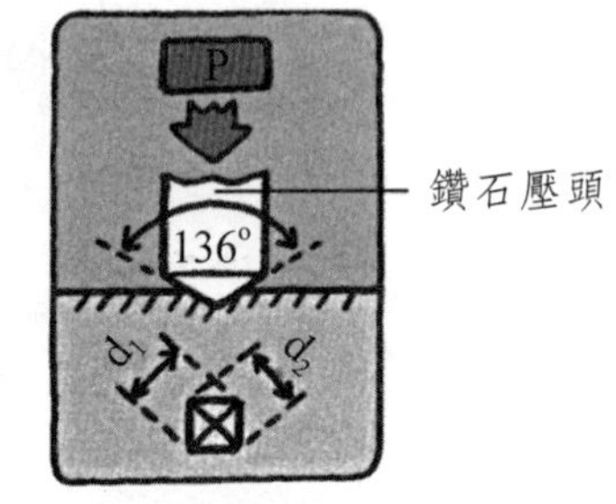

在使用對面角 13° 的鑽石壓頭的場合（$d_1 = d_2 = d$）

圖 3.40 維氏（Vickers）硬度（Hv）測量方法

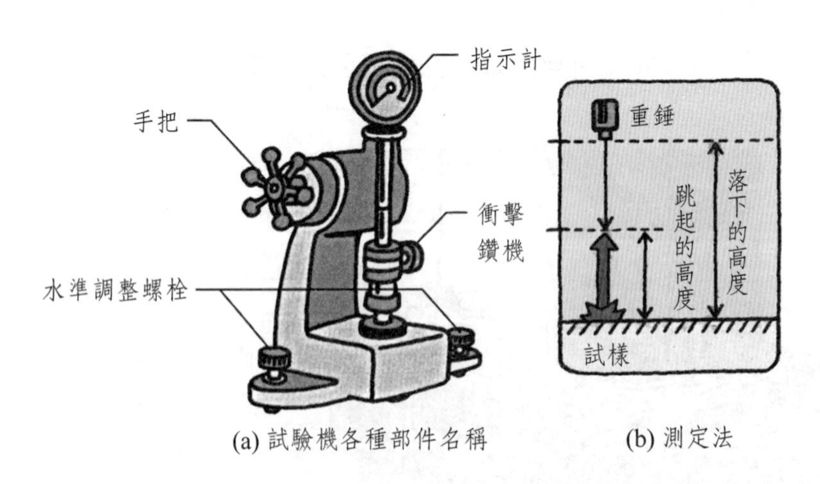

(a) 試驗機各種部件名稱 (b) 測定法

圖 3.41 肖氏（Shore）硬度計

3.13 鋼的淬火 ── 加熱和急冷的選擇

所謂淬火（quenching，俗稱蘸火），是將鋼加熱至高溫變成奧氏體組織後，所進行的急冷處理。

本來，若從奧氏體組織緩慢冷卻，則像退火那樣，到室溫會轉變成鐵素體和珠光體組織。但在急冷的情況下，沒有足夠的時間轉變為平衡相圖所對應的組織，而形成相圖上不存在的非平衡組織，這種非平衡組織即為馬氏體。

馬氏體是非常硬的組織，在作為耐磨損材料、切削刀具、強度要求高的材料等而使用的鋼種中，利用淬火產生。馬氏體組織經適當回火後，可獲得所需要的優良綜合力學性能。

淬火技術要根據具體材質和工件大小、形狀而定，主要考慮因素包括加熱溫度的選擇、冷卻速度的選擇、如何增加淬透性以及防止淬火開裂等。

3.13.1 加熱溫度的選擇

淬火加熱溫度的選擇，應以得到均勻細小的奧氏體晶粒為原則，以便淬火後獲得細小的馬氏體組織。淬火加熱溫度主要根據鋼的臨界點來確定，如圖 3.35 所示，對於亞共析鋼的淬火加熱溫度一般為 A_{c3} + (30～50℃)，共析鋼和過共析鋼為 A_{c1} + (30～50℃)。此因如果亞共析鋼在 A_{c1} 至 A_{c3} 溫度之間加熱，加熱時組織為奧氏體和鐵素體兩相，淬火冷卻之後，組織中除馬氏體外，還保留一部分鐵素體，將嚴重降低鋼的強度和硬度。因此，需要採用完全淬火。但淬火溫度亦不能超過 A_{c3} 過多，否則會引起奧氏體晶粒粗大，淬火後得到粗大的馬氏體，使鋼的韌性降低。所以，一般在原則上規定淬火溫度為 A_{c3} 以上 30～50℃。由於此一溫度處於奧氏體單相區，故又稱為完全淬火。

至於過共析鋼，淬火加熱溫度應在 A_{c1} 至 A_{cm} 之間。這是因為，工件在淬火之前都要進行球化退火，以得到粒狀珠光體組織。如此，淬火加熱的組織便為細小奧氏體和未溶的粒狀碳化物，從而淬火後可得到隱晶馬氏體和均勻分布在馬氏體基體上的細小粒狀碳化物組織。這種組織不僅具有高強度、高硬度、高耐磨性，而且具有較好的韌性。如果淬火加熱溫度超過 A_{cm}，加熱時碳化物將完全溶入奧氏體中，使奧氏體碳的質量分數增加，使 M_s 和 M_f 點降低，淬火後殘餘奧氏體量增加，鋼的硬度和耐磨性降低，同時奧氏體晶粒粗化，淬火後容易得到含有顯微裂紋的粗片狀馬氏體，使鋼的脆性增大。

3.13.2 冷卻速度的選擇

冷卻速度對於轉變為馬氏體的效果（相變）也有較大的影響。圖 3.45 中，試驗結果是由冷卻速度決定的馬氏體相變界限與組織含量所表示的關係。稱該速度為上臨界冷卻速度，是完全轉變為馬氏體的界限。若比該速度慢，則只有一部分轉變為馬氏體，其它部分以稱作屈氏體（troostite）的組織出現。屈氏體與前述的索氏體，即細珠光體組織類似，只是比索氏體組織更微細，硬度也高些。

如果冷卻速度過慢，則不能形成馬氏體，也不會出現屈氏體組織而全部轉變為珠光體，這與相圖表示的組織相類似。稱此一界限速度為下臨界冷卻速度。

上、下臨界冷卻速度並非對所有鋼種都相同，因鋼種和淬火條件不同而異。

3.13.3 淬火用冷卻劑

淬火時所用的冷卻劑有各種不同的種類，最便宜且最方便利用的是水，其冷卻效果也極佳。但用水做冷卻劑時，它的狀態極為重要。

首先，適當的水溫是15℃，不一定要求是0℃。儘管淬火時以15℃上下為宜，但水槽在短時間內經多次連續淬火，水溫勢必上升。這種情況下，應附設水的冷卻裝置，或迴圈加入新水。

其次是水的狀態。當水中混入肥皂等泡沫劑時，對淬火對象的冷卻效果會變差；當工件表面存在膜層時，也會妨礙冷卻效果。此外，當水中混入固相雜質時，會影響冷卻效果；而當水中添加鹽等溶質時，則會提高冷卻效果。但採用後一種手段會使淬火工件生鏽，為後續工序帶來麻煩。

在將淬火工件投入之後，可以觀測冷卻溫度隨時間的變化。假設 Ni 球為淬火樣品，在其中心插入熱電偶，將其加熱保持在淬火溫度下，投入試驗用冷卻劑中。溫度隨時間而下降，下降的情況視冷卻劑的種類不同而各異。

其它的冷卻劑是液態的油脂。總體上可分為礦物油和植物油兩大類。前者由石油製作，不僅價格便宜，而且因應不同用途目的要求可開發出多種產品，因此用量很大。也有以可溶於水的溶劑與水混合製成的冷卻劑。

植物油的代表是菜籽油，其特性和冷卻效果俱佳，但產量受限，因此價高。

3.13.4 不完全淬火

淬火是使奧氏體急冷發生轉變為馬氏體的相變，若不是所有的奧氏體都轉變為馬氏體，則稱為不完全淬火。但是，產生 100% 的馬氏體相變是相當困難的，實際上，發生 50% 的淬火就可以認為產生了淬火效應。

不完全淬火的組織，首先是馬氏體，其餘是鐵素體及珠光體（索氏體和屈氏體）和殘餘奧氏體。儘管殘餘奧氏體經回火前的亞零（深冷）處理可以完成馬氏體相變，但鐵素體和珠光體卻保持原樣。

其結果是，由於鋼的不完全淬火，本來要完全轉變為馬氏體時應該達到的硬度不能達到，從而不能產生淬火應有的效果。

工程設計對於熱處理提出的要求是，應達到規定的鋼的調質（淬火加高溫回火）和硬度指標。雖說熱處理工廠無一不進行淬火處理，但如果判定未達到足夠的硬度，則須再度退火後重新淬火，再通過高溫回火調整硬度，由於工程反覆，費工費力，應極力避免。

最不能容忍的是，以不完全淬火的處理冒充調質處理，這將為工件的使用帶來後患和危險。

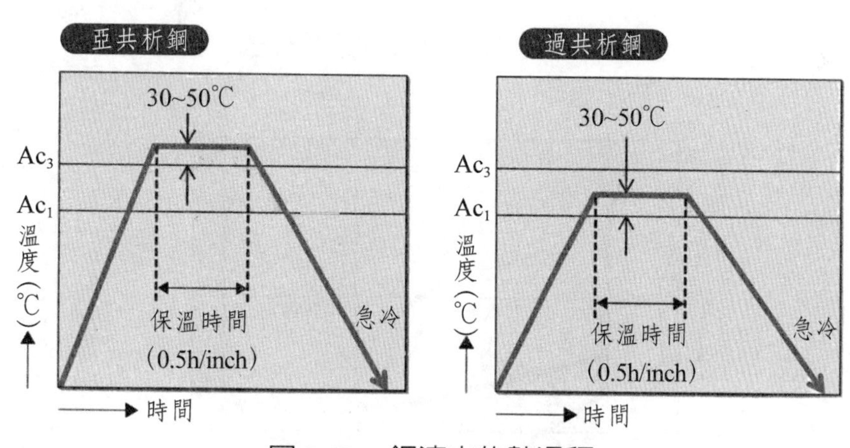

圖 3.42 鋼淬火的熱過程

淬火得到硬的馬氏體組織。圖中所示為 0.85%C 鋼（SK5）的馬氏體組織（5% 硝酸乙醇溶液蝕刻）。

圖 3.43 馬氏體的組織

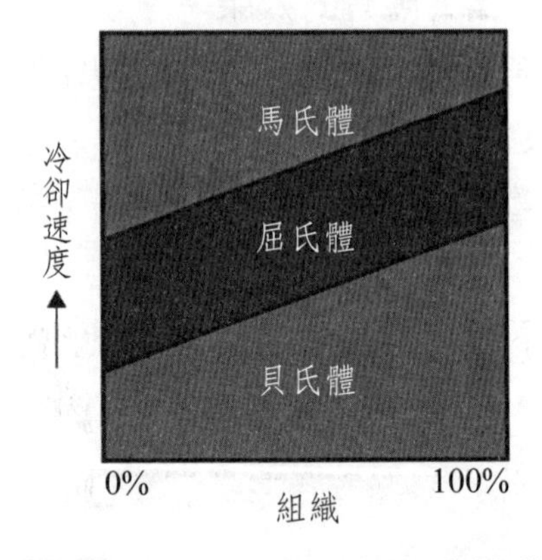

圖 3.44 冷卻速度與組織模式

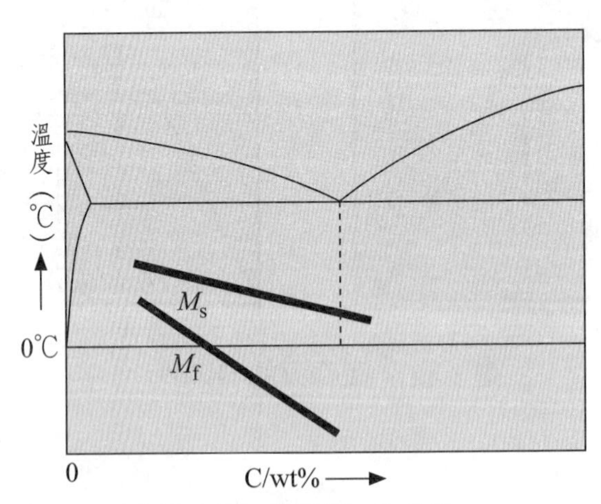

M_s 點指馬氏體開始出現（或馬氏體相變開始）的溫度。

M_f 點指奧氏體完全轉變為馬氏體的相變溫度。

根據各合金元素的含量可計量 M_s 點（各元素所佔的權重是根據實驗的經驗值）。

M_s (℃) = 550 − (350C + 40Mn + 17Ni + 20Cr + 10Mo + 5W + 35V + 10Cu + 15Co + 30Al)

※ 元素符號處代入各合金元素的含量。

圖 3.45 Fe-C 相圖和 M_s、M_f 點

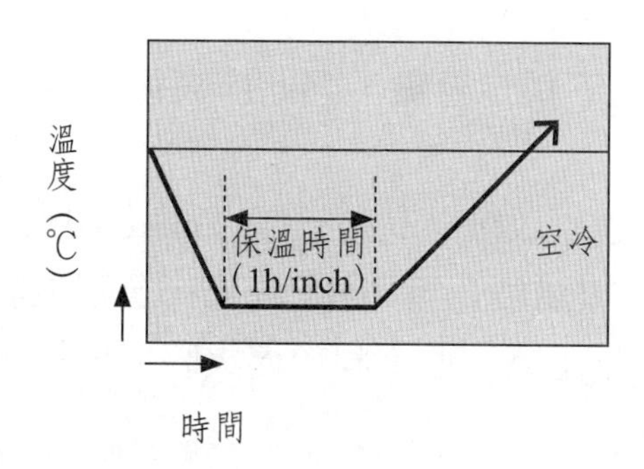

亞零處理（又稱冰凍處理）是指淬火後立即放置0℃以下低溫的處理。

圖 3.46　亞零（subzero）處理

3.14　鋼的回火

3.14.1　回火的定義和目的

回火（tempering）是將淬火後的鋼在 A_{c1} 溫度以下加熱，使之轉變為穩定的回火組織熱處理技術。回火是為了調整淬火鋼的性能，主要目的是：(1) 調整硬度；(2) 去除內應力；(3) 增加韌性（toughness）〔斷裂強度（fracture strength）〕。

隨著回火的進行，上述目的同時達到。由於回火過程不僅保證組織轉變，而且要消除應力，故應有足夠的保溫時間，一般為 1～2h。

淬火所產生的馬氏體是硬而脆（脆性）的組織，由於急冷會蓄積內應力，藉由回火對此進行改善。回火在 150～723℃（實際上到 680℃左右）的溫度區間內進行。723℃是鋼的奧氏體轉變溫度。

回火有「低溫回火」和「高溫回火」之分。隨著回火溫度的上升，硬度逐漸減小；與此同時，與韌性相關的延伸率（elongation）和斷面收縮率逐漸增加。相對於低溫回火的主要目的是消除內應力而言，高溫回火的主要目的是提高材料的韌性。

3.14.2 回火組織和回火脆性

淬火所生成的馬氏體為不穩定組織，因此淬火後需要回火以形成穩定的組織。

200℃以下的回火，儘管不改變針狀馬氏體（matensite）組織的形貌，卻轉變為易受腐蝕的基體。將回火溫度升至400℃左右，會形成非常細微的粒狀碳化物。此為屈氏體（troostite）組織，但不同於淬火時形成的屈氏體，稱前者為回火屈氏體（或二次屈氏體）。

超過400℃，碳化物析出顯著，可從顯微鏡明顯觀察到。回火溫度進一步提高，則屈氏體長大，變為珠光體，且形狀為粒狀的。這種珠光體不同於由奧氏體緩冷而獲得的層狀組織，兩者很容易區分。粒狀珠光體（pearlite）又稱為球狀滲碳體，與層狀珠光體組織相比，韌性顯著增加，這是回火的效果。

回火一般會使硬度降低，韌性提高。但回火溫度是決定回火組織和性能的最重要因素。在選擇回火溫度時，應避開低溫回火脆性區（250～300℃）。進行高溫回火時，對於具有高溫回火脆性的合金鋼，盡量採用600℃以上回火，保溫後採用水冷或油冷，避免出現高溫（450～500℃或略高）回火脆性。

3.14.3 低溫、高溫和中溫回火

回火可以在150℃到723℃（實際上到680℃左右）的寬廣範圍內進行。注意723℃是奧氏體轉變溫度。按回火溫度，通常分為低溫、中溫和高溫回火。隨著回火溫度升高，硬度降低，但與韌性相關的延伸率和斷面收縮率提高。

低溫回火在150～200℃之間進行，回火後組織為回火馬氏體和殘留奧氏體（austenite）。低溫回火的目的，相對於提高韌性來說，保證高硬度更優先。在去除內應力的同時，應使殘留奧氏體穩定化，否則，因經時變化，它會轉變為珠光體等其它組織，造成工件尺寸和硬度的變化。由於低溫回火溫度低，僅造成硬度少許降低，多用於工具、刀具及量具等硬度要求高的回火處理。

高溫回火在550～650℃進行。在此溫度下回火，硬度明顯下降，而韌性顯著提高。高溫回火以提高韌性為首要目的。習慣上把淬火加高溫回火的雙重處理稱為調質處理（quenching and tempering）。調質處理後，工件兼具高的強度和韌性，多用於齒輪、各種軸和經常受衝擊載荷的結構件。

中溫回火是在低溫回火和高溫回火溫度間，一般是在450～500℃進行的，以調整硬度和確保彈性（韌性）為目的的回火，其主要應用對象是各類彈簧（線

圈彈簧、捲繞彈簧、器皿彈簧、板簧）和鋼鋸鋸條等。

在熱加工中，放入模具中的被加工物要加熱到奧氏體，以便塑性變形，達到所需的變形量和最終形狀。但與此同時，模具受被加工物的傳導、輻射傳熱，溫度會升得很高。如果模具不能在此溫度下保持較高的硬度，反覆使用，則會發生嚴重磨損、產生龜裂，大大影響模具壽命。

為此，要採用即使溫度達 500℃也能維持較高硬度的熱加工用合金鋼模具。

3.14.4　二次硬化現象

經調質處理後的合金鋼為什麼兼具強韌性呢？

熱加工用模具鋼是在傳統碳素鋼中添加 Cr、Mo、V 等合金元素，這些合金元素容易與碳結合形成碳化物，此類碳化物的硬度極高，而且在高溫下也不容易分解。

熱加工用模具鋼經淬火，為了達到所要求的硬度，按通常的技術是進行低溫回火，但這裡卻要在 500～550℃回火，在此回火溫度下，上述碳化物析出，致使高溫硬度上升，這種高溫回火硬化相對於淬火時變硬的一次硬化來說，稱為二次硬化。

像模具這樣，即使受熱達到很高溫度，也需要維持一定硬度的機械構件大量存在，例如內燃機構件等，也要採用這種二次硬化的模具鋼。

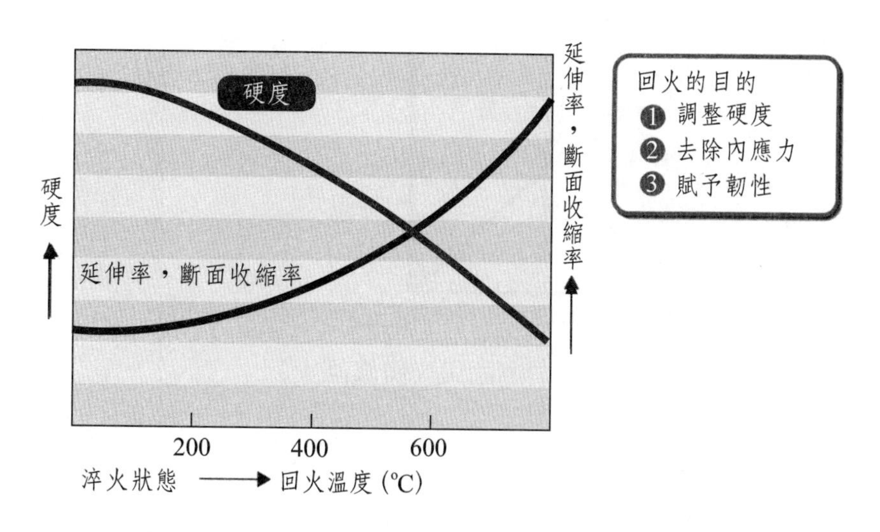

圖 3.47　藉由回火調整鋼的性質

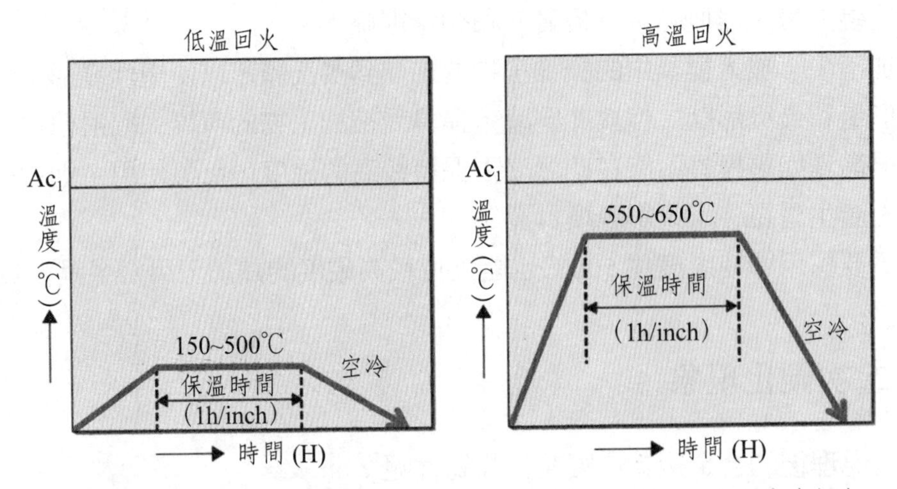

相對於韌性來說，硬度更優先考慮高溫回火，因其韌性增大，但硬度降低中。

圖 3.48　回火熱過程

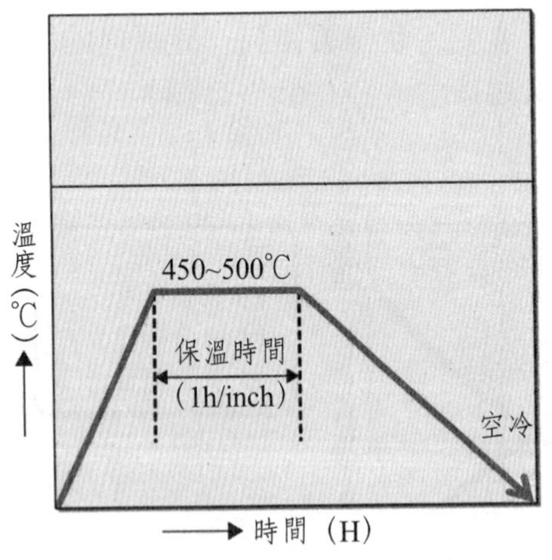

在低溫回火和高溫回火中間溫度所進行的回火，可賦予工件硬度與彈性（韌性）兼備的性質。

圖 3.49　中溫回火（發條回火）

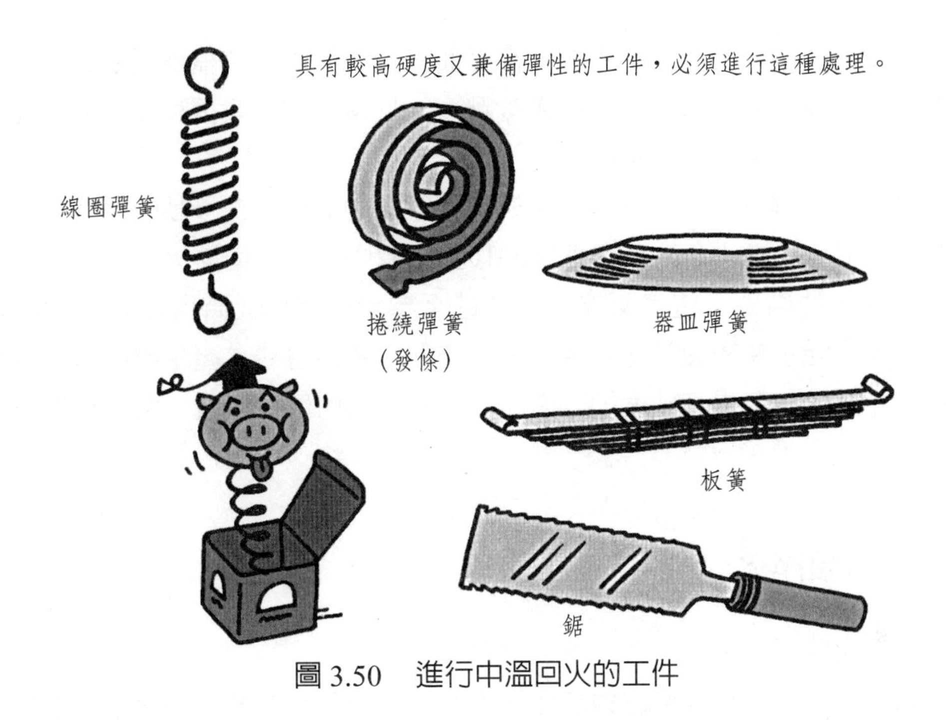

圖 3.50 進行中溫回火的工件

3.15 表面處理——表面淬火及滲碳淬火

3.15.1 表面淬火

大多數情況下的淬火是對整個工件加熱、急冷。實際上，部分地只對表面淬火的情況也是有的。這主要是適應那些不需要整個工件硬化，而僅需所使用的表面部分硬化的要求。

表面淬火的實際例子是沖頭（針）。沖頭前端對準工件沖孔或列印，後端用鐵錘擊打。沖頭前端不僅要硬，而且要更耐磨損。但是，如果沖頭從上到下都硬而脆，強力打擊之下容易折斷。

對沖頭前端短時間加熱，使其達到奧氏體後進行急冷，即可達到目的。但如果加熱時間過長，整個沖火由於熱傳導，導致均勻升溫，僅端部加熱的目的難以實現。

簡單的加熱方法是氧氣一乙炔（C_2H_2）火焰槍。由於需要急速加熱，必須使用加熱範圍廣、容量大的火焰槍。急速加熱後，在溫度下降前（從奧氏體）進行急冷。多數情況下用水冷卻。稱這種方法為火炎淬火，是表面淬火的代表。

火車鐵軌的踏面（表面）也要進行表面淬火。像鐵軌這種細而長的工件，若整體淬火，不僅需要的爐子長、操作複雜，而且鐵軌容易彎折和斷裂。因此，僅對所需要的部位淬火是最佳選擇。

鐵軌的表面淬火是利用噴火口與軌面相匹配的噴槍，在移動的同時加熱，由緊跟其後的噴水槍噴水急冷，在連續的移動過程中完成表面淬火。

表面淬火的結果，使表面部分達到甚至超過整體淬火時所能獲得的硬化效果。表面淬火除了使表面部分變硬之外，急熱、急冷會隨之產生壓應力。壓應力的存在，相對於其對提高硬度的效果而言，在提高耐磨性、改善耐疲勞性方面效果更顯著。

3.15.2 高頻淬火

表面淬火除了靠火焰加熱之外，還有其它方式。

所謂高頻淬火就是利用電磁能加熱的方式，高頻電磁波的加熱原理本質上是感應加熱。利用變壓器由一次線圈外加電壓，即使在二次線圈無負載時，變壓器的溫度也會上升。這是由於一次側鐵芯中產生的磁通，隨著一次線圈供給電流的交流而改變，鐵芯中造成磁滯迴線損失，感應電流引起渦流損失，即因鐵損而發熱。

在圓鋼的周圍捲繞線圈，當線圈中有電流通過時，鋼表面部分產生磁通，由電磁感應產生二次電流（渦流）的狀況。金屬體（鐵）為鐵磁性體，從而形成磁滯迴線，並可由公式所示的關係計算磁滯損失。感應加熱正是利用了這種鐵損對鐵進行加熱。由於導線主要採用的是銅（Cu），它屬於抗磁性體，因此不能被感應所加熱。

鐵中流過的渦電流在斷面上並非均勻分布，而是更集中於表面，越向裡越小。稱其為電流的集膚效應。集膚效應顯示高頻感應加熱的特徵。利用此一特徵，可以對鋼的表面在短時間內進行快速加熱。

對鋼內部產生影響的高頻電流浸入深度可以由公式求出。即浸入深度在鋼的相對導磁率及電阻率不變的條件下，由頻率所決定，因此要加以選擇。但是，浸透深度並非像公式所表示的那樣是嚴格確定的，實際上，鋼的發熱引起的電導率變化也會起作用，因此，依加熱時間不同，需要若干調整。藉由高頻感應加熱，在對鋼的表面直到某一深度處急速加熱之後，用冷卻劑急冷的過程，與火焰表面淬火效果相同。

進行高頻淬火的現場，為與形狀各式各樣的淬火工件表面相匹配，還要考慮感應加熱的效率，必須準備各種不同的高頻淬火線圈。

3.15.3　硬化層深度

表面淬火之後，鋼材變硬的部分達到多深呢？而它的分布又是如何呢？

機械及裝置用的部件經表面淬火後，表面即使很硬，假如內部的硬度急劇變軟，表現出夾芯那樣的效果，則不能實現作為部件的效果和功能，反而會成為故障的原因。外部負載若達到部件內部的一定深度，而該部分的硬度低（認為硬度與拉伸強度成正比，硬度與材料強度同等的場合下），不僅會發生塌陷，還可能發生剝離。

對機械及裝置用部件表面淬火的要求是，表面硬度和硬度的分布（深度）都要合格。評價方法是測量硬化層的深度。關於硬化層深度的定義，有以下的兩個：(1) 全硬化層深度；(2) 有效硬化層深度。

全硬化層深度是表面淬火硬度所涉及的範圍，即達到材料原來硬度處與表面的深度距離，可以表示從表面到芯部的硬度及其分布。利用該定義時，只是評價表面的硬度和全硬化層深度，不能進行硬度分布的評價。

另一方面，有效硬化層深度表示從表面的硬度到某一有效硬度（界限硬度）的範圍。有效硬化層深度比全硬化層深度來得淺。界限硬度是依鋼的含碳量，按照有關標準確定的。利用有效硬化層深度，可以作為界限硬度的基準，也能評價直到芯部的硬度梯度。

3.15.4　滲碳淬火的方法

在使鋼的表面硬化的方法中，滲碳淬火應用最廣。滲碳淬火是由滲碳和淬火兩個工序組成的。可採用不同方式向鋼的表面滲碳。

(1) 固體滲碳：自古有之，碳源為固體，實際上多採用木炭。直到現在仍有用木炭粉末來滲碳的。將工件密閉於耐熱容器中，工件周圍充填木炭粉，加蓋後在超過 900℃的高溫下長時間保持，木炭中的碳原子依次從鋼的表面滲入，並向著芯部擴散。固體滲碳只能採用批量式，能效低、勞動強度大，再加上木炭粉飛散，環境條件差，目前使用越來越少。

(2) 液體滲碳：採用含碳的化合物，如碳酸鈉（Na_2CO_3）、碳酸鉀（K_2CO_3）等。將這些化合物以不同的比率混合，並在 500℃左右的溫度下熔融。這些熔融液體中的碳原子從鋼的表面滲入。與固體滲碳相比，液體滲碳在短時間內即可完成。但廢液處理卻存在問題。

(3) 氣體滲碳：滲碳氣體以一氧化碳（CO）為主成分，為了調整 C 的濃度，還要混入氫氣（H_2）和二氧化碳等。將工件置於加熱爐中，在 900℃以上的高溫長時間滲碳，則碳從表面滲入向裡擴散。氣體滲碳操作方便，便於連續操作，生產效率高，目前應用最多。

滲碳的方法儘管很多，但碳滲入鋼中是有條件的。要求鋼原有的碳含量要低，如果碳含量高，則碳不能從表面滲入。多以低碳鋼為對象，一般以含碳量 0.25% 以下的鋼作為滲碳鋼。

鋼滲碳後，下一個工序是淬火。滲碳與淬火組合，構成滲碳淬火技術。

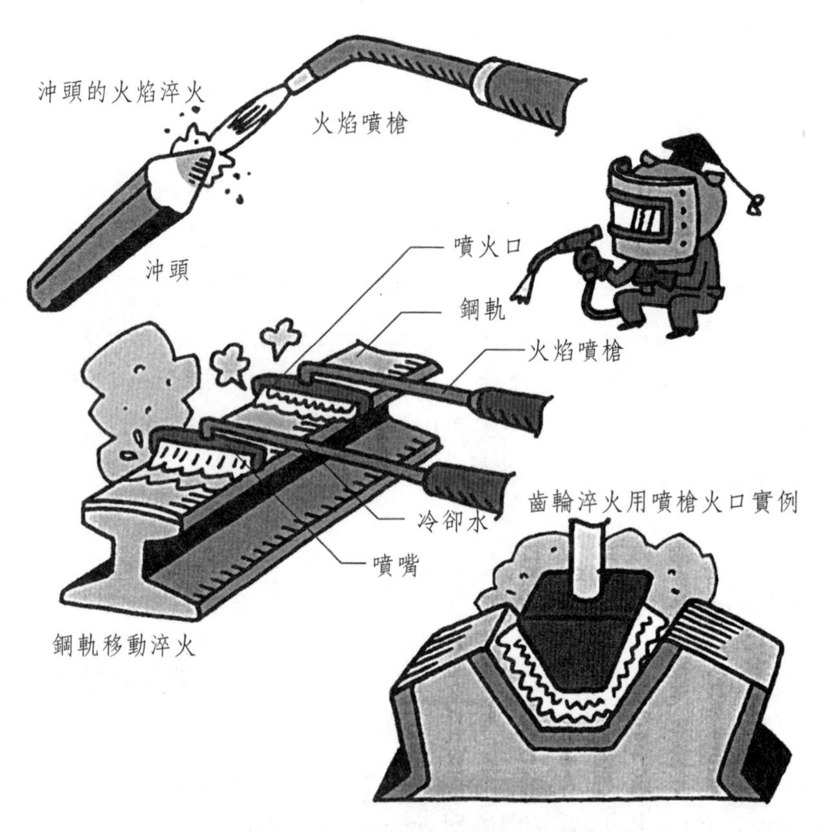

圖 3.51　各式各樣的表面淬火

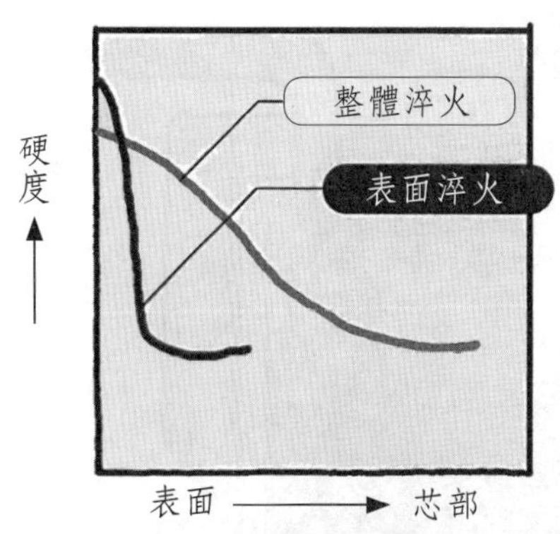
整體淬火
表面淬火
硬度
表面
芯部
與整體淬火相比，表面淬火得到的硬度高，可以提高耐磨性，表面耐疲勞性也有改善。

圖 3.52 表面淬火與整體淬火硬度的對比

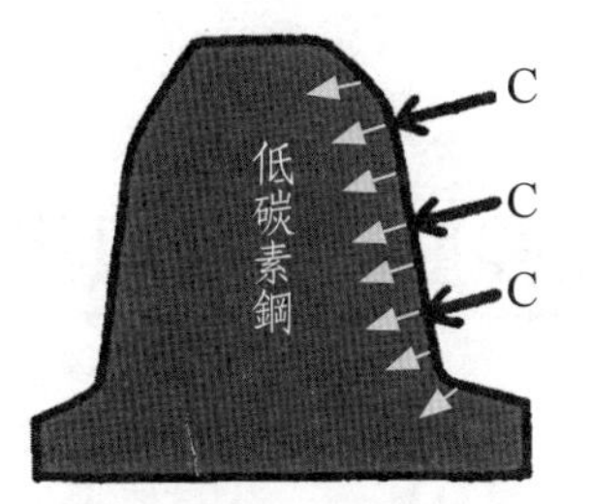
C
C
C
低碳素鋼
使碳由表面滲入（藉由擴散）

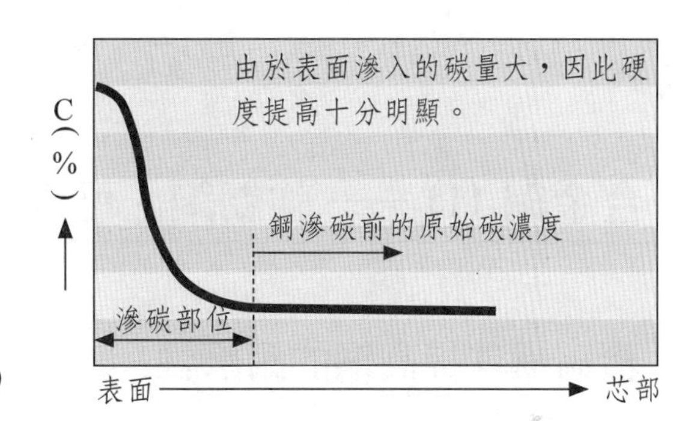
由於表面滲入的碳量大，因此硬度提高十分明顯。
C（%）
鋼滲碳前的原始碳濃度
滲碳部位
表面
芯部

圖 3.53 滲碳

利用固形的木炭粉末，由鋼的表面進行滲碳。
在木炭粉末的助劑中加入 $BaCO_3$

圖 3.54 固體滲碳（900～950℃）

將鋼件放入碳化合物的液體中進行滲碳
Na_2CO_3
K_2CO_3

圖 3.55 液體滲碳（500～550℃）

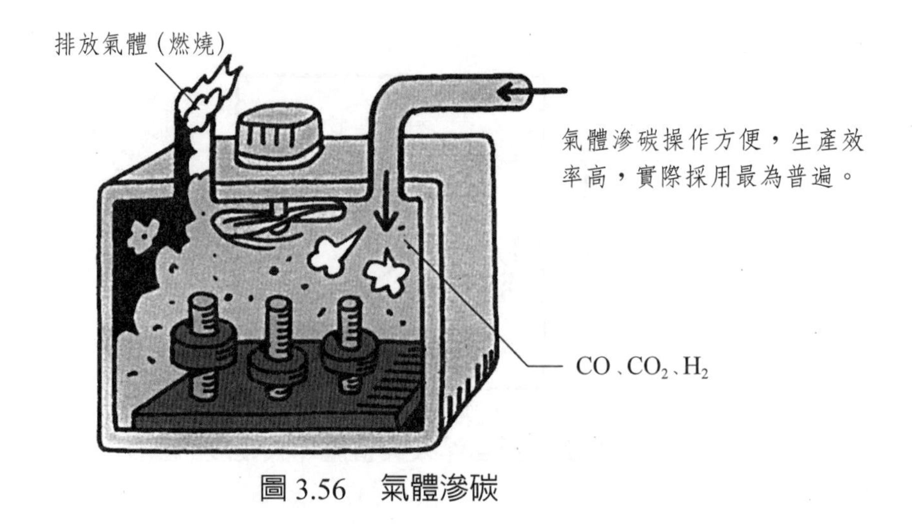
排放氣體(燃燒)
氣體滲碳操作方便，生產效率高，實際採用最為普遍。
CO、CO_2、H_2

圖 3.56　氣體滲碳

3.16　合金鋼 (1) ── 強韌鋼、可焊高強度鋼和工具鋼

3.16.1　滲硫處理提高鋼的耐磨性

滲硫處理指在含硫介質中加熱，使工件表面形成以 FeS 為主的轉化膜化學熱處理技術。工件（經硬化處理後）經滲硫處理後，其表面可形成多孔、鬆軟、由 FeS、FeS_2 組成的極薄硫化物（sulfide）層，硫化物層可以降低摩擦係數，減少一般摩擦件的磨損，提高抗咬合性，延長使用壽命。即使經過表面強化（如工件經滲硼、滲氮或滲氮碳）的工件，再複合以低溫離子滲硫，也可進一步提高使用性。

硫化物層的特殊結構使其具有以下一些特性：(1) 硫化物為密排六方晶體結構，具有優良的減摩、抗摩作用；(2) 硫化物層質地疏鬆、多微孔，有利於儲存潤滑介質；(3) 硫化物層隔絕了工件間的直接接觸，可有效地防止咬合的發生；(4) 硫化物層軟化了接觸面的微凸體，在運動過程中有效避免了硬微凸體對對偶面的犁削作用，並起到削峰填谷作用，增大了真實接觸面積，縮短磨合時間；(5) 硫化物層的存在使接觸表面形成應力緩衝區，有效提高抗疲勞能力及承載能力。

可進行離子滲硫的材料種類較多，碳素結構鋼、合金結構鋼、碳素工具鋼、合金工具鋼以及各類硬質合金等，均可實施離子滲硫處理。離子滲硫技術中常用的含硫介質有二硫化碳（CS_2）和硫化氫（H_2S）。

3.16.2 高淬透性的強韌鋼

強韌鋼是一類主要的機械結構鋼，同時具有較高的強度和韌性，在工業上應用甚廣。它是由碳素鋼添加合金元素 Ni 、Cr 、Mo 、Mn 等形成的。包括調質鋼和低碳馬氏體鋼。調質鋼是中碳鋼或中碳合金鋼，在調質後使用，有時也在中、低溫回火後使用；低碳馬氏體鋼包括低碳鋼、低碳合金鋼和低碳高合金鋼，淬火後獲得韌性較好的低碳馬氏體，生產成本較低，其強韌性往往超過調質鋼。

淬透性是鋼接受淬火的能力，屬於由淬火所造成之決定鋼的硬化層深度和硬度分布的內在特性，表現為鋼在 M_s 點以上是否容易避免非馬氏體型相變產物的形成，也就是鋼的過冷奧氏體穩定性的大小。它可由鋼的連續冷卻轉變曲線（CCT 圖）所限定的淬火臨界冷卻速度來衡量。臨界冷卻速度是過冷奧氏體不發生 M_s 點以上任何轉變所需的最小冷速，或者說使鋼只發生馬氏體型相變的最小冷速。臨界冷速越小，過冷奧氏體的穩定性越大，則鋼的淬透性也越大，此即淬透性的實質。淬透性是需要熱處理的絕大多數鋼在生產和使用過程中的重要資訊媒介。

3.16.3 表示鋼的焊接性的碳素當量

一種金屬，如果能用較多普通又簡便的焊接技術獲得優質接頭，則認為這種金屬具有良好的焊接性能。焊接性能包括兩方面的內容：(1) 接合性能：金屬材料在一定焊接工藝條件下，形成焊接缺陷的敏感性。當某種材料在焊接過程中經歷物理、化學和冶金作用而形成沒有焊接缺陷的焊接接頭時，這種材料就被認為具有良好的接合性能。(2) 使用性能：某金屬材料在一定焊接工藝條件下，其焊接接頭對使用要求的適應性，也就是焊接接頭承受載荷的能力。

鋼材焊接性能的好壞，主要取決於它的化學組成，而其中影響最大的是碳元素，所以，常把鋼中含碳量的多少作為判別鋼材焊接性的主要標誌。碳鋼及低合金結構鋼的碳當量經驗公式：

$$w = w\,(\mathrm{C}) + 1/6[w\,(\mathrm{Mn})] + 1/5[w\,(\mathrm{Cr}) + w\,(\mathrm{Mo}) + w\,(\mathrm{V})] + 1/15[w\,(\mathrm{Ni}) + w\,(\mathrm{Cu})] \quad (3\text{-}12)$$

根據經驗，當 $w < 0.4\% \sim 0.6\%$ 時，鋼的焊接性良好，應考慮預熱；當 $w = 0.4\% \sim 0.6\%$ 時，焊接性相對較差；當 $w > 0.4\% \sim 0.6\%$ 時，焊接性很不好，必須預熱到較高溫度。

因此適合焊接的高強度鋼一般是含碳量低而且添加微量合金元素的非調質鋼。

3.16.4 耐磨損的工具鋼

工具鋼（tool steel）是用以製造切削刀具、量具、模具和耐磨工具的鋼。工具鋼具有較高的硬度和在高溫下能保持高硬度的紅硬性，以及高耐磨性和適當的韌性。工具鋼一般分為碳素工具鋼、合金工具鋼和高速工具鋼。

(1) 碳素工具鋼：例如有熱軋棒材、熱軋鋼板、冷拉鋼絲、圓鋼絲及鍛製扁鋼等等。分為亞共析鋼、共析鋼、過共析鋼。

(2) 合金工具鋼（alloy tool steel）：在碳素工具鋼中加入 Si、Mn、Ni、Cr、W、Mo、V 等合金元素的鋼。加入 Cr 和 Mn 可以提高工具鋼的淬透性，合金工具鋼的淬硬性、淬透性、耐磨性和韌性均比碳素工具鋼高。

(3) 高速工具鋼：主要用於製造高效率的切削刀具。由於其具有紅硬性高、耐磨性好、強度高等特性，也用於製造性能要求高的模具、軋輥、高溫軸承和高溫彈簧等。高速工具鋼的淬火溫度很高，接近熔點，其目的是使合金碳化物更多溶入基體中，使鋼具有更好的二次硬化能力。

工具鋼具有良好的耐磨性，即抵抗磨損的能力。工具在承受相當大的壓力和摩擦力的條件下，仍能保持其形狀和尺寸不變。而球化退火可以使其具有優良的耐磨損特性。球化退火是使鋼中碳化物球化而進行的退火技術。將鋼加熱到 A_{c1} 以上 20～30℃，保溫一段時間，然後緩慢冷卻到略低於 A_{r1} 的溫度，並停留一段時間，使組織轉變完成，得到在鐵素體基體上均勻分布的球狀或顆粒狀碳化物的組織。球化退火後，組織變成微細球狀碳化物，可以大大減少磨損。

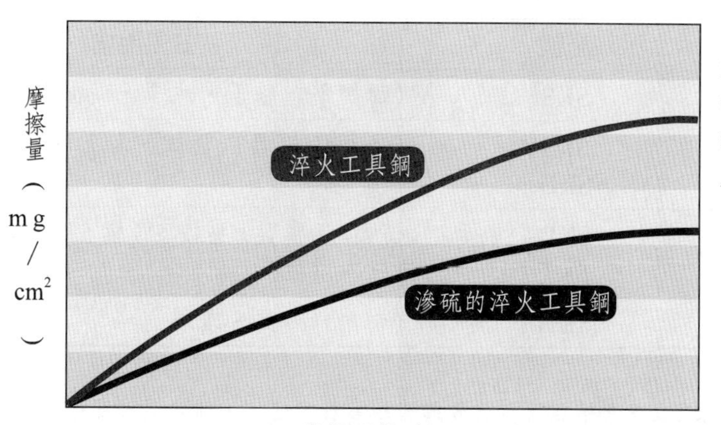
摩擦量（mg／cm²）
淬火工具鋼
滲硫的淬火工具鋼
摩擦距離／m
對於切削用刀具等採用滲硫處理，可以提高耐磨性。

圖 3.57　滲硫處理提高耐磨性效果

熔射噴塗層
噴射
依提高耐磨損、耐腐蝕、耐熱等目的不同，而選擇合適的金屬及化合物種類。

圖 3.58　金屬熔射噴塗法

表 3.5　金屬滲透法的目的

滲透法	滲透金屬	目　的
滲鋁（calorijing）	Al	提高耐蝕性
滲鉻（chromijing）	Cr	提高耐蝕性、耐磨性
滲矽（siliconijing）	Si	提高耐熱性、耐磨性
滲鋅（sheradijing）	Zn	提高耐蝕性

表 3.6　工具鋼的熱處理過程

種類	記號	主要用途
碳素工具鋼	SK	（切削）刀具、鑽頭、刀子、鋸條、切斷刀、銼刀、各種模具
	SKS	

種類	記號	主要用途
合金工具鋼	SKS	（耐衝擊）鑿子、沖頭、礦山用活塞
	SKS SKD	（冷加工模具）量規、剪刀、一般模具、拔絲模
	SKD SKT	（熱加工模具）壓模、鍛模、壓鑄模、擠出模、模塊、滑板
	SKH	（切削）刀具、鑽頭

依球化退火的有無，碳化物的組織會發生變化，球化退火可獲得優良的耐磨損特性。

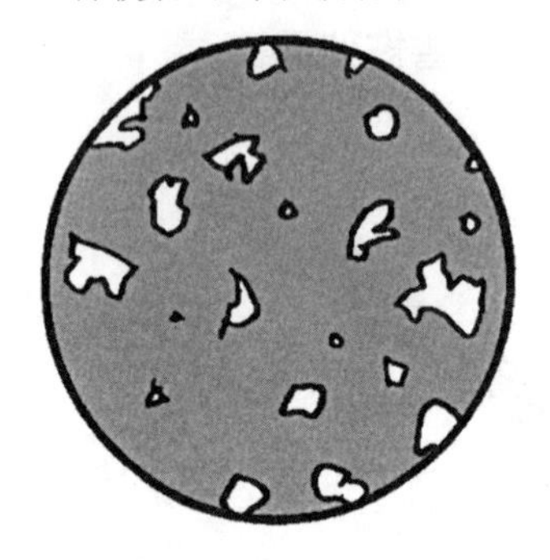

球化退火前：異形且不均勻的碳化物

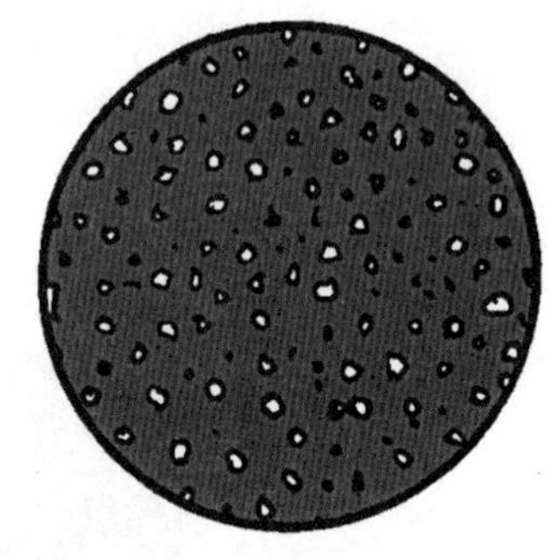

球化退火後：微細球狀碳化物

圖 3.59　球化退火

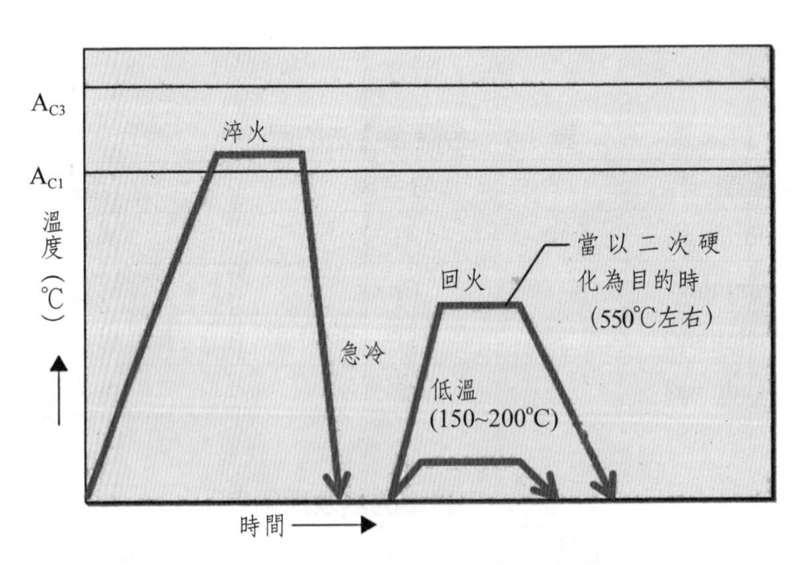

圖 3.60　工具鋼的熱處理過程

3.17 合金鋼 (2) —— 高速鋼、不鏽鋼、彈簧鋼和軸承鋼

3.17.1 用於高速切削刀具的高速鋼

高速切削會產生高熱（約 500℃）。碳素工具鋼經淬火和低溫回火後，在室溫下雖有很高的硬度，但當溫度高於 200℃時，硬度便急劇下降，在 500℃硬度已降到與退火狀態相似的程度，完全喪失了切削金屬的能力。

高速鋼（high speed steel）又名風鋼或鋒鋼，意思是淬火時即使在空氣中冷卻也能硬化，並且很鋒利。它在高速切削產生高熱情況下（約 500℃），仍能保持高的硬度，HRC 能在 60 以上。這就是高速鋼最主要的特性 —— 紅硬性。高速鋼由於紅硬性好，彌補了碳素工具鋼的致命缺點，可以用來製造切削工具。

高速鋼是一種複雜的鋼種，含碳量一般在 0.70%～1.65% 之間，含有鎢、鉬、鉻、釩、鈷等合金元素，總量可達 10%～25%。按所含合金元素不同可分為：(1) 鎢系高速鋼（含鎢 9%～18%）；(2) 鎢鉬系高速鋼（含鎢 5%～12% ，含鉬 2%～6%）；(3) 高鉬系高速鋼（含鎢 0～2%，含鉬 5%～10%）；(4) 釩高速鋼，按含釩量的不同，又分一般含釩量（含釩 1%～2%）和高含釩量（含釩 2.5%～5%）的高速鋼；(5) 鈷高速鋼（含鈷 5%～10%）。按用途不同高速鋼，又可分為兩種：(1) 通用型高速鋼：主要用於製造切削硬度 HB ≤ 300 的金屬材料的切削刀具（如鑽頭、絲錐、鋸條）和精密刀具（如滾刀、插齒刀、拉刀）。(2) 特殊用途高速鋼：包括鈷高速鋼和超硬型高速鋼（硬度 HRC68～70），主要用於製造切削難加工金屬（如高溫合金、鈦合金和高強鋼等）的刀具。

高速鋼的熱處理必須經過退火、淬火、回火等一系列過程。

3.17.2 不鏽鋼中有五種不同的類型

一般將含鉻量超過 12% 的鋼統稱為不鏽鋼（stainless steel）。不鏽鋼耐空氣、蒸汽、水等弱腐蝕介質和酸、鹼、鹽等化學浸蝕性介質腐蝕，又稱不鏽耐酸鋼。不鏽鋼的耐蝕性取決於鋼中所含的合金元素。不鏽鋼的耐蝕性隨含碳量的增加而降低，因此，大多數不鏽鋼的含碳量均較低，最大不超過 1.2%，有些鋼的 w（C 含碳量）甚至低於 0.03%（如 00Cr12）。不鏽鋼中除含有主要合金元素是 Cr（鉻）之外，還含有 Ni 、Ti 、Mn 、N 、Nb 、Mo 、Si 等元素。不鏽鋼在有氯離子存在的環境下，既不容易產生鈍化，也不容易維持鈍化。因此不鏽鋼容易被氯離子腐

蝕。

不鏽鋼常按組織狀態分為馬氏體不鏽鋼、鐵素體不鏽鋼、奧氏體不鏽鋼、奧氏體 — 鐵素體（雙相）不鏽鋼及沉澱硬化不鏽鋼等五種不同類型。另外，可按成分分為鉻不鏽鋼、鉻鎳不鏽鋼和鉻錳氮不鏽鋼等。不同種類有不同用途。奧氏體不鏽鋼使用前應進行固溶處理，以便最大限度地將鋼中碳化物等各種析出相固溶到奧氏體基體中，同時也使組織均勻化及消除應力，從而保證優良的耐蝕性和力學性能。

3.17.3 彈簧鋼

彈簧鋼是指由於在淬火和回火狀態下的彈性，專門用於製造彈簧和彈性元件的鋼。鋼的彈性取決於其彈性變形的能力。彈簧鋼應具有優良的綜合性能，如力學性能（特別是彈性極限、強度極限、屈強比）、抗彈減性能（即抗彈性減退性能，又稱抗鬆弛性能）、疲勞性能、淬透性、物理化學性能（耐熱、耐低溫、抗氧化、耐腐蝕等）。為了滿足上述性能要求，彈簧鋼具有優良的冶金品質（高的純潔度和均勻性）、良好的表面品質（嚴格控制表面缺陷和脫碳）、精確的外形和尺寸。

彈簧鋼按照其化學成分分為非合金彈簧鋼（碳素彈簧鋼）和合金彈簧鋼。碳素彈簧鋼的碳含量（質量分數）一般在 0.62%～0.90%。按照其錳含量又分為一般錳含量（質量分數）（0.50%～0.80%），如 65、70、85，和較高錳含量（質量分數）（0.90%～1.20%），如 65Mn。合金彈簧鋼是在碳素鋼的基礎上，通過適當加入一種或幾種合金元素來提高鋼的力學性能、淬透性和其它性能，以滿足製造各種彈簧所需性能的鋼。合金彈簧鋼的基本組成系列有矽錳彈簧鋼、矽鉻彈簧鋼、鉻錳彈簧鋼、鉻釩彈簧鋼、鎢鉻釩彈簧鋼等。在這些系列的基礎上，有一些牌號為了提高其某些方面的性能，而加入鉬、釩或硼等合金元素。

彈簧鋼要求較高的強度和疲勞極限，一般處理方式為淬火 + 中溫回火。熱處理後組織為回火托氏體。這種組織彈性極限和降伏極限高，並具有一定韌性。

3.17.4 能承受高速旋轉的軸承鋼

軸承（bearing）是在機械傳動過程中產生固定和減小載荷摩擦係數的零件。按運動元件摩擦性質的不同，軸承可分為滾動軸承和滑動軸承兩類。軸承鋼是用來製造滾珠、滾柱（屬於滾動軸承）和軸承套圈的鋼。軸承在工作時，承受著極大的壓力和摩擦力，所以會要求軸承鋼須有高而均勻的硬度和耐磨性，以及高的彈性極限。

軸承鋼又稱高碳鉻鋼，含碳量 w_C 為 1% 左右，含鉻量 w_{Cr} 為 0.5%～1.65%。軸承鋼又分為高碳鉻軸承鋼、無鉻軸承鋼、滲碳軸承鋼、不鏽軸承鋼、中高溫軸承鋼及防磁軸承鋼六大類。

軸承鋼熱處理包括退火（780～810℃）或等溫退火（780～810℃）、正火（消除網狀碳化物 900～950℃）、高溫回火（650～700℃）、淬火（830～850℃）、回火（150～170℃）等步驟。（等溫）退火過程中，層狀組織變為球化組織（球化退火）。該工藝可以使淬火效果均一、減少淬火變形、提高淬火硬度、改善工件切削性能、提高耐磨性和抗點蝕性等軸承性能。

表 3.7 不鏽鋼（stainless steel）的化學成分和用途

按組織分類	主要合金元素	化學成分				用途
		C	Ni	Cr	其它	
鐵素體	13Cr	0.08 >	-	11.50～14.50	Al0.10～0.30	內襯、石油容器
	18Cr	0.12 >	-	16.00～18.00	-	廚房用具、車輛、日用品
馬氏體	13Cr	0.15 >	-	11.50～13.00	-	渦輪機葉片、刃具、閥門
	17Cr	0.60～0.75	-	16.00～18.00	-	刀子、手術用具、閥
奧氏體	18Cr-8Ni	0.08 >	8.00～10.50	18.00～20.00	-	化學工業用耐腐蝕部件

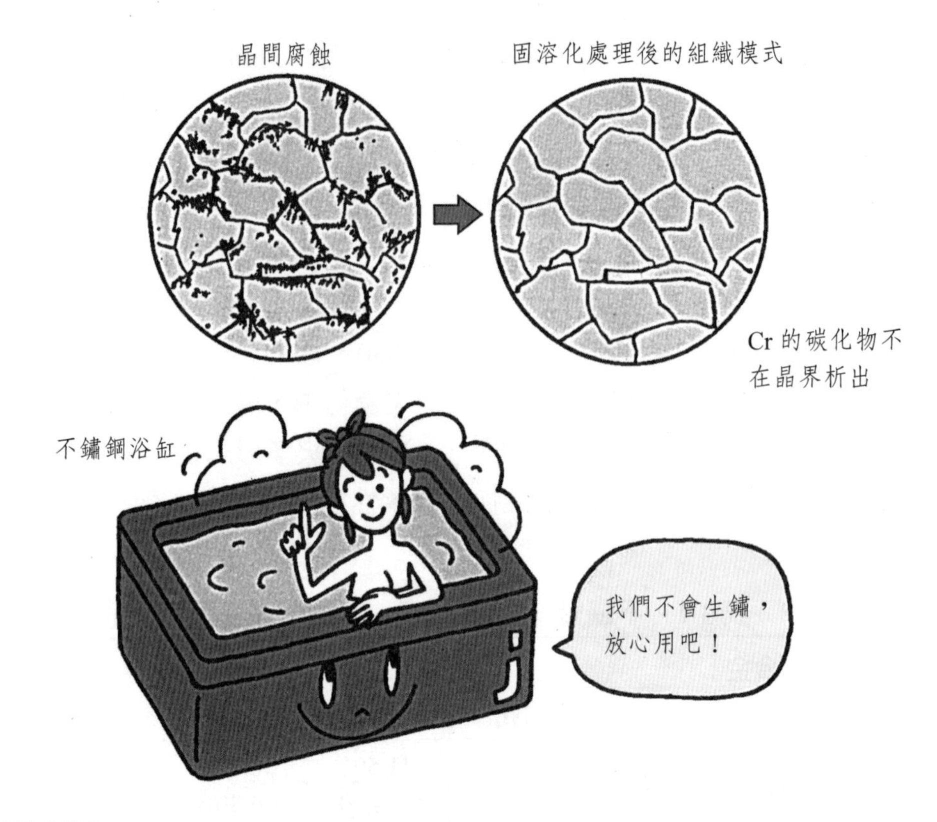

名詞解釋

固溶化處理：去除由於冷加工及焊接等形成的內應力，使加工組織再結晶、延性回復以及晶界析出的碳化物固溶而耐腐蝕性增加，這種處理也稱為水韌處理。

圖 3.61　奧氏體不鏽鋼的固溶化處理

表 3.8　彈簧鋼的化學成分

分類		化學成分（%）					用途
		C	Si	Mn	Cr	V	
碳素鋼	SUP3	0.75 ～0.90	0.15 ～0.35	0.30 ～0.60	-	-	板簧
	SUP4	0.90 ～1.10	0.15 ～0.35	0.30 ～0.60	-	-	線圈彈簧
合金鋼	SUP9	0.50～ 0.60	0.15 ～0.35	0.65 ～0.95	0.65 ～0.95	-	板簧 扭桿彈簧
	SUP10	0.45 ～0.55	0.15 ～0.35	0.65 ～0.95	0.80 ～1.10	0.15 ～0.25	扭桿彈簧

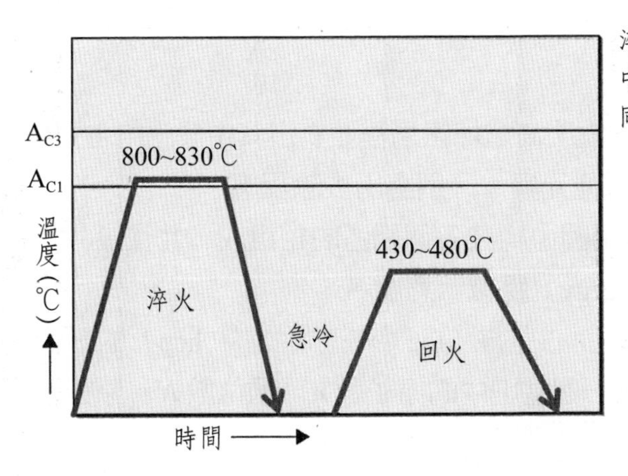

淬火之後由於太硬，故進行中溫回火，在使硬度緩和的同時，賦予一定韌性。

圖 3.62 彈簧鋼的熱處理過程（過共析鋼）

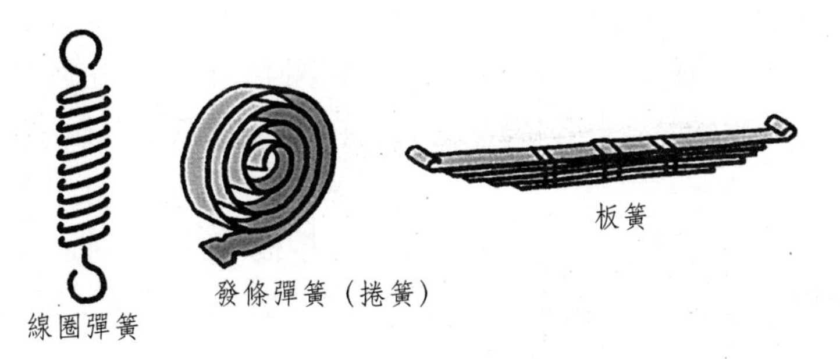

圖 3.63 彈簧的種類

思考題及練習題

3.1 高爐煉鐵的原料有哪些？說明高爐煉鐵過程並寫出其中發生的主要化學反應。

3.2 煉鋼過程中主要去除哪五種元素，分別寫出去除反應。

3.3 參照圖 3.6，在 $Fe\text{-}Fe_3C$ 相圖中標註各個相區的相組成，並畫出共析線以下典型碳含量的金相（metallurgy）組織示意圖。

3.4 試畫出體心立方（bcc）、面心立方（fcc）、密排六方（hcp）的一個晶胞。

3.5 分別求出 bcc、fcc、hcp 一個晶胞中的原子數 n、配位數 N、原子密堆係因數 ξ。

3.6 試分別畫出 bcc 和 fcc 一個晶胞中四面體間隙和八面體間隙位置，並指出各自的個數。

3.7 畫出典型的鑄錠三區組織，這種組織為什麼不適用於結構材料？如何改進？

3.8 什麼叫固溶體？什麼叫金屬間化合物？碳鋼中的珠光體是何種組織？

3.9 標出應力 — 應變曲線上各特性點的名稱，由該曲線可以獲得材料的哪些性能指標？

3.10 何謂材料的冷加工和熱加工？為什麼汽車鋼板一般以冷軋產品供貨？

3.11 碳鋼按成分、質量、用途和冶煉方法，通常分為哪幾類？請分別給出其典型牌號。

3.12 由碳鋼製作小刀、齒輪和彈簧，分別相對採取什麼熱處理方式，試說明理由。

3.13 分析工件發生淬裂的原因，如何防止淬裂現象的發生？

3.14 何謂高速鋼，高速鋼採用何種化學成分和熱處理方式？

3.15 金屬材料有哪些強化方式？合金元素是如何在鋼中起強化作用的？

3.16 何謂鑄鐵？普通鑄鐵、球墨鑄鐵在組織、性能、用途上有什麼差別？

參考文獻

[1] 潘金生，仝健民，田民波，材料科學基礎（修訂版），北京：清華大學出版社，2011 年。

[2] 阪本卓，熱処理の本，日刊工業新聞社，2005 年 10 月。

[3] 海野邦昭，切削加工の本，日刊工業新聞社，2010 年 10 月。

[4] 関東學院大學表面工學研究所編，図解：最先端表面処理技術のすべて，工業調查會，2006 年 12 月。

[5] Mangonon Pat L. The Principles of Materials Selection for Engineering Design. Pearson Prentice Hall Inco, 1999.

[6] William D, Callister J R. Materials Science and Engineering: An Introduction. 6th ed. USA, John Wiley & Sons Inco, 2003.

[7] Shackelford J F. Introduction to Materials Science for Engineers. 5th ed. New York: Mcmillan Pub. Co, 2000.

[8] Cahn R W, Kramer E J. Materials Science and Technology: a Comprehensive Treatment. New York: VCH. 1991.

[9] 顧家琳，楊志剛，鄧海金，曾照強，材料科學與工程概論，北京：清華大學出版社，2005 年 3 月。

[10] 徐曉虹，吳建鋒，王國梅，趙修建，材料概論，北京：高等教育出版社，2006 年 5 月。

[11] Donald R. Askeland, Pradeep P. Phulé. The Science and Engineering of Materials. 4th ed. Brooks/Cole, Thomson Learning, Inco., 2003.
材料科學與工程（第 4 版），北京：清華大學出版社，2005 年。

[12] Michael F Ashby, David R H Jones. Engineering Materials 1—An Introduction to Properties, Applications and Design. 3rd ed. Elsevier Butterworth-Heinemann, 2005.
工程材料 (1)── 性能、應用、設計引論（第 3 版），北京：科學出版社，2007 年。

[13] William F. Smith, Javad Hashemi. Foundations of Materials Science and Engineering. 5th ed. New York, McGraw-Hill, Inco. Higher Education, 2010.
材料科學與工程基礎（第 5 版），北京：機械工業出版社，2011 年。

4 粉體和奈米材料

4.1 粉體及其特殊性能 (1)── 小粒徑和高比表面積
4.2 粉體及其特殊性能 (2)── 高分散性和易流動性
4.3 粉體及其特殊性能 (3)── 低熔點和高化學活性
4.4 粉體的特性及測定 (1)── 粒徑和粒徑分布的測定
4.5 粉體的特性及測定 (2)── 密度及比表面積的測定
4.6 粉體的特性及測定 (3)── 折射率和附著力的測定
4.7 非機械式粉體製作方法
4.8 日常生活用的粉體
4.9 工業應用的粉體材料
4.10 奈米材料與奈米技術
4.11 包羅萬象的奈米領域
4.12「奈米」就在我們身邊
4.13 奈米材料製作和奈米加工
4.14 奈米材料與奈米技術的發展前景

4.1 粉體及其特殊性能 (1) —— 小粒徑和高比表面積

4.1.1 常見粉體的尺寸和大小

表示固體大小的單位，一般用米（meter, m）或毫米（millimeter, mm）；表示分子大小的單位，一般用埃（Angströn, Å; 1Å = 10^{-1}nm = 10^{-10}m）。粉體既可以由固體粉碎變細得到，又可以由分子集聚變大得到。因此，表示粉體大小的單位，一般用微米（micrometer, μm; 1μm = 10^{-6}m）或奈米（nanometer, nm; 1nm = 10^{-9}m）。那麼，所謂微米或奈米的單位到底有多大呢？

若將穀物用石碾或石磨等粉碎，會得到從 10μm 到 100μm 左右的麵粉。用兩個手指一捏，有顆粒狀和非光滑之感。再進一步用非常高性能的粉碎機粉碎，則顆粒感消失，代之以明顯的光滑感。粗略地講，按人對粉體的感覺而言，在 10μm 左右有明顯的變化。

細菌（bacteria）的大小一般在 1μm 左右，所謂除菌過濾所採用的就是孔徑 0.2μm 的細孔徑過濾膜。病毒（virus）也是小生物的代名詞，愛滋（Aids）病毒的尺寸為 0.1μm ，屬於相當大的病毒。有些種類的病毒尺寸只有 10nm。DNA 分子的尺寸大致在 1nm 上下，一個水分子的大小只有 0.35nm。

在金屬超微粒子領域，原子數從幾個到 100 個左右的集合體稱為原子團簇。這種數目的原子集合體中，由於電子舉動與普通固體中具有很大差異，從而會表現出許多新的電磁特性等。

近年來，採用化學方法製作金屬及精細陶瓷微細粒子的開發極為活躍。在此領域，特別將 0.1μm 以下的粒子稱為超微（奈米）粒子。而且，在微小粒子的捕集技術及計測等領域，將 0.1～1μm 範圍的粒子稱為亞微米粒子。

4.1.2 粉粒越小比表面積越大

讓我們以球狀物體為例，說明粉粒越小比表面積（specific surface area）越大。

若一個球的半徑為 r ，則其體積為 $4/3 \cdot \pi r^3$，表面積為 $4\pi r^2$，當把它按體積均分為兩份後，這兩個小球的半徑為 $\frac{1}{\sqrt[3]{2}} r$ ，於是，它們的總表面積則為 $4\pi \left(\frac{1}{\sqrt[3]{2}} r\right)^2 \times 2 > 4\pi r^2$。依此類推，可知粉粒越小比表面積越大。

對於粉體來說，即使質量相同，由於細微性不同，必然會引起表面積的變化。注意圖 4.1 表中三種粒徑的粉體，在粒子總體積相同條件下，粒子越細，則粒子個數越多。若粒子的大小變為十分之一，在粒子的總體積相同條件下，粒子的個數要求為 1000 倍。由於一個粒子的表面積與其直徑的二次方成正比，在考慮粒子個數的前提下，則粒子越細，總表面積（表的最右欄）越大。

由於表面積越大，與溶劑的接觸面積越大，因此粒子內部的風味成分溶出的速度加快。將固體製成粉體的理由之一，是伴隨著粉體化的表面積增加，以及與之相伴的反應性、溶解性的增加。

4.1.3 塗料粒子使光（色）漫反射的原理

散射是由於介質中存在的微小粒子（異質體）或者分子對光的作用，使光束偏離原來的傳播方向而向四周傳播的現象。在光通過各種渾濁介質時，有一部分的光會向四方散射，沿原來的入射或折射方向傳播的光束減弱了，即使不迎著入射光束的方向，人們也能夠清楚地看到這些介質散射的光，這種現象就是光的漫散射（diffuse scattering）。

塗料粒子使光散射（scattering）的示意圖如圖 4.3 所示。光線照到塗料粒子上，折射（refraction）進入粒子內，再經反射（reflection）和折射射出粒子，這時原本平行的光線會向四面八方發散，也就形成了塗料粒子的漫反射。

為什麼冰是透明的而雪是白色的？我們都知道，冰是單晶，單晶內部結構呈規律性，因而單晶的透光性好，於是冰是透明的。而雪是多晶，多晶由很多小的晶粒組成，也就是存在很多晶界，在晶界上光有折射也有反射。

由於大量晶界的存在，光很難透射，幾乎全部被漫反射，從而呈現白色。

4.1.4 粉碎成粉體後成型加工變得容易

物料粉體化具有重要意義。第一，它可以加速反應速度，提高均化混合效率。這是因為粉體的比表面積大，反應物之間接觸充分；第二，它可以提高流動性能，即在少許外力的作用下，呈現出固體所不具備的流動性和變形性，改善物料的性能；第三，它可以剔除分離某些無用成分，便於除雜；另外，超細粉體化可以改變材料的結構及性質。

透光性陶瓷就是一個好的例子。透明陶瓷的製作過程包括製粉、成型、燒結和機械加工。其中對原料粉有四個要求：具有較高的純度和分散性；具有較高的燒結活性；顆粒比較均勻並呈球形；不能凝聚，隨時間推移也不會出現新相。正是由於這些粉體的優良性能，才使得透明陶瓷具有較好的透明性和耐腐蝕性，能在高溫高壓下工作，且具有強度高、介電性能優良、電導率低、熱導性高等優點。因而它逐漸在照明技術、光學、特種儀器製造、無線電子技術及高溫技術等領域獲得日益廣泛的應用。

總之，在材料的開發和研究中，材料的性能主要由材料的組成和顯微結構決定。顯微結構，尤其是無機非金屬材料在燒結過程中所形成的顯微結構，在很大程度上由所採用原料的粉體特性所決定。根據粉體特性，有目的地對生產所用原料進行粉體的製作和粉體性能的調控、處理，是獲得性能優良材料的前提。

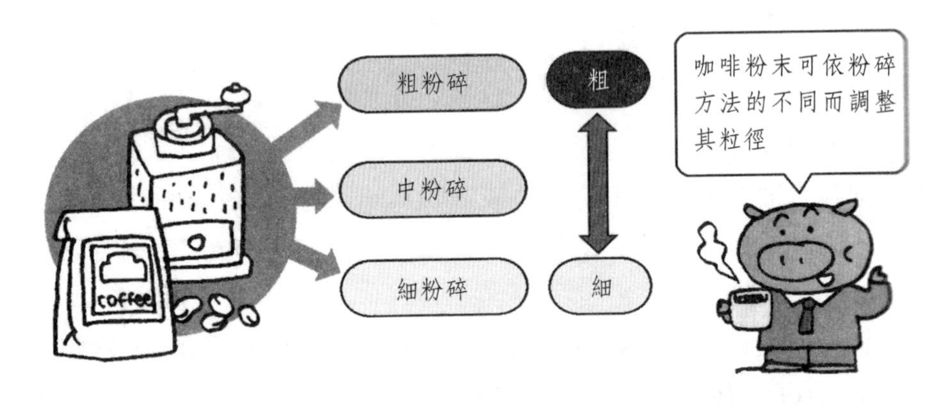

粒子直徑（μm）	個數	總體積（m^3）	總表面積（m^2）
1000	1 個	5.2×10^{-10}	3.1×10^{-6}
100	1 000	5.2×10^{-10}	3.1×10^{-5}
10	1 000 000	5.2×10^{-10}	3.1×10^{-4}

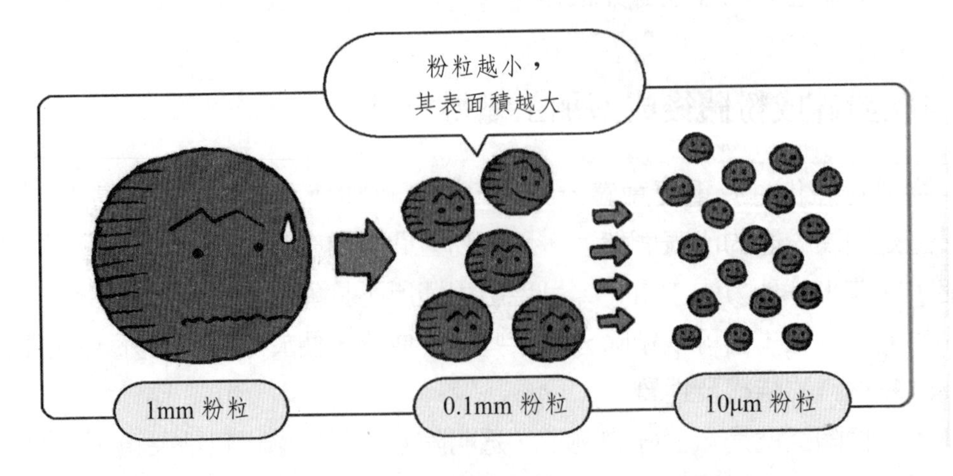

圖 4.1　粒子的大小與其總體積、總表面積的關係

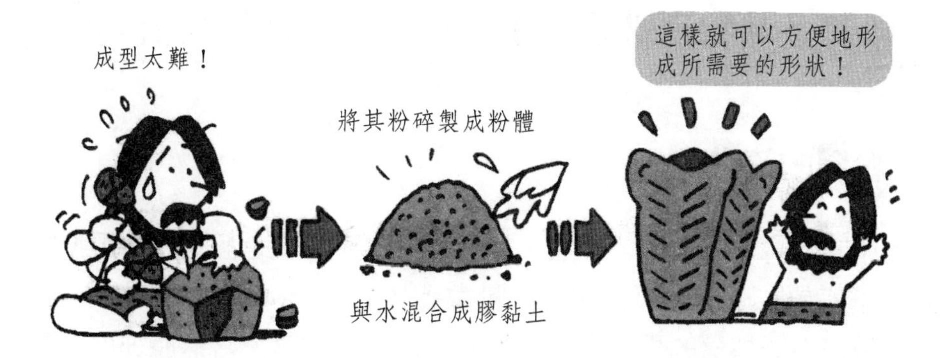

圖 4.2 粉碎成粉體之後，成型加工變得簡單

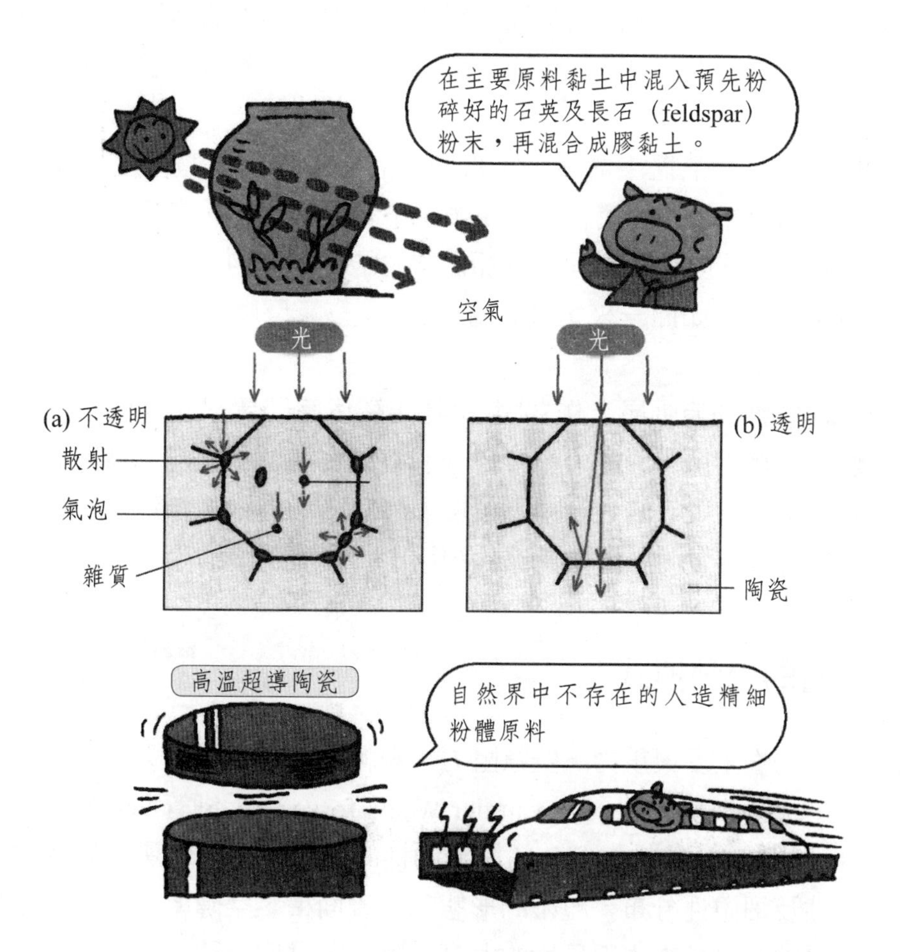

圖 4.3 透光性陶瓷的透光原理

4.2　粉體及其特殊性能 (2) —— 高分散性和易流動性

4.2.1　粉體的流動化

在水中吹氣會產生氣泡。那麼，在沙層中吹入氣體會發生什麼現象呢？

將沙子盛放在一個隔板上布有大量微孔（micropore）的容器中，微孔的直徑小到不致使沙子掉落的程度，在隔板的下方流入氣體。當氣體速度小時，沙層多少有些膨脹，但沙子幾乎不動。但是，當速度超過某一確定值時，便發生氣泡，沙子開始激烈運動，恰似水沸騰那樣。因此，剛放入容器的沙子如同海岸沙灘那樣，人可以在上面漫步，但流動化的沙層（流動層）會變為液體那樣的狀態，其上的步行者就會沉沒在沙層中。

由沙層所引起的氣體壓力損失，直到沙層流動前與氣體速度呈直線關係增加，但流動開始後幾乎不再變化，這說明粒子的運動幾乎與液體處於相同狀態。

粉體流動化的好處是，如同液體那樣的粒子可以被均勻地混合，粒子與氣體間的接觸效率很高。如此一來，流動層內的固 — 氣反應特性及傳熱特性變得極好。

具有這種特性的流動層，作為固 — 氣接觸反應裝置已在各種化學反應中成功利用。例如，藉由重質油的流動接觸分解製取汽油、藥品及食品製造、煤炭氣化、以火力發電站為中心的煤燃燒等領域，都已成功利用。特別是最近，作為垃圾及廢棄物的燃燒裝置，上述流動層的利用已引起廣泛關注。

4.2.2　粉體的流動模式

粉體的流動性主要與重力、空氣阻力、顆粒間的相互作用力有關。顆粒間的相互作用力，主要包括凡得瓦力（van der Waals force）、毛細管（capillary）引力、靜電力（electrostatic force）等。粉體流動性的影響，主要取決於粉體本身的特性，如細微性及細微性分布、粒子的形態、比表面積、空隙率與密度、流動性與充填性、吸濕性等。其次也與環境的溫度、壓力、濕度有關。

一般用休止角評價粉體的流動性，一定量的粉體堆層，其自由斜面與水平面間形成的最大夾角稱為休止角 θ ，$\tan\theta = h/r$ 。θ 越小，粉體的流動性越好；$\theta \leq 40°$，流動性滿足生產的需要；$\theta > 40°$，流動性不好。澱粉 $\theta > 45°$，流動性差。粉體吸濕後，θ 提高。細粉率高，θ 大。將粉體加入漏斗中，測定粉體全部流出所用的時間，可以確定流出速度。粒子間的黏著力、凡得瓦靜電力等作用阻礙粒子的自由流動，影響粉體的流動性。

改善粉體流動性的措施有：(1) 通過製粒，減少粒子間的接觸，降低粒子整理間的吸著力；(2) 加入粗粉、改進粒子形狀可改善粉體的流動性；(3) 改進粒子的表面及形狀；(4) 在粉體中加入助流劑，可改善粉體的流動性；(5) 適當乾燥可改善粉體的流動性。

如果倉內整個粉體層能大致均勻流出，則稱為整體流；如果只有料倉中央部分流動，整體呈漏斗狀，使料流順序紊亂，甚至部分停滯不前，則稱為漏斗流。

整體流導致「先進先出」，把裝料時發生細微性分離的物料重新混合。整體流情況下，不會發生管狀穿孔；整體流均勻而平穩，倉內沒有死角。但是需要陡峭的倉壁而增加了穀倉的高度，具有磨損性的物料沿著倉壁滑動，增加了對穀倉的磨損。

漏斗流對倉壁磨損較小，但導致「先進後出」，使物料分離。大量死角的存在，使穀倉有效容積減少，有些物料在倉內停留，這對儲存期內易發生變質的物料是極為不利的。而且，卸料速度極不穩定，易發生衝擊流動。

漏斗流是妨礙生產的倉內流動形式，而整體流才是理想的流動形式，料倉的設計應滿足整體流的要求才是最理想的。

4.2.3　粉體的浮游性——靠空氣浮起來輸運

風吹沙塵漫天飛舞，稱此為粒子的浮游性。這是由於空氣中存在黏性（viscous），受黏滯作用（viscosity）而處於靜止狀態的粒子被風吹動所致。風對粒子所作用的，即是使其在空氣中飛舞的力。上述黏性，表現為對運動物體起制動作用的力，也作用於粒子上。人在強風中步行困難就是這種力的作用。

另一方面，空氣中自由存在的粒子受重力（gravity）作用而沉降（落下）。由於粒子與空氣產生相對速度，因此粒子上會有力（黏性抵抗力）作用。對於小粒子的情況，這種力與速度（粒子與空氣的相對速度）成正比而逐漸加大，不久便與重力相等，由此時開始，粒子等速運動。此時的速度稱為等速沉降速度。若受到比風速更大的風吹動，粒子就會飄舞。由於沉降速度與粒子直徑的二次方成正比，隨著粒子變小，浮游性增加。因此，由於微細化而產生的浮游性，在粉體技術中幾乎無處不在地被加以利用。例如，在近代的粉體工廠中，氣流輸送器應用十分普遍。只能靠帶式運輸機輸運的大塊礦石，只要磨成細粉，靠空氣浮起，也能在管道中與空氣一起，像液體那樣流動，此稱為空氣輸送。

4.2.4　地震中因地基液態化而引起的災害

飽和狀態下的砂土或粉土受到振動時，孔隙水壓力上升，土中的有效應力減小，土的抗剪強度降低。振動到一定程度時，土顆粒處於懸浮狀態，土中有效應力完全消失，土的抗剪強度為零。土變成可流動的水土混合物，此即為液化。這種振動大多來自地震等因素。

地基的液化會造成冒水噴砂、地面下陷，建築物產生巨大沉降和嚴重傾斜，甚至失穩。還會引起噴水冒砂、淹沒農田、淤塞管道、路基被掏空、有些地段會產生很多陷坑、河堤出現裂縫和滑移、橋樑破壞等其它一系列震害。

飽和砂土或粉土液化除了地震的振動特性外，還取決於土的自身狀態：(1) ①土飽和，即要有水，且無良好的排水條件；(2) 土要足夠鬆散，即砂土或粉土的密實度不好；(3) 土承受的靜載大小，主要取決於可液化土層的埋深大小，埋深大，土層所受正壓力加大，有利於提高抗液化能力。此外，土顆粒大小、土中黏粒含量的大小、級配情況等，也影響土的抗液化能力。

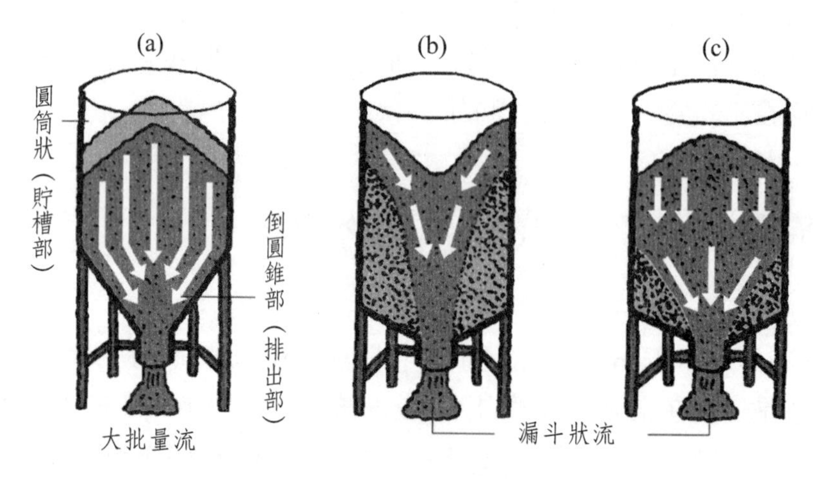

圖 4.4　粉體流動模式

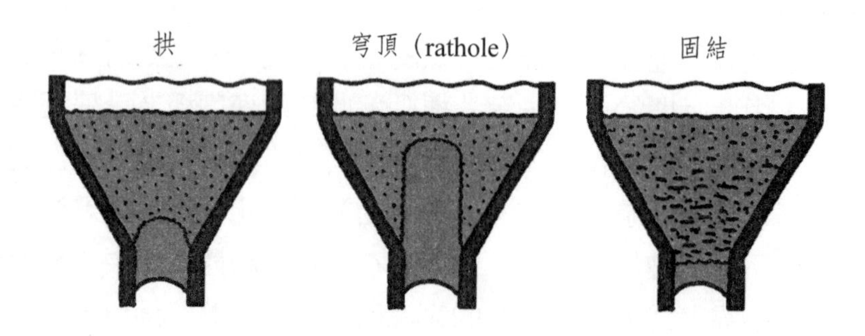

圖 4.5　閉塞形態

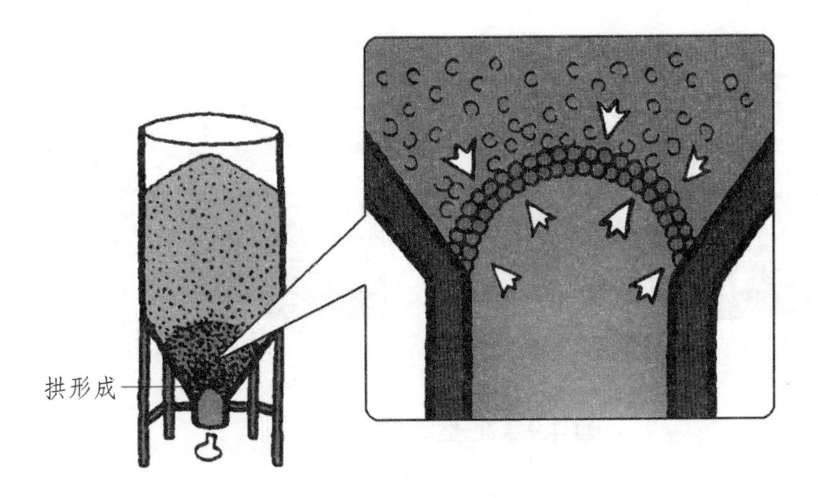

圖 4.6 拱形成

圖 4.7 地震中因地基液態化而引發的災害

構成地基的土石粒子彼此接觸且連結在一起，即使其間存在空隙，但處於穩定且牢固狀態。

圖 4.8 一般地基的粒子構造

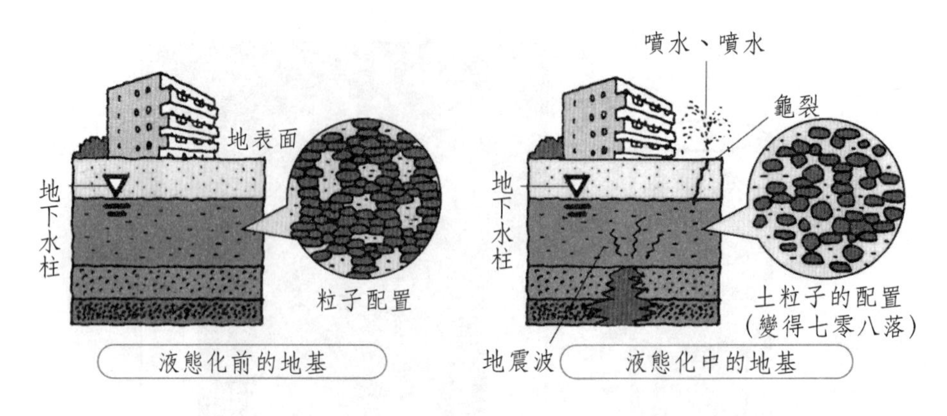

圖 4.9 地基液態化的機制

4.3 粉體及其特殊性能 (3) —— 低熔點和高化學活性

4.3.1 顆粒做細，變得易燃、易於溶解

在高中我們知道增大固體反應物的表面積，即可增大反應速率（reaction rate）。這是由於固體參與的非均相反映在固體表面進行，固體的表面積越大，處於表面的原子個數越多，反應物之間的接觸越充分，反應就越容易進行。顆粒的比表面積隨著其粒徑的減小而增大，因此將顆粒做細可以提高物質的化學反應活性。例如通過草酸亞鐵（FeC_2O_4）的熱分解，可以製得顆粒微小的自燃鐵粉，燃點只有 150～200℃，暴露在空氣中緩慢氧化所產生的熱量就足以將其引燃。比表面積（specific surface area）增大，也使物質與溶劑的接觸更加充分，使溶解變得更加容易。

在奈米尺度上，這種效應變得更加顯著。當粒子直徑分別為 10、4、2 和 1nm 時，表面原子所佔比率分別為 20%、40%、80% 和 99%，此時表面效應所帶來的作用不可忽略。處於表面的原子數量多，比表面積大，原子配位不足，表面原子的配位不飽和性導致大量的懸掛鍵（dangling bond）、不飽和鍵，出現許多活性中心。這些表面原子具有高活性，極不穩定，很容易與其它原子結合。因此，奈米顆粒具有極高的化學活性。表面效應還使其熔點降低，如金的常規熔點是 1064℃，當顆粒尺寸減小到 2nm 時，熔點僅為 327℃左右。

4.3.2 煙火彈的構造及粉體材料在其中的應用

煙火彈外殼為紙質，內部裝填燃燒劑、助燃劑、發光劑與發色劑。燃放高空煙火時，發射藥把煙火彈推射到空中，同時點燃煙火彈的導火線。

煙火彈飛到空中後，由黑火藥製成的燃燒劑被導火線點燃，在劇烈燃燒下生成大量氣體（二氧化碳、氮氣等），造成體積急劇膨脹，炸裂煙火彈的外殼，把發光劑與發色劑拋射出去並將其引燃。

助燃劑由硝酸鉀 KNO_3、硝酸鋇 $Ba(NO_3)_2$ 等組成，受熱會分解釋放氧，加劇燃燒反應。

發色劑為鋁粉或鎂粉，能夠劇烈燃燒發出明亮的白光。發色劑為各種金屬鹽類，利用顏色反映產生五彩繽紛的效果。

煙火彈中的裝填物均為粉末狀，表面積巨大，相鄰的氧化劑和可燃物顆粒之間可充分接觸。煙火彈被引燃後，裝填物受到壓縮，顆粒間接觸更加緊密，化學反應得以劇烈發生。

4.3.3 小麥筒倉發生粉塵爆炸的瞬間

1977 年 12 月 22 日，美國路易斯安那州（Louisiana）聳立在密西西比河（Mississippi River）沿岸的一個穀物儲存筒倉發生粉塵爆炸，從提升塔中騰起的火球高達 30 公尺，爆炸產生的衝擊波傳至 16 公里以外。73 座筒倉中，有 48 座遭嚴重破壞。這起事故造成 36 人死亡、9 人受傷。兩天之後，已經撲滅的火災又重新燃燒起來。據分析，是傳送裝置在搶救過程中因摩擦生熱，再度引起現場穀物粉塵著火爆炸。可見即使是平日司空見慣的麵粉，也可能爆發出巨大的威力，必須小心防範。

所謂爆炸是在封閉空間中，由於可燃物與空氣的混合互相激烈燃燒，所造成的急劇升溫及發生高壓力現象。小麥是可燃物，但在大的麥粒狀態不會發生激烈燃燒。不過，磨成粉之後由於表面積增大，燃燒速度會迅速增加進而引起爆炸。

粉塵爆炸發生的條件概述如下。隨著可燃物微細化（大致 200μm 以下），表面積增大。它在空氣中分散而浮游，變為粉塵。一旦分散的浮游粒子濃度達到某一範圍（存在上限和下限），再遇到著火源，則爆炸暫態發生。前述穀物儲存筒倉發生的爆炸，就是因為在穀物的輸送、倉儲作業中，被磨碎的穀物片狀微粒子在筒倉中浮游所致。這種情況一旦超過著火能量，則會發生爆炸。最小著火能量與粉塵粒子的大小基本上成正比。

作為粉塵爆炸的對策，在爆炸的三個條件，即氧、可燃物濃度、著火能量中，至少有一個被抑制即可防止爆炸。

4.3.4 電子複印裝置（影印機）的工作原理

當一張需要被複印的圖像放在影印機機臺上時，在機內燈光照射下形成反射光，透過由反射鏡和透鏡組成的光學系統，聚焦成像。圖像正好落在感光鼓上。感光鼓是一個圓鼓形結構的筒，表面覆有硒光導體（photo-conductor）薄膜（也有使用有機或陶瓷光導材料的感光鼓，統稱為「硒鼓」）。光導體對光很敏感，沒有光線時具有高電阻率，一遇光照，電阻率就急劇下降。開始複印之前，在電暈（corona）裝置作用下，光導體表面帶有均勻的靜電荷（electrostatic charge）。當由圖像的反射光形成的光像落在光導體表面上時，由於反射光有強有弱（因為原稿的圖像有深有淺），使光導體的電阻率相應發生變化。光導體表面的靜電電荷也隨光線強弱程度而消失或部分消失，在光導體膜層上形成一個相應的靜電圖像，也稱靜電潛像。此時，與靜電潛像上電荷極性相反的顯影墨粉，被電場力吸引到光導體表面上。潛像上吸附的墨粉量，隨潛像上電荷的多少而增減。於是，在硒鼓表面顯現有深淺層次的墨粉圖像。當帶有與潛像極性相同、但電量更大的電荷複印紙與墨粉圖像接觸時，在電場力的作用下，吸附有墨粉的硒鼓如同蓋圖章一樣，將墨粉轉移到複印紙上，在複印紙上形成相應的墨粉圖像。再於定影器中經加壓加熱，墨粉中所含樹脂融化，墨粉就被牢固地黏在紙上，圖像和文字就在紙上複印出來了。

這裡使用的碳粉，雖然主要成分是碳，但是和我們日常生活中見到的碳粉相比，複印用的碳粉顆粒更加細小，化學穩定性更高，因此具有極高的成像品質。而且，碳粉中的微小碳粒被包裹在樹脂中，形成直徑 5～20μm 的顆粒。樹脂在定影器中受熱融化後再度凝固，產生黏結作用。

使碳粉帶電的過程也很講究。以配合 p 型感光鼓使用的碳粉為例，其電荷通過與載體的摩擦（friction）而獲得。載體直徑為 30～100μm ，由鐵氧體構成，並在表面覆有樹脂塗層，防止碳粉在其上結塊，以提供持續摩擦起電。在機械作用下，載體和碳粉相互摩擦，從而使載體帶有正電，碳粉帶有負電。

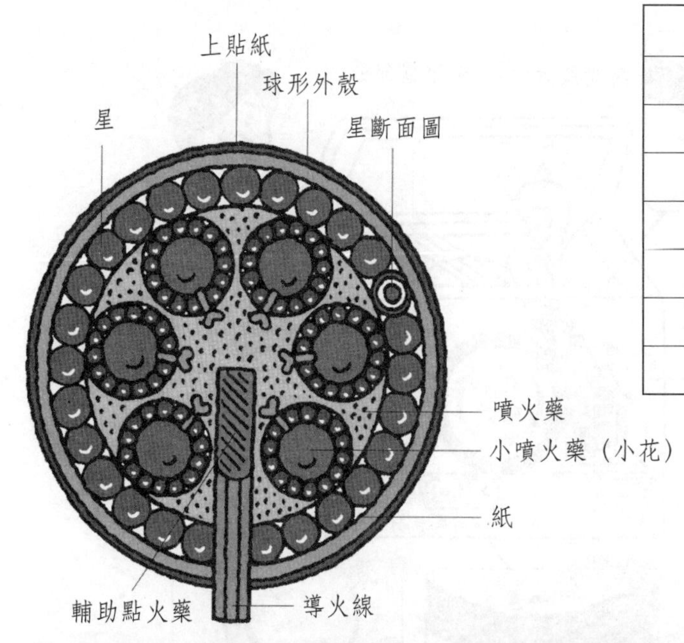

元素	顏色
鋰（Li）	紅（赤）色
鈉（Na）	黃色
鉀（K）	紫色
銅（Cu）	藍色
鈣（Ca）	橙色
鍶（Sr）	（深）紅色
鋇（Ba）	綠色

圖 4.10 煙火彈的構造

圖 4.11 電子複印裝置（影印機）的原理圖

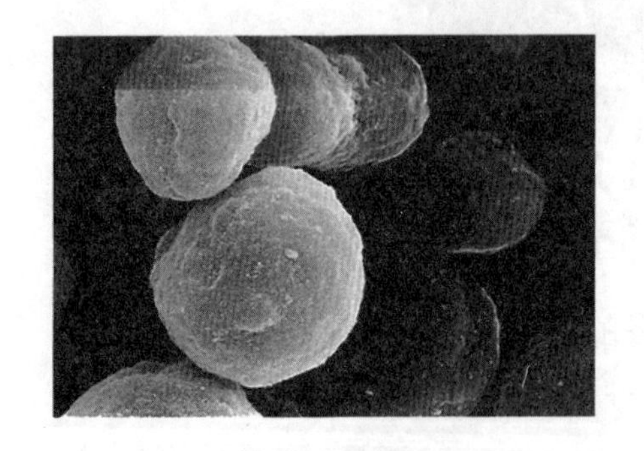

圖 4.12 由合成法製作的著色粉體（toner）

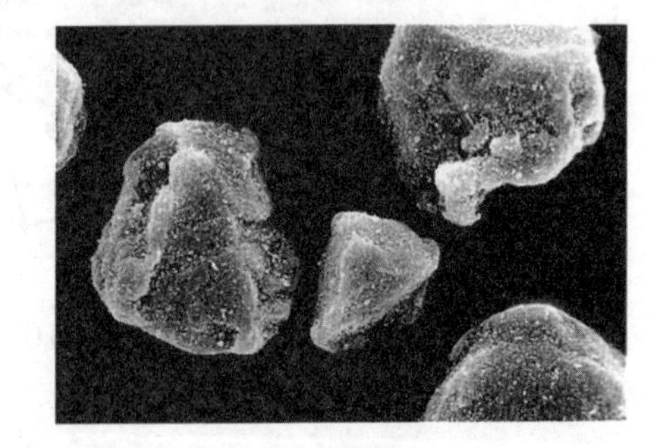

圖 4.13 由粉碎法製作的著色粉體（toner）

名詞解釋

電暈（corona）放電：在細金屬絲上施加電壓，在某一電壓下會使空氣絕緣破壞（擊穿放電），進而發生離子的現象。電暈放電伴有特定顏色的微發光。

4.4 粉體的特性及測定 (1) —— 粒徑和粒徑分布的測定

4.4.1 如何定義粉體的粒徑

一個直徑為 100μm 的球形粒子與一個邊長為 80μm 的立方體粒了相比，哪一個更大呢？若按體積比較，直徑 100μm 的球形粒子大；若按表面積比較，邊長 80μm 的立方體粒子大。直徑 100μm 的球形粒子正好能通過 100μm 的孔，而邊長 80μm 的立方體粒子則不能通過。上述例子說明，比較的尺度（定義）不同，大小關係會發生變化。

粒子大小一般以微米為單位的直徑來表示。能以直徑來定義的，僅限於球形粒子。實際上，人們所關注的粉體中的粒子，幾乎都不是真正意義上的球形，其具有複雜且不規則的形狀。因此，粒子的大小要按粒子徑換算，而換算的方法也有幾種不同定義。

其中主要的是，測定與粒子大小相關的物理量或幾何學量，換算為與之具有相同值的球形粒子直徑。定義中依據的參數包括：(1) 利用顯微鏡等測定的面積及體積等幾何學量；(2) 沉降速度及擴散速度等動力學的物理量；(3) 散射光強度及遮光量等粒子與光之間的相互作用量。

實際上，依據各種測定原理所得到的測定量，要藉由適當的幾何學公式或物理學公式加以換算。因此，測定原理不同，粒子徑當然也會不同。那麼，那種是真正的粒子徑呢？這種疑問不絕於耳。實際上，除了球形粒子以外，真正的粒子徑是不存在的。因此，得到的粒子徑同時必須給出測定方法就顯得十分必要。而且測定裝置不同，也會出現相當大的差異，稱此為機種差。裝置的形狀不同，也往往得不到相同的結果。為了盡可能減少這些差異，ISO 等機構正進行測定方法的標準化。而為了符合這些標準，各個測定裝置廠商也正在努力進行裝置的改良和測定法的改善。

4.4.2 不同的測定方法適應不同的粒徑範圍

按照原理，決定粒子大小的方法可分為三類：(1) 由顯微鏡測量其尺寸；(2) 藉由粒子在液體中的移動速度進行換算；(3) 由光與粉之間的相互作用進行換算。

作為粒子集團的粉體粒徑測定也採用這些方法。對於這種情況，為了求出粒子徑分布，往往採用兩種處理方式：

(1) 根據由一個粒子作為物件而測定的物理量，個別地換算為粒子徑，再進行統計處理，最後求出粒子徑分布。

(2) 首先針對由一個粒子作為物件而測定的物理量進行總計，再根據這種總計測定的物理量，求出粒子徑分布。

代表性的測定方法和可能的測定範圍如表 4.1 中所示。測定環境氣氛（在液體或氣體中）也在表中列出。直接觀察法和遮光法採用 (1)，而其它測定法多採用 (2)。

通常，首先要知道粉體粒子的大致尺寸。基本上都是藉由顯微鏡觀察。非危險的粉體可以用手觸摸。如果沒有沙沙的粗糙感，大致可以認為其細微性在數十微米以下。在知道粉體粒子的大致尺寸之後，要考慮「了解粉體的大小為了何種目的？」

對於尺寸大致相同的單分散（mono disperse）球形粒子情況，由不同方法得到的測量結果差異不大。但粉體幾乎都是由非球形粒子組成，且粒子徑有一定分布。對於這種情況，測定方法不同，得到的結果會有差異。

光散射法裝置應用最為廣泛，測定時間短，只需幾分鐘，測定方法也比較簡單。但是，必須注意測定裝置中安裝試樣的前處理法等，而且測定方法的標準化正在進行之中。現在，在實際裝置內採用高濃度狀態進行測定的裝置也有市售。

表 4.1　不同方法適用於粒子直徑的測定範圍

		10nm　100nm　1μm　10μm　100μm	分布基體	主要介質
直接觀察	光學顯微鏡	←——	個數	氣・液
	電子顯微鏡	——→	個數	氣
粒子的運動	重力沉降	←→	重量	液
	離心沉降	←→	重量 *	液
與光的相互作用	光散射・繞射	←→	個數	氣・液
	遮光	←→	個數 *	液
	光子相關	——→	個數 *	液

* 換算為重量基準所表示的。

在表示粒徑時，平均粒徑和粒徑分布十分重要。而且還必須注意，是個數基準還是品質基準。採用不同基準，即使同一粉體，表示的數值也是不同的。

4.4.3 粉體粒徑及其計測方法

(1) Feret 粒徑：沿一定方向測得的顆粒投影輪廓兩邊界平行線間的距離，對於一個顆粒，因所取方向而異，可按若干方向的平均值計算。對不規則顆粒大小的描述常用的參數，經過該顆粒的中心，任意方向的直徑稱為一個費雷特直徑，每隔 10° 方向的一個直徑，都是一個費雷特直徑。一般將這 36 個費雷特直徑總和起來描述一個顆粒。

(2) Martin 粒徑：定方向等分徑，即一定方向的線將粒子的投影面積等份分割時的長度。

(3) Krummbein 徑：定方向最大徑，即在一定方向上分割粒子投影面的最大長度。

粉體粒徑分布的表示方法，常用的有下面兩種：

(1) 頻度分布（微分法）：由實驗測得不同粒徑範圍的顆粒數或重量，換算成百分數，據此作圖。

(2) 累積分布（積分法）：由實驗測得不同粒徑範圍的顆粒數或重量，據此進一步計算不大於某一粒徑的顆粒數量或重量對總數的分數，將顆粒或者重量分數對粒徑作圖，稱為篩上積算。反之，由實驗測得不同粒徑範圍的顆粒數或重量，據此進一步計算不小於某一粒徑的顆粒數量或重量對總數的分數，將顆粒或者重量分數對粒徑作圖，稱為篩下積算。

4.4.4 複雜的粒子形狀可由形狀指數表示

所謂形狀指數，一般由任意選定的兩個代表徑之比來定義。首先，針對代表徑加以說明。所謂面積相當徑 X_H，是指與某一粒子的二維投影面積具有相同投影面積的球形粒子徑。另外，周長相當徑 X_L 是指，與某一粒子的二維投影周長具有相同投影周長的球形粒子徑。這兩個代表徑之比（$= X_H / X_L$）就是圓形度。該式是粒子的二維投影像偏離圓形多大程度的運算式。圓形的情況為 1，投影像偏離圓形的程度越大，比值越小。這是由於面積相同的條件下，圓的周長最小所致。作為其它的形狀指數，還有二維投影像的長徑 X_1 與短徑 X_S 之比（$= X_1 / X_S$）。該比值表示長短度。通常稱為長寬比。一般而言，越是細長粒子的情況，長短度越大。

形狀指數：圓形度 = X_H / X_L：圓為 1，偏離圓時小於 1；長短度 = X_L / X_S，此值越大，微粒子越細長。

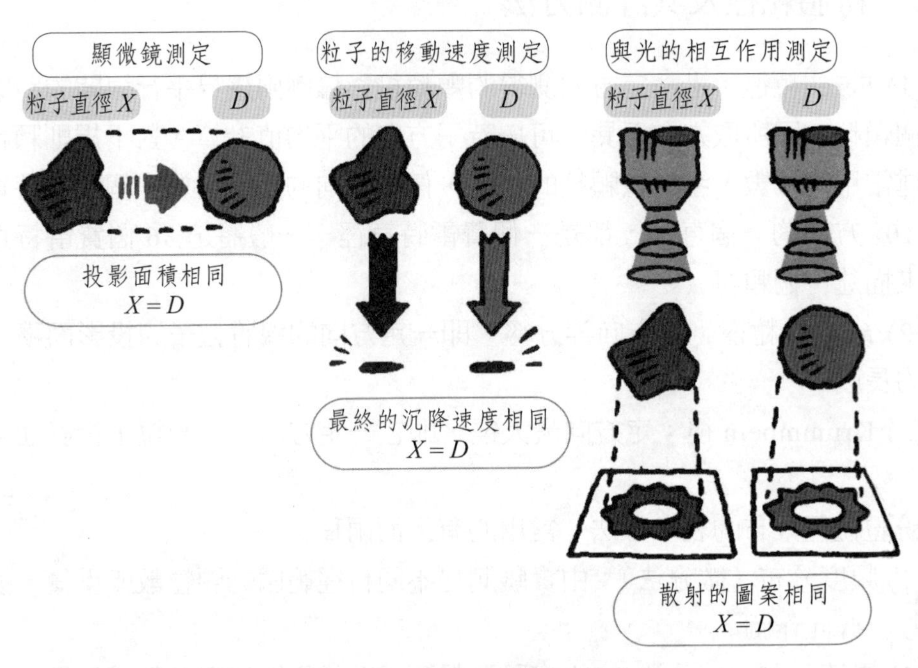

圖 4.14 粒子直徑測定的概念圖

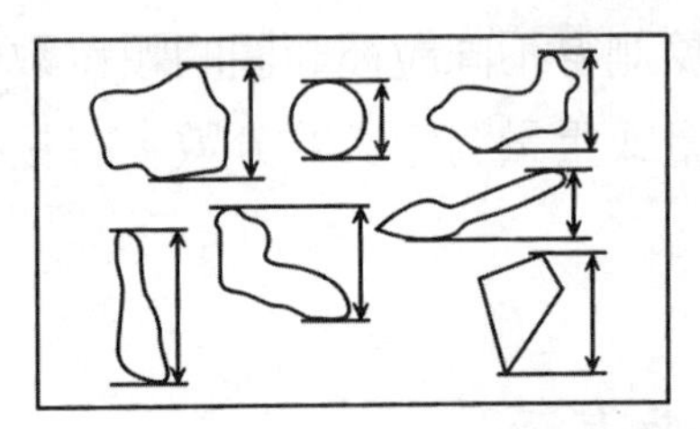

(a) Feret 粒徑 —— 一定方向夾持粒子的兩條平行線間之距離

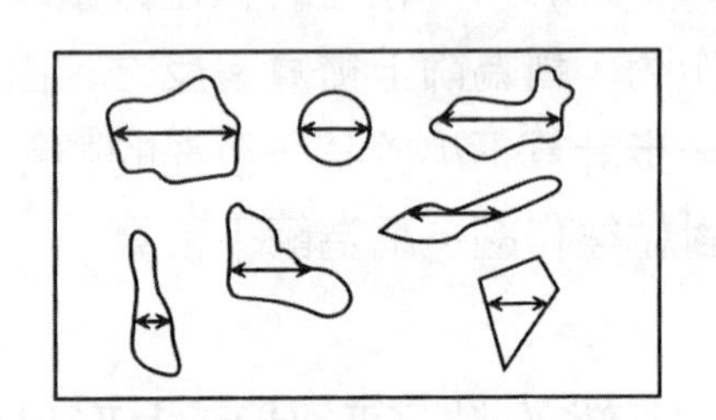

(b) Martin 粒徑 —— 投影面積二等分線段的長度

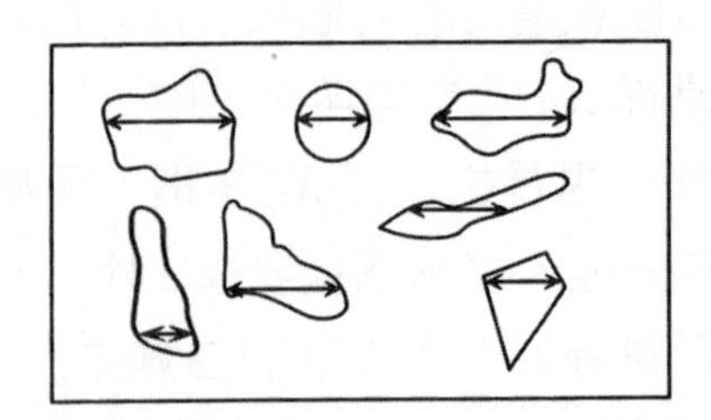

(c) 定方向最大粒徑 —— 一定方向的最大長度

圖 4.15 粉體粒徑的計測方法

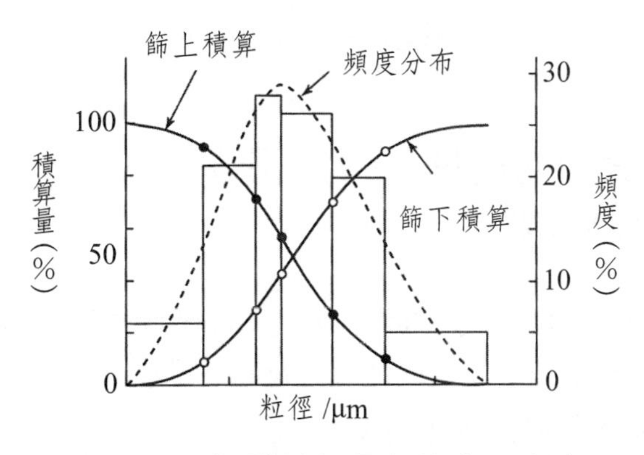

圖 4.16　粉體粒徑分布的表示方法

4.5　粉體的特性及測定 (2)——密度及比表面積的測定

4.5.1　粒徑分布如何表示

以個數基準或重量基準得到的平均徑會有什麼不同呢？為了簡單，考慮粒徑為 1、2、3μm 的 3 個粒子。若以個數基準，個數平均徑是 2μm，而若以重量基準，平均徑經計算是 2.7μm。粒子徑分布得越廣，個數基準平均徑與重量基準平均徑之間的差異越大。儘管常用這些平均徑代表粒子徑，但必須說明以何為基準，通常以重量基準表示。

現從積分分布 Q_r 和頻度分布 q_r 間的區別講起。所謂頻度分布是指某一粒子徑範圍的粒子存在比率。積分分布中有篩下分布和篩上分布之分。通常積分分布指篩下分布 Q_r，表示某一粒子徑以下的粒子存在比率。篩上分布用 R_r 表示。其中，滿足 $Q_r + R_r = 1$。即某一粒徑 x 的篩下分布若取 0.3，則 x 的篩上分布就是 0.7。這是全體積分等於 1 的必然結果。橫軸表示粒子徑，記作 x（μm）。縱軸表示積分分布 Q_r，對於頻度分布 q_r 來說，在個數基準的場合，$r = 0$；而重量基準的場合，$r = 3$。儘管不常用，但還有長度基準的 $r = 1$，面積基準的 $r = 2$。Q_r 的單位為無因次的，用全體為 1 時的比率表示。q_r 的單位為（1/μm），表示 [x, x + dx] 粒子徑範圍內所存在的粒子數比率。

$Q_r(x) = 0.5$ 時的粒子徑稱為 50% 徑（中位徑），記作 x_{50}。而且頻度最大的粒子徑稱為最頻徑（mode 徑），記作 x_{mode}。無論是中位徑還是最頻徑，都有個數基準與重量基準之分，採用何種基準必須加以明示。

4.5.2 奈米粒子大小的測量 —— 微分型電遷移率分析儀（DMA）和動態光散射儀

DMA（differential mobility analyzer：微分型電遷移率分析儀）即藉由使施加在電極上的電壓階梯性變化，測定粒徑周圍的個數濃度粒徑分布之裝置。

帶電荷的粒子隨著氣體進入 DMA ，粒子沿軸向的速度等於氣體的流速。同時粒子受到電極的靜電引力，由於不同直徑的同質粒子重量不同，因此，在電極的靜電引力下所產生的橫向加速度不同，導致不同粒徑的粒子運動軌跡不同，只有特定粒子直徑者，才能通過縫隙進入粒子檢出器，藉由使外加電壓發生變化，可使通過粒子檢出器的粒子直徑變化，再使電壓階梯性變化，經統計即可得知粒徑分布。

動態光散射（dynamic light scattering, DLS）也稱光子相關光譜（photon correlation spectroscopy, PCS）、準彈性光散射（quasi-elastic scattering），測量光強的波動隨著時間變化。DLS 技術測量粒子粒徑具有準確、快速、重複性好等優點，已經成為奈米科技中比較常規的一種表徵方法。隨著儀器的更新和資料處理技術的發展，現在的動態光散射儀器不僅具備測量粒徑的功能，還具有測量 Zeta 電位、大分子的分子量等能力。

粒子的布朗運動（Brownian motion）導致光強的波動。微小的粒子懸浮在液體中會無規則地運動，布朗運動的速度依賴於粒子的大小和媒體黏度，粒子越小，媒體黏度越小，布朗運動越快。

至於光信號與粒徑的關係，光通過膠體時，粒子會將光散射，在一定角度下可以檢測到光信號，所檢測到的信號是多個散射光子疊加後的結果，具有統計意義。瞬間光強不是固定值，在某一平均值下波動，但波動振幅與粒子粒徑有關。大顆粒運動緩慢，小粒子運動快速。如果測量大顆粒，那麼由於它們運動緩慢，散射光斑的強度也將緩慢波動。類似地，如果測量小粒子，那麼由於它們運動快速，散射光斑的密度也將快速波動。相關關係函數衰減的速度與粒徑相關，小粒子的衰減速度大大快於大顆粒的。最後通過光強波動變化和光強相關函數計算出粒徑及其分布。

4.5.3　粒子密度的測定 —— 比重瓶法和貝克曼比重計法

測定粒子直徑的方法之一，是由粒子在流體中的移動速度求出粒子直徑，這便是沉降法。此時，粒子的密度是必不可少的。所謂粒子的密度，是稱量之粉體的品質除以該粉體所佔的體積。原理上講，與求塊體（體相）密度的方法相同。

粒子的真密度是指將粒子顆粒表面及其內部的空氣排出後，所測得的粒子自身密度。粒子的真密度是指粒子的乾燥重量與其真體積（總體積與其中空隙所佔體積之差）的比值，單位為 g/cm^3。

在自然狀態下，粒子顆粒之間存在著空隙，有些種類的粒子具有微孔，另外，由於吸附（adsorption）作用，使得粒子表面被一層空氣所包圍。在此狀態下測出的粒子體積，空氣體積佔了相當比例，因而並不是粒子本身的真實體積，根據這個體積數值計算出來的密度，也不是粒子的真密度，而是堆積密度。

用真空法測定粒子的真密度，是使裝有一定量粒子的比重瓶內造成一定的真空度，從而除去了粒子間及粒子本體吸附的空氣，用一種已知真密度的液體充填粒子間的空隙，通過稱量，計算出真密度的方法。

4.5.4　比表面積的測定 —— 光透射法和吸附法

比表面積（specific surface area）是指單位重量物料所具有的總面積。比表面積是粉體的基本物性之一。測定其表面積可以求得其表面積細微性。

比表面測試方法根據測試思路不同，可分為吸附法、透氣法和其它方法。透氣法是將待測粉體填裝在透氣管內至一定堆積密度，根據透氣速率不同來確定粉體比表面積大小，比表面測試範圍和精度都很有限；吸附法比較常用，且精密度相對於其它方法較高，吸附法根據吸附質的不同，又分為吸碘法、吸汞法、低溫氮吸附法等。低溫氮吸附法根據使用吸附質、吸附量的方法不同，又分為動態色譜法、靜態容量法、重量法等，目前儀器以動態色譜法和靜態容量法為主；動態色譜法在比表面積測試方面比較有優勢，靜態容量法則在孔徑測試方面有優勢。

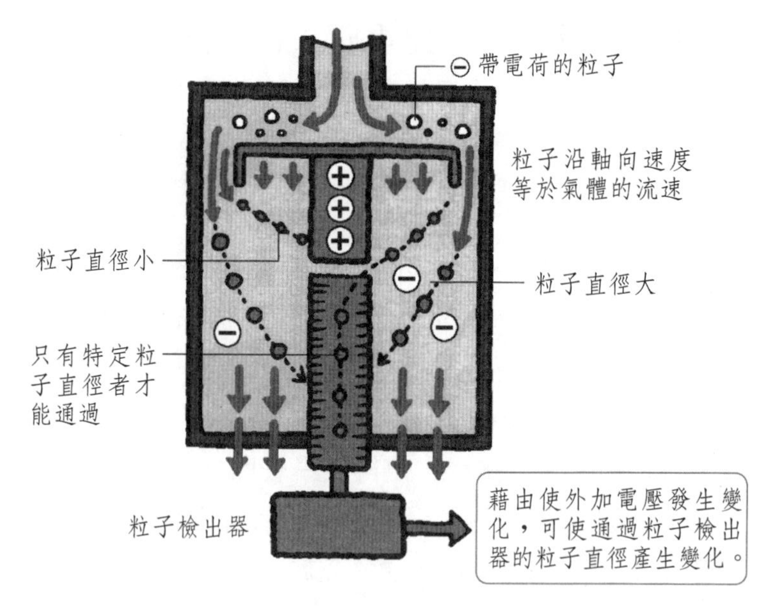

圖 4.17　DMA 的原理

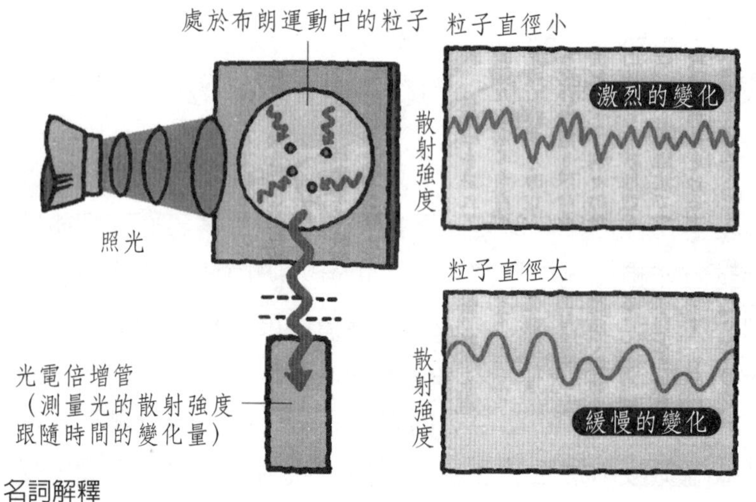

名詞解釋

DMA（Differential Mobility Analyzer：微分型電遷移率分析儀）：藉由使施加在電極上的電壓階梯性變化，測定粒徑周圍個數濃度的粒徑分布之裝置。

圖 4.18　動態光散射

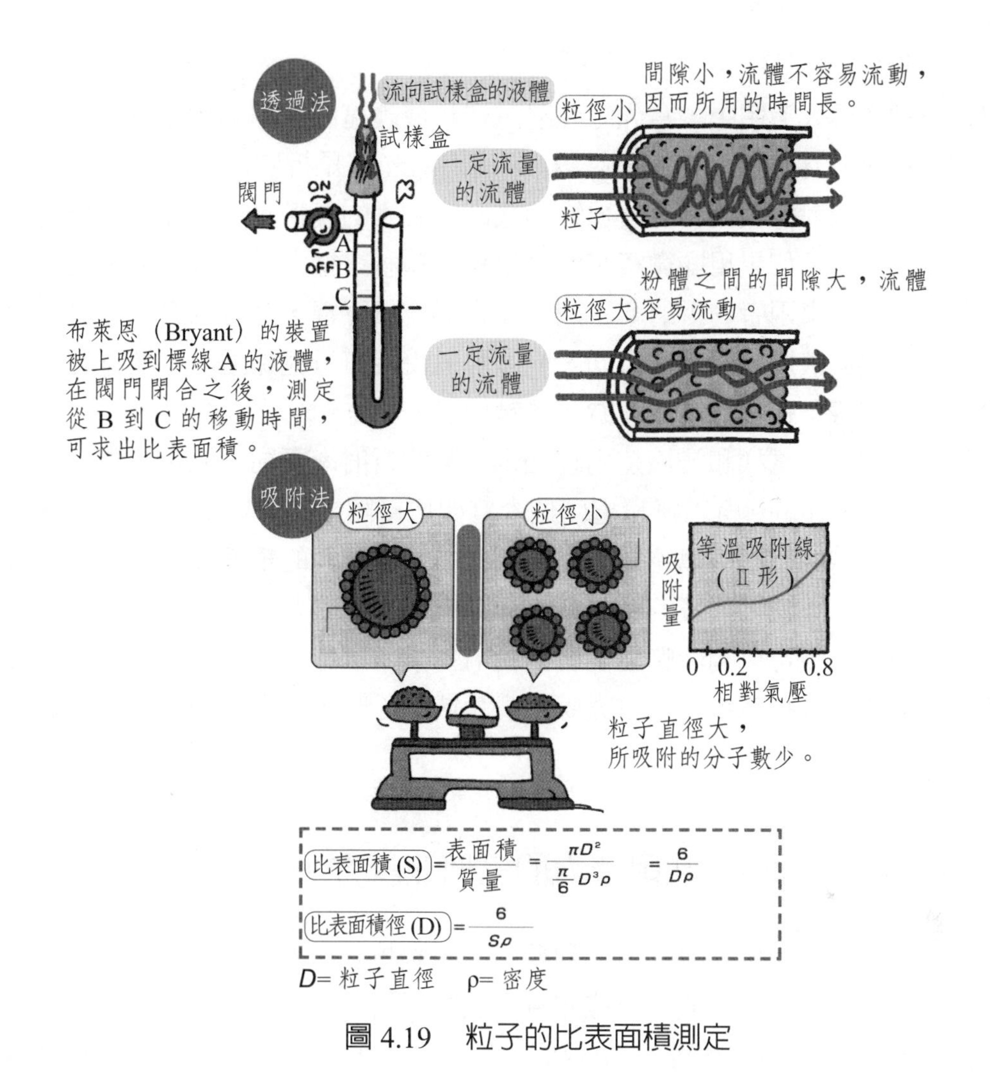

圖 4.19　粒子的比表面積測定

4.6　粉體的特性及測定 (3) —— 折射率和附著力的測定

4.6.1　粉體的折射率及其測定

折射率（refractive index）是粉體的重要性質，測量粉體的折射率，一般採用浸潤法。

浸液法是以已知折射率的浸液為參考介質，以測定物質折射率的方法。這種方法的最大優點是不要尺寸較大的待測試樣，只要有細顆粒（或粉末）試樣就可測定，當待測試料不多或大塊試樣比較困難的情況下，例如粉體，用這種方法就顯得特別方便。

將粉末試樣浸入液體中，當光線照射試樣和液體這兩個相鄰物質時，試樣邊緣對光線的作用就像稜鏡（prism）一樣，使出射光總是折向折射率高的物質之所在，這樣就在折射率較高的物質邊緣形成一道細細的亮帶，這道亮帶被稱為貝克線（Becke line）。如果用顯微鏡來觀察這種液體和試樣，當光線從顯微鏡的下部向上照射時，如果兩者的折射率不同，就會形成貝克線，就可以看見液體中的試樣。如果試樣與液體的折射率相同，光線照射時沒有貝克線生成，換言之，在試樣周邊沒有亮帶，在顯微鏡下就看不見試樣了。

因為貝克線是因試樣和浸液這兩種相鄰介質的折射率不同，光在接觸處發生折射和全反射而產生的，所以無論這兩個介質如何接觸，在單偏光鏡（polarizer）下觀察時，貝克線的移動規律總是不變的：當提升顯微鏡的鏡筒時，貝克線向折射率大的方向移動；當下降鏡筒時，貝克線向折射率小的方向移動。根據貝克線的這種移動規律，就可以判斷哪種介質的折射率大，那種介質折射率小。改變浸液的溫度從而改變其折射率，當貝克線不清楚或消除時，所用浸液該溫度下的折射率就是試樣的折射率。

4.6.2 粉體層的附著力和附著力的三個測試方法

粉體的附著力通常由凡得瓦力、靜電引力、顆粒表面不平滑引起的機械咬合力和附著水分的毛細管力組成。根據測量方法的不同，有如下三種定義。

(1) 拉伸破斷法：將粉體裝入由兩個盤組成的矩形容器中，容器分為左右兩個部分並壓實，在一定力的作用下拉伸，使左右兩個的盤分開、破斷，附著力為該拉伸力與粉體層斷面積的比值。

(2) 剪斷破折法：同樣的處理方法，只是容器分為上下兩個部分，填充粉體後，用一定的剪斷力將上下兩個盤推開，附著力為該剪斷力與粉體層斷面積的比值。

(3) 一個粒子的附著力測定法：將粉體壓實於密閉透明容器的下層，將底部中心與旋轉軸相連，旋轉旋轉軸，使粉體離心分離力變化，計測被分離的粒子數，附著力為離心力與分離的粒子數比值。

4.6.3 粒子的親水性、疏水性及其測定

塊體變為微粒子，因粒徑很小，表面的影響會變大。粉體表面容易被水浸潤的親水性（hydrophile），還是容易被油浸潤的疏水性（親油性 lipophile），依粉體的利用目的不同，各有各的用途。對於在高分子樹脂中分散有無機固體微粒子的情況，若微粒子表面為親水性的，由於微粒子間的凝聚，則分散性變差。若粉體表面經過乙醇（C_2H_5OH）及介面活性劑（surfactant）等處理而變為疏水性（hydrophobe）的，則會大大提高粉體的分散性。

微粒子親水性、疏水性最簡單的測定方法，則是判斷微粒子到底是在水中、還是在油（例如己烷）中分散。在試管中注入水和己烷。由於相對密度的差異，己烷位於上層，水位於下層。在該試驗管中適量投入欲測試的微粒子，封閉試管口，上下振動。在親水性的情況下，微粒子在下層分散。這種方法儘管不能做定量的比較，但對於對表面進行疏水性包覆處理的情況等，通過與非處理的情況進行比較，便可以簡單地判斷疏水性處理效果如何。

藉由比表面積的測定也能進行評價。比表面積的測定是分別在氮氣和水蒸氣中進行，取氮氣中測定的比表面積與水蒸氣中測定的比表面積之比值，也可以作為親水性的指標。這種方法的便利之處，在於可以通過加熱等一定程度上去除無機微粒子表面的水分，因此可以進行定量的評價。

對於水的浸潤性測試方法也是有的，通過測試水對微粒子層的接觸角來進行。測定接觸角的方法有下述兩種：(1) 在微粒子壓粉體（由機械壓力壓實的粉體層）的平整表面上滴下水滴，再用高差計測定水滴接觸角的方法；(2) 在形成微粒子層的毛細管中，求出為使水不滲透所需要的壓力，即可算出接觸角（置換壓力法）。前者在多少有些疏水性的場合才有可能使用，但實際操作起來相當困難，因此推薦採用後者。

4.6.4 固體粉碎化技術的變遷 —— 從石磨到氣流粉碎機（jet mill）

固體因破碎而變碎，稱其為粉碎操作。估計這種粉碎操作的起源是人類為破碎穀粒而食用麵食。在古埃及（Egypt）文明時代的壁畫中，就已描繪了將穀粒放在石板上，人利用輥子模樣的石塊，將穀粒破碎成粉的情況。古人幾乎把整個體重施加在石輥上，大概使盡全身力氣進行粉碎操作。為了提高粉碎效率，操作者的體重如何施加在石輥上以及石輥的滾動方式等，可能都屬於當時的技術秘密（know-how）。

這種原型粉碎器之後便被改良為石磨。石磨由上磨盤和下磨盤構成，上磨盤的重量將要粉碎的穀粒壓扁，藉由上磨盤和下磨盤間產生的剪切力將穀粒磨碎。石磨與此前的粉碎器相比，不需要將人的體重施加在石輥上，上磨盤僅靠手動使其旋轉即可，無論是誰操作，都可以得到相同品質的粉體，而且可以獲得比以前數量更多的產品。從大量製作相同產品此一工業觀點來看，石磨應該算是當時的革新技術。

進一步通過使用水車及風車等替換由人力驅動使之旋轉部分，因此實現了自動化（automation）操作，據此，被稱作麵粉廠的製粉工廠在世界各地普遍建立。由於石磨每一台生產量是有限的，為了提高生產能力，導入了輥（碾）子型粉碎機。這種粉碎機靠兩個金屬輥相互內向旋轉，向其間隙中供給原料，依靠輥子的壓縮應力和剪切應力而獲得粉碎物。現代製粉工廠中都設有多台輥子型粉碎機，與各種篩分裝置組合，幾乎都是全自動的無人作業系統。

現在的粉碎操作已廣泛採用球磨機和氣流磨，前者與鋼球（磨球）一起進行粉碎，後者利用高壓空氣進行粉碎。這些粉碎設備不僅用於食品工業，在窯業及金屬製作等無機化學工業、高分子聚合物等各式各樣的有機化學工業領域都有廣泛應用，且均已達到實用化。

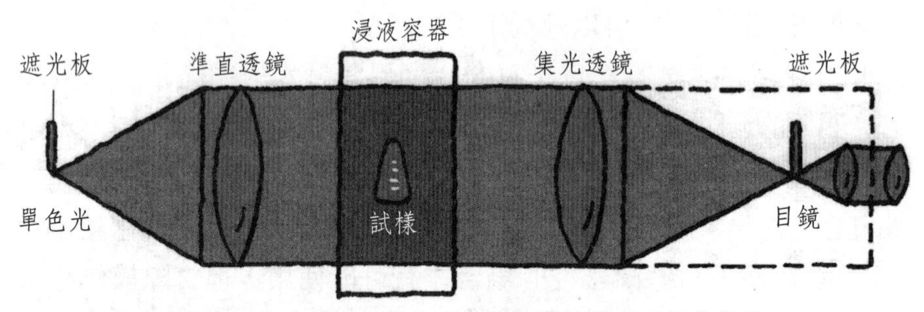

①使浸液容器內的液體溫度變化，檢出試樣粉體不可見的溫度。
②對應此溫度的液體折射率，即為試樣粉體的折射率。

圖 4.20　利用浸液法測定粉體折射率的原理

圖 4.21　隱身法「折射率之術」

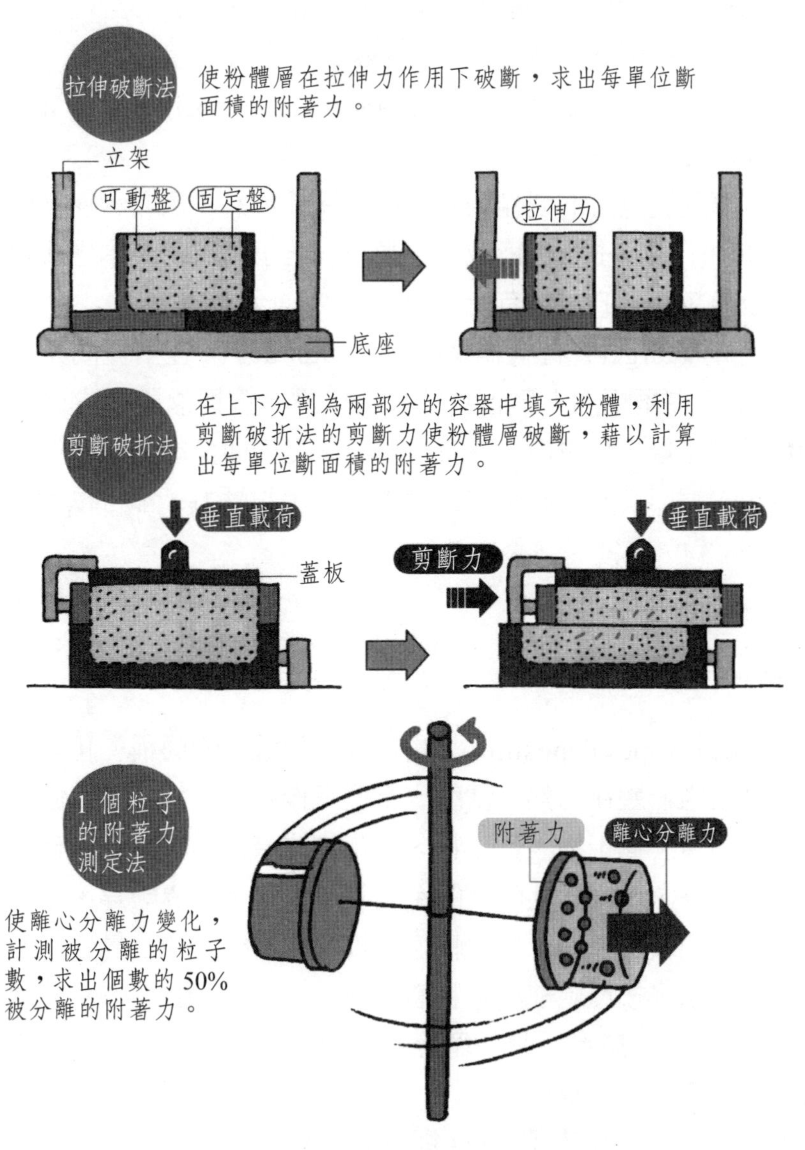
拉伸破斷法
使粉體層在拉伸力作用下破斷，求出每單位斷面積的附著力。
立架
可動盤
固定盤
拉伸力
底座
剪斷破折法
在上下分割為兩部分的容器中填充粉體，利用剪斷破折法的剪斷力使粉體層破斷，藉以計算出每單位斷面積的附著力。
垂直載荷
蓋板
剪斷力
垂直載荷
1 個粒子的附著力測定法
使離心分離力變化，計測被分離的粒子數，求出個數的 50% 被分離的附著力。
附著力
離心分離力

圖 4.22　粉體層的附著力測定

4.7 非機械式粉體製作方法

4.7.1 PVD 法製作粉體

PVD（physical vapor deposition）是物理氣相沉積的簡稱，製作過程中不伴有燃燒之類的化學反應，全部過程都是物理變化過程。PVD 法主要通過蒸發、熔融、凝固、形變、粒徑變化等物理變化過程來製取粉體。通過該法所製得的奈米顆粒一般在 5～100nm 之間。

PVD 主要分為熱蒸發法和離子濺射（ion sputtering）法。其中熱蒸發法方法較多，主要有真空蒸發沉積、電漿（plasma）蒸發沉積、雷射（laser）蒸發沉積、電子束蒸發沉積（electron beam evaporation deposition）、電弧放電加熱蒸發法、高頻感應加熱蒸發法。

熱蒸發法的原理就是將欲製作奈米顆粒的原料加熱、蒸發，使之成為原子或分子，然後再使原子或分子凝聚形成奈米顆粒。離子濺射的基本思想與熱蒸發法類似，但加熱及微粒產生的方式有所不同。

離子濺射將靶（target）材料作為陰極（cathode），在兩極間充入惰性氣體（inert gas）。然後在兩極加上數百伏的直流電壓，惰性氣體產生輝光放電，氣體離子因而攜帶高能量撞擊陰極，使靶材料原子從表面撞擊出來然後黏附，從而形成奈米級顆粒。調節所施加的電流、電壓和氣體的壓力，都可以實現對奈米顆粒生成的控制。

4.7.2 CVD 法製作粉體

CVD（chemical vapor deposition）是化學氣相沉積的簡稱。化學氣相沉積法是指一種或數種反應氣體在加熱、雷射、電漿等作用下發生化學反應析出超微小顆粒粉的方法。多用於氧化物、氮化物、碳化物的奈米顆粒微粉製作。原料常為容易製作、蒸汽壓高、反應活性較大的金屬氯化物和金屬醇鹽等。由於化學氣相沉積法常在一個封閉裝置中進行，比較容易實現連續穩定的批量生產。

化學氣相沉積法可按反應前原料物態分為氣 — 氣反應法、氣 — 固反應法、氣 — 液反應法。也可按體系反應類型分為氣相分解法和氣相合成法。按加熱方式分熱管爐加熱法與電漿法兩種。

其中電漿法有如下三個步驟：(1) 電漿發生段：電磁場將氣體生成帶電荷的

物質與自由基（radical），產生高溫；(2) 化學反應段：高能離子應用於化學反應，實現充分碰撞，縮短反應時間，反應生成平衡產品與自由基帶電荷中間產品；③ 驟冷反應段：對生成產物快速淬冷，使晶體生長凍結，獲得足夠細的產品以及副產物氣體（可回收或迴圈利用）。

4.7.3　液相化學反應法製作粉體

液相反應法製作奈米顆粒的基本特點是以均相的溶液為出發點，通過各種途徑完成化學反應，生成所需要的溶質，再使溶質與溶劑分離，溶質形成一定形狀和大小的顆粒。以此為前驅體（precursor），經過熱分解及乾燥後獲得奈米微粒。液相中的化學反應法主要有：

(1) 沉澱法（precipitation）：沉澱法通過含有一種或多種陽離子（cation）的可溶性鹽溶液加入沉澱劑，在特定溫度下使溶液發生水解或直接沉澱，形成不溶性氫氧化物、氧化物或無機鹽，直接或經熱分解得到所需奈米微粒。沉澱法主要分為直接沉澱法、共沉澱法、均相沉澱法、化合物沉澱法、水解沉澱法等。

(2) 水熱法（溶劑熱法）：水熱法在具有高溫高壓反應環境的密閉高壓鍋內進行，提供了常壓下無法得到的特殊物理化學環境，使難溶或不溶的前驅物充分溶解，形成原子或分子生長基元，進行化合，最終成核結晶，還可在反應中進行重結晶。當用有機溶劑代替水時，採用的便是溶劑熱法，而且還有其它優良性質，如乙二胺可先與原料螯合生成配離子，再緩慢反應析出顆粒；甲醇在做溶劑的同時，可做反應中的還原劑等。

(3) 霧化水解法：霧化水解法採用的方法是將鹽的超微粒子送入含金屬醇鹽的蒸汽室，使醇鹽蒸汽附著於其表面，與水蒸氣反應分解形成氫氧化物微粒，焙燒後得到氧化物超微顆粒。

(4) 噴霧熱解法：噴霧熱解法將所需離子溶液用高壓噴成霧狀，送入反應室內按要求加熱，通過化學反應生成奈米顆粒。

(5) 溶膠 — 凝膠法：溶膠 — 凝膠法（sol-gel）採用的方法是使金屬的有機或無機化合物均勻溶解於一定的溶劑中，形成金屬化合物溶液，然後在催化劑和添加劑的作用下進行水解、縮聚反應，通過控制反應條件得到溶膠；溶膠在溫度變化、攪拌作用、水解縮聚等化學反應和電化學平衡作用下，奈米顆粒間發生聚集而形成網狀聚集體，逐漸使溶膠變為凝膠，進一步乾燥、熱處理後得到奈米顆粒。

4.7.4 介面活性劑法製作粉體

介面活性劑（surfactant）法利用兩種互不相溶的溶劑，在表面活性劑的作用下形成均勻乳液，再從乳液中洗出固相。這樣可使成核、生長、聚結、團聚等過程侷限在一個微小的球形液滴內，從而可形成球形顆粒，並可以避免顆粒之間的進一步團聚。介面活性劑法是非均相的液相合成法，優點在於細微性分布較窄並且容易控制等。

反應乳液一般由表面活性劑、表面活性助劑（一般為醇類）、油類（一般為碳氫化合物）和水（或電解質水溶液）組成，並且反應體系具有各向同性。乳液分為油包水型、水包油型和雙連續型，其中油包水型較常用。

在油包水乳液中，水滴不斷地碰撞、聚集和破裂，使得溶質不斷交換。碰撞過程取決於水滴在相互靠近時，表面活性劑尾部的相互吸引作用以及介面的剛性。其中水常以締合水和自由水兩種形式存在（還有少量水在表面活性劑極性頭間以單分子態存在）。締合水使極性頭排列緊密，自由水與之相反。在水核內形成超細顆粒的機制大致分為三類：(1) 將兩個有不同反應物的乳液混合，由於膠團顆粒間的碰撞，發生了水核內物質交換或物質傳遞，引起化學反應，生成顆粒；(2) 在含有金屬鹽的乳液中加入還原劑生成金屬奈米粒子；(3) 將氣體通入乳液的液相中充分混合，發生反應得氧化物、氫氧化物或碳酸鹽沉澱。

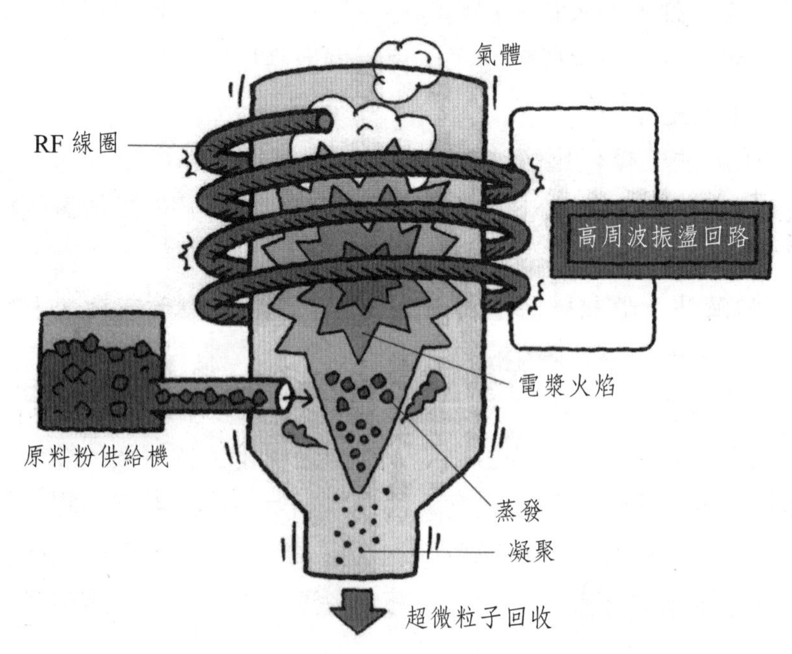

圖 4.23　利用電漿火焰的超微粒子製造法

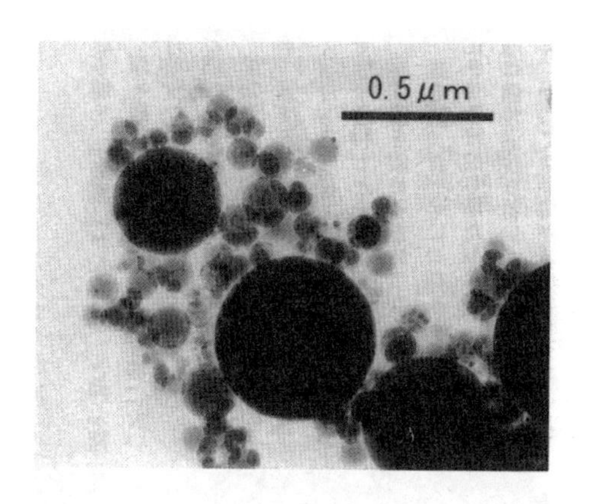

名詞解釋

高周波振盪回路：可發生高頻（射頻或微波）電流的回路。線圈中一旦流過高頻電流，內部的導電體便由於電磁感應而急劇被加熱。

圖 4.24 電漿超微粒子的透射電子顯微鏡（TEM）照片（Al_2O_3 粉）

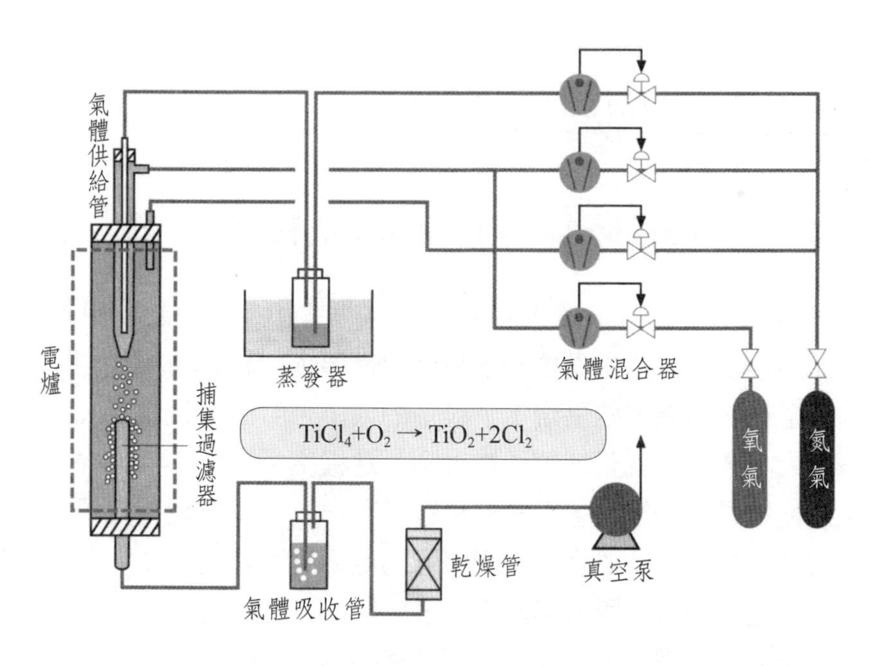

圖 4.25 利用 CVD 法製作 TiO_2 超微粒子的技術流程

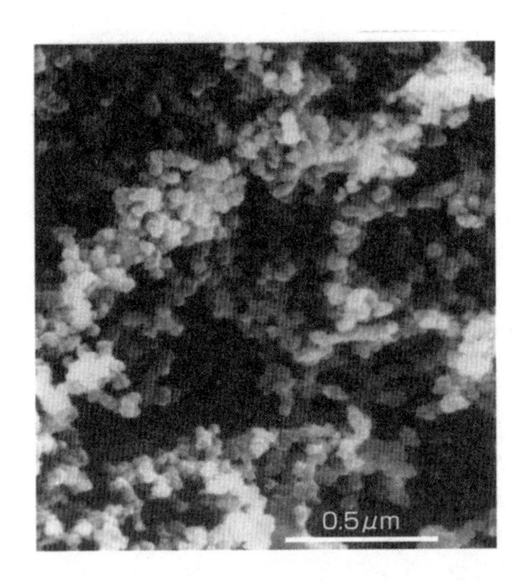

圖 4.26 由 CVD 法製造的 TiO_2 超微粒子

4.8 日常生活用的粉體

4.8.1 化妝品（cosmetics）、家庭用品中的粉體

隨著社會經濟的發展，消費者的要求也因此轉移，希望製品用起來方便，即廣泛要求即溶性製品。在食品中一部分問題是要求原料和粉末化製品能立即溶解，對此進行了很多研究，結果規定了粒子的大小。若固體粒子大，就把它粉碎或破碎到一定大小，若小就要把粒子增大到一定程度。

此外，為使粒子有即溶性，不僅要求粒子有一定大小，還有粒子本身有多孔性問題，當把粒子投入水或溫水中，因液體的毛細管力使用，使液體浸透顆粒而造成粒子崩壞，這是即溶性所希望的。

在食品行業中，所謂「軟造粒」也意味著多孔性的。

製品的造粒特徵，幾乎被造粒機所左右，反之在進行「軟造粒」時，也受到造粒機的限制，在規定的範圍內，多半由幾種機械組合起來進行造粒。

此外，除了即溶性、粒子的大小、粒子多孔性這些物理因素較為重要之外，還有構成粒子成分的變性問題，對此需要進行不會引起化學變化的處理。例如避免在高溫氣流下進行乾燥，而應在低溫氣流中乾燥等。

4.8.2　食品、調味品中的粉體

在食品工業中的造粒目的，和其它行業造粒目的類似，但大多數要求粒子是溶解度高和定量給料。把粒子的即溶性根據科學觀點進行分類時，則可闡述如下：

(1) 沉降性：把粉體投入水中或溫水中，在恢復原來狀態時，希望每個粒子沉降得快。粒子越大或粒子密度越大則沉降速度就越大，沉降速度是遵守斯托克斯定律的。

(2) 可濕性：如果粒子不受水或溫水浸潤時，則在水或溫水上會浮一層「原粉」。當有這種性質時，即粒子表面是疏水性的，若把它包裹一層親水性的物質，由於構成多孔質液體因毛細管作用而使顆粒浸透。

(3) 分散性：粒子沉降，若其潤濕性很好而懸濁，則粒子不復原。希望粒子在沉降時還伴隨有擴散。

(4) 溶解性：所謂溶解性即化學溶解性。把粒子溶於水中或溫水中，不一定完全溶解，會有一部分不溶物。特別是蛋白質（protein）很容易受熱變化，變質的蛋白質就成為不溶性的了。此外，脂肪（fat）量也有影響，脂肪量越多，溶入的蛋白質沉澱量會增加。

把這四個性質完全分離，使其都朝好的方向改進是困難的。實際上粒子直徑越小，溶解性越高。反之沉降性就會變壞。這四個性質應有一個合適的配合關係。

4.8.3　粉體技術用於緩釋性藥物

許多藥物必須要在一日內服用多次。隨著持效型藥物的開發，若能將服藥次數減少到每日一次，對於長期服藥者來說將是莫大福音。本來不少藥物都有毒性，為了盡量減少或不產生副作用，對藥量必須嚴格調整。例如，對於溶解性好、短時間內即可被吸收的藥物來說，藥在血液中的濃度急劇上升，副作用立即顯現。因此，為了得到優良的治療效果，必須使藥物分子在必要的時間、僅以必要的量到達作用部位。這種具有藥物放出量控制及空間、時間控制功能的藥物系統，被稱為藥物送達系統（drug delivery system, DDS）。

近年來，在胃中緩緩溶解，而在腸中全部溶解的藥物，在到達目的場所之前，基本上不溶的緩放型（controlled drug）藥物被陸續開發出來。首先，藉由造粒技術，在由結晶性纖維素等製作的核心粒子外側包覆藥劑層，進一步在其外側塗敷非水溶性的緩釋性膜。在水中（胃液）外敷膜不溶解而發生膨潤，水浸透

粒子中，使內部的藥物部分溶解並緩慢釋放。藥物溶解朝著內部徐徐進行，在大約 8 小時內全部放出，最後只剩下核心粒子和敷膜。

最近，DDS 朝著智慧化方向進展，使藥物選擇性地作用於標的部位的空間靶標型製劑，以及回應刺激與隨時間而作用的時間靶標型製劑都在開發中。作為其母材，磁性粒子、受溫度及 pH 等刺激會產生膨脹收縮的刺激回應性聚合物粒子備受期待。進一步來說，如圖 4.29 所示，具有自動回饋功能的終極型 DDS 開發也在進行之中。

4.8.4　粉體技術用於癌細胞分離

奈米級藥物粒子可分為兩類：奈米載體系統和奈米晶體系統。奈米載體系統是指通過某些物理化學方法製得的藥物和聚合物共聚的載體系統，如奈米脂質體、聚合物奈米囊、奈米球等，奈米晶體系統則指通過奈米粉體技術，將原料藥物加工成奈米級別的粒子群，或稱奈米粉，這實際上是微粉化技術的再發展。

奈米粒子是由高分子物質組成的骨架實體，藥物可以溶解、包裹於其中或吸附在實體上。奈米粒子可分為骨架實體型的奈米球和膜 — 殼藥庫型的奈米囊。經典藥物劑型（如片劑、軟膏、注射劑）不能調整藥物在體內的行為（即分布和消除），而藥物與奈米囊（球）載體結合後，可隱藏藥物的理化特性，因此其在體內的過程依賴於載體的理化特性。奈米囊（球）對肝、脾或骨髓等部位具有靶向性。這些特性在疑難病的治療及新劑型的研究中得到廣泛關注。

作為抗癌藥的載體，是其最有價值的用途之一。奈米囊（球）直徑小於 100nm 時，能夠到達肝薄壁的細胞組織，能從腫瘤（tumor）有隙漏的內皮組織血管中逸出而滯留腫瘤內，腫瘤的血管壁對奈米囊（球）有生物黏附性，如聚氰基丙烯酸烷酯奈米球易聚集在一些腫瘤內，提高藥效，降低毒性副作用。

圖 4.31 中所示即為利用抗原（antigen）抗體（antibody）的酵素免疫測定法（immunoassay）之應用，以及備受期待的將癌細胞變成磁性粒子進行分離的一例。由體內送出的骨髓液藉由只與癌細胞結合的抗體處理，則在磁性粒子的表面，就會附著只與這種抗體結合的抗原抗體，由於癌細胞與磁性粒子結合而被分離，只有正常的細胞返回體內。

而且，氣相色譜、液相色譜分離用的充填粒子，就是那些對特定物質具有物理的（幾何學的）、化學的吸脫功能的凝膠粒子。例如，凝膠色譜分離如圖 4.32 所示，就是將那些不能進入多孔粒子空隙的巨大分子，藉由粒子間的通道被快速排除。

此外，在遺傳操作領域上，也有許多功能性微粒子（特別是磁性膠乳）正在使用。

圖 4.27　受控制的藥物釋放

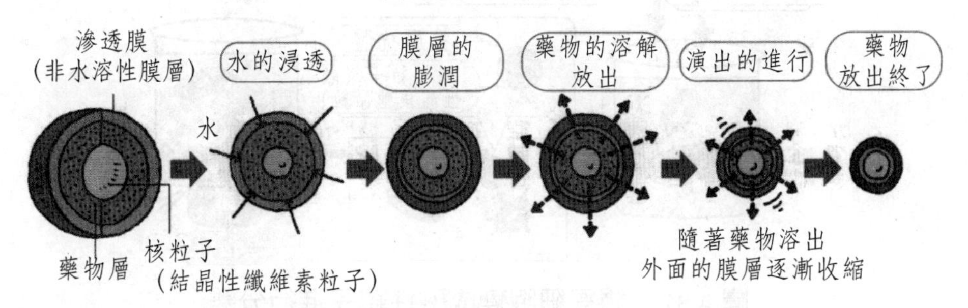

圖 4.28　緩釋性藥物的結構及作用原理

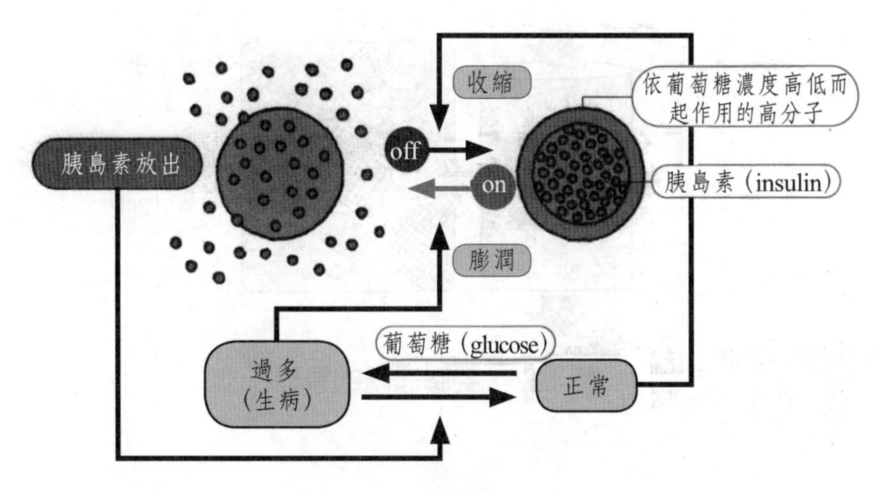

圖 4.29　理想的 DDS

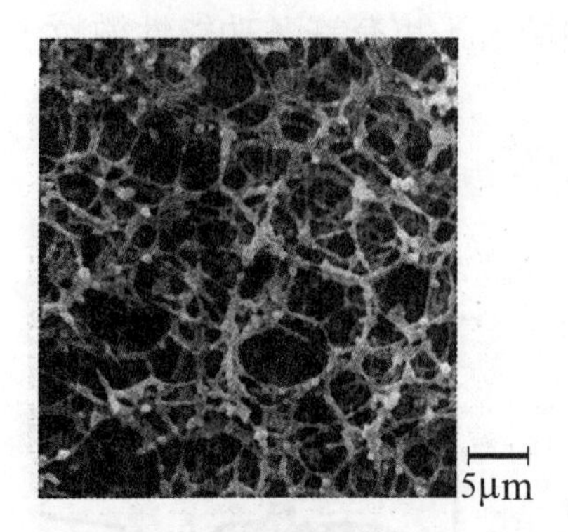

圖 4.30 由靜電成膜法形成的多孔質膜表面形貌

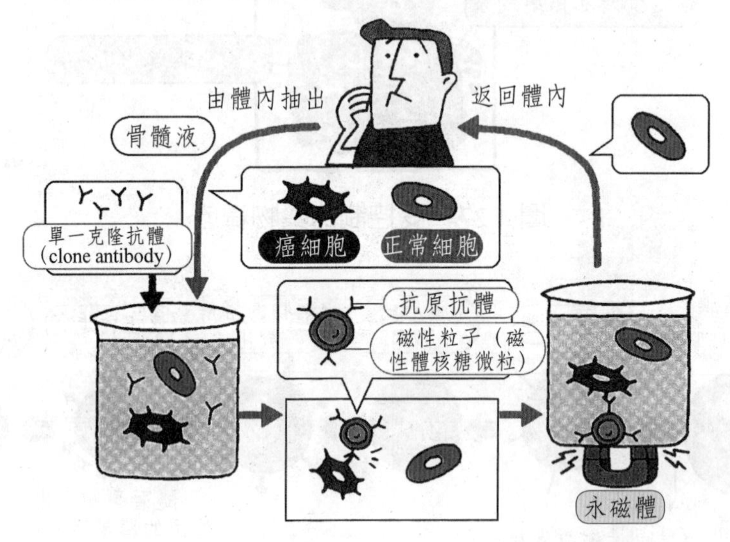

圖 4.31 將癌細胞變成磁性粒子進行分離

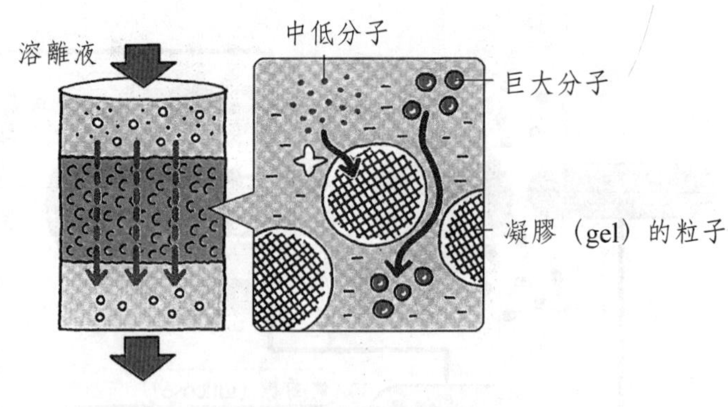

圖 4.32 凝膠過濾的原理

4.9　工業應用的粉體材料

4.9.1　粉體粒子的附著現象

所謂附著現象是指粉體粒子與容器壁（通常是固體）相接觸，分了接近到一定程度時，因相互吸引，從而產生的一種粉體粒子發生聚集，附著在容器壁表面形成附著層的現象。

粉體之所以區別於一般固體而呈獨立物態，一方面是因為它是細化了的固體；另一方面，在接觸點上它與其它粒子間有相互作用力存在，從日常現象可以觀察到這種引力或結合力。如吸附於固體表面的顆粒，只要有一個很小的力就可使它們分開，但這種現象會反覆出現。這表明二者之間存在著使其結合得並不牢的外力。此外，顆粒之間也相互附著而形成團聚體。

在顆粒間無夾雜物時，粉體粒子的附著受到凡得瓦力、靜電力和磁場力的影響。由於粉體是小於一定粒徑的顆粒集合，不能忽視分子間作用力，其主要包括三方面，即取向作用、誘導作用和色散（dispersion）作用。乾燥顆粒表面帶電，產生靜電力。

假設填充結構相似，當粒子無附著現象時，那麼填充在容器中的粒子鬆散密度與粒子的大小無關，都是相同的。而當粒子有附著現象時，粒子直徑越小，由於粒子附著的影響，則鬆散密度越低。

4.9.2　古人用沙子製作的防盜墓機關

智慧卓越的古代人發明一種用沙子製作的防盜墓機關，利用上方產生的力不會逐層下傳到粉體層的下方此一原理。

譬如埃及金字塔（pyramid）中用沙子設置的防盜墓機關，支撐天井石的立柱載荷由下方的沙子層承擔，一旦陶瓷製作的托被破壞（下滑石使然），沙子層流出，立柱、巨石落下，會完全堵塞通路，使得盜墓賊有去無回。

另外，中國古代有積沙墓，又稱積砂墓，是為防盜而採用沙土填充墓穴的一種墓葬形制，有時還會在沙土中填入石塊，構成積石積沙墓。積沙墓的構築方式一般是在槨室兩側和鄰近兩墓道處，以巨石砌牆，牆內填充大量的細沙，最後再填土夯實。如果被盜，最下面的墓磚一被打碎，沙子就會流進墓室，當沙子逐漸流空之後，架在沙子上面的石頭便砸向墓室的頂部，從而將盜賊壓在墓室中，產生防盜的作用。

積沙墓流行於戰國至西漢早期，當時的貴族墓葬多積石以加固、積炭以防潮、積沙以防盜。河南省輝縣的戰國魏王墓、上蔡縣的郭莊楚墓都是積沙墓。

4.9.3 液晶顯示器中的隔離子

液晶顯示器（liquid crystal display, LCD）主要由背光源（back light source）、前後偏振片（polarizer）、前後玻璃基板、封接邊及液晶等幾大部件構成。由於它顯示品質高、沒有電磁輻射、可視面積大、畫面效果好、功率消耗小，因而正被廣泛地應用於我們的日常生活中，手機、電腦、電視等幾乎用的都是液晶顯示器。

在液晶顯示器中，前後玻璃基板間被液晶（liquid crystal）充滿的區域裡要放置隔離子，又稱間隔劑、間隔體。隔離子的作用是保持前後玻璃基板的間距，即液晶層的厚度一致。隔離子一般由聚苯乙烯 polystyrene $(C_6H_5 \cdot C_2H_3)_n$（或二氧化矽）製作，對其基本要求是尺寸要一致。

隔離子多為圓球形，粒徑一般在 3～7μm ，具有彈性的組織。它均勻噴撒在基板上，以獲得均勻的液晶厚度，作用類似於大房間中的樑柱。間隔劑分散的密度較高時，可以得到較均勻的液晶盒厚度；反之，間隔劑分散度大時，則無法保證均勻的液晶層厚度，從而影響顯示品質。因此適量均勻的間隔劑灑布非常重要。

目前以灑式散布法較容易控制密度。要先灑上間隔劑，固上框膠後才可以進行彩色濾光片（CF, color filter）及薄膜電晶體（TFT, thin film transistor）的封裝組合，以得到均勻的面板間距。

4.9.4 CMP 用研磨劑

CMP（chemical-mechanical polishing）即是化學機械拋光，又稱化學機械平坦化（chemical-mechanical planarization），是半導體元件製造技術中的一種技術，用來對正在加工中的矽片或其它襯底材料進行平坦化處理。

該技術於 90 年代前期開始被引入半導體矽晶圓（silicon wafer）製程，從氧化膜等層間絕緣膜開始，推廣到聚合矽電極、導通用的鎢插塞（W-plug）、淺潰隔離 STI（shallow trench isolation），而在與元件高性能化同時引進的銅佈線製作技術方面，現在已經成為關鍵技術之一。雖然目前有多種平坦化技術，同時很多更為先進的平坦化技術也在研究中嶄露頭角，但是化學機械拋光已經被證明是目前最佳、也是唯一能夠實現全域平坦化的技術。

在化學機械拋光中，需要使用的一種重要材料即為 CMP 用研磨劑。它是在利用化學機械拋光技術對半導體材料進行加工過程中所使用的一種研磨液體，由於研磨劑是 CMP 的關鍵要素之一，它的性能直接影響拋光後表面的品質，因此它也成為半導體製造中重要的、不可缺少的輔助材料。

CMP 用研磨劑的組成一般包括超細固體粒子研磨劑（如奈米 SiO_2、CeO_2、Al_2O_3 粒子等）、表面活性劑、穩定劑、氧化劑等。固體粒子提供研磨作用，化學氧化劑提供腐蝕溶解作用，由於 SiO_2 粒子去除率最高，得到的表面品質最好，因此在矽片拋光加工中主要採用 SiO_2 研磨劑。

CMP 用研磨劑作為半導體製程中的輔助材料，在拋光片和分立元件製造過程的拋光過程中被大量使用。因此，研磨劑主要應用於半導體行業（拋光片和分立元件）、積體電路行業和電子資訊產業。

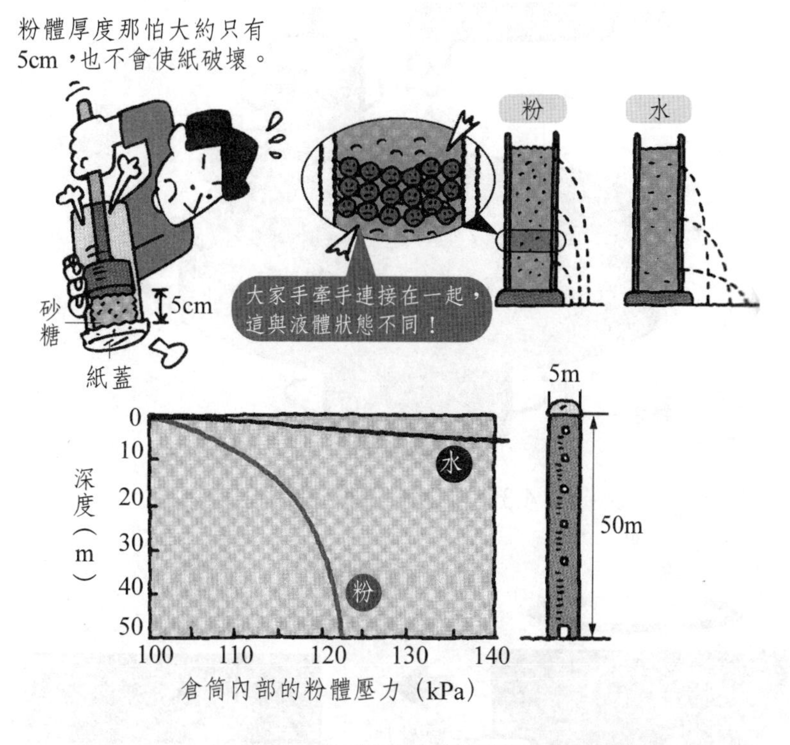

圖 4.33　上方產生的力不會逐層下傳到粉體層的底部

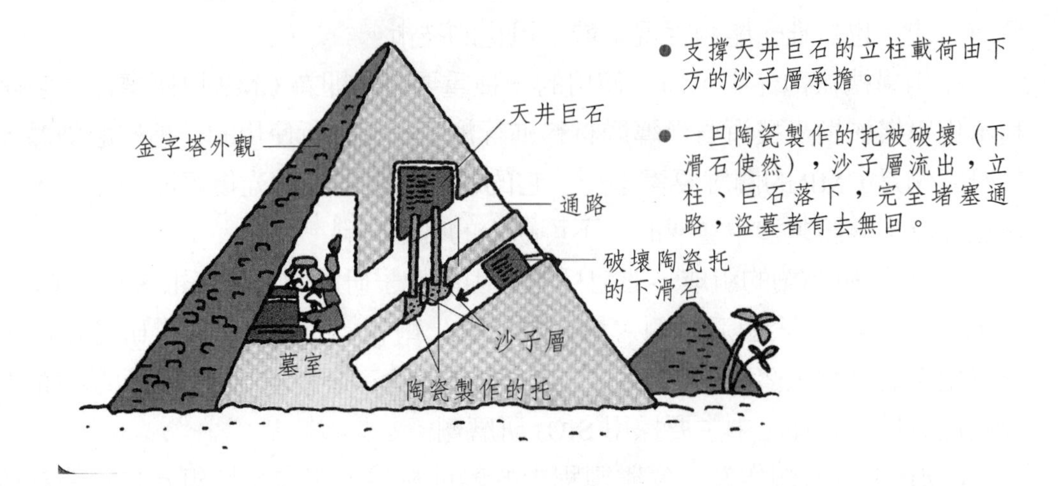

圖 4.34 埃及金字塔中用沙子層設置的防盜墓機關

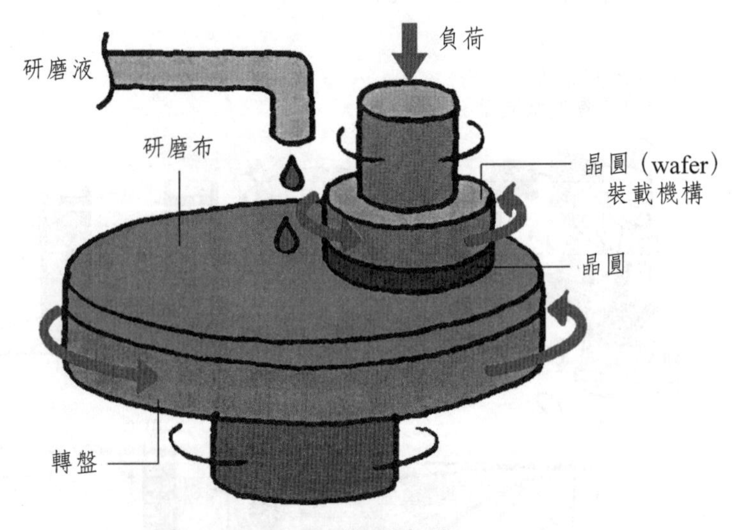

圖 4.35 CMP 的研磨機

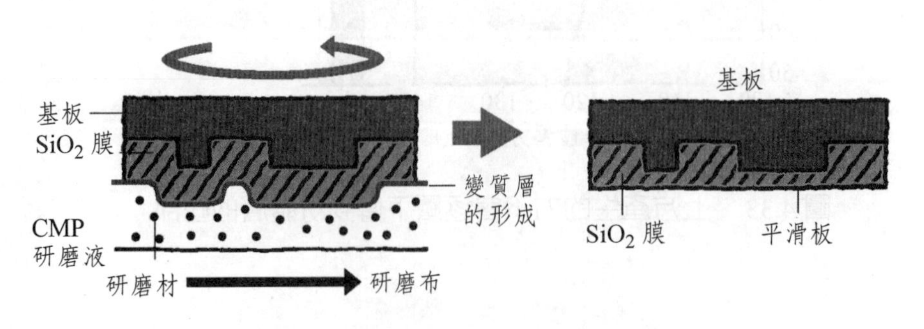

圖 4.36 CMP 的原理

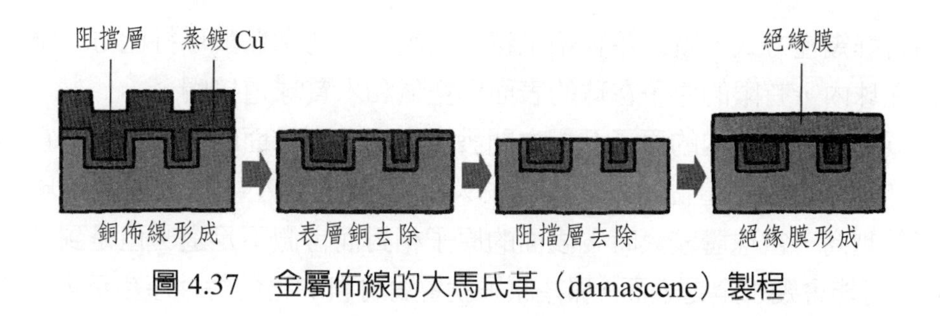

圖 4.37 金屬佈線的大馬氏革（damascene）製程

4.10 奈米材料與奈米技術

4.10.1 奈米材料與奈米技術的概念

奈米是英文nanometer的譯音，是一個物理學上的度量單位，簡寫是nm（1nm = 10^{-9}m）。1nm 是 1m 的十億分之一，相當於 4、5 個原子排列起來的長度。通俗一點說，相當於萬分之一髮絲粗細。就像毫米、微米一樣，奈米是一個尺度概念，並沒有物理內涵。

但是，無論材料還是技術，一旦尺度進入奈米層次，就會產生許多新的效應，因此也就賦予全新的涵義。奈米材料是指，在三維空間中，至少有一維處於奈米尺度範圍（1～100nm）或由它們作為基本單元而構成的材料。其中，一維奈米材料為奈米線，二維奈米材料為奈米薄膜，三維奈米材料為奈米粉體。奈米尺度範圍定義為 1～100nm ，大約相當於 10～1000 個原子緊密排列在一起的尺度。與奈米材料相對應，涉及奈米尺度的各種技術統稱為奈米技術。

4.10.2 爲什麼「奈米」範圍定義爲 1～100nm

美國西北大學（Northwest University）化學（兼材料學、工程學、醫學、生物工程、化學和生物工程）教授查德．米爾金說，「無論什麼東西，一旦微縮到 100nm 以下就會呈現全新的特性，世間萬物皆如此。」這就使得奈米粒子成為未來材料。與較大的粒子相比，它們有著奇特的化學和物理特性。奈米粒子的關鍵在於其尺寸。

奈米物質的尺寸使原子之間和它們的組分之間發生獨特的相互作用，這種相互作用有好幾種方式。就非生物奈米粒子來說，不妨拿保齡球打比方，絕大多數原子都在球內，有限的原子在球的表面與空氣和木質球道接觸。

米爾金解釋，球內的原子互相之間發生作用，而球面的原子是與其它不同原子相互作用。現在把這個球縮小到分子大小。「縮得越小，球面原子與球內原子的比率就越高，當球體較大時，表面的原子相對而言微不足道。但是到了奈米尺寸，顆粒可能會幾乎全是表面，那些原子就會對材料的總體特性產生重大影響。」。

這種相互作用也存在於電子元件中，使石墨烯（graphene）和量子點（quantum dot）等材料可用於製造微型電腦和通信設備。奈米材料給了電子一個更小的活動區域。

米爾金表示：「把東西變小無所謂好壞，追根究抵的問題在於，這些東西有什麼用途。」

4.10.3 奈米效應

奈米效應就是指奈米材料具有傳統材料所不具備的奇異或反常的物理、化學特性。這是由於奈米材料具有顆粒尺寸小、比表面積（spacifice surface area）大、表面能高、表面原子所佔比例大等特點，以及其特有的三大效應：表面效應、小尺寸效應和宏觀量子隧道效應（macro quantum tunnel effect）。奈米材料是指在奈米量級（1～100nm）內，調控物質結構製成具有特異功能的新材料，其三維尺寸中至少有一維小於 100nm ，且性質不同於一般塊體材料。奈米材料在以下幾個方面表現出新型特性：(1) 小尺寸效應（small size effect）；(2) 量子尺寸效應（quantum size effect）；(3) 宏觀量子隧道效應；(4) 表面效應（surface effect）；(5) 介電限域效應、表面缺陷、量子隧穿等其它特性。簡述如下：

(1) 表面效應：球形顆粒的表面積與直徑的平方成正比，其體積與直徑的立方成正比，故其比表面積（表面積／重量）與直徑成反比。隨著顆粒直徑變小，比表面積將會顯著增大，說明表面原子所佔的百分比將會顯著地增加。奈米效應對直徑大於 100nm 的顆粒表面效應可忽略不計，當尺寸小於 100nm 時，其表面原子百分比急劇增長，甚至 1g 超微顆粒表面積的總和可高達 $100m^2$，這時的表面效應將不容忽略。

(2) 小尺寸效應：隨著顆粒尺寸的量變，在一定條件下會引起顆粒性質的質變。由於顆粒尺寸變小所引起的巨集觀物理性質變化，稱為小尺寸效應。對超微顆粒而言，尺寸變小，同時其比表面積亦顯著增加，從而產生特殊的光學、熱學、磁學和力學性質。

(3) 宏觀量子隧道效應：各種元素的原子具有特定的光譜線，如鈉原子具有黃色的光譜線。原子模型與量子力學已用能階的概念進行合理的解釋，由無數的原子構成固體時，單獨原子的能階便併合成能帶，由於電子數目很多，能帶中能階的間距很小，因此可以看作是連續的，從能帶理論出發，成功地解釋了大塊金屬、半導體、絕緣體之間的聯繫與區別，對介於原子、分子與多處大塊固體之間的奈米顆粒而言，大塊材料中連續的能帶將分裂為分立的能階；能階間的間距隨顆粒尺寸減小而增大。當熱能、電場能或者磁場能比平均的能階間距還小時，就會呈現一系列與宏觀物體截然不同的反常特性，稱之為量子尺寸效應。因此，對奈米顆粒在低溫條件下必須考慮量子效應，原有宏觀規律已不再成立。電子具有粒子性又具有波動性，因此存在隧道效應。近年來，人們發現一些宏觀物理量，如微顆粒的磁化強度、量子相干元件（quantum coherent device）中的磁通量等，亦顯示出隧道效應，稱之為宏觀的量子隧道效應。

4.10.4 碳奈米管（CNT）的性質和主要用途

碳奈米管是由單層或多層石墨烯片捲曲而成的空心奈米級管，具有高強度、高韌性和高彈性模量。其直徑一般在一到幾十個奈米之間，長度則遠大於其直徑。碳奈米管作為一維奈米材料，其重量輕、六邊形結構完美，具有許多異常的力學、電學和化學性能。近年隨著碳奈米管及奈米材料研究的深入，其應用前景也變得廣闊。

(1) 細而強：碳奈米管中碳原子採用 sp^2 混成，s 軌道成分比較大，碳奈米管具有高模量、高強度，是鐵的強度數百倍。它是最強的纖維，如果用碳奈米管做成繩索，是迄今唯一可從月球掛到地球表面而不會被自身重量拉斷的繩索，它輕而柔軟、結實，可用於做防彈背心。

(2) 依構造不同可形成半導體：作為終極半導體，應用於超級電腦。美國馬里蘭大學（Maryland University）（位於美國馬里蘭州 College Park）的研究人員發現，半導體碳奈米管的電子遷移率（mobility）比其它半導體材料高 25%、比矽高 70%。這些發現可望促使碳奈米管從電腦晶片到生化感測器（biochemical transducer）的各類應用中取代傳統半導體材料。

細而強
是鐵強度的數百倍
碳奈米
管絲
1 噸
0.3mm
依構造不同可形成半導體
作為終極半導體其
應用備受期待
超級
電腦
優良的導（通）電能力
導電性能良好，在
低電壓下便可發射
電子，有望在電視
等電子顯示器中成
功應用
碳奈米管
高解析度顯示器
碳奈米管
優良的吸附氣體能力
可高效率地吸附氫，作為吸
氫材料，其應用備受關注
H_2
H_2
H_2
氫燃料電池汽車
優良的導熱能力
熱導體性能優良，可以用作
IC、LED 的散熱板
散熱板
IC

圖 4.38　碳奈米管（CNT）的性質和主要用途

4.11 包羅萬象的奈米領域

4.11.1 奈米新材料

奈米材料是指在奈米量級（1～100nm）內調控物質結構製成具有特異功能的新材料，其三維尺寸中至少有一維小於 100nm，且性質不同於一般塊體材料。奈米材料具有尺寸小、比表面積大、表面能高及表面原子比例大等特點，因此奈米材料表現出新型特性：(1) 小尺寸效應，(2) 量子尺寸效應，(3) 宏觀量子隧道效應，(4) 表面效應，(5) 介電限域效應、表面缺陷、量子隧穿等其它特性。

奈米材料按化學組分可分為奈米金屬材料、奈米陶瓷材料、奈米高分子材料、奈米複合材料等；按應用可分為奈米電子材料、奈米光電子材料、奈米磁性材料、奈米生物醫用材料等；按空間尺度可分為零維、一維、二維及三維奈米材料。

奈米材料的研究目的是控制原子排列方式，獲取想要得到的材料。奈米材料的製作按過程的物態可分為氣相、液相、固相製作法；按變化形式可分為化學、物理、綜合製作法。未來奈米材料的製作有望從「由上至下」（top-down）轉為向「由下至上」（bottom-up）發展。

目前已發現或製作的奈米新材料主要有巨磁電阻（giant magnetoresistance GMR）材料、奈米半導體光催化（photo-catalysis）材料、奈米發光材料（如氮化鎵一維奈米棒）、奈米碳管（如單壁碳奈米管）、奈米顆粒、粉體材料（如奈米氧化物、奈米金屬和合金、奈米碳化物、奈米氮化物）、奈米玻璃、奈米陶瓷等。當前奈米材料研究的趨勢是由隨機合成過渡到可控合成；由奈米單元的製作，通過集成和組裝製作具有奈米結構的宏觀實用材料與元件；由性能的隨機探索發展到按照應用的需要，製作具有特殊性能的奈米材料。

4.11.2 奈米新能源

奈米技術的出現，為充分利用現有能源，提高其利用率和尋找新能源的研究開發提供了新思路。對現有能源使用系統用奈米材料進行改造，例如用高效保溫隔熱材料可使能源利用率提高；利用奈米技術對已有含能材料進行加工整理，使其獲取更高比例能量，例如奈米鐵、鋁、鎳粉等；奈米技術能對不同形式的能源進行高效轉化和充分利用，如奈米燃料電池。奈米材料在能源化工中可單獨使用，但更多的是組成含奈米粒子的複合材料，目前主要集中於生物燃料電池（fuel cell）、太陽能電池（solar cell）及超級電容器等。

奈米技術在生物燃料電池中的應用主要是奈米結構的酶，在太陽能電池（有機盤狀液晶太陽能電池、無機奈米晶太陽能電池）中的應用，則有半導體和多元化合物奈米材料、複合奈米材料、導電聚合物奈米複合材料、染料敏化奈米複合材料（可使電池的光電轉換效率達 10%～11%）；在超級電容中的應用有一維奈米材料電極、一維奈米材料複合電極等（可使電容比電容值達 1053F/g）；在儲能中的應用主要是碳奈米管（可能使儲氫量達 10wt% 以上）。此外，奈米材料在鋰離子蓄電池（lithium ion battery）的電極材料、直接甲醇（CH_3OH）燃料電池的電催化劑中也有應用，利用奈米技術能對提高現有能源使用效率作出非常顯著的貢獻。

4.11.3 奈米電子及奈米通信

奈米電子學是在奈米尺度範圍內研究奈米結構物質及其組裝體系所表現出的特性和功能、變化規律與應用的學科，研究物質的電子學現象及其運動規律，以奈米材料為物質基礎，構築量子元件，實現奈米積體電路，從而實現量子電腦（quantum computer）和量子通信系統的建立，以及資訊計算、傳輸、處理的功能。

奈米電子元件主要包括奈米場效應電晶體（矽、鍺、碳奈米線場效應電晶體）、奈米記憶體、奈米發電機（超聲波驅動式奈米發電機、纖維奈米發電機）、量子點元件（雷射、超輻射發光管、紅外線探測器、單光子光源、網路自動機）、量子電腦、諧振隧穿元件、奈米有機電子元件（奈米有機分子開關、有機薄膜記憶體、DNA 元件、有機超分子元件的自組裝、分子電路）、雙方向電子泵、雙重閘電路、單電子探測器、積體電路溝道線橋、有機近紅外線發光二極體等。奈米電子元件中的電子受到量子限域作用，具有更優異的性能，主要用於電腦、自動器及資訊網等。

目前奈米通信方向的成果主要有光通信材料、光子晶體、低電力顯示器、單電子元件（single electron device, SED）、光元件、量子元件、奈米導線等。通信工程中大量射頻技術的採用，使諸如諧振器（resonator）、濾波器（filter）、耦合器（coupler）等片外分離單元大量存在，奈米技術不僅可以克服這些障礙，而且表現出比傳統通信元件具有更優越的內在性能。在新世紀，超導量子相干元件（SQUID）、超微霍爾探測器（Hall probe）和超微磁場探測器將成為奈米電子學元件中的主角。

4.11.4 奈米生物及環保

奈米生物技術是奈米技術和生物技術相結合的產物，主要包括奈米生物材料、奈米生物元件和奈米生物技術在臨床診療中的應用。在生物醫學領域中，奈米材料應用於疾病的診斷和治療，如在腫瘤、心血管病、傳染病等重大疾病的診治方面有重大意義。

奈米生物材料可以分為兩類：一類是適於生物體內的奈米材料，如各式奈米感測器；另一類是利用生物分子的活性而研製的奈米材料。奈米生物材料可應用於疾病診斷、治療、細胞分離、醫藥方面（奈米中藥、奈米藥物載體、奈米抗菌藥及創傷敷料、智慧靶向藥物）、奈米生物元件（分子電動機、生物感測器、奈米機器人、奈米生物晶片）等。其中奈米給藥系統能增加藥物的吸收，控制藥物的釋放，改變藥物的體內分布特徵，改變藥物的膜轉運機制。

在環境工程方面，奈米材料可用於大氣污染治理，如用奈米複合材料製作與組裝的汽車排氣感測器可調整空燃比，減少汽油燃燒，應用於石油提煉工業中的脫硫技術；還可應用於水污染治理，目前使用的材料主要有納濾膜材料、奈米光催化材料、奈米還原性材料及奈米吸附性材料；奈米技術在其它環保領域，如雜訊控制、固體廢棄物處理、防止電磁輻射等方面也有重要應用。但是在將奈米技術應用於環保的同時，也要注意防止奈米材料因其親水或疏水性，表面積增大從而易燃易爆等特性對環境造成的負面效應。

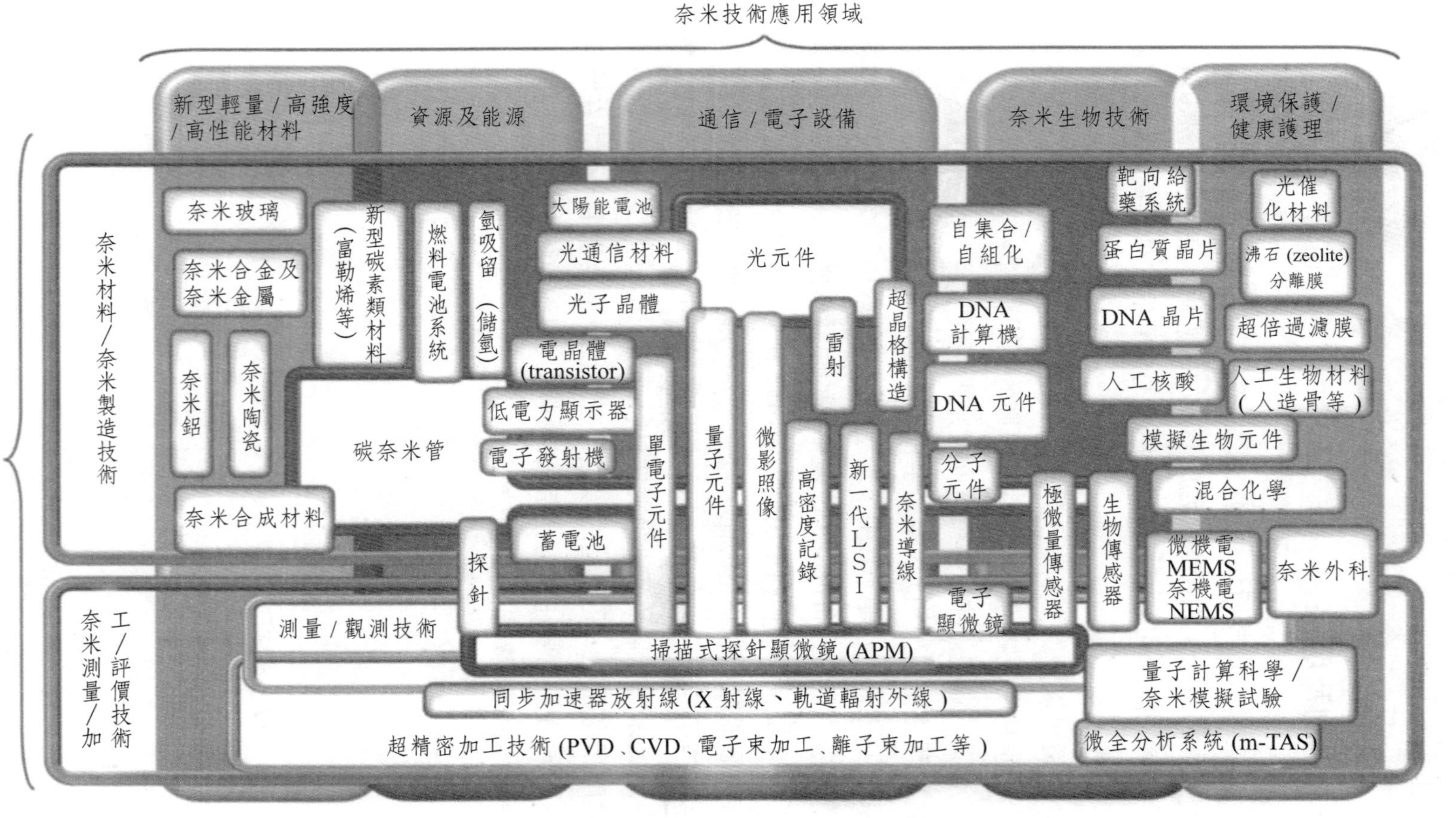

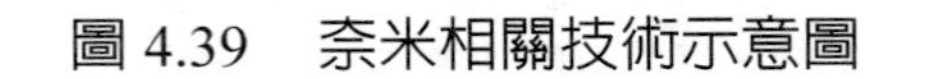

圖 4.39　奈米相關技術示意圖

4.12　「奈米」就在我們身邊

4.12.1　奈米技術之樹

1993 年，第一屆國際奈米技術大會（INTC, International Nanometer Technology Conference）在美國召開，將奈米技術劃分為 6 大分支：奈米物理學、奈米生物學、奈米化學、奈米電子學、奈米加工技術和奈米計量學。奈米技術主要包括：奈米級測量技術；奈米級表層物理力學性能的檢測技術；奈米級加工技術；奈米粒子的製作技術；奈米材料；奈米生物學技術；奈米組裝技術等。

奈米材料從根本上改變了材料的結構，為克服材料科學研究領域中長期未能解決的問題開闢了新途徑，涉及的應用領域有：(1) 在催化方面的應用；(2) 在生物醫學中應用；(3) 在其它精細化工方面的應用；(4) 在國防科技的應用等。

4.12.2　奈米結構科學與技術組織圖

奈米結構指的是以奈米尺度的物質單元為基礎，按一定規律構築或營造的一種新體系，它包括一維、二維、三維體系。這些物質單元包括奈米微粒、奈米線、奈米薄膜、穩定的團簇、奈米管、奈米棒、奈米絲以及奈米尺寸的孔洞等。構築奈米結構的過程，就是我們通常所說的奈米結構組裝。

奈米結構的合成與組裝，在整個奈米科技中有著特殊重要的意義，即其在整個奈米科學與技術中具有的基礎性地位。可以說，合成與組裝是整個奈米科技大廈的基石，是奈米科技在分散與包覆、高比表面材料、功能奈米元件、強化材料等方面實現突破的起點。

4.12.3　半導體積體電路微細化有無極限？

有沒有尺寸越小、綜合效益越高，或者說，人們夢寐以求的，挖空心思追求其小型化的產品或元件呢？實際上，作為大型積體電路（LSI）構成元件的半導體電晶體，就具有這種性質。它遵從比例縮小定律（scaling law），即若電晶體的縱向尺寸、橫向尺寸、外加電壓全部縮小為 $1/k$，則電功率消耗減小到 $1/k^2$，而計算速度卻提高了 k 倍。這麼好的事，何樂而不為呢？

正是基於這種指導原則，電晶體及記憶體等不斷微細化，致使相同面積的

LSI 中所整合的元件數按摩爾定律（Moore's law），以每 3 年 4 倍（翻兩番）的速度飛躍性地增加。與此同時，LSI 的性能不斷提高，而 LSI 中每個電晶體（transistor）或存儲單元的價格卻在下降。得益於此，現在的微電腦已經具有超越過去超級電腦的性能。因此，這種 LSI 技術通過互聯網及多媒體等資訊技術（IT, information technology），已經滲透到我們日常生活的各個方面。

市售 MPU 中一個電晶體的特徵線寬，2012 年已達到 32nm。如果說，20 世紀 90 年代世界 LSI 技術在次微米（submicron）或深次微米（deep submicron）徘徊，到 2000 年達到 130nm，2010 年達到 45nm，微細化進展超過人們的預期。以 MOS 電晶體 45nm 柵長為例，其中只能放入 117 個矽（Si）原子，由此可以想像其微細化程度。

LSI 產業是伴隨著微細加工技術的發展而不斷進步的。從歷史上看，這種微細加工又是以微影曝微影照相蝕（微影照相）技術為基礎的。但是，在特徵線寬小於 130nm，特別是對於今天 32nm 的技術來說，傳統的技術框架已難以勝任。

在 LSI 微細化的歷史中，不少人曾不只一次發出「已達到極限，再也難向前進展」的警告，但這種警告不斷被研究者的辛勤勞動和技術創新所打破。

奈米技術是操作原子、分子的技術。為了實現原子量級的下一代 LSI，寄望於奈米技術，目前已經提出並實施幾個富於創新意義的提案。

4.12.4　奈米光合作用和染料敏化太陽電池

在晴朗夏天的中午，太陽光到達地面的輻射功率可按 $1kW/m^2$ 來粗略估算。太陽能（solar energy）作為替代傳統化石燃料的能源，若能有效利用，說不定能解決人類面臨的能源問題。

在太陽能的利用中，由生物體所進行的植物的光合作用（photosynthesis），最為基礎和重要。植物的光合作用是在太陽光作用下，由水和二氧化碳轉變為有機物（化學能）和氧。它不僅維持自然界的迴圈平衡，而且為人類和其它動物提供營養。而人工光合成是將太陽能轉變為電能，由於其便於利用而特別引起人們的興趣。

生物體所進行的自然光合作用是利用色素、催化劑等，將太陽能轉化為穩定的能，並儲存在生物體內之一系列複雜的化學變化；人工光合作用則是利用由某種材料製成的太陽能電板，將太陽能轉化為能直接被利用的電能過程，又叫做能量變換系統。實際上，人工光合作用與生物體光合作用的某一階段類似，在色素增感型太陽能電池中，藉由能吸收可見光的有機分子在半導體表面吸附，即使照射能量很弱的光（半導體不能吸收的波長的光），也能產生向二氧化鈦移動的電子，吸附在二氧化鈦上的色素直徑在 10～30nm 之間，故稱這種光合作用為奈米光合作用。

自養型植物體內進行自然光合作用，而人類也可通過人工光合作用（能量變換系統），將太陽能轉化成化學能進而轉變成電能。奈米光合作用的典型例子是色素增感型太陽能電池。級聯式色素增感型太陽能電池與普通的單個單元式太陽能電池相比，可利用波長範圍更寬的太陽光。在相關的開發產品中，上部電池採用被稱為 Red Dye（N719）的增感色素，下部電池採用了被稱為 Black Dye（N749）的增感色素。上部電池利用可視光產生高電壓。下部電池利用波長比可視光更長的近紅外線光到紅外線光，產生的電壓雖小，但電流較大。級聯式形態需要上部電池在吸收可視光的同時，使近紅外線光線無損失地透射出去。而且採用新製造法製成高透明度 TiO_2 電極。下部電池採用粒子徑不同的半導體膜多重層疊構造。加大了將光線密閉在內部不向外部散射的「光封閉」效果，從而使電流提高。為了提高電壓，還開發了抑制洩漏電流的方法。它藉由使能吸收可見光的有機分子在半導體表面吸附，即使照射能量很弱的光（半導體不能吸收的波長的光），也能產生向二氧化鈦移動的電子。

數位家電
・文化設施
（家庭影劇院、音樂廳、博物館、圖書館）
・保健機器人
（洗手間、浴室、洗手台）
生物技術
・色譜晶片
・DNA 晶片・分子識別晶片
・生物分子電腦
・生物分子馬達
・微化學工廠
・微 TAS ・分子機械
微電子及奈電子・IT
・單電子電晶體
(single electron transistor, SET)
・量子元件 ・光致結晶
・高精細顯示器
・超高密度記憶體
・量子電腦
源・環境
・超高壽命小型輕量 2 次電池
・燃料電池
・氫能 / 元件
・石油代替能源
保健・醫療・個人創立新藥
・定製（order made）醫療
・藥物輸運
・遠距離診斷・醫療
・遺傳因子治療
化學・新材料
・生體適合材料
・碳奈米管
・複合 ・融合材料
・人工觸媒
計測技術
・探針顯微鏡
・電子顯微鏡
・基因組分析
・蛋白質分析
・色譜分析
・螢光分析
……
加工技術
・半導體超微細加工
・原子・分子操作
・奈米結構應用
・自組器
・奈米改性
・濕法過程
・材料組合
・微機械
基礎科學
・生物、物裡、化學
・材料科學
・電子學
・分子奈米工學
・電腦實驗

圖 4.40　奈米技術之樹

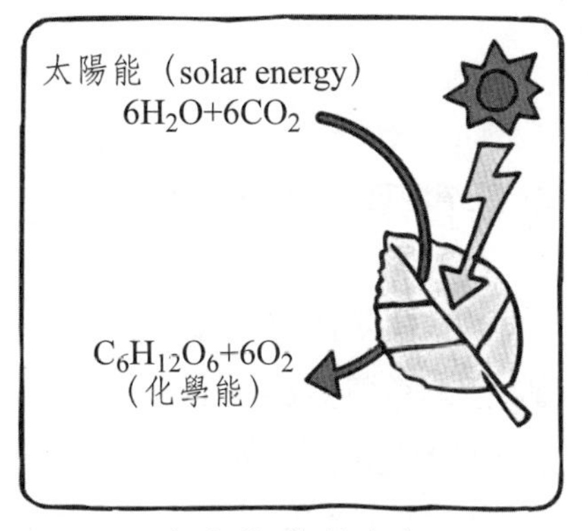

由生物體所進行
的自然光合作用

人工光合作用
（能量變換系統）

圖 4.41 生物體及人工進行的光合作用概念圖

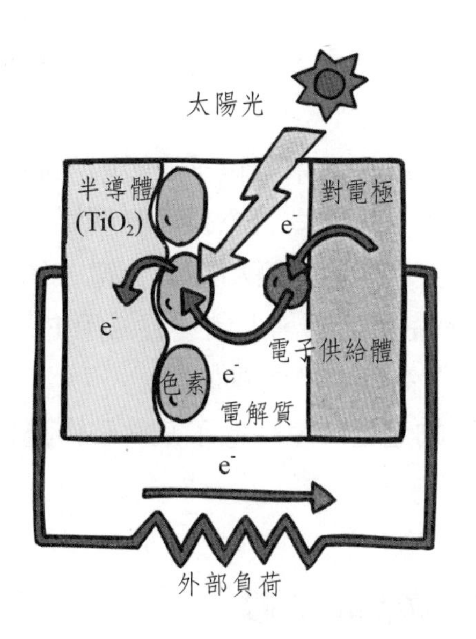

藉由使能吸收可見光的有機分子在半導體表面吸附，即使照射能量很弱的光（半導體不能吸收的波長的光），也能產生向二氧化鈦移動的電子。

圖 4.42 色素增感型太陽電池模式圖

圖 4.43 吸附在二氧化鈦上的色素

4.13 奈米材料製作和奈米加工

4.13.1 在利用奈米技術的環境中容易實現化學反應

利用奈米技術的環境中容易實現化學反應，這是因為物質在奈米尺度具有小尺寸效應、表面效應、量子尺寸效應和宏觀量子隧道效應等特殊性質。

奈米粒子催化劑的優異性能取決於它的容積比表面率很高，同時，負載催化劑（catalyst）的基質對催化效率也有很大的影響，如果也由具有奈米結構材料組成，就可以進一步提高催化劑的效率。如將 SiO_2 奈米粒子作催化劑的基質，可以提高催化劑性能 10 倍。在某些情況下，用 SiO_2 奈米粒子作催化劑載體會因 SiO_2 材料本身的脆性而受影響。為解決此問題，可以將 SiO_2 奈米粒子通過聚合而形成交聯，將交聯的奈米粒子用作催化劑載體。總之，在利用奈米技術的環境中，化學反應過程更容易實現。

因此，一些金屬奈米粒子在空中會燃燒，一些無機奈米粒子會吸附氣體。具體的例子有奈米銅比普通銅更易與空氣發生反應、火箭固體燃料反應觸媒為金屬奈米催化劑，這樣做使燃料效率提高 100 倍、金奈米粒子沉積在氧化鐵、氧化鎳襯底，在 70℃時就具有較高的催化氧化活性。在生活中，人們還經常用 Fe 、Ni 的奈米粉體與 γ-Fe_2O_3 混合燒結體代替貴金屬作為汽車排氣淨化劑。

可以說，奈米技術不光是增加了期待產物的產量，還降低了某些製作過程中所需的特殊要求，例如高溫、高壓等。

4.13.2 積體電路晶片 —— 高性能電子產品的心臟

奈米科技的提出和發展有著其社會發展強烈需求的背景。首先，來自微電子產業。1965 年，英特爾公司（Intel）的創始人 Moore 科學及時地總結了電晶體積體電路的發展規律，提出了著名的「摩爾定律（Moore's law）」，即晶片單位面積上電晶體數量每 18 個月將會增加 1 倍。過去 20 多年的實踐證明它的正確性，MOS 積體電路一直嚴格遵循此一定律，從最初每個晶片上僅有 64 個電晶體的小型積體電路（MSI），發展到今天能整合上億個元件的甚大型積體電路。預計到 2014 年，元件特徵尺寸小於 35 nm 的積體電路將投入批量生產，此後將進入以奈米 CMOS 電晶體為主的奈米電子學時代。由此可見，對於微電子元件的集成度要求越來越高、元件加工技術尺寸要求越來越小，也就是說，要求微電子元件特徵尺寸（feature size）縮小，對於奈米電子學（nano electronics）的興起和發展起了至關重要的作用。正是這種要求元件尺寸日漸小型化的發展趨勢，促使人們所研究的物件由宏觀體系進入奈米體系。從而產生了奈米電子學。其次，奈米電子學另一個自上而下興起的發展歷程主要影響因素，是以超晶格（superlattice）、量子阱（quantum well）、量子點、原子團簇為代表的低維材料。該類材料表現出明顯的量子特性，特別是以這類材料中的量子效應為基礎，發展一系列新型光電子、光子等資訊功能材料，以及相關的量子元件（quantum device）。

當前，半導體元件微細化主要有四大加工技術：晶體生長技術、薄膜形成技術、微影照相及刻蝕技術、雜質導入技術。

例如 MOS 元件，包括源、閘、汲等構造，無一不需要半導體超微細加工實現。半導體元件微細化，使得高性能電子產品朝向更快、更強、更便捷不斷邁進。而不斷推陳出新、價格越來越低廉的電子產品，也證實了此一領域的發展潮流。

4.13.3 乾法成膜和濕法成膜技術（bottom-up 方式）

奈米薄膜的製作方法分為兩大類：一類是在真空中使原子沉積的乾法成膜技術〔真空蒸鍍（vacuum evaporation）、濺射（sputtering）鍍膜和化學氣相沉積（CVD）〕；另一類是在液體中使離子等發生反應同時而堆積的濕法成膜技術（電鍍、化學鍍等）。

真空蒸鍍是使欲成膜的鍍料加熱蒸發，與此同時使處於氣態的原子或分子沉積在基板上；濺射鍍膜是使氬離子等高速碰撞由欲成膜物質所組成的固體（稱其為靶），並將碰撞（濺射）出的原子或分子沉積在基板上。

另一方面，在溶液中析出的方式是，例如，先將金屬離子溶出，再在基板表面得到電子被還原進而堆積在基板表面。從外部電源供給電子的方法稱為電鍍（electroplating）；在溶液中溶入向基板表面放出電子的物質（還原劑），再由基板供給電子的方法是化學鍍。

在奈米薄膜中，有原子或分子呈三維規則排列的「晶態」情況，也有非規則排列的「非晶態」情況，但無論哪種成膜方法，都希望通過奈米技術對原子或分子排列方式進行有效控制，以便做出良好顯示所希望性能的結構。

而且，在奈米薄膜形成過程中，沉積原子或分子與基板表面原子之間的能量授受（稱其為相互作用）也有重大影響。為了獲得具有所期待性質的奈米薄膜，充分了解並製作良好的基板表面極為重要。

4.13.4 乾法刻蝕和濕法刻蝕加工技術（top-down 方式）

在矽晶片上製取圖形的刻蝕方法，有濕法和乾法兩種。前者所利用的是液相中的化學反應（腐蝕），後者所利用的是電漿中發生的物理、化學的現象。

濕法刻蝕（wet etching）是先利用微影照相，使微影照相膠形成刻蝕掩模，再將材料放入刻蝕液中，只將不要的部分溶解去除的技術。由於刻蝕液對材料表面發生均勻作用，濕法刻蝕基本上是各向同性的（isotropic）。當然，單晶矽的結晶性各向異性（anisotropic）刻蝕以及利用電化學對刻蝕方向性進行控制，以實現高垂直性的電化學，各向異性刻蝕則當別論。

乾法刻蝕（dry etching）可以實現濕法刻蝕難以獲得的垂直性以及圖形自由度高的刻蝕，這些特長在 LSI 及微機電 MEMS 加工中得以淋漓盡致的發揮。在各種乾法刻蝕中，利用最多的是反應離子刻蝕（RIE）。在電漿氣氛中，反應氣體被電離，形成活性反應基。在電場的作用下，活性反應基被所刻蝕的材料垂直地吸附，並與材料表面的原子結合、生成物以氣態的形式脫離表面而實現乾法刻蝕。

但是，乾法刻蝕中會產生氟、氯等對環境有害的氣體，替代氣體的研究正在加緊進行中。當然，從環境保護觀點，電化學刻蝕也需要進一步改進。

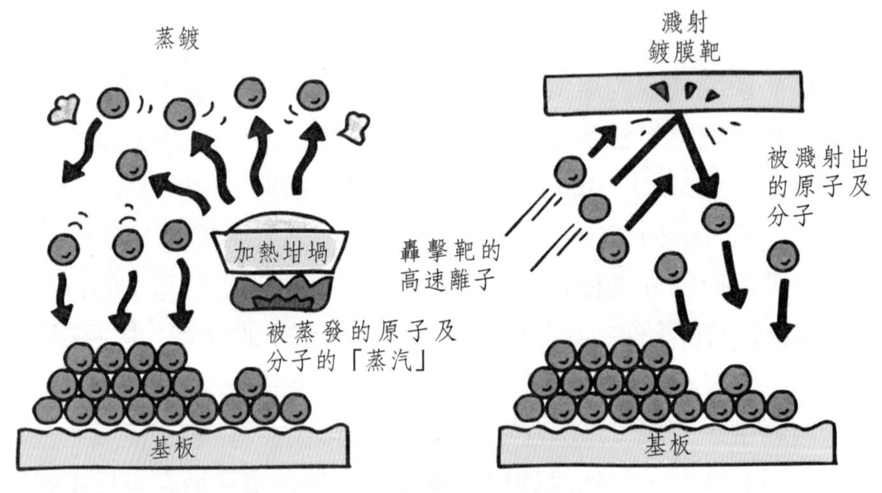

圖 4.44 乾法成膜技術

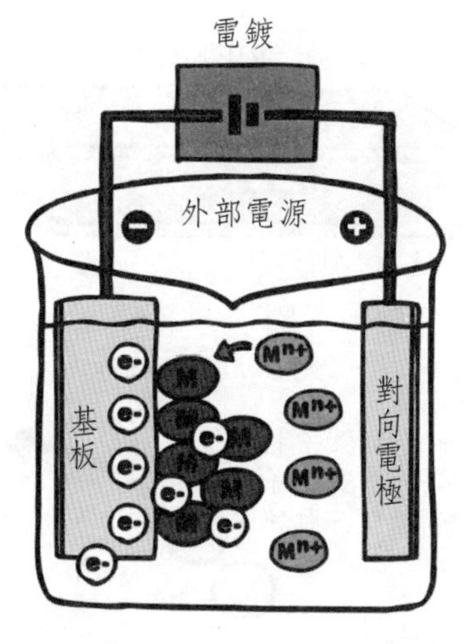

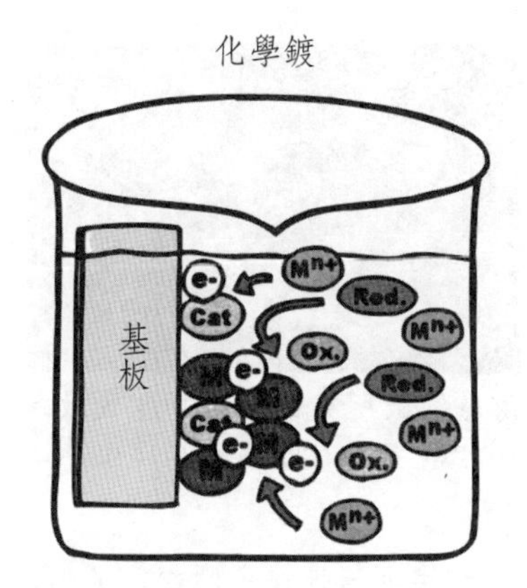

M^{n+}：金屬離子　　e^-：電子　　M：析出的金屬原子

Red：用於化學鍍的還原劑分子

O_X：利用電子放出反應（氧化反應）而發生變化後的還原劑分子

Cat：引起還原劑分子發生反應的觸媒（活性金屬）

圖 4.45　濕法成膜技術

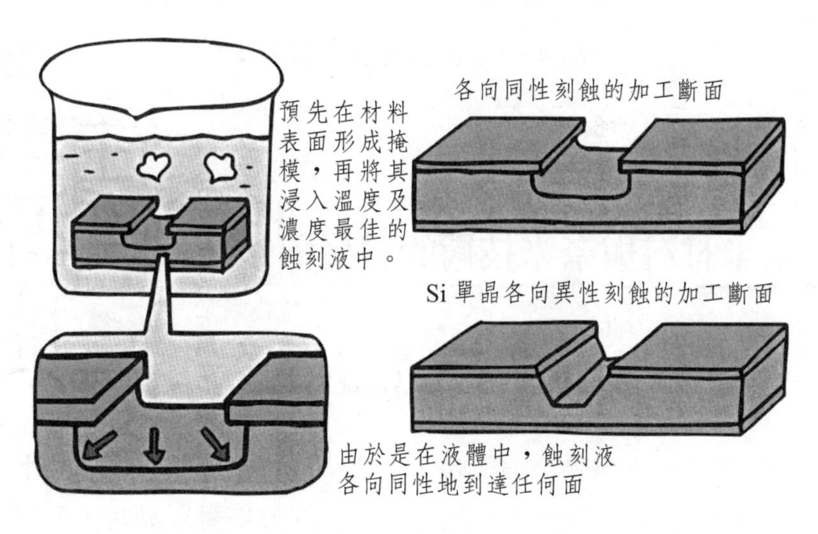

圖 4.46　濕法刻蝕的加工實例

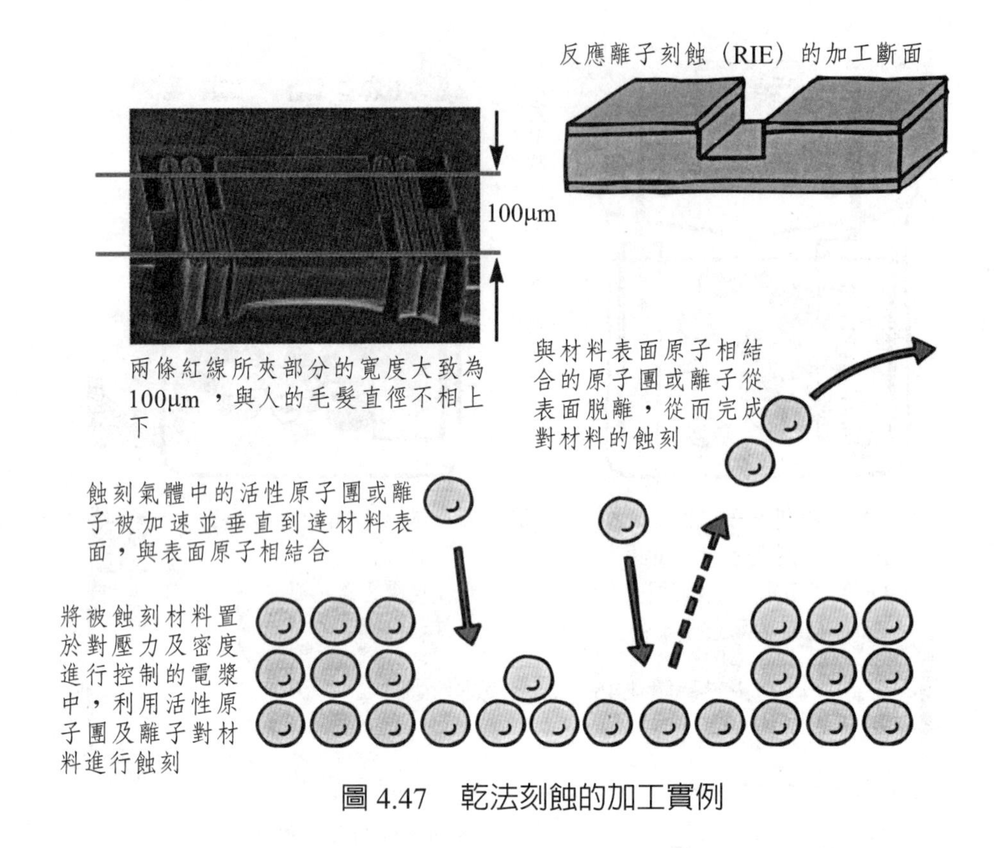
反應離子刻蝕（RIE）的加工斷面
100μm
兩條紅線所夾部分的寬度大致為100μm，與人的毛髮直徑不相上下
與材料表面原子相結合的原子團或離子從表面脫離，從而完成對材料的蝕刻
蝕刻氣體中的活性原子團或離子被加速並垂直到達材料表面，與表面原子相結合
將被蝕刻材料置於對壓力及密度進行控制的電漿中，利用活性原子團及離子對材料進行蝕刻

圖 4.47　乾法刻蝕的加工實例

4.14　奈米材料與奈米技術的發展前景

4.14.1　利用奈米技術改變半導體的特性

完全不含雜質的半導體是絕緣體，這種「理想半導體」百無一用。實際上，半導體中都要摻雜種類各異的雜質原子（這不同於培育單晶時，無意圖而混入的元素雜質）。這樣做的結果，例如，相對於 1000 萬個矽原子，只要摻入一個磷原子，其導電率就提高到 10 萬倍。如此就可以通過有意識地添加雜質（impurity, dopant），在大範圍內改變導電率，自由地控制其性質。從這種意義上講，半導體是便於使用的物質。

而且，向半導體中添加雜質的方法分為擴散法（diffusion）和離子植入法（ionimplantation）兩大類，前者採用雜質濃度高的擴散源，後者是將離子化的雜質注入半導體中。在今天的 LSI 電路製造過程中，為保證雜質濃度在寬範圍內的可控制性，且能調整注入的深度，廣泛採用離子注入法。但是，隨著元件尺寸越來越小，電晶體中所含的雜質原子數量變得極少。例如，對於 1000 萬個矽原子，只添加一個磷原子的場合，1 立方微米中只含有幾個雜質原子。這樣，一個雜質原子是否存在，對電晶體的特性就會產生極大影響。因此，對雜質原子個數和位置的控制就顯得越來越重要。實現這種控制的有效技術就是所謂的「單離子注入法」，這是名副其實的奈米技術。

4.14.2 如何用光窺視奈米世界

光是電磁波的一種。為了利用波獲得物體的像，必須採用波長比物體更小的波。否則，由於繞射（diffraction）作用，由小區域發出大約二分之一波長的波也會向外擴展。

可見光的波長分布在 380～780nm ，用可見光對尺寸只有幾奈米的分子直接攝影當然是不可能的。但是，若合理使用光，也能窺視奈米世界。

方法之一是，對著比波長更小的開口部射入光，利用開口繞射出的電磁波（由於在 100nm 附近發生衰減，故稱之為消散場）進行觀測的方法。藉由該微小開口部的掃描，可以獲得解析度（resolution）為 20nm 的圖像。

方法之二是，利用雷射照射被稱為檢出懸臂的探針，將探針的微小位移，放大為雷射光束的移動量。這種方法利用的是原子力顯微鏡（atomic force microscope, AFM）的工作原理。

方法之三是，用強光照射直徑 1μm 上下的玻璃微珠，對影像進行 500 倍左右的強放大，再由光電二極體或 CCD 相機寫入的方法。若對信號進行很好的處理，能對 1nm 以下的位移在高於 1000 分之一秒的時間解析度下檢出。

進一步來說，採用被稱為「光鑷子（optical tweezers, pincet）」的技術，可將微珠捕捉在雷射的焦點附近。「光鑷子」採用非接觸方式就可對細胞及細胞內的顆粒進行摘取和操作。由於「光鑷子」的引力大小與距捕捉中心的距離成正比，故也稱之為微小的彈簧。

如果能對位移進行奈米精度的測定，就可以求出微小的力。藉由與生體分子「拔河」，已經能測出由分子發生的幾皮牛頓（pN ，1 角硬幣所受重力大約 10^{-7}）的力。

4.14.3 對原子、分子進行直接操作

掃描隧道顯微鏡（STM, scanning tunnel microscope）及原子力顯微鏡（AFM, atomic force microscope）等掃描型探針顯微鏡，不僅能觀察一個一個的原子或分子，而且，藉由 STM 及 AFM 所用的尖銳前端，還可以吸引、提取、移動，甚至組裝一個一個的原子或分子。

用 STM 及 AFM 進行單原子操縱，主要包括三個部分，即單原子的提取、移動和放置。使用 STM 及 AFM 進行單原子操縱較為普遍的方法，是在其針尖和樣品表面之間施加一適當幅值和寬度的電壓脈衝，一般為數伏電壓和數十毫秒寬度。由於針尖和樣品表面之間的距離非常接近，僅為 0.3～1.0nm ，因此在電壓脈衝的作用下，將會在針尖和樣品之間產主一個強度在 10^9～10^{10}V/m 數量級的強大電場。如此，表面上吸附原子將會在強電場的蒸發下被移動或提取，並在表面留下原子空穴，實現單原子的移動和提取操縱。同樣，吸附在 STM 針尖上的原子，也有可能在強電場的蒸發下，沉積到樣品的表面上，實現單原子的放置操縱。

自組裝是指基本結構單元（分子、奈米材料、微米或更大尺度的物質）在既有非共價鍵的相互作用下，自發組織或聚集為一個熱力學穩定的、具有一定規矩幾何外觀結構的技術，在自組裝過程中，基本結構單元並不是簡單地疊加，而是許多個體之間同時自發的發生關聯，通過這種複雜的協同作用集合在一起，形成一個緊密而又有序的一維、二維或三維整體。因此，自組裝是一種自下而上的組裝方式。

4.14.4 碳奈米管電晶體製作嘗試——奈米微組裝遇到的挑戰

按積體電路設計規則，採用自頂向下（top-down）方式進行加工，已接近微細化極限。作為更微細的奈米結構的製作方法，人們嘗試藉由自然力進行加工製作。採用自底向上（bottom-up ，自組裝）方式進行加工，以及藉由原子及分子自發的作用來製作奈米結構體，是近年來的熱門話題。

例如，將碳奈米管用於像 MOS 電晶體中那樣的通道（channel），在實驗室進行大量研究開發，但是，如何將極微細的碳奈米管控制性精良地配置，目前仍未找到合適的方法。好不容易製作的碳奈米管只有整齊劃一地排列，才能配置相關的電極，倘若有一根不聽使喚，則前功盡棄。

如此，即使已存在對原子及分子進行直接操作的技術，但是，將它們一個一

個地並排並不容易。儘管原理上是可能的，但要通過對原子及分子的個別操作做成奈米結構體，作為前提，存在環境（超高真空 ultra high vacuum 、極低溫 extremely low temperature 等）、操作時間等問題。迄今為止，僅是維持同樣水準的半導體大量生產，在價格及生產效率（輸送量）方面均還不能滿足要求。

而且，針對這些加工方法，有不少報導介紹了關於碳奈米管的拾取、放置、增減、切割、位置調整等，但作為工業製品的加工方法還不能滿足要求，有待於奈米加工技術的進一步發展。

採用其它的方法，都需要良好控制性的奈米構造布置技術。到目前為止，還未出現可與刻蝕技術相匹敵的簡單的操作技術。

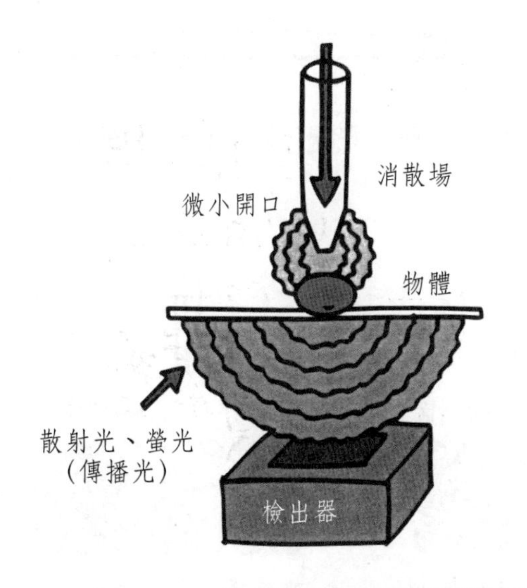

圖 4.48　接近場掃描螢光顯微鏡

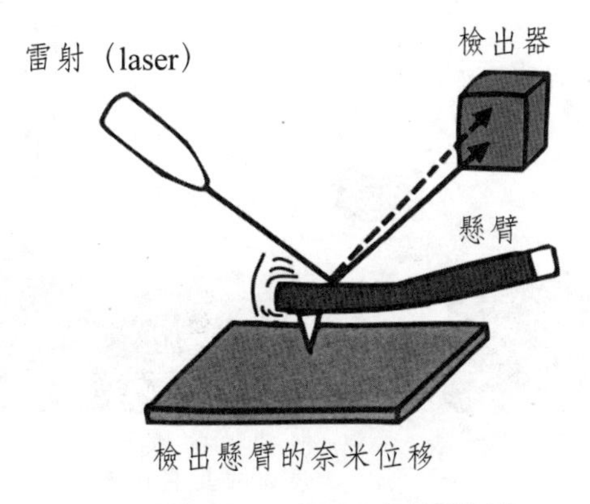

圖 4.49　原子力顯微鏡

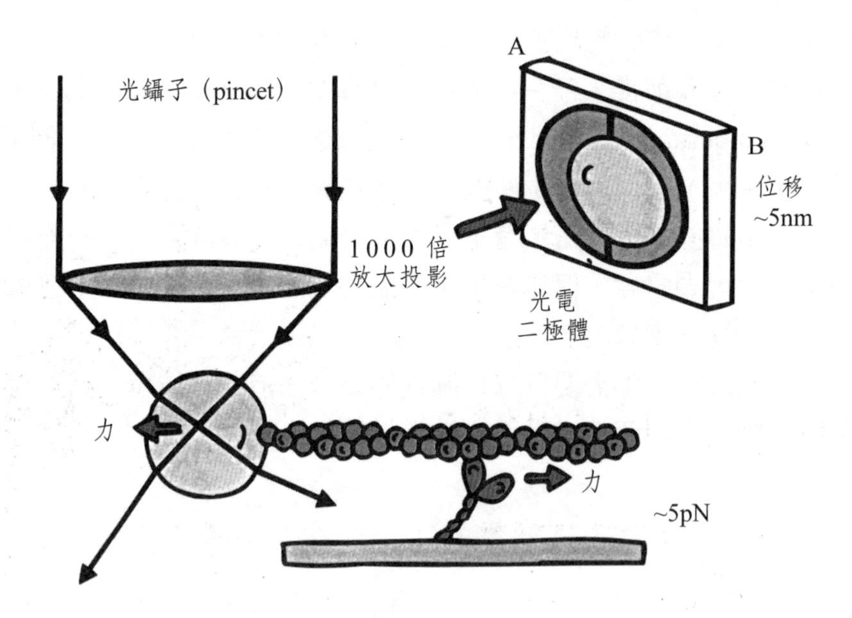

圖 4.50　利用光鑷子移動生物體分子

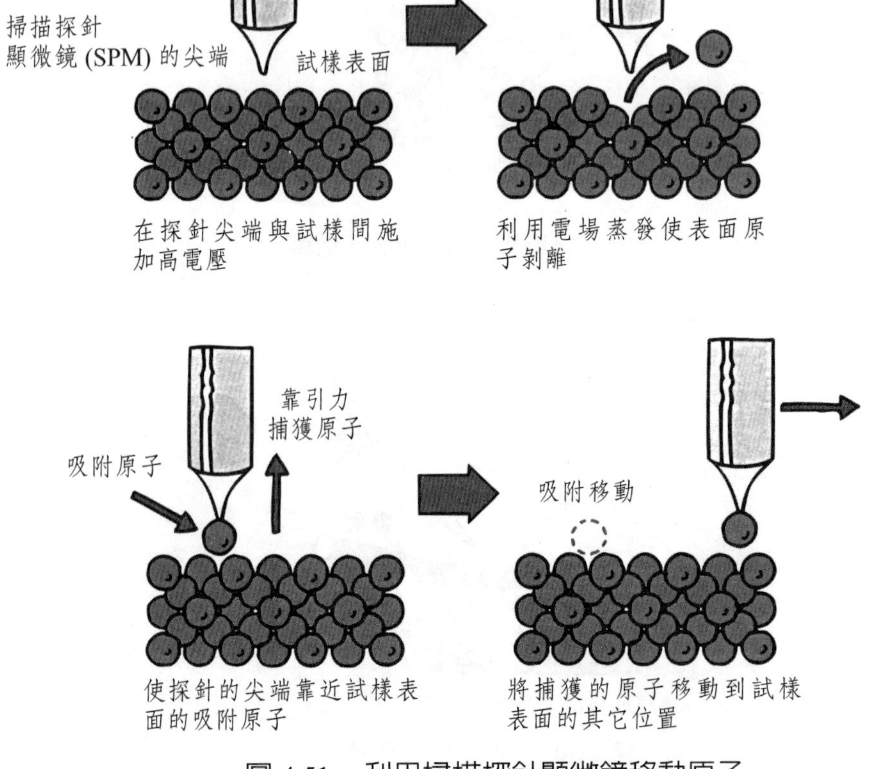

圖 4.51　利用掃描探針顯微鏡移動原子

思考題及練習題

4.1　材料做成粉體，會帶來哪些物理、化學特徵和後續技術的便利性？

4.2　為什麼 PM2.5 比 PM10 更能客觀地反映粉塵對空氣的污染程度？

4.3　粉體粒徑有哪幾種計測方法？粉體粒徑分布是如何表示的？篩網的「目」是如何定義的？

4.4　對於一個形狀複雜的粒子，需要藉助哪些參數測定其直徑，每種測定方法的使用尺寸範圍是多少？

4.5　列舉各種粉碎方式。為什麼細粉碎比粗粉碎單位體積消耗的粉碎功更大？

4.6　何謂粉體造粒，為什麼要造粒，有哪些造粒模式和方法？

4.7　除了機械粉碎之外，還有哪些製作粉體的方法？請簡述製作過程。

4.8　舉例說明粒子表面改性的必要性和粒子表面改性方法。

4.9　給出粉體材料的五種典型應用，每種應用利用了粉體的哪些性質？

4.10　舉出碳奈米管（CNT）的性質和主要用途。

4.11　舉出身邊奈米技術或奈米材料應用的實例。

4.12　奈米材料的尺度為什麼定義為 1～100nm ？請定量解釋。

4.13　舉出幾種製作奈米材料的方法，分別介紹製作過程。

4.14　展望奈米技術或奈米材料的應用前景。

參考文獻

[1] 山本英夫，伊ヶ崎文和，山田昌治，粉の本。日刊工業新聞社，2004 年 3 月。
[2] 羽多野重信，山崎量平，淺井信義，はじめての粉體技術。工業調查會，2000 年 11 月。
[3] 蓋國勝，粉體工程，北京：清華大學出版社，2009 年 12 月。
[4] 鄭水林，非金屬礦物材料，北京：化學工業出版社，2007 年 5 月。
[5] 川合知二，ナノテクノロジーのすべて，工業調查會，2001。
[6] 川合知二，ナノテク活用技術のすべて，工業調查會，2002。
[7] 大泊巖，ナノテクノロジーの本，日刊工業新聞社，2002 年 3 月。
[8] 朱靜，奈米材料和元件，北京：清華大學出版社，2003 年 4 月。
[9] 馬小娥，王曉東，關榮峰，張海波，高愛華，材料科學與工程概論，北京：中國電力出版社，2009 年 6 月。
[10] 王周讓，王曉輝，何西華，航空工程材料，北京：北京航空航太大學出版社，2010 年 2 月。
[11] 胡靜，新材料，南京：東南大學出版社，2011 年 12 月。
[12] 齊寶森，呂宇鵬，徐淑瓊，21 世紀新型材料，北京：化學工業出版社，2011 年 7 月。
[13] 谷腰欣司，フェライトの本，日刊工業新聞社，2011 年 2 月。

5 陶瓷及陶瓷材料

5.1 陶瓷發展史 —— 人類文明進步的標誌
5.2 日用陶瓷的進展
5.3 陶瓷及陶瓷材料 (1)—— 按緻密度和原料分類
5.4 陶瓷及陶瓷材料 (2)—— 按性能和用途分類
5.5 普通黏土陶瓷的主要原料
5.6 陶瓷成型技術 (1)—— 旋轉製胚成型和注漿成型
5.7 陶瓷成型技術 (2)—— 乾壓成型、熱壓注成型和等靜壓成型
5.8 普通陶瓷的燒結過程
5.9 結構陶瓷及應用 (1)—— Al_2O_3 和 ZrO_2
5.10 結構陶瓷及應用 (2)—— SiC 和 Si_3N_4
5.11 低溫共燒陶瓷（LTCC）基板
5.12 單晶材料及製作
5.13 功能陶瓷及應用 (1)—— 陶瓷電子元件
5.14 功能陶瓷及應用 (2)—— 微波元件、感測器和超聲波馬達

5.1 陶瓷進化發展史 —— 人類文明進步的標誌

5.1.1 China 是中國景德鎮在宋朝前古名昌南鎮的音譯

陶瓷（ceramics）材料在材料的大家庭中，遠比金屬和塑料古老。瓷器與火藥、指南針、造紙和活字印刷術等作為中國人的偉大發明，對人類文明進步產生巨大推動作用。

據考證，英文單詞「China」是中國景德鎮在宋朝前古名昌南鎮的音譯，該產地的陶瓷被譽為「白如玉、明如鏡、薄如紙、聲如磬」。China 因陶瓷而作為中國的國名早已享譽全球。時至今日，不少海外人士以收藏中國的古瓷為榮耀。2010 年秋，一個清乾隆粉彩鏤空瓷瓶以 5.5 億人民幣拍賣成交，此一創紀錄的天價令世人驚愕。

5.1.2 陶器出現在 10000 年前，秦兵馬俑、唐三彩堪稱典範

陶器的出現要比瓷器早得多，在 8000～10000 年前就已出現，可以看成是人類最初的手工業製品，標誌著人類開始從遊獵生活轉向定居農牧生活。

古代的人類最初利用大自然的恩賜 —— 黏土製造一些盛器使用，或許是一場森林大火後，人們發現盛器不像其它物品那樣被燒掉，反而變得堅硬結實，這可能就是上古陶瓷的起源。人類通過無數次實踐發現，只要將黏土單獨加水捏成一定形狀，並用火燒後就可以作為容器使用，這就發明了陶器。這也標誌著人類文化開始從舊石器時代跨入了新石器時代。最早出現的陶器大都是泥質和夾砂紅陶、灰陶和夾炭黑陶。

隨著陶器製作的不斷發展，到新石器時代的晚期，已發展到以彩陶和黑陶為特色的史前文化。其中，仰韶文化又稱為「彩陶文化」，龍山文化又稱為「黑陶文化」等。

殷商時代（西元前 17 世紀）出現了釉陶，為從陶過渡到瓷創造了必要的條件，釉陶的出現可以看成是我國陶瓷發展過程中的「第一個飛躍」。

秦兵馬俑表明秦代的製陶技術已達到相當高的水準；而唐三彩顯示出唐代的彩釉、釉陶技術已達到登峰造極的程度。

5.1.3　瓷器出現在 3000 年前，宋代五大名窯、元青花、鬥彩、粉彩曠世絕倫

黃河流域和長江以南商周時代遺址的發掘顯示，「原始瓷器」在中國已有 3000 年的歷史。

浙江出土的東漢越窯青瓷，可說是迄今為止在我國發現最早的瓷器。中國瓷器在漢、晉時期完成由陶向瓷的過渡以後，進入了普遍發展時期。晉朝（西元 265-316 年）呂忱的《字林》一書中已經有了「瓷」字。

關於由陶到瓷的發展過程，我國陶瓷發展史上有三個重大突破：原料的選擇和精製、窯爐的改進及燒成溫度的提高、釉的發現和使用，並經歷了三個重要階段：陶器→原始瓷器→瓷器。

唐代的越窯青瓷、邢窯白瓷享有盛名。

宋代的五大名窯，定窯（河北曲陽）以白瓷，汝窯（河南汝縣）、官窯、哥窯（浙江南郡）以青瓷、裂紋瓷，鈞窯（河南禹縣）以釉色品種天青、月白、海棠紅等聞名於世。

明代景德鎮（以宋朝景德年號命名）的青花瓷在技術上達到空前的高峰，加上鄭和下西洋的傳播，在世界範圍內產生巨大影響。

清代初葉，我國的製瓷技術進入十分成熟的階段。在繼承的基礎上，又接受了外來的影響，彩釉由五彩、鬥彩發展到粉彩與琺瑯彩，並創造了各種低溫和高溫顏色釉。康熙、雍正、乾隆三朝製品尤其精巧華麗。

5.1.4　特種陶瓷應新技術而出現，隨高科技而發展

「特種陶瓷」此一術語最早出現於 20 世紀 50 年代的英國。此後又有先進陶瓷、精細陶瓷、高技術陶瓷等多種名稱。特種陶瓷是應新技術（電子、太空、雷射（laser）、電腦、紅外線等）的要求而出現，隨高新技術（平板顯示器、白色 LED 固體照明、新能源、生物、環保等）的發展而發展。

製作高性能的特種陶瓷，不僅要改變傳統陶瓷技術中口傳身教、作坊式的生產模式，而且在原料、成型、燒結、設備及技術參數控制等方面有許多新的嚴格要求。

特種陶瓷按高新科技應用領域不同，有結構陶瓷、功能陶瓷、生物陶瓷等之分。

(1) 結構陶瓷（工程陶瓷）：主要指發揮其機械、熱、化學等功能的材料，以

力學性能為主要表徵。由於其具耐高溫、耐腐蝕、高耐磨、高硬度、高強度、低蠕變等一系列優異性能，可承受其它材料難以勝任的工作環境。導彈的端頭和尾部、太空梭的耐熱蒙皮都離不開耐熱陶瓷。

(2) 功能陶瓷：主要指利用其電、磁、聲、光、熱、彈性、鐵電、壓電和力學等性質及其耦合效應所提供的一種或多種性質，來實現某種使用性能的新型陶瓷。

(3) 生物陶瓷：生物陶瓷既要滿足結構特性又要滿足功能特性，一般可分為生物惰性陶瓷、表面活性生物陶瓷、生物可吸收性陶瓷和生物複合材料等幾類。

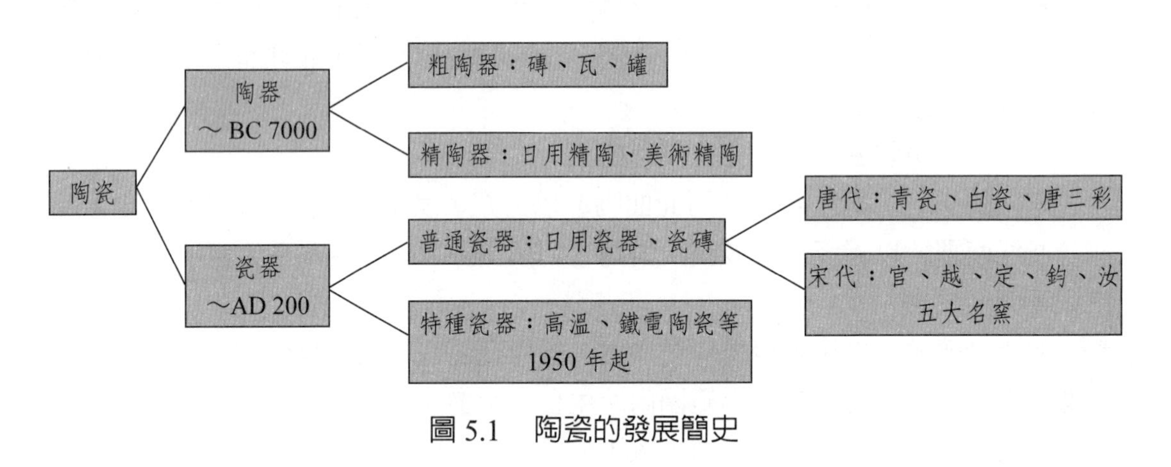

圖 5.1 陶瓷的發展簡史

表 5.1 陶瓷製品分類

	原料	燒結溫度（°C）	燒結過程	微結構	性能	用途	價格（元／噸）
陶器	黏土	900～1100	未燒結或半燒結	不緻密	強度低	磚、瓦、罐等	大約 400
陶瓷	黏土、高嶺土、石英、長石等	1200～1400	常壓燒結	緻密	高強度、耐腐蝕、耐高溫等	日用器皿、建築製品、陳設品等	大約 4,000
先進陶瓷或精細陶瓷	$BaTiO_3$, Zr, Al 等的氧化物，AlN 等氮化物	1600 以上	高溫熱壓燒結、氣氛燒結等	更緻密	功能陶瓷，電、磁、光等相互轉化功能	功能材料，如絕熱材料、電容器、傳感器	2,000,000～10,000,000

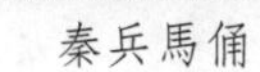

秦兵馬俑

釉陶

唐三彩

圖 5.2　古陶瓷展示

5.2 日用陶瓷的進展

表 5.2 普通陶瓷的分類方法

類別	主要種類	按用途、特徵、性能等細分的品種
日用陶瓷	餐具	中餐具（盤、碗、碟、羹、壺、杯等） 西餐具（碗、盤、碟、糖罐、奶盅、壺、杯等）
	茶具、咖啡具	茶盤、水果盤、點心盤、杯、壺、碟等
	酒器	酒壺、酒杯、杯托、托盤
	文具	筆筒、筆洗、水盂、筆架
	陳設瓷（美術瓷）	花瓶、燈具、雕塑瓷、薄胎碗等
建築衛生陶瓷	建築陶瓷	玻化磚（滲花和非滲花）、彩釉磚、錦磚（馬賽克）、內牆磚、外牆磚、腰線磚、廣場磚、劈裂磚、園林陶瓷等
	衛生陶瓷	洗臉臺、馬桶、小便斗、洗滌器、水箱、水槽、水管、肥皂盒、衛生紙盒
電瓷	低壓電瓷	用於 1kV 以下的電瓷
	高壓電瓷	用於 1kV 以上的電瓷，如普通高壓瓷、鋁質高強度瓷
	超高壓電瓷	用於 500kV 以上的電瓷
化工瓷	耐酸磚	耐酸磚、耐酸耐溫磚
	耐酸容器	儲酸缸、酸洗槽、電解槽、耐酸塔等
	耐酸機械（部件）	耐酸離心泵、風機、球磨機等
	化學瓷	瓷坩堝、蒸發皿、研缽、漏斗、過濾板、燃燒盤等

表 5.3 我國日用陶瓷分類標準 (1)（GB 5001～1985）

類別	性能及特徵			
	吸水率（%）	透光性	胎體特徵	敲擊聲
陶器	一般＞3	不透光	未玻化或玻化程度差、結構不致密、斷面粗糙	沉濁
瓷器	一般≤3	透光	玻化程度高、結構致密、細膩，斷面呈石狀或貝殼狀	清脆

表 5.4 我國日用陶瓷分類標準 (2)（GB 5001～1985）

類別		性能及特徵	
		吸水率（%）	特徵
陶器	粗陶器	＞15	不施釉，製作粗糙
	普通陶器	≤12	斷面顆粒較粗，氣孔較大，表面施釉，製作不夠精細
	細陶器	≤15	斷面顆粒較細，氣孔較小，結構均勻，施釉或不施釉，製作精細
瓷器	粗瓷器	≤3	透光性差，通常胎體較厚，斷面呈石狀，製作較細
	普通瓷器	≤1	有一定透光性，斷面呈石狀或貝殼狀，製作較精細
	細瓷器	≤0.5	透光性好，斷面細膩，呈貝殼狀，製作精細

5.3 陶瓷及陶瓷材料 (1) —— 按緻密度和原料分類

5.3.1 陶瓷的概念和範疇

一般將那些以黏土（clay）為主要原料加上其它天然礦物原料，經過揀選、粉碎、混煉、成型、燒結等工序製作的各類產品稱作陶瓷。

例如，我們使用的瓷盤、碗、花瓶等就是日用陶瓷；建屋鋪地用的外牆磚、瓷質磚、馬賽克（mosaic）等，均屬於建築陶瓷；輸電線路上的瓷絕緣子、瓷套管等屬於電工電子陶瓷（簡稱電瓷）。無論日用陶瓷，還是建築陶瓷、電瓷等，都是傳統陶瓷。由於這類陶瓷使用的主要原料是自然界大量存在的矽酸鹽礦物（如黏土、長石、石英等），所以又可歸屬於矽酸鹽材料及其製品的範疇。

同屬矽酸鹽材料製品的陶瓷與玻璃，在製作技術上的最主要差別是前者由燒結而成，而後者由熔凝而成。陶瓷是先成型後燒結，燒結溫度一般在 1350℃以下（可以出現部分液相），得到的材料為多晶的，製品一般為非透明態；而玻璃製作要經原料熔化、反應、高溫（1400～1500℃）澄清階段，在冷凝過程中成型，得到的材料為非晶態的，製品為透明的。

隨著近代科學技術的發展，近百年出現許多新的陶瓷品種，如氧化物陶瓷、壓電陶瓷、金屬陶瓷等各種結構和功能陶瓷。雖然它們的生產過程基本上還是沿用原料處理 — 成型 — 燒結這種傳統方法，但所採用的原料已很少使用或不再使用黏土（clay）、長石（feldspar）、石英（quartz）等天然原料，而是已擴大到化工原料和合成礦物，甚至是非矽酸鹽、非氧化物原料，如碳化物（carbide）、氮化物（nitride）、硼化物（boride）、砷化物（arsenide）等。如此，組成範圍就擴展到整個無機材料範圍中了。與之相應，還出現許多新技術。

應該說，陶瓷範圍在國際上並無統一概念，在中國及一些歐洲國家，陶瓷僅包括普通陶瓷和特種陶瓷兩大類製品，而在日本和美國，陶瓷一詞則泛指所有無機非金屬材料製品，除傳統意義上的陶瓷之外，還包括耐火材料、水泥、玻璃、搪瓷等。

因此，廣義的陶瓷概念應是無機非金屬固體材料和產品的通稱，不管是多晶燒結體，還是單晶、薄膜、纖維的結構陶瓷和功能陶瓷等無機非金屬固體材料和產品，均可成為陶瓷。

陶瓷具有金屬和高分子材料所沒有的高強度、高硬度和耐腐蝕性等，依用途要求還具有導電、絕緣、磁性、透光、半導體以及壓電、鐵電、光電、電光、超導、生物相容性等特殊性能。

陶瓷製品種類繁多，可以不同角度進行分類。

5.3.2 按陶瓷胚體緻密度的不同分類 —— 陶器和瓷器

陶器通常是未燒結或部分燒結、有一定的吸水率、斷面粗糙無光、不透明、敲之聲音深沉，有的無釉、有的施釉。陶器又可進一步分為粗陶器（如盆、罐、磚瓦、各種陶管等）與精陶器（如日用精陶、美術陶瓷、釉面磚等）。

瓷器的胚體已燒結，質地緻密，基本上不吸水，有一定透明性，敲之聲音清脆，斷面有貝殼狀光澤，通常根據需要施有各種類型的釉。瓷器也可進一步分成：(1) 細瓷，如日用陶瓷（長石瓷、絹雲母瓷、骨灰瓷等）、美術瓷、高壓電瓷、高頻裝置；(2) 特種陶瓷，如高鋁質瓷、壓電陶瓷、磁性瓷、金屬陶瓷等。

介於陶與瓷之間的一類產品，就是國際上通常指的中溫瓷器，也就是半瓷質，主要有日用中溫瓷器（如紫砂壺、農村用的水缸）、衛生陶瓷、化工陶瓷、低壓電瓷、地磚、錦磚、青瓷等。

5.3.3 按陶瓷製品的性能和用途分類 —— 普通陶瓷和特種陶瓷

普通陶瓷即為陶瓷概念中的傳統陶瓷，是人們生活和生產中最常見、最常使用的陶瓷製品，根據其使用領域的不同，又可分為日用陶瓷（包括藝術陳設陶瓷）、建築衛生陶瓷、化工陶瓷、化學瓷、電瓷及其它工業用陶瓷。這類陶瓷製品所用的原料基本相同，生產技術亦相近。

特種陶瓷是指普通陶瓷以外的廣義陶瓷概念中所涉及的陶瓷材料和製品，用於各種現代工業和尖端科學技術，按其特性和用途，又可分為結構陶瓷和功能陶瓷兩大類（詳見 5.13～5.14 節）。

結構陶瓷是指作為工程結構材料所使用的陶瓷材料，它具有高強度、高硬度、高彈性模量、耐高溫、耐磨損、耐腐蝕、抗氧化、抗熱震等特性。主要用於耐磨損、高強度、耐熱、耐熱衝擊、硬質、高剛性、低熱膨脹性、高熱導和隔熱等結構陶瓷材料，大致可分為氧化物陶瓷、非氧化物陶瓷和結構用的陶瓷基複合材料等。

功能陶瓷是指具有電、磁、光、聲、超導、化學、生物等特性，且具有互相轉化功能的一類陶瓷，大致可分為電子陶瓷〔包括電絕緣、電介質、壓電、熱釋電（pyroelectric）、鐵電（ferroelectric）、敏感、導電、超導（superconduction）、磁性等陶瓷〕、透明陶瓷、生物與抗菌陶瓷、發光與紅外線輻射陶瓷、多孔陶瓷、電磁功能、光電功能和生物 — 化學功能等陶瓷製品和材料。另外，還有核陶瓷材料和其它功能材料等。

5.3.4 按陶瓷原料分類 —— 氧化物陶瓷和非氧化物陶瓷

氧化物陶瓷是以一種或數種氧化物為主要原料，其它氧化物為添加劑，經高溫燒結製成的陶瓷。主要品種有 Al_2O_3、MgO 、ZrO_2、BeO 及莫來石等。具有高強、耐高溫（熔點高於 1850℃）、化學穩定性好、電絕緣、脆性大、抗拉強度低等特性。用作高溫窯爐的耐火材料、隔熱材料、熔煉金屬或合金坩堝及有關容器、發動機及航太設備的高級耐高溫耐火材料（refractory material）或耐燒蝕部件、核反應爐用的核燃料、中子減速劑、陶瓷刀具、研磨材料、軸承和機械密封件，是目前應用最廣泛的工程陶瓷。

非氧化物陶瓷是以非氧化物為主相的陶瓷材料，包括氮化物、碳化物、硼化物、矽化物（silicide）等。具有高強度、高硬度、耐腐蝕及優良的高溫力學性能，在一定溫度下易氧化。主要用於高溫結構材料、耐磨材料、高導熱材料、貴金屬熔煉、切削刀具等。

表 5.5　陶瓷材料的進展

世代	特徵	典型代表
第 1 代 (陶器)	陶器出現在10000年前，秦兵馬俑、唐三彩堪稱典範。以天然黏土為原料，以木材為燃料燒製成的燒結品。品質管理主要靠手藝和經驗。 採用這種方法的陶瓷工業生產從 20 世紀 50 年代起已漸退出歷史舞臺，但作為陶藝作品的燒成物製作，近年來又逐漸興盛起來。	
第 2 代 (瓷器)	瓷器出現在3000年前，包括宋代五大名窯、元青花、鬥彩、粉彩等，堪稱曠世絕倫。 普通陶瓷一般以黏土、高嶺土、石英、長石為原料(有的要精選)，在較高的溫度下，按使用領域不同，燒製成日用陶瓷、建築衛生陶瓷、化工陶瓷、化學瓷、電瓷及其它工業用陶瓷。 透過對天然原料的精製，在對溫度和氣氛比較嚴格控制的條件下進行燒製。汽車及飛機引擎用的火星塞，是第二代陶瓷的優秀代表。	
第 3 代 (精細陶瓷)	採用高純度的合成原料粉體，對燒結體的組織進行嚴密控制燒製的陶瓷。 第 3 代陶瓷的第一期為氧化鋁製的 LSI 基板。同時又出現 ZrO_2、SiC、Si_3N_4、$BaTiO_3$ 等精細陶瓷。 陶瓷發動機用陶瓷部件的製作，特別需要精密的組織控制。20 世紀 80 年代日本通產省曾大力推動陶瓷發動機的開發，並將這種陶瓷命名為精細陶瓷。儘管陶瓷發動機的開發遇到巨大困難而停滯，但精細陶瓷卻頑強生長且不斷結出果實。 陶瓷電子材料（電子陶瓷）的製造，也需要與半導體製造不相上下的嚴格管理。廣義上講（也是為了處理方便），通常也將玻璃、碳素、Si 及化合物半導體等歸於第 3 代陶瓷一起討論和處理。	

5.4 陶瓷及陶瓷材料 (2) —— 按性能和用途分類

5.4.1 普通陶瓷和精細陶瓷

精細陶瓷又稱高性能陶瓷、高科技陶瓷。按其用途可分為結構陶瓷和功能陶瓷兩大類。前者主要利用它們的高硬度、高熔點、耐磨損、耐腐蝕性能，又稱工程陶瓷；後者主要利用它們的光、聲、電、熱、磁等物理特性，又稱電子陶瓷。按化學組成分類，可分為氧化物類和非氧化物類。前者包括各種氧化物和含氧酸鹽，一般用作功能陶瓷；後者包括氮化物、碳化物、硼化物等，一般用作結構陶瓷。

精細陶瓷與傳統陶瓷的根本區別在於可從原料選擇製作、後續製造技術方法實施嚴格控制，得到實際所需具有不同性能要求的陶瓷材料。精細陶瓷與傳統陶瓷相比，在原料上突破了傳統陶瓷以黏土為原料的界限，特種陶瓷一般以氧化物、氮化物、矽化物、碳化物、硼化物等為主要原料，主要區別在於精細陶瓷的各種化學組成、形態、細微性和分布等可以得到精確控制。在成分上，精細陶瓷的原料是純化合物，因此成分由人工配比決定，其性質的優劣由原料的純度和技術決定，而非像傳統陶瓷一樣由產地決定。在製作技術上，精細陶瓷多採用靜壓、注射成型和氣相沉積等先進成型方法，可獲得密度分布均勻和相對精確的胚體尺寸，胚體密度也有較大提高；燒結方法上突破傳統陶瓷以爐窯為主要生產手段的界限，廣泛採用真空燒結、保護氣氛燒結等手段。在性能上，精細陶瓷具有不同的特殊性質和功能，如高強度、高硬度、耐腐蝕、導電等各方面特殊性能，從而使其在高溫、機械、電子等方面得到廣泛應用。

5.4.2 精細陶瓷舉例

功能陶瓷方面，1987 年發現的釔鋇銅氧陶瓷在 98K 時具有超導（superconducting）性能，為超導材料的實用化開闢了道路，成為人類超導研究歷程的重要里程碑。壓電（piezoelectric）陶瓷在力的作用下，表面就會帶電，反之若給它通電就會發生機械變形。電容器陶瓷能儲存大量電能，目前全世界每年生產的陶瓷電容器達百億支，在電腦中完成記憶功能。結構陶瓷方面，氧化鋁陶瓷（人造剛玉）是一種極有前途的高溫結構材料，可作高級耐火材料，如坩堝、高溫爐管等。氮化矽陶瓷也是一種重要結構材料，是一種超硬物質，密度小、本身具有潤滑性，且耐磨損、抗腐蝕能力強，常用於製造軸承、汽輪機葉片、機械密封環、永久性模具等機械構件。氮化硼陶瓷是一種新興的工業材料，是隨著宇宙航空和電子工業發展起來的，在工業上有廣泛用途。

5.4.3 結構陶瓷和功能瓷器

結構陶瓷主要是指發揮其機械、熱、化學等性能的一大類新型陶瓷材料，是作為結構部件的特種陶瓷，由單一或複合的氧化物組成，如單純由 Al_2O_3、ZrO_2、SiC 、Si_3N_4 組成，或相互複合、或與碳纖維結合而成，用於製造陶瓷發動機和耐磨、耐高溫的特殊構件。它可以在許多苛刻的工作環境下服役，因而成為許多新興科學技術得以實現的關鍵。例如，在空間技術領域中，製造太空梭（space shuttle）需能承受高溫和溫度急變、強度高、重量輕且長壽的結構材料和防護材料，在這方面，結構陶瓷佔有絕對優勢，從第一艘太空船即開始使用高溫與低溫的隔熱瓦，碳 — 石英複合燒蝕材料已成功應用於發射和回收人造地球衛星。在軍事工業的發展方面，先進次音速（subsonic）飛機的成敗，就取決於具有高韌性和高可靠性的結構陶瓷和纖維補強的陶瓷基複合材料應用。另外，在光通信產業、積體電路製造業、冶金、能源、機械等領域也有重要應用。

功能陶瓷是指以電磁光聲熱力化學和生物學資訊的檢測轉換耦合傳輸及存儲功能為主要特徵的一種陶瓷材料，這類材料通常具有某些特殊功能，而這些性質的實現往往取決於其內部的電子狀態或原子核結構，因此功能陶瓷又稱電子陶瓷。功能陶瓷是一類頗有靈性的材料，它們或能感知光線，或能區分氣味，或能儲存資訊，在電、磁、聲、光、熱等方面具備其它材料難以企及的優異性能，已在能源開發、電子技術、傳感技術、雷射技術、光電子技術、紅外線技術、生物技術、環境科學等方面有廣泛應用。例如，熱敏陶瓷可感知微小的溫度變化，用於測溫、控溫；而氣敏陶瓷製成的氣敏元件能對易燃、易爆、有毒、有害氣體進行監測、控制、報警和空氣調節；而用光敏陶瓷製成的電阻器可用作光電控制，進行自動送料、自動曝光和自動計數。磁性陶瓷是部分重要的資訊記錄材料。此外，還有半導體陶瓷、絕緣陶瓷、介電陶瓷、發光陶瓷、感光陶瓷、吸波陶瓷、雷射用陶瓷、核燃料陶瓷、推進劑陶瓷、太陽能光轉換陶瓷、貯能陶瓷、陶瓷固體電池、阻尼陶瓷、生物技術陶瓷、催化陶瓷、特種功能薄膜等，在自動控制、儀器儀表、電子、通訊、能源、交通、冶金、化工、精密機械、航空太空、國防等部門，均發揮重要作用。

5.4.4 對結構陶瓷和功能陶瓷的特殊要求

材料中的結構材料主要是指利用其強度、硬度、韌性等機械性能製成的各種材料。金屬作為結構材料，一直以來被廣泛使用，但是由於金屬易受腐蝕，在高溫時不耐氧化，故不適合在高溫時使用。結構陶瓷正是彌補了金屬材料的這些缺點。它具有能經受高溫、不怕氧化、耐酸鹼腐蝕、硬度大、耐磨損、密度小等特點，作為高溫結構材料非常合適。而功能陶瓷在光、聲、電、熱、磁等方面具有特殊的物理性能，可用於聲、光、力、熱、磁等信號與電信號的轉換。

要滿足對結構陶瓷和功能陶瓷的這些特殊要求，在原料選擇和處理、燒結技術、後續加工和處理等方面都要採取特殊措施。

表 5.6 精細陶瓷依所用原料的分類

材料名稱		定義及示例
氧化物	Al_2O_3	在具有尖端技術的電子、精密構件中，使用高純度、低鹼、微細粉末（電化學腐蝕、燒結、鍛燒氧化鋁、研磨用微粉等）
	SiO_2（天然及加工）	包括高純度、可控制粒狀的石英粉，單結晶水晶記載著特定的形態
	SiO_2（合成）	包括用濕式以及乾式法合成的二氧化矽、超微細粉末的二氧化矽（乾燥用的矽膠除外）
氧化物	ZrO_2	包括穩定化的氧化鋯、部分穩定化的氧化鋯
	TiO_2	塗料用顏料除外
	ZnO	塗料用顏料除外
	$BaTiO_3$	包括其它鈦酸鹽（Ca、Sr 等）
	PZT（$PbZrTiO_3$）等	包括 PLZT 鉛鑭鋯鈦氧化物
	鐵氧體類	軟質鐵氧體以及硬質鐵氧體（含磁性粉末）
	$Al(OH)_3$	如高白氫氧化鋁
非氧化物	SiC	包括成型體、磨削材料用磨粒
	WC	包括成型體、磨削材料、塗覆用磨粒
	BN（h 型）	成型體，散熱、填料、硼擴散材料、潤滑劑、離型劑等用包括工具、超硬材料：焦化氮化硼 p-BN（pyrolytic）（坩堝的塗覆材料）等
	BN（其它）	成型體，散熱材料、光學用等
	A1N	成型體，磨削材料用等（包括賽隆 Sialon 陶瓷的原料、中間體）
	Si_3N_4、石墨及炭料	面向合成以及天然石墨，耐熱、導電、耐腐蝕等高檔用途〔炭黑（carbon black）、活性炭（active coal）、木炭（coal）除外〕

資料來源：日本精細陶瓷協會

5.5　普通黏土陶瓷的主要原料

陶瓷工業中使用的原料品種繁多，但主要涉及三類主要原料：具有可塑性的黏土類原料、具有非可塑性的石英類原料和熔劑性的長石類原料。

5.5.1　黏土類原料

黏土是自然界中的矽酸鹽岩石〔如長石（feldspar）、雲母（mica）等〕經過長期風化作用而形成的一種土狀礦物混合體；為細顆粒的含水鋁矽酸鹽，具有層狀結構。黏土的化學成分主要是 SiO_2、Al_2O_3 和 H_2O，以及少量的 K_2O、Na_2O、CaO、MgO、Fe_2O_3、TiO_2 等。

黏土在陶瓷製作的作用主要有以下幾點：

(1) 黏土的可塑性 —— 與適量的水混煉後形成的泥團，在一定外力作用下變形而不開裂，當外力撤出後，仍能保持其形狀不變的性質，是陶瓷泥胚賴以成型的基礎。

(2) 黏土的結合性 —— 黏土能夠黏接一定細度的非塑性物料，形成良好的可塑泥團，並有一定乾燥強度的性能，是將各種原料結合在一起的基礎，並有利於胚體的成型加工。

(3) 黏土能使注漿泥料與釉料具有良好的懸浮性和穩定性，使漿料組分均勻，不至於沉澱分層。

(4) 黏土原料中的 Al_2O_3 是陶瓷胚體生成莫來石（$3Al_2O_3 \cdot 2SiO_2$）主晶相的主要成分，而莫來石相能賦予陶瓷產品良好的機械強度、介電性能、熱穩定性和化學穩定性等。

(5) 黏土中 Al_2O_3 及雜質的多少，是決定陶瓷胚體的燒結程度、燒結溫度和軟化溫度的主要因素，據此可獲得多品種的陶瓷產品。

5.5.2　石英類原料

自然界中二氧化矽結晶礦物可以統稱為石英（quartz）。石英的化學成分為 SiO_2，常含有少量雜質成分，如 Al_2O_3 Fe_2O_3、CaO、MgO、TiO_2 等。在陶瓷工業中常用的石英類原料有脈石英、砂岩、石英岩、石英砂、燧石、矽藻土等。石英有多種結晶形態和一個非晶態，最常見的晶型是 α- 石英、β- 石英、α- 鱗石英、

β- 鱗石英、γ- 鱗石英、α- 方石英和 β- 方石英。在一定的溫度和其它條件下，這些晶型會發生相互轉化。

石英原料在陶瓷生產中的作用可以概括為：

(1) 石英是瘠性原料，可對泥料的可塑性起調節作用，能降低胚體的乾燥收縮，縮短乾燥時間並防止胚體變形。

(2) 在燒成時，石英的加熱膨脹可部分補償胚體收縮影響；高溫時，石英部分溶解於液相中，增加熔體的黏度；而未溶解的石英顆粒構成胚體的骨架，可防止胚體發生變形和開裂。

(3) 石英能改善瓷器的白度和透光性。

(4) SiO_2 是釉料中玻璃質的主要組分，增加釉中石英的含量，可相應提高釉的熔融溫度及黏度，並減少釉的熱膨脹係數。同時，石英還可賦予釉以較高的機械強度、硬度、耐磨性及耐化學腐蝕性。

5.5.3 長石類原料

長石是地殼上分布廣泛的礦物，其化學組成為不含水的鹼金屬與鹼土金屬的鋁矽酸鹽。這類礦物的特點是有較統一的結構規則，屬空間網架結構矽酸鹽。

長石種類很多，但歸納起來都是由鉀長石（$KAlSi_3O_8$）、鈉長石（$NaAlSi_3O_8$）、鈣長石（$CaAl_2Si_6O_{16}$）、鋇長石（$BaA_{12}Si_6O_{16}$）這四種長石組合而成。

在陶瓷生產中，長石可作為胚料、釉料、色料的熔劑，概括起來，有下述作用：

(1) 是胚料中鹼金屬氧化物的主要來源，能降低陶瓷的燒成溫度；熔融的長石形成黏稠的玻璃體；在高溫下熔解部分高嶺土分解產物和石英顆粒，促進成瓷反應。

(2) 在液相中，Al_2O_3 和 SiO_2 相互作用，促進莫來石（$3Al_2O_3 \cdot 2SiO_2$）晶體的形成和長大，賦予胚體機械強度和化學穩定性。

(3) 高溫下長石熔體具有黏度，產生高溫熱塑和膠結作用，防止高溫變形。

(4) 長石熔化後形成的液相能填充於各結晶顆粒之間，減少胚體空隙，增大致密度；冷卻後的長石熔體，構成瓷的玻璃基質，增加透明度，提高胚體的強度和介電性能；長石在釉料中是形成玻璃相的主要成分，可提高釉面光澤和使用性能。

(5) 長石作為瘠性原料，可縮短胚體乾燥時間，減少胚體的乾燥收縮和變形等。

5.5.4 其它原料

除上述三大類原料外，在陶瓷生產中依不同目的，還採用如下一些礦物原料：(1) 滑石（talc）、蛇紋石（serpentine）；(2) 矽灰石（wollastonite）和透輝石；(3) 骨灰、磷灰石；(4) 碳酸鹽類原料；(5) 葉蠟石；(6) 工業廢渣及廢料。

陶瓷工業還需要一些輔助原料，如腐植酸鈉、水玻璃、石膏等。另外，還有各種外加劑，如助磨劑、助濾劑、解凝劑、增塑劑、增強劑等。

化工原料對於陶瓷而言主要是用來配製釉料，用作釉的乳濁劑、助熔劑、著色劑等，胚料加工過程中，有時也加入少量化工原料作為助劑。在普通陶瓷製品裝飾用顏料中，採用許多化合物著色劑。用作乳濁劑、助熔劑的化工原料，主要有 ZnO 、SnO_2、CeO_2、Pb_3O_4、H_3BO_3（硼酸）、$Na_2B_4O_7 \cdot 10H_2O$（硼砂）、Na_2CO_3、$CaCO_3$、KNO_3 等。

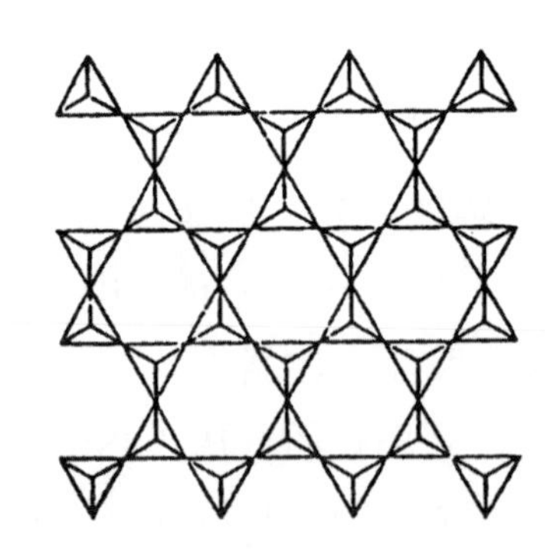

圖 5.3　矽酸鹽二維網絡結構

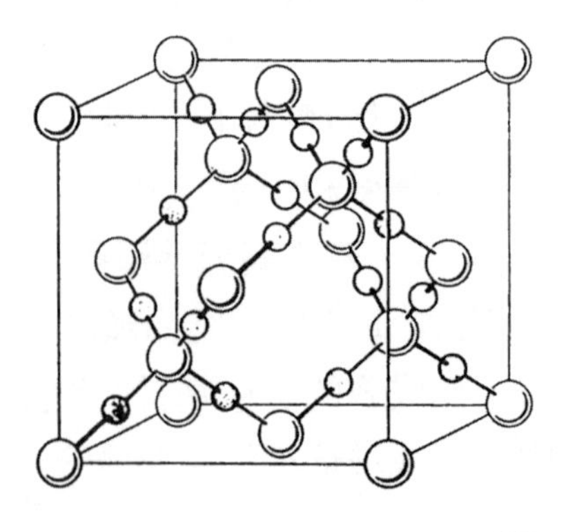

圖 5.4　矽酸鹽三維網絡結構

表 5.7　氧矽比與矽酸鹽的網絡結構

$\frac{O}{Si}$比	矽氧團	結構單元	礦物實例
2	SiO_2	3 維網絡	石英
2.5	Si_4O_{10}	層	滑石
2.75	Si_4O_{11}	鏈狀	角閃石
3	SiO_3	鏈狀	輝石
		鏈狀	綠柱石
3.5	Si_2O_7	4 面體共用一個氧離子	焦矽酸鹽
4	SiO_4	孤立原矽酸鹽四面體	原矽酸鹽

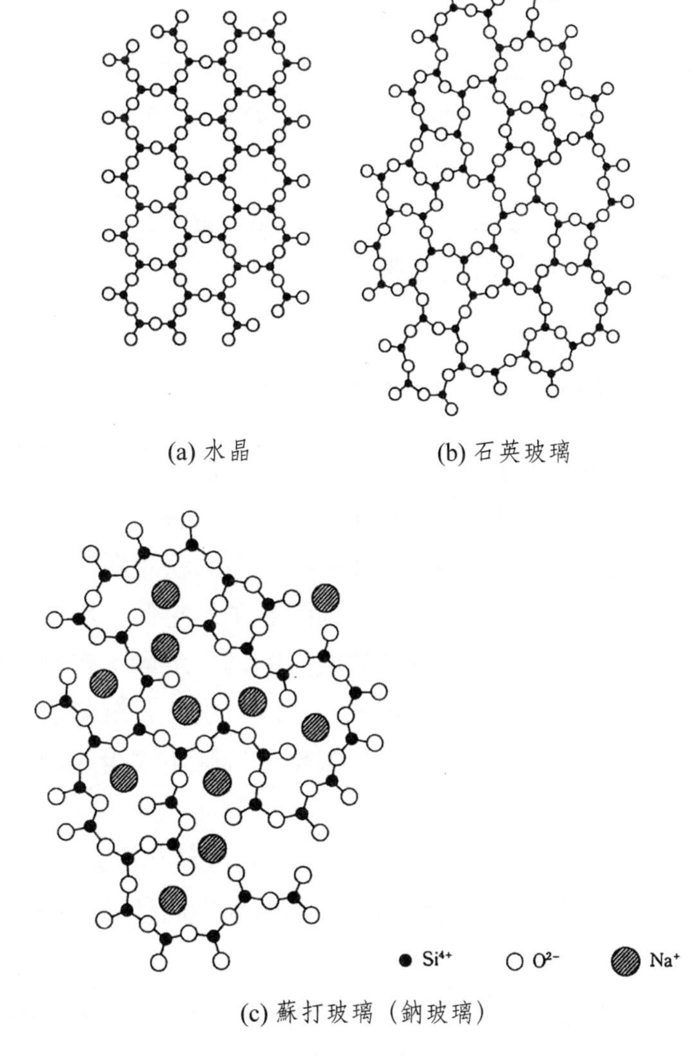

圖 5.5　水晶和玻璃的結構（二維模式圖）

5.6 陶瓷成型技術 (1) —— 旋轉製胚成型和注漿成型

5.6.1 幾種工業陶瓷塑性泥料的配方

原料經過粉碎和適當加工後，最後得到能滿足成型技術要求的均勻混合物稱為胚料。陶瓷胚料按成型方法不同，分為：可塑性、乾壓料和注漿料。根據胚料可塑性能產生的特點及加水後的變化，常用水分含量作為特徵。一般可塑料含水約 18%～25%：乾壓料中，水分為 8%～15% 的稱半乾壓料，3%～75% 的稱為乾壓料；注漿料中含水約 28%～35%。完全由不具可塑性的瘠性原料配成的胚料，需要加入有機塑化劑後才能成型。

為了保證產品品質和滿足成型的技術要求，各種胚料均應符合下列基本品質要求：(1) 胚料組成符合配方要求；(2) 各種成分混合均勻；(3) 胚料中各組分的顆粒細度符合要求，並具有適當的顆粒級配；(4) 胚料中空氣含量應盡可能地少。

對於成分純度要求極高的特種陶瓷，為了成型，需要添加有機塑化劑（黏結劑）。而塑化劑需要有機溶劑來溶解。在成型之後燒結之前，必須在 350～450℃ 的溫度範圍內脫膠。脫膠一要緩慢，否則會脹裂胎體或在胎體中形成氣泡；二要徹底，否則會有碳的殘留而影響燒結體的品質。

5.6.2 由溶液製造陶瓷粉末的共沉澱法

沉澱（precipitation）法通常是在溶液狀態下，將不同化學成分的物質混合，在混合液中加入適當的沉澱劑（precipitation agent）製作前驅體（precursor）沉澱物，再將沉澱物進行乾燥或鍛燒，從而製得相應的粉體顆粒。

共沉澱法是指在溶液中含有兩種或多種陽離子，它們以均相存在於溶液中，加入沉澱劑，經沉澱反應後，可得到各種成分的均一沉澱，它是製作含有兩種或兩種以上金屬元素的複合氧化物超細粉體的重要方法。共沉澱法就是在溶解有各種成分離子的電解質溶液中添加合適的沉澱劑，反應生成組成均勻的沉澱，沉澱熱分解得到高純奈米粉體材料。

共沉澱法的優點在於：其一是通過溶液中的各種化學反應，直接得到化學成分均一的奈米粉體材料，其二是容易製作細微性小而且分布均勻的奈米粉體材料。

化學共沉澱法是把沉澱劑加入混合後的金屬鹽溶液中，使溶液中含有的兩種或兩種以上陽離子一起沉澱下來，生成沉澱混合物或固溶體前驅體，經過濾、洗滌、熱分解得到複合氧化物的方法。沉澱劑的加入可能會使局部濃度過高，產生團聚或組成不夠均勻。

5.6.3 旋轉製胚成型

成型技術是陶瓷材料製作過程的重要環節之一，在很大程度上影響著材料的微觀組織結構，決定了產品的性能、應用和價格。過去，陶瓷材料學家比較重視燒結技術，而成型技術一直是個薄弱環節，不被人們所重視。現在，人們已經逐漸認識到在陶瓷材料的製作技術過程中，除了燒結過程之外，成型過程也是一個重要環節。在成型過程中形成的某些缺陷（如不均勻性等），僅靠燒結技術的改進是難以克服的，成型技術已經成為製作高性能陶瓷材料部件的關鍵技術，它對提高陶瓷材料的均勻性、重複性和成品率（yield）、降低陶瓷製造成本等，具有十分重要的意義。

陶瓷成型技術有旋轉製胚成型、注漿成型、壓製成型、注射成型、流延成型等，以下分別加以介紹。

旋轉製胚成型方法分為「旋胚法」和「滾輪法」，這裡主要介紹旋胚法。旋胚法分為兩種：一為石膏膜內凹，模子內壁面決定了胚體的外形，型刀決定胚體內部形狀時，此方法稱為陰模旋胚；另一種為石膏（gypsum）模突起，胚體的內表面取決於模子的外形，而胚體的外表面由型刀旋壓出來，這種方法稱為陽膜旋胚。

旋轉成型類似於旋轉鑄塑的一種成型方法，不同的是，其所用的物料不是液體，而是燒結性乾粉料。其過程是把粉料裝入模具中，而使它繞兩個互相垂直的軸旋轉。受熱並均勻地在模具內壁熔結成為一體，而後再經冷卻就能從模具中取得空心製品。

旋轉製胚成型的方法比較古老，所以現行的介紹不是很多。如果類比理解的話，可以看作是去手工工作坊自製陶藝品的過程。

5.6.4 注漿成型

注漿成型亦稱澆注成型（slip casting）。這種成型方法是基於多孔石膏模具能夠吸收水分的物理特性，將陶瓷粉料配成具有流動性的泥漿，然後注入多孔模具內（主要為石膏模），水分在被模具（石膏）吸入後，便形成具有一定厚度的均勻泥層，脫水乾燥過程中，同時形成具有一定強度的胚體，因此被稱為注漿成型。

注漿成型工藝分為三個階段：

(1) 泥漿注入模具後，在石膏模毛細管力的作用下吸收泥漿中的水，靠近模壁泥漿中的水分首先被吸收，泥漿中的顆粒開始靠近，形成最初的薄泥層。

(2) 水分進一步被吸收，其擴散動力為水分的壓力差和濃度差，薄泥層逐漸變厚，泥層內部水分向外部擴散，當泥層厚度達到注件厚度時，就形成雛胚。

(3) 石膏模繼續吸收水分，雛胚收縮，表面的水分開始蒸發，待雛胚乾燥形成具有一定強度的生胚後，脫模即完成注漿成型。

注漿成型的優點：(1) 適用性強，不需複雜的機械設備，只要簡單的石膏模就可成型；(2) 能製出任意複雜外形和大型薄壁注件；(3) 成型技術容易掌握，生產成本低；(4) 胚體結構均勻。

注漿成型的缺點：(1) 勞動強度大，操作工序多，生產效率低；(2) 生產週期長，石膏模佔用場地面積大；(3) 注件含水量高、密度小、收縮大，燒成時容易變形；(4) 模具損耗大；(5) 不適合連續化、自動化、機械化生產。

注漿成型又包括空心注漿、實心注漿、離心力注漿、壓力注漿、真空注漿等方法，是比較完善的陶瓷成型方法。

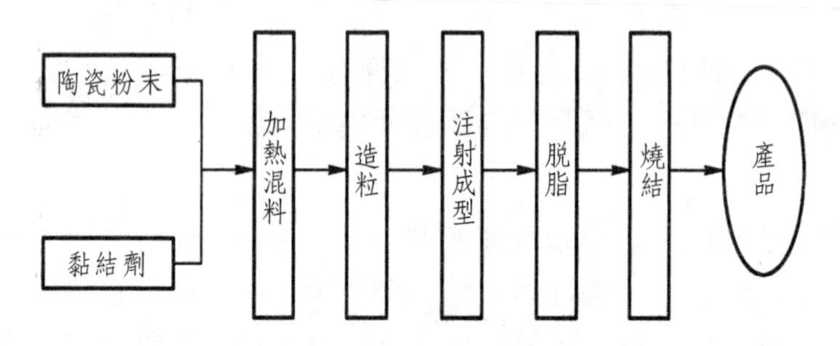

圖 5.6　注射成型技術流程圖

表 5.8　幾種工業陶瓷塑性泥料的配方

高純 Al_2O_3	耐火級 Al_2O_3	電瓷
Al_2O_3（< 20μm）50%	$Al_2O_3$46%	石英（44μm）16%
有機添加劑 6%	有機添加劑 2%	長石 16%
水 44%	黏土 4%	高嶺土 16%
$AlCl_3$ < 1%	水 48%	黏土 16%
	$MgCl_2$ < 1%	水 36%
		$CaCl_2$ < 1%

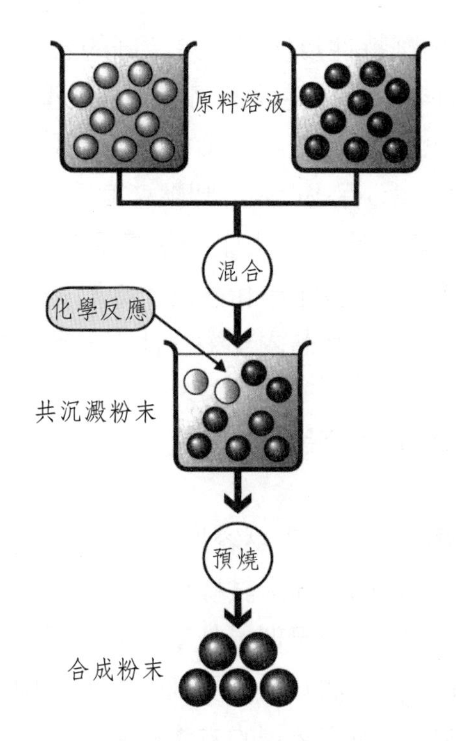

圖 5.7 由溶液製造陶瓷粉末的共沉澱法

5.7 陶瓷成型技術 (2) —— 乾壓成型、熱壓注成型和等靜壓成型

5.7.1 乾壓成型及等靜壓成型

乾壓成型或模壓成型（dry pressing or die pressing）是將乾粉胚料填充至金屬模腔中，施以壓力使其成為緻密胚體。

乾壓成型的原理：高純度粉體屬於瘠性材料，用傳統技術無法使之成型。首先，通過加入一定量的表面活性劑，改變粉體表面性質，包括改變顆粒表面吸附性能，改變粉體顆粒形狀，從而減少超細粉的團聚效應，使之均勻分布；加入潤滑劑減少顆粒之間及顆粒與模具表面的摩擦；加入黏合劑增強粉料的黏結強度。將粉體進行上述預處理後裝入模具，用壓機或專用乾壓成型機以一定壓力和壓製方式，使粉料成為緻密胚體。

乾壓成型胚體性能的影響因素：(1) 粉體的性質，包括細微性、細微性分布、形狀、含水率等；(2) 添加劑特性及使用效果。好的添加劑可以提高粉體的流動性、填充密度和分布的均勻程度，從而提高胚體的成型性能；(3) 壓製過程中的壓力、加壓方式和加壓速度，一般來說，壓力越大胚體密度越大，雙向加壓性能優於單向加壓，同時加壓速度、保壓時間、卸壓速度等都對胚體性能有較大影響。

乾壓成型的特點：生產效率高、人工少、廢品率低、生產週期短；生產的製品密度大、強度高，適合大批量工業化生產；缺點是成型產品的形狀有較大限制，模具造價高、胚體強度低，胚體內部緻密性不一致，組織結構的均勻性相對較差等。

乾壓成型的應用：在陶瓷生產領域以乾壓方法製造的產品，主要有瓷磚、耐磨瓷襯瓷片、密封環等。

等靜壓成型是將待壓試樣置於高壓容器中，利用液體介質不可壓縮的性質和均勻傳遞壓力的性質，從各個方向對試樣進行均勻加壓，當液體介質通過壓力泵注入壓力容器時，根據流體力學原理，其壓強大小不變且均勻地傳遞到各個方向。此時高壓容器中的粉料在各個方向上受到的壓力是均勻的、大小一致的，通過上述方法，使瘠性粉料成型緻密胚體的方法稱為等靜壓法。

濕式等靜壓是將預壓好的胚料包封在彈性塑料或橡膠模具內，密封後放入高壓缸內，通過液體傳遞，使胚體受壓成型。

乾式等靜壓是將彈性模具半固定，不浸泡在液體介質中，而是通過上下活塞密封。壓力泵將液體介質注入高壓缸和加壓橡皮之間，通過液體和加壓橡皮將壓力傳遞，使胚體受壓成型。

5.7.2 使用包套的 HIP 成型

熱等靜壓（hot isostatic pressing, HIP）技術是將製品放到密閉的容器中，向製品施加各向同等的壓力，同時施以高溫，在高溫高壓的作用下，製品得以燒結和緻密化。

熱等靜壓主要應用於高性能粉末材料製品的成型，如粉末冶金高溫合金、粉末冶金高速鋼、陶瓷材料等工業生產。

熱等靜壓可以直接以粉末成型，粉末裝入包套中（類似模具作用），包套可以採用金屬或陶瓷製作（低碳鋼、Ni 、Mo 、玻璃等），然後以氮氣、氬氣作加壓介質，使粉末直接加熱加壓燒結成型的冶金技術。

在發動機製造中，熱等靜壓機已用於粉末高溫合金渦輪盤和壓氣盤的成型。把高溫合金粉末裝入真空的薄壁成型包套中，焊封後進行熱等靜壓，除去包套即可獲得緻密、接近所需形狀的盤件。

5.7.3 熱壓注成型

對於一些胚料無可塑性、形狀複雜、尺寸要求準確的工業陶瓷製品來說，目前常採用一種叫熱壓注成型的方法來成型。所謂熱壓注成型法，就是在壓力作用下，將熔化的含蠟漿料（蠟漿）注滿金屬模中，並在模中冷卻凝固後再脫模。這種方法所成型的製品尺寸較準確，光潔度較高，結構緊密。

熱壓注技術採用的是，用壓縮空氣向蠟漿加壓的壓氣式熱壓注機，其利用恆溫密閉的漿桶及壓縮空氣，將蠟漿送入注模。成型前，把熔熱壓注成型的蠟漿放入漿桶中，通電加熱使蠟漿達到要求的溫度。漿桶外面是維持恆溫的油浴桶，桶內插入節點溫度計，接上繼電器控制溫度。成型時，將模具的進漿口對準注機出漿口，腳踏壓縮機（compressor）閥門（valve），壓漿裝置的頂桿把模具壓緊，同時壓縮空氣進入漿桶，把漿料壓入模內。維持短時間後，停止進漿，排出壓縮空氣。把模具打開，將硬化的胚體取出，用小刀削去注漿口注料，修整後得到合格的生胚。

5.7.4 熱等均（靜）壓成型

廣義的等靜壓成型分為冷等靜壓和熱等靜壓。冷等靜壓是在常溫下對工件進行成型的等靜壓法。熱等靜壓是指在高溫高壓下，對工件進行等壓成型燒結的一種特殊方法。

熱等靜壓技術的優點在於集熱壓和等靜壓於一身，成型溫度低、產品緻密、性能優異，故是高性能材料製作的必要手段，是在高溫下利用各向均等的靜壓力進行壓製的技術方法。粉末熱等靜壓材料一般具有均勻的細晶粒組織，能避免鑄錠的宏觀偏析，提高材料的技術性能和機械性能。

另外，熱等靜壓為異質材料的連接提供了新技術；如：銅和鋼擴散連接、鎳基合金和鋼的連接、陶瓷和金屬的連接、以及 Ta 、Ti 、Al 、W 濺射靶材的擴散連接。大多數生產型熱等靜壓機的最高使用溫度約 1400°C ，最大壓力在 100～200MPa（1000～2000 大氣壓）之間。現代最大的熱等靜壓機總噸位約 40 萬千牛（4 萬噸力）。

其它陶瓷成型技術，包括拋擲、注漿、流延、注射成型以及其它方法。

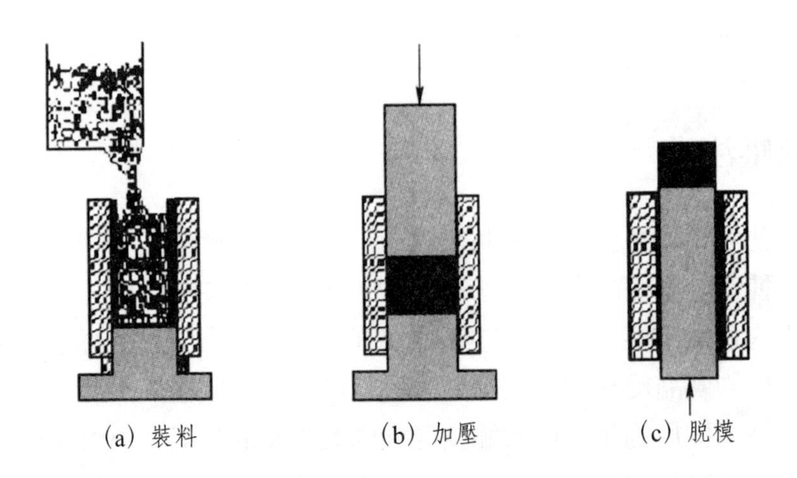

圖 5.8　乾壓成型過程示意圖（單面加壓）

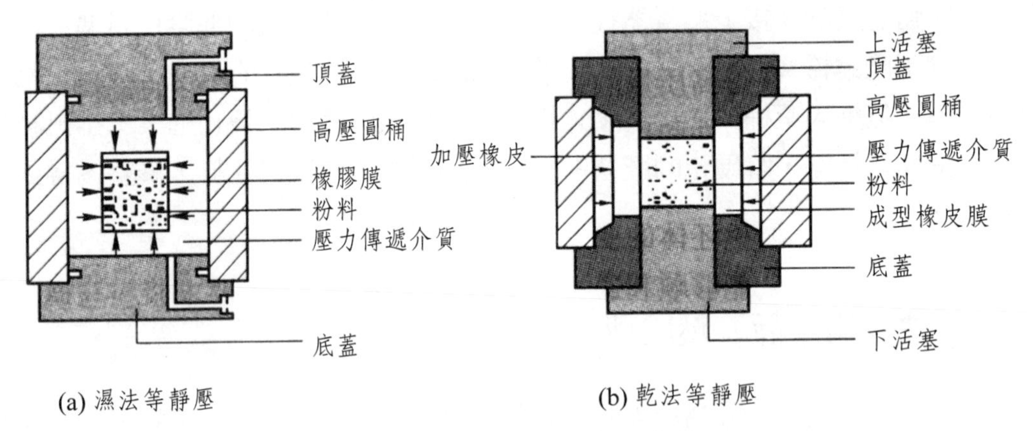

圖 5.9　等靜壓成型法示意圖

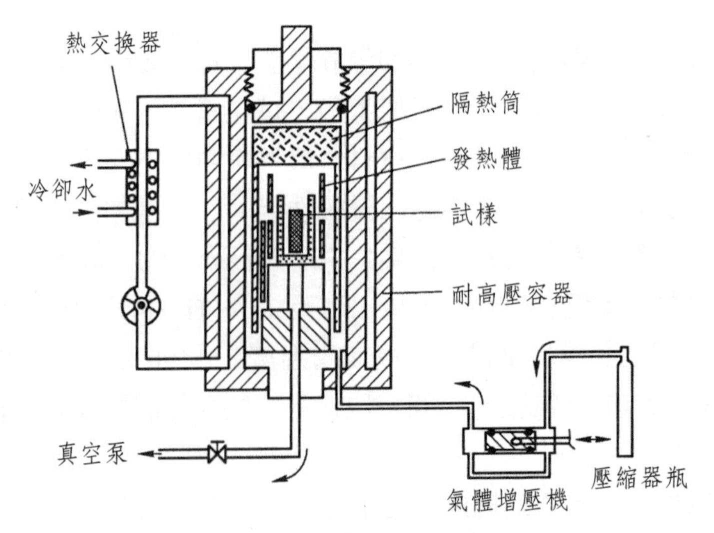

圖 5.10　熱等均壓成型裝置的示意圖

表 5.9 各種成型方法的比較

成型方法	優點	缺點	用途
旋轉成型法	製法簡單	難以大批量產	茶具、食器
石膏（gypsum）模成型法	適合大批量產，價格便宜	難以獲得緻密的粉體	茶具、食器
粉漿澆注法	適合大批量產，價格便宜	難以獲得緻密的粉體	洗手臺，便器
活塞壓製法	製法簡單	緻密，但不均勻	簡單的機械部件
等靜壓法	可獲得緻密、均一的粉體	價格高	複雜的機械部件
注射成型法	可獲得緻密的粉體、複雜的形狀	技術時間長	渦輪（turbine）用扇葉等

5.8 普通陶瓷的燒結過程

5.8.1 何謂燒結

燒結一般是指固體粉末成型體在低於其熔點溫度下加熱，使物質自發地填充顆粒間隙而緻密化，並最終成型的過程。燒結過程的推動力來自顆粒內表面積的減少，即總表面能的降低。

發生在單純固體之間的燒結，稱為固相燒結，而液相參與下的燒結稱為液相燒結。

在高溫燒結過程中，往往包括多種物理、化學和物理化學變化。以物理過程為例，通過擴散，固體顆粒之間接觸介面擴大並逐漸形成晶界；氣孔從連接的逐漸變為孤立的，並進一步收縮，最後大部分甚至全部從胚體中排除；成型體的緻密度和強度增加，最終形成具有一定性能和幾何外形的整體。

陶瓷、耐火材料、粉末冶金以及水泥熟料等，都是要把成型後的胚體（粗製品）或固體粉末在高溫條件下進行燒結後，才能得到相應的產品。

5.8.2 燒結過程

一般可將陶瓷（包括耐火材料）的燒成過程分成 4～5 個階段。以石英 — 長石（feldspar）— 高嶺土（kaolinite）三組分的長石質瓷為例，可分成以下 4 個階段。

1. 胚體水分蒸發階段（室溫～300°C）

排除乾燥後的殘餘水分，不發生化學反應。隨著水分的排除，固體顆粒緊密靠攏，會使胚體產生少量收縮。應防止胚體因大量水分的急劇蒸發而開裂。

2. 氧化分解與晶型轉變階段（300～950°C）

是燒結的關鍵階段之一。胚體內部發生較複雜的物理化學變化，其中包括：

(1) 氧化反應。包括胚體中碳素和有機物（主要由黏土原料帶入）的燒蝕，硫化鐵的氧化等。

(2) 分解反應。包括黏土礦物結構水的排除、碳酸鹽類礦物的分解等。

(3) 晶型轉變及液相的形成。在石英的多種晶型轉變中，β- 石英 573℃ α- 石英轉變伴有 0.82% 的體積膨脹，應控制其對燒結的影響。

根據 K_2O-Al_2O_3-SiO_2 相圖，三元共晶點為 980℃。當有雜質存在時，溫度升至 900℃以上時，在長石和石英、長石和分解後的黏土顆粒接觸部位開始生成液相熔滴。

此階段的物理變化主要是：胚體失重明顯；氣孔率進一步增大；體積先有少量膨脹而後是明顯收縮；後期有少量熔體起膠結顆粒的作用，胚體的強度有所增大。

3. 玻化成瓷階段（950°C～最高燒成溫度）

是決定瓷胚顯微結構的最關鍵燒成階段。期間胚體發生的化學反應主要有以下幾類：

(1) 在 1050℃以前，繼續上述未完成的氧化分解反應。

(2) 硫酸鹽的分解和高價鐵的還原與分解。

(3) 形成大量的液相和莫來石的晶體。

(4) 新相的重結晶和胚體的瓷化。

胚體在玻化成瓷階段的物理變化，主要是由於液相的黏滯流動，使其中的空隙得以填充，以及莫來石（mullite）晶體的析出及長大，使得氣孔率急劇降低至最低，胚體顯著收縮（收縮率達到最大），機械強度及硬度增大，胚體顏色趨白，漸具半透明感，釉面光澤感增強，實現瓷化燒結。

需要指出的是，若胚體在達到充分燒結後繼續加熱焙燒，則由於液相黏度降低，莫來石溶解、數量減少，閉氣孔中的氣體擴散、相互聚集、以及液相量過多等，因而會造成胚體膨脹、氣孔率增大、強度降低，而出現變形，即產品過燒，必須極力避免。

4. 冷卻階段（燒成溫度～常溫）

所發生的物理化學變化主要有：液相析晶，液相過冷為玻璃相，殘餘石英發生晶型轉變，胚體的強度、硬度及光澤繼續增大等。按照冷卻制度的要求，可劃分為 3 個階段。

(1) 冷卻初期（燒成溫度～800℃）。是冷卻的重要階段，應盡量加快冷速，以促進細晶形成，保證製品的機械強度。

(2) 冷卻中期（800～400℃）。是冷卻的危險階段，玻璃相由塑態逐漸轉變為固態，殘餘石英的晶型轉變都可能引發應力，故必須緩慢冷卻，以防製品炸裂。

(3) 冷卻後期（400℃～常溫）。是冷卻的最後階段，由於玻璃相已全部固化，瓷胚內部結構也已定型，故加快冷速一般不會出現冷卻缺陷。

順便指出，與普通陶瓷相比，精細陶瓷（高技術陶瓷）的燒結有下述特殊性：(1) 由於成分中不含天然的黏結劑 —— 黏土，因此需要另外添加有機黏結劑等，這樣在正式燒結前就多了一道脫膠技術；(2) 胚料材料不同，燒結溫度各異，但一般在 1500℃以上；(3) 燒結過程中一般不出（或很少）液相，增加燒結難度。為了提高燒結品質，需要在燒結過程中加壓或引入新的燒結技術，如微波燒結、電漿燒結（plasma sinter）、反應燒結等。

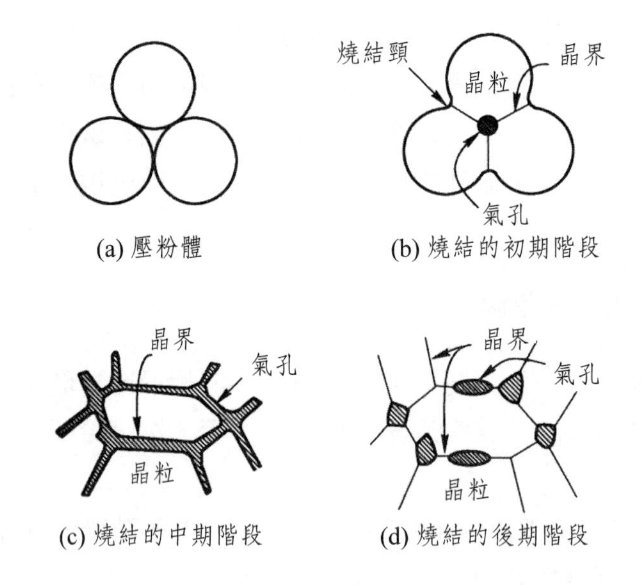

圖 5.11 普通陶瓷燒結過程示意圖

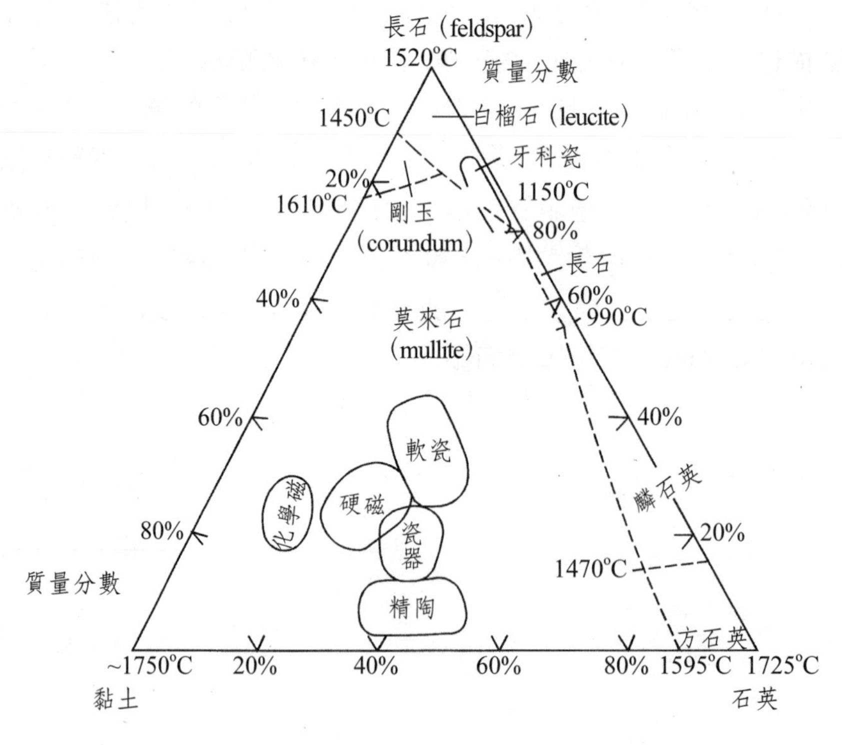

圖 5.12 精細陶瓷燒結過程示意圖

5.9　結構陶瓷及應用 (1) ——Al_2O_3 和 ZrO_2

5.9.1　使用透明氧化鋁的高壓鈉燈

高壓鈉燈使用時發出全白色強光，具有發光效率高、耗電少、壽命長、透霧能力強和不誘蟲等優點。廣泛應用於道路、高速公路、機場、碼頭、船塢、車站、廣場、街道交會處、工礦企業、公園、庭院照明及植物栽培。高顯高壓鈉燈主要應用於體育館、展覽廳、娛樂場、百貨商店和賓館等場所照明。

高壓鈉燈的作用原理是，電弧管兩端電極之間產生電弧，電弧的高溫作用，使管內的液鈉汞氣受熱蒸發，成為汞蒸汽和鈉蒸汽，陰極發射的電子在向陽極運動過程中，撞擊放電物質的原子，使其獲得能量產生電離或激發，然後由激發態返回基態；或由電離態變為激發態（excited state），再回到基態（ground state），無限迴圈。此時，多餘的能量以光輻射的形式釋放，便產生了與能階之差相對應的光。電弧管工作時，高溫高壓的鈉蒸汽腐蝕性極強，一般含鈉玻璃和石英玻璃均不能勝任；而採用半透明多晶氧化鋁和陶瓷管做電弧管管體較為理想。它不僅具有良好的耐高溫和抗金屬鈉蒸汽腐蝕性能，還有良好的可見光穿越能力。1959 年美國通用電氣（奇異，General Electrical）首次發表的透光性 Al_2O_3 陶瓷，透光率對 4000～6000nm 的紅外線波段均大於 80% ，現在作為高壓鈉燈燈管的透明 Al_2O_3 陶瓷，對可見光的透光率已達到 90% 以上。透明陶瓷既具有陶瓷固有的耐高溫、耐腐蝕、高絕緣、高強度等特性，也有具有玻璃的光學性能。一般陶瓷由於對光產生反射和吸收損失而不透明，原因是陶瓷體內的氣孔、雜質、晶界、晶體結構對透光率的影響。具有透光性的陶瓷，必須有緻密度高、晶界上不存在空隙或空隙大小遠小於波長、晶界沒有雜質及玻璃相、晶粒小而均勻且無空隙、晶體對入射光的選擇吸收小、無光學各向異性等特性。而透明 Al_2O_3 陶瓷實際上是具有無氣孔結構的 Al_2O_3 陶瓷，通過控制燒結過程，使其滿足以上條件可獲得高密度和透光性。

5.9.2　注射成型設備及注射成型的半成品

注射成型是陶瓷可塑成型技術中，最具適用性的一種，成型中分散於有機載體中的陶瓷顆粒處於預燒狀態。注射成型時，陶瓷泥料的載體不是通過模壁滲出，而是仍留在陶瓷顆粒之間，在稍後的製程中脫除。其優點是能夠快速而自動地進行批量生產，技術過程可以精確控制，可製成尺寸精確、形狀複雜的陶瓷部件。而注射成型一次性設備的投資和加工成本較高，只適用於大批量產，而且成型體的截面尺寸受到限制。應用注射成型技術可製得直徑最大達 70 釐米的 SiC 密封圈、外徑達 30 釐米的 Si_3N_4 活塞挺桿、直徑 55 釐米的 SiC 渦輪增壓器葉輪、直徑 125 釐米的普通滑動軸承等。現在存在的問題，一是陶瓷燒成前顆粒間的接觸問題，二是使用低分子量有機物來簡化結合劑，以去除經常出現的粉末結合不好、流動性差等問題。

5.9.3 精密注射成型製品

精密注射成型是與常規注射成型相對而言，指成型製品的精度要求很高，使用通用的注射機和常規注射技術都難以達到要求的一種注射成型方法。隨著高分子材料的迅速發展，工程材料在工業生產中佔據了一定的地位，因為它質輕、節省資源、節約能源，不少工業產品構件已經被工程塑料零件所替代，如儀器儀表、電子電氣、航空航太、通訊、電腦、汽車、錄影機、手錶等工業產品，即大量應用精密塑料件。塑料製品要取代高精密度的金屬零件，常規的注射成型製品是難以勝任的，因為對精密塑料件的尺寸精度、工作穩定性、殘餘應力等方面都有更高的要求，於是就出現了精密注射成型的概念。

陶瓷注射精密成型源於複雜形狀或精密小型陶瓷部件製造所需。陶瓷注射成型是一種近淨尺寸陶瓷可塑成型方法，是當今國際上發展最快、應用最廣的陶瓷零部件精密製造技術。

精密注射成型製品屢見不鮮，例如陶瓷刀具、陶瓷推剪、電真空管等。陶瓷刀使用精密陶瓷高壓研製而成，故稱陶瓷刀。陶瓷刀號稱「貴族刀」，作為現代高科技的產物，具有傳統金屬刀具無法比擬的優點；白色陶瓷刀採用高科技奈米氧化鋯為原料，因此陶瓷刀又叫「鋯寶石刀」，它的高雅和名貴可見一斑。同樣的，陶瓷推剪採用氧化鋯陶瓷剪刀片，用高純氧化鋯微粉精密注射成型，成品耐磨損且無靜電，是高新技術改善人類生活的優良典範。而由氧化鋁陶瓷精密加工而成的電真空管具有耐腐蝕、電絕緣性能優良的特點，故被廣泛應用於生產生活的各個領域。

5.9.4 氧化鋁陶瓷牙科材料

氧化鋁陶瓷由於優良的力學和光學性能，在口腔醫學領域獲得廣泛應用。在 Al_2O_3 中添加適當的燒結助劑，可以降低燒結溫度，改善陶瓷微觀結構，實現高緻密度和低氣孔率，從而達到通過低溫燒結獲得性能優良的氧化鋁陶瓷之目的。由於液相的出現，促進了粒子重排和品質遷移，從而加速了燒結緻密化。其幫助燒結作用的強弱，與該添加劑的熔化溫度基本上吻合。液相燒結技術簡單，成本低廉，能在較低的溫度下製得力學性能優良的半透明氧化鋁陶瓷。將氧化鋁液相燒結應用於口腔全瓷修復材料，具有極高的經濟和社會價值。

氧化鋁和氧化鋯陶瓷材料的出現及應用，將牙科材料帶入了新的發展領域。氧化鋁能促進骨骼增長，並能與骨骼進行物理嵌合。醫用工程材料用的氧化鋁分為多晶體和單晶體，多晶體氧化鋁由粉末燒結而成，單晶體用提拉法或伯努利法製成。歐美各國已廣泛採用氧化鋁多晶體製造人造牙根和人造骨，日本則用三氧化二鋁單晶體製造人造牙根。

研究顯示，牙科烤瓷材料的抗彎強度、硬度和韌性隨著奈米氧化鋁添加量的增加而增加；在燒結溫度不超過900℃時，添加1.5%（質量分數）的奈米氧化鋁，對牙科烤瓷材料有明顯的增強增韌作用。

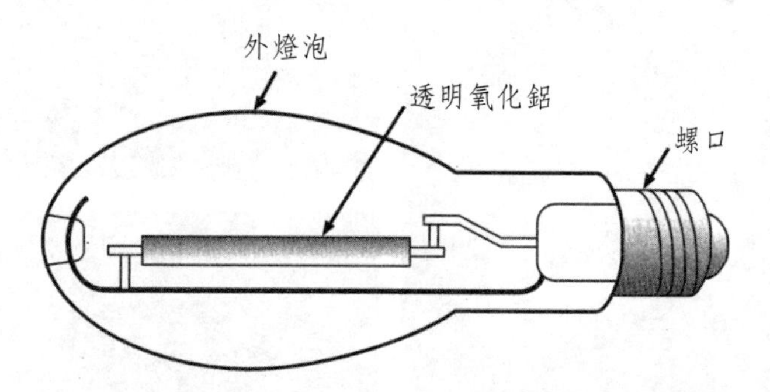

發黃色強光的高壓鈉燈，高溫鈉蒸汽極具腐蝕性，因此要將其封入透明氧化鋁管之中。

圖 5.13 使用透明氧化鋁的高壓鈉燈

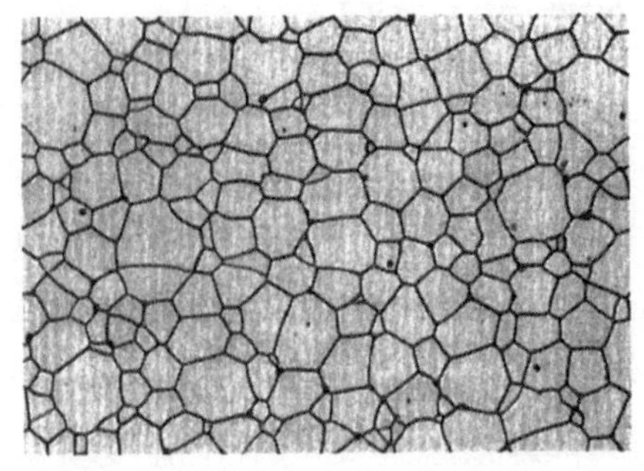

在氫氣中燒成，使內部氣孔完全排除。

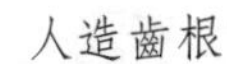

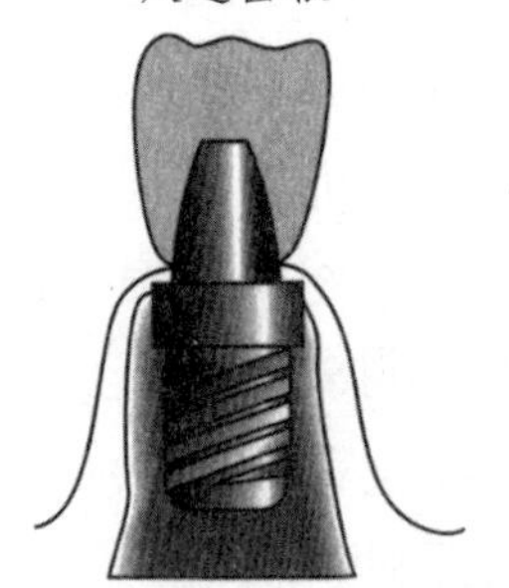

通過手術，將與牙齒及骨成分相似的羥基磷灰石製成齒根埋入顎骨，以在其上部固定牙齒。

圖 5.14　透明氧化鋁的微觀組織

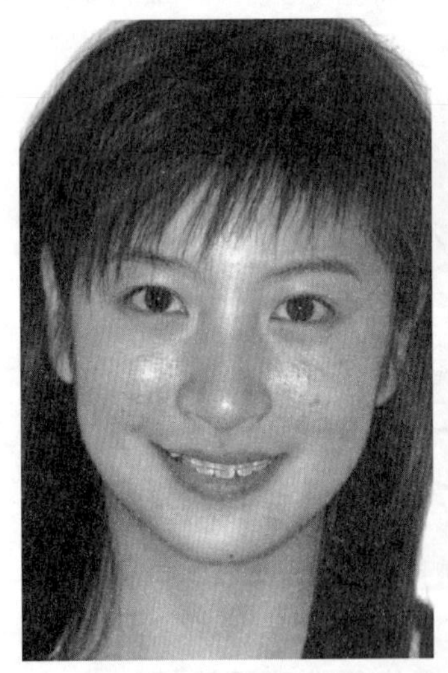

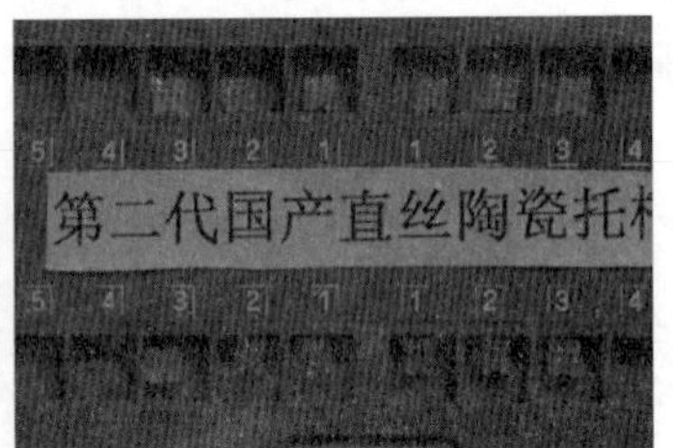

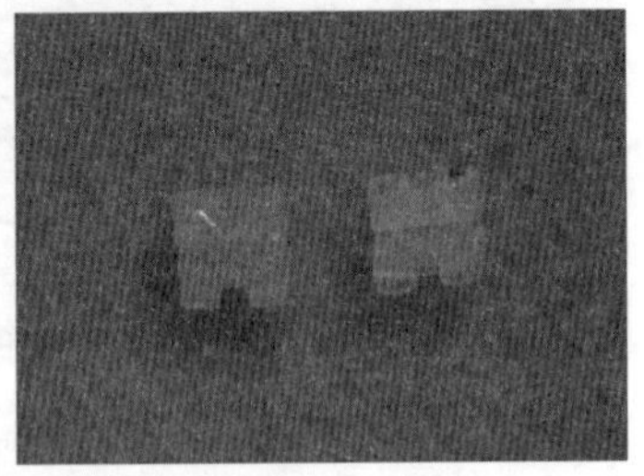

圖 5.15　透明氧化鋁托槽

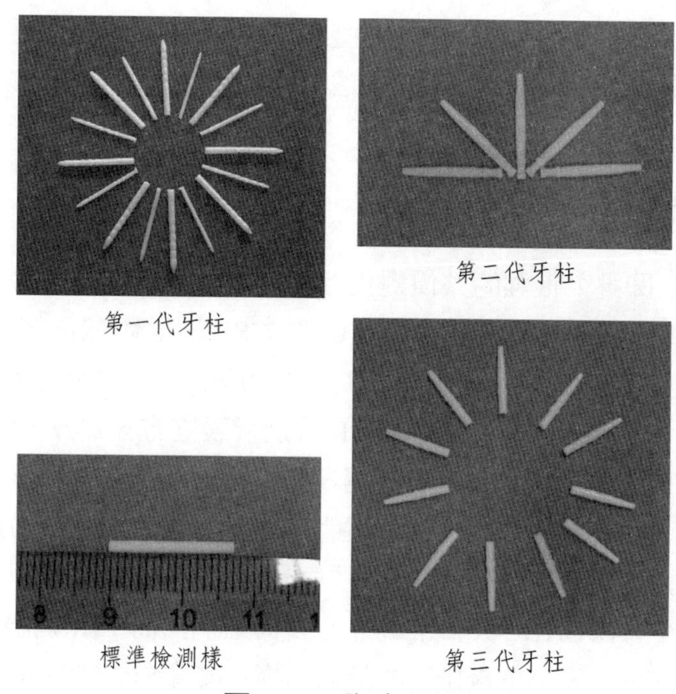

圖 5.16 陶瓷牙柱

5.10 結構陶瓷及應用 (2) ——SiC 和 Si_3N_4

5.10.1 高熱導率、電氣絕緣性 SiC 陶瓷的製作技術

SiC 是共價鍵化合物，很難燒結，必須採取一些特殊的技術手段或依靠第二相促進燒結，或用第二相結合的方法來製作 SiC。在固相燒結時，常用的添加劑有 B、B + C，液相燒結常用的添加劑則有 Y_2O_3、$Y_3Al_5O1_2$、AlN、Al_2O_3、MgO、BN、B_4C 和稀土氧化物等。

通常採用的燒結方法有：常壓燒結法、反應燒結法、熱壓燒結法。SiC 的合成方法主要有化合法、碳熱還原法、氣相沉積法、有機矽前驅體裂解法、自蔓延高溫合成（SHS, self-propagating high-temperature synthesis）法、浸漬法、重結晶法、溶膠 — 凝膠法等。

其中範本法是碳熱還原法的一種創新性延展，也稱形狀記憶合成法。主要是利用多孔碳材料（如橡木、樹葉、秸稈、濾紙、海綿、碳奈米管等）的多孔範本結構，採用真空壓力滲透技術，將矽溶膠滲入孔隙中，然後加熱使其發生碳熱還原反應，生成的 SiC 製品保持生物前驅體或碳材料的宏觀結構形貌。該方法尤其適用於製作多孔 SiC 製品，如採用範本法由碳奈米管合成了 SiC 奈米管。

5.10.2 SiC 單晶的各種晶型

SiC 是 Si-C 間鍵力很強的共價鍵化合物，具有鑽石結構，有 75 種晶型。其晶格的基本結構單位是共價鍵結合的 SiC_4 和 CSi_4 四面體配位。各種晶型的 SiC 晶體，是以相同的 Si-C 層、但不同次序堆積而成的。主要晶型有 3C-SiC 、4H-SiC 、6H-SiC 、15R-SiC 。符號 C 、H 、R 分別代表立方、六方、斜方六面結構，C 、H 、R 之前的數字代表沿 *c* 軸重複週期的層數。

字母 C（立方）、H（六方）、R（菱型）表示其晶格類型；6H 表示沿 *c* 軸有 6 層重疊週期的六方晶系結構，其堆疊順序是「ABCACBABCACB…… 」，3C 是指堆疊順序為「ABCABC…… 」的立方對稱結構，而 15R 則表示具有「ABC-BACABACBCBCB…… 」重複排列的菱面結構。儘管 SiC 存在很多種多型體，且晶格常數各不相同，但其密度均很接近。

這幾種晶型中，最主要的是 α 和 β 兩種晶型。β-SiC 為低溫穩定型；α-SiC 為高溫穩定型。在 SiC 的各種型體之間，存在著一定的熱穩定性關係。在溫度低於 1600℃時，SiC 以 β-SiC 形式存在。當高於 1600℃時，β-SiC 緩慢轉變成 α-SiC 的各種多型體。4H-SiC 在 2000℃左右容易生成；15R 和 6H 多型體均需在 2100℃以上的高溫才易生成；對於 6H-SiC ，即使溫度超過 2200℃，也是非常穩定的。

5.10.3 SiC 和 Si_3N_4 的反應燒結

SiC 的反應燒結法（sintering）最早在美國研究成功。反應燒結的技術過程為：先將 α-SiC 粉和石墨粉按比例混勻，經乾壓、擠壓或注漿等方法製成多孔胚體。在高溫下與熔融 Si 接觸，胚體中的 C 與滲入的 Si 反應，生成 β-SiC ，並與 α-SiC 相結合，過量的 Si 填充於氣孔，從而得到無孔緻密的反應燒結體。

反應燒結 SiC 通常含有 8% 的游離 Si。因此，為保證滲 Si 的完全，素胚應具有足夠的孔隙度。一般通過調整最初混合料中 α-SiC 和 C 的含量、α-SiC 的細微性級配、C 的形狀和細微性以及成型壓力等手段，以獲得適當的素胚密度。

反應燒結 Si_3N_4 的基本過程如下：矽粉在氮化前可通過等靜壓、注漿乾壓或注射成型製成具有一定形狀的胚體，為了提高氮化反應的速度，故需使用高比表面積的矽粉（平均顆粒尺寸小於 10μm）。矽粉成型後的胚體在氮氣中的氮化反應起始於 1100℃，然後逐漸升溫到接近矽的熔點（1420℃），在低於矽的熔點（有雜質的情況下需低於其與矽的低共熔點）下進行保溫，使氮化反應充分完全。由於矽的密度為 2.33g/cm^3，氮化矽的密度為 3.187g/cm^3，因此當形成 Si_3N_4 時，有 21.7% 的體積增加。

反應燒結後產品的結晶相是 α-Si_3N_4 和 β-Si_3N_4 的混合物，含有少量剩餘的游離矽，但含有較多的孔隙，通常具有 12%～25% 的孔隙率，及反應燒結 Si_3N_4 製品密度為 75%～88% 的理論密度，體積密度在 2.4～2.6g/cm^3。因此抗彎曲強度只有 150～350MPa，但該強度可以保持到 1400℃幾乎不下降。

5.10.4 新一代陶瓷切削刀具 ── Si_3N_4 刀具

Si_3N_4 陶瓷因具有較高的強度、硬度和斷裂韌性，而且，又有較小的熱膨脹係數，因而作為金屬切削刀具使用時，表現出很好的耐磨性、紅硬性、抗機械衝擊性和抗熱衝擊性。1975～1977 年清華大學（Tsing Hua University）採用熱壓燒結 Si_3N_4 刀具，實現了對多種難加工材料（淬硬鋼、冷硬鑄鐵、合金耐磨鑄鐵等）的加工和生產應用。與硬質合金刀具相比，熱壓燒結陶瓷刀具耐用度提高 5～15 倍，切削速度提高 3～10 倍。

陶瓷刀具在切削的過程中，溫度急劇上升，刀尖在機械應力和熱應力的雙重作用下，主要因疲勞微崩而磨損。作為刀具材料的 Si_3N_4 陶瓷，要求具有很高的緻密度、硬度、高溫強度以及良好的耐熱性，因此通常採用熱壓燒結法來製作氮化矽陶瓷刀頭。

在 Si_3N_4 基體中，加入 TiC 、HfC 、ZrC 等硬質分散相，可製作出複合氮化矽陶瓷刀具，從而可進一步提高氮化矽刀具的耐磨性和切削壽命，可滿足不同金屬材料的硬質合金件的加工。

氮化矽陶瓷刀具為第三代陶瓷刀具。這類陶瓷刀具有比第二代複合氧化鋁刀具更高的韌性、抗衝擊性、高溫強度和抗熱震性，陶瓷刀片在各工業發達國家的產量增長很快。

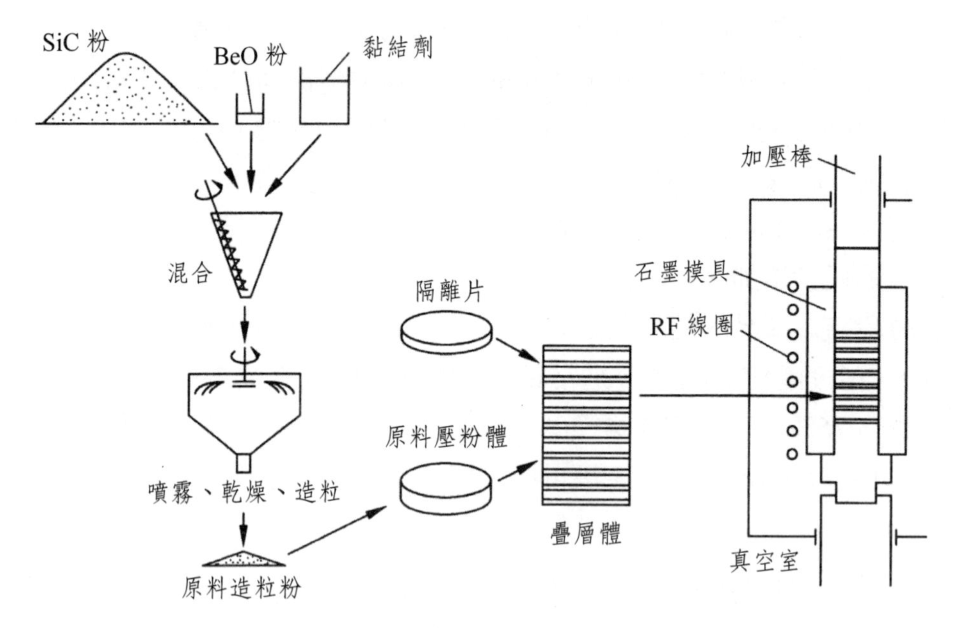

圖 5.17　高熱導率、電氣絕緣性 SiC 陶瓷的製作技術

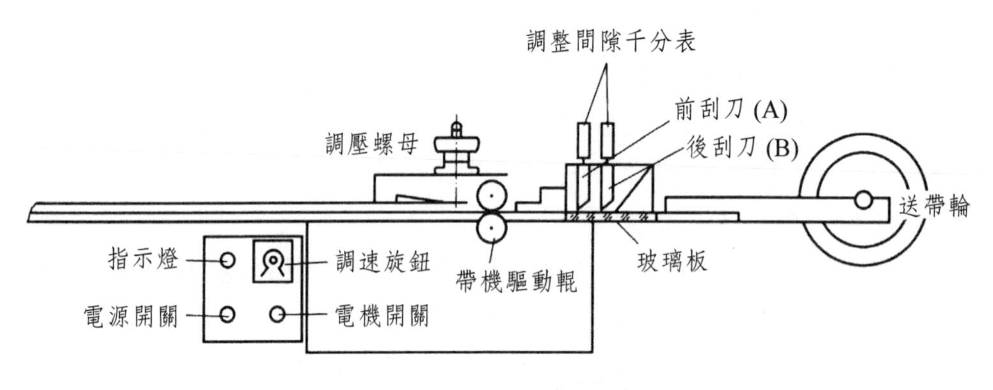

圖 5.18　流延機結構示意圖

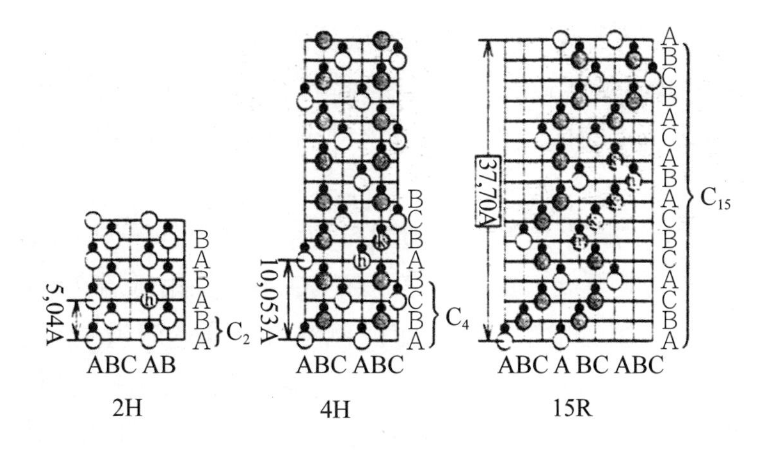

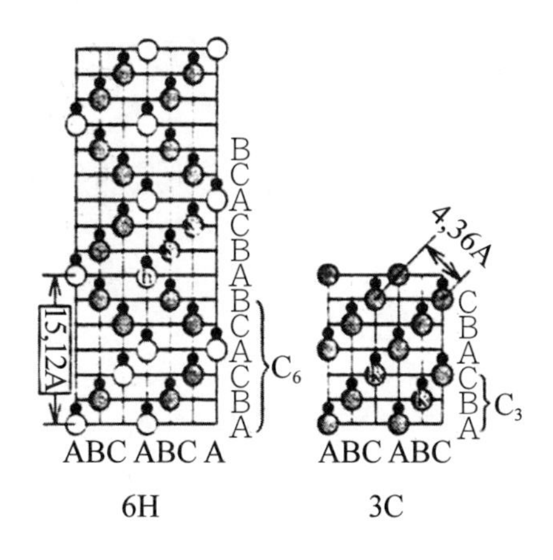

圖 5.19　SiC 單晶的各種晶型

5.11　低溫共燒陶瓷（LTCC）基板

5.11.1　HTCC 和 LTCC

共燒多層陶瓷基板可分為高溫共燒多層陶瓷（HTCC, high temperature co-fired ceramics）基板和低溫共燒多層陶瓷（LTCC, low temperature cofired ceramics）基板兩種。高溫共燒陶瓷的燒結溫度一般在 1500℃以上。高溫共燒陶瓷與低溫共燒陶瓷相比，具有機械強度高、佈線密度高、化學性能穩定、散熱係數高和材料成本低等優點，在熱穩定性要求更高、高溫揮發性氣體要求更小、密封性要求更高的發熱及封裝領域，得到了更為廣泛的應用。

LTCC 的共燒有兩層含義：一是玻璃與陶瓷共燒，以降低燒結溫度；二是介質與金屬佈線共燒，以製成元件。由於燒結溫度低，故可選擇熔點較低的貴金屬，在大氣中燒成。

LTCC 與 HTCC 的區別是陶瓷粉體配料和金屬化材料不同。LTCC 在燒結上控制更容易，燒結溫度更低，具體而言，LTCC 主要採用低溫（800～900℃），燒結瓷料與有機黏合劑／增塑劑按一定比例混合，通過流延生成生瓷帶或生胚片，在生瓷帶上依次完成沖孔或雷射打孔、金屬化佈線及通孔金屬化，然後進行疊片、熱壓、切片、排膠、最後約 900℃低溫燒結製成多層佈線基板。而 HTCC 原料粉體中並未加入玻璃材質，因此 HTCC 必須在高溫（1300～1600℃）下燒結成瓷。製作技術同樣先是沖孔或雷射打孔（形成）以導通孔，以絲網印刷技術填孔並印製線路，最後再疊層燒結成型。因其共燒溫度高，使得金屬導體材料的選擇受限，只能選擇熔點高、導電性較差、特別是易於氧化的鎢、鉬等難熔金屬。

5.11.2 流延法製作生片，疊層共燒

LTCC 技術流程：漿料配製 — 流延成型 — 打孔 —（通孔填充）— 內電極印刷 — 預疊層 — 等靜壓 — 切割 — 排膠 — 燒結 — 印製外電極 — 外電極燒結 — 外電極電鍍 — 測試。

封裝用 LTCC 基板的生瓷帶，大多採用流延成型方法製造，流延漿料（組分包括黏結劑、溶劑、增塑劑、潤濕劑）的流變學行為決定基板的最終品質，具體因素為玻璃／陶瓷粉狀態、黏結劑／增塑劑的化學特性、溶劑特性，流延技術的關鍵是設備、材料配方及對參數的控制。

製作過程包括漿料流延、金屬佈線，到最後通過在 900℃以下進行共燒，形成緻密而完整的封裝用基板或管殼等過程，其機制較為複雜，須用液相燒結理論進行分析，燒結技術參數一般為加熱速率和加熱時間、保溫時間、降溫時間。不同介質材料層間，在燒結溫度、燒結緻密化速率、燒結收縮率及熱膨脹率等方面的失配，會導致共燒體產生很大內應力，易產生層裂、翹曲和裂紋等缺陷。不同介質燒結收縮率穩定性的控制、較低的熱導率以及介質層間介面反應的控制，也是需要解決的問題，零收縮率流延帶在陶瓷中加入一些高熱導率材料，以提高材料的熱導率，進一步降低介電常數等，都將是 LTCC 技術的發展趨勢。

5.11.3 LTCC 的性能

LTCC 綜合了 HTCC 與厚膜技術的特點，實現多層封裝，集互連、被動元件（passive device）和封裝於一體，提供一種高密度、高可靠性、高性能及低成本的封裝形式，其最引人注目的特點是，能夠使用良導體作佈線，且使用介電常數低的陶瓷，從而減少電路損耗和信號傳輸延遲。

與其它整合技術相比，LTCC 還具有以下優點：(1) 根據配料的不同，LTCC 材料的介電常數可以在很大範圍內變動，增加了電路設計的靈活性；(2) 陶瓷材料具有優良的高頻、高 Q 特性和高速傳輸特性；(3) 使用高導電率的金屬材料作為導體材料，有利於提高電路系統的品質因數；(4) 製作層數很高的電路基板，易於形成多種結構的空腔，內埋置元件，免除了封裝元件的成本，減少連接晶片導體的長度與接點數，並可製作線寬小於 50μm 的細線結構電路，實現更多佈線層數，能整合的元件種類多，參數範圍大，易於實現多功能化和提高組裝密度；(5) 可適應大電流及耐高溫特性要求，具有良好的溫度特性，如較小的熱膨脹係數，較小的介電常數穩定係數。LTCC 基板材料的熱導率是有機疊層板的 20 倍，故可簡化熱設計，明顯提高電路的壽命和可靠性。

LTCC 技術的缺點大致在於以下四個方面：(1) 基板收縮率不易控制；(2) 共燒相容性和匹配性需加強；(3) 基板散熱問題；(4) 基板損耗問題。

5.11.4 LTCC 的應用

LTCC 技術發展可大致分為四個階段：(1)LTCC 單一元件，包括片式電感、片式電容、片式電阻和片式磁珠等等；(2)LTCC 組合元件，包括以 LC 組合片式濾波器為代表，在一個晶片內含有多個和多種元件的組合器件；(3)LTCC 整合模組，在一個 LTCC 晶片中，不僅含有多個和多種被動元件，而且還包含多層佈線與主動模組的介面等等；(4) 整合裸晶片的 LTCC 模組。在整合模組的基礎上，同時內含半導體裸晶片（bare chip），構成一個整體封裝的模組。

LTCC 技術由於其為多學科交叉的整合元件技術，具有優異的電子、機械、熱力特性，已成為未來電子元件整合化、模組化的首選方式，廣泛用於藍芽（bluetooth）、電子通信與自動控制技術、電子設計技術、濾波器、壓腔振盪器、基板、封裝及微波元件等領域。如：(1) LTCC 功能元件；(2) LTCC 片式天線；(3) LTCC 模組基板；(4) 壓控振盪器（VCO）。

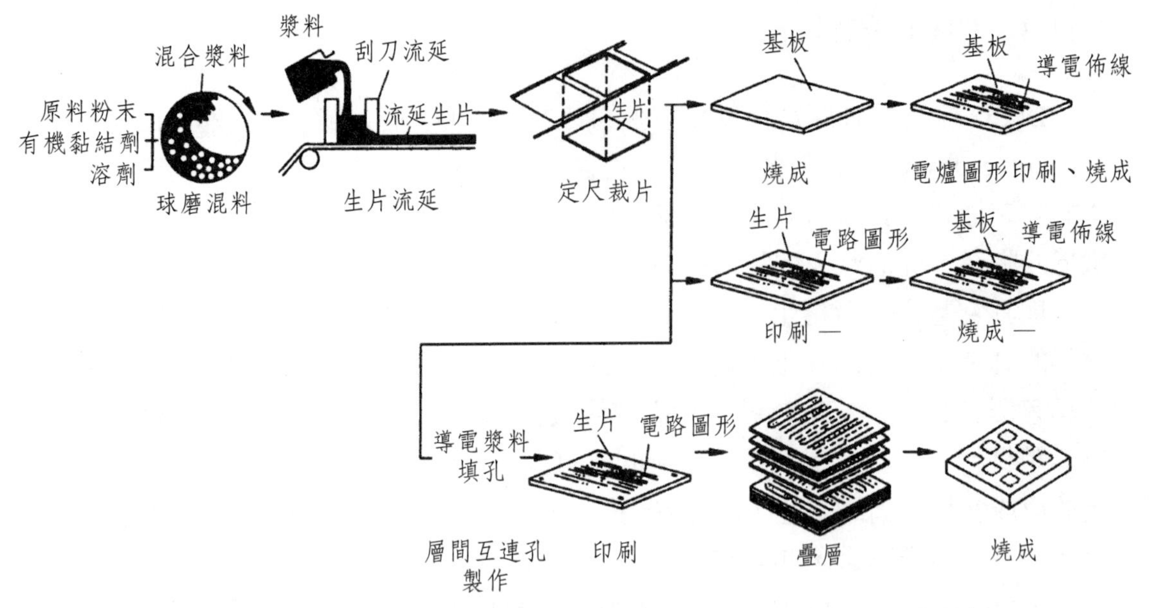

圖 5.20　多層陶瓷基板的製作技術流程 —— 生片流延、疊層共燒

5.12　單晶材料及製作

5.12.1　單晶製作方法及單晶材料實例

單晶（single crystal）生長根據其熔區的特點，可分為正常凝固法和區熔法。

正常凝固法製作單晶，最常用的有坩堝移動法、爐體移動法及晶體提拉法等單向凝固法；區熔法（也稱 FZ 法）通常有水準區熔法（主要用於鍺、GaAs 等材料的提純和單晶生長）和懸浮區（floating zone）熔法（主要用於矽）。區熔法可將低純度矽晶體提煉成對稱的、有規律的、呈幾何型的單晶晶格結構。

單晶矽屬立方晶系、面心立方晶格、鑽石結構。由於晶體學各向異性，不同的方向具有不同的性質。單晶矽是一種良好的半導體材料，直至今日，電子行業所用的半導體，95% 以上仍然是單晶矽。單晶矽在熔融狀態下有很強的化學活性，幾乎沒有不與它作用的容器，即使高純石英舟（quartz boat）或坩堝（crucible），也要和熔融矽發生化學反應，使單晶的純度受到限制。

因此，目前不用水準區熔法製取純度更高的單晶矽。由於熔融矽有較大的表面張力和較小的密度，懸浮區熔法正是依靠表面張力支持著生長中的單晶和多晶棒之間的熔區，所以懸浮區熔法是生長單晶矽的優良方法。這種方法不需要坩堝，免除了坩堝污染。此外，由於加熱溫度不受坩堝熔點限制，因此可以用來生長熔點高的材料，如單晶鎢等。單晶製作方法及所製作的單晶材料實例，如表5.10 所示。

5.12.2 化合物半導體塊體單晶生長方法

通常所說的化合物半導體，多指晶態無機化合物半導體，即指由兩種或兩種以上元素以確定的原子配比形成之化合物，並具有確定的禁帶寬度和能帶結構等半導體性質。常見的有Ⅳ - Ⅳ族、Ⅲ - Ⅴ族、Ⅱ - Ⅵ族、Ⅰ - Ⅲ - $Ⅵ_2$族、Ⅱ - Ⅳ - Ⅴ族、$Ⅰ_2$- Ⅱ - Ⅳ - $Ⅵ_4$族等。

主要是二元化合物，如：砷化鎵、氮化鎵、氮化鎵銦、氮化鎵鋁、磷化銦、硫化鎘、碲化鉍、氧化亞銅等。用於製作光電子元件、超高速微電子元件和微波元件等方面。

它們大多採用以下三種方式製作單晶：(1) 布里奇曼（Bridgman）法；(2) 液封直拉法；(3) 垂直梯度凝固法。另用磊晶法、化學氣相沉積法等，製作它們的薄膜和超薄層微結構化合物材料。

5.12.3 壓電效應、熱釋電效應和鐵電效應

(1) 壓電效應（piezoelectrical effect）：1880 年，J. Curie 和 P. Curie 兄弟首先發現壓電效應。所謂壓電效應是指由應力誘導出電極化（或電場），或由電場誘導出應力（或應變）的現象。前者稱為正壓電效應，後者稱為負壓電效應。壓電材料包括壓電晶體、壓電陶瓷、壓電薄膜、壓電高分子及壓電複合材料等。

壓電效應產生的條件：①晶體結構沒有對稱中心；②壓電體是電介質；③其結構須有帶正負電荷的質點。即壓電體是離子晶體或由離子團組成的分子晶體。

(2) 熱釋電效應（pyroelectric effect）：當溫度變化時，介質的固有電極化強度發生變化，使遮罩電荷失去平衡，多餘的遮罩電荷被釋放出來的現象。晶體除了由於機械應力作用引起壓電效應外，還可以由於溫度變化時的熱膨脹作用，而使其電極化強度變化，引起自由電荷的充放電現象叫做熱釋電現象。具有這種現象的晶體，叫做熱釋電晶體。

(3) 鐵電效應（ferroelectric effect）：在熱釋電晶體中，有若干種點群的晶體不但在某溫度範圍內具有自發極化，且自發極化有兩個或多個可能的取向，在不

表 5.10 單晶的製作方法及所製作的單晶材料實例

單晶的製作方法（生長技術）	所製作的單晶材料實例
柴克勞斯基（Czochralski）直拉法（CZ 法，旋轉直拉法）	矽（Si）、砷化鎵（GaAs）、磷化銦（InP）、鈮酸鋰（LN：$LiNbO_3$）鋰酸鋰（LT：$LiNbO_3$）矽酸釓（GSO：Gd_2SiO_5）、釔鋁石榴石（YAG：$Y_3Al_5O_{12}$）氟化鈣（CaF_2）
布里奇曼（Bridgman）法（HB 法、VB 法）	GaAs、InP、四硼酸鋰（LBO：$Li_2B_4O_7$）、CaF_2
水熱合成法（hydrothermal 法）	人造水晶（SiO_2）、氧化鋅（ZnO）
氨熱合成法（amenothermal 法）	ZnO、氮化鎵（GaN）
韋納伊（Verneuil）氫氧焰熔融法	藍寶石（Al_2O_3）、金紅石（TiO_2）、鈦酸鍶（$SrTiO_3$）、尖晶石（$MgAl_2O_4$）
紅外線加熱浮區法（FZ, floating, zone）	TiO_2
籽晶之上的昇華生長法	碳化矽（SiC）
熔劑法（flux 法）	非線性光學單晶（KTP：$KTiOPO_4$）、（CLBO：$CsLiB_6O_{10}$）、ZnO
雙坩堝柴克勞斯基法	LN、LT
氣氛控制氟化物單晶拉制法	LiCAF:$LiCaAlF_6$、YLF:$LiYF_4$、LLF:$LiLuF_4$、CaF_2、BaF_2
下拉法	LN、LT、TiO_2、$Li_2B_4O_7$、$Bi_{12}GeO_20$、$Bi_{12}SiO_20$
微下拉法（μ-PD, pull down）	Si、SiGe、LN、$Bi_2Sr_2CaCu_2Oy$、Y_2O_3、Al_2O_3、$Lu_2Si_4O_5$、$Bi_4Ge_3O_{12}$、$Y_3Al_5O_{12}$、$Y_3Al_5O_{12}$、$Tb_3Sc_2Al_5O_{12}$、$Ba_2NaNb_5O_{15}$、$K_3Li_2Nb_5O_{15}$、CaF_2、$LiCaAlF_6$、Ce:PrF_3、Pr:KY_3F_{10}、共晶體（co-crystal）（Al_2O_3/YAG、Al_2O_3/ZrO_2）
泡生（Kyropulos）法，坩堝下降法	藍寶石（Al_2O_3）

超過晶體擊穿電場強度的電場作用下，其取向可以隨電場改變，這種特性稱為鐵電性。具有這種性質的晶體成為鐵電體。

鐵電陶瓷在低於居里溫度（Curie temperature）（T_c）時，具有自發極化（spontaneous polarization）性能。陶瓷中具有許多電疇，鐵電陶瓷的重要特徵是，其極化強度與施加電壓不成線型關係，具有明顯的滯後效應。由於這類陶瓷的電性能在物理上與鐵磁材料的磁性能相似，因此稱為鐵電陶瓷，但不一定以鐵作為其主要成分。

鐵電體的共同特徵：(1) 具有電滯迴線；(2) 具有結構相變溫度〔居里點（Curie point）〕；(3) 具有臨界特性。

5.12.4　壓電性、熱釋電性、鐵電性單晶體實例

人工合成壓電性（piezoelectric）材料有酒石酸鉀鈉、磷酸二氫銨、人工石英、壓電陶瓷、碘酸鋰、鈮酸鋰、氧化鋅和高分子壓電薄膜等。

具有熱釋電（pyroelectric）效應的材料約有上千種，但廣泛應用的不過十幾種，主要有硫酸三甘肽（TGS, $(NH_2CH_2COOH)_3H_2SO_4$）、鋯鈦酸鉛鑭〔PLZT, (Pb, La)(Zr, Ti)O_3〕、透明陶瓷和聚合物薄膜（PVF_2），工業上可用作紅外線探測元件、熱攝影管以及國防上某些特殊用途。優點是不用低溫冷卻，但靈敏度比相應的半導體元件低。

具有鐵電效應的材料有：(1) 雙氧化物鐵電體：鈣鈦礦型結構、鎢青銅型結構、鈮酸鋰型結構、燒綠石型結構、含鉍層狀結構；(2) 非氧化物鐵電體；(3) 氫鍵鐵電體。

具有壓電性材料的不一定是鐵電體，例如：具有壓電性又有鐵電性的材料有 $BaTiO_3$、Pb（Zr, Ti）O_3、Pb（$Co_{1/3}Nb_{2/3}$）O_3、Pb（$Mn_{1/2}Sb_{1/2}$）O_3、Pb（$Sb_{1/2}Nb_{1/2}$）O_3。

具有壓電效應的晶體主要用於製造測壓元件、諧振器、濾波器、聲表面波換能及傳播基片等。

5.13　功能陶瓷及應用 (1) —— 陶瓷電子元件

5.13.1　$BaTiO_3$ 的介電常數隨溫度變化

介質在外加電場時，會產生感應電荷而削弱電場，在相同的原電場中，真空中的電場與某一介質中的電場比值，即為相對介電常數（permittivity），又稱相對電容率，以 ε_r 表示。為簡單起見，通常將相對介電常數稱為介電常數（dielectric constant）。介電常數是物質相對於真空來說，增加電容器電容能力的度量，是描述電介質材料電學性能及其應用的最重要參數。介電常數隨分子偶極矩（dipole moment）和可極化性的增大而增大。

$BaTiO_3$ 單晶的介電常數隨溫度變化顯示明顯的非線性，沿著自發極化軸 c 方向的小訊號介電常數 ε_c 只有 150 左右，而在垂直於自發極化軸方向 a 反向的 ε_a 為 3000～5000，在居里溫度處（120℃）發生突變，可達 10000 以上。$BaTiO_3$ 單晶的 ε 具有明顯的方向性，即沿 c 軸測得的 ε_c 遠小於沿 a 軸測得的 ε_a，這是由於沿 c 軸方向位移的離子被極性軸方向的鐵電位移嚴密制約，而它們沿垂直極性軸方向的振動是比較自由的。因此在電場作用下，$BaTiO_3$ 中離子容易產生垂直於 c 軸的移動，使 ε_a 遠大於 ε_c。由於 $BaTiO_3$ 在相變溫度處結構鬆弛，離子具有較大的可動性，新疇本來可以自發的形成。$BaTiO_3$ 單晶 ε 隨 T 的變化存在「熱滯」，即在三個相變溫度附近，ε 隨 T 的升高和降低變化時並不重合，顯示相變時有潛熱產生。當溫度高於 T_c 時，ε 隨 T 的變化關係遵從居里 — 外斯定律（Curie-Weiss law）。

5.13.2 陶瓷表面波元件

「聲表面波」（SAW, surface acoustic wave）是沿物體表面傳播的一種彈性波。1885 年，瑞利（Rayleigh）根據對地震波的研究，從理論上闡明了在各向同性固體表面上彈性波的特性。1965 年，懷特（R.M.White）和沃爾特默（F.W.Voltmer）發明了「叉指換能器」（IDT, interdigitated transducer），從而取得聲表面波濾波器技術的關鍵性突破。

聲表面波 SAW 就是在壓電基片材料表面產生並傳播、且其振幅隨深入基片材料的深度增加而迅速減少的彈性波。SAW 濾波器的基本結構是在具有壓電特性的基片材料拋光面上製作兩個聲電換能器 —— 叉指換能器（IDT）。它採用半導體積體電路的平面技術，在壓電基片表面蒸鍍一定厚度的鋁膜，再把設計好的兩個 IDT 掩模圖案，利用微影照相方法沉積在基片表面，分別用作輸入換能器和輸出換能器。其工作原理是：輸入換能器將電信號變成聲信號，沿晶體表面傳播，輸出換能器再將接收到的聲信號變成電信號輸出。

SAW 濾波器在抑制電子資訊設備高次諧波、鏡像資訊、發射漏洩信號以及各類寄生雜波干擾等方面產生良好作用，可以實現所需任意精度的幅頻特性和相頻特性的濾波，這是其它濾波器難以完成的。另外，由於採用了新的晶體材料和最新的精細加工技術，使得聲表面波元件（SAW）的使用上限頻率提高到 2.5～3GHz，從而更加促進 SAW 濾波器在抗 EMI 領域的廣泛應用。

5.13.3 不斷向小型化發展的電容器

電容器是由兩個電極及其間的介電材料構成的。介電材料是一種電介質，當被置於兩塊帶有等量異性電荷的平行極板間的電場中時，由於極化而在介質表面產生極化電荷，遂使束縛在極板上的電荷相應增加，維持極板間的電位差不變。電容器是一種能夠儲藏電荷的元件，在電子線路中起到阻斷直流、濾波、區分不同頻率及使電路調諧等作用，是最常用的電子元件之一。

陶瓷材料晶界特性的重要性，不亞於晶粒本身特性，由於晶界效應，陶瓷材料可以表現出各種不同的半導體特性，利用半導體陶瓷的晶界效應，可製造出邊界層（或晶界層）電容器。如將半導體 $BaTiO_3$ 陶瓷表面塗以金屬氧化物，如 Bi_2O_3、CuO 等，然後在 950～1250℃氧化溫度下熱處理，使金屬氧化物沿晶粒邊界擴散。這樣晶界變成絕緣層，而晶粒內部仍為半導體，晶粒邊界厚度相當於電容器介質層。這樣製作的電容器介電常數可達 20000～80000。用很薄的這種陶瓷材料，就可以做成擊穿電壓為 45V 以上、容量為 0.5μF 的電容器。它除了體積小、容量大外，還適於高頻（100MHz 以上）電路使用。在積體電路中是很有前途的。

小型化、微型化是目前元件研究開發的一個重要目標。從技術方面看，正向著微型化、介質薄層化、大容量、高可靠和電極賤金屬化低成本的方向發展。片式元件的尺寸已由 1206 和 0805 為主，發展為 0603 和 0402，並進而向 0201 和 01005 發展；介質單層厚度由原來的 10μm 以上減小到 5μm 、3μm ，甚至到 1μm；介質層數也由幾十層發展到幾百層。同樣地，其它功能陶瓷元件也正向著片式化和微型化方向發展，如多層壓電陶瓷變壓器、片式電感類元件、片式壓敏電阻、片式多層熱敏電阻等。

5.13.4 大電流用超導線的斷面結構

超導陶瓷是具有超導特性的陶瓷材料。超導材料有兩個非常重要的性質：(1) 完全導電性。通常，電流通過導體時，由於存在電阻，不可避免地會有一定的能量損耗。而所謂超導體的完全導電性，即在超導態下〔在臨界溫度（critical temperature）以下〕，電阻為零，電流通過超導體時，沒有能量的損耗；(2) 完全抗磁性。超導體的完全抗磁性是指超導體處於外界磁場中，能排斥外界磁場的影響，即外加磁場全被排除在超導體之外，這種特性也稱為邁斯納效應（Meissner effect）。

根據超導陶瓷的零電阻特性，可以製成超導線，無損耗地遠距離輸送極大的電流。大電流用超導線對材料和結構均有較高要求，亦有獨特的斷面結構。

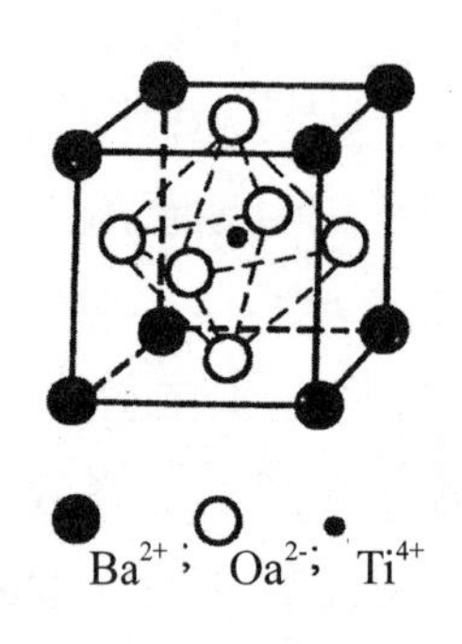

(a) 取 Ba^{2+} 為原點的晶胞

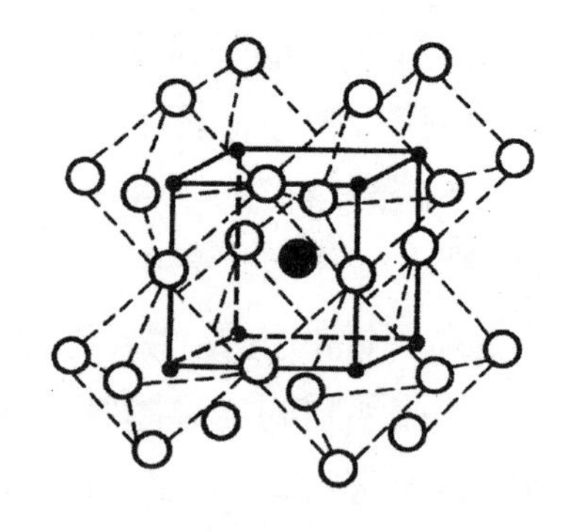

(b) 取 Ti^{4+} 為原點的晶胞

圖 5.21　立方 $BaTiO_3$ 的結構（圖中實線包圍的平行六面體）

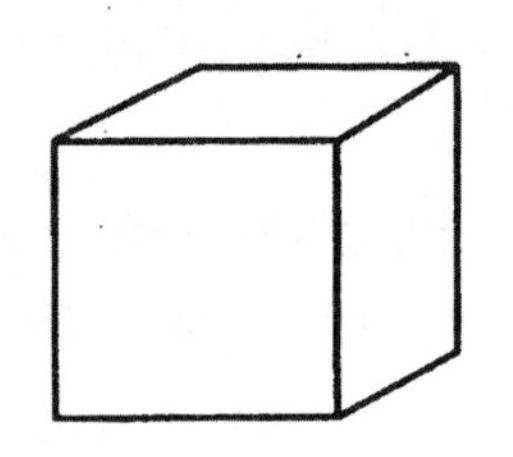

(a) 立方相，>120°C穩定，不存在自發極化

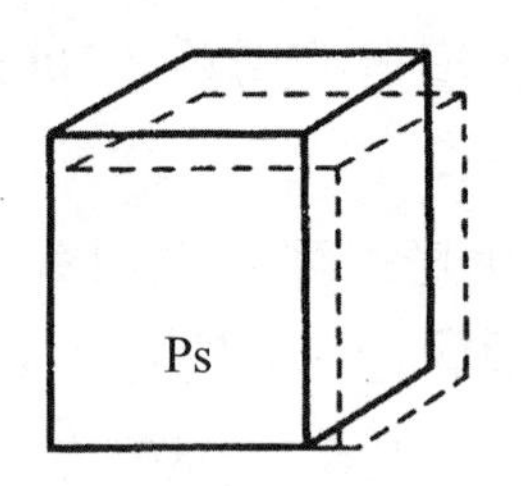

(b) 四方相，120°C~5°C穩定，自發極化沿立方面方向

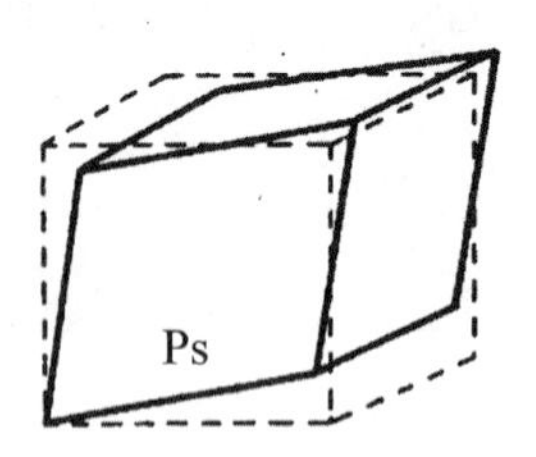

(c) 斜方相，5°C~-90°C穩定，自發極化沿立方面對角線方向

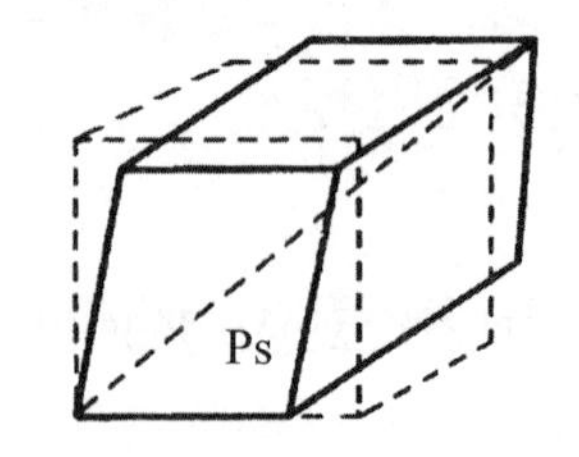

(c) 菱方相，< -90°C穩定，自發極化沿立方體的對角線方向

圖 5.22　$BaTiO_3$ 四種晶相的單胞及自發極化的方向

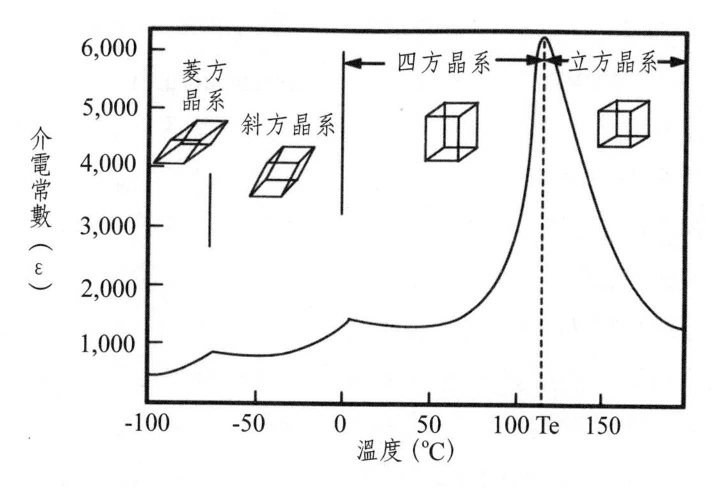

圖 5.23　鈦酸鋇介電常數隨溫度的變化

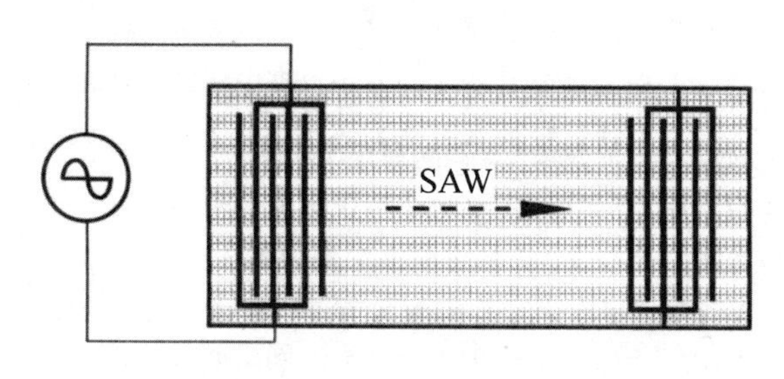

圖 5.24　表面波元件

5.14　功能陶瓷及應用 (2) —— 微波元件、感測器和超聲波馬達

5.14.1　功能陶瓷的微波及感測器功能

微波（microwave）是指頻率為 300MHz～300GHz 的電磁波（electro-magnetic wave），是無線電波中一個有限頻帶的簡稱，即波長在 1m（不含 1m）到 1mm 之間的電磁波，是分米波、釐米波、毫米波和次毫米波的統稱。微波頻率比一般無線電波頻率高，通常也稱為「超高頻電磁波」。微波作為一種電磁波，也具有波粒二象性（wave-particle duality）。微波的基本性質通常呈現為穿透、反射、吸收三個特性。對於玻璃、塑料和瓷器，微波幾乎是穿越而不被吸收。對

於水和食物等就會吸收微波而使自身發熱。而對金屬類東西，則會反射微波。

微波介質陶瓷（MWDC, microwave dielectric ceramics）是指應用於微波頻段電路中作為介質材料，並完成一種或多種功能的陶瓷，是近年來國內外對微波介質材料研究領域的一個熱點方向。這主要是適應微波移動通訊的發展需求。微波介質陶瓷主要用於諧振器、濾波器、介質天線、介質導波回路等微波元件。可用於移動通訊、衛星通訊（satellite communication）和軍用雷達（radar）等方面。隨著科學技術日新月異的發展，通信資訊量的迅猛增加，以及人們對無線通訊的要求，使用衛星通訊和衛星直播電視等微波通信系統，已成為當前通信技術發展的必然趨勢。這就使得微波材料在民生方面的需求逐漸增多。

人們常將感測器（transducer）的功能與人類五大感覺器官相比擬：(1) 光敏感測器 —— 視覺；(2) 聲敏感測器 —— 聽覺；(3) 氣敏感測器 —— 嗅覺；(4) 化學感測器 —— 味覺；(5) 壓敏、溫敏、感測器，流體感測器 —— 觸覺。敏感元件的分類：物理類，基於力、熱、光、電、磁和聲等物理效應；化學類，基於化學反應的原理；生物類，基於酶、抗體和激素等分子識別功能。

通常據其基本感知功能可分為熱敏元件、光敏元件、氣敏元件、力敏元件、磁敏元件、濕敏元件、聲敏元件、放射線敏感元件、色敏元件和味敏元件等十大類（還有人曾將敏感元件分為 46 類），這些感測器和敏感元件都可以由功能陶瓷製作。

5.14.2 資訊功能陶瓷元件

近年來，通信技術的高速發展，大大推動了電子元件朝向小型化、片式化和高頻化方向發展的進程，除傳統的片式電容、片式電感和片式電阻等表面貼裝元件外，微波陶瓷元件也正向片式化、微型化甚至整合化方向發展。

目前一種基於 LTCC 的微波元件表現出很好的發展態勢，除已實用化的低通、帶通濾波器外，已開發出包括 LC 濾波器、雙工器、片式多層天線、收發開關功能模組、耦合器（coupler）、功分器等各種新型微波元件。手機射頻前端濾波電路，即是射頻微波濾波器的重要應用領域，在多層微波濾波器出現以前，由於陶瓷介質濾波器的體積大，無法滿足手機短小輕薄的發展要求，所以手機射頻前端濾波器主要是聲表面波（SAW, surface acoustic wave）濾波器和雙工器（diplexer），但 SAW 元件的插損一般較大，不利於整合，且高頻下功率處理能力差，因而其使用也受到限制。基於 LTCC 的多層微波濾波器的出現，為手機射頻前端濾波的小型化和整合化帶來了新前景。

5.14.3 $BaTiO_3$ 陶瓷的改性和多層陶瓷電容器 MLCC

通過對 $BaTiO_3$ 陶瓷進行改性，解決 $BaTiO_3$ 陶瓷的介電常數在工作區域呈現不穩定變化問題，而改性 $BaTiO_3$ 陶瓷的方法有很多。採用置換改性置換離子易引進空位或填隙離子，補償電價置換改性是今後的研究方向之一。

製作技術決定產物的性能，製作 $BaTiO_3$ 基體的過程，適宜在氧化狀況中燒成，因為還原狀況易引起氧空位（oxygen vacancy），使部分四價鈦離子轉變為三價鈦離子，導致介質的電性能惡化、電阻率降低、損耗增高。但是加入鎂離子對 $BaTiO_3$ 有明顯的壓峰作用，鎂離子強烈抑制了三價鈦離子出現，有利於細晶結構，對介電常數高的陶瓷，其峰值受到了壓抑，因此發展加入鎂離子的改性是獲得改良介電常數的另一個方向。

EMC（electro-magnetic compatible）、MLCC（電磁相容片式多層陶瓷電容）為設備和 I/O 埠的供電線、資料線提供電磁干擾 EMI（electro-magnetic interference）與抑制方案，電磁相容電容器能帶來數種好處。因為只有干擾電流而非有用的電流流經這類電容，所以在工作電流較大的電路中，可以使用容值相對較小的電容。特別是片式多層陶瓷電容，如用於電磁干擾的抑制，尺寸可以做到 1206、0805，甚至更小。

MLCC 是各種電子、通訊、資訊、軍事、太空等消費或工業用電子產品的重要元件。MLCC 由於其具有體積小、結構緊湊、可靠性高及適於表面接著技術（SMT, surface mounting technique）等優點而發展迅速。目前 MLCC 在國際上的發展趨勢是，微型化、高比容、低成本、高頻化、整合複合化、高可靠性的產品及技術。

5.14.4 壓電陶瓷超聲波馬達在航太領域的應用技術

超聲波馬達（ultrasonic motor 縮寫 USM）是以超聲頻域的機械振動為驅動源的驅動器。由於激振元件為壓電陶瓷，所以也稱為壓電馬達。它利用壓電陶瓷的逆壓電效應和超聲振動，將彈性材料（壓電陶瓷，PZT）的微觀形變通過共振放大和摩擦耦合，轉換成轉子或滑塊的宏觀運動。由於獨特的運行機制，USM 具有傳統電磁式電機不具備的優點：低速高力矩輸出、功率密度高、起止控制性好、可實現直接驅動、可實現精確定位、容易製成直線移動型馬達、噪音小、無電磁干擾亦不受電磁干擾、需使用耐磨材料（接觸型 USM）和高頻電源等。

超聲波電機已成功應用在航太領域。航空太空梭往往處在高真空、極端溫度、強輻射、無法有效潤滑等惡劣條件中，且對系統重量要求嚴苛，超聲波馬達由於其諸多優點（低速下可獲得大轉矩、回應速度快、結構簡單等），恰好彌補了電磁式電機的不足，非常適合太空中機器的驅動要求，從而成為驅動器的最佳選擇。美國太空總署（NASA）對其充分重視，他們已將繼續使用 USM 取代電磁式電機，作為火星等星球上微型著陸器中的機器人驅動器及伺服系統（servo-system）。

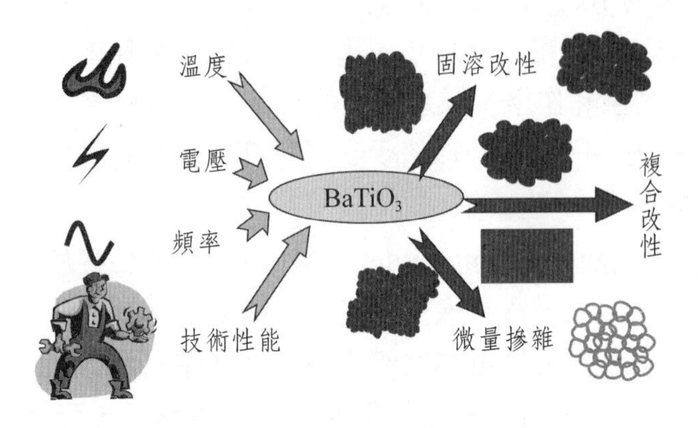

圖 5.25　$BaTiO_3$ 陶瓷的改性

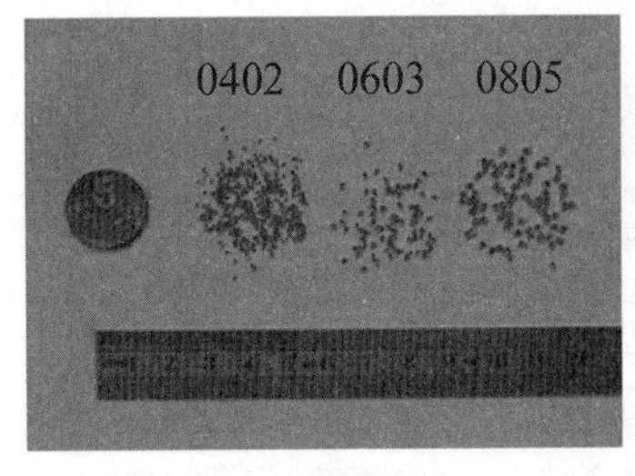

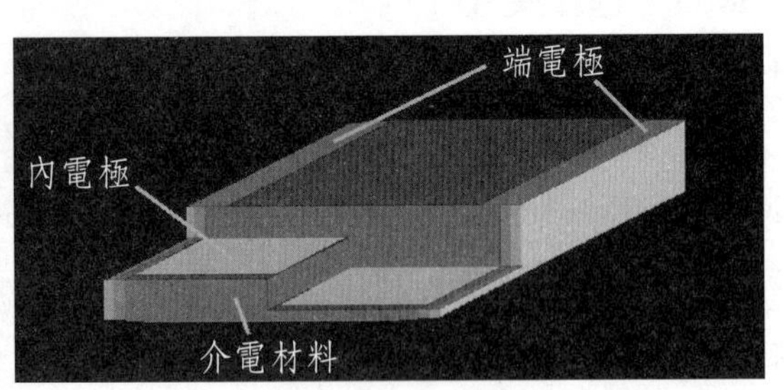

- 隨著電子資訊技術日益走向整合化、薄型化、微型化和智慧化，使陶瓷元件小型化、多層化、片式化、整合化和多功能化成為此一領域的發展趨勢。
- 以片式電容為例：元件尺寸小型化從 0805 到 0603、0402、0201，甚至 01005 發展；薄層化：介質單層厚度由原來的 10 μm 以上減小到 5 μm 、3 μm ，甚至 1 μm；大容量：層束由幾十到上千層。而當層厚減薄到 1 μm 時，陶瓷精粒希望控制在 100nm 以下。

圖 5.26　多層陶瓷電容器（MLCC）

• 汽車倒車雷達（radar）

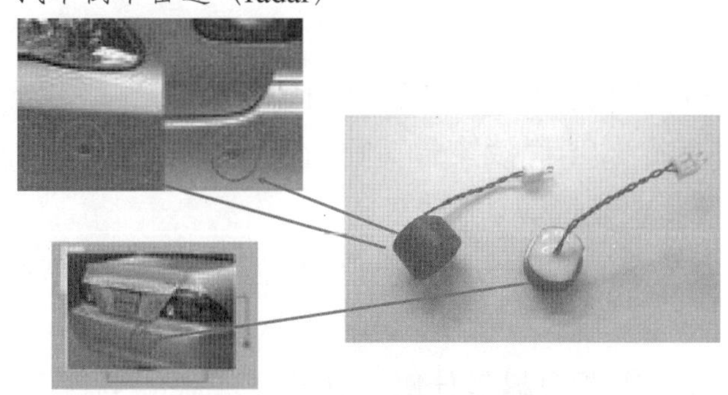

圖 5.27　轉能器應用實例

ϕ 60mm、最大轉矩 160N．cm、速度 0～40r/min、額定轉矩 110N．cm、額定速度 20r/min、效率 12%

• M.I.T. 航太系為 JPL 火星微著陸柔性操縱器手臂關節研製的超聲波馬達：
• 高力矩時高效率
• 在苛刻環境中穩定性好

圖 5.28　超聲波馬達在太空領域中的應用

思考題及練習題

5.1 寫出陶、瓷、精細陶瓷的定義、特點和發展過程。

5.2 陶瓷（ceramics）在不同國家有不同內涵。無機非金屬材料主要包括哪些？它們各自有哪些主要特徵？

5.3 說出宋代五大名窯的名稱，分別出產何種瓷器聞名於世？簡述每種瓷器的特徵。

5.4 普通黏土陶瓷的主要原料是什麼？在燒製成瓷的過程中，分別產生什麼作用？

5.5 指出普通陶瓷與特種陶瓷、結構陶瓷與功能陶瓷的含義和主要區別。

5.6 指出陶瓷胚體的六種成型方法，說明各自的優缺點和應用物件。

5.7 了解燒結的定義、燒結的作用、燒結方法和燒結過程的推動力。

5.8 說明普通黏土陶瓷燒結的四個階段。

5.9 如何理解「普通陶瓷是一種多晶多相的聚集」？這些物相是如何形成的？

5.10 透明氧化鋁是如何得到的？它有什麼用處？

5.11 何謂 LTCC？其中「共燒」包括哪兩層含義，LTCC 有何特性及應用？

5.12 陶瓷導熱靠何種機制？高熱導陶瓷應具備何種必要條件？如何提高氮化鋁（AlN）陶瓷的熱導率？

5.13 指出電子極化、離子極化、取向極化、介面極化的成因，並估計其回應頻率的大小。

5.14 介紹壓電陶瓷的幾種典型應用。

參考文獻

[1] 葉喆民，中國陶瓷史（增訂版），香港：生活．讀書．新知三聯書店，2011 年 3 月。

[2] 謝志鵬，結構陶瓷，北京：清華大學出版社，2011 年 6 月。

[3] 齊龍浩，姜忠良，精細陶瓷工藝學（第二稿），北京：清華大學校內講義，2012 年 2 月。

[4] 澤岡昭，わかりやすいセラミックスのはなし，日本實業出版社，1998 年 9 月。

[5] 佐久間健人，セラミック材料學，海文堂，1990 年 10 月。

[6] 幾原雄一，セラミック材料の物理：結晶と介面，日刊工業新聞社，1999 年 9 月。

[7] 守吉佑介，笹本忠，植松敬三，伊熊泰郎，門間英毅，池上隆康，丸山俊夫，セラミックスの燒結，內田老鶴圃，1995 年 12 月。

[8] Randall M. German. Liquid Phase Sintering. Plenum Publishing Corporation, New York, 1985.

[9] 鄭昌瓊，冉均國，新型無機材料，北京：科學出版社，2003 年 1 月。

[10] 平井平八郎，犬石嘉雄，成田賢仁，安藤慶一，家田正之，浜川圭弘，電気電子材料，Ohmsha，2008 年。

[11] 岩本正光，よくわかる電気電子物性，Ohmsha，1995 年。

[12] 澤岡昭，電子材料：基礎から光機能材料まで，森北出版株式會社，1999 年 3 月。

[13] 谷腰欣司，フェライトの本，日刊工業新聞社，2011 年 2 月。

[14] 周達飛，材料概論（第二版），北京：化學工業出版社，2009 年 2 月。

[15] 徐曉虹，吳建鋒，王國梅，趙修建，材料概論，北京：高等教育出版社，2006 年 5 月。

[16] 雅芳，吳芳，周彩樓，材料概論，重慶：重慶大學出版社，2006 年 8 月。

6 玻璃及玻璃材料

6.1 玻璃的發現至少有 5000 年
6.2 玻璃熔融和加工
6.3 非傳統方法製造玻璃
6.4 新型建築玻璃 (1)
6.5 新型建築玻璃 (2)
6.6 汽車、高鐵用玻璃 (1)
6.7 汽車、高鐵用玻璃 (2)
6.8 生物醫學用玻璃材料
6.9 特殊性能玻璃材料
6.10 圖像顯示、光通信用玻璃材料 (1)
6.11 圖像顯示、光通信用玻璃材料 (2)
6.12 高新技術前沿用玻璃材料

6.1 玻璃的發現至少有 5000 年

6.1.1 玻璃的發現

玻璃（glass）的歷史很悠久，燦爛的人類文明史，幾乎每一頁都閃爍著玻璃製品的光輝。

現在最古老的玻璃製品，是大約 5000 年前製作的。實際上，玻璃的發現比此更早。在針對玻璃的考古學中，關於玻璃的發現有兩種古老傳說一直流傳至今。

一個傳說見於 2000 年有關科學技術的書籍中，當時有文章詳細記載了口耳相傳的歷史故事。在接近美索不達尼亞（Mesapolatamia）的地中海（Mediterranean）東岸，腓尼基（Phoenicia）蘇打（soda，碳酸鈉 Na_2CO_3）商人為準備午餐，在沙漠中用裝滿蘇打粉的袋子堆成簡易爐灶，置鍋添柴，生火做飯。由於蘇打粉末與沙子混合後受熱，變成透明液體而流出，經冷卻變成當時人們從未見過的閃閃發光、美麗透明，像寶石那樣的神奇之物。商人們見此喜出望外，以為是無價之寶，不單單是驚喜，更看重其商業價值。相傳由此便開始了玻璃的製造。

一般認為，古代玻璃起始於蘇打石灰玻璃，是由碳酸鈉和碳酸鈣再加沙子（SiO_2）製成的。當然，僅有蘇打和沙子也可以製作玻璃。由於此一想法激起了人們的興趣，許多人親自驗證用該方法是否真能製成玻璃。實驗結果證明，使沙子和蘇打均勻混合，加火焙燒確實能製成玻璃。

另一個傳說認為，玻璃的發現源於 5000 年前的高溫技術。5000 年前，在美索不達米亞附近，已經進入青銅器時代，為了青銅器的精煉，需要 1000℃以上的高溫。與此同時，燒製帶釉陶器的窯爐也已經出現。釉料本質上是玻璃粉末。在素胚基體上塗裝的釉料於燒製過程中，由於升溫過高，致使熔化的釉料脫落，偶然地產生了玻璃塊。當時的窯爐工不知其為何物，有的認為是「窯怪」要壓驚去邪，有的以為是「窯精」要燒香供奉。但無論如何，這也算是玻璃製作的開端。

這兩個傳說表明，儘管玻璃的發展出於偶然，但大量的生產實踐和技術水準的提高，為玻璃的發現提供了堅實基礎。

6.1.2 玻璃的故鄉——美索不達米亞

玻璃製品的最早發源地位於底格里斯河（Tigris River）和幼發拉底河（Euphrates River）流域周圍的古巴比倫（Babylon）（即今天的伊拉克 Iraq），處於文明發祥地兩河流域的美索不達米亞，在西元前 4000～3500 年就進入了青銅器時代，而且也已經燒製塗裝釉料的陶器。當時，將窯爐提升至 1100℃以上的技術已經過關，正基於此，能製出不透明玻璃並不令人感到稀奇。

這樣的不透明玻璃在西元前 3000 年左右就出現。此後，華麗玻璃出現，被看作是美麗石頭和陶瓷的玻璃，可算是最早的玻璃製品。這是西元前 2400 年前後的事。在美索不達米亞及其周圍出土的初期玻璃製品，大部分是圓珠、帶孔珠、短管、嵌鑲塊（方形、T 字型）等，屬於鑄造品。

此後玻璃的重大進步是開始製作壺等容器，所採用的是模芯玻璃（見 6.2.1 節）成形方法。最古老的製品是在美索不達米亞周邊所發現的，於西元前 16 世紀後半期製作的小型玻璃瓶。此後不久，於西元前 15 世紀前半期，在埃及（Egypt）出現玻璃容器。埃及也是古代文明發祥地之一，而且與美索不達米亞地域相連，容易想像其間的技術交流比較方便。

此後玻璃的發展是從西元前750年羅馬帝國（Rome Empire）的建立開始的。即西元前 1 世紀後半期以羅馬為始的型吹玻璃，到西元 1 世紀後半期的吹製玻璃技術，已能製作非常漂亮的玻璃容器，如美麗精巧的花瓶、風格別緻的酒杯和寶石般的裝飾品。此時羅馬的玻璃技術已在羅馬帝國全域，即整個歐洲擴展，而且還被波斯、特別是薩桑朝波斯（公元 224～642 年）所繼承，並進一步發揚光大。

應該說，古羅馬人的創造發明對玻璃的發展奠定了基礎，建立了功勳。

6.1.3 從古代玻璃到近代玻璃

被薩桑朝波斯所繼承的羅馬玻璃技術得到進一步發展。此後，在中世紀，特別是 11 世紀後的歐洲，彩繪玻璃技術得到發展。

12～16 世紀，玻璃的製造中心在威尼斯（Venice）。1291 年威尼斯政府為了技術保密，把玻璃工廠集中於穆蘭諾島，當時生產窗玻璃、玻璃瓶、玻璃鏡和其它裝飾玻璃等，製品式樣新穎，別具一格，因此暢銷全歐乃至世界各地。許多製品精美細膩，具有高度藝術價值，但價格昂貴，有的比黃金還要貴上幾倍。威尼斯玻璃業有 800 多年的歷史，15～16 世紀為鼎盛時期。

16 世紀以後，威尼斯玻璃工匠的秘密很快傳到法國、德國、英國，到 17 世紀，歐洲許多國家都建立了玻璃廠，並開始用煤代替木柴燃料，玻璃工業有了很大的發展。捷克的玻璃藝術品，從 17 世紀開始就活躍在歐洲市場，是世界上生產玻璃器皿頗有名氣的國家。俄國的玻璃藝術製品從 17 世紀以來，也聞名於世。另外，17～18 世紀，在波西米亞（Bohemia）製作出含鉀的水晶玻璃（quartz glass）。1790 年，瑞士鐘錶匠用攪拌技術首次製成大型均勻的光學玻璃圓板，為熔製高均勻度的玻璃開創了新途徑。進一步，18 世紀後半期的產業革命，也逐漸將玻璃製造從手工操作推向機械化、自動化生產。

在東方，最早製作玻璃的是中國。從中國春秋時期（西元前 8～5 世紀）的遺址中就發掘出玻璃球及玻璃印章等。大量製作玻璃球及玻璃壺等製品，大概是進入戰國時期（西元前 2～5 世紀）之後的事。中國古代玻璃的特徵是含鋇很高的鉛玻璃。另外，從戰國時期直到漢代（西元前 2 世紀～西元 2 世紀），已開始利用由玻璃粉末製作的漿料進行高溫黏接，並由此製造出各種鑲嵌玻璃的青銅器。2～5 世紀，羅馬（Rome）及薩桑朝波斯（Persia）玻璃製品傳入中國。其後，吹製玻璃法由西方傳入，並由 16～19 世紀開始的乾隆玻璃所繼承。

日本的考古發掘顯示，最早的玻璃物件，乃至製作玻璃的技術和原料，都是從中國傳入的。

（埃及，西元前 15 世紀）

圖 6.1　留有圖特蒙斯三世（Thutmose III）紋章的空芯玻璃瓶

表 6.1 玻璃的古代史（從美索不達米亞到羅馬、波斯）

年代／年	時代（美索不達米亞）	玻璃進展	關聯事項
B.C. 6000	新石器		
5000			精陶出現 美索不達米亞 B.C. 5500 施釉精陶、施釉石 美索不達米亞 B.C. 4500～3500
4000	青銅器		
3000		半製成品玻璃（偶然的產物）美索不達米亞 B.C. 3000 年前後	
2000		初期的玻璃製品（珠、球等）鑄造玻璃 美索不達米亞 B.C. 2400 年前後	
1000		玻璃容器（空芯玻璃） 美索不達米亞及埃及 B.C.1600～B.C.1500 年前後	
A.D. 1	鐵器	玻璃容器（模型吹製）羅馬 B.C.1 世紀後半期 玻璃容器（玻璃吹製） 羅馬 A.D. 1 世紀後半期波斯 A.D. 3 世紀	
1000			
2000			

名詞解釋

佩珠、馬賽克（mosaic）球：初期的玻璃製品，佩珠為圓筒形，馬賽克為球形。後者由彩色玻璃小片熔凝而成。

鑄造製品：在由黏土和沙子製作的模型中，以熔融態玻璃製作的玻璃製品，為古代美索不達米亞最早採用的玻璃製作法。

表 6-2 玻璃的發展簡史

	中東・地中海沿岸・西洋	中國	日本
3000			
B.C.	B.C 2000 年前後，美索不達米亞玻璃球等鑄造玻璃		
2000	B.C 1600～1500 年 美索不達米亞及埃及 玻璃容器、模芯玻璃		
1000		春秋時代 B.C.8～A.D.5 世紀 玻璃球及印章、鉛玻璃 戰國時代～漢代 B.C.5～B.C.2 世紀 各式各樣的玻璃球及壺 玻璃的鑲嵌（與銅、金等） 鋇—鉛玻璃	鹼石灰玻璃 彌生時代 B.C. 300～A.D. 300 壁面及藍色玻璃球 發現加工基底的鑄型 藏青色球——鉛玻璃
A.D. 1	B.C. 1～A.D. 1 世紀羅馬 吹製玻璃、日常用品	漢代 B.C.200～A.D.200	古墳時代 4～6 世紀

	2～7 世紀羅馬 薩桑朝波斯玻璃	魏晉南北朝時代 2～5 世紀 羅馬波斯玻璃元件及吹製玻璃元件傳入，隨之這兩種玻璃製作方法傳入	著色玻璃球：從中國接受 容器：薩桑朝製作的玻璃鐘罩 平安時代～室町時代 （8～16 世紀） 大型的容器：從中國輸入 （玻璃製造的衰退） 大部分為鹼石灰玻璃
1000	中世紀特別是 11～12 世紀 彩繪玻璃 12～16 世紀 威尼斯玻璃 17～18 世紀波西米亞 水晶玻璃	清朝（16～19 世紀初） 乾隆玻璃 清朝官營玻璃工廠	16 世紀半 由長崎港開始輸入 一部分為鉛玻璃 由威尼斯等生產的歐洲製玻璃製品
2000	18 世紀後半期，玻璃生產工業化（與產業革命同步）		1873 年（明治 6 年） 玻璃工廠投產

表 6-3　代表性玻璃組成

玻璃名稱	成分	含有量（wt/%）	原料	
蘇打石灰玻璃 （soda lime glass）	Na_2O	20	蘇打	Na_2CO_3
	CaO	10	石灰	$CaCO_3$
	SiO_2	70	矽石粉料	SiO_2
鉛玻璃	Na_2O	5	蘇打	Na_2CO_3
	BaO	12	碳酸鋇	$BaCO_3$
	PbO_2	44	鉛丹	Pb_3O_4
	SiO_2	70	矽石粉料	SiO_2

6.2　玻璃熔融和加工

6.2.1　玻璃熔融和成形加工

玻璃一般是由熔融冷卻法（熔凝法）製作的，即將原料粉末的混合物加熱到 1000℃以上的高溫，使其熔化，在熔液冷卻的過程中成形。因此，玻璃的製造方法主要有以下分類：①熔化玻璃所用的容器和窯爐為何？②玻璃的成形方法為何？此外，高溫加熱採用的是哪種方法，而且重油燃燒採用的是空氣還是氧氣等，亦有各種差異。

(1) 熔化玻璃所用的容器和窯爐：熔化玻璃自古以來就採用坩堝，而且一直傳承至今。將原料粉末置於坩堝中，放入窯爐中加熱至攝氏一千多度後，再將熔融的玻璃流入模具中，經冷卻，凝固成玻璃，或者不斷流出，而用金屬管前端沾取玻璃液，經吹製方式，製成電燈泡及玻璃瓶等。

平板玻璃、瓶玻璃以及電視機用玻璃等為連續生產，須採用箱式窯。在由長方體形的耐火磚砌成的玻璃窯中，將原料粉末從箱式窯的一端投入，最高加熱到1400～1600℃使其熔化，同時進行脫泡澄清，得到均質的玻璃熔液，在箱式窯的另一端將熔液取出、成形，得到玻璃製品。這種箱式窯是在 1861 年前後由德國人西門子（Siemens）發明的，由此出現了高品質玻璃的連續生產。

(2) 玻璃的成形性：將玻璃流入模具中，再將內模插入，靠內外模間隙成形的插模法，在製作 CRT 管殼時普遍採用。為大批量生產玻璃瓶，將熔融的玻璃砣放入模具中，利用吹製方式，在玻璃中形成中空的部分，而後藉由內模通過加壓的模型吹製法製作。唐娜法是用空芯芯軸捲覆熔融的玻璃，再藉由拉伸，大批量產玻璃管。

6.2.2　浮法玻璃製造 —— 在熔融錫表面上形成平板玻璃

在幾十年前，無論是窗玻璃還是汽車用玻璃，遠非今天這樣平坦光滑。窗外的美景大打折扣，或模糊或變形或重疊。這是由於玻璃表面出現條紋、起稜、凹凸所致。用於窗玻璃，這種情況還可勉強接受，但用於反射鏡玻璃，若把人照成醜八怪，則難以忍受。因此，當時生產玻璃的公司都要對其產品進行表面研磨，以製成鏡面玻璃。但研磨費工費力而且大大增加成本，能否不加研磨而直接生產出平坦如鏡的玻璃？為此，人們進行了廣泛的研究開發。

1952 年，英國皮爾金頓公司（Pilkington）發明了滿足這種要求的浮法玻璃技術，並實現工業化。自此以後，浮法技術在全世界推廣，目前幾乎所有平板玻璃都是由浮法製作的。

浮法這個詞形象表達出其技術過程，使熔融玻璃浮在熔融錫的表面上，實現玻璃上下表面的平坦化。由於錫處於熔融態，其表面是完全平坦且平滑的。因此，熔融錫上方與其共面（稱為錫面）的熔融玻璃也必然是平坦的。而熔融玻璃的上面（稱為自由表面）是玻璃液體的表面，也是完全的平面。據此，可以獲得上下兩面平坦如鏡、無條紋、無凹凸、不起稜的浮法玻璃。

由於錫的密度比玻璃大得多，因此玻璃浮在錫的表面上。玻璃在錫之上滑動的同時，朝著緩冷爐的方向被拉伸。由於玻璃與錫之間不浸潤，因此玻璃均勻穩定地滑動前行。對於蘇打石灰玻璃來說，將箱式窯中熔融的玻璃在大約 1050℃

的溫度下載於浮槽中的錫之上，在大約 600℃時取出，並進入緩冷爐中。由於從緩冷爐出來的玻璃上下兩面是完全平坦的，因此，不加研磨就能滿足窗玻璃的使用要求，清澈明亮、平坦如鏡，觀看窗外美景賞心悅目。

在浮法推廣的初期，玻璃的厚度僅限於大約 6.8 釐米，而現在較之更厚和更薄的玻璃都能生產。

6.2.3 TFT LCD 液晶電視對玻璃基板的要求

對於 TFT LCD 來說，玻璃基板無疑是最重要的關鍵部件（key component）之一。一般常用於窗玻璃的平板玻璃，因其斷面為青色，故稱之為「青板玻璃」，即人們俗稱的「蘇打石灰玻璃」。

這種青板玻璃製作簡單、價格低廉，通過在其表面進行 SiO_2 的塗層處理，即可用於簡單矩陣驅動型液晶顯示器（STN LCD）的玻璃基板。但是，青板玻璃中含有鈉（Na）等鹼金屬，這類鹼金屬對於主動矩陣驅動型液晶顯示器（TFT LCD）的薄膜電晶體特性有不利影響，如同單晶矽半導體 LSI 中「易遷移離子」會引起 LSI 特性不良相似，玻璃基板中易遷移離子（Na^+）的存在，也會引起 TFT LCD 的特性不良。而且，TFT LCD 是電壓元件，液晶元件作為電容負載不能有電流通過，一旦有鹼金屬離子混入其中，液晶中通過電流，液晶材料立即失效，故青板玻璃不適用於主動矩陣（active matrix）驅動型液晶顯示器，而 TFT LCD 用玻璃基板多採用鋁矽酸（鹽）玻璃、鋁硼矽酸（鹽）玻璃等。

除成分之外，對 TFT LCD 用玻璃基板特性還有下述幾項要求：(1) 玻璃基板的表面、內部無缺陷；(2) 表面平坦；(3) 具有優良的耐藥性；(4) 熱膨脹係數小；(5) 對表面的微小附著物有嚴格要求。

6.2.4 溢流法製作 TFT LCD 液晶電視用玻璃

浮法一般不適於 TFT LCD 用玻璃基板製作，其原因有：(1) 液晶顯示器玻璃基板厚度很薄，多為 1.1 釐米及 0.7 釐米，手機等為便於攜帶還更薄些，如 0.5 釐米以下，這麼薄的玻璃不適合浮法生產；(2) 浮法玻璃表面往往有金屬錫的沾污，因而不適用於 TFT LCD 的應用；(3) 浮法玻璃表面往往存在長波長的微小起伏，而這種起伏又不能採用表面研磨來消除。

目前，TFT LCD 用玻璃基板都採用溢流法（overflow fusion process）來製

造。這種方法最早由美國康寧（Corning）公司開發成功。所謂溢流法是使熔融態玻璃料由特製的溢槽（由 Pt 製造）兩側溢出，溢出的幕狀玻璃在溢槽下方匯合，利用溢流（fusion）的方式製作平板玻璃。

採用溢流法為獲得厚度均勻的玻璃，要通過精心設計和嚴格調整，保證熔融玻璃在入口的進入量與出口的溢出量相等。而且溢出的熔融玻璃依靠重力在非接觸地降落的同時，達到澄清化的目的，得到的玻璃表面光潔而平滑，因此玻璃表面不需要研磨。

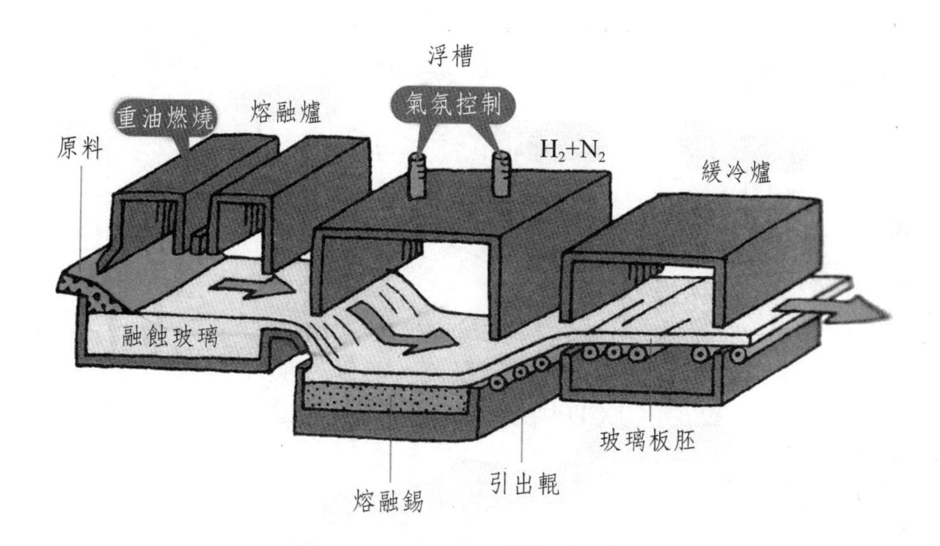

圖 6.2　浮法玻璃製造過程

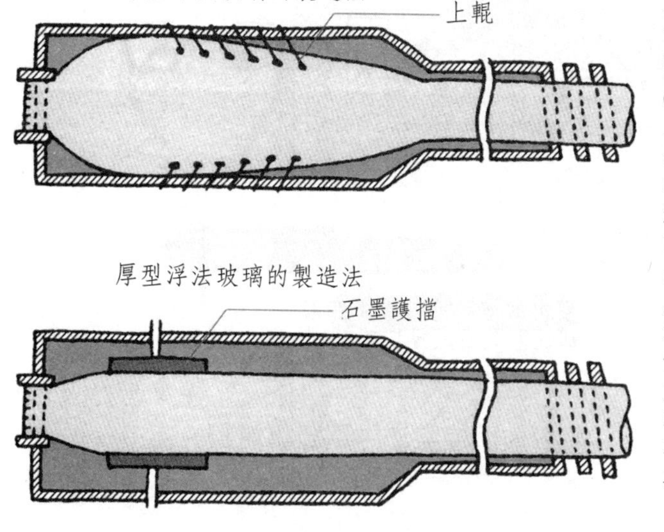

在浮法發明初期，可製造的浮法玻璃厚度一般限於 6.8~7.5 釐米。隨著此後的技術發展，透過提高玻璃板胚的拉伸力，可製成 5~6 釐米的玻璃板。而為了製造 2~3 釐米厚的薄型板，利用被稱作上輥的帶溝輥子，將兩側壓住進行拉伸。另一方面，為了製作厚玻璃板，通過設置石墨護擋，以抑制其展寬，進行拉伸。

圖 6.3　如何控制浮法玻璃的厚度

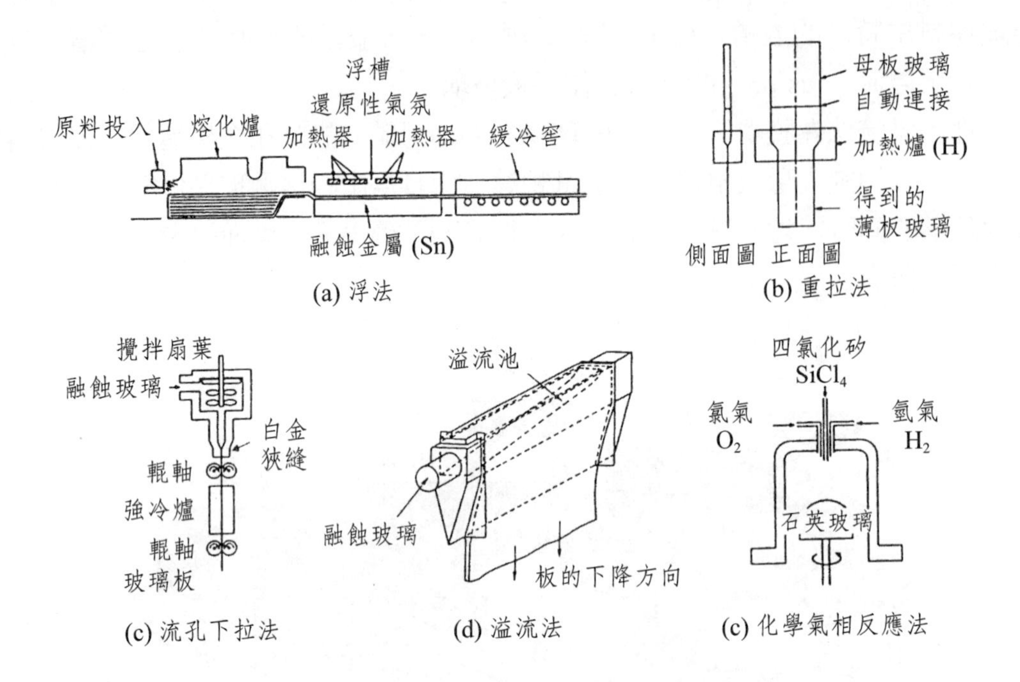

圖 6.4 LCD 用玻璃基板的各種製造方法

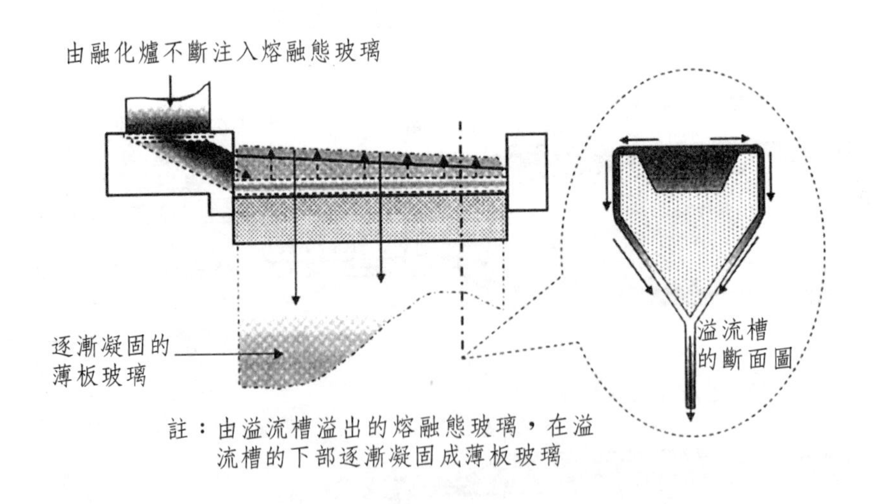

圖 6.5 薄板玻璃溢流法生產線示意圖

6.3 非傳統方法製造玻璃

6.3.1 溶膠－凝膠法製作玻璃

為了在窯中通過將蘇打、石灰、砂子等原料熔化來製作玻璃，需要 1400℃以上的高溫。升高溫度除了高耗能之外，耐高溫爐襯的選擇也是問題。目前，熔融法製作玻璃遠非綠色產業。

與熔融法相比，技術溫度低得多的溶膠－凝膠（sol-gel）法作為可在低溫下製作玻璃的方法，於 1970 年由德國人達斯比林提出，並受到廣泛關注。此後，作為製作以玻璃為始的各式各樣材料之方法而獲得快速發展。

以製作石英玻璃為例，對溶膠－凝膠法進行說明。在溶膠－凝膠法中，首先從含有用來製作玻璃的原料溶液出發。由於石英玻璃是由二氧化矽形成的，因此，原料可選用既含有矽又含有氧的有機化合物，如四乙氧基矽烷（TEOS, $Si(OC_2H_5)_4$）等。將該化合物溶解於含有乙醇（ethanol, C_2H_5OH）、水、其它溶劑及觸媒的溶劑中，在低於 100℃的溫度下，使原料發生加水分解、聚合反應。隨著聚合的進行，當溶液變得黏稠時，將其澆注於模型中，得到與模具形狀相同的凝膠固體。

由於凝膠（gel）中含有大量連續氣孔，因此是不透明的，需要進一步加熱處理加以去除。700℃附近開始收縮，當加熱到 1050℃附近時，變為無色透明的石英玻璃。密度及彈性模量（elastic modulus）也與市售石英玻璃不相上下。若採用傳統的方法製作石英玻璃，需要將石英晶體加熱到 2000℃以上，藉由熔融凝固才能實現，而採用溶膠－凝膠法，只要採用最高 1000℃左右的加熱溫度，就能製作石英玻璃。採用溶膠－凝膠（sol-gel）法製作的石英玻璃由美國的魯山達公司生產，用於光纖的基底材料。

6.3.2 金屬玻璃及其製作方法

金屬玻璃又稱非晶態合金，它的強度、硬度都高於鋼，且具有一定的韌性和剛性，有著特殊的機械特性及磁學特性，被稱為「敲不碎、砸不爛」的「玻璃之王」。大多數金屬冷卻時就結晶，原子排列成規則有序的形式。如果不發生結晶並且原子依然排列不規則（長程無序），就形成金屬玻璃。

20 世紀 30 年代，Kramer 第一次報導用氣相沉積法製出金屬玻璃，在 1950

年，冶金學家（metallurgy）學會了通過混入一定量的金屬，諸如鎳和鋯，去顯出結晶體；1960 年，美國加州理工學院（Caltec）的 Klement 和 Duwez 等人採用急冷技術製作出 $Au_{75}Si_{25}$ 金屬玻璃（當時只能製成很薄的條狀物、導線或粉末）；20 世紀 80 年代，隨著「塊體金屬玻璃」的問世（直徑達到毫米級），非晶態金屬的應用才有所推廣。金屬玻璃按成分大致可分為：(1) 金屬與半金屬（C、Si、B、Ge、P）組合；(2) 金屬與金屬組合；(3) 金屬與非金屬組合三大類。最近，科學家通過混合四到五種不同大小原子的元素，來形成諸如條狀的各種金屬玻璃。

金屬玻璃的用途廣泛，如軟磁材料、槍砲子彈、導彈和裝甲車、體育用品如高爾夫球桿、電腦和手機的外殼等。非晶合金的製作方法：快速凝固熔體急冷法、銅模鑄造法、熔體水淬法、抑制成核法、粉末冶金法、自蔓延反應合成法、定向凝固鑄造法等。

6.3.3 不斷進步的玻璃循環

從上世紀 60 年代開始，先進工業國步入大量生產、大量消費、大量廢棄的時代，地球環境、資源、能源問題日益深刻化。解決該問題的方法之一是材料的迴圈利用。

玻璃是不生鏽、不腐蝕、不會變為有毒物質的環境友好（environment friendly）型材料。此外，其組成與地殼相似，因此，即使廢棄於地底也不會產生什麼問題。但是，從節約資源角度考慮，玻璃的迴圈是極為重要的。玻璃迴圈的物件首先是大量生產的瓶玻璃和平板玻璃。

瓶玻璃可以再使用（reuse），瓶玻璃和板玻璃的碎片粉碎之後，作為箱式窯中的原料，可以實現迴圈生產（資源再利用）。根據玻璃製品聯合會的報導，玻璃製品的 66% 進入玻璃市場、26% 再迴圈、8% 埋入地下等廢棄處理。

以相同茶色而大量製作的啤酒瓶，清洗之後可多次使用。據統計，啤酒瓶的再使用率達到 99%。這是由於不同公司所使用瓶子的形狀、顏色都是一樣的。啤酒瓶製造工程中出現的不良品，可粉碎成碎屑，作為原料的一部分加入，再以迴圈利用。合計看來，啤酒瓶的再迴圈利用率幾乎達到 100%。

對於啤酒瓶以外的其它瓶類來說，由於著色不同會產生問題。因金屬著色劑的金屬種類不同，瓶的顏色是不相同的，因此不好作為玻璃碎片添加物而使用。為此，製作中盡量少加著色劑，或施加僅被加熱但不會分解有機物著色膜的著色玻璃瓶研究，現正進行中。

6.3.4 單向可視玻璃窗

單向可視玻璃分正反兩面，當正面向著明亮的外屋，反面向著黑暗的內屋時，從暗的房間可以清楚看到亮的房間一舉一動，但反方向卻不能。

可進行簡單的計算以說明這個現象：假設亮的房間裡玻璃正面反射率（reflectivity）0.6、透射率（transmittance）0.2；暗的房間裡玻璃反面反射率 0.5、透射率 0.2，則從亮的房間看暗的房間時，反射光量為 100×0.6=60，而從暗的房間投射而來的光量僅為 20×0.2=4，因此從亮的房間難以看清暗的房間；而從暗的房間看亮的房間時，本室的反射光量為 20×0.5=10，而亮的房間透光為 100×0.2=20，從而可以清楚看到亮的房間之情況。

與此相反，人們也開發出從兩個房間亦能看清楚暗的房間之半鏡（half mirror）。這種半鏡是將玻璃側向著亮的房間，高反射率金屬膜側向著暗的房間，且進一步在亮的房間一側玻璃面上塗覆低反射膜，使其反射率降低到 30% 以上製成的。這種半鏡可用於銷售視窗、高速公路收費站以及傳達室等。

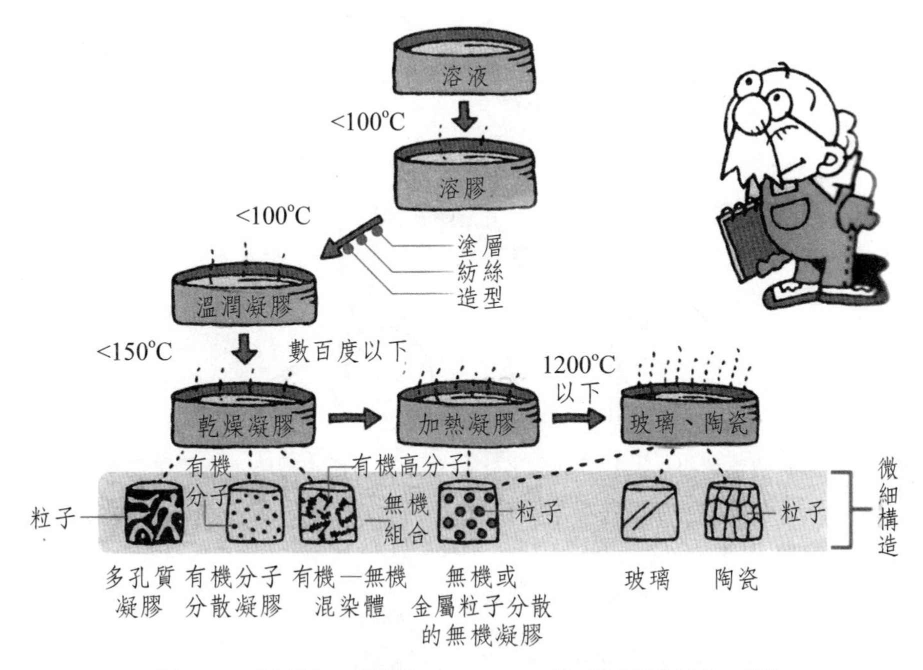

圖 6.6 溶膠一凝膠（sol-gel）法各階段的生成物

表 6.4 可由溶膠—凝膠法製作的材料種類

分類專案	細分類	材料種類	實例
材料的狀態	組成 組織 形態及形狀	無機材料 有機無機混雜 多孔質 緻密質 塊體 覆膜 纖維 粒子、粉末	石英玻璃、鐵電體 玻璃阻擋（barrier）膜 航空（aero）用凝膠 三氧化二鋁片 液光（液色）用多孔質 氧化矽整塊石料 電視玻璃用膜、汽車用膜氧化矽三氧化二鋁纖維 剛玉研磨粉
用途	尖端技術用		光波導 非線性光學玻璃 1.55μm 波長光增幅元件 TiO_2 光觸媒膜 TiO_2 太陽能電池膜
功能	光 電子、電氣 保護膜 生體		非線性光學玻璃 鐵電體膜 金屬用防氧膜 磷灰石膜

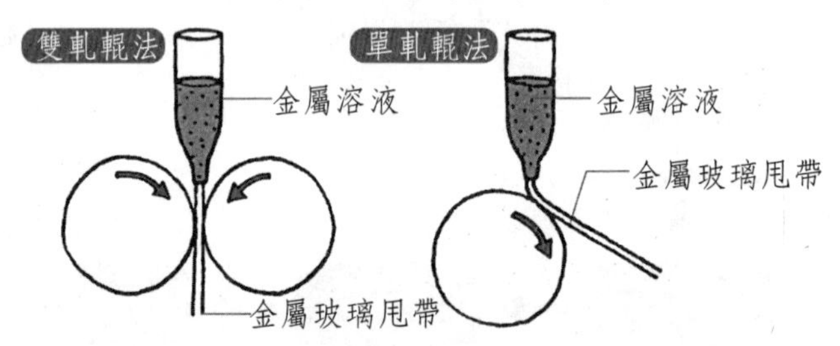

金屬玻璃與氧化物玻璃相比，較容易結晶，因此，在溶液冷卻時，需要急速冷卻。所以，一般採用軋輥法急冷。藉由這種方法做出厚度 0.02~0.25 釐米、寬 0.2~100 釐米的甩帶，並有滿足實用要求的市售產品。進入 20 世紀 80 年代後半期，氧化鋯系的金屬玻璃，直徑達 10 釐米以上的筒體由溶液燒鑄法製成，塊體材料也達到實用化。

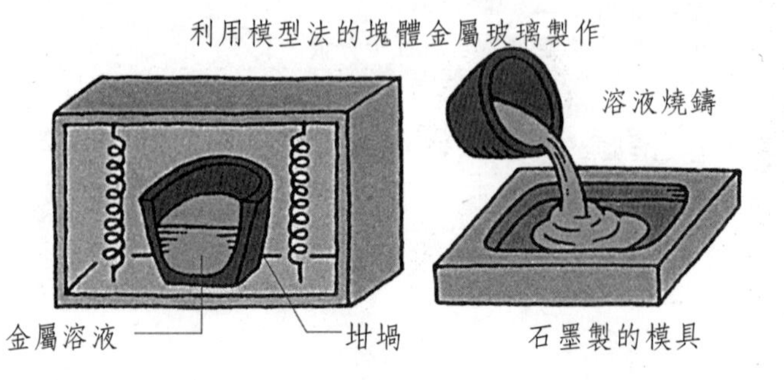

圖 6.7 金屬玻璃的製作方法

表 6.5 金屬玻璃的用途實例

金屬玻璃實例	所利用的特性	製造時的形狀	用途
$Fe_{81}B_{13}Si_4C_2$, $Fe_{78}B_{14}Si_8$	高磁通密度，低鐵損	甩帶	電力用變壓器
$Co_{70.5}Ni_{16}Si_8B_{14}$	高磁導率	甩帶	磁記錄、再生用的磁頭
$Fe_{62}Ni_{16}Si_8B_{14}$		甩帶	磁遮罩材料
$Zr_{55}Cu_{30}Al_{10}Ni_5$	高強度，良好的成形性	筒體、板等塊體	體育用品（高爾夫球桿等），精密機械部件

名詞解釋

Duwez：P.Duwez 於 1960 年前後在全世界率先製成金屬玻璃，他採用的方法是對 Au87%、Si13%（at.%）的熔液超急冷，曾一度將這類原子排列不規則的固體稱為 Duwez。

塊體：非纖維、粒子、粉末等，長、寬、高均在毫米以上的固體。

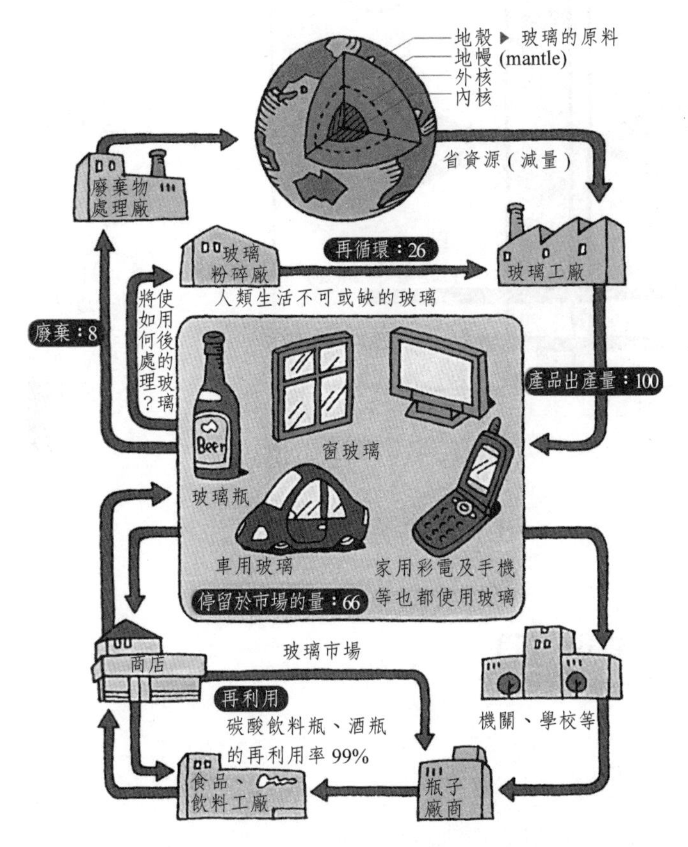

名詞解釋

碎玻璃：作為原料一部分而使用的玻璃。包括平板玻璃、玻璃瓶製造工程中產生的碎玻璃及收購站回收的碎玻璃。

圖 6.8 玻璃循環圖

圖 6.9　單向透射鏡（半鏡）

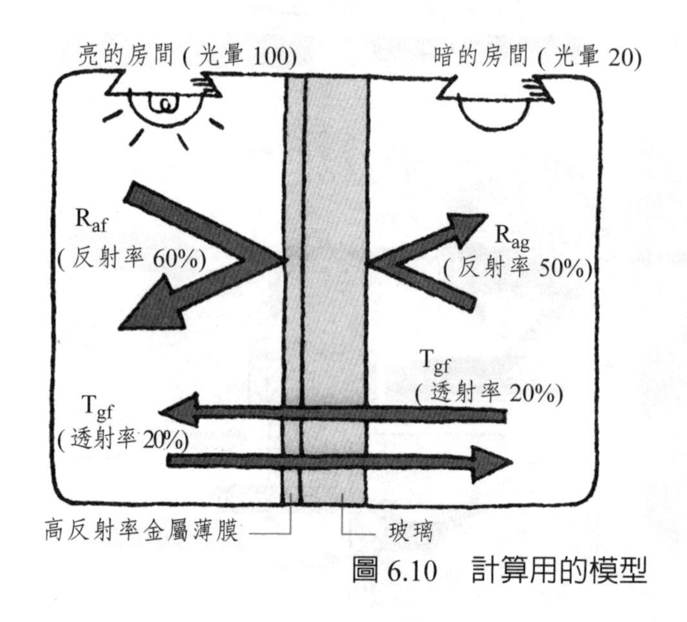

當從亮的房間看暗的房間時，反射光亮為 10×0.60 = 60，而從暗的房間透射而來的光量僅為 20×0.20 = 4，因此從亮的房間難以看清暗的房間；而從暗的房間看亮的房間時，本室的反射光量為 20×0.5 = 10，而亮的房間的透光為 100×0.2 = 20，因而可以清楚地看到亮的房間中的情況。

圖 6.10　計算用的模型

6.4　新型建築玻璃 (1)

6.4.1　免擦洗玻璃

在大街上一抬頭，經常看到這樣的景象，懸於半空中的蜘蛛人（spider-man）為擦拭高大建築物的玻璃窗而忙上忙下，他們的工作既辛苦又危險，真叫人捏一把汗。能否開發出在表面敷以光觸媒塗層，不必擦洗便可保持表面清澈潔亮的窗玻璃呢？

所謂光觸媒（photo-catalyst）塗層，是將銳鈦礦（anatase）結構的二氧化鈦微粒子分散於二氧化矽、二氧化鈦或二氧化鋯等基體中，經塗敷而得到的膜層。二氧化鈦受紫外線照射時，產生激發電子和激發電洞（hole）。電洞與水反應形成 OH 活性基，作為強活性氧而起作用，使存在於光觸媒表面的油脂、細菌（bacteria）、微生物（microbe）、蛋白質（protein）等髒污經氧化分解而去除。而且，二氧化鈦受紫外線照射，會變成使水的接觸角幾乎為零的超親水性，從而產生除油作用。即在降雨及水洗時，水會浸入油性髒污與光觸媒之間的介面處，進而使髒污浮在水上而去除。

最近在建築物用的大型窗玻璃上塗敷光觸媒覆層，也已不存在什麼問題。為了塗敷覆層，將含有微粒狀（20nm 左右）銳鈦礦、極微粒狀（20nm 以下）之二氧化矽、四乙氧基矽烷（TEOS）的乙醇水溶液，進行噴塗（spin-coating）、加熱。由於光觸媒粒子是微粒狀的，因此膜層保持透明狀態。膜層總厚度在 100nm 左右，這是為了防止干涉色的出現。經過這種處理的窗玻璃，使用一年也不會髒污，從而不必頻繁地擦拭保潔。

此外，還開發出可在已建成的窗玻璃上用於貼附的光觸媒膜片。這種膜片的製法是先在塑料基板上塗敷有機無機混雜膜，再於其上敷以分散有 TiO_2 粒子的 SiO_2 層。將這種膜層黏附於窗玻璃上即可使用，經過一年，表面也不會髒污。如果能全部實現的話，說不定蜘蛛人在空中擦窗的危險職業將成為歷史。

6.4.2 保證冬暖夏涼的中空玻璃

在中國東北地區，過去一直採用雙層玻璃窗，在大雪紛飛的冬天，即使外窗被雪覆蓋，內窗玻璃也不會結霜。

但雙層窗子仍會透風，為了增加保溫效果，中間部分空間還要填充鋸末等，不僅美觀度欠佳，而且雙層窗子所佔空間大，開窗、關窗也麻煩。

所謂中空玻璃（hollow glass），是將兩塊平板玻璃用隔離條保持一定間距，中間充以乾燥空氣，周圍用封接劑加以密封，構成雙層玻璃結構。若採用加熱的可塑性樹脂作隔熱條，製作技術可簡約化。現在三層窗玻璃也屢見不鮮。

中空玻璃之所以能產生隔熱效果，是得益於其間的空氣層。由於空氣的中間層很薄，不會產生對流，因此，對流傳熱不起作用。由於熱量要藉由熱傳導，經過空氣層傳輸，因此，熱導率小的空氣就會起到隔熱效果。使用中空玻璃，與單一的板玻璃相比，熱貫流率僅為大約 1/2。從而通過窗玻璃逸散到室外的熱量少，因保溫效果好而減輕暖室負荷（為保持溫暖而消耗的電力）。

代替使用兩塊平板玻璃和封接劑作成的中空玻璃，只用一塊玻璃而在其間形成中空層一體化的中空玻璃也已出現。由於對這種玻璃可以抽真空，與由兩塊平板玻璃封接的情況相比，熱貫流率要小得多，因此隔熱效果更好。採用封接劑時，由於封接劑的劣化而難以保持真空，因此不採用抽真空，而是導入乾燥的空氣。

在中空玻璃中，若採用 Low-E 玻璃，則減輕暖房負荷的效果更顯著。Low-E 玻璃是在中空玻璃的內面沉積氧化物 — 銀 — 氧化物這般多層膜，對 1μm 以上波長的光發生反射。可以進一步減輕寒冷地區的暖室負荷，在美國及歐洲已廣泛使用。

6.4.3 夏天冷房用節能玻璃

進入盛夏，無論辦公室還是家庭，冷房（致冷）用空調（air conditioning）便啟動起來。但是，致冷空調所消耗的電力是相當可觀的。

為了節約冷房用的電能，即減輕冷室負荷，一般要採用熱線遮斷玻璃。所謂熱線，是太陽光中所含的波長大致在 1μm 以上的光。這種光照射在包括我們身體的各種物質上，被吸收並轉變為熱量。能遮斷這種熱線，使其不能進入室內的窗玻璃，即為熱線遮斷玻璃。在這種玻璃中，又分為熱線吸收玻璃和熱線反射玻璃兩種不同類型。

熱線吸收玻璃是含有鐵離子的玻璃。二價的鐵離子會吸收波長為 1～2μm 附近的光（熱線），從而大大限制了射入室內的熱線。由於吸收了太陽光（日照）中的 30%～50%，自然會大大減輕夏季冷房負荷。通常，除了鐵之外，放入鈷及鎳或者綠、藍、古銅等色，還會產生裝飾效果。若在由兩塊平板玻璃封接黏合、中間留有空氣層的中空玻璃中的一塊採用熱線吸收玻璃，在限制太陽光入射的同時，還能抑制由窗外熱空氣輻射進入的熱，因此隔熱效果大大提高。

熱線反射玻璃是在中空玻璃的內面覆以對可見光區 —— 近紅外線光區的太陽能有反射作用覆層的玻璃。由於將太陽光的一部分反射，防止其射入室內，從而可降低冷房所需消耗的電力。市場調查發現，熱線反射玻璃產品對太陽光的反射率一般在 9%～36% 範圍內。

6.4.4　防盜玻璃

防止入室盜竊是居住治安的一個重要事項。對於公寓等來說，雖然留門撬鎖時有發生，但對於普通使用玻璃窗和玻璃門的單戶建築來說，盜賊打碎玻璃、破窗而入行竊者佔66%（日本的統計資料）。盡量多採用玻璃而不犧牲明亮的採光，同時又能防止盜賊方便地打碎玻璃破窗而入，這便是防盜玻璃的作用。

所謂空巢，泛指主人（鳥兒）不在的家（窩），換句話說，別人想進就能進入。空巢儘管有玻璃窗阻擋，但如果打碎玻璃，很容易開出一個大洞，盜賊進出則十分方便。因此，防盜玻璃可以看作是很難開出大洞的玻璃。據說，只要開洞所用的時間超過 5 分鐘，就能防止 70% 空巢發生被盜。

所謂防盜玻璃（anti-theft glass），是在兩塊平板玻璃之間夾一層強韌性好的特殊樹脂〔聚碳酸酯（polycarbonate）〕膜，經熱壓構成複合結構的玻璃。只有用錘子強力打碎或用改錐鑽、刀子割，才能出現孔洞。但是，由於兩層玻璃之間夾著一層樹脂膜，僅一次擊打不能開出大孔。要想玻璃脫落、樹脂膜破損、開出盜賊足以能夠進入的大孔，要花費相當長的時間。如此一來，進入空巢就沒那麼容易了。換句話說，強韌樹脂膜的存在對於防止盜賊破窗而入發揮了重要作用。

樹脂膜防止盜賊進入的作用，也可用於汽車的前窗玻璃，當用錘子擊打前窗玻璃時，即使玻璃脫落，樹脂膜仍然保留。在汽車的前窗玻璃中，所採用的樹脂膜是聚乙烯醇縮丁醛，但即使是這種樹脂，也不容易開出孔洞。

此外，在製作時封入金屬網的加網玻璃由於不容易開出孔洞，故也屬於難以破窗而入的防盜玻璃。

擦洗高大建築物的玻璃，既費事又危險。
利用光觸媒，有可能免除此一危險職業。

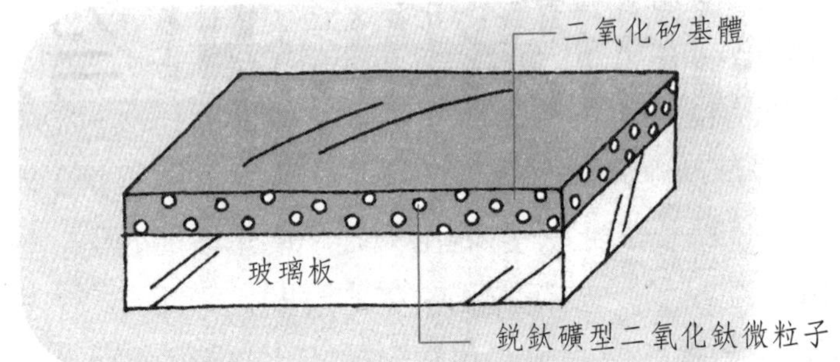

塗敷在窗玻璃上的二氧化鈦膜具有光觸媒的功能，從而產生防塵、防污作用。這種清潔作用實用化的困難點是：窗玻璃原來是清澈透明的，塗敷結果不能影響其美觀及透視效果，因此對塗敷的均勻性要求極高，而且自清潔作用在整個玻璃上必須均勻一致，特別是塗敷處理溫度不可超過玻璃的軟化點，期待這種技術早日達到實用化。

圖 6.11　免擦洗玻璃

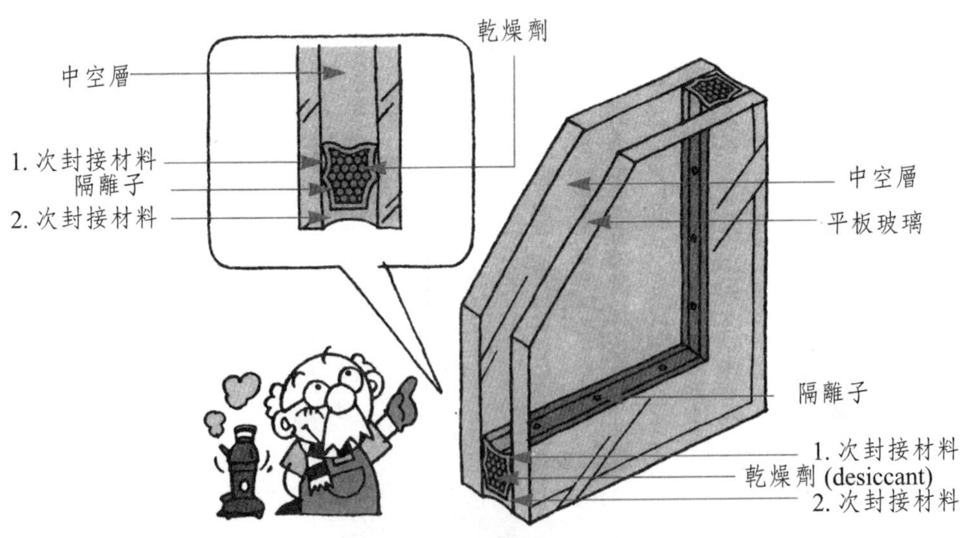

圖 6.12　複層玻璃的構造

表 6.6　複層玻璃的熱性能

玻璃的種類、構成					熱貫流率（kcal/m²h℃）	日照熱取得率
名稱	種類	厚度（mm）	中空層厚度（mm）	合計厚度（mm）		
單一浮法玻璃	浮法	6	-	6	5.0	0.84
透明複層玻璃	浮法	3	12	18	2.6	0.78
熱線吸收複層玻璃	藍色一浮法	3	12	18	2.6	0.68
熱線反射複層玻璃	熱線反射一浮法	6	12	24	2.5	0.55

熱貫流率〔總傳熱係數（kcal/m²h℃）〕是表徵通過玻璃熱量流動難易程度的物理量。從表中可以看出，複層玻璃的熱貫流率僅為單層玻璃的大約二分之一，因些複層玻璃可以減輕冬天暖房的負荷，達到「冬暖」；另一方面，與單層浮法玻璃相比，熱線吸收複層玻璃及熱線反射複層玻璃的日照熱取得率儘管低些，但是採用後兩種玻璃可以減輕夏天冷房的負荷，達到「夏涼」。

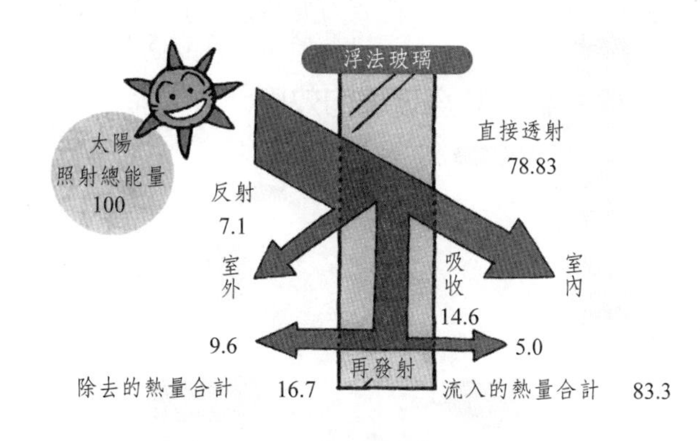

太陽光照射在窗玻璃上時，一部分直接透射進入室內，一部分反射回室外，一部分被玻璃吸收。吸收的熱量由於再發射，有一部分流向室外，剩餘部分進入室內。

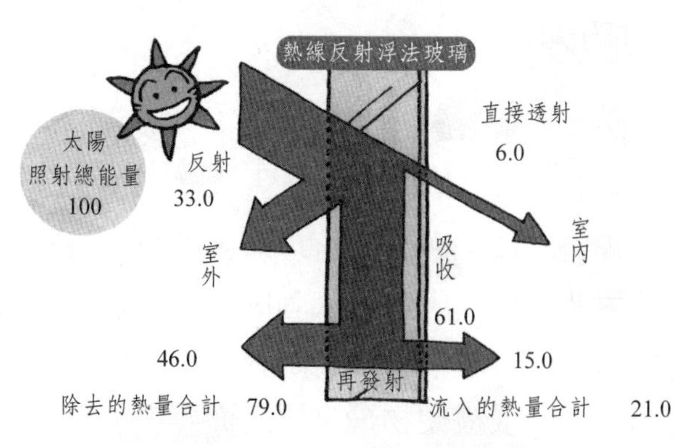

從圖中可以看出，藉由採用熱線遮斷玻璃，由直接透射進入室內的太陽能明顯減少，從而可顯著減輕夏季冷房負荷。

圖 6.13　夏天冷房用節能玻璃

入室盜竊最常用的方法，對於公寓來說是撬鎖。而對於單户建築來說，破窗而入佔66%。即使打碎玻璃，但要開出足以使盜賊進入的孔洞而花費相當長的時間的話，就能有效地防止盜賊進入。據説只要所用的時間超過 5 分鐘，就能阻止 70% 的破窗盜賊。

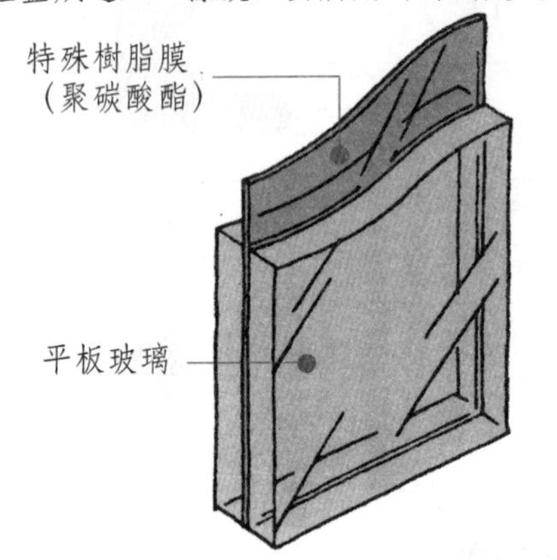

為防止破窗而入，防盜玻璃是將特殊樹脂膜夾在兩塊平板玻璃之間。即使玻璃被破壞，碎片也會殘留，開孔時較困難，要想形成盜賊能鑽入的大孔洞，要花相當長的時間。

作為特殊樹脂膜，一般採用聚碳酸酯，它不僅透光性好，而且較難變形，不易開孔。一般將盜賊用錘子敲碎玻璃再用手腕開出大孔洞所用的時間，作為防盜性能的尺度。若厚度 3 釐米的浮法玻璃所需時間比為 1，則防盜玻璃的防盜性能（時間比）為 17.5~83。

圖 6.14　防盜玻璃的效果

6.5　新型建築玻璃 (2)

6.5.1　子彈難以穿透的防彈玻璃

防彈玻璃係指由槍發射的子彈難以貫穿，在外觀上是與普通玻璃完全無差別的透明玻璃。

在防彈玻璃中使用的是複合玻璃。所謂複合玻璃，是將一層屬於高分子的聚乙烯醇縮丁醛夾在兩塊玻璃之間，並使膜與玻璃強固結合而成的。儘管汽車用擋風玻璃及防盜玻璃，也是採用是複合玻璃，但對防彈玻璃所採用的複合玻璃有兩個特殊要求，一是即使玻璃受衝擊或被硬物飛來碰撞而碎損，碎片仍要黏在高分子膜上而不會四處飛散；二是由於複合玻璃中採用了高分子膜，因此難以形成貫穿孔。

防彈玻璃受子彈衝擊不容易形成貫穿孔，是這種複合玻璃最顯著的特徵。另外，高分子膜藉由塑性變形還可吸收子彈的能量。正因如此，玻璃板與聚乙烯醇縮丁醛（polyvinyl butyral）相組合的數目越多，玻璃板越厚，其防彈性能、即阻止子彈貫穿的能力也越高。

由於美國是攜槍犯罪者最多的國家，因此美國正在制定防彈性能的規格標準。其中，由安達拉依達斯研究所制定的保險實驗室（Underwriter Laboratory, UL）規格標準最常使用。UL 規格分 1 級、2 級、3 級等不同級別，由試驗中所使用的槍和子彈速度而定，如果子彈射入玻璃不貫穿，而是留在防彈玻璃之內，則可判定防彈玻璃具有該級的防彈性能。但是，依廠家不同而異，相應玻璃的製作方法是不同的。

例如，採用 38 口徑自動手槍，在子彈速度 358m/s 下試驗，若子彈不貫穿，則具有 1 級的防彈能力。作為該級別的防彈玻璃，一般採用 4 塊玻璃板中間夾有聚乙烯醇縮丁醛膜層的結構。

6.5.2 防止火勢蔓延的防火玻璃

高層建築火勢蔓延到如此嚴重的情況，與其說是由於消防設備鞭長莫及，還不如說是由於預防工作不到位。

高層辦公大樓及公寓等一樓發生火災時，門窗燒毀，或閘、窗上的玻璃破損都會產生孔洞，火苗便從室內向室外（或從樓外向樓內）噴出，火藉風勢擴展、蔓延，過火面積迅速擴大。如果在著火初期，能盡可能長時間地承受火燒而不破損，就可以為消防活動的開始爭取到更長時間，這便是防火玻璃的作用。

目前，作為防火玻璃在市場上流通的，按其防火原理可分為下述三類：(1) 加網防火玻璃，(2) 鋼化防火玻璃，(3) 凝膠遮熱防火玻璃。

加網防火玻璃是在箱式窯的玻璃出口處，將金屬網插入熔融的玻璃中，再由輥軋法形成玻璃板而製得的，厚度一般為 6～8 釐米。由於輥軋法製作，表面存在條紋、起皺、凹凸等，因此要經研磨以獲得平面。這種玻璃的製作不能採用浮法，為獲得平面，表面研磨必不可少。所加金屬網的編織形狀有菱形和十字交叉形等，即使在被火災燒毀的情況下，也不會馬上脫落離散，從而可防止火焰和飛火等向鄰近竄動，起到防止火勢蔓延和擴展的作用。

鋼化防火玻璃是藉由對普通的浮法平板玻璃進行急冷處理，使其強度顯著提高的玻璃。由於強度高，在火災受熱、受力的情況下耐性強而不易破損，產生防止火勢蔓延和擴展的作用。

凝膠遮熱防火玻璃是在厚度約 5 釐米的兩塊平板玻璃之間夾一厚約 20 釐米的凝膠層做成的。該透明凝膠層是由二氧化矽、有機物以及水分混合而成的。當這種玻璃窗的一側發生火災而溫度上升時，凝膠中的粒子變大，凝膠層變成濁白色的，從而隔斷熱線；繼續加熱，水分變成水蒸氣而發泡，此一變化過程要吸收大量的熱，從而阻止溫度上升；進一步加熱，凝膠中的有機物燃燒，凝膠變為具有大量微細孔的結構，可有效抑制熱的傳導。這樣就延長了溫度上升所需時間，從而發揮消防器具的作用。

6.5.3 電致變色（加電壓時著色）玻璃

能對透過玻璃的光亮進行調節的玻璃，稱為調光玻璃。下面針對藉由電壓及光照射，使光的透射量發生變化的調光玻璃加以介紹。

(1) 電致變色（electro-chromic）玻璃：這種玻璃在外加電壓時流過電流而變成藍色，所加電壓反向時，玻璃返回原來的透明狀態。所加電壓僅為 1～1.5V，但顏色發生變化要花費 5 秒左右的時間，不能瞬間變色是其主要特徵。電致變色玻璃是在塗覆透明導電膜的兩塊玻璃之間，夾有著色膜（例如氧化鎢膜）和電解質膜製成的。著色原理是，當外加電壓時，氫離子朝著氧化鎢膜的方向移動，生成著色化合物而著色。

(2) 液晶調光玻璃：在調光玻璃中，藉由液晶的特性，可進行透明和不透明間轉換的利用液晶調光玻璃。這種玻璃是在內側塗覆有透明導電膜的兩塊平板玻璃間，夾有高分子膜構成的，而高分子膜中分散有裝入液晶大小為數微米的微膠囊。當外加電壓時，膠囊中的液晶分子沿電壓方向排列，從而是透明的；不加電壓時，液晶分子的取向各式各樣，從而玻璃是不透明的。液晶調光玻璃可用於建築物中，藉由外加電壓的開或關，控制室內、室外的可見或是不可見，也可以作為窗簾來使用。

(3) 光致變色（photo-chromic）玻璃：光照射著色，光暗時顏色自然消退，並返回原來的透明狀態玻璃。返回原來狀態所用的時間大致為 1 分鐘。但是，用於建築物窗玻璃和汽車窗玻璃，可以限制太陽光的射入，而且使用極為便利。在美國，作為代替太陽眼鏡玻璃的光致變色鏡片曾經流行一時，但由於玻璃鏡片逐漸被塑料鏡片所取代，光致變色玻璃的應用領域遂有減少趨勢。

6.5.4 防水霧（防朦朧）鏡子的秘密

在洗臉台及浴室中照鏡子時，由於鏡子表面起水霧而難以看到自己的尊容。為了消除這種不便，生產玻璃的公司製作出防水霧鏡。儘管都是採用溶膠－凝膠法在鏡子表面塗覆膜層，但由於鏡子懸掛場所的濕度、溫度、鏡子與空氣的溫度差等條件各不相同，因此要根據具體條件選擇最佳膜層。

不限於鏡子，玻璃表面之所以起水霧，是由於玻璃的溫度比房間低、玻璃表面局部的相對濕度過高所致。如果玻璃表面處於露點之下，則水滴會在表面附著。這種微細的水滴對光發生漫反射，致使玻璃表面起水霧，因而面對鏡子什麼也看不見。如果這些微細水滴彼此相連，形成一層薄水膜，由於不再發生反射，也就不再起水霧。

表 6.7 平板玻璃的防彈標準

（UL752 防彈玻璃性能規格概要）

UL 等級（grade）	試驗方法		玻璃的構成實例（厚度單位：釐米）	
	使用的槍枝	子彈速度（m/s）	D 公司產	E 公司產
1 級	超級 38 口徑自動手槍	358	5+10+10+5 總厚 32.25	6+8+8+6 總厚 32
2 級	0.375 口徑麥格農（Magnum）左輪手槍	381	5+10+10+10+5 總厚 43	6+12+12+6 總厚 40
3 級	0.44 口徑 Magnum 左輪手槍（revolver）	411	5+5+10+10+10+5 總厚 48.75	10+10+10+10 總厚 44
4 級	030-06 來福步槍	774	5+10+10+10+10+5 總厚 53.75	8+10+12+8 總厚 42

※ 判定方法：槍彈不貫穿，而是停留在材料內。而且，在槍彈的衝擊下，材料不會以小片體積飛散而傷害人體。

圖 6.15　防彈玻璃構成圖

❶ 加網防火玻璃

加網玻璃一般的厚度為6~8釐米。它不是採浮法，而是採軋製法，即將玻璃胚料在兩個加壓輥之間通過製取平板玻璃而製成。玻璃中的金屬網編織圖型有菱形和十字交叉等。

加網玻璃即使在火災中破損也不會掉落，從而可遮斷火苗或火焰的移動，防止火勢由開口部蔓延。

❷ 強化防火玻璃

浮法玻璃經特殊處理加工，強度可提高5倍以上，因而在火災中不易破損，產生防止火勢蔓延作用。

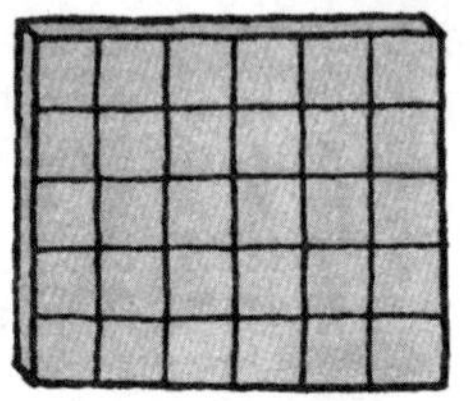

❸ 凝膠(gel)遮熱防火玻璃

在兩塊浮法玻璃之間填充凝膠，火災時藉由凝膠的變化，遮斷火苗、煙、熱等，以防火勢蔓延。

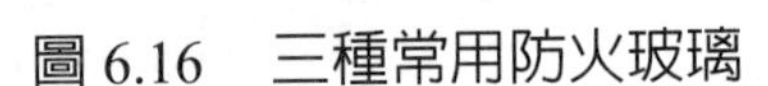

圖 6.16　三種常用防火玻璃

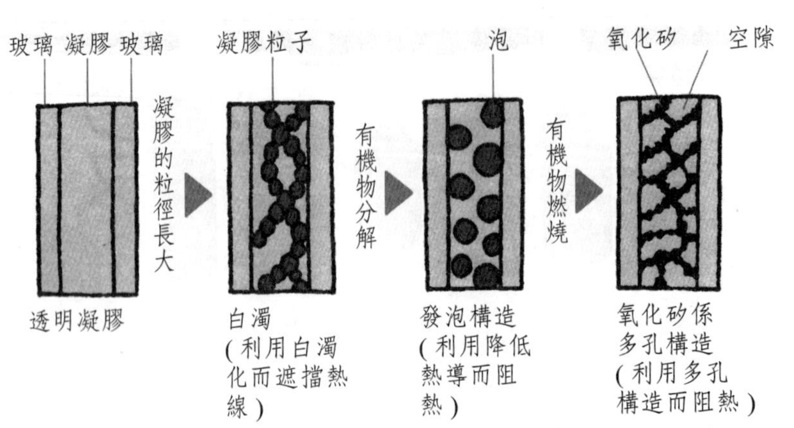

圖 6.17　凝膠遮熱防火玻璃中的凝膠變化

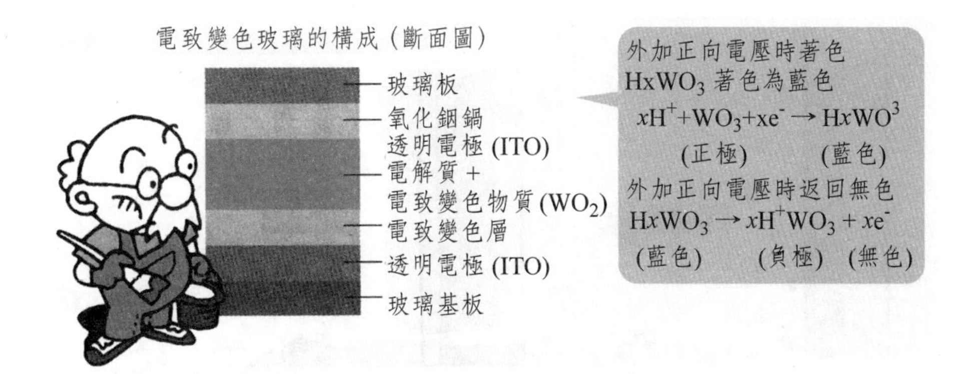

圖 6.18 電致變色（加電壓時著色）玻璃

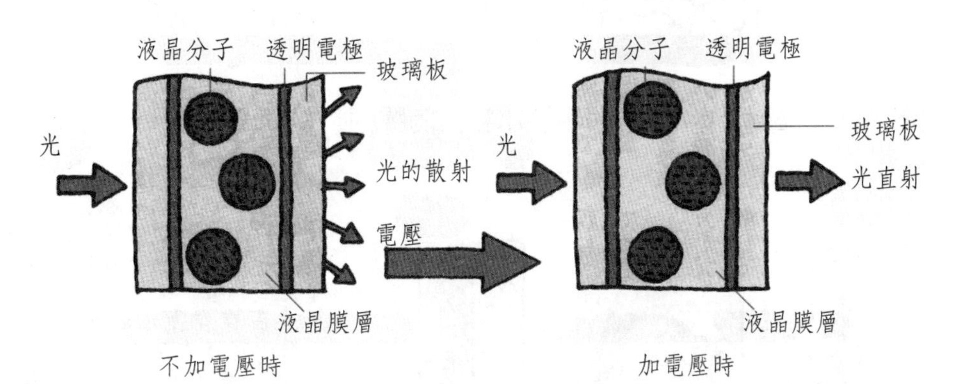

液晶分子的方向整體來說是隨機的，故呈現浮白色，因此是不透明的。

液晶分子的方向趨於一致，光為直射的，因此呈現透明狀態。

圖 6.19 液晶調光玻璃（加電壓時變得透明）

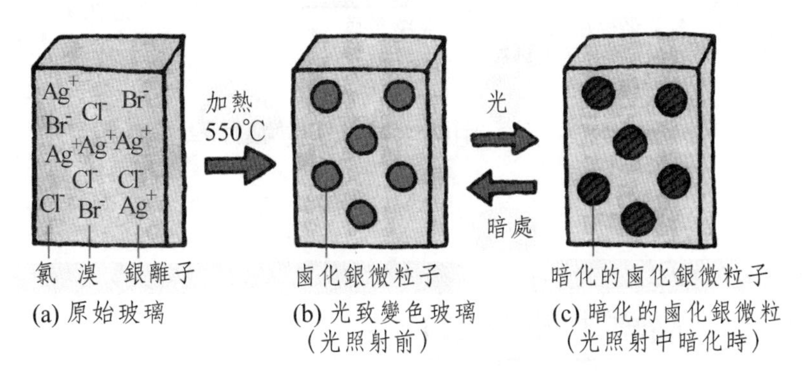

將溶凝玻璃 (a) 再加熱到 550℃時生成鹵化銀粒子，經光照會產生光致變色 (b) ⟷ (c)。

圖 6.20 光致變色玻璃（光照射時變暗）

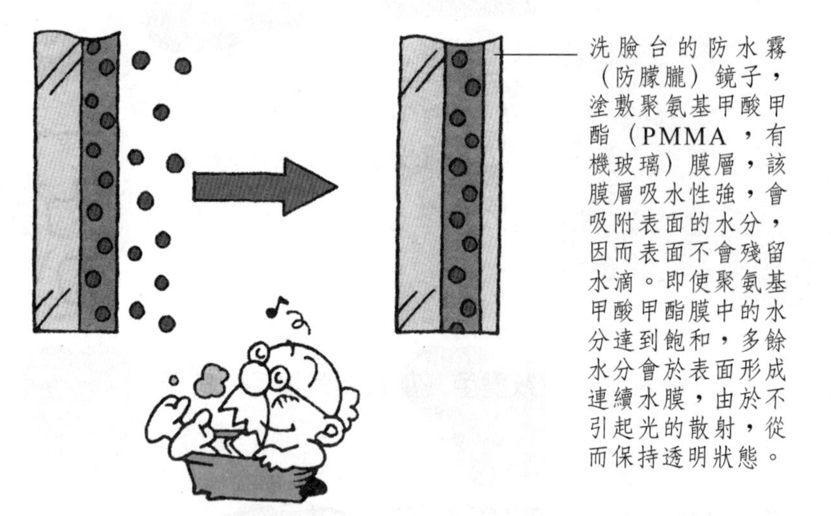

洗臉台的防水霧（防朦朧）鏡子，塗敷聚氨基甲酸甲酯（PMMA，有機玻璃）膜層，該膜層吸水性強，會吸附表面的水分，因而表面不會殘留水滴。即使聚氨基甲酸甲酯膜中的水分達到飽和，多餘水分會於表面形成連續水膜，由於不引起光的散射，從而保持透明狀態。

圖 6.21　洗臉台用防水霧（防朦朧）膜層玻璃

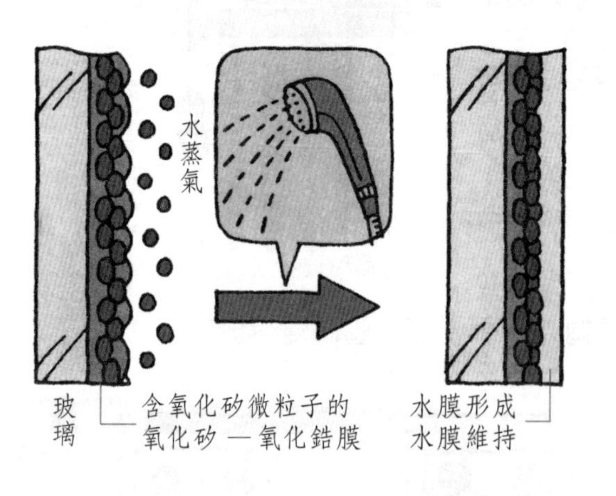

含有大量水蒸氣的浴室中所使用的防水霧（防朦朧）鏡子，是在玻璃上塗敷含氧化矽微粒子的氧化矽一氧化鋯膜層，膜層表面存在微細的凹凸，這種防水霧鏡在無水分時是透明的，如果大量水滴附著於表面，則鏡子表面是朦朧的。但由於這種表面塗敷氧化矽—氧化鋯的鏡面，吸水後水滴會變成水膜，從而具有防水霧（防朦朧）作用。由於膜的表面存在凹凸，水膜不會流下而維持原來的狀態，從而保持透明。

圖 6.22　浴室用防水霧（防朦朧）膜層玻璃

6.6　汽車、高鐵用玻璃 (1)

6.6.1　高鐵車廂用窗玻璃

中國的高鐵（high speed rail）速度屢創世界紀錄，2010 年 12 月，高速列車在京滬高鐵試運行時，最高時速達到 486.1 公里。

讀者自然會問，窗玻璃在如此高的風壓下會不會破碎呢？人們首先想到的是司機室前面的擋風玻璃，由於受到很強的風壓需要特殊處理，側面窗玻璃的工作環境也很複雜。由於與空氣間的相對速度很高，因此，玻璃外側是減壓的。另外，列車在隧道中會車時，風壓是何種狀態也是相當複雜的問題。進一步還要考慮滾石落下、飛鳥撞擊等偶發事件。在設計高鐵用窗玻璃時，首先要保證在上述情況下不會破碎，即使萬一破碎時，玻璃碎片也不會飛散傷人。以下是設計高鐵車廂用窗玻璃的一些考慮項目。

司機室前面的擋風玻璃採用的是複合玻璃。具體說來，是在厚度 4～5 釐米的玻璃之間夾有中間膜，並貼合在一起做成的。中間膜多採用聚乙烯醇縮丁醛樹脂等。這種結構的玻璃窗，不僅耐風壓能力強，而且兼有良好的隔音性和絕熱性。對於玻璃面上易結霜以及水滴易在玻璃面上形成水霧等，進一步還可在中間膜部分加入細的電熱線或塗布透明導電膜，藉由加熱來防止。

對於高鐵列車座席兩邊的側窗來說，為確保乘客安全，在設計中應保證玻璃不會破碎傷人。窗玻璃為複層玻璃，外側是由兩塊 3 釐米厚的玻璃板黏合而成的複合玻璃，內側是 5 釐米厚的鋼化玻璃。即使外側的複合玻璃萬一破損，也能防止玻璃碎片飛散傷人。最近為進一步提高安全性，也有的使用 4 釐米厚的玻璃與聚乙烯醇縮丁醛樹脂複合。側窗使用複層玻璃，既可隔熱保溫，又可防止窗玻璃上形成水霧。

6.6.2 汽車前窗用鋼化玻璃

汽車窗玻璃的作用不可替代，在給乘車人遮風擋雨的同時，乘客還可以透過它欣賞車外的美景，而對於司機來講，更是萬萬不可或缺。但從另一方面講，汽車發生事故時，大多數情況都是玻璃破損造成人身傷害，嚴重時人還會衝出前窗玻璃而致命。

為應對汽車事故的增加，即使發生事故，也盡可能減少死亡、傷害等，正從普通平板玻璃向風冷鋼化玻璃以及複合玻璃的方向轉變。

風冷鋼化玻璃，是指將玻璃加熱到 650～670℃，立即對其噴射壓縮空氣進行急冷鋼化的玻璃。通過鋼化，玻璃抗破碎能力大大增強，即使破碎，也分裂為 5 釐米～1 公分大小的球形碎塊，從而造成嚴重劃傷的危險大為降低。

但是，當前玻璃窗破損時，有可能產生大量如同木屑微塵那樣的玻璃碎塊，緊急之下，司機難以看到前方而操作失誤，有可能造成次生事故。而且，在整塊玻璃破損而緊急煞車時，司機還有可能向前被拋出車外。

為防止這種事態發生，大約十年前制定了汽車前窗玻璃必須採用複合玻璃的法律。這種複合玻璃是將厚度為 0.76 釐米的聚乙烯醇縮丁醛樹脂膜夾在兩塊玻璃之間，經壓接製成的。使用這種複合玻璃不容易破損，即使在萬一破損的情況下，由於樹脂的黏結作用，玻璃碎片也不會飛散，因此可稱為安全的玻璃。同時，也是不易貫穿的玻璃。而且，由於司機視野範圍內採用的並不是強度很高的急冷鋼化玻璃，不會發生微細的玻璃碎末，也不會使司機視野喪失。

6.6.3 下雨也不用雨刷的疏水性玻璃

下雨天搭乘汽車，可看到落在玻璃窗上的雨滴從上方流向斜下方。當雨點重疊時，整個玻璃窗被流動的水膜覆蓋，再也不能清楚地看到車外。為應對這一問題，在前玻璃窗外要設置雨刷，雨刷不停地刮去水膜，以確保前方視野清楚。但是，如果在反射鏡及側面、後方的玻璃均不能看到外面的情況下行駛，自我感覺相當危險。為排除這種不便所採取的措施，是利用不被水浸潤的玻璃，即被稱作疏水性玻璃。

汽車所用的玻璃是蘇打石灰（soda lime）玻璃，原本是容易被水浸潤的玻璃。為了將其變為不浸潤玻璃，需要將玻璃表面變成疏水性的。為此，作為氟系疏水劑經常使用的有氟代烷矽烷（$(CF_3CF_2)_7CH_2CH_2Si(OCH_3)_3$）。其中所含的大量氟產生疏水性功能，而甲氧基矽基（$-Si(OCH_3)_3$）部分則產生與玻璃表面發生分子結合的作用。為了進一步增強這種結合，提高疏水性（hydrophilic）玻璃的耐久性（durability），一種方法是預先在玻璃上塗覆一層 SiO_2 膜，作為玻璃與疏水性分子的過渡層；另一種方法是將疏水劑分子混合在 SiO_2 基體中，再將這種混合型覆層塗覆於玻璃上。

疏水性的評價一般是利用接觸角（contact angle）的測定，90℃以上可認為是疏水性的。藉由上述處理獲得的疏水性玻璃，在被實用化的場合，經長時間之後，仍保持接觸角接近 100℃的疏水性。因此，可適用於側窗玻璃。而且，與經疏水處理的反射鏡相組合，在側前窗玻璃中使用疏水性玻璃，則可確保下雨天行車時的安全性。今後若進一步製作出耐久性更強的疏水性塗覆膜，不久的將來可期待生產不依賴雨刷的前窗玻璃。

6.6.4 防紫外線玻璃

波長比大約 400nm 或更短，人眼不可見的光即為紫外線（ultra-violet）。與紅外線（infrared）可見光相比，紫外線能量更高，能引發並促進化學反應。藉由紫外線與各種物質的作用，可造成物質性質的變化、著色、分解等。

眾所周知，受日光長時間曝曬的塑料容易老化。太陽光中含有一定百分比的紫外線，這種紫外線加速了塑料的損壞。正基於此，人們都說，長期照射紫外線會使人的皮膚致癌。因此，對於整天暴露於太陽光之下的汽車司機而言，將普通汽車玻璃換成可吸收紫外線的玻璃，以阻斷紫外線，是非常必要的。

大量生產的普通平板玻璃儘管能吸收太陽光紫外線的一部分，但這是不夠的。因此，需要製作特殊設計的吸收紫外線玻璃，但由於前窗玻璃為複合玻璃，故無此必要。這是由於在用於前窗玻璃的黏合兩塊玻璃中間樹脂膜聚乙烯醇縮丁醛中，加入了紫外線吸收劑。因此，在側窗玻璃和後窗玻璃中採用紫外線遮斷玻璃是不錯的選擇。

為製作紫外線遮斷玻璃，要在原料中加入吸收紫外線的成分，如氧化鈰、氧化鈦等，經熔融，玻璃板本身就成為紫外線吸收玻璃。但是，這種方法難以適應多品種玻璃的製作。因此，現在汽車用的平板玻璃都是表面塗覆紫外線吸收層的紫外線遮擋玻璃。

這種膜層因折射率大而反射率高，不過會發生色分離的反射光〔彩虹效應（rainbow effect）〕，為防止這種麻煩，一般是在膜層與玻璃基體之間加入一層折射率（refractive index）低的中間膜，以減小著色的發生。

高鐵司機車廂前的防風玻璃，採用的是在兩塊玻璃之間夾有聚乙烯醇縮丁醛樹脂層的複合玻璃。由於其強度高，足以承受高速時的風壓。但是，當受到落石、飛鳥等撞擊時，相對速度最高達到300km/h（80m/s）以上，由於遭遇極大的衝擊力，玻璃往往會損傷，即使如此，車窗也不會貫通，而且玻璃碎片也不會飛散傷人。

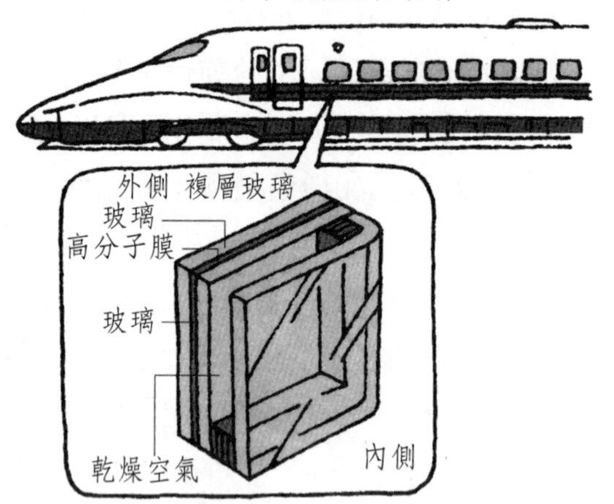

以乘客車廂用的窗玻璃來說，充分考慮到乘客的安全而採用複層玻璃。外側為複合玻璃，玻璃破損時，碎片也不會飛散，內側為強化玻璃。複層玻璃的隔熱性好，即使靠窗附近，也不會覺得涼，而且內側玻璃還具有防水霧（防朦朧）的功能。

圖 6.23 高鐵車廂用窗玻璃

表 6.8 鋼化玻璃的強度實例

玻璃類	厚度（mm）	平均抗彎強度（MPa）	衝擊強度（發生破壞時鋼球的平均高度）（cm）
浮法玻璃	2～6	500	3mm 厚：48 6mm 厚：71
鋼化玻璃	5～12	1500	5mm 厚：> 250 12mm 厚：> 400
評價方法		對於30cm×30cm的方形試樣，由20cm的環形（ring）壓頭加力，根據破壞時的加重來計算抗彎強度	使225g的鋼球在30cm×30cm的方形試樣中央部位落下，以發生破壞的鋼球高度作為衡量衝擊強度的尺度

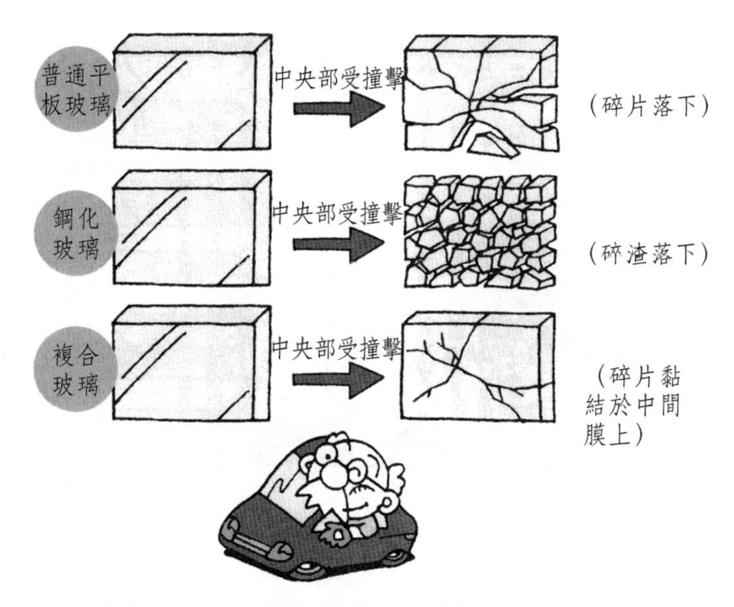

圖 6.24　玻璃破壞模式的對比

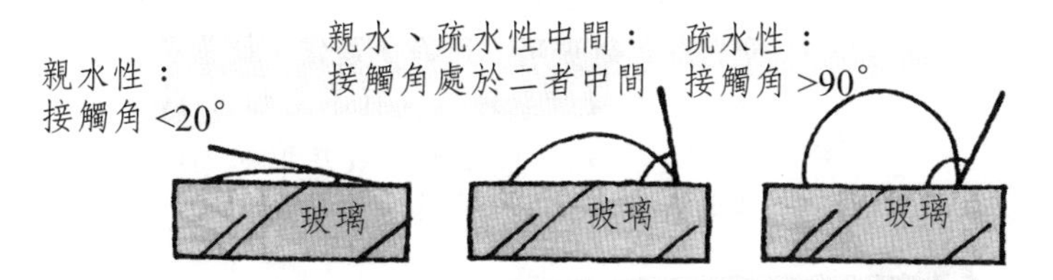

玻璃表面如果是親水性的，水（雨）滴易展平而不容易脫落，而如果是疏水性的，則水（雨）滴會以球狀滾落

圖 6.25　玻璃是否被水浸潤由接觸的大小來評價

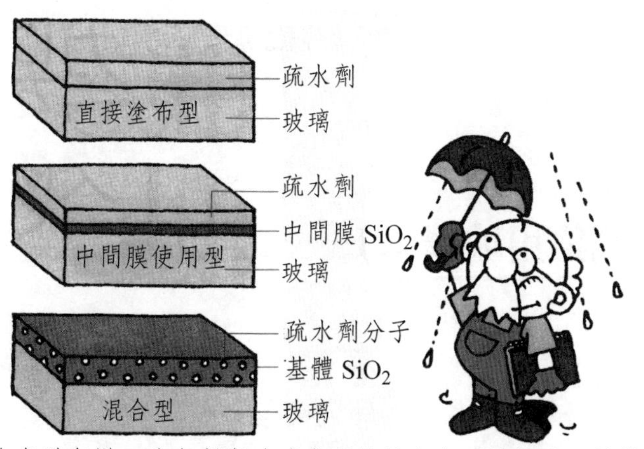

對於直接塗布型來說，疏水劑與玻璃表面的結合力不是很強；對於中間膜使用型來說，由於中間膜的存在，致使疏水劑結合強固；混合型中疏水劑分子與基體結合強固，是最為穩定的疏水性玻璃。

圖 6.26　已實用化的疏水性玻璃製作方法

長時間搭乘汽車的乘客，會受到透過車窗玻璃的陽光中紫外線照射，為防止乘客受到過量紫外線的照射，並防止車內塑料裝修等受照射而分解，車窗玻璃需要採用紫外線遮斷玻璃。

圖 6.27　紫外線的作用

在由熔凝法（sol）製造的玻璃中，加入 Ti、Ce、Fe 等吸收紫外線，就可以製得紫外線遮斷玻璃。而為了製作小批量多品種的紫外線遮斷玻璃。可不用加入 Ti 及 Ce 等，而是先由熔凝法製作玻璃，而後再由塗層賦予其紫外線吸收功能。

圖 6.28　紫外線遮斷玻璃的構成

6.7　汽車、高鐵用玻璃 (2)

6.7.1　隱蔽玻璃

汽車的外觀，比如車身外形、顏色等各式各樣，依流行趨勢而變。玻璃所佔車身面積之比率不僅越來越大，而且汽車用玻璃的顏色及透明性也是隨流行而變化的，玻璃公司必須適應這種趨勢，開發各種滿足市場需求的新潮玻璃。

隱蔽玻璃（concealed glass）就是這種新潮玻璃中的一種。採用這種玻璃，從汽車外面難以看到車內的舉動，但從車內看外面卻是一清二楚。但是，按汽車行業的標準，前窗玻璃以及司機側面玻璃的透射率（transmittance）不能下降過多，因此，隱蔽玻璃的使用範圍一般僅限於側窗玻璃和後窗玻璃。作為玻璃，所採用的是，對波長 400～800nm 的可見光具有低透射率的著色玻璃。

人們對隱蔽玻璃的色調也有各式各樣的偏好，實際上是用濺鍍法（sputtering）在透明玻璃上沉積色調不同的金屬膜層來實現的。利用這種方法可以製作透射率為 15%～32% 的銀（白）色系及藍色系的隱蔽玻璃。

採用溶膠 — 凝膠（sol-gel）法先在玻璃表面塗覆二氧化矽基體中含有銅 — 錳 — 鈷 — 鉻類尖晶石（spinel）型顏料的內部著色層，再塗覆二氧化矽的外部保護層，可得到灰黑色（neutral grey）隱蔽玻璃。

6.7.2 反光玻璃微珠

野外夜間行車或乘車過隧道、過橋時，在路面或路兩邊的護欄上，都會看到「車來即亮，車過即暗」的照明標誌。這些發光標誌既不耗電，也不是採用螢光的方式，而是靠汽車前燈發出的燈光回歸反射所致。

一種直徑非常小的高折射率（refractive index）玻璃微珠，可將入射光按原路反射回光源處，形成回歸反射現象。光線照射後，在玻璃微珠內發生全反射，基本可以將來自遠方的直射光線原路返回，達到就好像發光一樣的顯著效果，提高目標標誌的醒目性，有效減少、避免人們在夜間或光線不足的地方由於視覺資訊不足，而造成事故發生。

玻璃微珠是指直徑幾微米到幾毫米的實心或空心玻璃珠，有無色和有色之分。直徑 0.8 釐米以上的稱為細珠；直徑 0.8 釐米以下的稱為微珠。

玻璃微珠通常採用火焰漂浮法、隔離劑法和噴吹法生產。其中噴吹法為一次成形法，一般採用礦物原料進行生產。火焰漂浮法和隔離劑法是二次成形方法，通常是以回收的廢玻璃為原料來生產，在國內應用比較普遍。

火焰漂浮法的基本原理是，將回收的廢玻璃破碎成一定細微性的顆粒，並以一定方式將玻璃顆粒送入火焰中，在火焰的作用下，玻璃顆粒軟化、熔融、珠化、冷卻固化即成為玻璃珠。隔離劑法的基本原理是，將廢玻璃破碎成小顆粒，並與隔離劑（如石墨）按一定比例混合，送入以一定速度轉動的爐筒中加熱，玻璃顆粒在表面張力的作用下成珠，冷卻後清洗、乾燥為成品。該法一般也可用來生產細珠。

6.7.3 天線玻璃

傳統轎車的天線（antenna）是桿狀，但易損壞、丟失。隨著低雜訊、高線性放大器性能的提高，玻璃天線的電性能優於桿狀天線。玻璃天線包括沿此玻璃表面伸延的第一天線導線件，以及在車寬方向上除霧器延伸到區域內、基本上是在除霧器的中心處沿玻璃表面作上下延伸的第二天線導線件，此第二天線導線件一部分通過直流與除霧器的加熱絲耦合，其中的第一天線導線件相對於除霧器配置，使連接到第二天線導線件上的加熱絲經一電容值約40pF或更小的電容耦合，與第一天線導線件耦合。

天線玻璃可以是夾層玻璃和鋼化玻璃，使用夾層玻璃的情況更為普遍。在玻璃內增加一定形狀的導體（通常是把0.1～0.2釐米的康銅絲焊在中間膜上），再夾在兩塊玻璃中間，即是夾層玻璃，它可起到接收天線的作用。夾在玻璃內的天線不易腐蝕，能接受所有波段無線電波，還能消除由拉桿天線而產生的風的噪音。

6.7.4 汽車用防水霧玻璃

汽車用防水霧玻璃主要用於車內和車外的防霧工作，減少交通事故的發生。其工作原理是防霧劑採用新一代分散防滴材料以及奈米有機活性劑，經防霧劑處理過的玻璃表面有一層超親水奈米膜，使霧氣與之接觸後，成為低冰點混合物，從而防止結霧。玻璃防雨防霧劑分兩種：短效型與長效型。短效型就是以各種可與水良好混合的試劑（如甘油、聚乙烯醇吡咯烷酮等）或表面活性劑塗擦在玻璃表面，維持時效為數小時到一週；長效型是以含氟矽偶聯劑與玻璃結合，但耐寒性能由於玻璃的熱容量太大而不顯著。

這種材料具有鮮明的優點：(1) 優異的防霧、明亮效果，玻璃透明度高，提高安全行車係數；(2) 水性材料，環保清潔；(3) 玻璃表面不易吸附灰塵，性能安全穩定；(4) 攜帶方便，使用簡單。

針對這個問題，加拿大拉瓦爾大學（Laval University）的科學家成功研製出一種新型玻璃防水霧塗層材料，塗層不會對玻璃的光學性質產生任何影響。他們認為該材料可以最終解決汽車玻璃、眼鏡片以及光學鏡頭的防水霧難題。據研究小組負責人拉羅切教授介紹，這種新型塗層材料由基於聚乙烯醇（polyvinyl alcohol, PVA）的吸水材料製成，具有阻止在其表面形成使玻璃和塑料變得模糊的水霧性質。這種超薄塗層材料可以長時間保留在玻璃表面，能夠將玻璃表面的水完全去除，不會在玻璃表面形成任何微小水滴。

隱蔽玻璃的色彩、性能實例

反射光的顏色	可見光透射率（%）	反射率（%）	製作方法
銀（白）色	15.2	28.4	濺鍍法
銀（白）色—藍色系	21.0	22.5	濺鍍法
藍色系	32.0	15.0	濺鍍法
灰色系（neutral grey）			溶膠—凝膠法

藉由溶膠—凝膠法覆膜的著色隱蔽玻璃實例

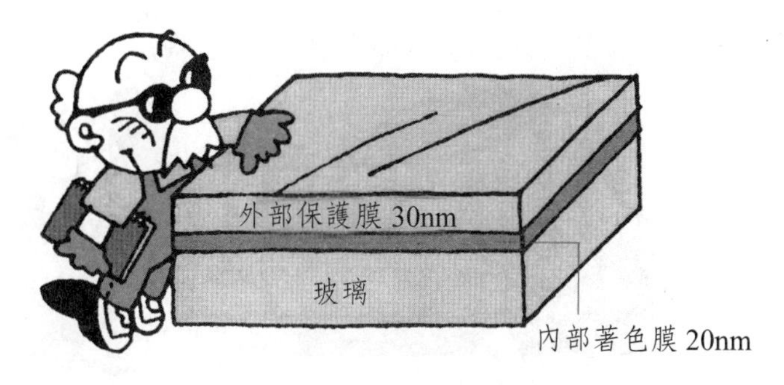

圖 6.29　隱蔽玻璃

圖 6.30　反光玻璃微珠道路標誌

普通折射率微珠
反射光
入射光
水膜
塗料
高折射率微珠
反射光
入射光
水膜
塗料
停

圖 6.31　玻璃微珠的反光原理

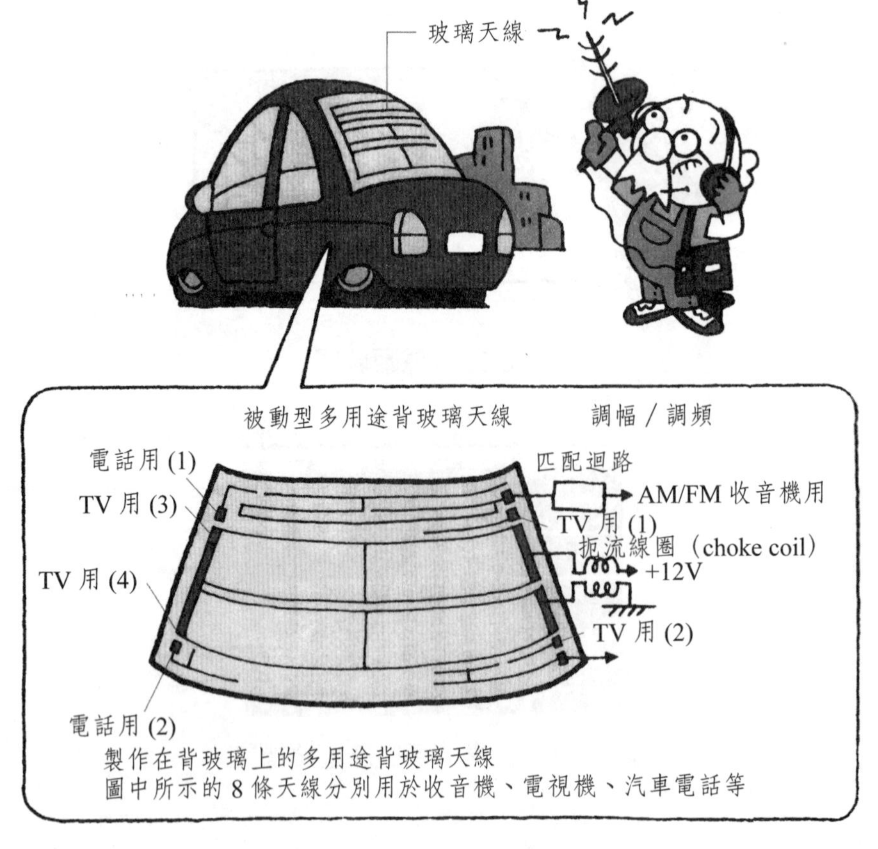

圖 6.32　現在的汽車玻璃天線

汽車玻璃窗上的水霧一般產生在車內溫度和濕度較高時。此時如果車外氣溫低，窗內側的表面處於很低的溫度，則水蒸氣以微小水滴形式附著於窗的內側。由於這種水滴對光發生的散射作用而使玻璃變得朦朧。

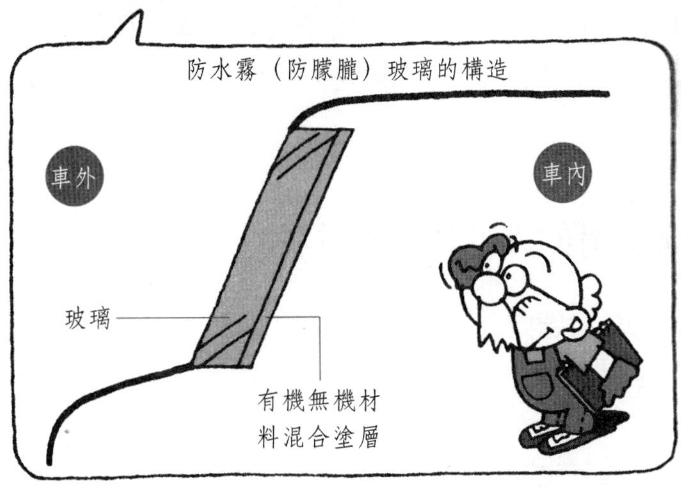

汽車用防水霧（防朦朧）玻璃，一般是採用在窗的內側塗敷防水霧（防朦朧）膜的玻璃。膜為有機無機材料的混合塗層，兼有吸水性和親水性。由於具有吸水性，從而可吸收水分防止水滴產生。當吸收的水分多時，由於表面具有親水性，可以使多餘的水分形成水膜而保持透明性。

圖 6.33　汽車玻璃窗產生水霧（朦朧）的原因

6.8　生物醫學用玻璃材料

6.8.1　創生能量的雷射核融合玻璃

雷射（laser）核融合（nuclear fusion）是指利用高功率雷射照射核燃料，使之發生核融合反應。高功率的雷射匯聚到充滿核融合材料〔氘（deuterium）或氚（tritium）〕的小球上，雷射的能量將球殼表面燒蝕並離子化，剝離時產生的反作用力，使內層材料向內壓縮，使核融合材料達到極高的溫度和密度，從而引發核融合反應，這就是雷射核融合的基本原理。

核融合的燃料容器主要使用的是中空玻璃微球。這種材料的製作方法有層層組裝法、沉積和表面反應法、噴霧乾燥法、液滴法、微封裝法、懸浮聚合法等。這種玻璃要採用鉛玻璃，既能吸收射線，也能防止集中於容器中的氘和氚從容器中逃逸。

釹玻璃是一種可適應高能量、大功率的固體雷射材料，用於雷射核融合中。早期使用的釹玻璃為矽酸鹽玻璃系統。第一塊雷射玻璃是美國 A.O. 公司 Snitzer 製成的 Na_2O-BaO-SiO_2 系統玻璃，而用於大型裝置的矽酸鹽雷射玻璃為 Li_2O-CaO-Al_2O_3-SiO_2。中國的星光系列裝置，使用的玻璃為 K_2O-Al_2O_3-CaO-BaO-SiO_2 系統。

6.8.2 可變成人骨的人工骨移植玻璃

人造骨是整形外科領域在二十世紀取得的最重要進展之一，它使過去只能依賴枴杖行走，甚至只能截肢的患者，能夠像正常人一樣行走，大大改善了生活品質。

人造骨是一種具有生物功能的新型無機非金屬材料，它有類似於人骨和天然牙齒性質的結構，人造骨可以依靠從人體體液補充某些離子形成新骨，可在骨骼接合介面發生分解、吸收、析出等反應，實現骨骼牢固結合。人造骨植入人體內，需要人體中的 Ca^{2+} 與 PO_4^{3-} 離子形成新骨。

人造骨除了可以用金屬或陶瓷製造外，還可以採用結晶化玻璃製造。結晶化玻璃人造骨可用於因外傷或手術等而損壞了部分骨骼的人，與金屬或陶瓷製的人造骨相比，它具有更高的強度，在體內更容易與自然骨結合在一起。

這種結晶化玻璃是用無結晶（非晶態）的玻璃質與磷灰石、含鈣的物質結晶（晶態）混合在一起，通過特殊的熱處理方法加工而成。如果把這種新型人造骨插入缺損部位，那麼結晶化玻璃表面就會滲出鈣和磷。因為自然骨面向玻璃表面形成的磷灰石形成結晶生長，所以約 3 個月後人造骨和自然骨就能緊緊地結合在一起，目前已用這種新型人造骨對多名患者進行了臨床應用。

6.8.3 治療癌症的玻璃

癌症（cancer）亦稱惡性腫瘤（malignant neoplasm），為控制細胞生長增殖機制失常而引起的疾病。癌症具有多發、死亡率（fatality）高等特點。

治療癌症的方法雖然很多，但都有其弊端。手術療法，器官一旦切除往往不能再生；化學療法、免疫學療法、放射線療法、熱療法等雖保住了身體，但仍損害了正常細胞。而玻璃材料對癌細胞進行直接放射或熱處理，只殺死癌細胞而又不損傷正常組織的，則一定程度上克服了其它方法的弊端。

放射療法主要使用β- 射線（β-ray）。β- 射線射程短，在生物組織中，1 公分以上的距離都不受影響，也不用擔心使其它元素產生放射性。把可放射 β- 射線化學元素摻入化學耐久性好的材料中，製成 β- 射線源材料。把它植入腫瘤附近，就可達到直接照射癌細胞，又可不損傷周圍正常組織的目的。例如用這種材料製成直徑為 20～30μm 的小球，從血管注入，並留在腫瘤的毛細管內，它既可射出 β- 射線，又能阻斷癌細胞的營養供給。由於放射能的半衰期（half life）短，放射能急速衰減，可不斷注入。該材料配製時是用非放射性元素，在治療前用中子照射，並加以放射化處理。適合這種原理的材料，有含釔玻璃和含磷玻璃兩種。

熱療法的原理為：腫瘤（tumor）部的神經與血管都不發達，血流量小，冷卻慢故容易加熱，同樣道理，由於腫瘤部位氧的供應缺乏，癌細胞耐熱性差，加熱至 43℃以上就死亡，而正常細胞加熱至 48℃左右也不會死亡。在腫瘤附近植入強磁體，施加交變磁場，體內深部的腫瘤即被加熱而又無損於正常組織。在強磁體上覆以生物活性優良的外層，可長期埋入人體內進行多次熱治療。這種材料有 LiO_2-Fe_2O_3-F_2O_5 系微晶玻璃和 Fe_2O_3-CaO-SiO_2 系微晶玻璃兩種。

6.8.4 固化核廢料的玻璃

核電廠（nuclear power station）不僅產生大量的電力，同時也產生了核廢料，這些核廢料（nuclear waste）具有放射性（radiative），必須慎重處理。對放射性廢棄物的處理方式主要有三種：陸地地層處理、海洋底地層處理和海洋投棄處理。其中最為安全的是海洋底地層處理。這些處理方式的容器大都使用固化放射性用玻璃，這種玻璃化學組成成分以 SiO_2 為主，較低溫度下即可熔融，化學穩定性和耐久性優良，滿足處理放射性廢棄物所要求的條件。

固化核廢料玻璃通常採用硼酸鹽玻璃，其優點是可以同時固化廢料液的全部組分。玻璃固化體的穩定性隨放射性廢棄物放熱而降低，導致其浸出率增加。曾作為此用途的玻璃有許多種，如磷酸鹽玻璃、硼酸鹽玻璃和矽酸鹽玻璃等，經多年實踐後，目前固化高放射性廢料液主要使用硼矽酸鹽玻璃。與其它玻璃相比，它有廢物包含量較高、熔製溫度合理、能夠適應廢液的組分變化、抗輻射化學穩定性好等優點。

使用玻璃雷射所引起的核融合反應，可由下面的反應式表示

$$^{2}\text{D} + {}^{3}\text{T} \xrightarrow{\text{高溫}} {}^{4}\text{He} + \text{n}$$

氘核　氚核　　氦核　中子

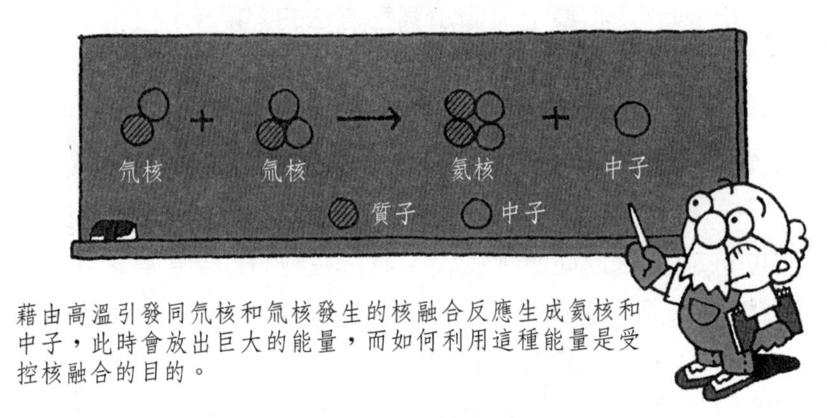

氘核
氚核
氦核
中子
質子
中子
藉由高溫引發同氘核和氚核發生的核融合反應生成氦核和中子，此時會放出巨大的能量，而如何利用這種能量是受控核融合的目的。

圖 6.34　核融合反應

為引起核融合，使用雷射照射燃料容器

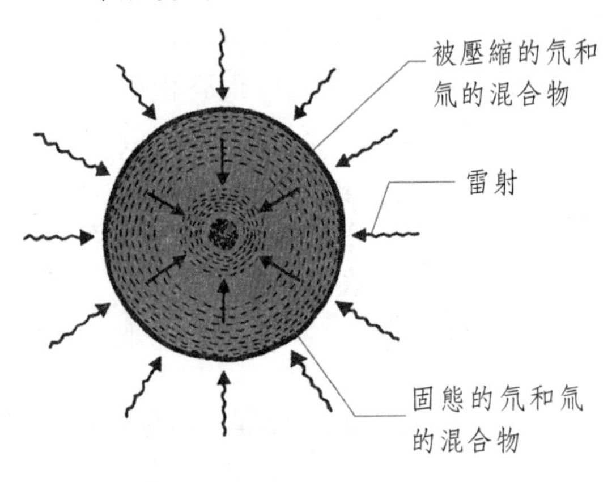

為引發核融合，要從四面八方用雷射照射燃料容器，將氘和氚壓縮到燃料容器的中心，並使之達到超高溫。這種燃料容器是由玻璃製造的。要想讓四面八方照射的雷射在燃料容器的中心部位集中，必須採用中空的球形容器。為了製作這種中空的微小球，適合採用溶膠法。作為玻璃要採用鉛玻璃，這是因為要盡可能防止集中於容器中的氘和氚從容器內逃逸。

名詞解釋

釹（Nd）：原子序數為 60 的稀土元素（rare earth element）。含釹離子的玻璃及晶體，會發出波長為 1.06μm 的雷射。

圖 6.35　雷射核融合

有可能被玻璃人造骨替換的人體骨骼和關節

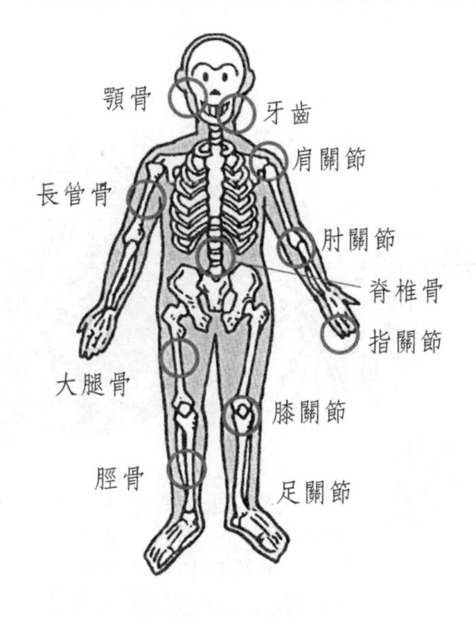

最早在結晶化玻璃的人造骨移植中，所使用的是脊椎骨。至今已有數十萬以上的患者進行了人造骨移植。

AW 結晶化玻璃與骨的結合

AW 結晶化玻璃被稱為生體活性材料，使其與自然骨接觸，便形成強固的癒合。這是由於形成生物化學結合所致。

含有磷灰石（apatite）—矽灰石（wollastonite）的 AW 結晶化玻璃與骨的介面照片。結晶化玻璃插入家兔大腿骨後，經過 8 週的結合情況。

圖 6.36 玻璃製的人造骨

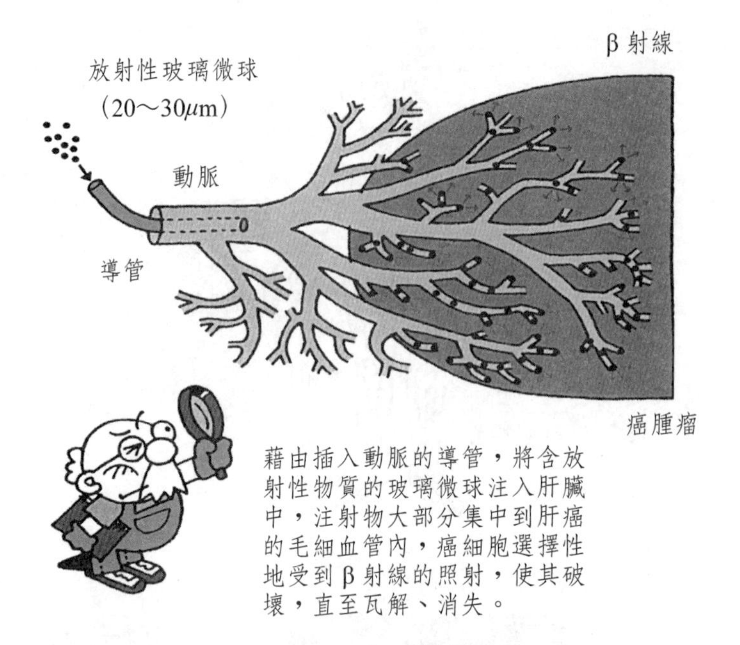

名詞解釋

使鐵氧體析出的結晶化玻璃：通過對大量含有氧化鐵的矽酸鹽玻璃或硼酸鹽玻璃加熱，鐵氧體中，例如四氧化三鐵的晶體，便可析出亞鐵磁性玻璃。由於強度高，可以做成針形，因此能在癌腫瘤的溫熱治療中使用。

圖 6.37　由玻璃製作的醫療材料

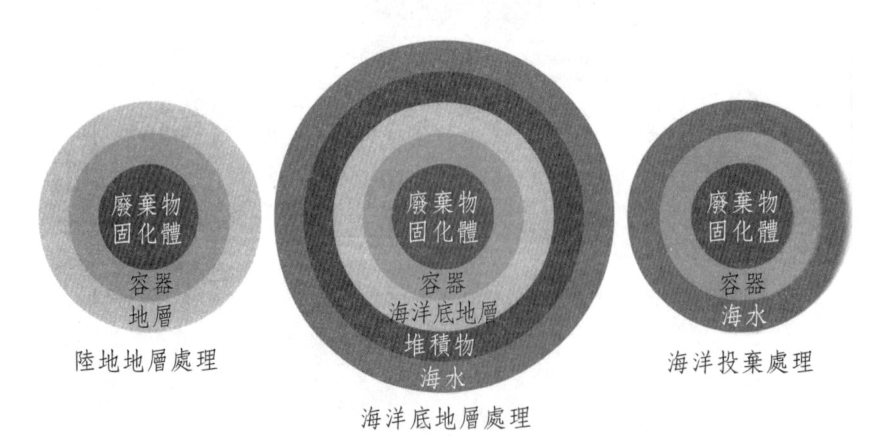

為了對放射性廢棄物進行處理，確保其不會返回人類生活環境，最有效的方法是設置密封隔離壁（牆）。圖中所示三種過程處理方法都是設置了隔離壁（密封容器）。其中，在海底地層中埋入，被認為是最為安全的方法。

圖 6.38　放射性廢棄物固化體的隔離方式

表 6.9 玻璃固化體的組成實例

成分	含量（%）
SiO_2	43～47
B_2O_3	14
Li_2O	3
CaO	3
ZnO	3
Al_2O_3	3.5～5
BaO	0～3.0
廢棄的氧化物	25

對放射性廢棄物固化玻璃所要求的條件是，低溫下可以熔融、化學穩定性和耐久性優良。綜合考慮這些因素，一般選用左側的組成。

6.9 特殊性能玻璃材料

6.9.1 用於半導體及金屬封接的封接玻璃

封接玻璃（sealing glass）通常是指於玻璃與玻璃、玻璃與金屬、陶瓷等其它材料之間進行焊接、包覆與黏合的玻璃材料，又稱焊料玻璃。封接玻璃應具有封接溫度和熱膨脹係數可控、封接溫度遠低於被封接玻璃的軟化點、足夠強度和耐環境適應性等特性。與黏度為 104 與 107.6 相對應的溫度，分別稱作作業點與軟化點（softening point）。

若封接玻璃與被封接件之間在熱膨脹特性上有差別，則在封接體中產生應力，應力既可能是張應力，又可能是壓應力（stress），應力分布有軸向、徑向和切線方向等。為防止應力引起封接體破裂，通常有以下方法：(1) 選用熱膨脹性差異少的玻璃金屬與金屬相匹配；(2) 利用金屬的塑性流動；(3) 施加壓應力；(4) 分段封焊。測量封接應力可以利用玻璃的光彈性。

應用廣泛的封接玻璃是 $PbO-ZnO-B_2O_3$ 系統和 $PbO-B_2O_3-SiO_2$ 系統，該系統玻璃具有膨脹係數大、封接溫度低的特點，與低膨脹的鋰霞石（euclgptite）或鈦酸鉛混合製成的商用複合封接玻璃粉，封接溫度可以控制在 400～500℃範圍。現已開發了磷酸鹽玻璃等替代含鉛玻璃。封接玻璃可用於半導體元件的氣密性封接、帶密封外殼的積體電路封接、映像管的封接、電子元件的黏接等工業製造。

6.9.2 硫屬元素化合物玻璃的功能特性

以週期表 VIA 族元素 S 、Se 、Te 為主形成的玻璃，稱為硫系玻璃，硫屬元素是硫、硒、碲的總稱，係由親銅元素而來，單質硫和硒都能形成玻璃態物質。單質硫的分子相當於 S_8 。，它具有環狀結構。sp^3 混成聚合成長鏈，把加熱到 230℃的熔融態硫迅速注入冷水中，便形成玻璃態硫。硫屬化合物玻璃是硫系玻璃的組成部分，主要以硫化物、硒化物和碲化合物為基礎成分，最主要是砷 — 硫系統。硫屬元素包括元素週期表中第六主族元素 S 、Se 、Te ，這些元素的作用相當於氧化物玻璃中的氧。硫屬元素化合物玻璃有許多光特性和半導體特性。

硫屬化合物玻璃與普通玻璃相比，根本不同點在於它的化學鍵，帶有顯著的共價鍵性，使它具有近乎有機玻璃的結構。其主要用途有：(1) 紅外線透射；(2) 光傳送；(3) 光誘發晶態與非晶態間的相變；(4) 光誘發組成變化（成分揮發）；(5) 非線性電流 — 電壓特性（開關性能）。

它主要有以下特殊產品：(1) 紅外線透過所用的材料；(2) 低熔點玻璃；(3) 聲光學元件材料；(4) 光記憶體。

6.9.3 氟化物玻璃和作爲紅外線光纖的氟化物玻璃

以氟化物為基本成分的玻璃系統，稱為氟化物玻璃。它具有低折射率、低色散、易熔化的優點，也有化學穩定性差的缺點，可以通過與氧化物重構改進化學穩定性。如 BeF_2 玻璃，結構與 SiO_2 玻璃類似，有劇毒且易水解，具有低的線性和非線性折射率，氟化物玻璃主要以 BeF_2、ZrF_4、氟鋯酸鹽和 AlF_3 幾類為基礎。

鹵化物玻璃具有較好的透紅外線性能，紅外線截止波長隨鹵素原子量的增加向長波段移動，氯化物玻璃具有大的受激發射截面、非線性折射率低、熱光性能較好等特點。具有從紫外到中紅外線極寬的透光範圍，為激發波長和發光波長在近紫外、中紅外線啟動的離子發光和多摻雜的敏化發光創造了極好的條件，可獲得螢光輸出。

氟化物玻璃除用於遠距離通訊外，在醫學、國防等領域，也將發揮巨大的作用。氟化物玻璃和石英玻璃、蘇打石灰玻璃相比，前者近紅外線區的光透射率極為優良，直到波長為 6.5μm 都有良好的透射率，因此作為傳送近紅外線光的光纖十分有用。用它製成的測溫計，不但能精確地測量高溫，還能出色地測量低溫，這就使得目前常用的石英測溫計大為遜色。

用氟化物玻璃製成的呼吸氣體分析儀，可用來對處於麻醉狀態下的患者所呼出的氣體濃度進行即時分析，盡可能減少手術中的危險。氟化物玻璃還可用來治療癌症：因為當癌細胞的溫度（例如 43℃）略低於周圍正常細胞的溫度（例如 48℃）時，癌細胞就會被破壞。因此，只需找到一種方法，例如採用透紅外線的氟化物光導纖維醫療器械，精確地控制周圍細胞內部的注入能量，使其溫度略高於癌細胞，就能取得治療癌症的效果。

6.9.4 超離子導體玻璃

離子電導（ion conduction）指藉由玻璃中的鹼金屬離子以及銀離子等一價離子而產生的導電性。為了弄清楚什麼樣的玻璃會成為超離子電導（super ionic conduction）玻璃，研究人員製作了 $AgI\text{-}Ag_2O\text{-}MoO_3$、$AgI\text{-}Ag_2O\text{-}P_2O_5$、$AgI\text{-}Ag_2O\text{-}B_2O_3$、$AgI\text{-}Ag_2SeO_4$ 等超離子電導玻璃的實例，發現所有超離子電導玻璃的組成中都含有銀、鹵素和氧。另外，實驗測得超離子電導玻璃（$75AgI\text{-}25Ag_2SeO_4$ 玻璃）與藉由離子傳導的其它幾種材料（$\beta\text{-}Al_2O_3$ 固體、$RbAg_4T_5$ 晶體、蘇打石灰玻璃、5% 食鹽水、5%$AgNO_3$ 水溶液）電導率之比，發現超離子電導玻璃的電導率已達與其它材料相匹敵的程度。同時玻璃的導熱性極差，用於長距離輸送電能，可以克服金屬導線過熱的不足。可見超離子電導玻璃在導電性方面大有應用之處。

在電場中，離子沿電場方向的擴散運動增加，將此看作電流，即成為離子電導。它與離子晶體中的缺位元擴散或填隙擴散等同。玻璃中主要是離子擴散，它與電導同時發生低頻介質馳豫（移動損耗）。

離子電導的電導率（體積電阻率）與絕對溫度的倒數，在轉變溫度之下呈線性關係（少數例外）。影響電導的主要因素有：(1) 組成不同；(2) 熱歷史的影響；(3) 分相的影響。目前市售的，用作結構材料及電氣材料玻璃中的大部分，都可以認為屬於離子電導性質的（電導分離子電導與電子電導）。

表 6.10　硫屬元素化合物玻璃的功能特性和應用

特性	代表性的玻璃系	應用
〔光特性〕 紅外線透射	As-S, Te-Ge-Se, Ge-As-Se	經外光光纖
光傳送	Se, Se-Te, As-Ge, Se-As-Te	電子照相（複印等）映像管
光誘發相變（晶態⇄非晶態）	Ge-Te, Ge-Te-Sb, As-Ge-Se, Se, Te-Se-Pb	光存儲
光誘發組成變化（成分的揮發）	Se-Ge, Ag/Ge-S, As-S	微影照相膠
〔半導體〕非線性電流電壓特性（開關性能）	Te-As-Ge-Si, Te-Ge-Sb-S	電氣開關元件

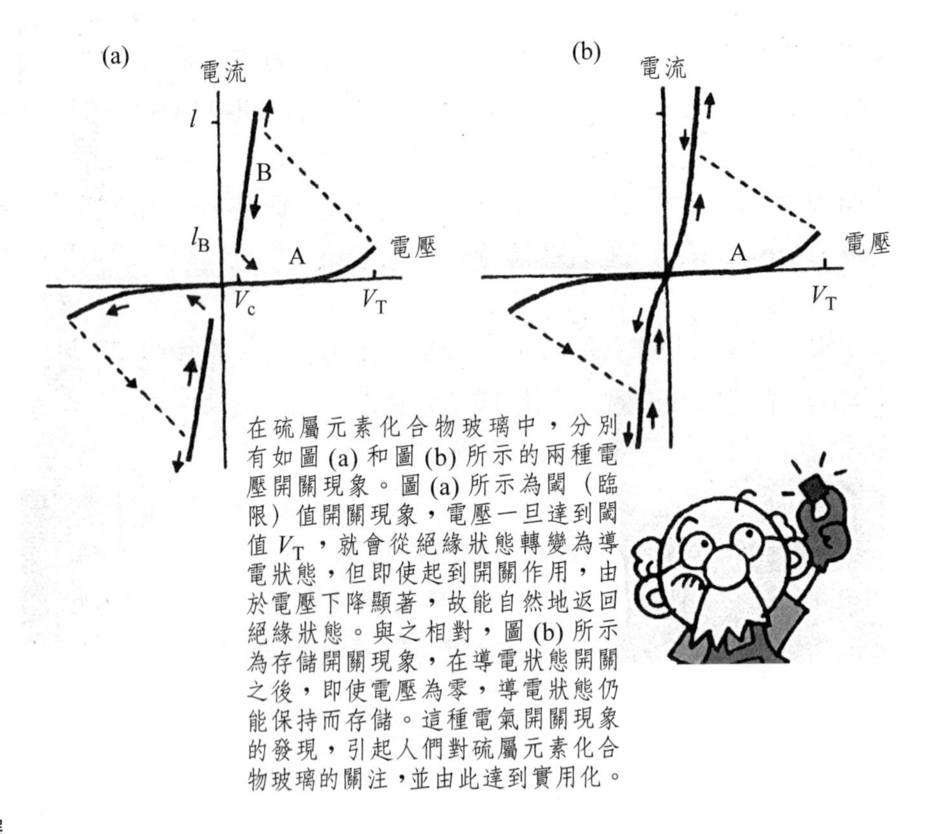

(a)
電流
I
B
I_B
A
電壓
V_c
V_T
(b)
電流
A
電壓
V_T
在硫屬元素化合物玻璃中，分別有如圖 (a) 和圖 (b) 所示的兩種電壓開關現象。圖 (a) 所示為閾（臨限）值開關現象，電壓一旦達到閾值 V_T，就會從絕緣狀態轉變為導電狀態，但即使起到開關作用，由於電壓下降顯著，故能自然地返回絕緣狀態。與之相對，圖 (b) 所示為存儲開關現象，在導電狀態開關之後，即使電壓為零，導電狀態仍能保持而存儲。這種電氣開關現象的發現，引起人們對硫屬元素化合物玻璃的關注，並由此達到實用化。

名詞解釋

硫屬元素：包括元素週期表中ⅥA族的元素S、Se、Te，這些元素的作用相當於氧化物玻璃中的氧。

硒（Se）：原子序數為34的元素。儘管Se單獨便可形成玻璃，但也可與Si、Ge、As等相組合形成玻璃。

圖 6.39　硫屬元素化合物玻璃的電氣開關特性

表 6.11 代表性氟化物玻璃的組成和性質

玻璃的組成（mol%）	玻璃轉化點（℃）	密度（g/cm^3）	折射率（n_d）
$64ZrF_4 \cdot 36BaF_2$	300	4.66	1.522
$50ZrF_4 \cdot 25BaF_2 \cdot 25NaF$	240	4.50	1.50
$62ZrF_4 \cdot 33BaF_2 \cdot 5GaF_3$	306	4.79	1.523
$45ZrF_4 \cdot 36BaF_2 \cdot 11YF_3 \cdot 8AlF_3$	324	4.54	1.507
$57ZrF_4 \cdot 36BaF_2 \cdot 3LaF_3 \cdot 4AlF_3$	310	4.61	1.516
$53ZrF_4 \cdot 20BaF_2 \cdot 4LaF_3 \cdot 3AlF_3 \cdot 20NaF$	256	4.34	1.497
$16YF_3 \cdot 42AlF_3 \cdot 12BaF_2 \cdot 20CaF_2 \cdot 10SrF_4$	432	3.90	1.436
$40InF_3 \cdot 25BaF_2 \cdot 20ZrF_2 \cdot 5CdF_2 \cdot 10NaF$	284	5.09	1.495

1975 年，作為重金屬氟化物玻璃而開發出的新氟化物玻璃，由於無毒性且耐久性優良而引起人們的關注。雖然人們開發出了各式各樣的氟化物玻璃，但構成玻璃的主要氟化物是 ZrF_4 和 AlF_3。而且，許多玻璃中含有 BaF_2。在既不含 ZrF_4 又不含 AlF_3 的玻璃中，一般含有 ThF_4 或 HfF_4 等四價金屬氟化物及 InF_3 或 GaF_3 等三價金屬的氟化物。

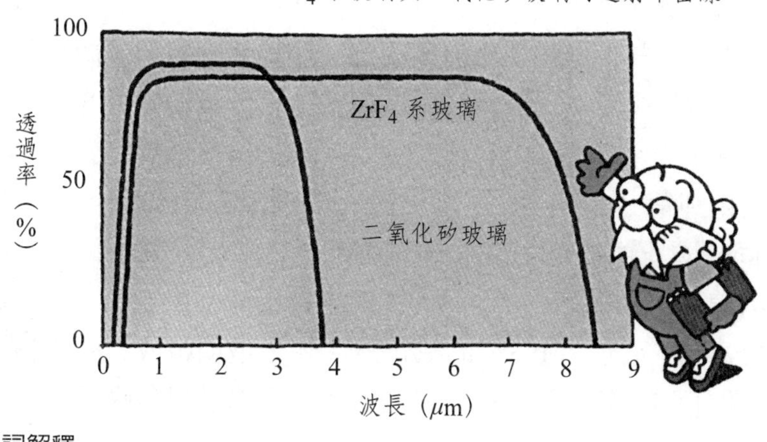

氟化物玻璃與石英玻璃、蘇打石灰玻璃相比，前者近紅外線區的光透射率極為優良。從左圖中可以看出直到 6.5μm 都有良好的透射率。因此作為傳送近紅外線光的光纖十分有用。

名詞解釋

氟化物光纖：儘管氟化物玻璃光纖的理論傳輸損失小，但由於易析晶，故不能在長距離傳輸中使用。

雷射作用的效率：稀土類離子的雷射作用效率決定於玻璃。一般說來，氟化物玻璃比氧化物玻璃的效率高。

圖 6.40 作為紅外線光纖的氟化物玻璃之應用

6.10 圖像顯示、光通信用玻璃材料 (1)

6.10.1 CRT 電視陰極射線管用玻璃

陰極射線管 CRT 顯示器作為家用電視及電腦監視器（monitor）已壽終正寢。但由於存量數以億計，如何處理，需要認真對待。

陰極射線管（cathode ray tube）整體上看是一個玻璃製的、兩端堵口的大方口喇叭形真空管（vaccum tube）。陰極射線管用的玻璃，依部位和作用不同，可分為三部分：用於電視畫面的顯示器玻璃；作為電子束通道的圓錐形玻殼；再往後是裝載電子槍的圓筒形頸部玻璃。三部分玻璃的成分和性能各不相同，需要分別製造。

在顯示器玻璃內表面，需要塗敷靠電子束掃描激發而發光的螢光體（phosphor）等；圓錐形玻殼要採用高強度玻璃，以保證玻殼取放時的安全；在頸部玻璃圓筒內需要布置電子槍（electron gun）。三部分玻璃分別加工後，相互連接在一起，構成一個陰極射線管。在陰極射線管中，要施加 30 千伏左右的高電壓加速電子束，以使高密度的電子束掃描照射螢光體，因此，需要採用耐高電壓、不引起放射線著色的玻璃。而且，為了不使電子束及發生的 X 射線外洩，需要採用對放射線吸收係數高的玻璃。

那麼，陰極射線管的不同部位應該採用何種成分玻璃呢？圓錐形玻殼和頸部玻璃採用氧化鉀鈉 — 氧化鉛 — 二氧化矽系的鉛玻璃。加入多量鉛的目的，是為了吸收 X 射線和電子束。

顯示器玻璃採用氧化鉀鈉 — 氧化鋇 — 氧化鍶 — 二氧化矽系玻璃。為了吸收 X 射線和電子束，同時防止由於電子束引起的黑化，其中加入氧化鋇和氧化鍶。為了防止由於 X 射線引起的著色，要加入 0.3% 的氧化鈰。另外，為了防止由於外來紫外線引起的著色，要加入 0.5% 的氧化鈦。除了玻璃組成之外，為了提高畫面的對比度，且為了防止靜電等，還要在玻殼內表面塗敷導體膜等。

6.10.2 TFT LCD 液晶電視用玻璃

液晶顯示器中的液晶材料（液晶分子）僅起光閘的作用，自身並不發光，它接受外光（如背光源發出的光）而顯示畫面。液晶顯示器的構造是在兩塊玻璃基板上形成用於施加電壓的電極和導電膜，藉由外加電壓控制其間液晶分子的取向，取向的液晶分子起光閘作用實現顯示。液晶顯示器所用的玻璃不僅使光透過，而且對液晶顯示器的顯示性能有重大影響。

下面針對 TFT LCD 液晶電視用玻璃進行討論。所謂 TFT LCD ，即薄膜電晶體液晶顯示器，其中每一個亞圖元中，都設有一個薄膜電晶體，後者作為開關元件，對該次圖元（subpixel）進行驅動，以實現動態彩色顯示。相對於簡單矩陣型驅動的被動（又稱無源）驅動型（PM-LCD），TFT LCD 又稱主動（又稱有源）驅動型（AM-LCD）（AM：主動矩陣 active matrix）。AM-LCD 中所用的玻璃基板與 PM-LCD（PM：被動矩陣 passive matrix）所用者有很大區別。

首先，TFT LCD 用的基板玻璃要採用無鹼的鋁硼矽酸鹽玻璃。這是由於鹼金屬易於向玻璃基板表面的 TFT 層中擴散，影響薄膜電晶體的特性。而且，TFT LCD 是電壓元件，液晶圖元作為電容負載不能有電流通過，一旦有鹼金屬離子混入其中，液晶中通過電流，液晶材料立即失效。

TFT LCD 製造工程中，玻璃基板要經受 400～600℃的熱處理。在高溫的熱處理中，基板由於結構鬆弛而收縮，由此可能引發微小的尺寸變化，從而在微影照相工程中造成 TFT 元件圖形的偏差。為防止這種現象發生，需要採用軟化點高於 650℃的玻璃。

TFT LCD 製造工程中，玻璃基板要經受酸、鹼、氫氟酸等藥液的處理，因此，要採用耐受這些藥液侵蝕的玻璃。而且，對於乾法刻蝕所用的刻蝕性氣體，也要求有較好的耐蝕性。這就是為什麼要採用無鹼的鋁硼矽酸鹽玻璃的理由。

6.10.3 PDP 電漿電視用玻璃

對於 PDP 電漿電視用玻璃來說，最重要的特性要求是，其熱收縮率必須控制在一定範圍內。一般採用軟化點為 570℃左右的玻璃，這與普通蘇打石灰玻璃的軟化點相比，要高出 60℃左右。此外，為了與玻璃上形成的各種材料熱膨脹量一致，要求其熱膨脹係數控制在 85×10^{-7} 左右，進一步則要求其對於製作過程中所採用的化學藥品有足夠耐性。

6.10.4 光碟記憶元件用玻璃

利用光介質及磁介質進行錄音、錄影等，是最重要的資訊記錄手段。而且，在光碟（optical disk）中所使用的資訊存儲介質是玻璃膜。

光碟藉由雷射寫入和讀出，在旋轉中也不與其它固體相接觸，因此，即使長時間使用，也不會損傷精心製作的光碟。而且，光碟的支援體為固體，僅使光碟發生旋轉作用，不像磁帶那樣易發生塑性變形而劣化，可以使存儲的資訊得以永久保存。因此，光碟、磁片已逐漸替代磁帶。

光碟於 20 世紀 80 年代作為再生專用視頻光碟、數位式（digital）音訊光碟在家庭普及。作為可記錄檔的光碟也達到實用化。此後，又先後開發出可用於影像等動畫記錄、再生、消除的 DVD 光碟，並得到廣泛普及。

光碟的存儲介質膜用的是硫屬化合物玻璃，藉由玻璃相和結晶相間的相變實現資訊的存儲、讀出和消除。因此，現在的光碟都採用 Ge-Te-Sb 系玻璃及 Ag-In-Sb-Te 系玻璃。這些玻璃的熔點較低，受光照射時發生結晶化的速度大，因此容易發生光致相變。

這種記錄方式從玻璃膜受低功率的雷射照射形成結晶膜出發。在該膜希望形成記錄符號的位元（bit）上，用強功率的雷射照射，晶體熔化並冷卻，則該 bit 的介質變為玻璃相從而形成記錄符號。當用低功率的雷射照射該玻璃相時，該 bit 發生結晶化，從而記錄符號被消除。利用結晶相與玻璃相間光反射率的不同，即可讀出被記錄的資訊。基於這種原理，一片光碟上記錄的信息量很大，而且可以高速度地寫入、讀出和消除，因此，數位光碟 DVD（digital video disk）得到廣泛普及使用。

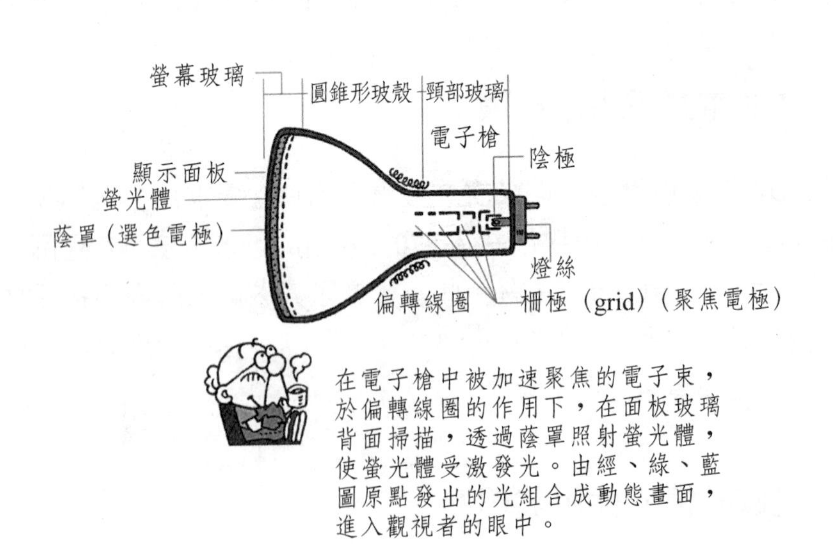
螢幕玻璃
圓錐形玻殼
頸部玻璃
電子槍
陰極
顯示面板
螢光體
蔭罩（選色電極）
燈絲
偏轉線圈
柵極（grid）（聚焦電極）
在電子槍中被加速聚焦的電子束，於偏轉線圈的作用下，在面板玻璃背面掃描，透過蔭罩照射螢光體，使螢光體受激發光。由經、綠、藍圖原點發出的光組合成動態畫面，進入觀視者的眼中。

圖 6.41　陰極射線管的構造

表 6.12　彩色電視陰極射線管用玻璃的組成（wt%）和特性

成分	螢幕玻璃	圓錐形玻殼	頸部玻璃
SiO_2	60～61	51	47～48
Al_2O_3	2	4～5	2～3
MgO	0～2	5～6	—
CaO			1～2
SrO	8～9	1～2	0～2
BaO	9～10		—
ZnO	0～1	—	
PbO		22～23	33～35
Na_2O	7～8	6～7	2～3
K_2O	7～8	7～8	10
ZrO_2	1～3	—	—
CeO_2	0.3	—	—
TiO_2	0.5	—	—
X 射線吸收係數（cm^{-1}）	28.5	65.0	102.0
熱膨脹係數（$\times 10^{-7}K^{-1}$）	100	100	97

CRT 用玻璃無論對於螢幕玻璃、圓錐形玻殼還是頸部玻璃來說，都要求對陰極射線管內部產生的 X 射線（由電子束轟擊面板玻璃背面產生）具有足夠的吸收能力，以保護觀視者免受 X 射線輻射。為此，圓錐形玻殼及頸部玻璃應含多量的氧化鉛。螢幕玻璃要承受高管壓，一般不採用 PbO，而代之以 SrO、BaO、ZrO_2 等。

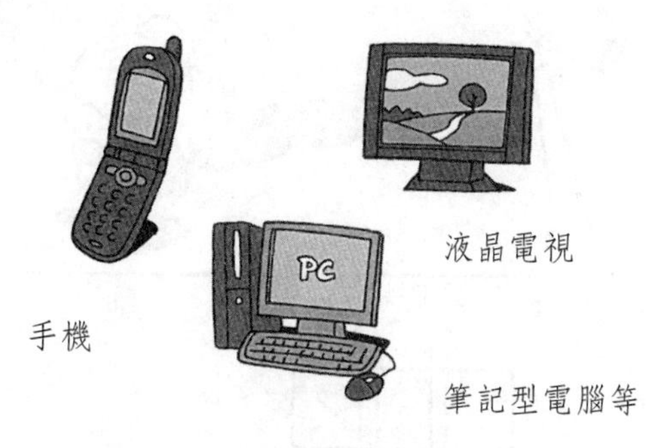

彩色液晶電視普遍採用的 TFT LCD（薄膜電晶體液晶顯示器），是在載有 TFT 的陣列基板和著色用的 RGB 彩色濾光片（color filter）基極之間充以液晶，在兩塊基板外側貼附偏光板而構成的。每一個 TFT 顯示單元和與之對應的彩色濾光片單元一對一構成一個次像素，一般由三個次像素構成一個像素。一個液晶顯示器一般由數百萬個亞圖元構成。液晶顯示器是非主動發光的顯示器，人們看到的是背光源透過每個亞圖元的發光。每個亞圖元應映射資料被加以相應的數位化電壓，液晶分子應電壓不同產生相應的偏轉，由此調節背光源所發出光的透光量，進而實現顯示，螢幕本身如同受電壓控制的電子窗簾。

圖 6.42　玻璃在平板顯示器中的應用

表 6.13 TFT 液晶顯示器用玻璃基板

玻璃牌號	玻璃的種類	化學組成（wt%）					軟化點（℃）	熱膨脹係數	密度
		SiO_2	Al_2O_3	B_2O_3	RO	其它			
康寧 7509	無鹼玻璃	49	10	15	25	1	593	46(0~300℃)	2.76
旭 AN635	無鹼玻璃	56	11	6	27	—	635	48(50~350℃)	2.77
日本電氣硝子 OA2	無鹼玻璃	56	13	6	24	1	650	47(30~380℃)	2.7

RO：鹼土類氧化物

TFT LCD 之所以要採無鹼（不含 Na、K）玻璃，是由於液晶顯示器是電壓元件，即液晶中不能有電流流過。而且 TFT LCD 的畫面尺寸也越來越大，玻璃表面既不能覆層，又不能表面研磨。如果採用含鹼玻璃，一旦其中的 Na、K 離子溶入液晶，將會有電流流過液晶，很快引起 TFT LCD 失效。又由於製作 TFT 要經受不高於 400℃的製程溫度（用 PECVD），而且對 TFT 與 RGB 彩色濾光片之間對位元偏差有極嚴格的要求，因此如表中所示，對玻璃的軟化點和熱膨脹係數有嚴格要求。

在製作 PDP 時，在前玻璃基板上要形成匯流電極、透明電極、介電體層、保護層等，在後玻璃基板上要形成選址電極、障壁、螢光體層等。而後將前後玻璃基板對位、貼合、封接。因此，對於玻璃基板來說，加熱處理時的尺寸變化要小，需要採用高軟化點玻璃。為此，各廠商開發出比普通蘇打石灰玻璃軟化點高 60℃左右的高軟化點玻璃。

圖 6.43 PDP 電漿電視用玻璃

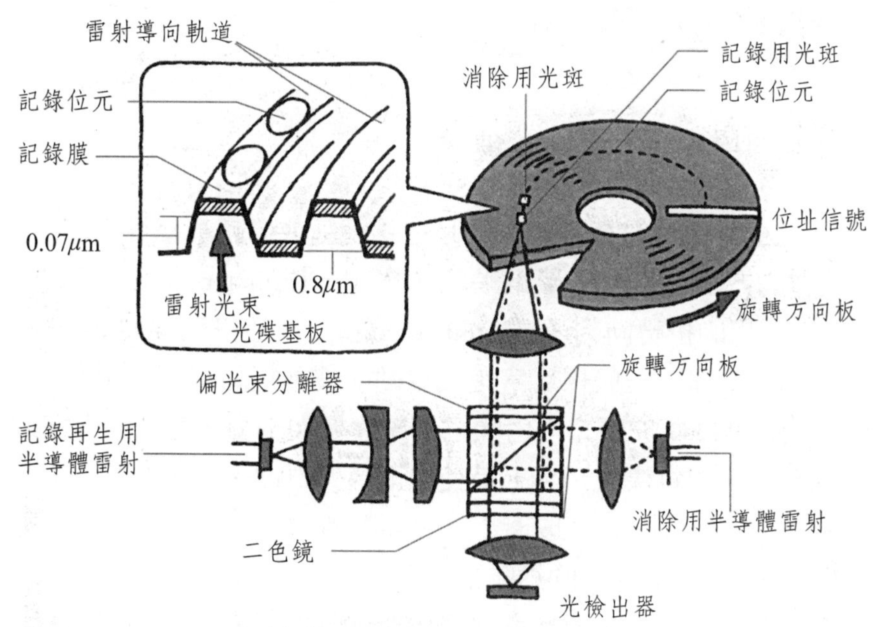

利用相變 2 層寫入型光碟的斷面圖

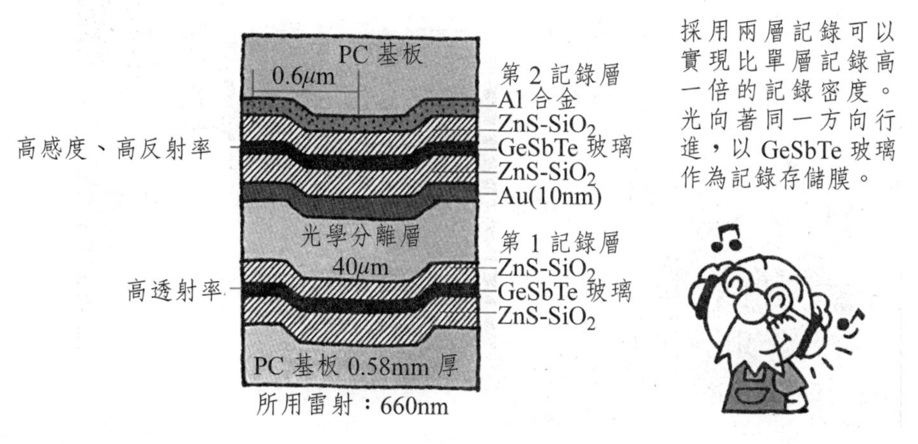

名詞解釋

塑性變形：由拉伸力造成的永久性變形。磁帶若在使用中發生塑性變形，則有可能造成記錄錯誤或失效。

記錄單元：視頻或音訊磁帶、軟碟、隨身聽、DVD 等盤式記錄介質中存儲斑點（spot）。

圖 6.44　光碟系統

6.11 圖像顯示、光通信用玻璃材料 (2)

6.11.1 帶透明導電膜的 ITO 玻璃

透明（transparent）ITO 導電玻璃是在鈉鈣基或矽硼基基片玻璃的基礎上，利用磁控濺射的方法，鍍上一層銦錫氧化物（indium tin oxide, ITO）膜加工製成的。早期採用的扭轉向列（twisted nematic）、超扭轉向列（super twisted nematic）液晶顯示器，一般採用字段式驅動或被動矩陣驅動。由玻璃板廠家提供帶透明導電膜的 ITO 玻璃，再由顯示器廠家按顯示要求對 ITO 膜刻蝕出圖形（一般是彼此平行的ITO線條），組裝時使上下基板的ITO線條彼此垂直布置即可。

液晶顯示器專用 ITO 導電玻璃，一般要在鍍 ITO 層之前，鍍上一層二氧化矽阻擋層，以阻止基片玻璃上的鈉離子向盒內液晶裡擴散。高檔液晶顯示器專用 ITO 玻璃在濺鍍 ITO 層之前，基片玻璃還要進行拋光處理，以得到更均勻的顯示控制。

帶透明導電膜的 ITO 玻璃還可用於除霧除霜、太陽能的選擇性透過膜、遮罩電磁波、觸控面板（touch panel）等。

6.11.2 折射率分布型玻璃微透鏡

微透鏡一般是指直徑小於數百微米的光學透鏡（lens）。這種透鏡與透鏡陣列通常是不能被肉眼識別的，只有用顯微鏡（microscope）、掃描電子顯微鏡（scanning electron microscope）、原子力顯微鏡（AFM, atomic force microscope）等設備才能觀察到。微光學技術所製造的微透鏡（micro lens）與微透鏡陣列，以其體積小、重量輕、便於整合化、陣列化等優點，已成為新的科研發展方向。隨著光學元件小型化的發展趨勢，為減小透鏡與透鏡陣列的尺寸而開發許多新技術，現在已經能夠製作出直徑為毫米、微米、甚至奈米量級的微透鏡與微透鏡陣。

由於折射微透鏡陣列元件在聚光、大面積顯示、光效率增強、光計算、光互連及微型掃描等方面越來越廣泛的應用，它的製作技術和方法得到了日益深入的研究。到目前為止，已經出現很多製作折射率分布型微透鏡陣列的方法，如微影照相膠（光阻，photoresist）熱回流法、雷射直寫法、微噴列印法、溶膠一凝膠法、反應離子刻蝕法、灰度掩模法、熱壓模成形法、光敏玻璃熱成形法等。

6.11.3 照明燈具用玻璃

燈具是日常生活中常用的電器，這裡重點介紹白熾燈、螢光燈（fluorescent lamp）、殺菌燈用的玻璃。

玻殼用耐熱性能好的鈉鈣玻璃做成，大功率白熾燈用耐熱性能更好的硼矽酸鹽玻璃，一些特殊用途的燈泡採用彩色玻璃。玻殼把燈絲和空氣隔離，既能透光，又起保護作用。白熾燈工作的時候，玻殼的溫度最高可達 100℃左右。為避免眩光（glare），有些玻殼進行過磨砂處理，以形成光的漫反射（diffuse reflection）。為加強某一方向的發光強度，也有些玻殼上蒸塗了鋁反射層。

紫外線殺菌燈（UV 燈）實際上是屬於一種低壓汞燈，和普通日光燈一樣，利用低壓汞蒸汽（$<10^{-2}$Pa）被激發後發射紫外線。一般殺菌燈的燈管都採用石英玻璃製作，因為石英玻璃對紫外線各波段都有很高的透過率（達 80%～90%），是做殺菌燈的最佳材料。因成本關係與用途不同，也有用紫外線穿透率 <50% 的高硼矽玻璃管代替石英玻璃的。高硼矽玻璃的生產技術與節能燈一樣，因此成本很低，但它在性能上遠遠比不上石英殺菌燈，其殺菌效果有相當大的差異。

鈮管或燈絲與半透明瓷以及瓷管 — 瓷塞間的封接，是高壓鈉燈製造技術中最困難的問題之一。早期的方法都因為焊料或金屬化層本身不能耐鈉蒸汽的腐蝕而使鈉燈封口漏鈉，最終導致鈉燈報廢。經過多年的試驗、研究，發現玻璃焊料可以防止鈉腐蝕並保持內管的真空度。因此，目前國內外都毫無例外地採用玻璃焊料來作為鈮、半透明瓷以及半透明瓷之間瓷管和瓷塞的封接，並且取得了令人滿意的結果。高壓鈉燈所用玻璃焊料與普通使用的相比，其條件要苛刻得多，否則將不能保證鈉燈的品質和壽命。

6.11.4 光纖及光纖用石英玻璃

光纖（optical fiber）是光導纖維的簡稱，是一種利用光在玻璃或塑料製成的纖維中全反射（total reflection）原理而達成的光傳導工具。香港中文大學前校長高錕（George A. Hockham）首先提出光纖可以用於通訊傳輸的設想，高錕因在提煉石英用於光纖方面的傑出貢獻而獲得 2009 年諾貝爾物理學獎。

光纖是由中心的纖芯和周邊包層同軸組成的圓柱形細絲。纖芯的折射率比包層稍高，損耗比包層更低，光能量主要在纖芯內傳輸。包層為光的傳輸提供反射面和光隔離，並產生一定的機械保護作用。光纖傳輸具有頻帶寬、損耗低、重量輕、抗干擾能力強、保真度高等優點。

光纖按工作波長可分為紫外光纖、可見光光纖、近紅外線光纖、紅外線光纖；按折射率分為階躍（SI, step index）型光纖、近階躍型光纖、漸變（GI, graded index）型光纖；按傳輸模式分為單模光纖和多模光纖；按原材料分為石英光纖、多成分玻璃光纖、塑料光纖、複合材料光纖等；按製造方法分為氣相軸向沉積（VAD, vapor axial deposition）、化學氣相沉積（CVD, chemical vapor deposition）等，拉絲法有管律法（rod intube）和雙坩堝法等。但不論用哪一種方法，都要先在高溫下做成預製棒，然後在高溫爐中加溫軟化，拉成長絲，再進行塗覆、套塑，成為光纖芯線。光纖的製造要求每道工序都要相當精密，由電腦控制。

表 6.14　透明導電膜

透明導電膜種類	組成	備註
銦錫氧化物（ITO）	In_2O_3:Sn	由於電阻率低，使用最為廣泛
奈塞（nesa，透明單電膜）（或氧化鋁錫）	SnO_2:Sb	電阻率高，但化學耐欠性優良
AlZn	ZnO:Al	

透明電膜的功能與用途
①用於光電子學元件的透明電極（transparent electrode）。
②防靜電及透明電磁防護等。

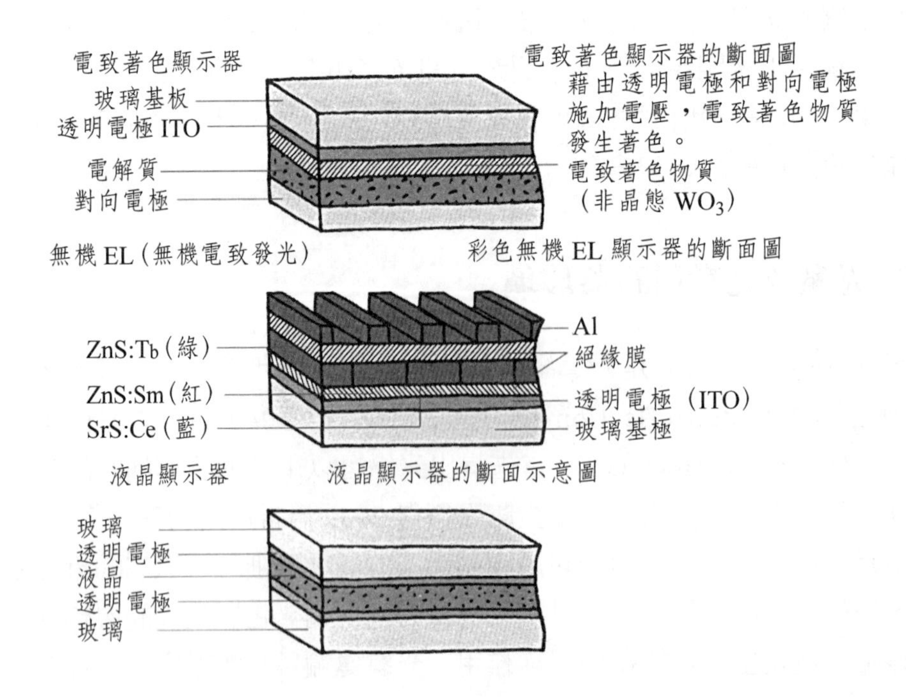

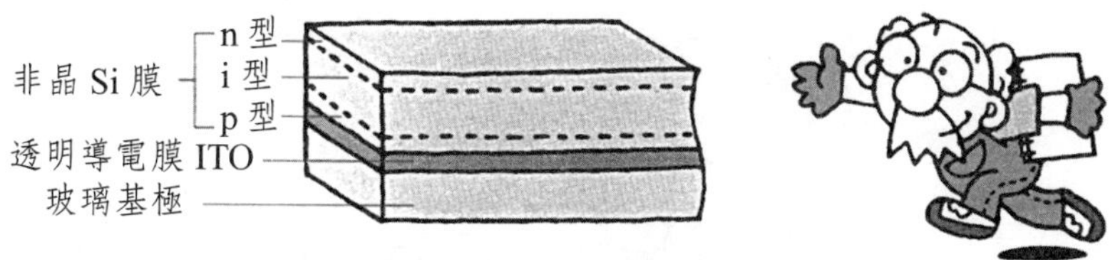

圖 6.45　透明導電玻璃的應用實例

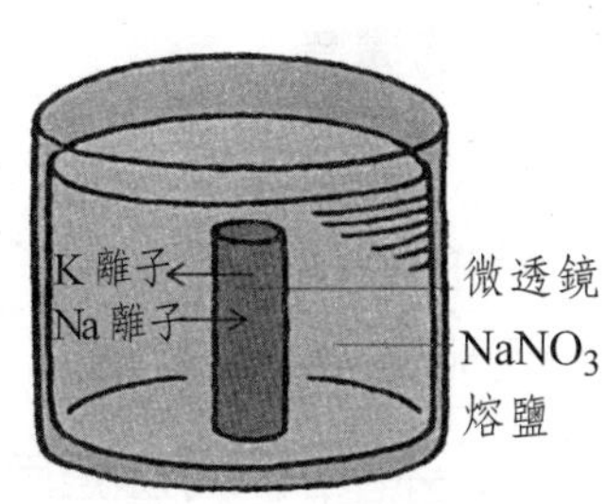

利用電爐在 500℃下加熱，使其進行離子交換（ion exchange），製作所需要的微透鏡。

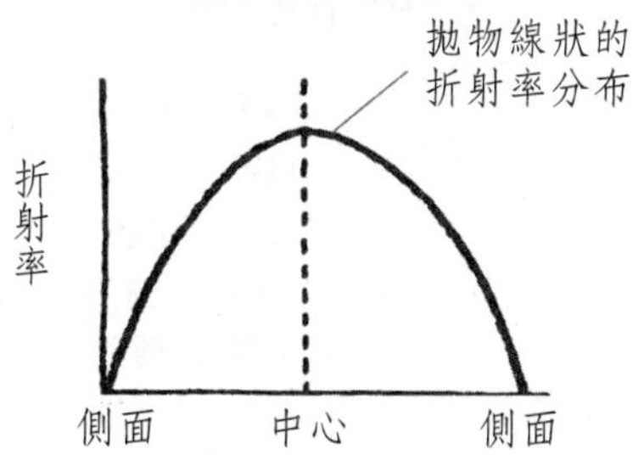

藉由離子交換製作的棒狀微透鏡折射率分布。
沿棒斷面的直徑，測定半徑方向的折射率分布，得到左圖所示的拋物線狀的折射率分布曲線。

圖 6.46　折射率分布型微透鏡的製作

沿長度方向可獲得下面幾種透鏡作用

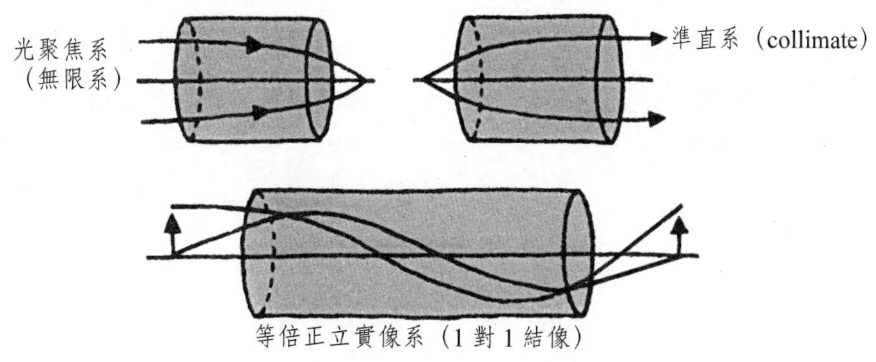

名詞解釋
離子交換處理：將含鉀的玻璃圓筒浸漬在約 500℃的硝酸鈉溶液中，使玻璃中的鉀被鈉置換之處理。

圖 6.47　折射率分布型微透鏡的作用

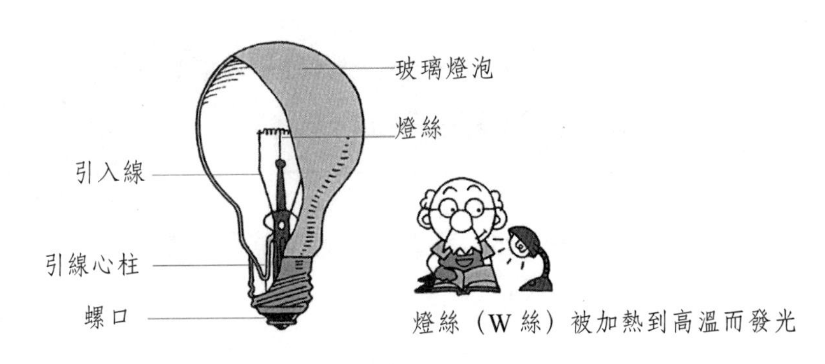

圖 6.48　白熾電燈的構造

表 6.15　照明中所使用的玻璃組成

玻璃	白熾燈泡用玻璃		螢光燈用玻璃		高壓水銀燈用	高壓鈉燈用
	一般照明用	鹵素燈用	一般螢光燈用	殺菌燈用		
玻璃組成（外側的燈管或燈泡）	蘇打石灰玻璃	無鹼鋁矽酸鹽玻璃	蘇打石灰玻璃	含鐵量很低的蘇打石灰玻璃	SiO_2 80 Al_2O_3 2.2 Na_2O 3.9 B_2O_3 13.0 （硼矽酸）	SiO_2 78.0 Al_2O_3 2.1 Na_2O 5.3 B_2O_3 14.5 （硼矽酸）
熱膨脹係數（$\times10^{-7}$） 軟化溫度（℃）	96×10^{-7} 692	44×10^{-7} 926	96×10^{-7} 692	96×10^{-7} 686	33×10^{-7} 818	38×10^{-7} 789
發光管	—	—	—	—	透明二氧化矽	透光性氧化鋁玻璃
用途	一般照明	OHP 光源 店鋪照明	一般照明	殺菌消毒	地面的照明	汽車道路照明

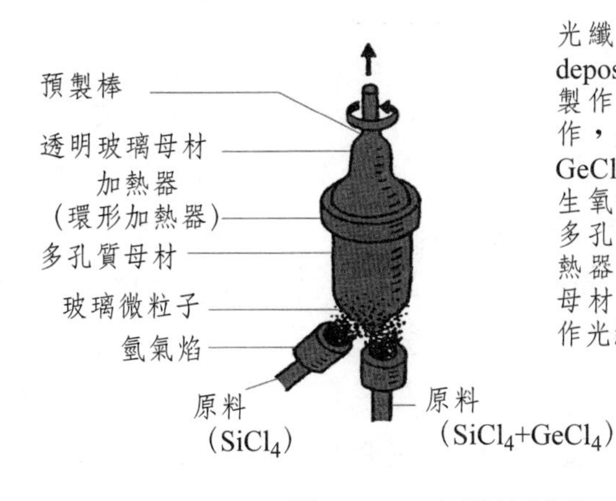

光纖是利用 VAD 法（vapor deposition，化學氣相沉積法）製作的。透明的玻璃母材製作，是使作為原料的 $SiCl_4$ 及 $GeCl_4$ 由氫氧焰加熱反應，產生氧化物 SiO_2 及 GeO_2 形成多孔質母材。將其由環形加熱器加熱，形成透明的玻璃母材，由這種玻璃母材再製作光纖。

圖 6.49　光纖的製造

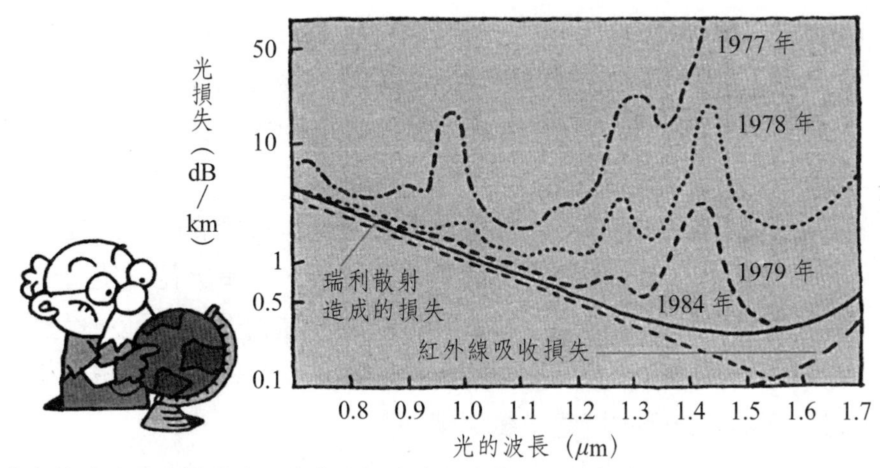

開發光纖最重要的課題是，將傳送損失降低到接近理論損失的最低值。如圖所示，隨著傳送損失的急速減小，到 1984 年已開發出波長 1.55μm、信號傳送損失接近 0.20dB/km 的光纖。這種傳送損失極小的光纖有力支援了光通信的普及。

圖 6.50　光纖信號傳送損耗降低的歷史

6.12　高新技術前沿用玻璃材料

6.12.1　藉由紫外線製作的光纖 —— 布拉格光柵

用透過位相掩模的紫外線照射光纖，使折射率高的部分週期性地產生，即可得到光纖布拉格光柵。射入布拉格光柵的光，因光的波長、芯部的折射率、光柵的週期性等不同，其方向會發生變化，出現透射、反射、折射等各種情況。

因此，光纖光柵是在光纖中引入週期性的折射率調製而成的光波導（wave guide）元件。按光纖光柵週期的長短，可分為短週期光纖光柵和長週期光纖光柵。週期小於 1μm 的稱為短週期光纖光柵，又稱為光纖布拉格光柵（fiber Bragg grating, FBG）或反射光柵；週期為幾十至幾百微米的稱為長週期光纖光柵（long-period grating, LPG），又稱為透射光柵。短週期光纖光柵的特點是，傳輸方向相反的兩個芯模之間發生耦合，屬於反射帶通濾波器（filter）。長週期光纖光柵的特點是同向傳輸的纖芯基模和包層模之間的耦合，無後向反射，屬於透射型帶阻濾波器。

光纖光柵在通信領域中的應用：光纖雷射、光纖濾波器、光波分複用系統、色散補償元件、光纖光柵感測器。

光纖光柵用於傳感領域的原理：光纖光柵的有效折射率、週期等特徵參數，都隨著外部施加的應力、溫度、濃度等物理量的變化而改變，從而導致光纖光柵 Bragg 波長（或頻率）發生變化。通過檢測這種變化，就可以測量引起變化的物理量。

光纖光柵感測器具有如下優點：測量精度高，反應靈敏、迅速；質輕體小，容易製成所需要的形狀；環境適應性強，耐腐蝕、無電火花，使用安全可靠；對被測介質影響小，可測量與溫度和應變相關的多種物理量；可通過疊印或級聯等方式，在同一光纖中製作多個不同的光柵以複用；光纖光柵感測器和其它光纖傳感器可與光纖網絡結合，構建光纖傳感網路。

6.12.2 藉由強雷射形成高折射率玻璃 —— 非線性光學玻璃及應用

在強雷射的作用下，光與原子外層電子雲、原子核的相互作用，改變了光學介質的微觀結構，即發生所謂的電極化。電極化不僅會導致玻璃折射率變化，還會導致變頻現象的出現，使得出射光的頻率高於入射光。

非線性光學材料就是那些光學性質依賴於入射光強度的材料。雷射獲得實際應用（1960 年）以後，Franken 等人於 1961 年首次於紅寶石（ruby）中觀察到非線性光學現象；1996 年，Davis 等發現了被飛秒（femto second, 10^{-15}sec）雷射照射後，玻璃局部的折射率升高現象。在此基礎上，人們通過飛秒雷射技術在各種玻璃上成功地誘導出光波導結構（用來引導電磁波的結構），開拓了一種具有普適性的整合光路形成技術。

常見的高折射率玻璃有硼酸鉛玻璃、碲酸鹽玻璃和硫系玻璃。

碲酸鹽玻璃有很多優異的光學性質，如折射率高，因此三階光學非線性係數也大，有寬頻光增益，因此可以作為光纖放大器使用；硫系玻璃在紅外線有很寬範圍的透明區，它的聲子（phonon）能量低、光敏性強、折射率高，能製成光纖和光波導，因此，硫系玻璃有可能作為電光調製元件用於紅外線波段。

6.12.3 藉由非線性光學玻璃實現超高速光開關

在強雷射的作用下，光與原子外層電子雲、原子核的相互作用，改變了光學介質的微觀結構，導致其折射率升高。利用這種原理，通過選擇非線性折射率受光強度影響大、回應時間短的材料（摻雜了 CdTe 等硫屬化合物、CuCl 等鹵素化合物、金屬微粒或有機染料等的玻璃），可製成光開關，用於光行進方向的變更及通路的切換。

光開關必須做到對光信號參數的改變是可逆的或可恢復性的，而且應該做到完成開關所耗費的時間遠比維持參數狀態的時間短得多。

對光開關參數的要求：低開關功率（小於等於毫瓦量級），接近或低於光信號功率；高開關速度〔小於等於皮秒（pico second 10^{-12}sec）量級〕，超過電子開關速度；光學性能好、吸收小，對工作波長透射率高；尺寸小（奈米至微米量級）；技術簡單，製作成本低。光開關的特性參數主要有：插入損耗、回波損耗、隔離度、串擾、工作波長、消光比、開關時間、開關功率。

光開關廣泛應用於通信網路安全和元件檢測、光通信網路技術、波長轉換器、光學分插複用器、光學交叉互連網路、光學時域開關與網路等光通信領域。

6.12.4 熱轉態、光轉態和紫外線轉態

非線性光學玻璃（如石英玻璃、碲化物玻璃等）在外加熱、光或紫外線的作用下，微觀結構發生變化，晶體中出現反演中心，與光的相互作用也隨之變化，可出現由三次非線性玻璃向二次非線性玻璃轉化的現象，即所謂轉態。

轉態（polling）是對石英玻璃及碲化物玻璃外加高電壓或強光照射時，由三次非線性玻璃變為二次非線性玻璃的現象。

熱轉態是利用約 300℃下施加高壓，將放置於兩個不鏽鋼電極、絕緣體（顯微鏡用玻璃）之間的碲化物玻璃及二氧化矽玻璃實現轉態。玻璃轉態效果的驗

證：當有 1.06μm 波長的光入射時，會有第 2 高調波波長為 0.53μm 的光射出。

光轉態是利用用於摻雜鍺的二氧化矽光纖的轉態處理。例如，波長 1.06μm 的光透射光纖時，波長為其 1/2 的第 2 高調波（0.53μm 的光）會從光纖的長度方向發出；紫外線轉態是在二氧化矽系玻璃被施加電壓的狀況下，入射 193nm 的紫外線〔Ar 準分子（excimer laser）〕，來實現位於兩電極之間的玻璃轉態。

轉態效果的驗證：當波長 1.5μm 的光入射時，藉由偏光面的旋轉可以確認轉態效果。

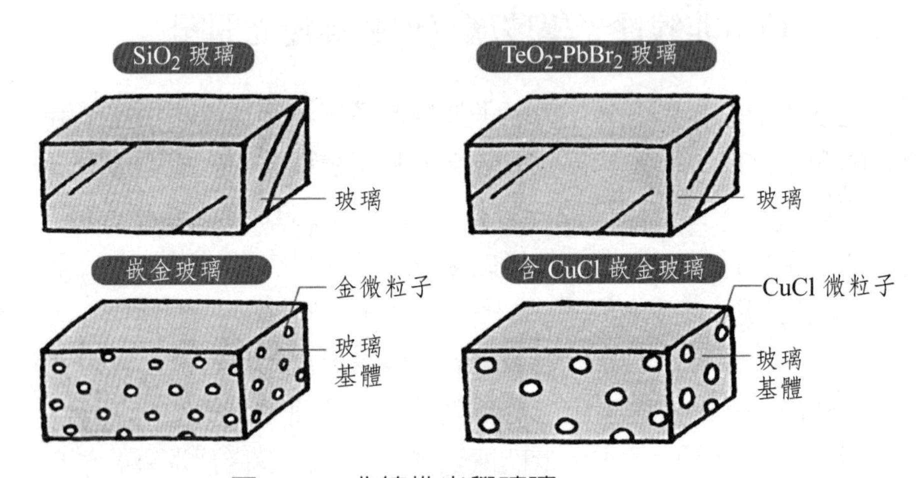

圖 6.51　非線性光學玻璃

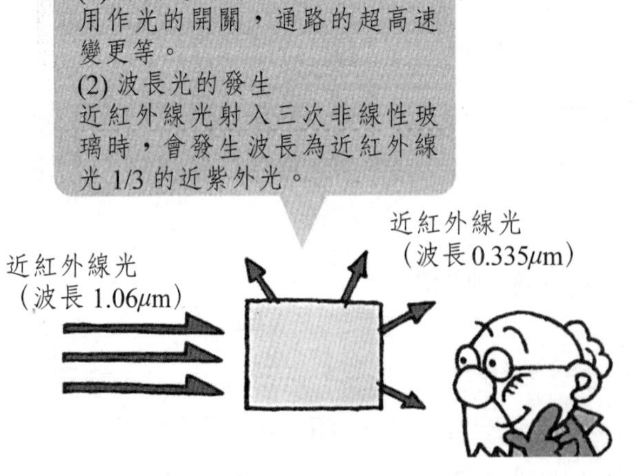

(1) 作高速開關
用作光的開關，通路的超高速變更等。
(2) 波長光的發生
近紅外線光射入三次非線性玻璃時，會發生波長為近紅外線光 1/3 的近紫外光。
近紅外線光（波長 1.06μm）
近紅外線光（波長 0.335μm）

隨著光的強度變大，非線性光學效果會顯現出來，但特別將非線性係數〔對於玻璃是指三次非線性感受率 $X^{(3)}$〕大的玻璃稱為非線性光學玻璃。下頁表 6.16 中，第一欄的 SiO_2 玻璃用於參照。

名詞解釋

飛秒：10^{-15} 秒，即 1 億分之一秒的千萬分之一。此一極短時間與原子振動的週期不相上下。

三次非線性：在玻璃等具有中心對稱性的物質中發現的非線性，可用於超高速開關、1/3 波長光的發生等。

圖 6.52　非線性玻璃的應用

表 6.16 非線性光學玻璃

玻璃種類	微細結構	$X^{(3)}$(esu)
SiO_2 玻璃	均一	4×10^{-15}
TeO_2-$PbBr_2$ 玻璃	均一	10^{-12}
嵌金玻璃	金微粒子分散	10^{-8}
含半導體 CuCl 的玻璃	CuCl 微粒子分散	10^{-6}

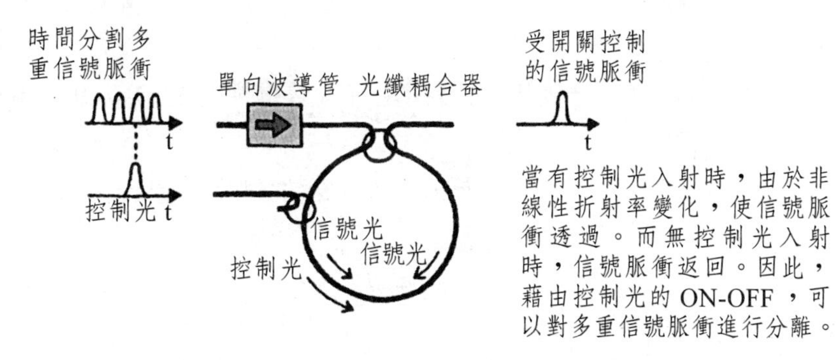
時間分割多
重信號脈衝
t
控制光 t
單向波導管
光纖耦合器
信號光
信號光
控制光
受開關控制
的信號脈衝
t
當有控制光入射時，由於非
線性折射率變化，使信號脈
衝透過。而無控制光入射
時，信號脈衝返回。因此，
藉由控制光的 ON-OFF，可
以對多重信號脈衝進行分離。

圖 6.53 藉由非線性環形反射鏡的光纖開關

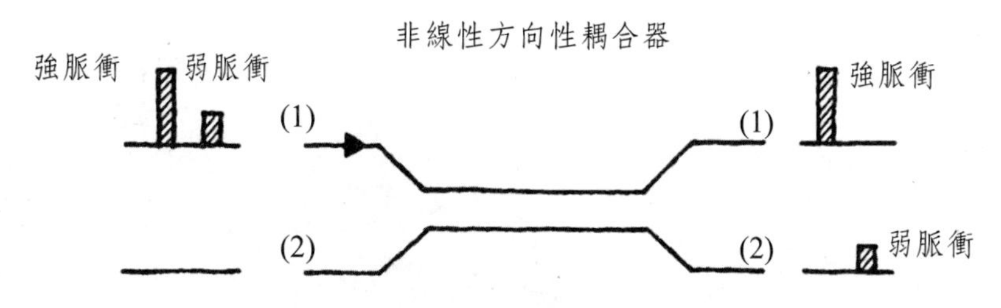
非線性方向性耦合器
強脈衝
弱脈衝
(1)
(2)
(1)
(2)
強脈衝
弱脈衝
弱脈衝光從 (1) 波導移向 (2) 波導，而強脈衝光
通過 (1) 波導。這是因強脈衝光的作用，(1) 波
導的非線性折射率增大所致。

圖 6.54 光通路的變更（非線性方向耦合器）

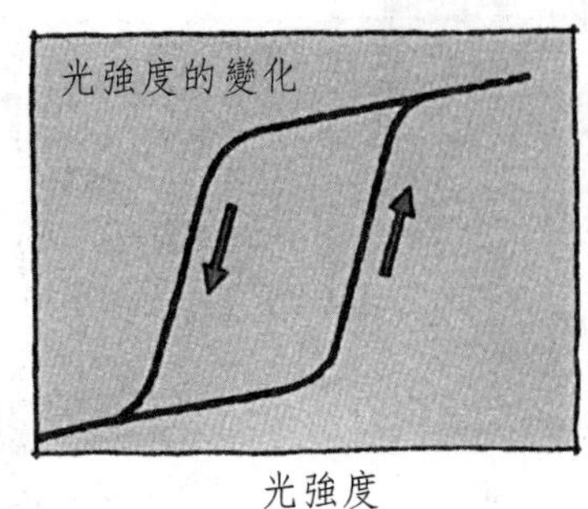

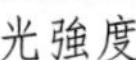

玻璃：含有 CdSe 的硫屬化合物玻璃

如左圖所示，光弱時玻璃的透射率低，光不能透過，而當入射光的強度變大時，藉由非線性光學效應（吸收飽和），透射率升高，從而光能透過。

名詞解釋

非線性折射率：正確地講，玻璃的折射率是線性折射率和與光強度相關的非線性折射率之和，因此，當光的強度高時，對光的折射率變大。

光開關：光的 ON-OFF，用於行進方向的變更以及通路的切換。在光資訊處理中，作為高速開關十分重要。

圖 6.55　利用光吸收型雙穩定性（雙穩態）的 ON-OFF 開關

思考題及練習題

6.1　簡述玻璃的發現、傳播與發展史。

6.2　最早出現的美索不達米亞玻璃和中國古代玻璃的主要成分有什麼區別？

6.3　給出玻璃的定義（傳統定義和現代定義）。

6.4　何謂浮法玻璃？浮法生產的典型玻璃厚度是多少？要想生產更薄或更厚的浮法玻璃應採取什麼措施？

6.5　為什麼 TFT LCD 用玻璃基板不能用浮法，而必須用溢流法製作？請畫出溢流法製作玻璃板的簡圖。

6.6　何謂金屬玻璃？金屬玻璃是如何製作的？

6.7　何謂單向透射玻璃、自清潔玻璃、夏天冷房用節能玻璃？它們是如何製作的？

6.8　何謂中空玻璃、防火玻璃、防盜玻璃、防彈玻璃？它們是如何製作的？

6.9　指出道路標誌用玻璃微球的反光原理，匯出微球直徑與玻璃折射率之間的定量關係。

6.10　何謂鋼化玻璃和化學鋼化玻璃？它們是如何獲得的？

6.11　何謂結晶化玻璃、硫屬元素化合物玻璃、氟化物玻璃和超離子電導玻璃？指出它們的特點和應用。

6.12　光纖是如何製造的？說明光纖在通信中的應用。

6.13　說明光纖在光放大、光開關、光變頻等領域中的應用。

6.14　藉助材料科學與工程四面體，分別對石英玻璃和普通石灰蘇打玻璃、玻璃和陶瓷加以比較。

參考文獻

[1] 作花済夫，ガラスの本，日刊工業新聞社，2004 年 7 月。
[2] 作花済夫，ガラス科學の基礎と応用，內田老鶴圃，1997 年 6 月。
[3] 杜雙明，王曉剛，材料科學與工程概論，西安：西安電子科技大學出版社，2011 年 8 月。
[4] 馬小娥，王曉東，關榮峰，張海波，高愛華。材料科學與工程概論。北京：中國電力出版社，2009 年 6 月。
[5] 王高潮，材料科學與工程導論，北京：機械工業出版社，2006 年 1 月。
[6] 周達飛，材料概論（第二版），北京：化學工業出版社，2009 年 2 月。
[7] 施惠生，材料概論（第二版），上海：同濟大學出版社，2009 年 8 月。
[8] 杜彥良，張光磊，現代材料概論，重慶：重慶大學出版社，2009 年 2 月。
[9] 雅菁，吳芳，周彩樓，材料概論，重慶：重慶大學出版社，2006 年 8 月。
[10] 王周讓，王曉輝，何西華，航空工程材料，北京：北京航空航太大學出版社，2010 年 2 月。
[11] 胡靜，新材料，南京：東南大學出版社，2011 年 12 月。
[12] 齊寶森，呂宇鵬，徐淑瓊，21 世紀新型材料，北京：化學工業出版社，2011 年 7 月。
[13] 谷腰欣司，フェライトの本，日刊工業新聞社，2011 年 2 月。
[14] 理查・JD 蒂利著，劉培生，田民波，朱永法譯，田民波校，固體缺陷。北京：北京大學出版社，2013 年 6 月。

7 高分子及聚合物材料

7.1 何謂高分子和聚合物
7.2 加聚反應和聚合物實例 (1) —— 均加聚
7.3 加聚反應和聚合物實例 (2) —— 共加聚
7.4 幾種熱塑性聚合物的聚合反應及結構
7.5 高分子鏈的結構層次和化學結構
7.6 天然橡膠和合成橡膠
7.7 高分子的聚集態結構
7.8 熱固性樹脂（熱固性塑料）
7.9 聚合物的結構模型及力學特性
7.10 聚合物的形變機制及變形特性
7.11 常見聚合物的結構和用途 —— 按性能和用途分類
7.12 工程塑料
7.13 新型電子產業用的塑料膜層
7.14 聚合物的成形加工及設備 (1) —— 壓縮模塑和傳遞模塑
7.15 聚合物的成形加工及設備 (2) —— 擠出成形和射出成形
7.16 黏接劑 —— 黏接劑的構成和黏結原理
7.17 塗料 —— 塗料的分類及構成

7.1　何謂高分子和聚合物

7.1.1　樹脂、高分子聚合物、塑料等術語的內涵及相互關係

樹脂（resin）即聚合物（polymer），有時特指成形用的原始聚合物（用於成形而配製的物質）。樹脂包括天然樹脂（natural resin）和合成樹脂（synthetic resin）兩大類。合成樹脂常用於製作廣義的塑料（plastic）。樹脂一般認為是植物組織的正常代謝產物或分泌物，常和揮發油並存於植物的分泌細胞、樹脂道或導管中，尤其是多年生木本植物心材部位的導管中。

高分子指將許許多多原子由共價鍵連接而組成的分子量很大（10^4～10^7，甚至更大）的化合物。定義也可以擴充為：分子主鏈上的原子都直接以共價鍵連接，且鏈上的成鍵原子都共用成鍵電子的大分子量化合物。

由一種或幾種低分子單元（單體）（mer）經聚合、共聚、縮聚反應，形成許多單體重複連接的高分子化合物稱為聚合物，又稱高聚物。聚合物包括天然與人工兩大類。

熱塑性聚合物（thermo plastic polymer）是指能反覆加熱熔化，在軟化或流動狀態下成形，冷卻後能保持模具形狀的聚合物，為線性或含少量支鏈結構的化合物。又被定義為狹義的塑料（plastic）。熱固性聚合物（thermo-set polymer）是指在受熱或在固化劑（curing agent）參與反應下，分子間可通過化學交聯固化成網狀體型結構，具有不溶、不熔性質的聚合物。

塑料一般指以合成樹脂或化學改性的天然高分子為主要成分，再加入填料、增塑劑和其它添加劑，按不同要求製得的材料。根據美國材料試驗協會所下的定義，塑料乃是一種以高分子量有機物質為主要成分的材料，它在加工完成時，呈現固態形狀，在製造以及加工過程中，可以藉由流動（flow）來造型。

7.1.2　乙烯分子中的共價鍵

在一個乙烯（ethylene, C_2H_4）分子中，有一個碳碳雙鍵共價鍵和四個碳氫單鍵共價鍵（covalent bond）。在乙烯分子被活化時，在分子的每個末端產生的自由電子，可與其它分子的自由電子形成共價鍵。

乙烯中有 4 個氫原子被約束，碳原子之間以雙鍵連接。所有 6 個原子組成的乙烯是共面的。H－C－C 角是 121.3°；H－C－H 角是 117.4° ，接近 120° ，

為理想 sp^2 混成軌域。這種分子也比較僵硬：旋轉 C－C 鍵是一個高吸熱過程，需要打破 π 鍵，而保留 σ 鍵之間的碳原子。價殼電子對排斥（VSEPR, valence shell electron pair repulsion）模型為平面矩形，立體結構也是平面矩形。

雙鍵是一個電子雲密度較高的地區，因而大部分反應發生在這個位置。

乙烯分子裡的 C==C 雙鍵的鍵長是 1.33×10^{-10}m ，乙烯分子裡的 2 個碳原子和 4 個氫原子都處在同一個平面上。它們彼此之間的鍵角約為 120°。乙烯雙鍵的鍵能是 615kJ/mol ，實驗測得乙烷 C－C 單鍵的鍵長是 1.54×10^{-10}m ，鍵能 348kJ/mol。這顯示 C==C 雙鍵的鍵能並不是 C－C 單鍵鍵能的兩倍，而是比兩倍略少。因此，只需要較少的能量，就能使雙鍵裡的一個鍵斷裂。這是乙烯的性質活潑，容易發生加成反應等的原因。

在形成乙烯分子的過程中，每個碳原子以 1 個 2s 軌道和 2 個 2p 軌道混成 3 個等同的 sp^2 混成軌道（hyhrid orbital）而成鍵。這 3 個 sp^2 混成軌道在同一平面裡，互成 120° 夾角。因此，在乙烯分子裡形成 5 個 σ 鍵，其中 4 個是 C-H 鍵（sp^2-s）、1 個是 C－C 鍵（sp^2-sp^2）；兩個碳原子剩下未參加混成的 2 個平行 p 軌道在側面發生重疊，形成另一種化學鍵：π 鍵，並和 σ 鍵所在的平面垂直。如：乙烯分子裡的 C==C 雙鍵是由一個 σ 鍵和一個 π 鍵形成的。這兩種鍵的軌道重疊程度是不同的。π 鍵是由 p 軌道從側面重疊形成的，重疊程度比 σ 鍵從正面重疊要小，所以 π 鍵不如 σ 鍵牢固，比較容易斷裂，斷裂時需要的能量也較少。

7.1.3 高分子的特徵

高分子化合物是指由一種或多種簡單低分子化合物聚合（polymerization）而成的相對分子質量很大的化合物，所以又稱聚合物或高聚物（high polymer）。低分子化合物的相對分子質量通常在 $10 \sim 10^3$ 範圍內，分子中只含有幾個到幾十個原子；高分子化合物的相對分子質量一般在 10^4 以上，甚至達到幾十萬或幾百萬以上，它是由成千上萬個原子以共價鍵相連接的大分子化合物。通常把相對分子質量小於 5000 的稱為低分子化合物；而大於 5000 的則稱為高分子化合物。

高分子對應的英文單詞是 polymer ，poly 與在 Polynesia（波利尼西亞，太平洋島國）中的情況相同，具有「大量」的意思。Polymer 即大量元素集合而成的物質。通常將塑料稱為高分子（聚合物），但後者更強調分子（量）很大此一特徵。高分子並非僅指塑料，構成我們身體的蛋白質、構成植物的纖維素（cellulose）、作為食物的重要營養源的澱粉等，都屬於天然的高分子。

在這些高分子化合物中，塑料具有「由低分子化合物人工合成的」此一鮮明特徵。這種高分子的形成物稱為合成高分子。除塑料之外，合成纖維（synthetic fiber）、合成橡膠（synthetic rubber），還有大部分黏接劑及塗料等，也都是合成高分子。無論哪一種，都是在工廠中因應目的要求，由低分子合成具有所希望的分子構造。

7.1.4　乙烯在引發劑 H_2O_2 的作用下發生聚合反應

乙烯分子中，碳原子以不飽和的雙鍵共價結合，另外還與兩個氫原子構成了穩定的 8 個電子殼層。如果加入一種引發劑，使乙烯中碳的雙鍵結合被破壞成單鍵結合，則在碳原子的兩端就都形成了自由基，由於價電子不再滿足 8 個電子殼層，便容易實現聚合，這樣的結構即為鏈節。其對應的原始結構則為單體。單體是穩定的；鏈節是不穩定的，它趨於與其它鏈節結合，最後並形成聚乙烯的結構。

按照最簡單的類比，聚合物的生長與火車車廂的連接相似；但是生長的過程是複雜的，因為單體放在一起並不能自動發生加聚反應（poly addition reaction）。反應必須首先引發，接著增長，最後終止。乙烯的結構在一定條件下，如壓力、溫度或添加引發劑，可使加聚反應發生。比如添加引發劑 H_2O_2，過氧化氫可分解成 2 個 OH 基團，即 $H_2O_2 \rightarrow 2OH$ ，並使碳雙鍵破壞，其中一個 OH 基團就附著在乙烯鏈節上，便開始了加聚反應。反應一旦引發開始，一個個乙烯鏈節便連接在引發後的乙烯碳鍵自由基端，好像連鎖反應會自發地進行下去。反應能自發進行的推動力，是反應前後的能量變化，因為破壞雙鍵雖然需要能量 718.96kJ/mol ，但形成單鍵後再和其它鏈節結合要放出能量 735.68kJ/mol ，這相當於 C—C 結合能的兩倍，反應放出的能量大於破壞雙鍵需要的能量，所以加聚過程可以不斷進行。但反應不會無限制地繼續下去，當單體的供應耗竭時，或鏈的活性端遇到 OH 基體時，或兩個生長鏈相遇並發生連接時，反應就終止了。這樣，我們就可以通過控制加入引發劑的數量，來控制鏈的長度。

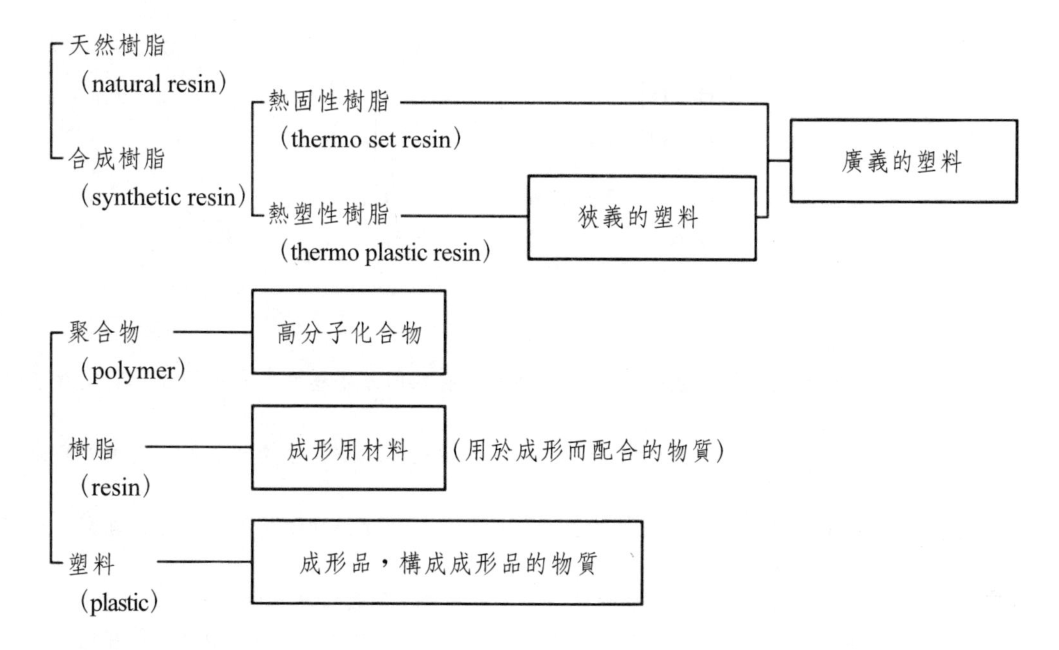

請記住下述術語的含義：

樹脂：即聚合物。有時特指成形用的原始聚合物（用於成形而配合的物質），樹脂包括天然樹脂和合成樹脂兩大類。

高分子：將許許多多原子由共價鍵連結而組成的分子量很大（10^4～10^7，甚至更大）的化合物。定義也可以擴充為：分子主鏈上的原子都直接以共價鍵連接，且鏈上的成鍵原子都共用成鍵電子的大分子量化合物。

聚合物：由一種或幾種低分子單元（單體）經聚合、共聚、縮聚反應，形成許多單體重複連接的高分子化合物。又稱高聚物。聚合物包括天然與人工兩大類。

熱塑性聚合物：能反覆加熱熔化，在軟化或流動狀態下成形，冷卻後能保持模具形狀的聚合物。為線形或含少量支鏈結構的高分子化合物。

熱固性聚合物：在受熱或在固化劑參與反應下，分子間可通過化學交聯固化成網狀體型結構，具有不溶、不熔性質的聚合物。

塑料：以合成樹脂或化學改性的天然高分子為主要成分，再加入填料、增塑劑和其它添加劑，按不同要求製得的材料。

圖 7.1　樹脂、聚合物、塑料等術語的內涵及相互關係

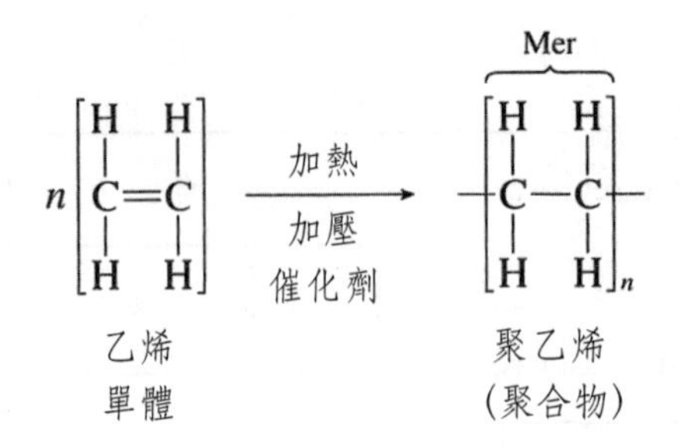

請記住下述術語的含義：

單體：合成聚合物的起始材料。單體是有機化合物獨立存在的基本單元，是單個分子穩定存在的狀態。

鏈節：高分子化合物中組成大分子鏈、結構相同的基本重複單元鏈節結構和成分，代表了高分子化合物的結構和成分。

主鏈：構成高分子的骨架結構，以共價鍵（還可包括某些配位元鍵和缺電子鍵）結合貫穿於整個高分子的原子集合。

聚合度：大分子鏈中鏈節的重複次數。聚合度反映了大分子鏈的長短和相對分子品質的大小。

官能度：在一個單體上，能與別的單體發生鍵合的位置數目。例如，乙烯是具有雙官能度的單體，只能形成鏈狀結構，聚合成熱塑性的塑料。因此，從根源上講，是單體分子的官能度決定了高分子的結構。

多分散性：高分子化合物中，各個分子的相對分子質量不相等的現象，叫做相對分子質量的多分散性。多分散性決定了高分子化合物物理和力學性能的大分散度。

平均相對分子量：由於多分散性，高分子化合物的相對分子品質通常用平均相對分子品質表示。常用的有數均相對分子品質和重均相對分子質量。

圖 7.2　由乙烯單體聚合成聚乙烯

7.2　加聚反應和聚合物實例 (1) —— 均加聚

7.2.1　由乙烯聚合爲低密度聚乙烯和高密度聚乙烯

聚乙烯〔polyethyene, $(C_2H_4)_n$〕因聚合條件不同，既可以形成完全的線型高分子，又可以形成帶分支的高分子。大致而論，若使之在激烈的條件下且短時間內發生反應，則分支變長。低密度聚乙烯（low-density polyethylene, LDPE）又被稱為高壓法聚乙烯。這是因為低密度聚乙烯是在 150～200MPa 的反應壓力下製造的。在這種條件下容易產生分支。

乙烯在觸媒或高溫、高壓條件下，變為容易反應的狀態稱為活性基（radical）。如果活性基與別的乙烯分子通過二重結合被附加，反應的結果是主鏈分子的延長〔圖 (a)〕，這樣的聚乙烯為高密度聚乙烯（high-density polyethylene，HDPE）。但並非只發生這種情況。在一定條件下，活性基有可能置換（取下）正在發生聚合的聚乙烯上的氫原子〔圖 (b)〕。當然，該氫原子也是活性化的，由於它可使 $-CH_2-$ 變為 CH_3-，因此具有終止聚合反應的功能〔圖 (c)〕。在低壓且使用活性觸媒使之發生聚合的情況下，(a) 所示的反應為主，而在高氣壓下，(b)、(c) 所示的反應也會變多。

從歷史上講，低密度聚乙烯是最早開發出的，隨著高活性且選擇性優良的觸媒開發，反應條件已變得相當寬鬆。其結果，分支多少、分支長短、分支位置等均可以控制，從而可以獲得各式各樣的聚乙烯產品。

7.2.2 乙烯基聚合物大分子鏈的結構示意

如果微觀地考察某一聚乙烯鏈的一小段，則會發現它呈鋸齒形結構，這是因為碳 — 碳共價單鍵之間的共價鍵角大約是 109°。然而，在更大的範圍內，非晶聚乙烯中的聚合物鏈卻隨意混亂地糾纏在一起，正像放入碗中的細麵條一樣。對於一些聚合材料，聚乙烯是其中一種，會同時包含晶狀和非晶的區域。這個主題將在 7.12 節做更詳細的討論。

聚乙烯中長分子鏈之間的結合由弱的、但持久的偶極子（dipole）二次鍵組成。然而，長分子鏈的物理性糾纏，同樣也能增加這種類型的聚合材料之強度。支鏈同樣也能夠形成，它們會造成分子鏈的寬鬆堆積，並有利於非晶態（amorphous）結構的形成。線型聚合物的支鏈會減弱鏈與鏈之間的二次鍵，並且降低塊體聚合材料的拉伸強度。

7.2.3 氯乙烯聚合爲聚氯乙烯

聚氯乙烯的結構如圖 7.4 所示，它可以看成是在聚乙烯的鏈節中，有一個氫原子被氯原子替換而構成的。由於氯的相對原子品質是氫的 35 倍，側鏈大的塑料硬度變高，因此，聚氯乙烯屬於較硬的塑料。此外，鹵素（halogen）與其它元素不同，由於是不可燃的，因此聚氯乙烯是難燃塑料。而且，鹵素加入分子中，使其化學性更穩定，故聚氯乙烯在耐光、耐酸、耐鹼性等方面品質優良。從另一方面講，由於氯的相對原子品質大，因此聚氯乙烯相對較重，其密度為 1.3。由於耐久性強且不易燃燒，廣泛用於建材及土木資材。由於其耐化學藥品質優良，在化學裝置中也多有採用。在施工現場見到的灰色管道及樓房的雨水通道等，都是由聚氯乙烯製造。

聚氯乙烯（PVC, polyvinyl chloride）是一種應用廣泛，世界第二大噸位的合成塑料。PVC 用處如此之廣，主要原因是其具有抗化學腐蝕性，加入添加劑可合成很多種物理化學性能各異的化合物。

7.2.4 丙烯酸酯樹脂的聚合反應

丙烯酸酯樹脂的化學結構由於側鏈很大，屬於非結晶性（非晶態）的硬質材料。在我們常見的塑料中，是透明性最高的。因此，有時也稱為有機玻璃，作為玻璃的替代材料應用廣泛。

丙烯酸酯樹脂作為日用品，有檯面水晶板、餐具、文具、裝飾品等；在電器製品方面，有照明器具、遙控器窗、儀表板、各類面板等；用於汽車方面，有各類燈具、風擋、遮陽板等。而且，由於可精密成形，故在光學機器領域應用很多。目前眼鏡、照相機、光碟 CD（compact disk）、各類顯示器等，都離不開丙烯酸酯樹脂。

丙烯酸酯樹脂作為其它塑料所沒有的用途，是片材和鑄料。片材以板狀交貨，再由用戶加工成看板及水槽等。鑄料以所謂糖漿態的低分子液狀物供貨，再由用戶在模具中實現高分子化，做成需要的製品。

與金屬材料、無機非金屬材料比較，高分子材料具有下述特點：

(1) 高分子材料比金屬和陶瓷、水泥、玻璃等無機非金屬材料輕。其相對密度約為 1，而常用金屬中鋁的相對密度為 2.7、鐵為 7.8、銅為 8.9，陶瓷、玻璃等無機非金屬材料的相對密度通常都大於 2.5，如果相同重量的鋼和聚丙烯〔polypropane $(C_3H_6)_n$〕塑料（相對密度 0.90）製造相同口徑的水管，當鋼管為 1m 時，用聚丙烯可製造 8.67m。

(2) 高分子材料製造方便，加工容易。其合成和加工溫度通常在 300℃以下，遠低於熔煉金屬和燒製陶瓷、水泥、玻璃的溫度，能顯著節約能源。例如，低密度聚乙烯塑料的製造過程能耗僅為煉鋼的 23%、鑄鋁的 15.7%。

(3) 高分子材料的品種繁多，結構多樣，性能各異，用途廣泛，從柔軟的橡膠到剛硬的工程塑料，從絕緣材料到半導體甚至導體材料，還可以根據需要進行分子設計和「剪裁」，以滿足不同的性能和使用要求。

(4) 高分子材料的耐腐蝕特性好，但耐熱性和使用溫度比金屬材料及無機非金屬材料低，在熱、氧、光、臭氧等條件下容易發生老化，導致性能降低甚至破壞。

(a) 通常的附加聚合

```
       H   H   H   H   H   H           H   H
       |   |   |   |   |   |           |   |
 ......C - C - C - C - C - C*   +    * C - C*
       |   |   |   |   |   |           |   |
       H   H   H   H   H   H           H   H
           (聚乙烯)                   (乙烯)
                           |
                           ↓
      H   H   H   H   H   H   H   H
      |   |   |   |   |   |   |   |
   ...C - C - C - C - C - C - C - C*
      |   |   |   |   |   |   |   |
      H   H   H   H   H   H   H   H
```

(b) 藉由置換氫而產生變化

```
       H   H   H   H   H   H                H   H
       |   |   |   |   |   |                |   |
 ......C - C - C - C - C - C......   +    * C - C*
       |   |   |   |   |   |                |   |
       H   H   H   H   H   H                H   H
           (聚乙烯)                        (乙烯)
                           |
                           ↓
      H   H   H   H   H   H      H      H
      |   |   |   |   |   |      |      |
   ...C - C - C - C - C - C    - C -    C......   +   H*
      |   |   |   |   |   |      |      |
      H   H   H   H   H   H  H - C - H  H
                                 |
                             H - C - H
                                 *
```

(c) 藉由與氫活性基結合而結束聚合反應

```
       H   H   H   H   H   H
       |   |   |   |   |   |
 ......C - C - C - C - C - C*   +   H*
       |   |   |   |   |   |
       H   H   H   H   H   H
                           |
                           ↓
       H   H   H   H   H   H
       |   |   |   |   |   |
 ......C - C - C - C - C - C - H
       |   |   |   |   |   |
       H   H   H   H   H   H
```

* 表示活性基（radical）或活性原子團，泛指被活化的，易引起附加反應的部分

圖 7.3 聚乙烯的聚合反應

◯氯乙烯單體

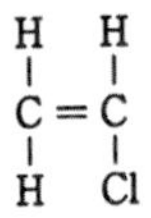

$$\begin{array}{cc} H & H \\ | & | \\ C & = C \\ | & | \\ H & Cl \end{array}$$

◯乙烯

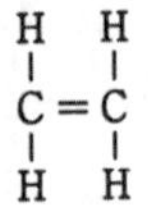

$$\begin{array}{cc} H & H \\ | & | \\ C & = C \\ | & | \\ H & H \end{array}$$

◯氯乙烯的聚合

$$n\begin{bmatrix} H & H \\ | & | \\ C & = C \\ | & | \\ H & Cl \end{bmatrix} \xrightarrow{\text{聚合}} \sim\begin{array}{cccccccccccccc} H & H & H & H & H & H & H & H & H & H & H & H & H & H \\ | & | & | & | & | & | & | & | & | & | & | & | & | & | \\ C- & C- & C- & C- & C- & C- & C- & C- & C- & C- & C- & C- & C- & C \\ | & | & | & | & | & | & | & | & | & | & | & | & | & | \\ H & Cl & H & Cl & H & Cl & H & Cl & H & Cl & H & Cl & H & Cl \end{array}\sim$$

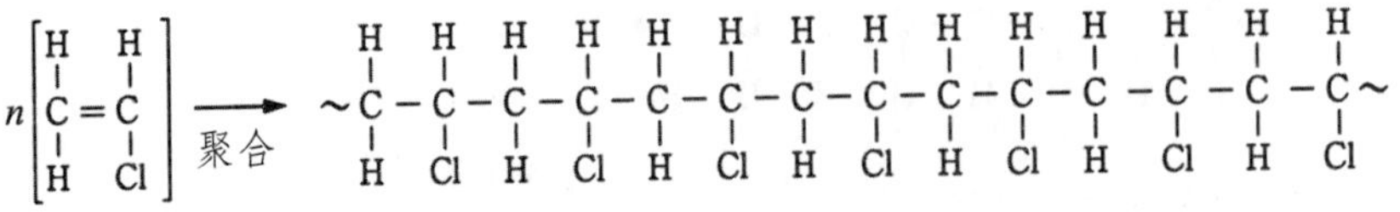

聚氯乙烯（poly vinyl chloride PVC）
（氯與氫相比要大得多，因此使分子難以運動）

圖 7.4 由氯乙烯聚合為聚氯乙烯

表 7.1 聚氯乙烯的用途

硬質	軟質	溶膠
建築用管材	充氣玩具	炊事手套
建築用異形材	塑料袋、袋狀物	玩具（人形、怪獸）
寒冷地區用窗框	家具外覆層	工具握手包覆
壁紙	電線包材	金屬絲網包覆
地板、檯面用材	辦公用品	工業用筒、罐內襯
工業機器設備	塑料覆膜鋼板	
機器罩蓋、台架	農業用膜	
設備外殼、底架	包裝用膜	
	家用捲膜	

7.3 加聚反應和聚合物實例 (2) —— 共加聚

7.3.1 乙烯和醋酸乙烯酯的共聚

由聚乙烯和醋酸乙烯酯（ethylene vinyl acetate, EVA）的共聚（copolymerization）可產生柔軟性的材料。僅由醋酸乙烯酯本身聚合而成的聚合物，耐熱性差，柔軟但親水性高，一般作為口香糖的基材及黏接劑使用。耐溶劑性也極差，無論如何也不能作為成形材料而使用。

但若將醋酸乙烯酯與聚乙烯共聚，就可以獲得耐熱性及耐溶劑性均好的乙烯醋酸乙烯酯共聚體（EVA），它是一種富於柔軟性的共聚物，可以作為橡膠的替代材料而使用。而且，它的鹼化物 EVOH（乙烯聚乙烯醇）具有良好的防透氣性能，做成複合膜廣泛用於食品包裝。由於對氧氣及二氧化碳氣體具有良好的阻擋性能，既能防止食品腐敗又能防止香氣外逸。

7.3.2　一些乙烯基和偏乙烯基聚合物

許多含有與聚乙烯相似的碳主鏈結構之有用的加成（鏈）聚合物材料，可通過把乙烯的一個或更多的氫原子替換成其它類型的原子或原子團而被合成。如果乙烯單體中只有一個氫原子被替換成其它原子或原子團，由其聚合後的聚合物就稱為乙烯基聚合物。乙烯基聚合物的例子有聚氯乙烯、聚丙烯（polypropylene）、聚苯乙烯（polystyrene）、丙烯腈（acrylronitrile）、聚乙酸乙烯酯。用於乙烯基聚合物聚合的通用反應式如圖 7.5 中所示，其中 R1 可以是另一種類型的原子或原子團。一些乙烯基聚合物的結構單元（鏈節）亦在圖 7.5 中列出。

如果乙烯單體的碳原子中的兩個氫原子都被替換成其它原子或原子團，這樣聚合後的聚合物稱為偏乙烯基聚合物。偏乙烯基聚合物聚合的通用反應式如圖 7.5 所示，其中 R_2 和 R_3 可以是其它類型的原子或原子團兩種偏乙烯基聚合物的結構單元（鏈節），亦在圖 7.5 中列出。

7.3.3　由苯乙烯聚合爲聚苯乙烯

聚苯乙烯〔polystyrone $(C_6H_5C_2H_3)_n$〕是擁有第四大噸位的熱塑性塑料。聚苯乙烯均聚物是一種透明、無臭無味的塑料，若不改良會相對較脆。除了聚苯乙烯晶體，其它重要狀態還有橡膠化聚苯乙烯、抗衝擊聚苯乙烯、可發性聚苯乙烯。苯乙烯還用來生產很多重要的共聚物。

聚苯乙烯主鏈每隔一個碳原子上連有的苯環形成的剛性球狀結構，產生了空間位元阻，這使得聚合物在室溫下韌性差。其均聚物的特點是剛性好、有光澤、易於加工但質較脆。聚苯乙烯和聚丁二烯（poly butadiene）共聚後，衝擊性能會得到改良。含有抗衝苯乙烯的均聚物有 12%～13% 的橡膠成分。加入橡膠後的聚苯乙烯，其均聚物的剛性和熱變形溫度都會降低。

總括來說，聚苯乙烯有很好的空間穩定性和較低的模具收縮量，而且生產成本較低。但它的耐受性較差，易受到有機溶劑和油的化學腐蝕。聚苯乙烯有良好的電絕緣性，在未達到使用極限溫度時，有很好的力學性能。

聚苯乙烯典型的應用有手機內部零件、家用器具、手把、日用品。

7.3.4 ABS 塑料及 m-PPE 的共聚

共聚（co-polymerization）是由兩種或兩種以上的單體參加聚合而形成聚合物的反應。它是高分子材料一個主要「合金化」方式，也是改善高分子材料性能一個更加重要的手段。與前面介紹的幾種途徑相比，其突出特點是，它能充分發揮各種單體的優勢，做到截長補短。共聚所形成的結構與合金相似，可以形成單相結構，也可以形成兩相結構。

最著名的聚合物是 ABS ，它是由丙烯腈（A, acrylonitrile）、丁二烯（B, butadiene）和苯乙烯（S, styrene）三者共聚而成的三元「合金」。苯乙烯與丙烯腈形成的線型結構共聚物叫做 SAN 塑料，作為材料的基體；苯乙烯與丁二烯形成的線型結構聚合物叫做 BS 橡膠，呈顆粒狀分布於 SAN 基體之中。ABS 是在聚苯乙烯改性的基礎上發展起來的。聚苯乙烯的缺點是脆性大和耐熱性差，當形成 ABS 共聚物之後，聚苯乙烯的良好性能（堅硬、透明、良好的電性能和加工成形性能）得以保持；丙烯腈可提高塑料的硬度、耐熱性和耐蝕性；丁二烯可提高彈性和韌度。而且，當基體中出現裂紋時，裂紋的擴展會受到周圍 BS 顆粒的阻止，裂紋的畸變能被高彈性的 BS 顆粒吸收，使應力得到鬆弛。所以，ABS 將三者的優點集於一體，使其具有「硬、韌、剛」的混合特性。ABS 可用於製造齒輪、軸承、管道、接頭、電器、電腦和電話外殼、儀表板、冰箱襯裡和小轎車的車身等，它是一種原料易得、價格便宜、綜合性能良好的工程塑料。

類似情況還有通用工程塑料中的 m-PPE。PPE（poly-phenylene ether，聚苯撐醚）是一種高耐熱性材料，採用一般的方法難以成形。但是，由於聚苯乙烯的親和性高，各種不同的比例均可以混入。而且，由於聚苯乙烯的混入，其容易成形性得以反映，共聚物採用通常的成形法即可成形。當然耐藥品性及耐熱性比原來的 PPE 要低些，但對於工程塑料來說，成形性往往是優先考慮。實際的 PPE 一般都是其與聚苯乙烯相混合（共聚）的材料，作為成形材料供貨的。與聚苯乙烯相混合稱為改性，得到的共聚物稱為「改性 PPE」或「m-PPE」。其中 m 為改性（modified）之意。m-PPE 與 ABS 的改性有同樣的效果。

對 m-PPE 也可以整理出如同 ABS 那樣的三角形，只要用 PPE 取代丙烯腈即可。在三角形中選擇不同的成分，可以製造出各式各樣的 m-PPE 材料。

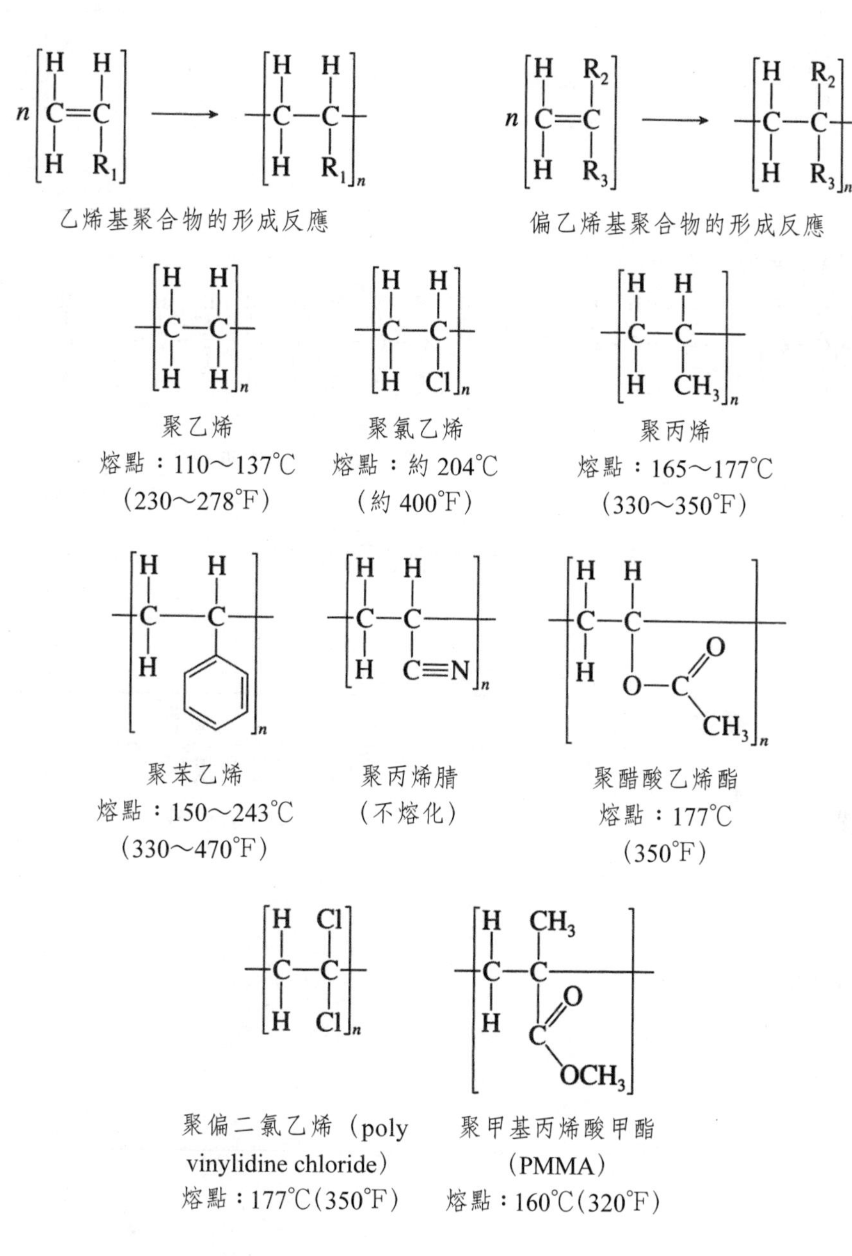

圖 7.5　一些乙烯基聚合物的結構式

○苯乙烯

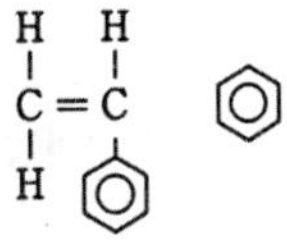

$$\mathrm{CH_2{=}CH{-}C_6H_5}$$

⌬ 簡記作 Ar

* 苯環（Ar）與氫相比要大得多。

○苯乙烯的聚合

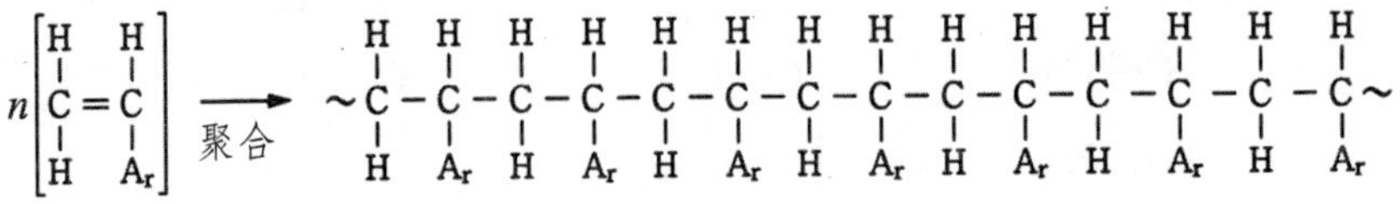

$$n\left[\begin{matrix} H & H \\ | & | \\ C = & C \\ | & | \\ H & A_r \end{matrix}\right] \xrightarrow{\text{聚合}} \sim\!\!\left(\begin{matrix} H & H \\ | & | \\ -C- & C- \\ | & | \\ H & A_r \end{matrix}\right)_{\cdots}\!\!\sim$$

（苯乙烯）　　（聚苯乙烯）

Ar 限制了分子的運動

→形成硬而透明的塑料

圖 7.6　聚苯乙烯的聚合反應

表 7.2　聚苯乙烯的特徵

優點	缺點
・透明性好 ・剛性較高 ・表面硬度大 ・電絕緣性能及介電性能優良 ・容易藉由共聚等改性 ・不受無機藥品的侵蝕 ・加工性能優良 ・價格較低	・質地脆弱容易破損 ・易受有機溶劑的浸蝕 ・耐熱性差

7.4 幾種熱塑性聚合物的聚合反應及結構

7.4.1 塑料的分類 —— 通用塑料和工程塑料

按用途，一般將塑料分為通用塑料和工程塑料。需要指出的是，這種分類方法也與時俱進，例如，曾作為工程塑料代表的 ABS 塑料，目前已歸類於準通用塑料。從應用角度來說，不同類型塑料的分類依據主要參考耐熱溫度、主鏈的化學結構和價格（反映合成的難易程度）等因素。

我們日常生活中見到的塑料，絕大部分是通用塑料。若能透徹地理解表中的最左欄，即通用塑料，則對於一般應用是很方便的。如果再加上準通用塑料，就涵蓋了塑料使用量的 90% 以上。在此基礎上，若再加上通用工程塑料，即使對於相當專門的工作來說，大概也就夠用了。因此，牢固地掌握通用塑料在表中所處的位置及對應的相關性能，作為理解塑料的基礎是不可或缺的。

上述通用塑料即俗稱的五大通用塑料，包括聚氯乙烯、低密度聚乙烯、高密度聚乙烯（polyethylene）、聚丙烯（poly propylene）、以及聚苯乙烯（polystyrene）（即表 7.3 中的 GPPS）。

在五大通用塑料中，低密度聚乙烯、高密度聚乙烯、聚丙烯又可以分為一組，稱其為烯（屬）烴系塑料或聚烯烴。如此，需要記憶的材料就剩下三類。

另外，聚苯乙烯可按 GPPS 、HIPS 、準通用塑料的 AS 樹脂、ABS 樹脂以及通用工程塑料的 m-PPE 構成一大組，稱其為苯乙烯（styrene）系塑料。

抓住聚烯烴、聚苯乙烯這兩大類，就等於在各類塑料中抓住了群龍之首。

7.4.2 苯乙烯共聚物塑料的組成、特性和用途

(1)HIPS，AS 樹脂　為了改良聚苯乙烯的缺點，人們採取了各種改良方法。

首先，為了改良 GPPS（general purpose poly-styrene，普通的聚苯乙烯）的耐衝擊性，在其中添加橡膠成分。添加一定比例的橡膠成分就可使之變得強韌，在較大的衝擊下也不會被破壞。作為結構材料，已大量用於電視機及吸塵器等大型家電的外殼。這種材料被稱為 HIPS（high impact poly-styrene，強韌性聚苯乙烯），即高耐衝擊性聚苯乙烯。添加橡膠的結果，會使其剛性下降，並失去透明性、光澤性等 GPPS 的許多優點。

另一個改良方向是提高耐熱性，採取的方法是與丙烯腈共聚，而且能提高

機械特性和耐化學藥品性，這種材料被稱為 AS 樹脂。AS 樹脂的有名用途是簡易打火機的儲氣盒，丁烷氣體既不能透過，也不受侵蝕。而且具有足夠的耐氣壓特性。對於這種機械性質和透明性兼備的需求，AS 樹脂是不可多得的寶貴材料。

圖 7.7 中所示苯系塑料的性能與組成關係的「三元相圖」。該圖為一正三角形，其上方頂點為 S，此點代表苯乙烯佔 100% 的聚合物，即 GPPS。其成形性、表面光澤性、電氣絕緣性是最優的。右下頂點為 A，此點代表丙烯腈佔 100% 的聚合物，其耐熱性、耐化學藥品性、機械特性優良。但是，採用通常的方法不能使這種組成成形，作為塑料難以使用。因此，還需要添加左下頂點 B 對應的聚丁二烯（poly butadiene），即橡膠。聚丁二烯柔軟，富於耐衝擊性，但添加太多造成產品過軟，則不是通常意義上的橡膠。

苯（benzene）系塑料的改良基本上在上述三角形中進行。對於 AS 樹脂來說，是在 AS 邊上，或使 A 的成分增加，或使 A 的成分減少，來調整耐熱性等性能和成形性，以便「魚與熊掌兼得」。對於 HIPS 來說也是在 SB 邊上，來探討硬度和耐衝擊性的最佳化。如該三角形所示，苯系塑料的組成組合是無限的。

(2)ABS 樹脂　ABS 是一類高性能塑料，電器製品的外殼及汽車部件多有採用。顧名思義，ABS 含有 A 、B 、S 這三種成分。因此，從概念上講，ABS 成為兼有 GPPS 的成形性、表面光澤性；AS 樹脂的耐熱性、耐化學藥品性、優良的機械特性；HIPS 耐衝擊性的優良材料。由於 ABS 也混合有 B（橡膠）成分，因此是不透明的。ABS 的成分可根據性能要求任意選擇，例如，由三角形中的任意一點 X 就可以確定其成分。可以想像，ABS 從軟的到硬的，種類是相當多的。

稍做專門一點的討論，下面看看如何對 ABS 附加光澤性。HIPS 的光澤性不太好，這是由於添加橡膠成分所致，由於聚乙烯固化之前橡膠成分已經固化，在橡膠粒子近旁引起不均勻冷卻，致使橡膠粒子浮出，從而造成表面不平滑。但是，藉由改變向 ABS 中添加橡膠的方式，可以改善表面平滑性。在 ABS 中，通過使橡膠成分共聚製成 ABS 聚合物之後，進一步混入橡膠成分。這樣做的結果，在 ABS 側（也就是「海」側）也有 B 成分，因此與後添加橡膠成分間的親和性強。也因此，橡膠粒子不會浮出，從而能獲得光澤性優良的表面。順便指出，若使橡膠成分全部不發生共聚，說不定能得到光澤性更好的 ABS ，但對耐衝擊性的改良卻變差。為了改良耐衝擊性，添加一定尺寸以上的較大橡膠粒子可能更有效。

7.4.3 尼龍的聚合反應

聚醯胺（polyamide, PA）通常稱為尼龍（nylon），在聚合大分子鏈中，含有醯胺基團重複結構單元的聚合物總稱。主要由二元胺與二元酸縮聚或有氨基酸內醯胺自聚合而成，使用的二元酸和二元胺不同，可聚合得到不同結構的聚醯胺。PA 品種較多，按主鏈結構可分為脂肪族聚醯胺、半芳香族聚醯胺、全芳香族聚醯胺、含雜環芳香族聚醯胺和脂環族聚醯胺。其中 PA6 和 PA6,6 佔絕大多數（佔 PA 總量 80%～90% 以上）。

表 7.3　塑料的分類、特性及用途（I）

分類		通用塑料	標準通用塑料	工程塑料	標準超工程塑料	超工程塑料
非結晶性塑料		聚氯乙烯 GPPS 低密度聚乙烯	丙烯樹脂 AS 樹脂	聚碳酸酯	多芳〔基〕化樹脂 聚硫化合物 聚苯撐硫化物	
		HIPS	ABS 樹脂	m-PPE	..	
結晶性塑料	A			PET	PPS	
	B	高密度聚乙烯 聚丙烯		PBT 聚醯胺 聚縮醛		PEEK 聚醯胺亞胺
	C					全芳香族酯 聚醯亞胺
耐熱性（℃）（使用限制溫度）		～100		～150	～200	～250
化學結構		$\left(\underset{\substack{\vert \\ X}}{C-C}\right)_n$		$[(C)_nY]_m$	$[(C)_n◎]_m$	
價格／日圓／kg		～200	～400	～1,000	～3,000	～20,000

GPPS: General Puropse Poly-Styrene, HIPS: High Impact Poly-Styrene, AS 樹脂：Acrylonitrile Styrene polymer, ABS 樹脂：Acrylonitrile Butadiene Styrene polymer, m-PPE: modified Poly Phenylene Ether, PET: Poly Ethylene Terephthalate, PBT: Poly-Butylene Terephthalate, PEEK: Poly-Ether Ether Ketone

（註）結晶性分類請見文中敘述；價格是指以現貨少量購入代表性品項時的大致價格。

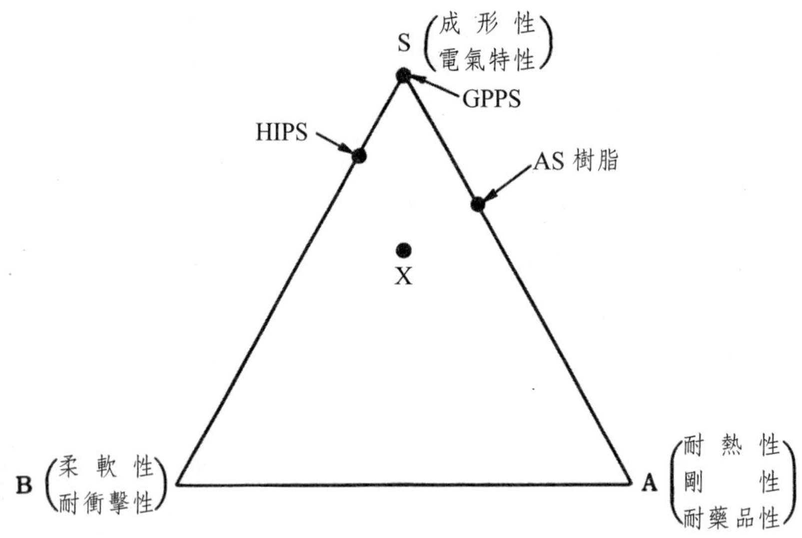

ABS 具有源於其組成的「硬、韌、剛」特性，綜合機械性能良好，尺寸穩定；容易電鍍和易於成形；耐熱性較好，在 -40℃的低溫下，仍有一定的機械強度。它的性能可以通過改變單體的含量來調整：丙烯腈的增加，可提高塑料的耐熱、耐蝕性和表面硬度；丁二烯可提高彈性和韌性；苯乙烯則可改善電性能和成形能力。

圖 7.7　苯乙烯系塑料的組成和特性圖

表 7.4　苯乙烯共聚物塑料的用途

GPPS	HIPS	AS	ABS
透明家庭用品	電視機外殼	打火機外殼	電器製品外殼
磁帶、光碟盒	吸塵器外殼	電器製品透明罩	OA 設備外殼
玩具	空調機外殼	電器製品透明面板	電冰箱內槽
塑料模型	OA 設備外殼	遙控器送信視窗	各種把手
包裝用薄膜	便攜電器用品外殼	各種機器的機殼	汽車前格子窗
食品包裝托盤、容器	家庭用品	梳子	汽車車輪罩
包裝用緩衝材料	玩具	牙刷柄	
建築用隔熱材料	文具	食品用密封容器	

7.5 高分子鏈的結構層次和化學結構

7.5.1 高分子鏈的結構圖像 —— 近程結構

長絲狀高分子的結構較簡單，主體是一條長絲，其上分布一些不交聯的小分支。

但若使聚乙烯（polyethylene）的聚合條件發生變化，則會發生乙烯（ethylene, C_2H_4）置換氫原子的反應，其結果會造成分支，引發支化。支化會阻礙結晶化。低密度聚乙烯可認為是聚乙烯中分支很多的類型，幾乎不發生結晶化。正因為如此，它質地柔軟且透明性優良。當然，結晶化度低也會造成機械特性及耐熱性、耐溶劑性等變差。

一般說來，聚乙烯有兩種：低密度（LDPE）和高密度（HDPE）。低密度聚乙烯有支鏈結構，而高密度聚乙烯基本上是一種直鏈結構。支鏈結構降低了低密度聚乙烯的結晶度和密度，同時由於減小了分子間作用力，也降低了它的強度。相反地，高密度聚乙烯的主鏈上有很少的支鏈，所以鏈間的堆砌更緊密，材料的結晶度和強度也更高。

根據主鏈化學組成的不同，高分子鏈主要有以下幾種類型：

(1) **碳鏈高分子** 高分子主鏈是由相同的碳原子以共價鍵連結而成：—C—C—C—C—C— 或 —C—C==C—C—。前者主鏈中無雙鍵，為飽和碳鏈；後者主鏈中有雙鍵，為不飽和碳鏈。它們的側基可以是各式各樣的，如氫原子、有機基團或其它取代基。屬於此類聚合物的有聚烯烴、聚二烯烴等，這是最廣大的聚合物類之一。

(2) **雜鏈高分子** 高分子主鏈是由兩種或兩種以上的原子構成的，即除碳原子外，還含有氧、氮、硫、磷、氯、氟等原子。例如：—C—C—O—C—C—、—C—C—N—C—C—、—C—C—S—C—C—。雜原子的存在能大大改變聚合物的性能。例如，氧原子能增強分子鏈的柔性，因而提高聚合物的彈性；磷和氯原子能提高耐火、耐熱性；氟原子能提高化學穩定性等等。這類分子鏈的側基通常比較簡單。屬於此類聚合物的有聚酯、聚醯胺、聚醚、聚碸及環氧樹脂等。

(3) **元素有機高分子** 高分子主鏈一般由無機元素矽、鈦、鋁、硼等原子核與有機元素碳（氧）原子等組成。例如：—C—Si—O—Si—C—，它的側基一般為有機基團。有機基團使聚合物具有較高的強度和彈性；無機原子則能提高耐熱性。有機矽樹脂和有機矽橡膠等均屬此類。

7.5.2 高分子鏈的二級結構 —— 遠程結構

由於聚合反應的複雜性，在合成聚合物的過程中，可以發生各式各樣的反應形式，所以高分子鏈也會呈現各種不同的形態，既有線型、支化、交聯和體型（三維網狀）等一般形態，也有星形、梳形、梯形等特殊形態。

線型高分子鏈的支化是一種常見現象。支化型高分子的結構，是在大分子主鏈上接有一些或長或短的支鏈，當支鏈呈無規分布時，整個分子呈枝狀；當支鏈呈規則分布時，整個分子可呈梳形、星形等形態。若有官能度大於 2 的單體參與反應，則得支化高分子產物。如苯酚（phenol）（三官能度）與甲醛（HCOOH）（二官能度）起縮聚反應，其低聚物就是線型或支化的產物。具有線型和支化型結構的高分子材料，有熱塑性工程塑料、未硫化的橡膠及合成纖維等。這些材料的最大優點是可以反覆加工使用，而且具有較好的彈性。

聚乙烯（PE）是一種白色半透明的熱塑性塑料，經常被製成透明薄膜。較厚的切片半透明表面呈蠟狀。應用染料的話，可獲得各種有色的產品。

迄今為止，聚乙烯是應用最廣的塑性塑料。主要原因是其價格便宜，且在工業上有很多優良性能，包括室溫條件下很堅固、低溫下的高強度有許多應用，在低至 −73℃的很大溫度範圍內都有很好的韌性，抗腐蝕性好、絕緣性能好、無臭無味、對水蒸氣的通透性低。

聚乙烯的應用包括容器、絕緣材料、化學用管線、家用器具、保特瓶。聚乙烯薄膜的用途包括包裝膜、運輸膜和水塘用襯膜。

7.5.3 高分子鏈的三級結構 —— 凝聚態結構

體型結構是聚合物鏈上能起反應的官能團（functional group）與別的單體或物質發生反應，分子鏈之間形成化學鍵產生一些交聯，進而形成的網狀結構，如硫化橡膠等，橡膠硫化後，由線型結構轉變為網狀結構，橡膠製品會變得更加堅韌和富有彈性。

體型（網狀）高分子結構是高分子鏈之間通過化學鍵相互連結而形成的交聯結構，在空間呈三維網狀。體型（網狀）高分子性質受交聯程度的影響，如線型的天然橡膠用硫形成少量交聯後，變成富有彈性的橡膠；交聯程度增大時，則變成堅硬的硬橡皮；當發生完全交聯時，則變成硬脆的熱固性塑料。

7.5.4　高分子鏈的化學結構——共聚和支化

儘管在大多數共聚物中單體是隨意排列的，但根據大分子鏈的微觀結構，有下面四種特殊類型的共聚物已經被鑒別確定：

(1) 無規共聚物　在共聚物分子中，兩種單體單元是無規排列的，不同的單體隨意地排列於聚合物鏈中。大多數自由基共聚合產物屬於此一類型。

(2) 交替共聚物　共聚物鏈中，兩種單體單元嚴格呈現交替排列，不同的單體顯示出一個一定次序的交替。這類共聚物很少，如苯乙烯（polystrene）和馬來酸酐（maleic anhydride）共聚物。

(3) 嵌段共聚物　由較長的 A 鏈段和另一較長的 B 鏈段構成的共聚物大分子，鏈中的不同單體被排列在各個單體相關的長鏈中。可以是二嵌段、三嵌段或多嵌段的，如 AB、ABA、ABC 和 ABABABAB 型等。

(4) 接枝共聚物　主鏈由單體單元A組成，支鏈則由另一種單體單元B構成，一種類型的單體附加枝被嫁接在另一中單體的長鏈上，如無規、交替共聚物可由兩種單體直接進行共聚合反應得到，而嵌段、接枝共聚物常採用特殊方法才能製作，常是一種單體和另一類聚合物，甚至兩類聚合物間的反應。

(a) 伸展鏈

(b) 無規線團　(c) 摺疊鏈　(d) 螺旋鏈

圖 7.8　單個高分子的幾種構造示意圖

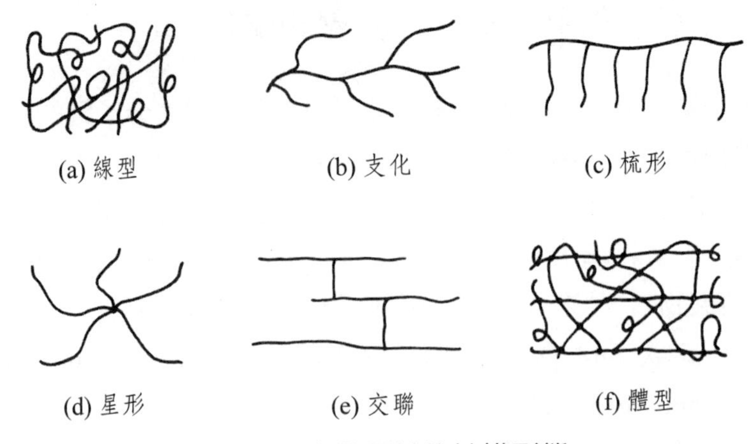

圖 7.9　高分子鏈的結構形態

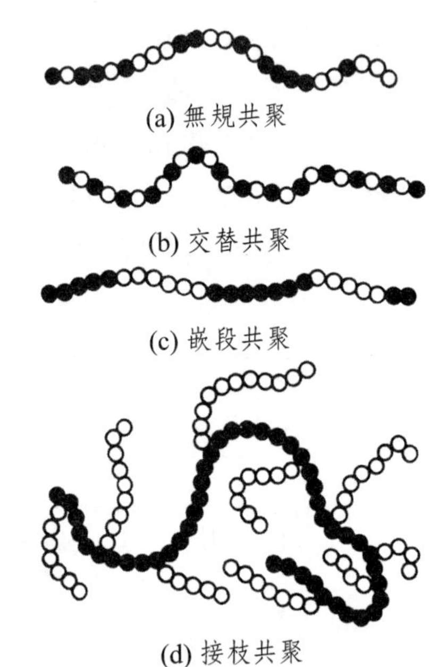

圖 7.10　二元共聚物單體的連接方式

7.6　天然橡膠和合成橡膠

7.6.1　生橡膠和熟橡膠

橡膠（rubber）是一種具有特殊高彈性的高分子材料。它們在室溫下處於高彈性態，在較小的力作用下，能產生幾倍甚至十幾倍的變形，力撤銷後又能恢復原來的尺寸和形狀。這種特殊的高彈性使橡膠成為製造輪胎、減震產品等一系列橡膠製品無可替代的材料。

生橡膠是聚異戊二烯長鏈結構，因此它的力學性能不佳，且受熱會變黏變軟，而受冷則變硬發脆，容易斷裂。它還有不易成形、容易磨損、易溶於汽油等有機溶劑，分子內雙鍵易起加成反應，導致老化等一系列缺點，因而限制了它的使用。

為改善橡膠製品的性能，生產上要對生橡膠進行一系列加工。在一定條件下，使膠料中的橡膠大分子與交聯劑（如硫磺、過氧化物等）發生化學反應，使其由線型結構的大分子，交聯成為立體網狀結構的大分子，這樣膠料就從塑性橡膠轉化為彈性橡膠或硬質橡膠，從而使膠料具備高強度、高彈性、高耐磨、抗腐蝕、不熔難溶等優良性能。這個過程稱為橡膠的硫化。硫化後的橡膠稱為熟橡膠。橡膠製品絕大部分採用的是熟橡膠。

天然橡膠因其具有很強的彈性和良好的絕緣性、可塑性、隔水隔氣、抗拉和耐磨等特點，廣泛地運用於工業、農業、國防、交通、運輸、機械製造、醫藥衛生領域和日常生活等方面，如交通運輸上用的輪胎；工業上用的運輸帶、傳動帶、各種密封圈；醫療用手套、輸血管；日常生活中所用的膠鞋、雨衣、暖水袋等，都是以橡膠為主要原料製造的；國防上使用的飛機、大砲、坦克，甚至尖端科技領域裡的火箭、人造衛星（satellite）、太空梭（space shuttle）等，都需要大量的橡膠零件。

7.6.2　橡膠的橋架結構和反發彈性

「硫化」一詞因天然橡膠用硫磺作為交聯劑進行交聯而得名，隨著橡膠工業的發展，現在可以用多種非硫磺交聯劑進行交聯。因此硫化更科學的意義應是「交聯」或「架橋」，即線性高分子通過交聯作用而形成的網狀高分子技術過程。從物性上來說，即是塑性橡膠轉化為彈性橡膠或硬質橡膠的過程。「硫化」的含義不僅包括實際交聯的過程，還包括產生交聯的方法。整個硫化過程可分為硫化誘導、預硫、正硫化和過硫（對天然膠來說是硫化返原）四個階段。工業上需要硫化的橡膠有丁苯橡膠、丁腈橡膠、丁基橡膠、乙丙橡膠等。

橡膠的反發彈性源於橡膠分子的橋架結構。橡膠經硫化，相鄰鏈狀分子在某些部位會發生化學交聯，稱這種結構為橋架。一旦發生橋架，便與熱固性塑料一樣，即使溫度上升，既不流動，也不能成形。因此，橡膠要在橋架前成形，在成形品的狀態下進行橋架反應，以產生反發彈性。

由橋架反應獲得反發彈性的理由說明如下：橋架點（N）和橋架點（N′）之間（R）為柔軟的分子鏈，可以自由來回運動。在施加外力的情況下，R 部分延伸。但橋架點 N 為化學結合，故難以破壞。因此，變形被限制於各微小部分，外力一旦解除，R 部分會返回原來狀態，作為全體也能完全恢復到原來的形狀。橋架點（N）在規制分子鏈大幅度變形的同時，在解除外力下，還有使變形恢復到原來形狀的功能。

7.6.3　合成橡膠

現代合成橡膠主要是以天然氣（natural gas）、石油（petroleum）裂解氣體中得到的丁二烯（butadiene）、異戊二烯（isoprene）、氯丁二烯（chloroprene）等為單位，在一定條件下聚合，得到的具有柔性分子鏈的聚合物。它們經過硫化或交聯合成為空間網狀結構，同時加入炭黑或填料補強並成形後，製成硫化橡膠製品。

合成橡膠按其用途可分為兩類，一類是通用合成橡膠，其性能與天然橡膠相近，用途也可以替代天然橡膠；另一類是具有耐寒、耐熱、耐油、耐腐蝕、耐輻射、耐臭氧等某些特殊性能的特種合成橡膠，用於製造在特定條件下所使用的橡膠商品，通用合成橡膠和特種合成橡膠之間並沒有嚴格界限，有些合成橡膠兼具上述兩方面特點。

丁苯橡膠、順丁橡膠、丁基橡膠、異戊橡膠、乙丙橡膠、氯丁橡膠（chloroprene rubber）和丁腈橡膠是合成橡膠的七個主要品種，其中丁苯橡膠佔合成橡膠總產量的 60%，其次是順丁橡膠。

7.6.4 氯丁橡膠的結構單元和氯丁橡膠的硫化

氯丁橡膠（chloroprene rubber）又稱氯丁二烯橡膠，是以 2- 氯 -1、3- 丁二烯為主要原料，經乳液 α- 聚合而製成的彈性體。其中反式 1、4- 加成結構約佔 85%，順式 1、4- 加成結構約佔 10%，少量為 1、2- 或 3、4- 加成結構。

氯丁橡膠與其它二烯類橡膠不同的是，不能用硫黃硫化，而且炭黑的補強效果較小，此外，其加工性能和改善各種老化性能的方法，與其它橡膠也有一定差異。

氯丁橡膠硫化是在分子中 1、2- 結構含量約 1.5% 的丙烯位氯原子處進行的。該硫化反應是由金屬氧化物和兩個丙烯位氯原子形成醚鍵來完成交聯的。

不同的硫化體系對氯丁橡膠硫化特性、物理機械性能、耐熱老化性能和壓縮永久變形性能有不同影響。一般採用金屬氧化物（MgO/ZnO）、過氧化物（2、5- 二甲基 -2、5 二叔丁基過氧化己烷，簡稱雙 -25）、硫磺、三聚硫氰酸（TCY）四種硫化體系。

氯丁橡膠具有良好的物理機械性能，包括耐油、耐熱、耐燃、耐日光、耐老化、耐臭氧、耐酸鹼、耐化學試劑，且具有一定的阻燃性、有較高的拉伸強度、伸長率和可逆的結晶性、黏接性好。但它也有許多缺點，如耐寒性和貯存穩定性較差、電絕緣性不佳，且生膠儲存穩定性差，會產生「自硫」現象等。綜合以上性能，氯丁橡膠被廣泛應用於膠板、普通和耐油膠管、電纜、傳送帶、橡膠密封件、農用膠囊氣墊、救生艇、黏膠鞋底、塗料和火箭燃料等，它還是黏合劑生產的原料，被用於金屬、木材、橡膠、皮革等材料的黏接。

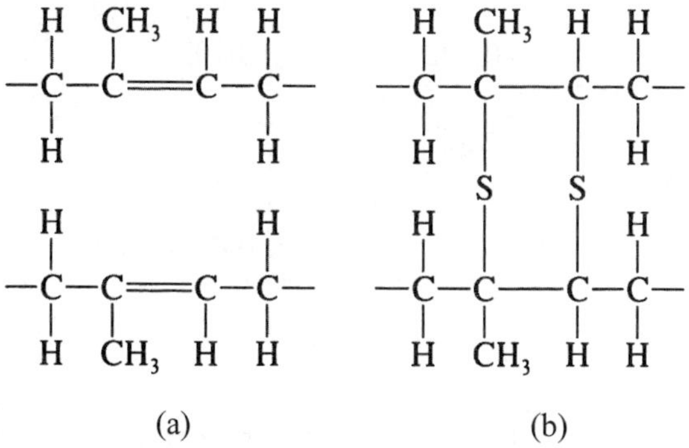

(a) (b)

在此過程中，硫原子形成了在 1、4 聚異戊二烯鏈的交聯。(a) 硫原子交聯前順式（cis）1、4 聚異戊二烯鏈，(b) 在活躍的雙鍵上，由硫原子交聯之後的順式（cis）1、4 聚異戊二烯鏈。

圖 7.11 橡膠硫化的圖解說明

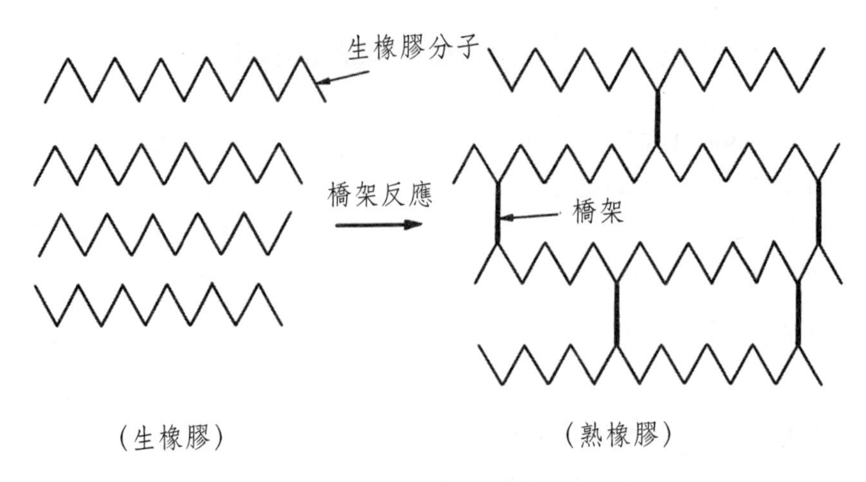

圖 7.12 生橡膠和橡膠的橋架結構

表 7.5 氯丁橡膠的基本物理性質

性質	天然聚氯丁烯	硫化後的聚氯丁烯	
		硫化橡膠	加入炭黑的硫化橡膠
密度（g/cm^3）	1.23	1.32	1.42
體積膨脹係數		610	
$\beta = 1/v \cdot \delta v/\delta T.k^{-1}$	600×10^{-6}	720×10^{-6}	
熱學性能			
玻璃轉變溫度（glass transition temperature）/K（℃）	228(−45)	228(−45)	230(−43)
熱容 / kJ/(kg・K)	2.2	2.2	1.7-1.8
熱導 / W/(m・K)	0.192	0.192	0.210
電學性質			
介電常數（1kHz）		6.5-8.1	
介電損耗（1kHz）		0.031-0.086	
電導（pS/m）		3 to 1400	
力學性能			
斷裂延伸率（%）		800-1000	500-600
拉伸強度 / MPa (psi)		25-38(3.6-5.5)	21-30(3.0-4.3)
楊氏模量 / MPa (psi)		1.6(232)	3-5(435-725)
回彈性（%）		60-65	40-50

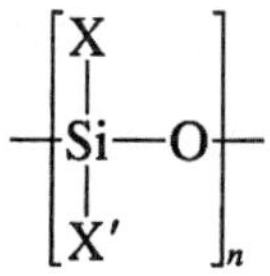

$$\left[\begin{array}{c} X \\ | \\ -Si-O- \\ | \\ X' \end{array}\right]_n$$

圖 7.13 矽有機樹脂的基本重複單元

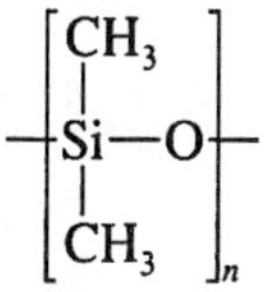

$$\left[\begin{array}{c} CH_3 \\ | \\ -Si-O- \\ | \\ CH_3 \end{array}\right]_n$$

圖 7.14 聚二甲基矽氧烷（siloxane）的重複結構單元

7.7 高分子的聚集態結構

7.7.1 線性聚酯（polyester）聚合成交聯聚酯

長絲狀高分子的結構較簡單，主體是一條長絲，其上分布一些不交聯的小分支。

如果聚合物分子鏈間的分子內或分子間可以形成氫鍵，由於氫鍵的作用，分子鏈的剛性會大大增加。相對地，柔順性會變得很差。因此，需要根據所需的性能進行選擇。

提到交聯反應，最常見的是不飽和橡膠的硫化，其機制是離子型反應，最終通過鏈與鏈間形成二硫鍵製得交聯橡膠，從而增加橡膠的強度。

通常採用的是一種過氧化物交聯法，其機制是自由基型反應。過氧化物分解產生自由基，該自由基從聚合物鏈上奪氫轉移形成高分子自由基（free radical），再偶聯就形成了交聯聚合物。基於這個原理，產生了輻射交聯法，因為聚合物在高能輻射下也可以產生自由基。

現在出現的一種新型方法稱為光聚合交聯，一些多功能單體或多功能預聚體可在光直接引發或光引發劑作用下發生聚合，形成交聯高分子。光聚合交聯的優點有：(1) 速度快，在強光照射下甚至可以在一秒內變成聚合物，膠水部分是採用這種原理；(2) 反應只發生在光照區域內，便於實現圖案化，這在印製電路板和積體電路製作上具有重要意義；(3) 反應可在室溫下發生，且無需溶劑，低能耗，是一種環境友好技術，應用前景廣闊。

7.7.2　熱塑性合成橡膠藉由擬似橋架而產生的反發彈性與天然橡膠的對比

橡膠與塑料的最大區別在於二者的反發彈性不同。用手拉伸一段橡膠繩，一旦一隻手放開，橡膠繩會立即完全收縮。像這種變形暫態恢復的性質稱為反發彈性。對於塑料來說，外加應力時，變形反應遲慢，變形的恢復既慢又不完全。若將聚乙烯塑料袋用手強力揉成團，而後鬆開手，塑料袋會稍許返回原樣。但是，不久便停止恢復，難以返回完全無皺褶的狀態。

熱塑性合成橡膠（synthetic rubber）具有高反發彈性的原理，在於它的擬似橋架結構。在擬似橋架中，使用了嵌段共聚。而通常採用的是無規共聚，像 AS 樹脂那樣，為了綜合兩種聚合物性能之優點，一般希望兩種單體無規共聚。

但對於熱塑性合成橡膠來說，所採用的卻是嵌段共聚。而且，希望單體 A 和單體 B 盡可能是性質不同、相溶性低的組合。在兩種單體中，稱作軟段 (A) 的部分是柔軟的，採用可自由來回運動的分子鏈（例如烯烴）。與 B 相當的副成分稱作硬段，但並不意味著它的機械特性是硬的。只是要求比 A 的軟化溫度（對於結晶性的情況是熔點）更高（固化溫度也高）。

當對成形品進行拉伸時，由於 A 部分是主成分，因此可發生所希望的彈性變形，而在常溫下，B 部分的結合不會鬆弛。因此，B 部分可以發揮橡膠橋架的作用，規制分子鏈的自由變形。而且，一旦應力取消，試件便會返回原來的穩定形狀。如上所述，由於硬段產生橡膠橋架的作用，故稱其為擬似橋架。

7.7.3　高分子中球晶的形成過程

對塑料來說，另一個很有意義的結晶化（crystallization）現象是，通常在成品中，球形結晶很發達。熔融的塑料冷卻時，並不立即生成結晶，而是變成過冷狀態（溫度在結晶點以下而不結晶化的狀態）。一旦結晶化，體積是要變小。但是由於分子很長，且周圍已相當冷，因此分子不能簡單地運動。這樣一來，結晶也不能簡單地生成。

但是，可能基於某種原因，有一部分開始結晶化，由於處於過冷狀態，周圍的分子會進入已結晶的部分，致使結晶化急速進行。由於結晶化上下左右均勻地發生，結果結晶化發展為球形。但由於分子很長而難以運動，結晶不能無限制擴展，其至周圍分子不動的階段便停止下來。殘餘部分保持與熔融狀態相近的分子配置，原封不動地凝固下來，此即為非晶態部分。非晶態部分的力學性質和熱學性質，與結晶部分的相比要差，這種狀態正像水泥中分布大量石子的情況。無論是加熱時開始運動的，還是外力作用下開始變形的，都會成為非晶態的部分。

大尺寸的球晶在 0.1mm 左右，因此球晶可以用光學顯微鏡清楚地觀察。

高聚物球晶的生長過程一般按下列順序發生：(1) 具有相似構造的高分子鏈段聚集在一起，形成一個穩定的原始核；(2) 隨著更多的高分子鏈段排列到核的晶格中，核逐漸發展成一個片晶；(3) 片晶不斷地生長，同時誘導形成新的晶核，並逐漸生長分叉，原始的晶核逐漸發展成一束片晶；(4) 這一束片晶進一步生長，並分叉生長出更多的片晶，最終形成一個球晶。（由晶核開始，片晶輻射狀生長而形成的球狀多晶聚集體。）

7.7.4　晶態和非晶態聚合物

彎彎曲曲像弦那樣的絲狀高分子會結晶化，多少有點令人覺得不可思議，但若著眼於絲狀高分子的局部一小段，則另當別論。絲狀高分子是將稱作單體（monomer）的小分子，按規則整齊的方式相連接而形成的。因此，高分子的「弦」具有規則排列的重複構造。一旦這樣的分子相鄰排列，由於重複單元相同，側鏈部分就會很好地嚙合。其結果是，與相鄰分子混亂排佈的情況相比，分子間的接觸部分增加，相鄰分子的接觸更緊密。如此，即使溫度升高分子運動加劇，以及外力作用之下，分子間的位置也難以發生變化。這種相鄰分子間的規則整齊排列稱為結晶化。一般認為，塑料的結晶可用礦物結晶的理論加以說明。不過，由於高分子情況下分子很大，從而不能實現分子整體的結晶化。因此，前面所說的重複單元就顯得格外重要。

以簡單的情況 —— 聚乙烯為例，其重複單元是 $-CH_2-$，碳鏈以約 110° 的角度呈鋸齒狀（zigzag）延伸，其中每兩個氫按相同的角度構成並伸出一個齒。當這樣的分子彼此相鄰時，齒與齒間相互嚙合，即一個分子的氫進入另一個分子的兩個氫之間。這種配置不僅密度高，而且處於穩定狀態。

當然，結晶依分子結構不同而異，結晶大小、結晶的強度各不相同。另外，高分子與礦物不同，前者是在長的分子中，重複單元尺度範圍的結晶化，而非高分子整體全部的結晶化。因此，即使是結晶化度高的情況，至多可達 60% 上下。

通常認為，一旦結晶化就會變得像水晶那樣是透明的，但相反地，由於結晶部分與非結晶部分對光的折射率不同而引起光的散射，因此反而是不透明的。這就是為什麼高密度聚乙烯、聚丙烯、聚縮醛等結晶性塑料不透明的原因。

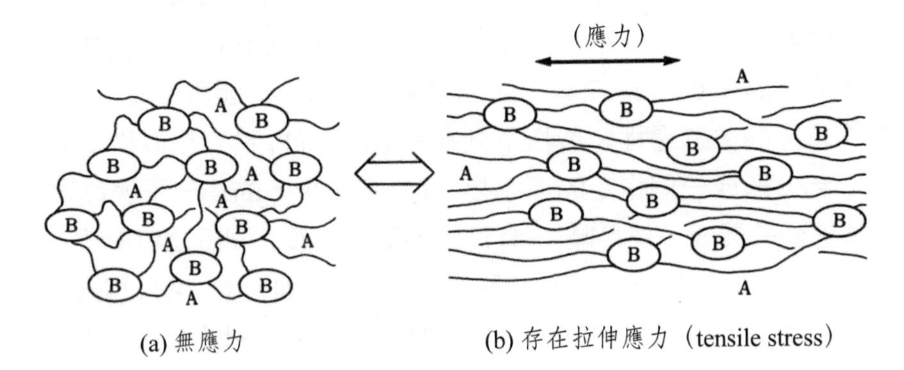

(在拉伸應力作用下，橋架長度發生變化，各不相等，且難以恢復，因此熱塑性合成橡膠的彈性有限。)

圖 7.15 熱塑性合成橡膠藉由擬似橋架而產生的反發彈性

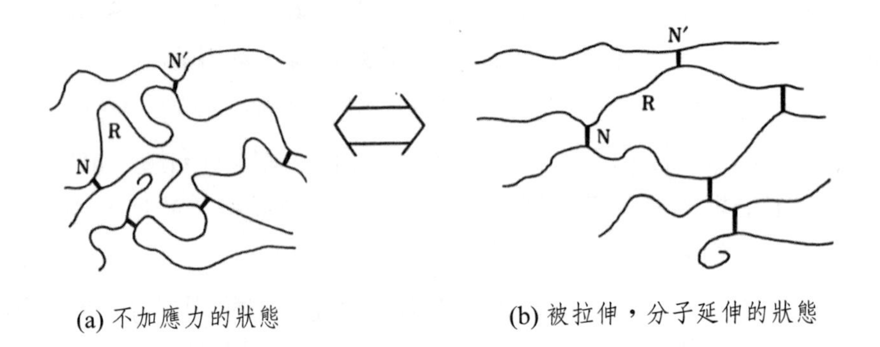

(橡膠被拉伸時，橋架部分長度變化有限，且長度相等，因此，當應力釋放時，立即返回初始狀態。)

圖 7.16 橡膠的橋架結構和反發彈性

表 7.6 晶態和非晶態聚合物

分類	一般特性	實例
晶態聚合物	具有較強的分子間力，結構規整	聚乙烯（PE） 等規聚丙烯 （等規 PP） 聚四氟乙烯（鐵氟龍 PTFE）、聚醯胺（PA）、聚甲醛（POM） 聚氧化乙烯纖維素
非晶態聚合物	無規立構均聚物，無規共聚物，熱固性塑料	聚苯乙烯 PS（立構無規） 氧化聚乙烯 PMMA、聚胺酯（PU, polyurethane） 脲醛樹脂 酚醛樹脂 環氧樹脂 不飽和樹脂
介於兩者之間的聚合物（結晶度較低）	與成分、結構及外部條件等相關	天然橡膠 聚異丁烯 丁基橡膠 } 高應變下結晶 聚乙烯醇 聚氯乙烯 聚三氟氯乙烯

圖 7.17 聚丙烯的球晶

7.8 熱固性樹脂（熱固性塑料）

7.8.1 何謂熱固性樹脂

最早登場的塑料並非現在廣泛使用之熱塑性的（thermoplastic）。當時的塑料是通過將原料放入模具中，經加熱，藉由原料發生反應而製成的。一旦形成，再也不能由加熱而獲得塑性。這種塑料即所謂「熱固性（thermosetting）」的。它們的英文名稱為「thermoset resin」，中文稱為「熱固性樹脂」。

到「加熱熔化型」塑料登場時，新型「熱塑性樹脂」（thermoplastic resin）便與原來已存在的「熱固性樹脂」（thermoset resin）作為兩個名詞分開使用。而且，有時省略「熱塑性樹脂」，用「塑料」此一名詞泛指這類物質全體，直至今日。

至此，讀者可能發生疑問，為什麼像酚醛樹脂（novolac resin）這樣的熱固性樹脂也稱為「塑料」呢？從道理上講，不具有熱塑性的材料稱為塑料是有些牽強。但是，對於使用塑料的一般人來說，往往並不了解加工方法和特性的差異，用後來佔壓倒性多數的熱塑性塑料含義來表示合成樹脂的全體，也不至於引起誤解。也就是說，即使採用「塑料」此一與熱固性樹脂相矛盾的通稱，也不會發生問題。

熱固性塑料與熱塑性塑料不同的是，熱塑性塑料中樹脂分子鏈都是線型或帶支鏈的結構，分子鏈之間無化學鍵產生，加熱時軟化流動、冷卻變硬的過程是物理變化。

熱固性塑料第一次加熱時可以軟化流動，加熱到一定溫度，產生化學反應一交鏈固化而變硬，這種變化是不可逆的，此後，再次加熱時，已不能再變軟流動了。正是藉助這種特性進行成形加工，利用第一次加熱時的塑化流動，在壓力下充滿型腔，進而固化成為確定形狀和尺寸的製品。

常用的熱固性塑料品種有酚醛樹脂、脲醛樹脂、三聚氰胺樹脂、不飽和聚酯樹脂、環氧樹脂（epoxy resin）、有機矽樹脂、聚氨酯等。熱固性塑料是主要用於隔熱、耐磨、絕緣、耐高壓電等惡劣環境中使用的塑料，最常用的應該是炒菜鍋把手和高低壓電器。

7.8.2 電子材料用熱固性樹脂的種類和基本構造

作為電子材料而使用的熱固性樹脂，主要包括酚醛樹脂、環氧樹脂、雙馬來醯亞胺（bimaleimide）樹脂〔附加型聚醯亞胺（polyimide），BT 樹脂〕、氰酸酯樹脂等。

這些熱固性樹脂的基本構造是由 2 個以上反應性很強的基（官能基：F）和樹脂骨架（R），或者將這些骨架與前二者相連接的結合基（X）所構成的。酚醛樹脂中就有在芳香環多核體中由羥基結合的線性酚醛樹脂型，和含有兩種官能基（羥基和羥甲基）的 1～2 個核體混合物之可溶性酚醛樹脂型。環氧樹脂中作為官能基帶有縮水甘油基，因此它以醚鍵與各種樹脂骨架結合而形成的縮水甘油醚型為主，但也有以酯鍵或胺鍵相結合的，以及含脂環式環氧基的樹脂。作為樹脂骨架，有含芳香環的和含脂族骨架的，各自的分子量都可以從低到高。這樣，同樣是環氧樹脂，就有各種各樣的結構，再與各種不同的固化劑相結合，就可以獲得構造和性質在寬廣範圍內變化的固化物。因此，環氧樹脂廣泛用於各種與電氣 / 電子相關聯的領域。

雙馬來醯亞胺又稱為附加型聚醯亞胺，主要使用的是二苯甲烷（DMM）骨架中結合有馬來醯亞胺的類型。氰酸酯樹脂主要使用的是在雙酚 A（BA）骨架中結合有氰酸基的類型，但實際上與馬來醯亞胺一起使用的情況很多，稱為 BT（雙馬來醯亞胺三嗪）樹脂。與通常的環氧樹脂相比，雙馬來醯亞胺系樹脂可以獲得更高耐熱性的熱固性聚合物。

7.8.3 環氧樹脂與乙二胺的反應聚合

環氧樹脂（epoxy resin）是分子中帶有兩個或兩個以上環氧基的低分子量物質及其交聯固化產物的總稱。其最重要的一類是雙酚 A 型環氧樹脂。

環氧樹脂的分子結構，是以分子鏈中含有活潑的環氧基團為其特徵，環氧基團可以位於分子鏈的末端、中間或呈環狀結構。由於分子結構中含有活潑的環氧基團，使它們可與多種類型的固化劑發生交聯反應，而形成不溶及不熔之具有三向網狀結構的高聚合物。

環氧樹脂的分子結構可以表示為：當環氧樹脂與乙二胺反應時，兩個線型環氧分子末端的環氧基於乙二胺反應形成交聯。乙二胺由於能夠使環氧分子之間發生交聯，因而可以作環氧樹脂的固化劑。

7.8.4　高分子的各個結構層次

高分子材料的結構，主要包括兩個微觀層次：一是高分子鏈的結構；二是高分子的聚集態結構。高分子鏈的結構是指組成高分子機構單元的化學組成、鍵接方式、空間構型、高分子鏈的幾何形狀及構造等。

大量實驗事實說明，鏈的結構愈簡單，對稱性愈高，取代基的空間位阻愈小，鏈的立構規整性愈好，則結晶速度愈大。例如，聚乙烯鏈相對簡單、對稱而又規整，因此結晶速度很快，即使在液氮中淬火，也得不到完全非晶態的樣品。類似的是，聚四氟乙烯（PTFE, poly-tetra-fluoro-ethylene）的結晶速度也很快。脂肪族聚酯和聚醯胺結晶速度明顯變慢，與它們的主鏈上引入的酯基和醯胺基有關。分子鏈帶有側基時，必須是有規立構的分子鏈才能結晶。分子鏈上有側基或者主鏈上含有苯環，都會使分子鏈的截面變大，分子鏈變剛，不同程度地阻礙鏈段的運動，影響鏈段在結晶時擴散、遷移、規整排列的速度。如規則立體構造聚苯乙烯和聚對苯二甲酸乙二酯的結晶速度就慢多了，通過淬火比較容易得到完全的非晶態樣品。另外，對於同一種聚合物，分子量對結晶速度是有顯著影響的。一般在相同的結晶條件下，分子量大，熔體黏度增大，鏈段的運動能力降低，限制了鏈段向晶核的擴散和排列，聚合物的結晶速度慢。

而實驗顯示，奈米金屬與聚合物的混合體可以提高聚合物材料的剛度（rigidity），碳纖維增強材料也可以提高聚合物材料的剛度和傳導率。

圖 7.18　何謂熱固性樹脂和熱塑性樹脂

表 7.7 熱塑性樹脂與熱固性樹脂的特徵對比

樹脂	特性	長處	短處
熱塑性樹脂	預先實現高分子量化，藉由加熱、熔融、冷卻而塑形	量產性 （成形週期短） 可循環再利用	成形溫度高 成形壓力高 耐熱性差
熱固性樹脂	利用具有反應性基的低分子化合物，在使用時，藉由反應而實現三維化（固化）	低溫低壓成形 耐熱性、耐腐蝕性良 容易改性和附加功能	成形時間長 脆性（低韌性） 循環再利用難

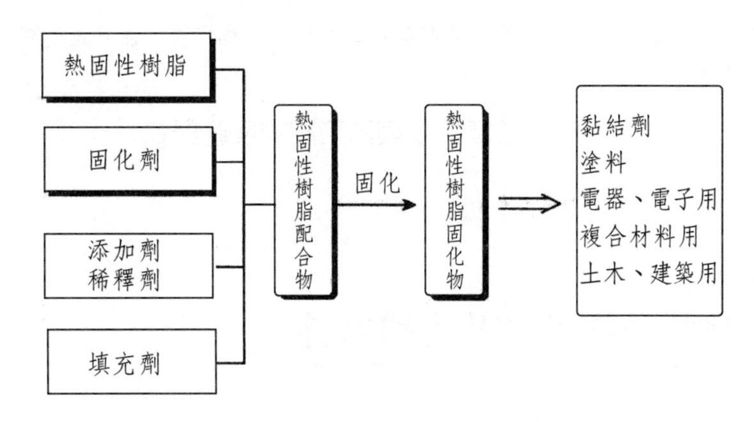

圖 7.19 熱固性樹脂配合物的構成及固化物的用途

在高分子化學中，環氧樹脂是用一個分子中含有兩個或兩個以上的環氧基團來定義的。一個環氧基團的化學結構如下：

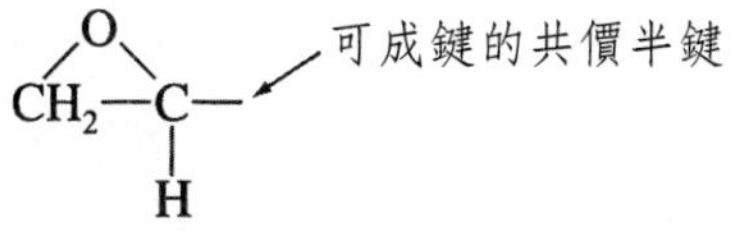

$$\underset{\text{H}}{CH_2\overset{O}{—}C—}\ \leftarrow \text{可成鍵的共價半鍵}$$

大多數商品化的環氧樹脂，有以下一般化學結構：

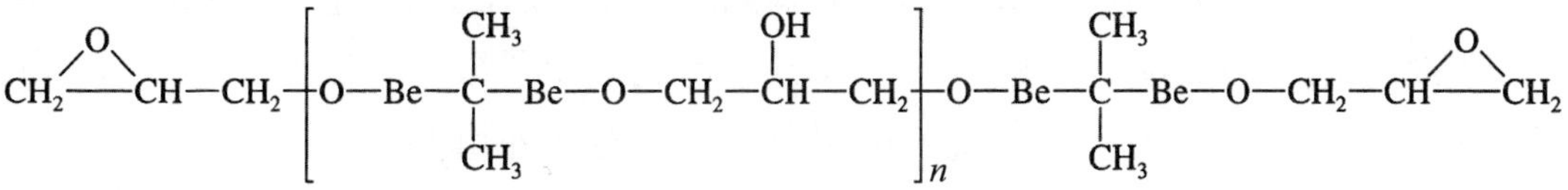

$$\overset{O}{CH_2—CH}—CH_2\left[O—Be—\overset{CH_3}{\underset{CH_3}{C}}—Be—O—CH_2—\overset{OH}{CH}—CH_2\right]_n O—Be—\overset{CH_3}{\underset{CH_3}{C}}—Be—O—CH_2—\overset{O}{CH—CH_2}$$

其中 Be 代表苯環⬡。對於液體，結構式中的 n 通常小於 1，而對於固體樹脂，n 為 2 或者更大。也有很多其它類型的環氧樹脂與上面給出的結構式有不同的結構。

圖 7.20 環氧樹脂的分子結構

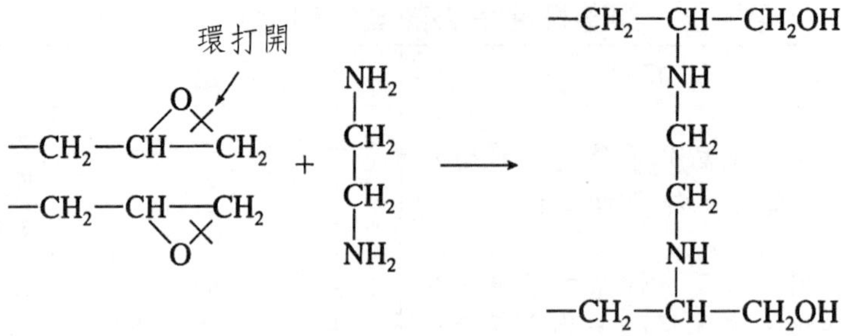

環打開

$-CH_2-CH-CH_2$ (O)　+　$NH_2-CH_2-CH_2-NH_2$　⟶　$-CH_2-CH-CH_2OH$

$-CH_2-CH-CH_2$ (O)

$-CH_2-CH(-NH-CH_2-CH_2-NH-)CH-CH_2OH$

$-CH_2-CH-CH_2OH$

兩個線性環氧分子末端的環氧環　　乙二胺　　兩個線性環氧分子之間形成交聯

兩個線性環氧分子末端的環氧基與乙二胺反應形成交聯，注意沒有副產物生成。

圖 7.21　環氧樹脂與乙二胺的反應聚合

7.9　聚合物的結構模型及力學特性

7.9.1　部分晶態聚合物的結構 (1)—— 纓狀膠束結構模型

絲狀高分子是將稱作單體（monomer）的小分子，按規則整齊的方式相連接而形成的。因此，高分子的「弦」具有規則排列的重複構造。一旦這樣的分子相鄰排列，由於重複單元相同，側鏈部分就會很好地嚙合。其結果，與相鄰分子混亂排佈的情況相比，分子間的接觸部分增加，相鄰分子的接觸更緊密。如此，即使溫度升高、分子運動加劇，以及外力作用之下，分子間的位置也難以發生變化。這種相鄰分子間的規則齊整排列稱為結晶化。一般認為，塑料的結晶可用礦物結晶的理論加以說明。不過，由於高分子情況下分子很大，從而不能實現分子整體的結晶化。因此，前面所說的重複單元就顯得格外重要。

聚合物的分子鏈長度比晶區的尺寸大，在晶態聚合物中分子鏈如何排列呢？纓狀膠束結構模型（fringed-micelle model）的基本特點是：一個分子鏈可以同時穿越若干個晶區和非晶區，在晶區中分子鏈互相平行排列，在非晶區中分子鏈互相纏結呈捲曲無規排列。這是一個兩相結構模型，即具有規則堆砌的微晶（或膠束）分布在無序的非晶區基體內。此一模型解釋了聚合物性能中的許多特點，如晶區部分具有較高的強度，而非晶部分降低了聚合物的密度，提供了形變的自由度等。

7.9.2 部分晶態聚合物的結構 (2)── 摺疊鏈結構模型

製作出聚乙烯單晶後，測得單晶的厚度約為 10nm。電子繞射（diffraction）又證明，聚乙烯的高分子鏈垂直於晶面。於是，凱勒（Keller）認為長達數 μm 的高分子鏈垂直排列在厚度 10nm 左右的片晶中，只能採取摺疊鏈的形式。

自摺疊鏈的單晶發現之後，大量研究工作證明晶區的摺疊結構是高分子材料的基本規律。如今，在常壓下從不同濃度的溶液或熔體結晶時，得出的不是多層堆疊的摺疊鏈片晶，而是由摺疊鏈片晶構成的球晶。

隨著聚合物的性質、結晶條件和處理方法不同，晶區的有序結構單元或晶體的形態是不一樣的，可以生成片狀晶體（片晶）、球狀晶體（球晶）、線狀晶體（串晶）、樹枝狀晶體（枝晶）等，與金屬的晶體形態相似。

Keller 提出：在晶體中高分子可以很規則的進行摺疊。數 μm 長的高分子鏈垂直排列在厚度 10nm 左右的片晶中，只能採取摺疊鏈形式，簡短緊湊。摺疊鏈結構不僅存在於單晶體中，在通常情況下從聚合物溶液或熔體冷卻結晶的球晶結構中，其基本結構單元也為摺疊鏈的片晶，分子鏈以垂直晶片的平面而摺疊。對於不同條件下所形成的摺疊情況有三種方式，即：(1) 規整摺疊、(2) 無規摺疊和 (3) 鬆散環近鄰摺疊。在多層片晶中，分子鏈可跨層摺疊，層片之間存在連結鏈。

7.9.3 非晶態聚合物的幾種結構模型

非晶態結構包括玻璃態、橡膠態、黏流態（或熔融態）及結晶聚合物中的非晶區。非晶態結構普遍存在於聚合物的結構之中。有些聚合物就完全是非晶態，如聚苯乙烯、聚甲基丙烯酸甲酯等，均被認為具有非晶態結構，即使在結晶高聚物中，也還包含有非晶區。越來越多實驗表明，非晶區結構對聚合物性能的影響是不可低估的，因此對非晶結構的研究具有重要的理論和實際意義。但遺憾的是，對於非晶態高分子材料內部結構的研究並不充分，目前大多還處在臆測的階段。為了形象地描述非晶態結構，在實驗的基礎上，人們曾提出一些結構模型，包括：(1) 無序結構模型 ── 弗洛里（Flory）等早在 1949 年就曾提出無規線團模型；(2) 局部有序結構 ── 葉叔酋（Yeh）於 1972 年提出了摺疊鏈纓狀膠粒模型；(3) 霍斯曼（Hosemann）提出半晶體聚合物的 Hasemann 模型。該模型包括了聚合物中可能存在的各種結構形態。

7.9.4 不同溫度下 PMMA 的拉伸應力－應變曲線

材料的力學特性是指材料在外力作用下，產生變形、流動與破壞的性質，反映材料基本力學特性的量主要有兩類：一類是反映材料變形情況的量，如模量或柔度、泊桑比；另一類是反映材料破壞過程的量，如比例極限、拉伸強度（tensile strength）、降伏應力（yield stress）、拉伸斷裂（tensile fracture）等作用。

1960 年以前，聚合物的力學現象未引起人們的重視，把降伏看成是由於材料局部變形引起溫升而產生的軟化現象，20 世紀 60 年代以來，人們認識到降伏是聚合物的一種力學行為，可應用現有的經典塑性理論來處理；同時觀察到聚合物的「滑移帶」和「纏結帶」，以及和金屬不相同的降伏現象，聚合物的應力－應變曲線依賴於時間和溫度，還依賴於其它因素，由於實驗條件的不同，可以表現出不同的力學性能。隨著實驗條件的改變，聚合物試樣可表現出不同的變形方式。圖 7.22 表示試驗溫度對聚甲基丙烯酸甲酯（PMMA）的應力－應變曲線影響。低溫時脆而硬，40℃時出現頸縮局部斷裂，60℃出現冷拉現象等等。表明當溫度變化時，非晶態聚合物存在三種不同的力學狀態，即玻璃態、高彈態及黏流態。

不同溫度下的聚甲基丙烯酸甲酯（PMMA）的拉伸應力－應變曲線從某種意義上來說，也反映了不同非晶態聚合物的應力－應變曲線的特徵。根據曲線上降伏點（yield point）的有無和高低，楊氏模量、延伸率、抗張力強度的大小等，可將非晶態聚合物分為硬而脆、硬而韌、硬而強、軟而韌和軟而弱等五種類型。之所以表現出如此差別，是由於不同非晶態聚合物具有不同彈性與黏性相結合的特性，而且彈性與黏性的貢獻隨外力作用的時間而異，稱此特性為黏彈性。黏彈性的本質是由於聚合物分子運動具有鬆弛特性。

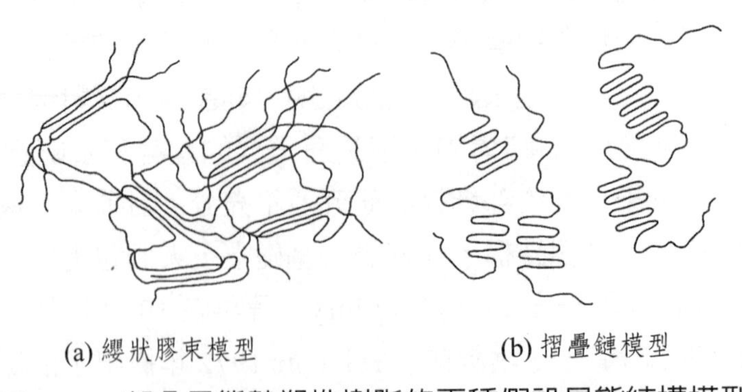

圖 7.22 部分晶態熱塑性樹脂的兩種假設晶態結構模型

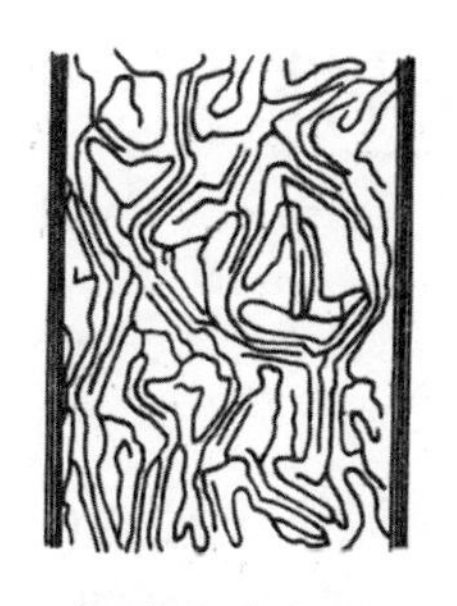

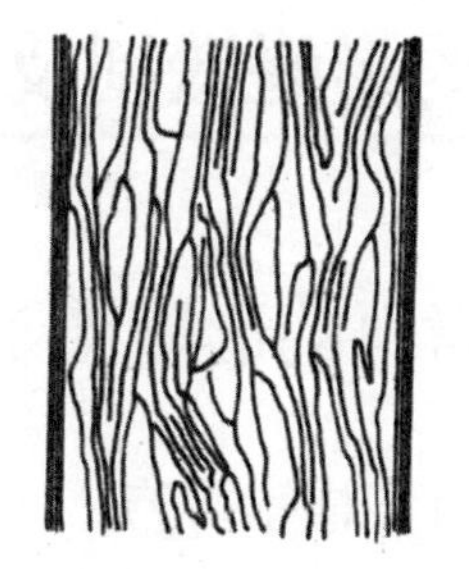

(a) 未受外力拉伸時　　(b) 受外力拉伸時

圖 7.23　晶態聚合物的結構模型 —— 纓狀膠束結構

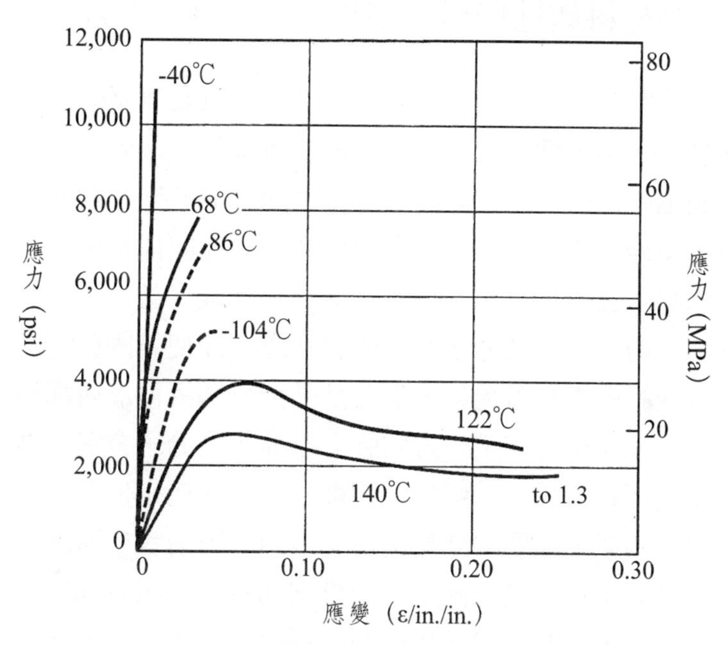

從圖中可以看出，脆一韌轉變發生在 86℃～104℃之間。

圖 7.24　在不同溫度下，聚甲基丙烯酸甲酯（PMMA ，有機玻璃）的拉伸應力—應變曲線

7.10 聚合物的形變機制及變形特性

7.10.1 聚合物材料的形變機制

聚合物材料中有多種變形方式，大致有以下三種：(1) 由於主鏈上碳共價鍵延伸造成的彈性變形；(2) 由於主鏈開捲造成的彈性或塑性變形；(3) 由於鏈間的滑移造成的塑性變形。

7.10.2 聚合物材料塑性變形的結果 —— 延伸和取向

在未經處理的狀態下，球晶內的高分子排列是雜亂無章的，而經過延伸後，球晶變為纖維晶。不過，延伸方式不同，最後纖維晶的取向特徵也大不相同：經單軸延伸後，纖維晶排列方向基本固定，兩個纖維晶方向之間的夾角不會太大；經二軸延伸後，纖維晶的排列方式便會無定性，各方向都會出現。

若結晶性塑料的溫度上升，其分子的運動會加強。當然，對於非結晶部分來說，由於相互間的約束小，其分子的運動會活躍。即使是固體，在達到某一溫度以上，結晶部分或許仍未顯著運動，而非結晶部分卻近似液體那樣，已產生劇烈的分子運動。而且，此時若在某一方向強力拉伸，則分子會在拉伸方向伸展。同時，分子間會產生相對滑移。其結果，相鄰分子會在穩定位置形成新的結晶。像這種在被強力拉伸狀態下形成的結晶與球晶不同，稱前者為纖維晶。

纖維晶具有其分子在一定方向上集中排列的特性，該方向的強度明顯增強。另外，在延伸過程中，殘餘的球晶也會順次拆解，向纖維晶變化。由於纖維晶十分微細，從而變為不透明的。

延伸是合成纖維的中心技術，即使在塑料領域，也廣泛用於包封（packaging）等場合。

對於薄膜的場合，若僅在某一方向強度高，則難以使用，因此需要進行二軸延伸。藉由縱橫兩個方向的延伸，就可以形成不存在各向異性的薄膜。

對於要做成複雜形狀的一般成形品而言，靠延伸實現均勻的拉長並非易事，實際應用更為困難，然而，在製作聚對苯二甲酸乙二醇酯（PET）塑料瓶子時，卻成功地得以實現。PET 瓶子的製作技術流程所示，首先由射出成形等形成小的瓶胚，將其加熱至合適的溫度並放入模具中，而後在瓶胚的內側充入高壓空氣。此時，瓶胚如同吹氣球那樣，擴大至模具緊貼，最後得到薄而強的 PET 塑料瓶。

如此，開始於合成纖維世界的延伸技術，在塑料領域也大有用武之地。延伸作為不改變材料成分而能量顯著提高的有效手段，在塑料領域的應用越來越廣。

相對於延伸是有意識進行的而言，一般說來，取向是無意識造成的。而且，依場合不同而異，取向往往成為有損於性能的原因。需要指出的是，取向並非都是負面效果，相反地，近年來在光學薄膜應用等方面，已發現取向的許多新用途。

無論採用何種成形方法，都要使熔融的塑料流動，而此時，必然造成分子沿流動方向伸展並排列。伸展方式依分子的長度及流動速度（剪切速度）不同而異。流動結束後，開始冷卻時加在分子上的應力消失，各個分子獨立地運動。隨後，分子便會隨機地朝各個方向排列。但是，如果冷卻速度過快，在分子自由運動不充分的情況下便發生固化。其結果是，分子在朝著流動方向排列的狀態下，便原樣固化下來，稱這種狀態為取向。

具有取向的成形品中，朝著流動方向排列的分子多，該方向的強度高，而與之垂直方向上不能發揮出足夠的性能。正如聚乙烯水桶破壞時所見到的那樣，一般是桶壁縱向裂開。在水桶成形時，熔融的塑料從底部中心向周邊及側壁運動，從而在側壁縱向產生取向。超市中的購物袋容易沿縱向開裂，也基於同樣的道理。

從積極方面利用取向的實例也越來越多。例如，食品包裝膜的破壞方向若與取向方向一致，則很容易開封。近年來，在 TFT LCD 所用的偏光片以及位相補償膜等方面，都用到一軸延伸的取向膜。

7.10.3 尼龍的拉拔強化

與金屬材料冷拉可以造成強烈的加工硬化相似，一些高分子材料在 Tg 溫度附近冷拉，也可以使其強度和彈性模量大幅度提高。由熔融紡絲製程所製作的尼龍，在通過擠壓模極細的噴嘴時，被很快冷卻形成非晶狀態後進行拉拔。開始拉拔只是纏結的分子鏈沿拉拔方向逐漸伸直；當拉拔比〔以 $(l-l_0)/l_0$ 計量〕繼續增加時，分子鏈便沿受力方向排列了，這與金屬的變形結構相似。可以想像，分子鏈的主幹上是強的共價鍵，定向排列的分子鏈數目，表現出的共價鍵力就越強，因而沿受力方向排列時的分子鏈強度和彈性模量也就越高，當然這時會表現出強烈的各向異性。在尼龍的拉拔比為 4 時，其強度比拉拔前可增加 8 倍之多。

除尼龍外，聚氯乙烯、有機玻璃等都常用拉拔強化的方法來改善其性能。

7.10.4 聚烯烴的改性方法

由於塑料是高分子化合物，其許多特徵源於高分子這一事實。一般說來，隨著分子量變大，物質的性質會發生下述變化：(1) 熔點變高；(2) 在溶劑中難以溶解；(3) 不容易發生化學反應；(4) 即使在外力作用下也不易發生破壞；(5) 作為熔液或熔融狀態下的黏度高。這幾點也是塑料的特徵。

聚烯烴（poly olefin）的改性方式大致有以下八種：(1) 分支改性。分支增加和結晶化度低，導致密度下降，使聚烯烴變得柔軟，耐衝擊性提高，熔融黏度提高，但耐熱性變差；(2) 分子量改性。分子量變大，導致分子運動變慢，分子間結合增加，使耐衝擊性提高，結晶化速度變慢，熔融黏度提高；(3) 分子量分布改性。分子量分布變窄和低分子變少，導致物性提高，分子量分布集中，導致耐衝擊性提高，強度提高，結晶化速度變慢；(4) 立體規則性（聚丙烯）改性。立體規則性變高，則結晶化度變高，使熔點上升，強度提高，硬度變大；(5) 共聚合改性。藉由乙烯、丙烯的共聚，可使共聚物變得柔軟，藉由醋酸乙烯的共聚，可使共聚物變得柔軟且氣體隔斷性提高；(6) 橋架改性。可使耐熱性提高，在這方面，低密度聚乙烯已實用化；(7) 聚合物合金改性。在聚丙烯中添加合成橡膠使其變得柔軟，耐衝擊性提高，聚丙烯／聚異戊二烯系合成橡膠聚合物合金已達到實用化；(8) 填料增加改性。在聚丙烯中添加玻璃纖維等填料，使其耐熱性提高，強度、剛性提高。

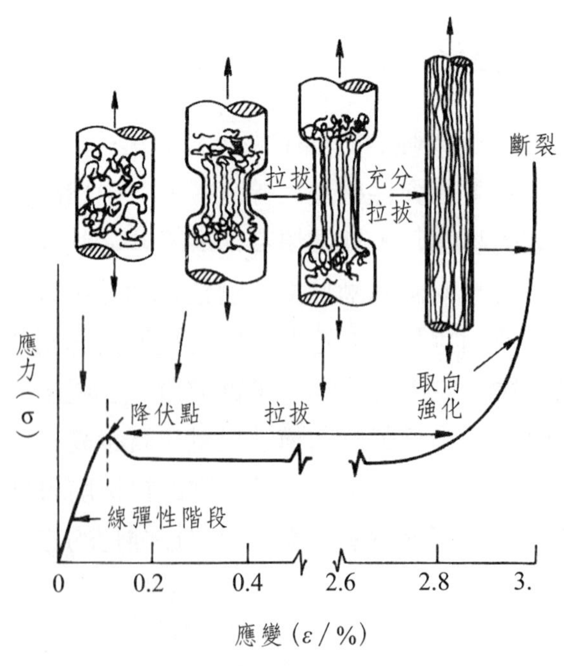

圖 7.25 尼龍拉拔時的應力－應變曲線

表 7.8　聚烯烴的改性方法

被改良的特性	變化的參數與量	改性手段
分支 (形成支鏈)	分支增加和結晶化度低，導致密度下降	分支增加時 ・變得柔軟 ・耐衝擊性提高 ・熔融黏度提高 ・耐熱性變差
分子量	分子量變大時 ・分子的運動變得緩慢 ・分子間的結合增加	分子量變大時 ・耐衝擊性提高 ・結晶化速度變慢 ・熔融黏度提高
分子量分布	分子量分布變窄和低分子變少，導致物性提高	分子量分布集中時 ・耐衝擊性提高 ・強度提高 ・結晶化速度變慢
立體規則性 (聚丙烯)	立體規則性變高，則結晶化度變高	立體規則性變高時 ・熔點上升 ・強度提高 ・硬度變大
共聚合	依聚合對象不同而異	・藉由乙烯、丙烯的共聚合而變得柔軟 ・藉由醋酸乙烯的共聚合而變得柔軟，氣體隔斷性提高
橋架	低密度聚乙烯實用化	耐熱性提高
聚合物合金	聚丙烯／聚異戊二烯系合成橡膠聚合物合金已達到實用化	在聚丙烯中添加合成橡膠而變得柔軟，耐衝擊性提高
填料添加	在聚丙烯中添加玻璃纖維等填料	・耐熱性提高 ・強度、剛性提高

7.11　常見聚合物的結構和用途——按性能和用途分類

7.11.1　熱塑性塑料

熱塑性（thermoplastic）塑料是一類應用最廣的塑料，以熱塑性樹脂為主要成分，並添加各種助劑而配製成塑料。在一定的溫度條件下，塑料能軟化或熔融成任意形狀，冷卻後形狀不變；這種狀態可多次反覆而始終具有可塑性，且這種反覆只是一種物理變化，這種塑料稱為熱塑性塑料。

熱塑性塑料根據性能特點、用途廣泛性和成形技術通用性等，可分為通用塑料、工程塑料、特殊塑料等。通用塑料的主要特點：用途廣泛、加工方便、綜合性能好。如聚乙烯（PE）、聚氯乙烯（PVC）、聚丙烯（PP）、聚苯乙烯（PS）、丙烯腈－丁二烯－苯乙烯（ABS），又通稱為「五大通用塑料」。工程塑料和特殊塑料的特點是：高聚物的某些結構和性能特別突出，或者成形加工技術難度較大等，往往應用於專業工程或特別領域、場合。

以往研究，開發了許多耐衝擊樹脂。但是，現在工業價值較高的耐衝擊樹脂僅有耐衝擊聚苯乙烯、ABS 樹脂、MBS 樹脂、耐衝擊聚丙烯、耐衝擊 PMMA 以及耐衝擊尼龍等。

而引人注目的是耐衝擊 PP 採用嵌段聚合合成，而其它典型的耐衝擊樹脂均由接枝聚合合成，這顯示接枝聚合合成是工業上設計耐衝擊聚合物的重要途徑之一。

其它途徑以乳液聚合為主。通常，高分子材料的製造方法由乳液聚合轉換為懸浮聚合、本體聚合。這是為了在適應製造方式的簡化和小型化的同時，進一步提高產品品質。而耐衝擊聚合物大多使用乳液聚合法，這是因為該法容易使耐衝擊性與其它優良性質達到均衡，適於品級多樣化。

7.11.2 熱固性塑料

熱固性（thermosetting）塑料與熱塑性塑料不同的是，熱塑性塑料中樹脂分子鏈都是線型或帶支鏈的結構，分子鏈之間無化學鍵產生，加熱時軟化流動，冷卻變硬的過程是物理變化。

熱固性塑料第一次加熱時可以軟化流動，加熱到一定溫度，產生化學反應一交鏈固化而變硬，這種變化是不可逆的，此後，再次加熱時，已不能再變軟流動了。正是藉助這種特性進行成形加工，利用第一次加熱時的塑化流動，在壓力下充滿型腔，進而固化成為確定形狀和尺寸的製品。

熱固性塑料的樹脂固化前是線型或帶支鏈的，固化後分子鏈之間形成化學鍵，成為三度（維）的網狀結構，不僅不能再熔觸，在溶劑中也不能溶解。常用的熱固性塑料品種有酚醛樹脂、脲醛樹脂、三聚氰胺樹脂、不飽和聚酯樹脂、環氧樹脂、有機矽樹脂、聚氨酯等。

熱固性塑料主要用於隔熱、耐磨、絕緣、耐高壓電等，在惡劣環境中所使用的塑料，最常用的應該是炒菜鍋把手和高低壓電器、印製線路板（PCB）和電子封裝用的環氧塑封料（EMC），大都採用熱固性樹脂。

7.11.3 纖維和彈性體

彈性體是一種性能獨特的人造熱可塑性彈性體，具有非常廣泛的用途。良好的外觀質感、觸感溫和、易著色、色調均一、穩定；耐一般化學品（水、酸、鹼、醇類溶劑）；無需硫化即具有傳統硫化橡膠之特性，節省硫化劑及促進劑等輔助原料。弱點：不耐高溫、高溫下絕緣性能變差、外形改變。

根據彈性體是否可塑化，可以分為熱固性彈性體、熱塑性彈性體二大類。熱固性彈性體即傳統橡膠，分為飽和橡膠和不飽和橡膠。熱塑性彈性體分為：熱塑性聚烯烴彈性體、熱塑性苯乙烯類彈性體、聚氨酯類熱塑性彈性體、聚酯類熱塑性彈性體、聚醯胺熱塑性彈性體、含鹵素熱塑性彈性體、離子型熱塑性彈性體、乙烯共聚物熱塑性彈性體、1,2 聚丁二烯熱塑性彈性體、反式聚異戊二烯熱塑性彈性體等。

7.11.4 黏接劑和塗料

黏接劑（adhesive）是通過介面的黏附和內聚等作用，能使兩種或兩種以上的製件或材料連接在一起的天然或合成的、有機或無機的一類物質，又叫黏合劑，習慣上簡稱為膠。簡而言之，黏接劑就是通過黏合作用，能使被黏物結合在一起的物質。

黏接劑的分類方法很多，按應用方法可分為熱固型、熱熔型、室溫固化型、壓敏型等；按應用物件分為結構型、非構型或特種膠；接形態可分為水溶型、水乳型、溶劑型以及各種固態型等。合成化學工作者常喜歡將黏接劑按黏料的化學成分來分類。

伴隨著生產和生活水準的提高，普通分子結構的黏接劑已經遠不能滿足人們在生產生活中的應用，這時高分子材料和奈米材料成為改善各種材料性能的有效途徑，高分子類聚合物和奈米聚合物成為黏接劑重要的研究方向。在工業企業現代化的發展中，傳統以金屬修復方法為主的設備維護技術，已經不能滿足針對更多高新設備的維護需求，為此誕生了包括高分子複合材料在內的更多新的黏接劑，以便解決更多問題，滿足新的應用需求。

塗料（paint）是塗於物體表面，能形成具有保護、裝飾或特殊性能（如絕緣、防腐、標誌等）的固態塗膜的一類液體或固體材料的總稱，包括油（性）漆、水性漆、粉末塗料。

塗料屬於有機化工高分子材料，所形成的塗膜屬於高分子化合物類型。按照現代通行的化工產品的分類，塗料屬於精細化工產品。現代塗料正在逐步成為一類多功能性的工程材料，是化學工業中的一個重要行業。

塗料的作用主要有四點：保護、裝飾、掩飾產品的缺陷和其它特殊作用、提升產品的價值。

7.12 工程塑料

7.12.1 塑料的分類、特性和用途

本節的論述限定於熱塑性聚合物，即狹義的塑料範圍。為便於理解，將現在廣泛使用的塑料匯總於表 7.9 中。該表的橫軸按通用塑料、準通用塑料、工程塑料、準超工程塑料、超工程塑料五大類，作為塑料的性能指標。兼顧以往的習慣，從廣泛使用的塑料中，僅挑選幾種高性能且具特殊用途的為代表列出。

通用塑料即俗稱的五大通用塑料，包括聚氯乙烯、低密度聚乙烯、高密度聚乙烯、聚丙烯、以及聚苯乙烯（表中的 GPPS）。

在五大通用塑料中，低密度聚乙烯、高密度聚乙烯、聚丙烯又可以分為一組，稱其為烯（屬）烴系塑料或聚烯烴。如此，需要記憶的材料就剩下三類。

另外，聚苯乙烯可按 GPPS 、HIPS 、準通用塑料的 AS 樹脂、ABS 樹脂以及通用工程塑料的 m-PPE 構成一大組，稱其為苯乙烯系塑料。

在工程塑料中，使用量最多的是聚縮醛、聚醯胺、聚酯（含 PET ，PBT）、聚碳酸酯、m-PPE 等五大工程塑料。

準超工程塑料、超工程塑料可分為三組：(1) 已投入使用的 PPS；(2) 芳香化樹脂，聚硫化合物等透明耐熱材料；(3) 聚苯撐硫化物，全芳香族酯高性能耐熱材料。

表 7.9　工程用熱塑性塑料

	名稱	英文名稱	符號	構造	用途
通用塑料	聚乙烯	polyethylene	PE	$\left(CH_2-CH_2\right)_n$	管子、膜、瓶子、杯子、包裝、電子絕緣
	聚丙烯	polypropylene	PP	$\left(CH_2-\underset{C_2H_5}{\underset{\mid}{CH_2}}\right)_n$	和 PE 用途相同，更耐日曬、更輕，剛度更好
	聚氯乙烯	polyvinyl chloride	PVC	$\left(CH_2-\underset{Cl}{\underset{\mid}{CH}}\right)_n$	如窗架等建築用材、唱片，塑化後製造人造革、衣服、襪子
	聚苯乙烯	polystyrene	PS	$\left(CH_2-\underset{C_6H_5}{\underset{\mid}{CH}}\right)_n$	廉價，用丁二烯韌化後製造耐沖機構的聚苯乙烯，用 CO_2 發泡後製造包裝材料
	聚甲基丙烯酸甲酯（有機玻璃）	polymethyl methacrylate	PMMA	$\left(CH_2-\overset{CH_3}{\overset{\mid}{\underset{\underset{\underset{\underset{\underset{CH_3}{\mid}}{O}}{\mid}}{C}}{\underset{\mid}{C}}}}\right)_n$	透明板和模子、飛機窗玻璃、汽車擋風玻璃
通用工程塑料	尼龍（聚醯胺）6	nylon(polyamide)6	PA6	$\left(NH(CH_2)_5CO\right)_n$	紡織品、地毯、降落傘、繩子、齒輪、絕緣體和軸承
	尼龍（聚醯胺）66	nylon(polyamide)66	PA66	$\left(NH(CH_2)_6-NHCO-(CH_2)_4CO\right)_n$	
	尼龍（聚醯胺）12	nylon(polyamide)12	PA12	$\left(NH(CH_2)_{12}CO\right)_n$	
	聚甲醛（聚氧化甲烯）	polyoxymethylene	POM	$\left(CH_2-O\right)_n$	齒輪及機械零件
	聚碳酸酯	polycarbonate	PC	$\left[O-C_6H_4-\overset{CH_3}{\underset{CH_3}{O}}-C_6H_4-O-\underset{O}{\underset{\parallel}{C}}\right]_n$	透鏡、防護帽、燈罩、機械零件

7.12.2 塑料分類的依據

塑料的上述分類與其耐熱性相對應，即按耐熱性從低向高排列。而耐熱性的標準，以各類塑料的大致極限使用溫度標出。

橫軸還列出不同種類塑料的價格。越靠左價格越便宜，越靠右價格越貴。價格作為原材料成本、合成加工難易程度、供求關係的相對比較，還是有重要的參考價值。

更有意義的是，橫軸還表示出化學結構的差異。前面已經講到塑料是絲狀的高分子，連接成絲的相關部分稱為主鏈。如果著眼於該主鏈的構造，通用塑料、準通用塑料的主鏈僅由碳原子構成。因此，在書寫通用塑料、準通用塑料的化學結構式時，全部表示為$\{\text{C-CX}\}_n$。其中 n 表示大量的意思，例如有 300 個或 1000 個碳原子相連接等。X 部分依塑料種類不同而異，可以取不同的化學構造。主鏈若僅由碳構成，則柔軟易動。因此，溫度稍高，便容易變形，甚至發生流動，耐熱性難以提高。

與主鏈相對，X 部分稱為側鏈。依側鏈的種類不同，可構成各種不同的塑料。側鏈的化學構造與塑料性質之間的關係相當複雜，不好一概而論。但是，側鏈變長時，分子變得更難運動。在主鏈不變的前提下，側鏈對耐熱性的影響不顯著，但是對材料的硬度卻有很大影響。

為了提高耐熱性，需要想辦法使主鏈難以運動。為此，需要在主鏈中引入碳以外的其它元素。作為碳以外的其它元素，可以考慮氧、氮等。當然也與加入的方式相關，但是，藉由這類元素的加入，會使主鏈變硬，從而難以運動。而且，由於分子之間的親和性變強，即使溫度上升分子運動加劇，相鄰分子也會對運動產生牽制作用。工程塑料在主鏈中都要引入碳以外的其它元素。

為進一步提高耐熱性，需要在主鏈中導入稱作苯環或芳香環的化學構造。寫成一般形式，記作 $[(\text{C})_n$ ⬡ $]_m$，其中⬡表示苯環（benzene ring）。工程塑料的一部分，超工程塑料的全部都取這種構造。苯環也使分子鏈變得剛硬，從而不容易發生熱運動。

從塑料製作的立場，再回頭看看表 7.9。現在塑料大部分都是以石油為原料製作的。而石油是由長短不一的碳鏈構成的。藉由使其碳鏈加長（稱為聚合）的操作，便可製作塑料。因此，主鏈僅由碳構成的塑料價格很便宜，而附加側鏈也不會花費太多成本。如此看來，所有通用塑料若從製造來看，都可以做到比較便宜，從而得到普遍推廣。一般說來，塑料產量的 80% 都是通用塑料。

在主鏈加入碳以外的原子及芳香環需要麻煩的操作步驟，因此價格也會升高。需求也往往在於特殊領域，因此，比工程塑料等級更高的塑料使用量也少，通常所見不多。

透過對上述內容的整理可以看出，塑料的耐熱性是由分子結構，特別是鏈結構決定的。這既決定了價格，也決定了需求量。依據由符號所表達的化學構造，不僅可以了解塑料的特性，還能了解價格和需求結構。從而理解表 7.9 的橫軸，從化學結構推斷塑料的特性等，具有重要的實用意義。

7.12.3 五大工程塑料

工程塑料的需求量比之通用塑料，僅佔大約一成。但從另一方面講，工程塑料引領著性能的發展方向，性能競爭異常激烈。而且，在強調提高性能的前提下，犧牲成形性的情況也是有的，因此，從成形技術的觀點來說，也是人們感興趣的材料。

在工程塑料中，使用量最多的是聚縮醛、聚醯胺、聚酯（含 PET ，PBT）、聚碳酸酯、m-PPE 等五大工程塑料。表 7.10 中整理了這五類工程塑料的特性，材料按結晶化從易到難排列。各材料的大致特徵，可按表中所列查找。

7.12.4 準超工程塑料和超工程塑料

表 7.10 右邊兩欄分別列出準超工程塑料和超工程塑料，由於目前生產這些塑料的廠家不多，產量有限，且正在開發中，故表中所列可能不全。從化學式看，均有大量苯環並排，結構十分複雜。

準超工程塑料、超工程塑料的價格與工程塑料接近，緊隨五大工程塑料之後的準超工程塑料、超工程塑料可分為三組：(1) 已投入使用的 PPS；(2) 芳香化樹脂，聚硫化合物等透明耐熱材料；(3) 聚苯撐硫化物，全芳香族酯高性能耐熱材料。對於實際應用場合，首先根據用途需要選定其中一組，再於該組中進行比較以確定。

表 7.12 中列出近年來用於電子工程領域的主要塑料膜層（片）產品實例，其中不少採用的是工程塑料、準超工程塑料或超工程塑料。

表 7.10 塑料的分類、特性及用途（II）

分類		通用塑料	準通用塑料	工程塑料	準超工程塑料	超工程塑料
非結晶性塑料		聚氯乙烯 GPPS 低密度聚乙烯	丙烯樹脂 AS 樹脂 （苯乙烯系）	聚碳酸酯	多芳「基」化樹脂 聚硫化合物 聚醚亞胺 聚苯撐硫化物	（耐熱透明）
		HIPS	AS 樹脂	m-PPE		
結晶性塑料	A	（烯（屬）烴系）		←	PPS	（工程化）
	B	高密度聚乙烯 聚丙烯	PET	PBT 聚醯胺 聚縮醛	（高耐熱）	PEEK 聚醯胺亞胺
	C					全芳香族酯 聚行為醯亞胺
耐熱性（℃）(使用限制溫度)		～100		～150	～200	～250
化學結構		$\{C-C\}_n$（C 下接 X）		$\{\{C\}_nY\}_m$		$\{\{C\}_n\text{⌬}\}_m$
價格（$ / kg）		～1,000	～2,000	～5,000	～15,000	～100,000

GPPS: General Puropse Poly-Styrene, HIPS: High Impact Poly-Styrene, AS 樹脂：Acrylonitrile Styrene polymer, ABS 樹脂：Acrylonitrile Butadiene Styrene polymer, m-PPE: modified Poly Phenylene Ether, PET: Poly Ethylene Terephthalate, PBT: Poly-Butylene Terephthalate, PEEK: Poly-Ether Ether Ketone

（註）結晶性分類請見文中敘述；價格是指以現貨少量購入代表性品種時的大致價格。

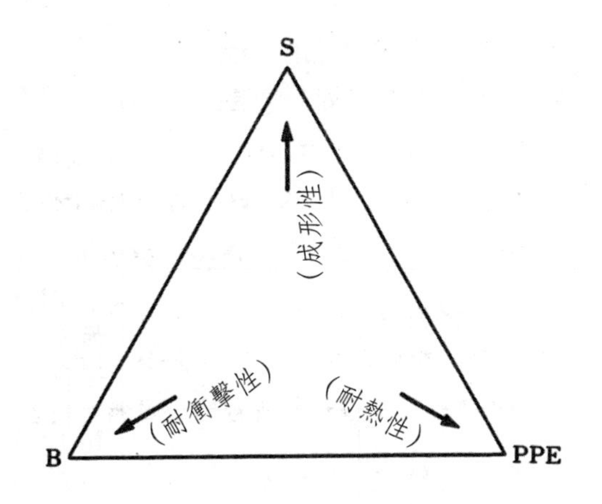

圖 7.26　m-PPE 的特性圖

表 7.11　五大工程塑料的比較

材料名	種類	機械特性	耐熱性	耐藥品性		吸水性	成形性			其它特性
		蠕變		有機	無機		流動性	固化速度	收縮率	
聚縮醛（polyacetal）	結晶性	○	△	○	×	無	○	◎	大	平滑面耐磨損性優良
聚醯胺（polyamide）	結晶性	○	◎	○	×	有	○	○	大	耐粗糙面的磨損性優良
聚酯（polyester）	結晶性	○	◎	○	△	無	○	△	大	電氣特性
聚碳酸酯（polycarbonate）	非晶性	×	○	×	△	無	×	×	小	唯一的透明工程塑料
m-PPE	複合性	×	○	×	○	無	×	×	小	電氣特性，多樣性

註：聚酯中含 PET、PBT。
　　在聚酯的固化速度一項中，符號△表示難以結晶化，故需要採取促進結晶的對策。

表 7.12　新興電子產業用的主要塑料膜層（片）產品實例

利用領域	製品及名稱	功能	使用的部位、工序	材料構成	國外主要廠商
液晶顯示器	偏光板	光的振動方向之控制	LCD 面板的畫面	TAC/PVA 偏光片	LG 化學（韓國）、日東電工、住友化學
	位相差膜	光的位相差之控制	偏光片的下方	PC	富士、帝人化成

利用領域	製品及名稱	功能	使用的部位、工序	材料構成	國外主要廠商
液晶顯示器	視角擴大膜	光的雙折射的控制	偏光片的下方	TAC／雙軸性位相差液晶塗布	富士
	擴散膜片	光的擴散、散射	背光源	在 PET 中添加擴散材料進行塗布	SKC（韓國）、惠和
	反射膜片	光的反射	背光源	在 PET 中添加顏料或形成微氣孔	帝人
	稜鏡膜片	集光	背光源	PET/PMMA 稜鏡層	住友、三菱
觸控面板	透明導電膜	光的透射和導電性	觸控面板本體	PET/ITO	日東電工
	防劃傷、耐指紋膜	表面保護，防止沾污	觸控面板表面	PET／硬質層或微結構層	東山、名阪真空工業
	OCA 膜	視認性提高，黏結性	觸控面板的貼合	丙烯酸系黏結劑	住友、日東電工、積水化學
半導體	背面磨削用保護薄帶	表面保護，保持性，剝離性	晶圓背面研磨	EVA／黏結劑	三井化學、日東電工
	劃片用背面貼帶	保持性，剝離性	晶圓的劃片、裂片、拾取等	PVC、PE、PET 等	三井化學、日東電工
封裝	TAB 用膜片（膜）	高速安裝	驅動器 IC 的安裝	PI 黏結劑／銅箔	三井金屬礦業、新藤電子工業
	各向異性導電膜	電極的導通、連接	顯示器與 TAB 的連接	導電粒子、黏結劑	日立化成
印製線路板	FPC 用覆銅膜	可撓性，導電性	撓性印製板基材	PI／銅箔等	宇部興產
	FPC 用銅箔上覆膜	絕緣、保護	基板表面保護、FPC 製作	PI／黏結劑	Innox、有澤製作所
	乾膜光阻	感光性	電路圖形形成	聚酯／感光性樹脂／PE	旭化成、日立化成

利用領域	製品及名稱	功能	使用的部位、工序	材料構成	國外主要廠商
各類電池	Li 離子電池用隔離膜	防止短路，離子遷移	電極間隔離	多微孔 PE、PP、PE/PP、PP/PE/PP 等	旭化成、東燃機能膜
	太陽電池用封裝膜	發電層的保護	發電層的兩面	EVA	三井化學
	太陽電池用的背面貼膜	元件的保護	元件的最底層	PVF/PET/PET3 層	東洋

7.13　新型電子產業用的塑料膜層

7.13.1　撓性覆銅合板（FCCL）和撓性印刷線路板（FPC）

隨著電子設備的輕、薄、短、小，特別是可攜式發展，作為電子元件和封裝載體的電路基板也不斷向多層、高密度、薄型，特別是撓性化方向發展。

撓性電路板，又稱為柔性線路板、軟性線路板、撓性線路板、軟板，英文是 FPC（flexible printed circuit），是一種特殊的印刷電路板。製作它用的主機板，稱作撓性覆銅合板（flexible copper clad laminate, FCCL）。一般的 FPC 廠家與硬質 PCB 的情況同樣，首先要從專門的廠家購入 FCCL 作為出發材料，再根據下游使用者的要求，製作帶電路的 FPC。

撓性覆銅合板（FCCL）按有膠、無膠分為三層、兩層；按金屬層的層數分為單面板、雙面板、多層板。三層板（3L-FCCL）由銅箔、聚醯亞胺（PI）膜、黏結膠構成。黏結膠常為環氧樹脂型或丙烯酸酯黏結劑。其耐熱性、尺寸穩定性和長期穩定性都遠遠比不上 PI ，因此，3L-FCCL 應用領域受到限制。聚醯亞胺本身是不易燃燒的，但是黏結劑一般可燃，同時容易造成環境污染問題，所以三層板逐漸被淘汰。

兩層板（2L-FCCL）由銅箔和 PI 膜構成，中間沒有黏結劑。具有更高的耐熱性、尺寸穩定性和長期穩定性。是新型的撓性板，應用面更廣。但技術難度較大，品質穩定性有待提高。

作為無黏接劑型撓性板的基材，一般都使用聚醯亞胺樹脂，但依撓性板製作技術的不同，目前已達到實用化的有三種方法：①鑄造法，②濺鍍／電鍍法，③疊層熱壓法。每種的特性及使用各不相同，需要根據用途合理選擇。

7.13.2 兩層法撓性板製作技術 —— 鑄造法

鑄造法無黏接劑型（兩層法）撓性板是以銅箔和液狀的聚醯亞胺樹脂為出發材料。將預先調整到合適黏度的漿料狀聚醯亞胺（polyimide, PI）樹脂塗布在銅箔上，經乾燥、熱固化，變成漿料膜層。其中，使用的聚醯亞胺樹脂應與銅箔具有盡量接近的熱膨脹係數，即使如此，聚醯亞胺樹脂與銅箔間的附著性也不太好。為了對此進行改善，人們採取了各種措施，例如先在銅箔表面塗布一層黏結性良好的聚醯亞胺樹脂薄層等。為了製作雙面撓性板，可以在單面板基膜的另一面，再塗布黏結性的聚醯亞胺樹脂薄層，再疊壓一層銅箔。

鑄造法製作的撓性板黏結特性良好、穩定，其它特性的均衡性也好，因此，作為無黏接劑型撓性板使用最多。特別是對於要求高耐熱性的用途、微細迴路、多層剛—撓性板製作，目前已成為主要材料。這種方法所用的銅箔，只要厚度合適，電解銅箔、壓延銅箔均可採用。而且，銅以外的其它金屬也可以製作撓性板。另一方面，由於基層所用的聚醯亞胺膜通常一個廠商只生產一種，且越厚價格越高。另外，由於所使用的聚醯亞胺樹脂化學蝕刻很難，要想廉價地做出飛線結構比較困難。

7.13.3 兩層法撓性板製作技術 —— 濺鍍／電鍍法和疊層熱壓法

濺鍍（sputtering）／電鍍（electroplating）法從 PI 膜開始。作為最初的工程，是將捲狀的 PI 膜置於真空中，藉由濺鍍及真空蒸鍍等方法，在 PI 膜的表面形成奈米量級的薄導電層，稱其為種晶（seed）、打底層。這種打底層的作用，一是為下一步的電鍍增厚提供導電通路，二是為了增加金屬膜層在 PI 膜上的附著強度。此後採用電鍍技術沉積銅以達到必要的厚度。因此，由這種方法得到的導體層一般稱為電解銅箔。

為了製作雙面撓性板，在反面進行重複操作即可。這種過程，採用 PI 以外的其它樹脂膜層作基材也是可以的。該工程的技術特點是，導體層越薄，處理時間越短，而且導體層厚度在 1μm 以下也可以做到。因此，特別是在高密度電路所需要的撓性 FPC 中多有採用。

由於開始的打底層需要在真空容器中形成，因此製作成本較高。產品特性依廠家不同，差異較大，要想得到穩定的結合強度難度較高。一般說來，銅導體層越厚，表示結合強度越大，但由於導體變硬，不利於彎曲方面的用途。無黏接劑型疊層熱壓法製作撓性板的技術如圖 7.27 所示，首先在作為基板的 PI 膜上薄薄地塗布一層熱熔型 PI 樹脂（作為受熱熔化，冷卻時即可實現黏結的黏結劑），用以構成複合膜層，再於單面或者雙面疊層熱壓銅箔，由此構成撓性板。

這種技術比較簡單，只要有熱壓機，利用由廠家購得的複合聚醯亞胺膜和銅箔，就有可能自己生產。而且，使用銅以外的金屬箔也比較容易。但是，採用熱壓只能生產定型的片狀撓性 FPC。為了製作捲狀的撓性板，必須採用連續疊層所用的高溫連續疊層裝置。產品價格主要決定於材料費。

7.13.4　TFT LCD 用各類高性能光學膜

液晶顯示器（LCD, liquid crystal display）自 20 世紀 70 年代成功搭載於電腦、手錶等之後，又經歷在微電腦、筆記型電腦、監視器中的推廣普及，先後經過大約 20 年。從 20 世紀 90 年代中後期，成功擴展至電視機、數位（digital）式看板等大型顯示領域，目前 LCD 在平板顯示器（FPD, flat panel display）這類大型光電子產品中，已佔據不可動搖的主導地位。

用於電視的 LCD，在更重視圖像品質提高的同時，作為綠色元件之一，還必須考慮環保節能、強調更方便的設計，以實現輕薄化，作為發展趨勢的 3D 技術開發，也在活躍進行之中。而且，伴隨觸控面板市場的成長，顯示器在用於顯示（output）的同時，正在越來越多地擔當輸入（input）功能，由被動的顯示，擴展為人腦意識的執行器與交流平臺。

儘管 LCD 有多種不同的液晶工作模式，但無論哪種都少不了以偏光片（polarizer）為首的各種光學膜。代表性的透射型 LCD 斷面結構如圖 7.29 所示。LCD 中所用的光學膜，除了偏光片之外，還有光學補償膜、增輝膜、表面處理層、觸控螢幕用光學膜等不下十餘層。另外，為了更高效率地使用背光源，還要採用擴散板、稜鏡片及反射片等。

圖 7.30 表示 LCD 的課程和對光學膜的作用。作為高品質 LCD 應具備的特性，可以舉出：觀視悅目賞心、可靠性高、薄型（slim）最好是撓性化、輕量、大型化、3D 化、低價格等。採用各類高性能光學膜，可使 TFT　LCD 實現高透射率、高對比、薄型化、均勻性、廣視角、高耐久性、高生產效率、低價格等。

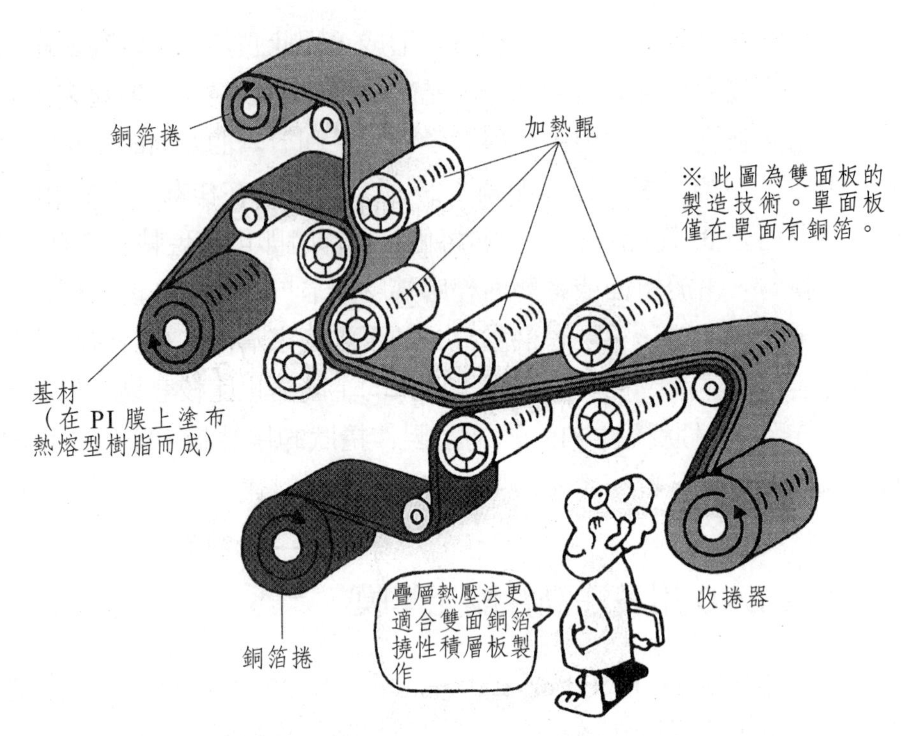

圖 7.27　雙面兩層法撓性板 —— 疊層熱壓法製作技術

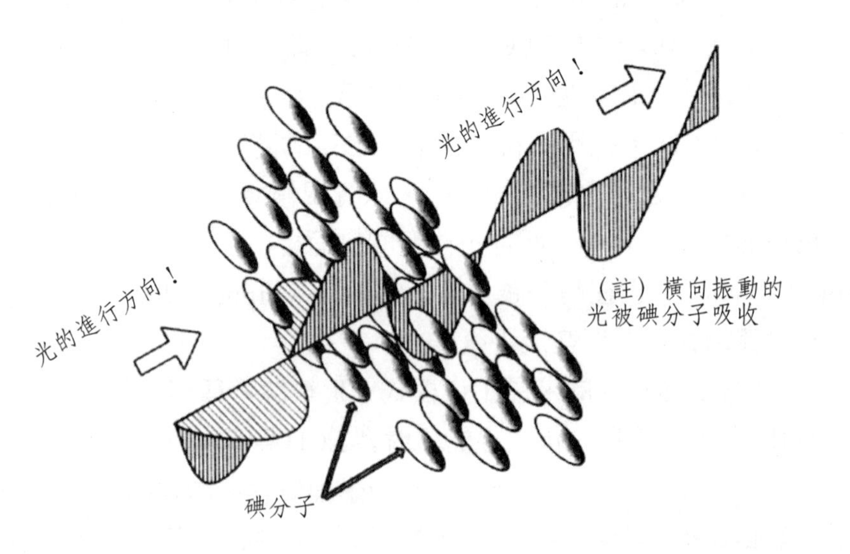

靠定向排列的碘分子吸收橫向振動的光，在稱作 PVA 的塑料膜中，混入碘分子，經單向拉伸，使碘分子定向排列，製成分子的「簾子」。

圖 7.28　有碘分子平行排列其中的偏光片

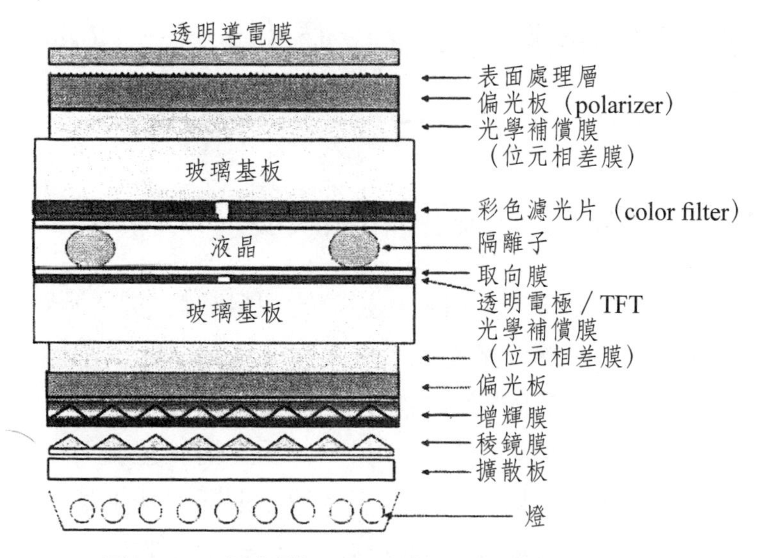

圖 7.29　透射性 LCD 的斷面結構示意圖

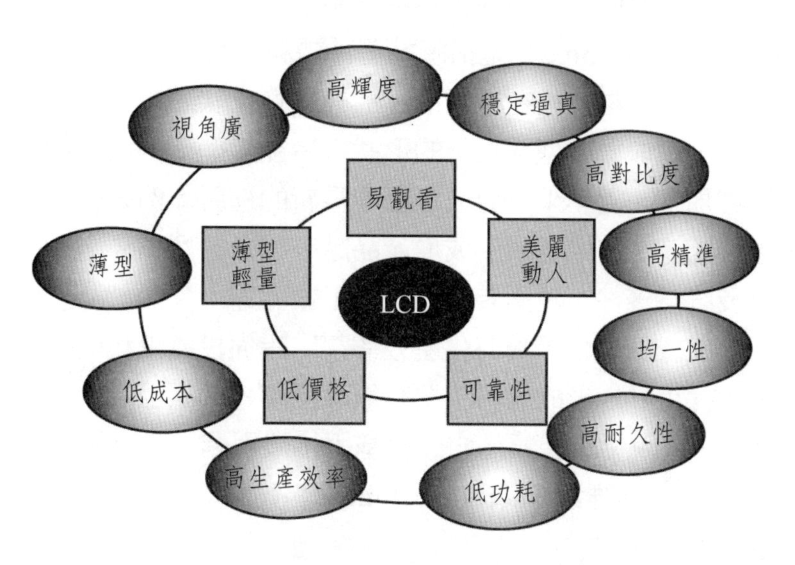

圖 7.30　LCD 的課題和光學膜的作用

7.14 聚合物的成形加工及設備 (1) —— 壓縮模塑和傳遞模塑

7.14.1 熱塑性塑料的分子結構和熱成形

許多不同的加工技術被用來將預先造粒的塑料顆粒、丸、球、片等轉化為成形產品，如薄膜、膜片、棒、擠壓成形件、管子或最終的模塑零件。所採用的加工技術，一定程度上決定於塑料是熱塑性的還是熱固性的。熱塑性塑料通常要加熱到軟化狀態，然後在冷卻之前成形；另一方面，對於在加工成形之前還沒有完全聚合的熱固性材料，要採用另一種加工過程，期間會發生某一化學反應，以使聚合物鏈間交叉結合，形成網狀聚合物材料。此一最終的聚合可以通過加熱、加壓，或在室溫、較高溫度下，由催化作用發生。

熱成形（thermo-forming）是指將熱塑性塑料片材加工成各種製品的一種較特殊塑料加工方法。片材被夾在框架上，加熱到軟化狀態，在外力作用下，使其緊貼模具的型面，以取得與型面相仿的形狀。冷卻定型後，經修整即成製品。此過程也用於橡膠加工。近年來，熱成形已取得新的進展，例如從擠出片材到熱成形的連續生產技術。在市場上，熱成形產品越來越多，例如杯、碟、食品盤、玩具、帽盔，以及汽車零件、建築裝飾件、化工設備等。

熱成形與注射成形比較，具有生產效率高、設備投資少和能製造表面積較大的產品等優點。採用熱成形的塑料主要有聚苯乙烯、聚氯乙烯、聚烯烴類（如聚乙烯、聚丙烯）、聚丙烯酸酯類（如聚甲基丙烯酸甲酯）和纖維素〔如硝酸纖維素（cellulose）、醋酸纖維素（acetate cellulose）等〕塑料，也用於工程塑料（如 ABS 樹脂、聚碳酸酯）。

熱成形方法有多種，主要包括：(1) 真空成形；(2) 氣壓熱成形；(3) 對模熱成形；(4) 柱塞助壓成形；(5) 固相成形；(6) 雙片材熱成形等。實際設備上採用的，多以真空、氣壓或機械壓力三種方法為基礎，加以組合或改進而成。

7.14.2 熱固性塑料的分子結構和熱壓成形

熱固性塑料是指在一定條件下（如加熱、加壓），能通過化學反應固化成不熔性的塑料，包括酚醛、脲醛、三聚氰胺甲醛、環氧不飽和聚酯以及有機矽等。熱固性塑料在固化前，分子結構是線型或帶支鏈的，第一次加熱時可以軟化流動，加熱到一定溫度，產生化學反應 —— 交聯固化而變硬，固化後分子鏈之間形成化學鍵，成為三維網狀結構，而熱塑性塑料分子鏈間一般不產生這類化學鍵。這種變化是不可逆的，此後再次加熱時，便不能再變軟流動，在溶劑中也不能溶解。正是藉助這種特性進行加工，利用第一次加熱時的塑化流動，在壓力下充滿型腔，進而固化成為確定形狀和尺寸的製品。

7.14.3 熱固性塑料的典型成形技術 —— 壓縮模塑和傳遞模塑

(1) 壓縮模塑法：許多熱固性樹脂，如酚醛樹脂、脲醛樹脂、甲醛樹脂是通過壓縮模塑變成塑料零件。在壓縮模塑中，塑性樹脂（可能被預熱）被放入一個熱的、帶有一個或多個空腔的模具中。注模的上部用力向下壓在塑性樹脂上，所加壓力和熱量熔化了樹脂，並使液化的塑料充滿腔。為了完成熱固性樹脂分子的交叉結合，需要繼續加熱（通常是 1～2 分鐘），然後零件從注模中彈出。多餘的溢料稍後從零件上去除。

壓縮模塑法（compression mold）的優點有：①由於注模相對簡易，注模製作成本低；②材料生產流程相對較短，從而減少了對注模的磨損和劃傷；③更適合製造大部件；④由於注模的簡易性，注模可以做得更緊湊；⑤固化反應中排出的氣體可以在注塑過程中逸散。壓縮模塑法的缺點是：①難以實現複雜的部件外形；②很難保證插入物與部件間的精細公差；③溢料必須從注塑部件上去除。

(2) 傳遞模塑（transfer mold）法：在傳遞模塑中，塑料樹脂不是直接引入模腔，而是先進入模腔外面的一個腔。在傳遞模塑中，當注模關閉後，活塞力會通過一個流道和導向系統，把塑料樹脂（通常會預熱）從外腔推進到模腔。注塑材料在保持壓力下，經過足夠的時間發生反應固化，便形成一個堅硬的網狀聚合物部件，之後注塑部件從注模中頂出。

傳遞模塑法的優點有：①與壓縮模塑法相比，傳遞模塑過程中不會產生溢料，因而注塑部件只需較少修整；②由一個流道和導向系統，即可同時生產許多部件；③傳遞模塑法特別適合製造小而精細的零件，它們用壓縮模塑法製造是很困難的。

7.14.4 熱塑性塑料的典型成形技術 —— 擠出吹塑和射出吹塑

胚料（billet）在三向不均勻壓應力作用下，從模具的孔口或縫隙擠出，使之橫截面積減小、長度增加，最終成為所需製品的加工方法叫擠壓，胚料的這種加工叫擠壓成形。它具有材料利用率高，材料的組織和機械性能得以改善，操作簡單，生產效率高等特點，可製作長桿、深孔、薄壁、異形斷面零件，是一類重要且較少或無切削加工技術，主要用於金屬的成形，也可用於塑料、橡膠、石墨和黏土胚料等非金屬的成形，在食品加工上也有應用。

吹塑成形主要指中空吹塑（又稱吹塑模塑），是藉助於氣體壓力使閉合在模具中的熱熔型胚吹脹，形成中空製品的方法，是由熱塑性塑料製作中空部件和薄膜的重要加工方法，同時也是發展較快的一種塑料成形方法。吹塑用的模具只有陰模，與注塑成形相比，設備造價較低，適應性較強，但成形性能較好、具有複雜起伏曲線的製品。

一個塑料瓶的吹塑步驟是：(1) 一段被加熱的熱塑性塑料筒或管胚被置於成形模具的兩個鉗口之間；(2) 模具閉合，管子底部被模具夾緊；(3) 氣壓通過模具被輸送入管胚內，使管胚膨脹撐滿整個模具，而且零件在被氣壓舉起時冷卻。

中空製品的吹塑主要包括三個方法：(1) 擠出吹塑，主要用於未被支撐的型胚加工，優點是生產效率高，設備成本低，模具和機械的選擇範圍廣；缺點是廢品率較高，廢料的回收利用差，製品的厚度控制、原料的分散性受限制，成形後必須進行修邊操作。(2) 注射吹塑，主要用於有金屬型芯支撐的型胚加工，優點是加工過程中沒有廢料產生，能很好地控制製品的壁厚和物料的分散，細頸產品成形精度高，產品表面光潔，能經濟地進行小批量生產；缺點是成形設備成本高，而且在一定程度上僅適合小尺寸吹塑製品。(3) 拉伸吹塑，包括擠出－拉伸－吹塑、注射－拉伸－吹塑兩種方法，適合加工雙軸取向的製品，可極大地降低生產成本和改進製品性能。除此之外，還有多層吹塑、壓製吹塑、蘸塗吹塑、發泡吹塑、三維吹塑等。吹塑製品中 75% 用擠出吹塑成形、24% 用注射吹塑成形，其餘 1% 用其它吹塑成形方法。區分擠出吹塑和注射吹塑的方法是觀察製品底部，底部有一個肚臍樣注塑點的是注塑吹塑或注拉吹製品，底部有一條合模線的是擠出吹塑製品。

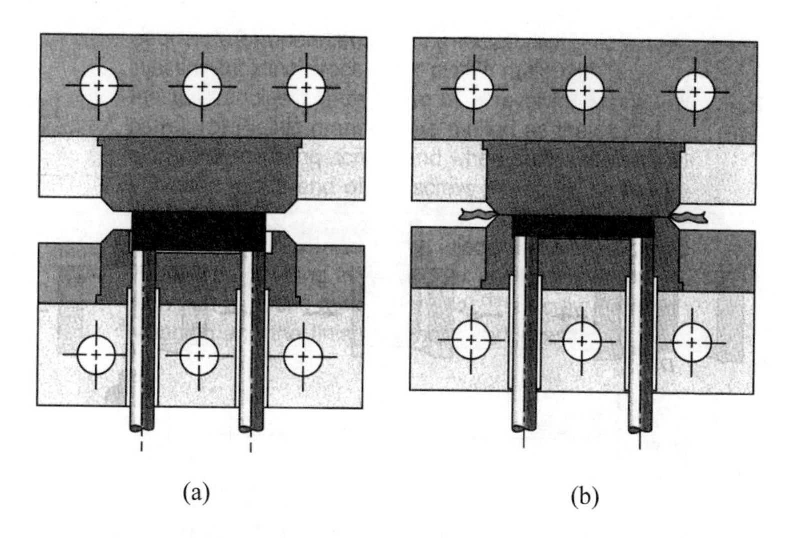

(a) 開模斷面圖，模腔中放入完成粉末成形的胚料，(b) 閉模斷面圖，表示模塑加工完成的產品及溢料飛邊。

圖 7.31　壓縮模塑法

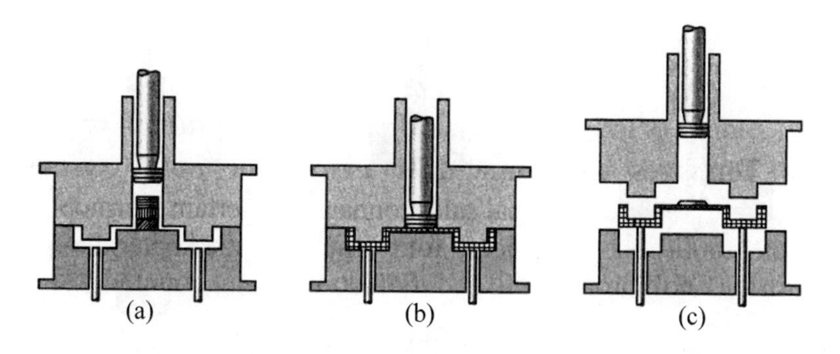

(a) 將預成形的塑料餅用活塞壓入一個預封閉的模具中。(b) 對塑料餅施加壓力，塑料通過一個導向和流道系統，被壓入模具空腔中。(c) 塑料成形後，活塞移開並打開空腔，頂出被成形的零件。

圖 7.32　傳遞模塑法

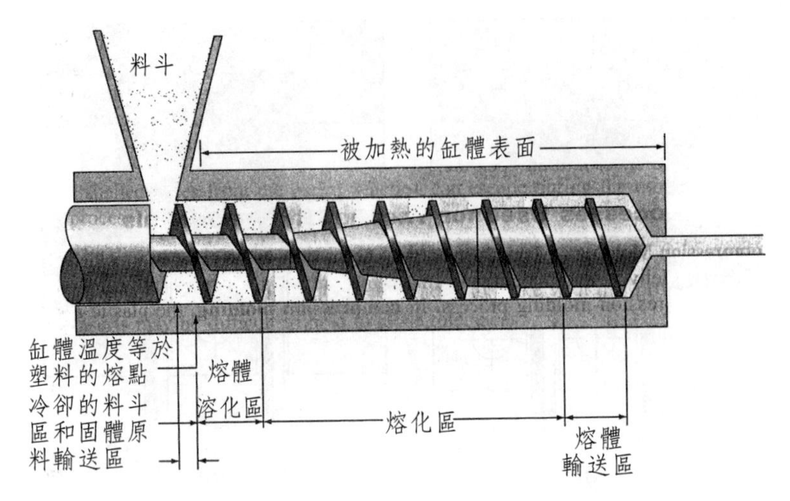

圖中標示出各個功能區：料斗、固體輸送區，延遲熔化開始區和熔體泵浦（pump）區。

圖 7.33　擠出成形機的示意圖

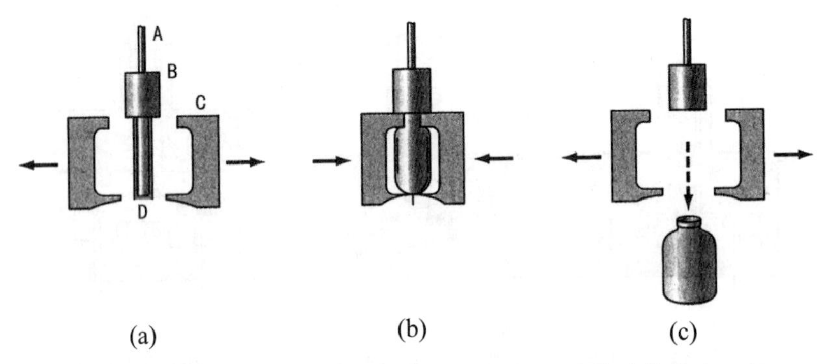

(a)　(b)　(c)

(a) 一段管胚引入模具中。(b) 閉模，然後管子的底部被模子收縮在一起。(c) 氣壓通過模具被引入管胚中，使管胚膨脹充滿模具，工件在保壓狀態下被冷卻成形。圖中 A 為供氣管、B 為硬模、C 為成形模具、D 為一段管胚。

圖 7.34　一個塑料瓶的吹塑成形步驟

7.15　聚合物的成形加工及設備 (2) —— 擠出成形和射出成形

7.15.1　擠出成形機的結構和工作原理

擠出成形（extrusion forming）是熱塑性塑料的重要成形方法之一。擠出法成形的產品有塑料管、棒、薄膜、薄片以及各種不同形狀的構件。擠出成形機也用來製造複合化的塑料材料，例如原材料的造粒和熱塑性塑料下腳料的回收等。

在擠壓成形過程中，熱塑性樹脂藉由漏斗輸入一個被加熱的缸體中，熔化的塑料被旋轉螺桿加壓驅動，透過一個精密加工金屬模具的一個（或多個）開口，以形成連續的形狀。在退出金屬模具後，被擠出的零件必須冷卻到熱塑性樹脂的玻璃轉化溫度以下，以保證它的尺寸穩定。冷卻通常藉由鼓風或水冷系統完成。

通過擠壓材料使之發生塑性變形的壓力機稱為擠壓機（extrusion press）。擠壓機分為金屬擠壓機和塑料擠壓機（又稱塑料擠出機、擠塑機等）。無論是哪種機型的擠壓機，都必須包括 5 個主要部件：(1) 供料機構；(2) 螺桿；(3) 螺套（缸體）；(4) 模頭；(5) 截料機構。

7.15.2　T 型模具塑料薄膜成形機

對於膜度較厚以及磁帶（magnetic tape）等所用厚度精度要求高的塑料膜片，一般採用所謂 T 模法來成形。在這種情況下，從擠出機上方看，模具開口部位為一文字型，由其向下流出的熔體由冷卻輥固化。

由擠出機管形出口擠出的塑料熔體，經由模具擴展為要成膜的幅度。因此，塑料熔體的流道為一 T 字型。正是基於此，稱這種形式的模具為 T 型模具。由 T 型模具製作塑料膜的方法稱為「T 型模具法」。

對於要求強度高的膜層情況，還需要延伸。此外，T 型模具法還可用於使不同材料膜層貼合，用於生產複合膜層。這種情況，是使從 T 型模具流出的塑料熔體，在預先準備的薄膜上連續擠出，流延成膜。

擠壓成形為連續性生產方式，特別適合於大批量生產，對於向市場提供薄膜和膜片產品，起著不可替代的作用。生產工廠也以大規模居多。

(1)T 模法：所謂 T 模是由中心進料的槽形口模與擠出機流道接管成 T 型，又稱 T 型模或 T 型機頭。T 模法即 T 型模擠出法，又稱擠出流延法，生產的薄膜稱擠出流延薄膜。

(2) 成形時，從 T 型機頭擠出的膜片直接流澆在表面鍍鉻的冷卻輥上，冷卻定型後，經切邊、捲曲即製得平膜。

(3)T 型機頭相當於將兩個 I 型機頭於入料端對接在一起。物料從支管中間進入後，分為兩股流向支管兩端。T 型機頭具有結構簡單、易加工製造、易調節寬幅等特點，但以其加工會出現製品厚度不均的現象。

7.15.3 往復螺桿射出成形機結構及操作程式

射出成形（ejection forming）是成形熱塑性材料的最重要加工方法之一。現代注射成形機使用往復螺桿機構來熔化塑料，並將其射入一個成形模具中。老式注射成形機利用活塞（piston）來熔化注射。往復螺桿法優於活塞法的一個主要優點是，螺桿驅動可以輸送更均質的熔料進行注射。

在注射成形中，塑料顆粒從漏斗中倒入，通過注射缸體上方的開口落在旋轉螺桿傳動機構的表面，該機構不斷地將原料推向注模一側〔圖 (a)〕。螺桿的旋轉迫使顆粒接觸熱缸體壁，由於壓縮、摩擦以及缸體熱壁的熱量會導致顆粒熔化〔圖 (b)〕，當有足夠多的塑料在螺桿尾部熔化時，螺桿停止旋轉，然後作活塞式的運動，將一小股塑料熔體通過一個導向和流道系統，射入封閉的注模空腔中〔圖 (c)〕。螺桿軸對射入注模的塑料要保壓一段時間，以讓後者變成固體，而後再撤回。注模是水冷的，以快速冷卻塑料部件。最後，注模打開，藉由空氣或彈簧頂針，將部件從注模中頂出〔圖 (d)〕。然後注模關閉，準備下一個迴圈。

注塑法的主要優點：(1) 可在高生產效率下生產高品質部件；(2) 勞動成本相對較低；(3) 注塑部件表面品質優良；(4) 加工過程可實現高度自動化；(5) 形狀複雜的部件也可生產。主要缺點：(1) 機器昂貴，需要生產大量的部件，才能抵償設備的投入；(2) 工藝過程必須嚴格控制，才能製造出高品質的部件。

7.15.4 射出成形機的模具結構和射出成形過程

對於像水桶那樣的三維形狀成形品，需要採用射出法成形。射出成形機的缸體部分，與擠出機的缸體有相同作用。但是，射出成形與擠出成形相比，動作略有差異且更複雜些。正因為如此，最近的射出成形機大多配有電腦，能進行精密控制，可全自動生產，實現無人成形。

為了更容易理解射出成形過程，圖中按時間先後表示各部分的動作程式。首先，對於缸體部分，螺桿旋轉使塑料成為可塑化的。待塑料充分熔融之後，螺桿後退，缸體的前端不斷積存熔融的塑料。待熔融塑料積存到定量之後，螺桿停止旋轉。積存的熔融塑料按注射器的要領，即使螺桿向前，通過噴嘴將熔融塑料高速射出。

另一方面，噴嘴的前端要與模具相連接。模具中需要保證與成形品形狀相當的空腔（cavity），並藉由冷卻水保證模具的低溫。填充到空腔內的熔融塑料被冷卻固化，變成成形品。待空腔內的塑料充分冷卻後，打開模具，通過頂針將成形品取出。而後，再次關閉模具，重複以上操作。

射出成形模具各式各樣，圖 7.37 表示其典型結構。射出時熔融塑料的壓力有的高達 1t／cm^2（100MPa）以上，而且不允許變形，因此對模具的要求是很高的。依塑料種類不同，空腔要有足夠的耐磨損性，因此在選擇鋼材時要特別慎重。另外，模具的良否對於製品的品質、生產效率關係極大。因此，在射出成形中，模具技術所佔權重很大。

由於射出成形靠一道工序即完成最終產品的形狀，因此，對於抑制塑料製品的價格具有重大貢獻。

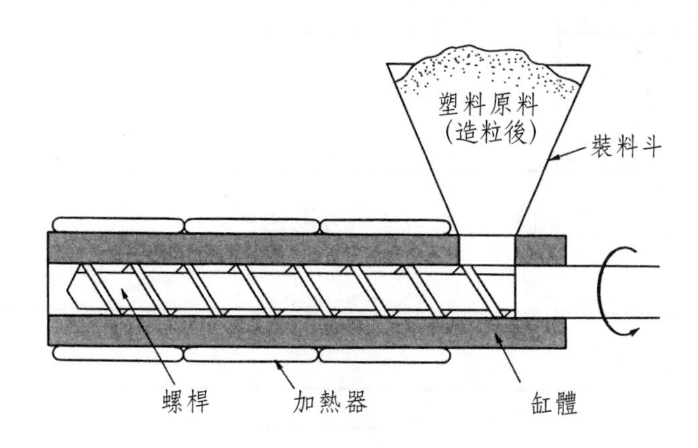

圖 7.35　擠壓機的結構

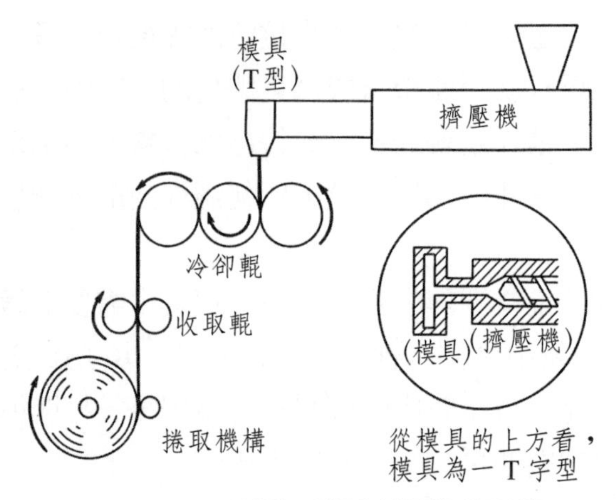

圖 7.36 T 型模具塑料薄膜成形機

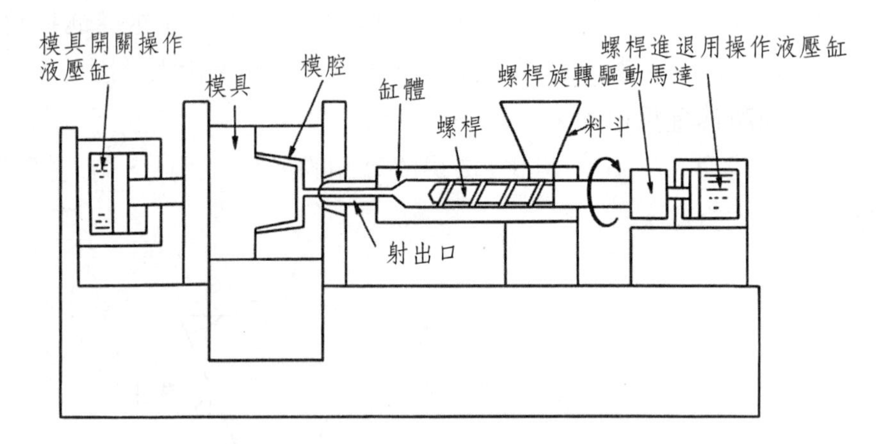

圖 7.37 射出成形機的一例

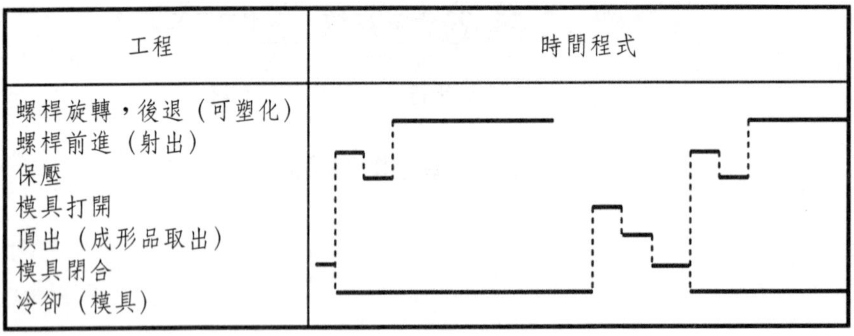

工程	時間程式
螺桿旋轉，後退（可塑化） 螺桿前進（射出） 保壓 模具打開 頂出（成形品取出） 模具閉合 冷卻（模具）	

圖 7.38 射出成形的時間程式

7.16 黏接劑 —— 黏接劑的構成和黏結原理

7.16.1 古人製作弓箭和雨傘等都離不開黏接劑

人們使用黏接劑（adhcsive）有悠久的歷史，中國是最早使用黏接劑的國家之一。從考古發掘中發現，遠在5300年前，人類就用水和黏土調和起來，把石頭等固體黏接成為生活用具。4000年前中國就利用生漆作為黏接劑和塗料製成器具，既實用又有技術價值，在3000年前的周朝已使用動物膠作為木船的嵌縫密封膠。秦朝以糯米漿、石灰製成的灰漿，作為長城基石的黏接劑，使得萬里長城（Great Wall）至今仍屹立於亞洲的北部，成為中華民族古老文明的象徵。西元前200年，中國用糯米漿糊製成的棺木密封劑，配上防腐劑及其它措施，使得2000多年後棺木出土時屍體不但不腐，而且肌肉及關節仍有彈性，從而轟動了世界。古埃及（Egypt）人從金合歡樹中萃取阿拉伯膠，從鳥蛋、動物骨骼中提取骨膠，從松樹中收集松脂製成黏接劑，還用白土與骨膠混合，再加上顏料，用於棺木的密封及飾塗在古代武器上，古人使用骨膠黏接鎧甲、刀鞘，並且用來製造弓箭這類兼具韌性與彈性的複合材料製品，而且古人所用的雨傘都是用黏接劑黏接才得以成形。總而言之，黏接劑在中國的發展史上起著不小的作用。

7.16.2 黏接劑主成分的分類

黏接劑的分類方法很多，但一般按其主成分分類為無機黏接劑和有機黏接劑兩大類。前者包括水泥、灰泥及石膏等，後者包括木工用膠及暫態黏結劑等。目前有機黏接劑已成為黏接劑的主流。儘管歷史上天然系黏結劑產生重要作用，但現在使用的黏結劑幾乎都是合成樹脂系。在種種高分子材料作為黏結劑而使用的樹脂中，按高分子的性質，可分為熱塑性樹脂系、熱固性樹脂系、熱塑性合成橡膠系等三大類。

熱塑性黏接劑包括纖維素酯、烯類聚合物、聚酯（polyester）、聚醚（polyether）、聚醯胺等；熱固性黏接劑包括三聚氰胺－甲醛樹脂、有機矽樹脂、呋喃樹脂、不飽和聚酯等；合成橡膠型黏接劑包括氯丁橡膠、丁苯橡膠、丁基橡膠、異戊橡膠等；複合型黏接劑包括酚醛－丁腈膠、酚醛－聚氨酯膠、環氧－丁腈膠、環氧－聚硫膠等類。

除了按主成分分類之外，還有按溶液型、乳膠型、熱熔型等，依黏結劑形態分類；按室溫固化型、加熱固化型、UV（紫外線）固化型等，依固化式樣的分類；按木材用、金屬等，依被黏結材料的分類；以及按構造用、按非構造用、臨時黏結用等，依性能的分類。

黏結劑在塗敷於被黏結物之上時為液態，最終只有變成固態，才能產生黏結作用。

7.16.3 高分子只要能溶解便可做成黏接劑

所謂黏接劑，是指藉由其中的某一種成分（水或有機溶劑）蒸發，而實現固化黏結的膠黏材料。藉由水蒸發而實現固化的黏接劑，以澱粉漿糊和骨膠為典型。使牛奶的蛋白質凝聚而製取的黏接劑，即酪蛋白黏接劑也屬於此類。在水溶性的合成高分子中，聚乙烯醇及聚乙烯吡咯烷酮作為黏接劑經常使用。前者多用於透明膠及洗滌液，後者多用於膠棒。

將高分子溶於有機溶劑做成的黏接劑，以橡膠系（包括天然橡膠和熱塑性合成橡膠）居多。將天然橡膠溶於汽油中做成的「膠水」，幾十年前就用於自行車內胎的修理。先用木銼將內胎漏氣部位和要貼附的橡膠片銼出新膠，雙方塗布膠水並靜置。在膠水產生黏性但固化前，將兩者貼敷，用小錘敲打，使之牢固黏接。其中的關鍵是，要在膠水正要固化的時點貼合，這種黏接劑稱為接觸型黏接劑。

得益於各種合成橡膠的出現，如今溶劑型黏接劑可謂種類繁多。其中，氯丁橡膠（chloroprene rubber）系黏接劑對於由軟質聚氯乙烯（可塑化聚氯乙烯）製作的「膠鞋」、「膠涼鞋」及壁紙的黏接，已成為不可或缺的黏接劑。

在我們身邊，有塑料玩具用的黏接劑。許多塑料玩具採用發泡聚苯乙烯原料，由若干個聚苯乙烯部件構成。作為黏接劑，是將聚苯乙烯溶解在溶劑中而使用的。像這種採用的黏接劑與被黏接物（稱為被黏接材）為相同的高分子材料，稱其為原液膠合劑。

溶劑型黏接劑的性能及其優良，但有溶劑釋放於大氣中，往往會造成勞動保護和環境污染等問題，因此正在開發無溶劑型黏接劑取而代之。

高分子溶液是高聚物以分子狀態分散在溶劑中所形成的均相混合物，熱力學上穩定的二元或多元體系。由於高分子有長的鏈段，在溶液中呈無規線團結構，相互纏結，所以高分子溶液具有較高的黏度（其黏度也與流變條件相關），也正因為其高黏度的特點，高分子溶液是製作高分子黏接劑的原料。所以，只要高分子能溶解，其形成的溶液便具有高黏度，再經過後期製作上的一些加工處理，高分子黏接劑就得以製成。

7.16.4　黏結的本質是聚合

首先應該了解聚合的意義。最早提出高分子是由單位分子重複排列而構成巨大分子的見解，是諾貝爾獎（Nobel prize）獲得者 —— 德國化學家 Hermann Staudinger。儘管此一見解開始受到種種非難，但正是源於「鏈式大分子」的概念，種種高分子得以合成，高分子合成化學逐漸確立，並發展為完整的高分子科學。

Staudinger 所說的「單位分子」，即現在人們所說的單體。Mono 在希臘（Greece）語中為「1」的意思。Monomer 加長就變成 polymer。Poly 在希臘語中為「多」的意思。據此，monomer 和 polymer 在漢語中分別譯成單（量）體和聚合物（體），將 monomer 變為 polymer 的過程稱為聚合。

實際上，有以單體作黏結劑的情況。稱其為「暫態黏結劑」。它的主成分是被稱作 α- 氰基丙烯酸酯的單體。由於單體的分子量小，因此它通常為稀薄的液體。將其盛入小的塑料容器中，使用時，經過小孔使液體滴下，塗布於被黏結材料之上。即使黏結金屬，數秒之內即可固化。讀者可能要問，液體中什麼也沒有添加，為什麼會固化呢？這看來有點不可思議。

實際上，被黏接材料上吸附的水分及空氣中的水分，均可以作為觸媒（正確地講是開始劑），使單體聚合，從而生成聚合物。生成的聚合物是直鏈狀的高分子，為熱塑性的，故可在溶劑中溶解。黏在手上的黏接劑，可由修指甲用的剝離劑去除。

暫態黏結劑的 α- 氰基丙烯酸酯屬於丙烯酸酯，它是一類容易發生聚合的單體。這類單體廣泛用於防止螺絲鬆弛的黏結劑，作為第二代丙烯酸系黏結劑，例如紫外線固化型和電子束固化型黏結劑的主成分，正在普及應用。

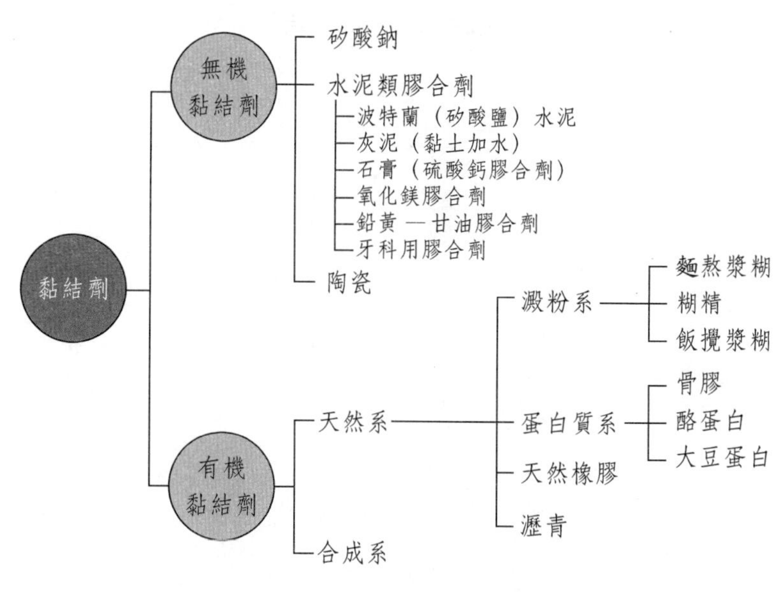

圖 7.39　按主成分的分類（Ⅰ）

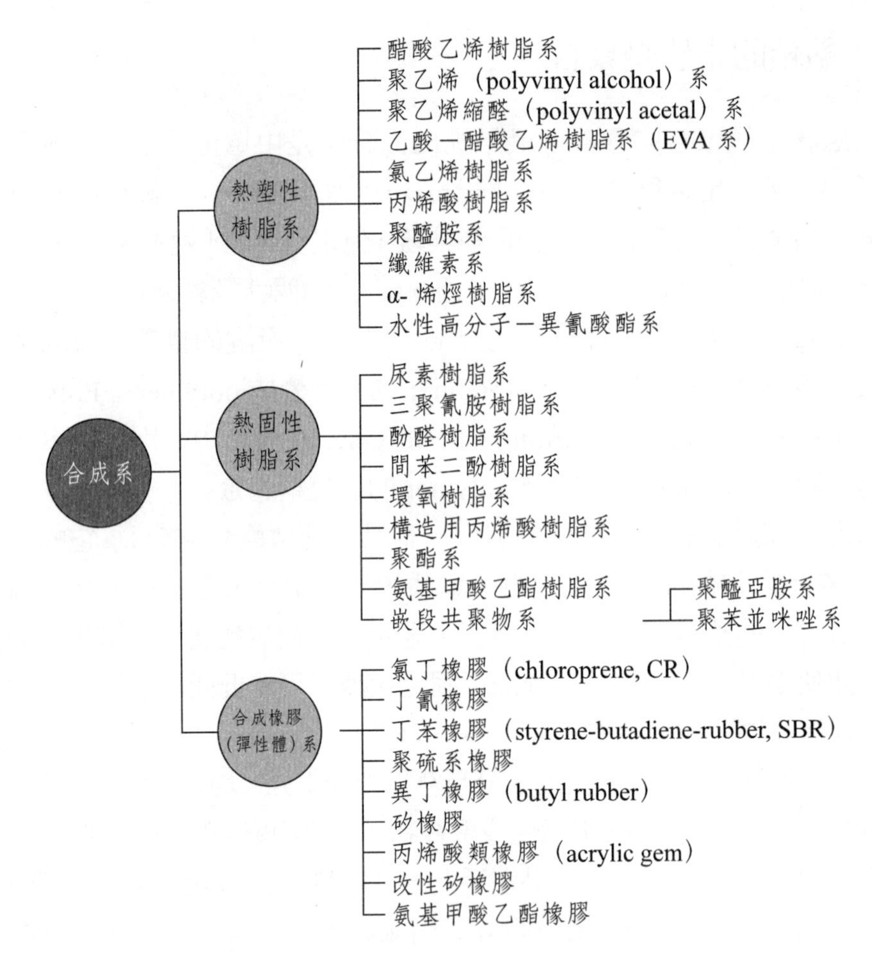

名詞解釋

構造選用黏結劑：構成飛機、太空梭、車輛、自行車等構造物及其部件所用的黏結，其黏結部分如果發生破壞，將直接影響飛行及行走的安全性。

圖 7.40　按主成分的分類（II）

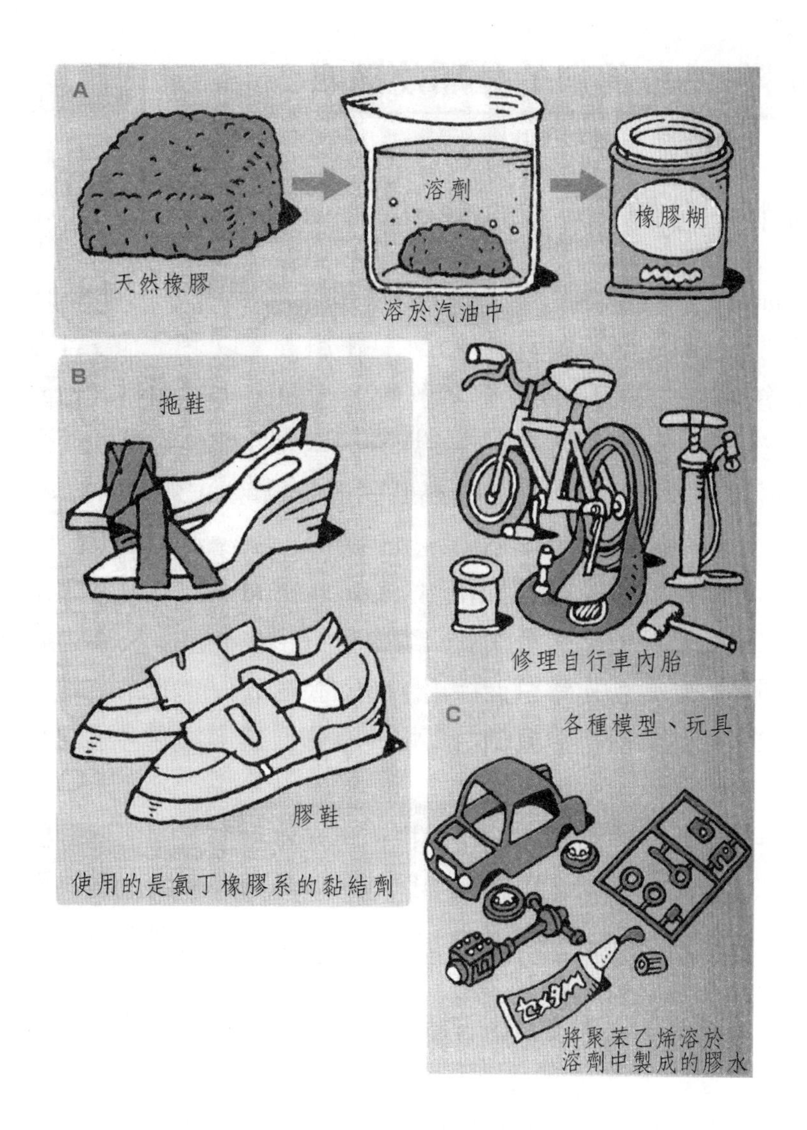

名詞解釋

接觸型黏結劑：在被黏結材料的雙方塗布，經過一定時間後貼合，馬上就可以獲得足夠高強度的黏結劑。

圖 7.41　高分子只要能溶解便可做成黏結劑

7.17 塗料 —— 塗料的分類及構成

7.17.1 塗料的分類

塗料（paint）按其形態可分為液狀塗料和粉體塗料。大多數塗料為液狀的，其又分為溶劑型塗料、無溶劑型塗料、水性塗料等。以下簡述各自的特徵。

溶劑型塗料是將樹脂、固化劑溶解於溶劑中，再將顏料（pigment）等分散、混合，它是最一般的塗料。由於乾燥性、塗裝性優良，可以獲得均質塗膜。溶劑型塗料根據其固形成分濃度，分為低固形成分（10%～40%）、中固形成分（40%～70%）、高固形成分（70% 以上）塗料。相對於固形成分百分數是大致的指標而言，塗料中的 VOC（volatile organic compound）（揮發性有機化合物）更容易引發環境問題。因此，設法減少溶劑含量已成為塗料技術的最重要問題。

無溶劑型塗料是不使用溶劑而採用 100% 固形成分的液狀塗料。例如，由苯稀釋的不飽和聚苯乙烯樹脂塗料、由丙烯酸單體與低聚物混合組成的紫外線固化型塗料等。

水性塗料是用水置換溶劑的塗料。採用可在水中溶解的水溶性樹脂製作的塗料，由於塗膜性能差，通常採用在水中以粒子狀分散的樹脂。作為代表，有建築用的乳劑塗料，它就採用了粒徑為 0.1～1μm 左右的聚合物膠體。在工業中，聚合物粒子分散型水性塗料也多有採用。而且，即使是水性塗料，為了提高塗裝作業性及成膜性，往往也加入少量的有機溶劑。對於水性塗料來說，乾燥的控制極為重要。

粉體塗料是將固形樹脂與顏料經熔融、混煉，粉碎成粒徑為數十微米左右的粉狀塗料。粉體塗料在燒附時熔融，並形成均一的膜層，但由於塗料本身並未發生凝聚，而且如何得到外觀性良好的塗料也是課題之一。此外，採用將固形樹脂與顏料在施工現場熔融混合，而用於道路標示的塗料，也屬於粉體狀塗料。

7.17.2 塗料的成分

塗料是由樹脂（resin）、固化劑、顏料、添加劑（additive）、溶劑（solvent）等組成的混合物。其中，溶劑會在塗裝時蒸發而發散，因此不會作為最終成膜的成分。含有著色顏料的稱為調色（enamel）塗料，不含顏料的稱為透明（clear）塗料。而且，樹脂、固化劑、溶劑起著體系媒體的作用，一般稱其為載體（vehicle）或展色料。

樹脂和固化劑的選擇是決定塗料性能的最主要因素。樹脂依用途不同而有各式各樣的選擇。例如，用於金屬的下層塗料，一般採用附著力強的環氧樹脂，而對於在太陽光照射下要求有強透明感的上層塗料，多採用丙烯酸樹脂。而且，在塗料中，既有像氯化橡膠那般，將樹脂溶於溶劑中，僅靠溶劑的蒸發即可變為塗膜的塗料，又有像油變性醇酸樹脂那樣的，靠空氣中的氧實現固化的塗料，也有像醇酸樹脂、三聚氰胺需要主劑和固化劑燒附固化的塗料等，其乾燥及固化的形態是各式各樣的。

在顏料（pigment）中，有保證塗料顏色的著色顏料，有防止鏽蝕的防鏽顏料，有起充填劑作用的體質顏料等。顏料的選擇，除了決定色調和顏色的耐久性之外，對於塗膜的硬度及耐伸縮性能也有重大影響，因此極為重要。

溶劑對於塗料均勻化、增加流動性，從而獲得均勻光滑的塗膜是必不可少的。溶劑還有幫助除泡、調整乾燥速度的作用。溶劑在將樹脂及固化劑溶解變為均勻溶液的同時，還有浸潤顏料表面，幫助顏料均勻分散的作用。

添加劑在塗料中所加不多，但種類不少，所起作用很大。它可以使塗料的表面張力及黏度發生變化，從而發揮各式各樣的特定功能。添加劑通常包括顏料分散劑、表面調整劑、垂落防止劑、消泡劑、開裂防止劑、紫外線吸收劑、防黴變劑等，可根據不同的需要合理選擇。

7.17.3 溶劑型塗料的製程

塗料是多成分的混合體系，對於溶劑型塗料來說，在塗料設計時，要保證各成分在液體中均勻分布。製造塗料時，最需要注意的是顏料的分散和調色。顏料依種類不同，分散容易程度各異。一般說來，無機顏料的表面極性高，比較容易被有機溶液浸潤，但有機顏料並非都容易被浸潤。

通常粉末狀的顏料原本處於凝集狀態，需要外加機械力使其分散。為了不使分散的顏料再凝集，需要進行穩定化處理。一般是加入樹脂及顏料的分散劑，使其被染料表面吸附，起到顏料分散狀態的穩定化作用。研磨分散設備有高速分散機、輥磨、球磨、砂磨等，但一般是通過稱作分散介質的玻璃珠、二氧化鋯珠、陶瓷珠等施加旋轉、剪斷力，並通過該力實現分散。如果顏料分散不充分，會造成塗膜表面凹凸粗糙、光澤不良、塗膜性能低下。塗料製成後，要用塗膜表面凹凸儀進行判定，該儀器設有連續而深度不同的溝，測量時在溝中注滿塗料，再用刮刀刮，由顯露出粒子的深度來判定顏料分散的優劣。

若對顏料分散之後進行全成分的混合分散，則生產效率低下，一般是用部分樹脂、溶劑先對顏料分散，之後再加入其餘的成分，這種分散體稱為分散底料。

調色也是重要的工程。塗料是通過將各式各樣的著色顏料，經過混合達到所要求的顏色。顏色與標準色板相比，應達到色差允許範圍之內。配色操作是憑經驗完成的。20 世紀 80 年代已有用電子電腦代替肉眼配色，可達到快速、準確和定量化的水準。生產出的塗料經過濾黏度、色調等規格檢驗，確認形態、性能之後，裝罐出廠。

7.17.4 粉體型塗料的製程

將固體狀的樹脂、固化劑、顏料等經混煉、粉碎等步驟製成的粉體塗料與溶劑型塗料相比，製作工程有所不同。

首先，利用高速旋轉混料機將各原料進行預先混合。這種混料機利用設於攪拌容器底部的高速旋轉強力攪拌葉片，使粉體原料混合。對於需要使用部分液體原料的場合，預先與樹脂的一部分溶解混合，作為被粉碎物加於其中。

經預混合的原料在被稱作熔融混煉擠壓機的裝置中熔融混煉。裝置溫度要設置在樹脂的熔點以上，在不引起固化反應的前提下，大致高於熔點 100℃為宜。粉體原料由螺桿擠出，在出口附近施加一定壓力，使顏料等均勻地分散。與溶劑型塗料相比，粉體塗料的顏料分散比較困難。顏料分散的良否，對塗膜的性能，例如顏色、光澤、外觀性、耐氣候性等，均有很大影響，因此是極為重要的工程。而且，對於粉體塗料來說，後續的顏色調整難以進行，需要按預先實驗確定的著色顏料比率進行計量調色。

利用熔融混煉擠壓機將熔融的分散物擠壓成連續的條狀，由冷卻輥軋薄，經冷卻傳送帶傳送冷卻，再由打片機造粒為丸、片、餅等粒料。進一步將粒料由錘式粉碎機等進行微粉碎。依粉碎條件而異，粉體塗料的細微性分布各不相同。若粉體塗料細微性過大，塗膜的外觀不良，會產生橘皮那樣的表面凹凸甚至皺褶；過小則粉體塗料的流動性低下，而且靜電塗裝時帶電性能較差。通常粉體塗料的粒徑以數十微米為宜。粉碎後的粉體由旋風分離器及帶式除塵器捕集，再由振動篩及氣流分級機等去除大粒子，最後得到粉體塗料製品。

近年來，外觀性改良用的微粒子粉體塗料，以及粉體塗料中結合鋁粉等之黏結性粉體塗料的開發也開始引人關注。

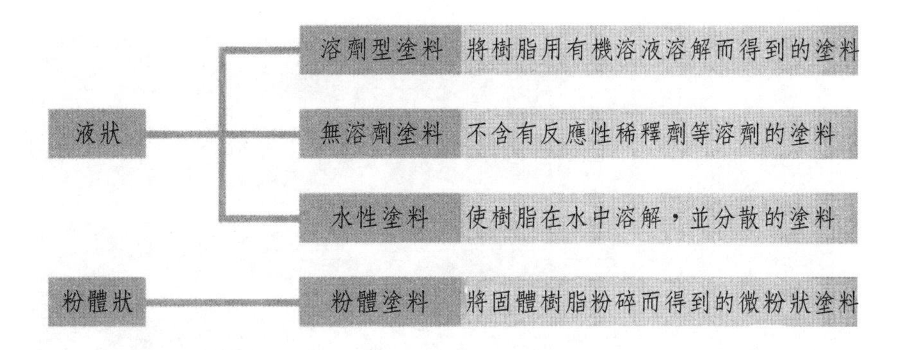

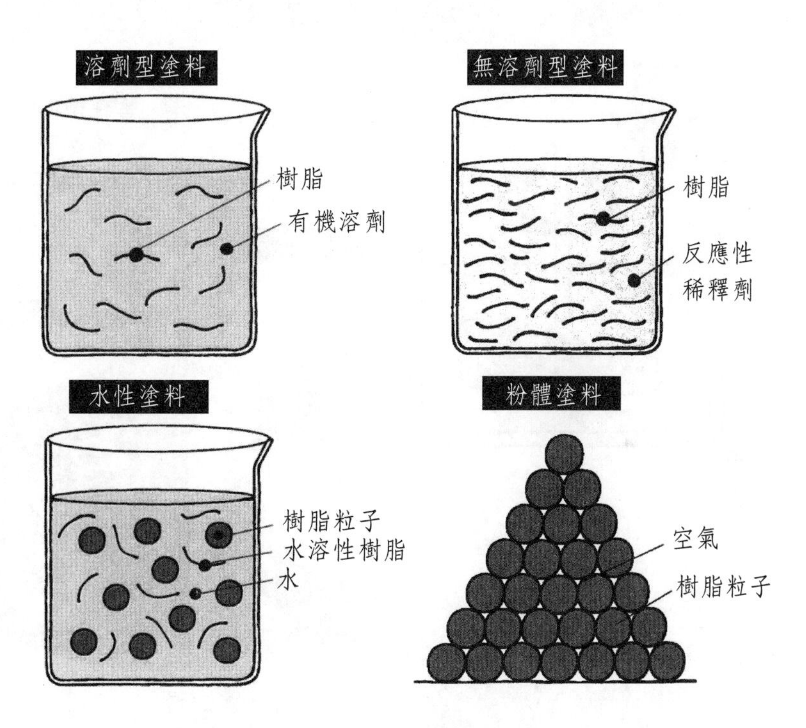

圖 7.42　塗料的形態分類

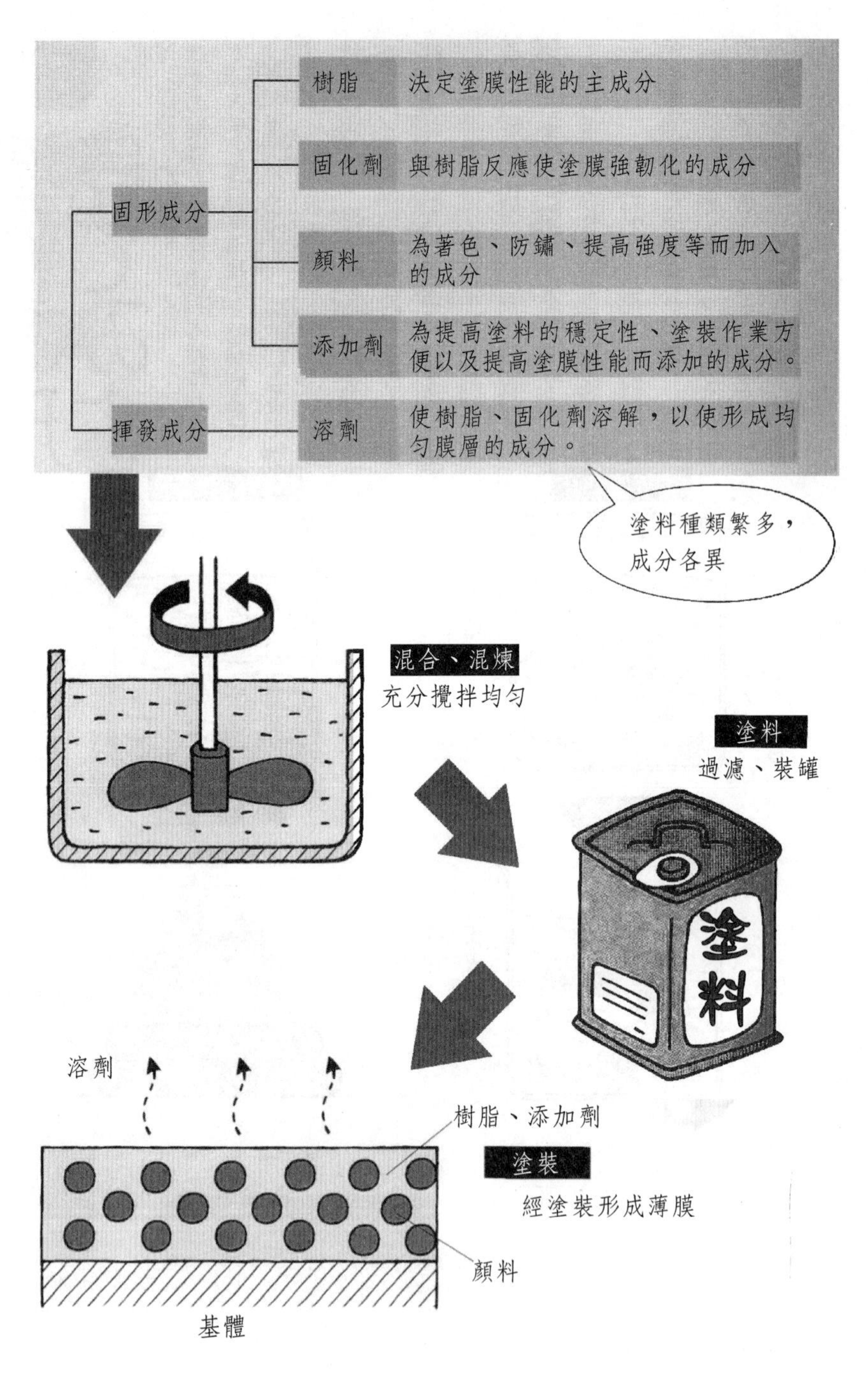

樹脂 決定塗膜性能的主成分
固化劑 與樹脂反應使塗膜強韌化的成分
固形成分
顏料 為著色、防鏽、提高強度等而加入的成分
添加劑 為提高塗料的穩定性、塗裝作業方便以及提高塗膜性能而添加的成分。
揮發成分
溶劑 使樹脂、固化劑溶解，以使形成均勻膜層的成分。
塗料種類繁多，成分各異
混合、混煉
充分攪拌均勻
塗料
過濾、裝罐
塗料
溶劑
樹脂、添加劑
塗裝
經塗裝形成薄膜
顏料
基體

圖 7.43 塗料的成分

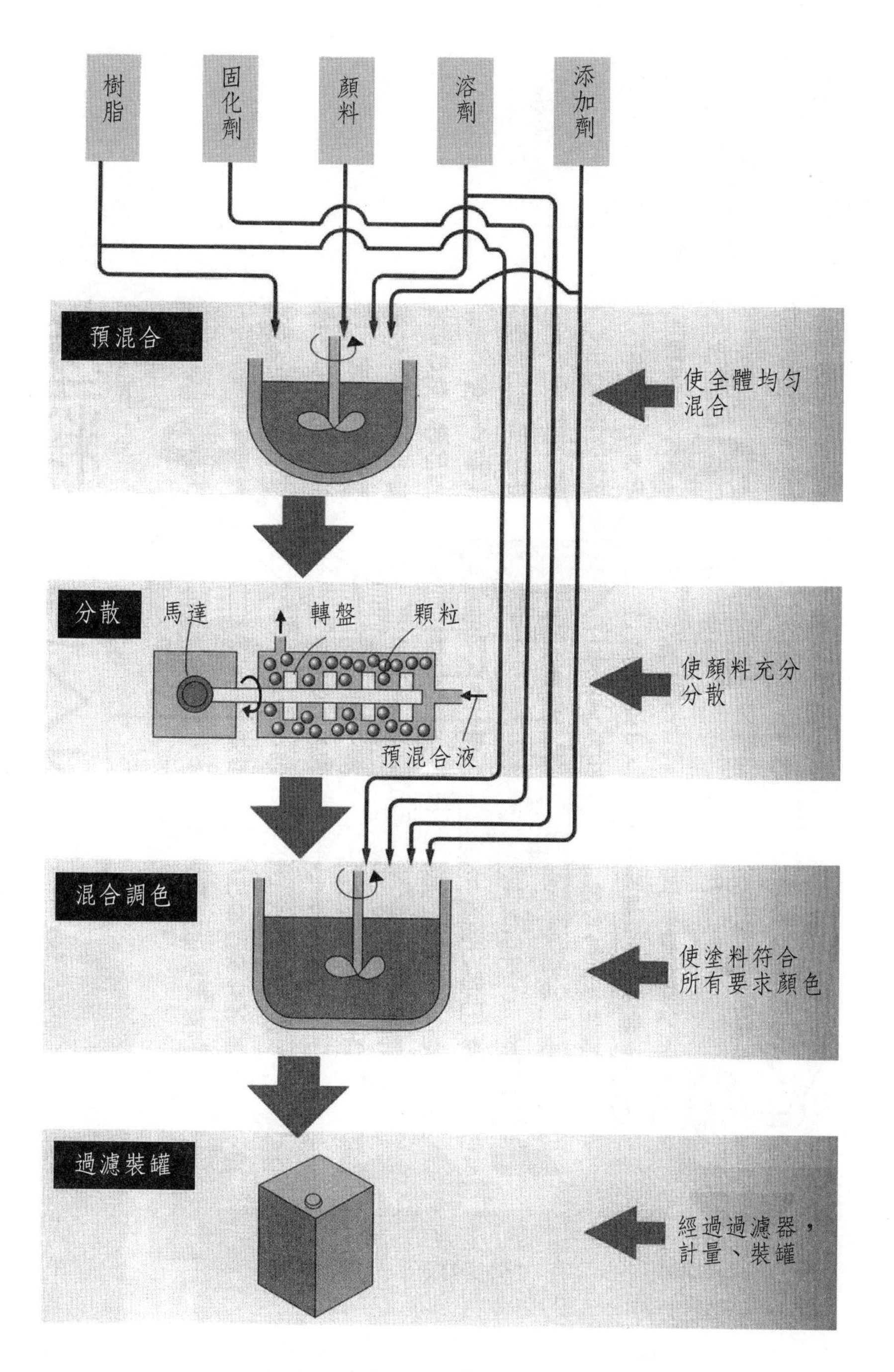

圖 7.44 溶劑型塗料的製造技術流程

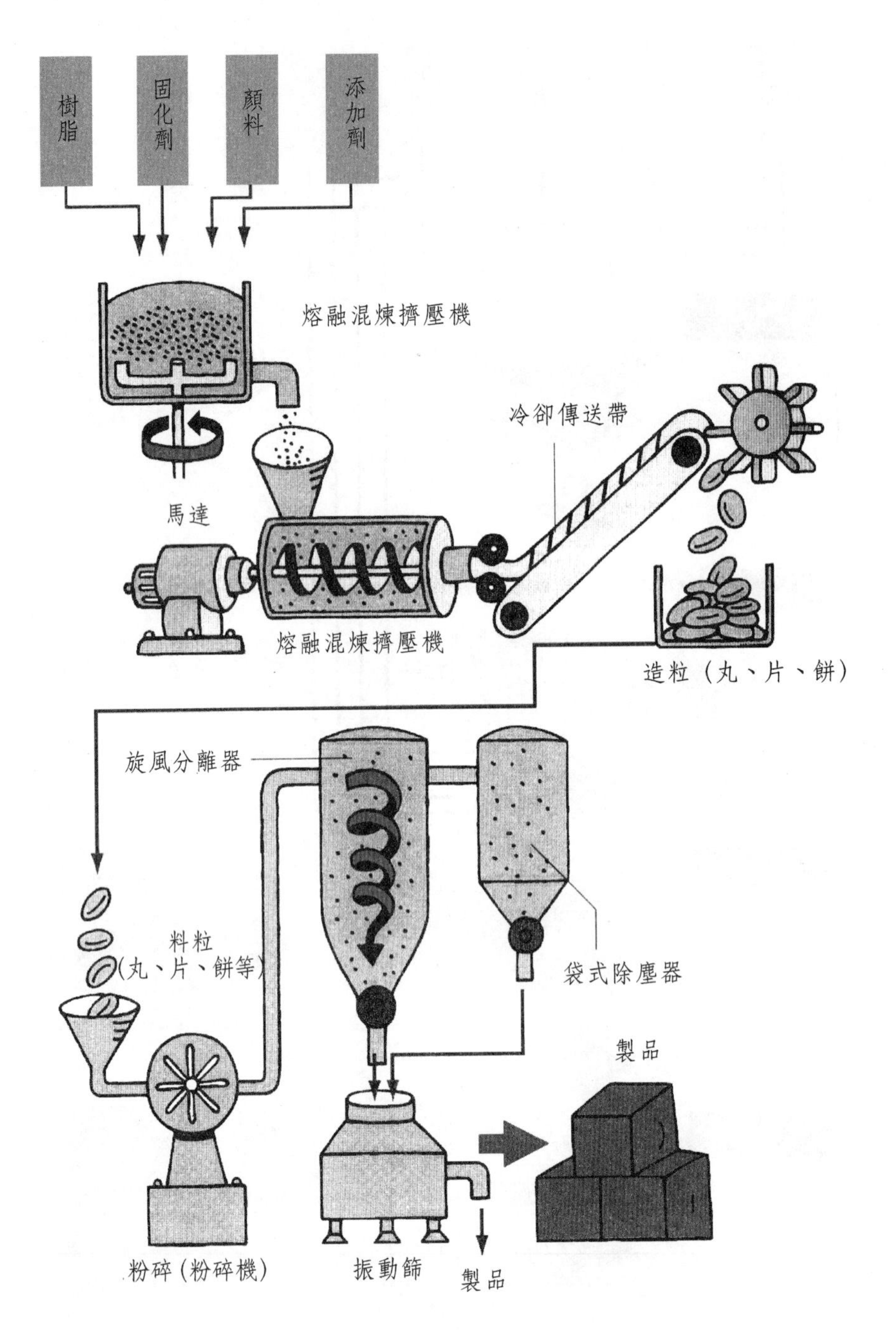

圖 7.45　粉體塗料的製造流程

思考題及練習題

7.1　何謂單體、鏈節、聚合度、官能度、多分散性和平均相對分子量？

7.2　請寫出乙烯合成為聚乙烯的過程。

7.3　假定聚乙烯中兩個碳原子間的距離是 0.15nm ，如果聚合度為 550，該大分子鏈有多長？分子量為多少？

7.4　寫出聚乙烯、聚氯乙烯、聚丙烯、聚苯乙烯、聚丙烯腈、聚醋酸乙烯酯的結構式。

7.5　畫出聚丙烯的三種立體異構形成。

7.6　聚合物的分子結構對主鏈的柔順性有何影響？線型聚合物和網狀聚合物的單體結構特徵有什麼區別？

7.7　為什麼聚乙烯、聚氯乙烯和聚苯乙烯塑料都可以回收利用，而電木和聚氨酯塑料則不能回收利用？

7.8　生橡膠經由何種處理才能獲得強反發彈性？

7.9　畫出纖維晶一軸延伸和兩軸延伸的效果。

7.10　何謂 ABS 塑料，如何調整或改變其性能？

7.11　總結聚烯烴的改性方法，包括改性手段、變化的參數與量，被改良的特性等。

7.12　何謂五大通用塑料？何謂五大工程塑料？請寫出它們的分子結構式或特徵基團。

7.13　畫出塑料充氣成形、擠壓成形、射出成形的簡單原理圖。

7.14　合成系黏接劑分為哪幾種類型？黏結的本質是什麼，黏結過程中發生何種反應？

7.15　按塗料形態可分為幾種類型？請寫出每種塗料的組成及每種組成所起的作用。

參考文獻

[1] 石德珂，材料科學基礎，第 2 版，北京：機械工業出版社，2003。

[2] 朱張校，姚可夫，工程材料，第 4 版。北京：清華大學出版社，2009。

[3] Donald R. Askeland, Pradeep P. Phulé. The Science and Engineering of Materials. 4th ed. Brooks / Cole, Thomson Learning, Inco., 2003.
材料科學與工程（第 4 版），北京：清華大學出版社，2005 年。

[4] 本山卓彥，平山順一，プラスチックの本，日刊工業新聞社，2003 年 4 月。

[5] 沼倉研史，よくわかるフレキシブル基板のできるまで，日刊工業新聞社，2004 年 6 月。

[6] 電気・電子材料研究會編，杉本榮一監修，図解：エレクトロニクス用光學フィルム，工業調查會，2006 年 10 月。

[7] 三刀基鄉，接著の本，日刊工業新聞社，2003 年 5 月。

[8] 中道敏彥，坪田実，塗料の本，日刊工業新聞社，2008 年 4 月。

[9] 杜雙明，王曉剛，材料科學與工程概論，西安：西安電子科技大學出版社，2011 年 8 月。

[9] 馬小娥，王曉東，關榮峰，張海波，高愛華，材料科學與工程概論，北京：中國電力出版社，2009 年 6 月。

[10] 施惠生，材料概論（第二版），上海：同濟大學出版社，2009 年 8 月。

[11] 胡靜，新材料，南京：東南大學出版社，2011 年 12 月。

[12] 齊寶森，呂宇鵬，徐淑瓊，21 世紀新型材料，北京：化學工業出版社，2011 年 7 月。

[13] T. Alfrey, "Mechanlcal Behavior of High Polymers," Wiley-Interscience, 1967. reprinted with permission of John Wiley & Sons, Inc.

8 複合材料和生物材料

8.1 複合材料的定義和分類
8.2 複合材料的介面
8.3 複合材料的特長及優勢
8.4 複合材料中增強材料與基體材料的匹配
8.5 碳纖維及 C/C 複合材料
8.6 複合材料 —— 在航空太空領域的應用
8.7 生物材料的定義和範疇
8.8 骨骼、筋和韌帶組織
8.9 各種植入人體的材料

8.1　複合材料的定義和分類

8.1.1　複合材料的定義

複合材料（composite material）是由異質、異性、異形的有機聚合物、無機非金屬、金屬等材料作為連續相的基體或分散相的增強體，通過複合技術組合而成的材料。簡單地說，複合材料是由兩種或兩種以上不同性質或不同組織相的物體，通過物理或化學的方法，在宏觀上組成新性能的材料。

對複合材料的定義和解釋有許多說法，但有兩點是共同和一致的：(1) 複合材料應該是多相體系；(2) 多相的組合必須有複合效果。各種材料在性能上互相截長補短，產生協同效應，使複合材料的綜合性能優於原組成材料而滿足各種不同的要求。簡單地說，要做到「1+1 > 2」。

隨著複合材料中分散相尺度向微細化方向進展，有人將複合材料和奈米複合材料定義為：複合材料是兩種或兩種以上不同材料的組合，而在組合中要使兩者的性能發揮到極致；奈米複合材料是一種複合材料，其組元之一至少在一維是奈米尺度的，即在 10^{-9}m 上下，決定於處於奈米範圍的維數，可分別歸類為奈米顆粒、奈米纖維、奈米板等複合材料。

8.1.2　複合材料的組成

複合材料的含義有廣義和狹義之分：廣義的指由兩個或多個物理相組成的固體材料，例如纖維增強聚合物、鋼筋混凝土、石棉（asbestos）水泥板、橡膠製品、三合板等，甚至包括泡沫塑料或多孔陶瓷等以氣體為一相的材料；狹義的指用高性能玻璃纖維、碳纖維、硼纖維、芳綸纖維等增強的塑料、金屬和陶瓷材料。

實際上，就兩種或兩種以上不同物質組成的材料稱為複合材料而言，人們與它的接觸已經有幾千年歷史了。如西元前二千多年人們就開始用草和泥土組成的複合材料來建造住房。西元前一百八十多年的漆器，基本上可認為是由麻絲、麻布等天然纖維為增強材料而以大漆為基體所製成的複合材料。同期也已有了用大漆、木粉、泥土、麻布等組成的複合材料塑造寺廟的佛像（佛教於東漢年間最早傳入中國）。這類材料體積大、重量輕、質地堅韌、耐久性強，類似於近代的增強複合材料。

近代複合材料的發展卻是近幾十年的事。由於航空、太空、核能、電子工業及通訊技術的發展，對材料要求的提高，加上 20 世紀正值合成聚合物的大量開發和實現了商品化，各種人工製造的無機及有機增強材料，如玻璃纖維（glass fiber）、碳纖維（carbon fiber）、聚芳醯胺纖維等不斷問世，出現了現代的複合材料。

8.1.3　複合材料的命名

複合材料根據增強材料與基體材料的名稱來命名。

(1) 強調基體時則以基體為主，如樹脂基複合材料、金屬基複合材料（metal-matrix composites, MMCs）、陶瓷基複合材料（ceramic-matrix composites, CMCs）等。

(2) 強調增強材料則以增強材料強度為主，如碳纖維增強複合材料、玻璃纖維增強複合材料等。

(3) 基體與增強材料並用，這種命名法常用於一種具體複合材料。一般將增強材料的名稱放在前面，基體材料的名稱放在後面，再加上「複合材料」。如碳纖維和環氧樹脂（epoxy）組成的複合材料，可命名為「碳纖維環氧樹脂複合材料」，有時叫「碳纖維增強環氧樹脂樹脂複合材料」，簡化時常常寫成「碳／環氧複合材料」，即在增強材料與基體材料兩個名稱之間加上斜線，而後加「複合材料」。

有時人們還習慣用一些通俗名稱。例如玻璃纖維增強的複合材料統稱為「玻璃鋼（glass steel）」，因為玻璃纖維增強樹脂複合材料的一些力學性能可與鋼材媲美而得名。樹脂是塑料的主要成分，因此樹脂基複合材料又稱為增強塑料。塑料通常為各向同性材料，而纖維增強複合材料往往是各向異性的，一般應把短纖維或粉末增強材料稱為增強塑料更為合理。

8.1.4　複合材料的分類

(1) 按性能高低分：①常用（普通）複合材料；②先進複合材料。

(2) 按基體材料的種類分：①聚合物基複合材料：a. 熱固性（thermo setting），b. 熱塑性（thermoplastic），c. 橡膠（rubber）。如芳綸／環氧複合材料、碳纖維／酚醛複合材料等；②金屬基複合材料；③複合材料陶瓷；④石墨基複合材料（C/C 複合材料）；⑤混凝土基複合材料。

(3) 按用途分：①結構複合材料 —— 力學型複合材料，一般即指結構用複合材料。例如各種纖維增強複合材料（碳纖維／環氧複合材料、玻璃纖維／酚醛複合材料等）；②功能複合材料 —— 功能型複合材料，利用其力學性能以外的所有其它性能（聲、光、電、熱等）的複合材料。功能型符合材料如 C/C 耐熱複合材料、雷達（radar）用玻璃鋼天線罩，就是具有透過電磁波功能的良好複合材料。此外，還有導電塑料、光導纖維等；③智慧複合材料。

(4) 按增強材料的種類分：①顆粒增強：a. 隨機分布；b. 擇優分布；②晶鬚增強；③纖維增強：a. 單層複合材料：長纖維、短纖維；b. 多層複合材料：層板複合、混雜複合。

(5) 按增強材料的形狀分：①零維（顆粒狀）；②一維（纖維狀）；③二維（片狀或平面織物）；④三維（三向編制體）。

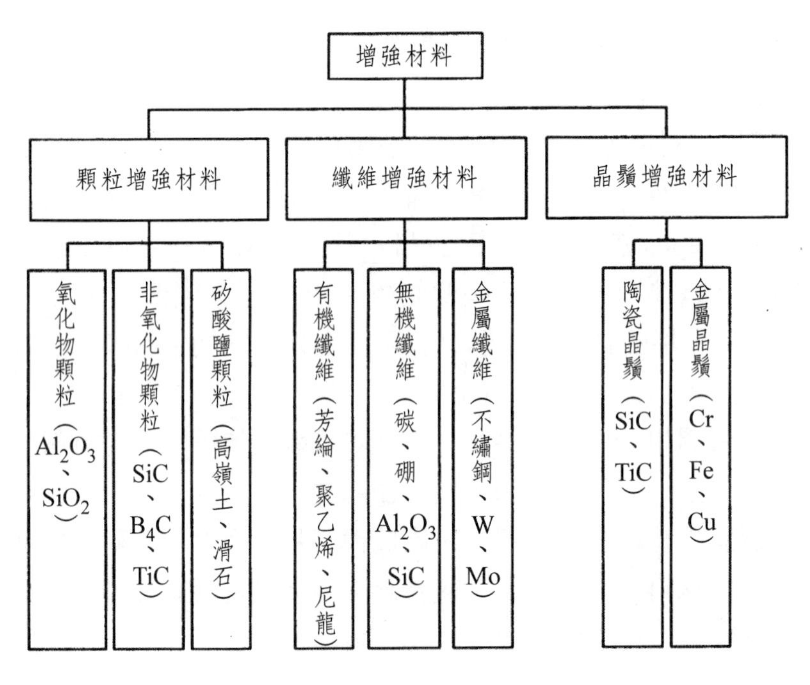

圖 8.1 增強材料按形態的分類

複合材料舉例

Carbon-Fiber-Reninforced-Plastic Materials（CFRP，碳纖維增強聚合物基複合材料）

Glass-Fiber-Reinforced-Plastic Materials（GFRP，玻璃纖維增強塑料複合材料）

Metal-Matrix Composites（MMCs，金屬基複合材料）

Ceramic-Matrix Composites（CMCs，陶瓷基複合材料）

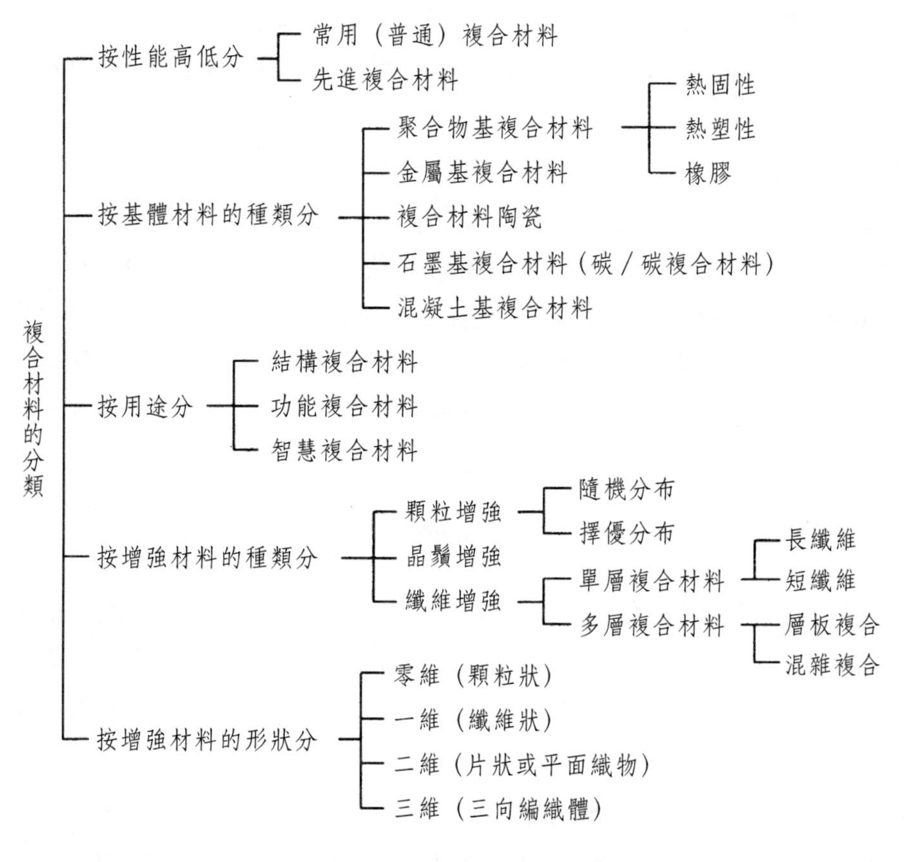

圖 8.2　複合材料的分類

8.2　複合材料的介面

8.2.1　複合材料微觀組織中增強相的存在模式

圖 8.3 中給出複合材料微觀組織中增強相存在的九種模式。以聚合物基複合材料為例，按增強體的類型可歸為顆粒增強、晶鬚（crystal whisher）增強、纖維增強等三大類。纖維增強又可分為連續纖維和不連續纖維增強。根據纖維材料的種類，又可分為玻璃纖維、碳纖維、芳綸纖維等。

顆粒增強原理根據粒子尺寸的大小分為兩類：彌散增加和顆粒增強。兩者均有明顯的強化效果，一般說來，顆粒尺寸越小、體積分數越高，顆粒對複合材料的增強效果越好。塑料中加入無機填料構成的粒子複合材料，可以有效地改善塑料的各種性能，如增加表面硬度、減少成形收縮率、消除成形裂紋、改善阻燃性、改善外觀、改進熱性能和導電性等，最重要的是，在不明顯降低其它性能的基礎上，大規模降低成本。

不連續纖維增強塑料的性能，除了依賴於纖維含量外，還強烈依賴於纖維的長徑比（aspect ratio）、纖維取向等。通常二維或三維無規取向短纖維複合材料的強度和模量，與基體相比都有幾倍的提高，但仍低於傳統的金屬材料。

連續纖維增強塑料可以最大限度地發揮纖維的作用，因此通常具有很高的強度和模量。按纖維在基體中分布的不同，連續纖維複合材料又分為單向複合材料、雙向或角鋪層複合材料、三向複合材料以及雙向織物複合材料等。

8.2.2　陶瓷材料韌性提高的幾種機制

除單晶體或在高溫下，陶瓷（ceramics）的塑性變形（plastic deformation）性能一般都很差，即彈性變形（elastic deformation）後直接斷裂，這類材料稱為脆性材料。使材料獲得塑性從而改變斷裂的方式稱為韌化。陶瓷材料的韌化通常有下述幾種方式：

(1) 相變增韌：把相變作為陶瓷增韌的手段，並取得顯著效果，是從部分穩定 ZrO_2 提高抗熱震性的研究開始的。下面以 ZrO_2 為例，簡單說明此一問題。從相圖（phase diagram）可知，純 ZrO_2 在 1000℃附近有固相轉變，從高溫正方 ZrO_2 變為低溫單斜 ZrO_2。該相變類似鋼中的馬氏體（martensite）相變，會產生 3%～5% 的體積膨脹，導致燒結塊體開裂，所以純 ZrO_2 不能作為結構材料。為了防止單斜 ZrO_2 晶粒開裂，可加入 CaO 等穩定劑。根據二氧化鋯－氧化鈣立方 ZrO_2 相圖，加適當的 CaO ，能在高溫下得到以立方 ZrO_2 為基、含少量正方 ZrO_2 彌散相的組織。將這種組織快速冷卻到室溫，能避免相圖中的共析（eutectoid）分解，使高溫組織保留到室溫。由於燒結塊體內含許多顯微裂紋，在外應力 σ 的作用下，裂紋尖端產生應力集中·使附近的正方 ZrO_2 在應力作用下發生本該在高溫下出現的馬氏體相變，稱為應力誘發馬氏體相變。由於相變需消耗大量功，因此正方 ZrO_2 向單斜 ZrO_2 的馬氏體轉變，使裂紋尖端應力鬆弛，故阻礙裂紋的進一步擴展。此外，馬氏體相變的體積膨脹使周圍基體受壓，促使其它裂紋閉合。顯然，馬氏體相變的存在使裂紋擴展從純脆性變為具有一定塑性，故材料得到韌化。

(2) 纖維增韌：高強度和高模量的纖維既能為基體分擔大部分外加應力，又可阻礙裂紋的擴展，並能在局部纖維發生斷裂時，以「拔出功」的形式消耗部分能量，產生提高斷裂能並克服脆性的效果。

(3) 晶鬚（crystal whisker）及顆粒韌化：陶瓷晶鬚一般指具有一定的長徑比（直徑為 0.3～1μm ，長為 30～100μm）及缺陷很少的陶瓷小單晶，因而具有很高的強度，是一種非常理想的陶瓷基複合材料的增強增韌體。因此，近年來晶鬚代替短纖維的晶鬚增韌陶瓷基複合材料發展得很快．並取得很好的韌化效果。陶瓷晶鬚宏觀形態和粉末一樣，因此製作複合材料時，可直接將晶鬚分散後與基體粉末混合均勻即可。混好的粉末同樣用熱壓燒結的方法，即可製得致密的晶鬚增韌陶瓷基複合材料。陶瓷晶鬚目前常用的是 SiC 晶鬚，Si_3N_4 晶鬚和 Al_2O_3 晶鬚也開始用於陶瓷基複合材料。基體常用的有 ZrO_2、Si_3N_4、SiO_2、Al_2O_3 和莫來石（mullite）等。

8.2.3 介面的定義

複合材料是一種混合物，由基體材料、增強材料和介面層組成。複合材料介面是指複合材料的基體與增強材料之間化學成分有顯著變化、構成彼此結合、能起載荷等傳遞作用的微小區域。

複合材料中的介面，並不是一個單純的幾何面，而是一個多層結構的過渡區域，介面區是從與增強劑內部性質不同的某一點開始，直到與樹脂基體內整體性質相一致的點間區域。此區域的結構與性質都不同於兩相中的任一相，從結構來分，這一介面區由五個亞層組成，每一亞層的性能均與樹脂基體和增強劑的性質、偶聯劑的品種和性質、複合材料的成形方法等密切相關。

8.2.4 介面的效應

基體與增強材料之間大量介面（grain boundary）的存在，是複合材料的明顯特徵。一般說來，介面有下述效應：

(1) 傳遞效應：介面能傳遞力，在基體與增強物之間產生橋樑作用。

(2) 阻斷效應：結合適當的介面，有阻止裂紋擴展、中斷材料破壞、減緩應力集中等作用。

(3) 不連續效應：在介面上產生物理性能的不連續性和介面摩擦的現象，如抗電性、電感應性、磁性、耐熱性、尺寸穩定性等。

(4) 散射和吸附效應：光波、聲波、熱彈性波、衝擊波等在介面產生散射和吸收，如透光性、隔熱性、隔音性、耐機械衝擊及耐熱衝擊性等。

(5) 誘導效應：一種物質（通常為增強物）的表面結構，使另一種（通常為聚合物基體）與之接觸的物質結構由於誘導作用而發生改變，由此產生一些現象，如強的彈性、低的膨脹性、耐衝擊性、耐熱性等。

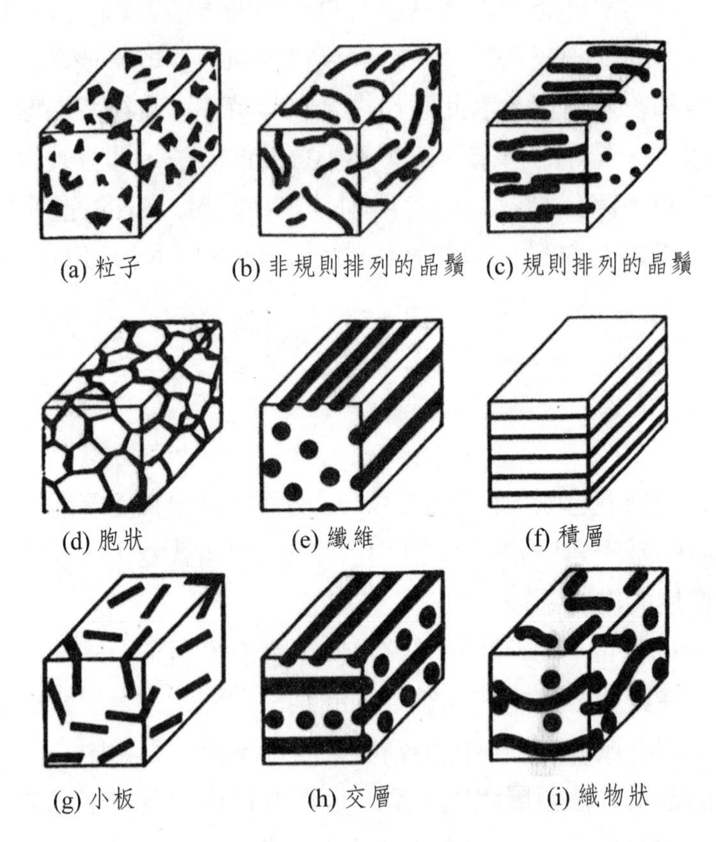

圖 8.3 複合材料微觀組織中增強相存在形態的九種模式

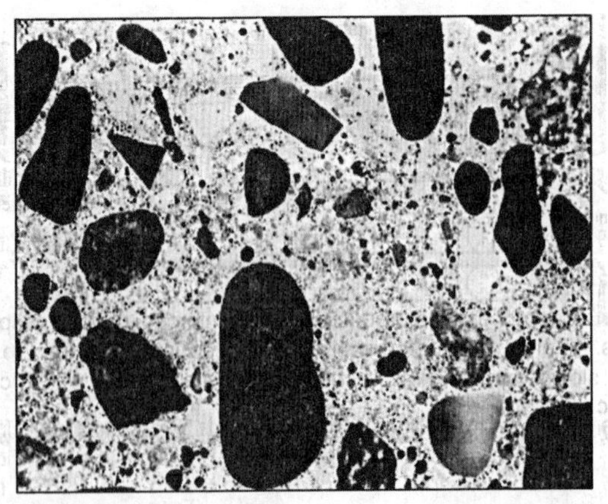

由水泥和水混合而成的泥漿，完全包覆在每一個填充骨料顆粒表面，並填充於顆粒與顆粒之間，形成陶瓷複合材料。

圖 8.4 硬化混凝土的橫截面

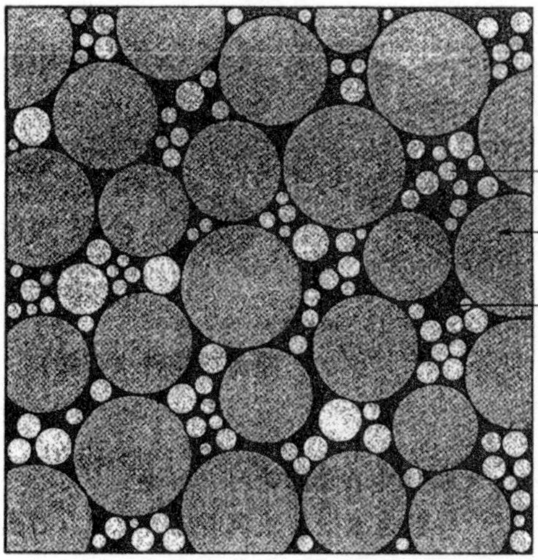

（在水泥的基體中分布著大的卵石與小的沙子顆粒，寬的顆粒尺寸分布使得強化相的體積分數能夠提高。）

圖 8.5　混凝土理想的組織結構示意圖

8.3　複合材料的特長及優勢

8.3.1　優異的力學性能

先進複合材料的優異力學性能可用比強度（specific strength）和比模量（specific modulus）這兩個參數來描述。複合材料比強度是單層纖維增強複合材料縱向拉伸強度與其密度之比；複合材料比模量是單層纖維增強複合材料縱向拉伸彈性模量與其密度之比。

先進複合材料的基本特點有：(1) 高比強度、高比模量；(2) 纖維增強複合材料在彈性常數、熱膨脹係數、強度等方面具有明顯的各向異性；(3) 抗疲勞性好；(4) 減振性能好，構件的自身頻率除了與本身結構有關外，還與材料比模量的平方成正比；(5) 可設計性強等。

8.3.2　特殊的功能特性

複合材料早期的應用，主要是針對它的結構特性，即利用它來製作結構承力件。因此半個世紀以來，人們對複合材料的研究與應用主要集中在結構複合材料。然而，複合材料不僅具有優異的力學性能，設計得當的複合材料還具有其它材料無可比擬的優異功能特性。

通常把除力學性能以外，具有良好其它物理特性（如電、磁、光、阻尼、熱、摩擦、聲等）的複合材料稱為功能複合材料。近年來，人們對功能複合材料備感重視。功能複合材料是由基體與功能體構成的多相材料。基體主要起黏結作用，某些情況下也起功能作用，複合材料的功能特性主要由功能體貢獻，加入不同特性的功能體，可得到特性各異的功能複合材料。例如：加入導電功能體，可得到導電複合材料；加入電磁波吸收劑，可得到吸波複合材料。

8.3.3 結構及性能的穩定性

複合材料中以纖維增強材料應用最廣、用量最大。其特點是相對密度小、比強度和比模量大。例如碳纖維與環氧樹脂複合的材料，其比強度和比模量均比鋼和鋁合金大數倍，還具有優良的化學穩定性、減摩擦、耐磨、自潤滑、耐熱、耐疲勞、耐蠕變（anti-creep）、消音、電絕緣等性能。石墨纖維與樹脂複合可得到膨脹係數幾乎等於零的材料。纖維增強材料的另一個特點是各向異性，因此可按製件不同部位的強度，要求設計纖維的排列。

碳纖維和碳化矽纖維增強的鋁基複合材料在500℃時，仍能保持足夠的強度和模量；碳化矽纖維與鈦複合，不但鈦的耐熱性提高，且耐磨損，可用作發動機風扇葉片；碳化矽纖維與陶瓷複合，使用溫度可達1500℃，比超合金渦輪（turbine）葉片的使用溫度（1100℃）高得多；碳纖維增強碳、石墨纖維增強碳或石墨纖維增強石墨，構成耐燒蝕材料，已用於太空梭、火箭、飛彈（missile）和核反應器（nuclear reactor）中。

而以上這些都說明了先進複合材料有極高的結構和性能穩定性。

8.3.4 各類複合材料性能比較

聚合物基複合材料（polymer matrix composite）：由於它特有的高剛度比、高強度比、耐腐蝕，以及耐疲勞等各種力學性能，在與傳統的金屬材料競爭中，聚合物基複合材料的應用範圍不斷擴大。從民用到軍用，從地下、水中、地上到空中都有應用。如今，聚合物基複合材料已在航空、太空、船舶、汽車、建築、體育器材、醫療器械等方面得到廣泛應用。

陶瓷基複合材料（ceramic matrix composite）：它可以較好地滿足材料能在高溫下保持優良的綜合性能此一要求。具有高強度、高模量、低密度、耐高溫和良好韌性的陶瓷基複合材料，已在高速切削工具和內燃機（internal comloustion engine）部件上得到應用，而更大的潛在應用前景，則是作為高溫結構材料和耐磨耐蝕材料，如：航空燃氣渦輪發動機的熱端部件、大功率內燃機的增壓渦輪等。

水泥基複合材料（cement-based composite）：它具有很多優點，價格低廉，使用當地材料即可製得，用途廣泛、適應性強，並能做成幾乎任何形狀和表面，因此，它是一種理想的多用途複合材料。

金屬基複合材料（metal matrix composite）：在航空和太空領域，要求其具有高比強度、高比模量及良好的尺寸穩定性。因此，在選擇金屬基複合材料的基體金屬時，要求必須選擇體積品質小的金屬與合金，如鎂合金和鋁合金。對於汽車發動機，工作環境溫度較高，這就要求所使用的材料必須具有高溫強度、抗氣體腐蝕、耐磨、導熱等性能。因此，出現了鎳基、鈦基等各式各樣材料。

碳／碳複合材料（carbon/carbon composite）：也稱為「碳纖維增強碳複合材料」。碳／碳複合材料完全是由碳元素組成，其主要優點是：抗熱衝擊和抗熱誘導能力極強，具有一定的化學惰性，高溫形狀穩定、昇華溫度高、燒蝕凹陷低，在高溫條件下的強度和剛度可保持不變，抗輻射、易加工製造、重量輕。因此，碳／碳複合材料是超熱環境中高性能的耐燒蝕材料。

奈米複合材料（nanocomposite）：是指尺度為 1～100nm 的超微粒經壓製、燒結或濺射而成的凝聚態固體。它具有斷裂強度高、韌性好、耐高溫等特性。奈米複合材料表現出不同於一般宏觀複合材料的力學、熱學、電學、磁學和光學性能，還可能具有原組分不具備的特殊性能和功能，為設計製作高性能、多功能新材料提供了新的機遇。

功能複合材料（functional composite material）：是指除力學性能以外，還提供其它物理性能，並包括部分化學和生物性能的複合材料，如具有導電、超導、半導、磁性、壓電、阻尼、吸聲、摩擦、吸波、遮罩、阻燃、防熱等功能。它在抗雷射、抗核爆、隱身等性能方面具有突出的特點，在高科技的發展中，佔有重要地位，有廣泛的應用前景。

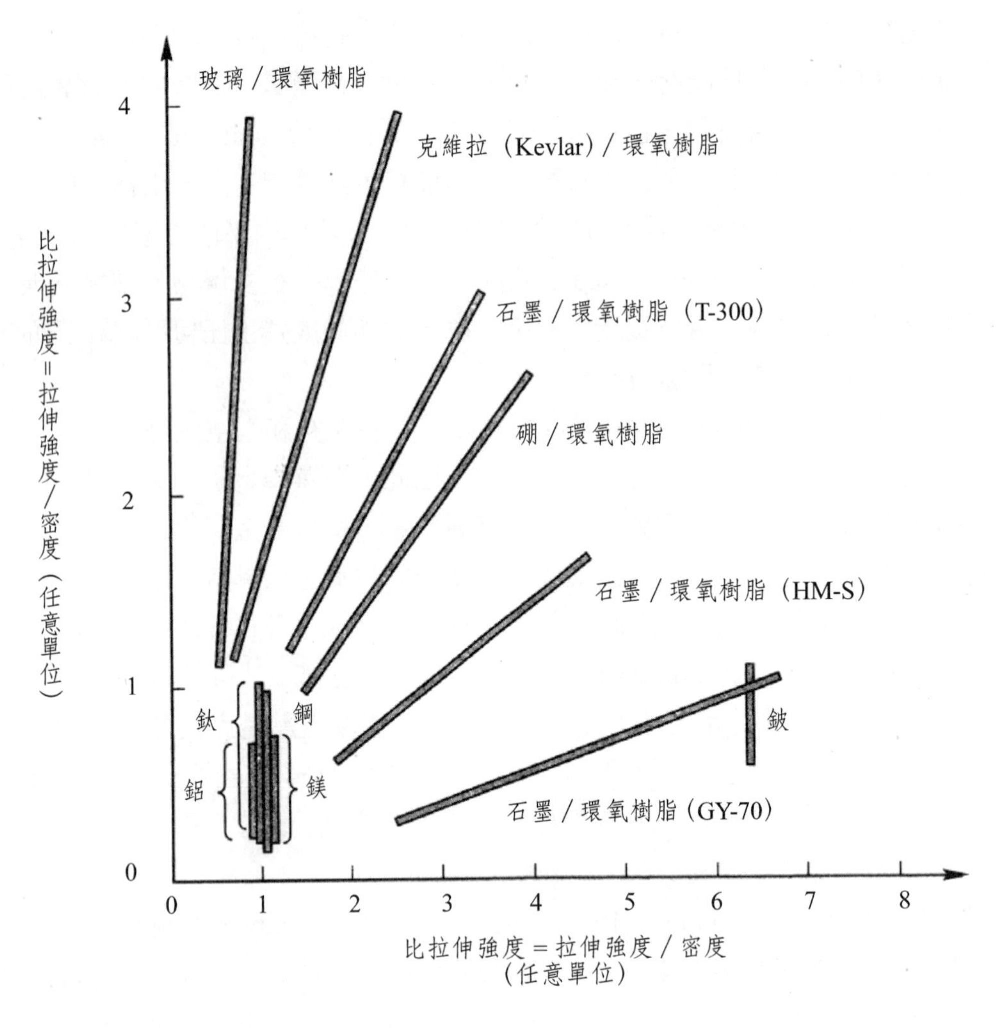

圖 8.6　幾種單一材料與聚合物基複合材料的比強度和比模量

表 8.1　幾種材料的比強度和比模量

材料	密度 / (g/cm^3)	抗拉強度 $\times 10^3$/MPa	彈性模量 $\times 10^5$/MPa	比強度 $\times 10^7$/(m/s)^2	比模量 $\times 10^7$/(m/s)^2
鋼	7.8	1.03	2.1	0.13	0.27
鋁合金	2.8	0.47	0.75	0.17	0.27
鈦合金	4.5	0.96	1.14	0.21	0.25
玻璃纖維複合材料	2.0	1.06	0.4	0.53	0.20
碳纖維／環氧複合材料	1.45	1.50	1.4	1.03	0.97

材料	密度 / (g/cm^3)	抗拉強度 $\times 10^3$/MPa	彈性模量 $\times 10^5$/MPa	比強度 $\times 10^7/(m/s)^2$	比模量 $\times 10^7/(m/s)^2$
有機纖維／環氧複合材料	1.4	1.4	0.8	1.0	0.57
硼纖維／環氧複合材料	2.1	1.38	2.1	0.66	1.0
硼纖維／鋁複合材料	2.65	1.0	2.0	0.38	0.75

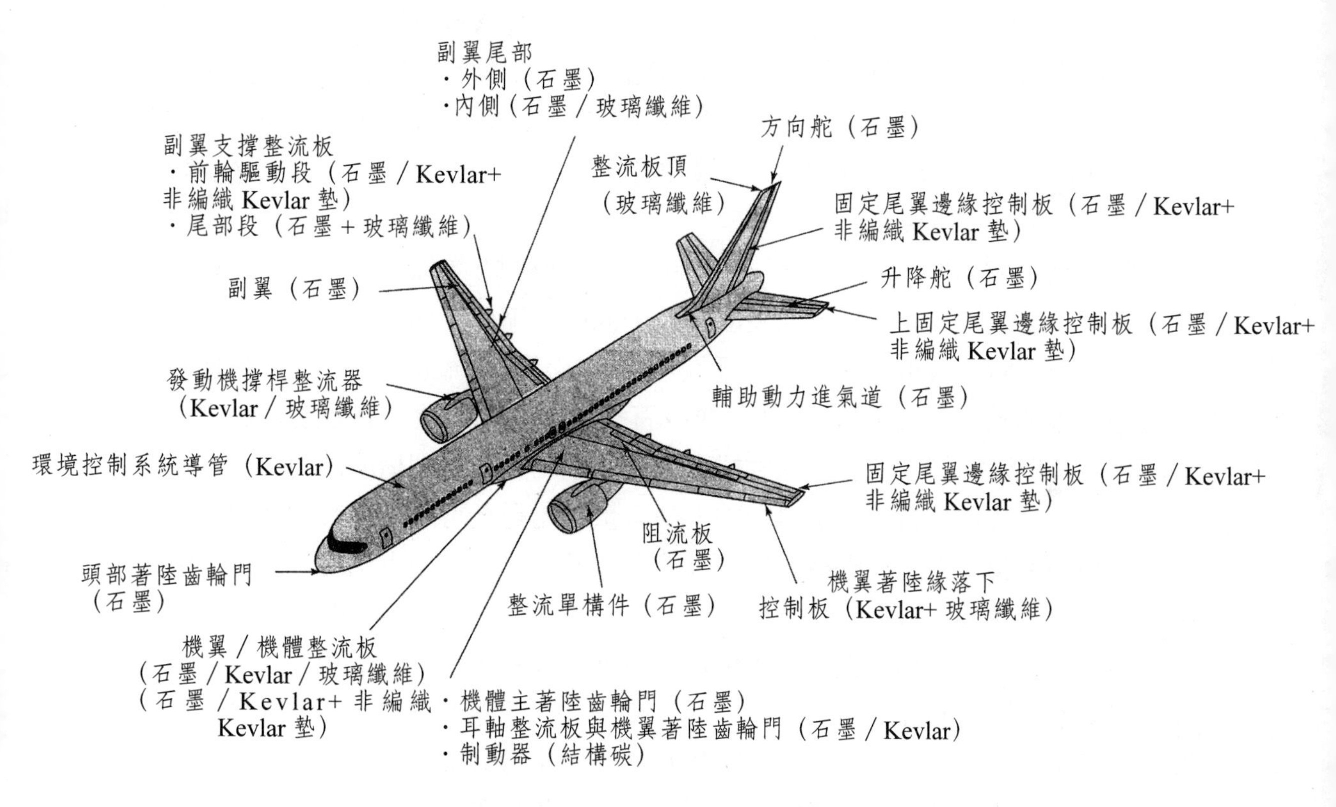

圖 8.7 波音 757-200 主要結構中的複合材料部件

8.4 複合材料中增強材料與基體材料的匹配

8.4.1 幾種複合材料的典型結構

按增強材料的幾何形狀，通常可將聚合物基複合材料分類為：長纖維（連續）增強聚合物基複合材料以及顆粒、晶鬚、短纖維（不連續）增強聚合物基複合材料。前者以高模量、高強度的高性能長纖維作為主要的載荷承載材料而產生增強作用，因而，可最大限度地發揮纖維的性能，通常具有很高的強度和模量；後者以增強相通過自身阻止基體內部的位錯運動、基體變形和裂紋擴展而產生增強作用。作為結構材料應用的聚合物基複合材料，以長纖維增強的居多。根據纖維的種類可分為：玻璃纖維增強、碳纖維增強、芳綸纖維增強、芳香族聚醯胺合成纖維增強聚合物基複合材料等。

顆粒增強聚合物基複合材料，可在有效降低材料成本的基礎上，改善聚合物基體的各種性能（如增加表面硬度、減少成形收縮率、消除成形裂紋、改善阻燃性、改善外觀、改進熱性能和導電性等），或不明顯降低主要性能。彈性體材料可通過添加碳黑（carbon black）或矽石（silica），以改進其強度和耐磨性，同時保持其良好的彈性。在熱固性樹脂中添加金屬粉末，則構成硬而強的低溫焊料，或稱導電複合材料；在塑料中加入高含量的鉛粉，可起到隔音和遮罩輻射的作用；而將金屬粉末用在碳氟聚合物（常用於軸承材料）中可增加導熱性、降低線膨脹係數，並大大減少材料的磨損率。

短纖維增強聚合物的性能除了依賴於纖維含量外，還強烈依賴於纖維的長頸比、短纖維排列取向等。通常有二維無序或三維空間隨機取向分布的短纖維增強聚合物基複合材料，其強度和模量與基體材料相比均有大幅提高。

通常所說的先進聚合物基複合材料，一般是指以碳纖維、克維拉（Kevlar）纖維、聚乙烯（polyethylene）纖維以及高性能玻璃纖維為增強體，或以聚醯亞胺（PI, polyimide）、雙馬來醯亞胺（BMI, bismaleimide）樹脂為基體的複合材料。

印製線路板（PCB, printed circuit board）、環氧塑封料（EMC, epoxy molding compound）和電子漿料是聚合物基電子功能複合材料的典型應用。

8.4.2 骨骼就是纖維增強的天然複合材料

人體骨骼是一種天然而複雜的複合材料，與非活性的人造複合材料相比，人體骨骼有下述幾個鮮明特點：

(1) 具有多層次的複雜結構：人體骨骼中的羥基磷灰石（HA, hydroxy apatite），由於呈骨架結構，是被人體「工程化」的生物陶瓷材料。事實上，骨骼是一種具有生物活性且結構複雜的複合材料。其中，具有稱作膠原的生物活性高分子聚合物相，它佔到整個骨骼重量的 36%。膠原（collagen）是一種蛋白質，是哺乳動物中最豐富多彩的結構材料。儘管有幾十種不同形式的膠原〔被生物聚合物分子中氨基酸（amino acid）的特殊反應結果所區分〕。骨骼中的膠原分子是 I 型的，與皮膚、腱、韌帶結構中的膠原分子具有相同形式。 I 型膠原分子具有多層次的複雜結構，其精細層次起始於三纖維為一組的螺旋分子結構，並導致膠原纖維束的週期往復排列：64nm 為一節、280nm 為一環。膠原纖維束之間並不是力學無關的，而是藉由分子間的交聯鍵（cross-linking）相互連接。

(2) 不斷生長和新陳代謝（metabolism）：作為結構材料，骨骼是被生物學「工程化的」，而膠原分子在形成陶瓷相 — 羥基磷灰石方面，有著重要作用。看來，礦物晶體的開始沉澱會部分地受到膠原分子結構的催化作用。然後，開始的晶體生長發生在膠原帶中，並且逐步分散在膠原骨架（scaffold）中。

(3) 具有自我修復和鍛鍊增強功能：骨骼的力學行為不能理解為各個陶瓷構件或聚合物構件的簡單組合或者它們的加權平均。需要時刻注意的事實是，骨骼富於生物活性，從而具有極強的自我修復和再生功能；體力勞動者和運動員的骨骼更強韌，說明骨骼具有鍛鍊增強功能。在這方面，天然的聚合物膠原起著中心作用。

看來，人造複合材料與人體骨骼相比，還有許多功能需要進一步完善。

8.4.3　各種增強纖維力學性能的比較

圖 8.10 中表示一些常用纖維增強體的強度和模量。可以看出，高強度碳纖維和高模量碳纖維性能非常突出，碳化矽纖維、硼纖維和有機聚合物的聚芳醯胺（polyaramid）、超高分子量聚乙烯纖維也具有很好的力學性能。

在纖維增強複合材料中，纖維增強材料和樹脂基體材料的性能往往有很大差異，因此在單向複合材料層板層內，沿纖維方向的性能（稱為縱向性能，它主要由纖維性能決定）和垂直於纖維方向的性能（稱為橫向性能，它主要由樹脂基體性能決定）相差很大，從而形成正交各向異性性能。而層合複合材料又是由不同方向的單向材料層疊合而成，所以在層合複合材料層面內，各向異性的特性更為突出，呈現比正交各向異性更為複雜。此外，垂直於層面的性能（稱為層間性能，它主要由層間結合材料決定）又與層內性能有很大差異，這又進一步增加了複合材料性能的複雜性。

8.4.4 複合材料中應保證增強材料與基體材料間的匹配

聚合物基體的主要作用包括：(1) 將增強纖維黏合成整體，並使纖維位置固定，在纖維之間傳遞載荷，並使載荷均衡；(2) 決定複合材料的一些性能，如複合材料的高溫使用性能（耐熱性）橫向性能、剪切（shear）性能、壓縮性能、疲勞性能、斷裂韌性、耐腐蝕性、耐水耐油性等；(3) 聚合物類型決定著複合材料的成形技術方法及技術參數的選用；(4) 保護纖維免受各種損傷。

要想發揮基體材料和增強材料雙方的優勢，真正做到「1+1>2」，基體材料和增強材料間的良好匹配必不可少。

纖維與基體的熱膨脹係數應匹配，不能相差過大，否則會在熱脹冷縮過程中引起纖維和基體結合強度降低。韌性較低的基體，纖維的線膨脹係數應大於基體的線膨脹係數；韌性較高的基體，纖維的線膨脹係數應大於基體的線膨脹係數。

纖維與基體之間要有良好的相容性。在高溫作用下，纖維與基體之間不發生化學反應，基體對纖維不產生腐蝕和損傷作用。

纖維與基體的結合強度必須適當，以保證基體中承受的應力能順利地傳遞到纖維上。如果兩者結合強度為零，則纖維毫無作用，整個強度反而降低；如果兩者結合太強，在斷裂過程中就沒有纖維自基體中拔出此一吸收能量的過程，以致受力增大時出現整個構件的脆性斷裂。

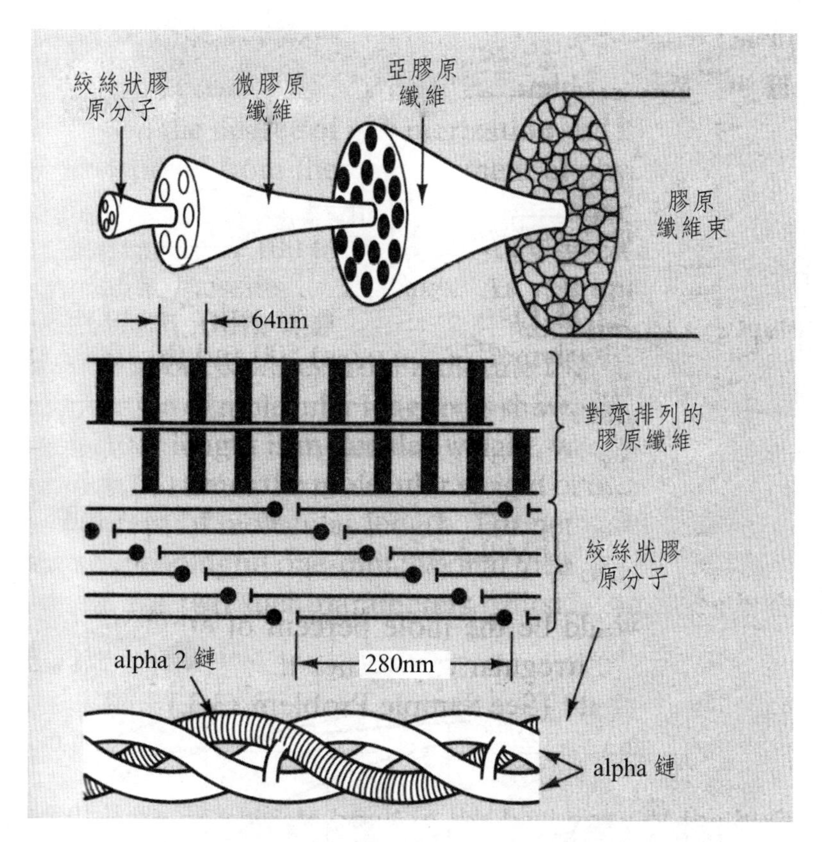

圖 8.8 骨骼中由絞絲狀膠原分子構成聚合結構的示意圖

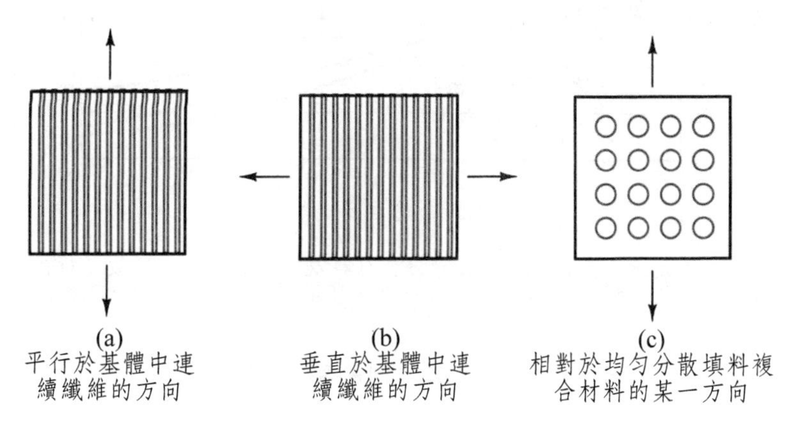

圖 8.9 三種理想化的複合材料幾何

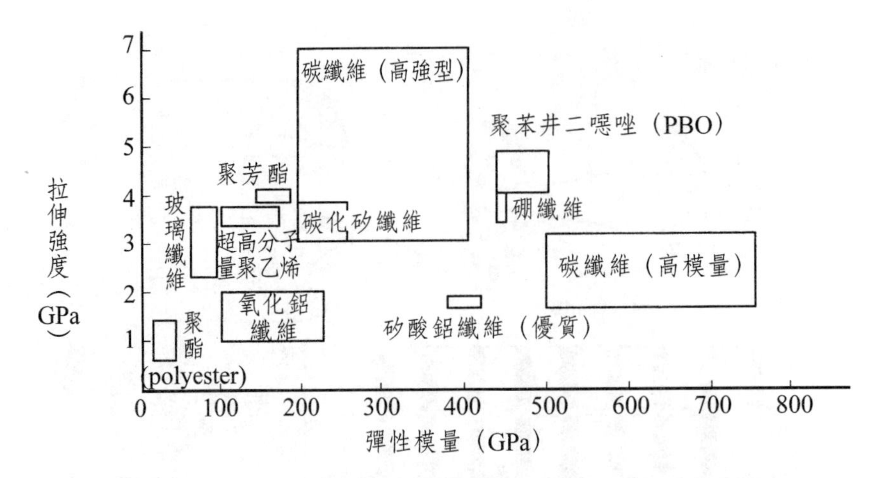

圖 8.10　各種纖維增強體的拉伸強度和彈性模量範圍

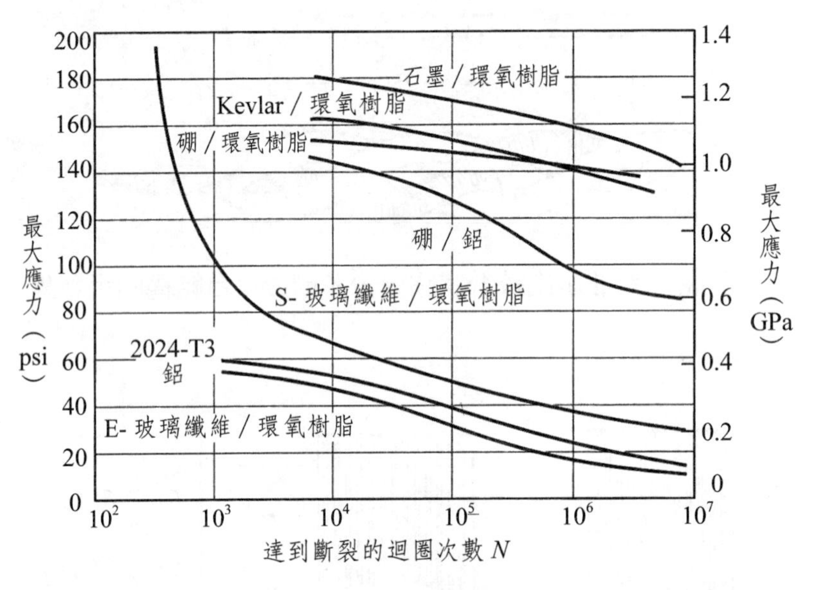

碳（石墨）—環氧樹脂複合材料與其它複合材料及鋁金合 2024-T3 疲勞特性（最大應力與達到斷裂的迴圈次數之間的關係）之對比。室溫下，R（拉—拉迴圈試驗中最小應力與最大應力之比）=0.1。

圖 8.11　各類複合材料疲勞特性的對比

8.5　碳纖維及 C/C 複合材料

8.5.1　碳纖維及製作方法

碳纖維（carbon fiber）是由有機纖維或低分子烴氣體原料在惰性氣氛中經高溫（1500℃）碳化而成的纖維狀碳化合物，其含碳量在 90% 以上。碳纖維的相關性質如下。

(1) 力學性能：碳纖維是一種力學性能優異的新材料，它的相對密度不到鋼的 1/4，碳纖維樹脂複合材料抗拉強度一般都在 3500MPa 以上，是鋼的 7～9 倍，抗拉彈性模量（elastic modulus）為 230～430GPa ，亦高於鋼。由以上資料不難推測，碳纖維材料的強度密度比非常高〔通常可達到 2000MPa/(g/cm^3) 以上〕，而 A3 鋼的比強度僅為 59MPa/(g/cm^3) 左右，其比模量（specific modulus）也比鋼高。通常來說，材料的比強度愈高，則構件自重愈小，比模量愈高，則構件的剛度愈大。

(2) 化學性質：碳纖維是含碳量高於 90% 的無機高分子纖維。其中含碳量高於 99% 的稱石墨纖維。碳纖維的軸向強度和模量高，無蠕變、耐疲勞性好，比熱及導電性介於非金屬和金屬之間，熱膨脹係數小、耐腐蝕性好、纖維的密度低、X 射線透過性好；但其耐衝擊性較差、容易損傷、在強酸作用下發生氧化，與金屬複合時會發生金屬碳化、滲碳及電化學腐蝕現象。因此，碳纖維在使用前必須進行表面處理。

碳纖維的製作有氣相法和有機纖維碳化法兩種。前者是在惰性氣氛中將小分子有機物（如烴或芳烴等）在高溫下沉積成纖維。此法只適用於製造晶鬚或短纖維，不能用於製造長纖維。後者是將有機纖維經穩定化處理後變成耐焰纖維，然後再於惰性氣體的氣氛下高溫焙燒碳化，使有機纖維失去部分碳和非碳原子，形成以碳為主的的纖維狀物。此法適用於製造連續長纖維。

8.5.2　碳纖維的應用

碳纖維可加工成織物、氈、席、帶、紙及其它材料。傳統使用中，碳纖維除用作絕熱保溫材料外，一般不單獨使用，多作為增強材料加到樹脂、金屬、陶瓷、混凝土等材料中，構成複合材料。碳纖維增強的複合材料可用作飛機結構材料、電磁遮罩材料、人工韌帶等身體代用材料以及用於製造火箭（rocket）外殼、導彈頭尾、艦艇、工業機器人、汽車板簧和驅動軸等。

長度較短的天然纖維或化學纖維的切段纖維稱為短纖維，主要是三維隨機排列的；長度約為 51～65 釐米，細度在 2.78～3.33dtex ，介於棉型纖維和毛型纖維之間的化學纖維稱為中長纖維。排列方式有一維排列、二維排列、三維排列。

8.5.3 C/C 複合材料的性能

C/C 複合材料是碳纖維增強碳基複合材料的簡稱，是指以碳纖維或其織物為增強相，以化學氣相滲透的熱解碳或液相浸漬－碳化的樹脂碳、瀝青碳為基體組成的一種純碳多相結構。C/C 複合材料是一種新型高性能結構、功能複合材料。

C/C 複合材料的優良性能主要有：具有靈活且廣泛的可設計性；質量輕，密度為 1.65～2.0g/cm^3，僅為鋼的四分之一；力學特性隨溫度升高而增大（2200℃以前），是目前唯一能在 2200℃以上保持高溫強度的工程材料；線膨脹係數小，高溫尺寸穩定性好；優異的耐燒蝕性能；損傷容限高，良好的抗熱震性能；摩擦特性好，摩擦係數穩定，並可在 0.2～0.45 範圍內調整；承載水準高、超載能力強，高溫下不會熔化，也不會發生黏接現象；使用壽命長，在同等條件下的磨損量約為粉末冶金煞車材料的 1/3～1/7；導熱係數高、比熱容大，是熱庫的優良材料，優異的抗疲勞能力，具有一定的韌性，維修方便等。

因此，C/C 複合材料在機械、電子、化工、冶金和核能等領域中得到廣泛應用，且在太空、航空和國防領域中的關鍵部件上大量應用。

8.5.4 C/C 複合材料製造

(1) 碳纖維與基體的選擇：在製造 C/C 複合材料時，對碳纖維的基本要求是鹼金屬等雜質含量低、高強度、高模量和較大的斷裂伸長，至於是否要進行表面處理，則需根據實際情況而定。表面處理對 C/C 複合材料有著顯著影響，在碳化過程中，由於兩相斷裂應變不同，而在收縮過程中纖維受到剪切應力或被剪切斷裂；同時基體收縮產生的裂紋在通過黏結很強的介面時，纖維產生應力集中，嚴重時導致纖維斷裂。未經表面處理的碳纖維，兩相介面黏結薄弱，基體的收縮使兩相介面脫黏，纖維不會損傷；當基體中裂紋傳播到兩相介面時，薄弱介面層可緩衝裂紋傳播速度或改變裂紋傳播方向，或介面剝離吸收掉集中的應力，從而使碳纖維免受損傷而充分發揮其增強作用，使 C/C 複合材料的強度得到提高。石墨化處理正相反，這可能是因基體樹脂碳經石墨化處理後，轉化為具有一定塑性的石墨化碳，使碳化過程中產生的裂紋支化，從而緩和或消除了集中的應力，使纖維免受損傷，強度得到提高。

(2) 預成形（胚體）：在製造 C/C 複合材料之前，首先將增強纖維製成各種類型、形狀的胚體。胚體的製造方法很多，有預浸潤纏繞、疊層和各種二維、三維及多維編織，其中主要以多維編織為主，而編織物的織態結構和性能對 C/C 複合材料有顯著影響。

(3) 緻密化：多向編織物或者碳氈等胚體（embryo body）都是碳纖維的骨架基材，需用基體碳（樹脂碳和沉積碳）把它們定位、填孔並連接成整體，使其保持一定的形狀和成為能夠承受外力的整體，再轉化為 C/C 複合材料。為實現以上目的，就需進行緻密化處理。緻密化工序主要包括浸漬樹脂、化學氣相沉積、化學氣相浸滲、碳化和石墨化等，緻密化工序往往需要反覆進行多次，以提高密度和彎曲強度等性能。

(4) 抗氧化處理：C/C 複合材料用於耐燒蝕材料或煞車制動等高溫環境使用之材料時，需進行抗氧化處理。在 C/C 複合材料表面均勻塗敷較薄的抗氧化物質，為其提供氧化保護層。通常要考慮到以下幾個問題：C/C 複合材料使用的最高溫度環境，以選擇相應的抗氧化塗層；C/C 複合材料與塗層劑的物理相容性（physical compatibity），主要是熱膨脹係數盡可能相匹配；對於多層塗層，彼此間應有較好的物理相容性；塗層技術和塗層方法要適宜。

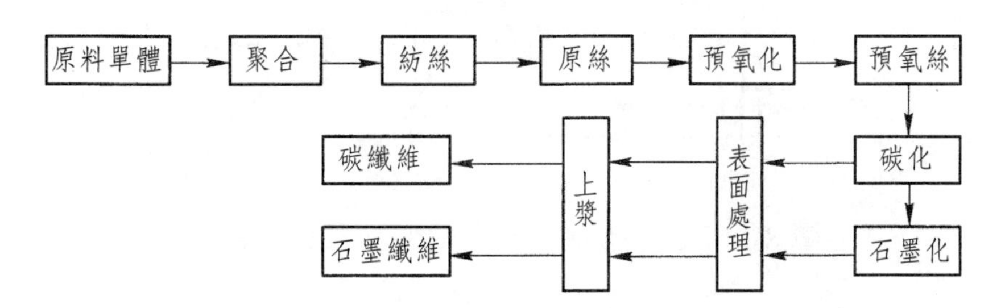

圖 8.12　PAN（polyaniline）碳纖維生產主要過程

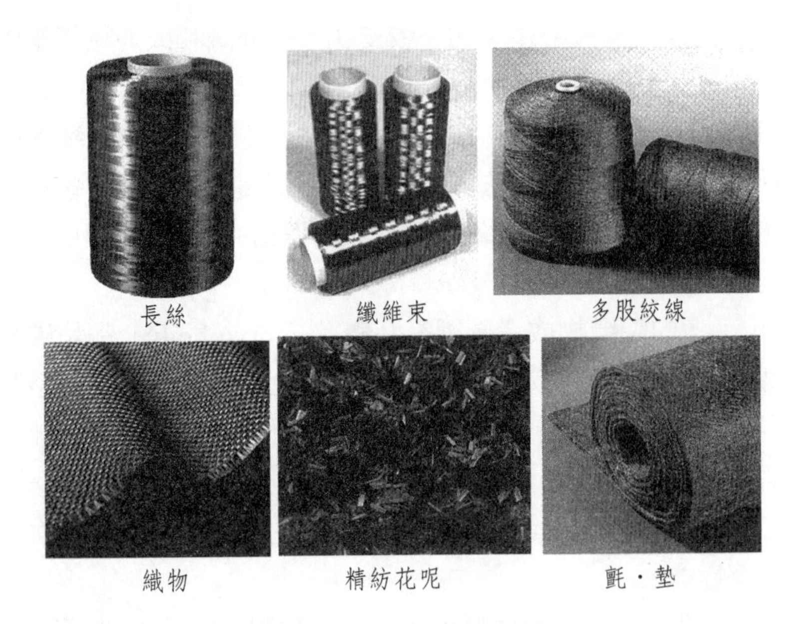

圖 8.13 碳纖維製品

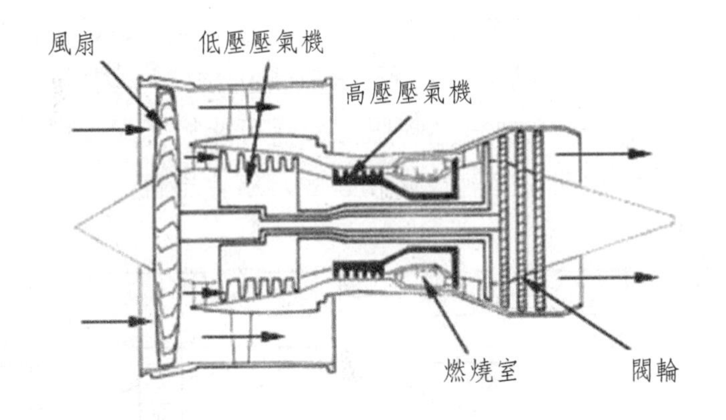

圖 8.14 C/C 複合材料在飛機煞車上的應用

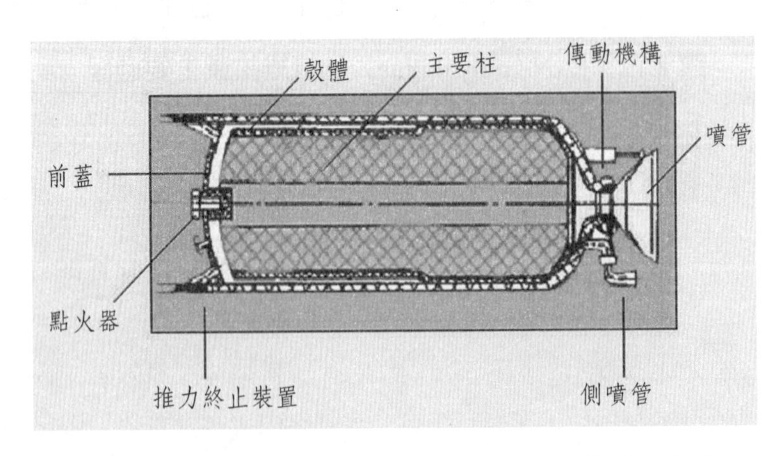

圖 8.15 固體火箭發動機 —— 殼體由 C/C 複合材料製成

8.6 複合材料 ── 在航空太空領域的應用

8.6.1 沿海巡航艇所用的複合材料

複合材料的特有性質，使船艇具有更快的速度、更好的性能。複合材料在娛樂船業中的應用，得到了好的認可和確立。獨木舟、橡皮艇、帆船、動力艇及表演船都是很好的例子，他們的構造幾乎全部採用了複合材料。玻璃鋼結構或其它複合材料結構的另一大優點是，比木製或金屬結構更容易修復，特別是應用在娛樂船隻上時。最早是在漁業中使用於商業玻璃鋼船上，始於 20 世紀 60 年代玻璃鋼拖網漁船的建成。一些早期的船隻現在仍在使用，為玻璃鋼船的壽命提供了證據。今天，大約 50% 的商業漁船都採用了玻璃鋼結構。

篷帆需要具有耐老化能力和良好的防水性能。過去的篷帆多數採用桐油塗浸過的棉麻布等，其色澤晦暗且多有不均勻處，有衰敗破落的感覺，耐用性也較差。而現在合成聚合物纖維被大量使用在篷帆製作中。與天然纖維和人造纖維相比，合成纖維的原料是由人工合成方法製成，生產不受自然條件的限制。合成纖維除了具有化學纖維的一般優越性能，如強度高、質輕、易洗快乾、彈性好、不怕黴蛀等之外，不同品種的合成纖維各具有某些獨特性能，使得篷帆的性能有了明顯改善。

8.6.2 大型客機中使用的各種複合材料

多種高性能的高分子複合材料，目前已經用於各種航空太空工具中。例如，碳纖維複合材料不久前還只在軍用飛機上做為主結構使用，如機身和機翼。但是，近年來先進複合材料已開始用於大型民航客機主結構上，玻纖增強塑料也大量使用在一些較為次要的部位。以 2003 年波音 787 的推出為代表，大型客機應用材料進入了一個新時代，即全複合材料飛機時代，其意義不亞於 20 世紀飛機結構材料從木材、帆布進入以鋁合金為主流材料的時代。

在美國，碳纖維複合材料主要用於航空太空工業；在歐洲，碳纖維複合材料在航空太空領域的使用量達到 33% ，僅次於其它工業用途。例如，無人駕駛飛機上，目前已經大量使用碳纖維複合材料。

新近推出的波音公司（Boeing）新型民航客機 787 和空中巴士公司（Air Bus）A380，都開始採用航空太空複合材料做為飛機的主結構。這是因為複合材料能提供與目前製鋁工業所能提供的鋁合金大致相同的性能，而且複合材料還能進一步降低成本。此外，複合材料還有耐久性佳、所需保護少、零部件可以整合、耐腐蝕性強、通過利用智慧纖維材料和嵌入式感測器（transducer）進行結構監測等優點。

787 客機絕大多數部件是用複合材料製造的，總計需要約 25 公噸增韌碳纖維，增強環氧樹脂疊合材料和夾層材料。空中巴士（A380）也使用通常的複合材料結構，例如機翼表皮的 40% 採用碳纖維增強塑料，減輕品質 1.5 公噸，減輕全裝配結構 11.6 公噸。尾翼的大部分，包括尾翼的安定面是碳纖維複合材料，仿照老式空中巴士（Air Bus）客機。未增強的後機身，則由連接到複合材料機架上的複合材料與合金架的組合體上的碳纖維蒙皮構成。總計複合材料將佔機架品質約 16%，減輕同種規模的全金屬結構（空飛機的總品質將約為 170 公噸）。

8.6.3 太空梭用的熱保護系統

太空梭（space shuttle）重返大氣層時，外層溫度高達 1300～1700℃。為防止氧化，必須施行表面防護。太空梭軌道器的熱防護系統必須滿足可靠性高、重量輕和可重複使用三項要求。

太空梭軌道器實用的防熱方案有以下三種：(1) 非燒蝕型非金屬材料隔熱輻射防熱結構；(2) 金屬材料輻射防熱結構；(3) 碳一碳複合材料輻射防熱結構。例如，美國第一代太空梭軌道器所採用的是，第一種結構與第三種結構相結合的熱防護系統；英國的 HOTOL 太空梭計畫採用第二種結構（即鈦合金熱防護系統）；美國第二代太空梭有可能採用第二種和第三種結構相結合的熱防護系統，更有可能採用第三種結構的整體式高級碳一碳複合材料熱防護系統。

美國第一代太空梭在軌道器上安裝了專門的熱防護系統，主要使用高純度非晶形氧化矽纖維製成的陶瓷瓦、碳一碳複合材料和聚芳醯胺防熱氈，根據軌道器各部分的工作溫度不同，採用不同的防熱材料。

在溫度為 1540℃以上的機身鼻錐部和機翼前沿，採用碳一碳複合材料結構塊；在溫度為 700～1480℃的區域採用高溫可重複使用的表面隔熱陶瓷瓦（HRSI）；在溫度為 450～600℃的區域，採用可重複使用的表面隔熱陶瓷瓦（LRSI）；在溫度 450℃以下的部位，採用柔性可重複使用表面隔熱塊。

8.6.4 太空梭的前錐體是由 C/C 複合材料做成的

在太空梭重返大氣層時，前錐體的溫度可達到 1540℃以上，大多採用 C/C 複合材料結構塊。碳／碳複合材料具有低密度（< 2.0g/cm^3）、高比強（specific strength）、高比模量（specific modulus）、高導熱性、低膨脹係數，以及抗熱衝擊（anti-thermal shock）性能好、尺寸穩定性高等優點，是目前在 1650℃以上應用的唯一備選材料，最高理論使用溫度更高達 2600℃。

美國第二代太空梭計畫採用目前最先進的設計方案，以高級碳－碳複合材料作為外殼。高級碳 — 碳複合材料是一種極耐高溫，在 1650℃的高溫下，仍能保持其各種機械性能的新型複合材料。與現在太空梭使用的增強碳一碳複合材料相比，高級碳 — 碳複合材料的強度要高兩倍，抗氧化能力要高一倍。用高級碳 — 碳複合材料作整體式外殼，使防熱系統與機殼融為一體，據估計，對於相同大小的軌道器而言，至少可減輕重量 10% ，具有不透雨不風化的優點，並具有非常光滑的氣動表面，其使用壽命至少可達 100 次往返飛行，甚至可使用 1000 次。

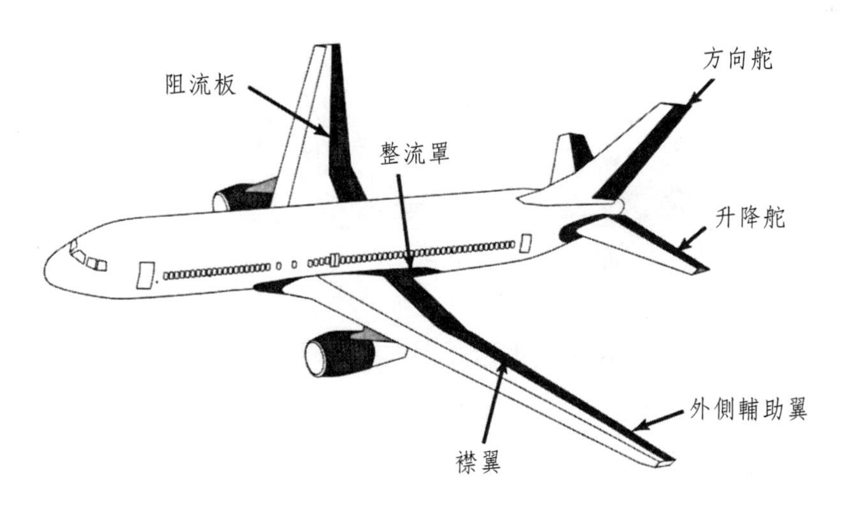

圖 8.16 波音 767 大型客機中使用的各類複合材料

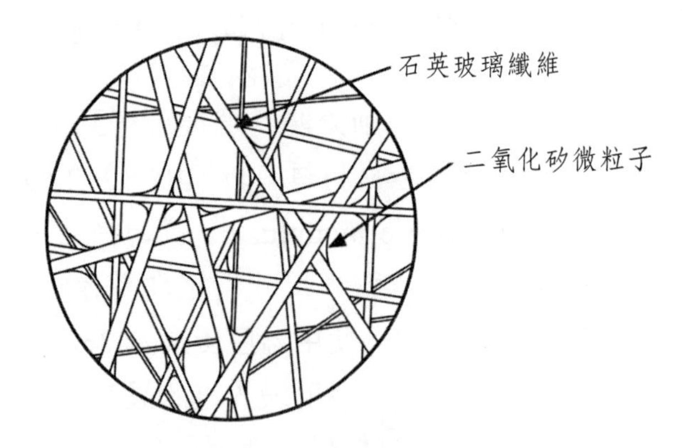

圖 8.17　隔熱瓦的微結構

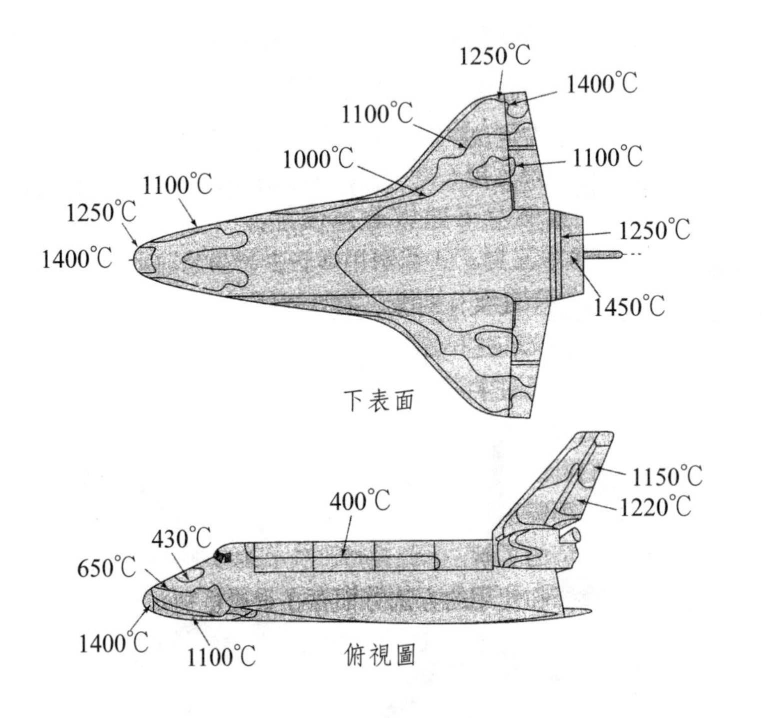

圖 8.18　太空梭重返地球通過大氣層時的表面溫度分布

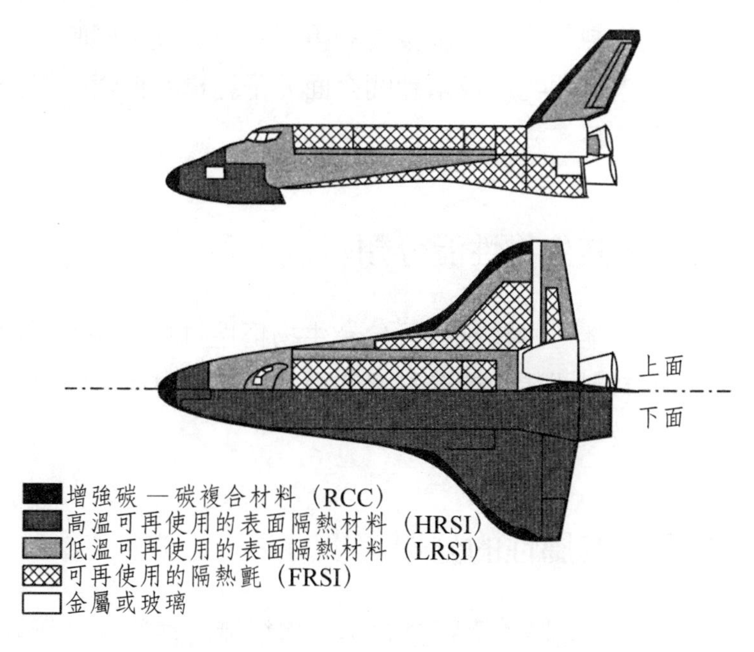

圖 8.19　太空梭用的熱保護系統

8.7　生物材料的定義和範疇

8.7.1　生物材料的定義

從廣義講，一切與生命有關的材料，不論是合成材料還是天然材料（natural material），均可稱為生物材料（bio-material）。我國學者提出的生物材料定義是：能夠替代、增強、修復或矯正生物體內器官、組織、細胞或細胞主要成分的功能材料。生物類材料包括：(1) 仿生材料（biomimic material），如蛛絲、昆蟲翼、生物鋼（蛋白質）材料等；(2) 生物醫用材料，如骨、血管、血液、心臟瓣膜材料等；(3) 生物靈性材料，即在電、光、磁等作用下，具有伸縮等功能的類似智慧材料。

在生物環境中，生物材料所接觸的，除了無生物物質外，更有器官、組織、細胞、細胞器以及生物大分子等不同層次的大量有機體。因此，作為生物材料，首先應能與這些活的有機體相互容納；另外，還應根據其使用目的而具備必要的物理力學性能和不同層次的生物功能。在科學上，生物材料已成為現代生物工程、醫學工程以及藥物製劑等進一步發展的重要物質支柱；同時，生物材料與生命物質間相互作用的本質闡明以及兩者間介面分子結構的探索，對於生命科學的發展也有十分重要的意義。

8.7.2 生物材料按其生物性能分類

根據材料的生物性能，生物材料可分為生物惰性材料、生物活性材料、生物解體材料和生物複合材料四類。根據材料的種類，生物材料大致可以分為金屬及合金、聚合物、陶瓷及玻璃三種。

8.7.3 生物材料依其屬性的分類

(1) 金屬及合金生物材料：儘管金屬與人體組織的性質完全迥異，其之所以被用在人體，乃是因為金屬具有很高的強度、硬度或導電性，而這些特性是當人體某部分或器官被取代時所必需的。目前移植用的金屬，大約有一半是由不鏽鋼製成，另外一半是由鈷－鉻合金製成，不鏽鋼如果處理得當，具有很好的抗腐蝕性，可以利用在很多方面的移植。

鈷－鉻合金的機械性質稍優於不鏽鋼，且在生物體內具有很高的抗蝕性，主要用在矯形術上，如骨夾板、骨釘、人造關節、牙科移植及電療用線等。鈦及其合金具有高度抗蝕性及較低的密度，已被廣泛用於移植器材的製作上，大部分用在骨科及牙科的移植上。

(2) 聚合物生物材料：目前已有很多種聚合材料被用於臨床醫療上，大部分是作為軟組織的取代物。這是因為聚合材料可以製成各種形式，以符合所要取代之軟組織的物理及化學性質。聚合物材料具有下列優點：①很容易製成各種用途的形式，如油性、固體、膠狀體或者是薄膜；②與金屬及合金相較，其在體內較不易受到侵蝕，但並不意謂它不會產生退化變質；③由於聚合材料和體內組織中的膠原很類似，使得它在植入體內後，能和組織直接結合；④用於接著方面的聚合材料，可以取代過去傳統式的縫合方法，將體內受損的柔軟組織及器官予以接合；⑤聚合材料的密度和人體組織很接近（$1g/cm^3$）。

聚合材料也有一些缺點：①其彈性模量（modulus of elasticity）較低，使得聚合材料很難用於需要承受較大負載的用途；②由於聚合程度很難達到百分之百，使得它們在體內長久使用下，仍不免會產生退化的現象。③想得到不含其它添加劑，如抗氧化劑、抗變色劑或可塑劑之高純度醫用級的聚合材料是很困難的，因為大部分的聚合材料均經由大量生產途徑來製造。

(3) 陶瓷及玻璃生物材料：陶瓷在牙冠使用上，已經有很長一段時間，另外如玻璃陶瓷會與骨骼組織形成特殊接合，生物能分解的磷酸鈣陶瓷可用於永久移植，這些應用是因為陶瓷對體液不發生作用，並且具有較高的壓縮強度及美觀好看等特性。

沒有活性並具有相當大小孔徑的陶瓷材料，會誘使骨骼組織向孔內生長，因此可以用來作為關節的彌補物，而不必用骨黏合劑。生物能分解的磷酸鈣陶瓷，其成分與骨骼組織近似，植入骨內不會引起任何反應。玻璃陶瓷表面會釋出離子，與骨骼組織直接接合，以增進彌補物的固定性。

陶瓷材料在醫學上的應用如下：臉部骨頭因癌症而切除，失去原來形狀時，可利用陶瓷材料整容；牙齒拔除後，將有孔隙的陶瓷材料填入，當軟組織長入孔隙中，便可安裝假牙；耳後海綿狀的乳突骨因病切除後，可用陶瓷材料填補整形，另外陶瓷也可以鍍在金屬表面用於關節，可以使用較長的時間。

8.7.4 生物材料的發展

金屬及合金材料在人體的應用方面，主要是利用其優異的機械強度特性，以承受較大的應力變化，其次才是利用其導電的特性；聚合材料在醫學領域已被廣泛地應用，但仍有很多其它方面的應用，聚合材料比不上其它材料，尤其在硬組織的替代方面，顯示出聚合材料不適於需要承受重力或磨損的用途，即使是軟組織的替代，也尚需加強材料和人體組織的適應性；陶瓷材料最大的優點是在人體中很穩定，且有適當孔隙的陶瓷可以讓軟組織及硬組織生長到裡面，形成內部互相連接的結構，適於長期移植，但陶瓷無法適用於所有移植，對於承受重力部分，必須與金屬或合金配合，有時必須與聚合材料一起使用，才能發揮它的功效。

總而言之，當人體的組織或內部器官因疾病或意外傷害所造成的缺損或殘廢而影響到外形或功能完整性時，其最大的希望是同種器官的移植，但是同種器官移植除了不容易找到外，還會遭遇生物體的自然抗體、免疫反應及對外來物的排斥性等，所以其最後希望便是換一個由生物材料所製成的人造器官。外形的缺損也可以利用生物材料加以整形，如日常生活上常見的換膚、整容、隆乳等，使失去的功能恢復，讓人恢復正常的生活及生命活力，這是醫學史上的一大進展，已被公認為是健康醫療上的偉大成就，並將繼續取得進步。

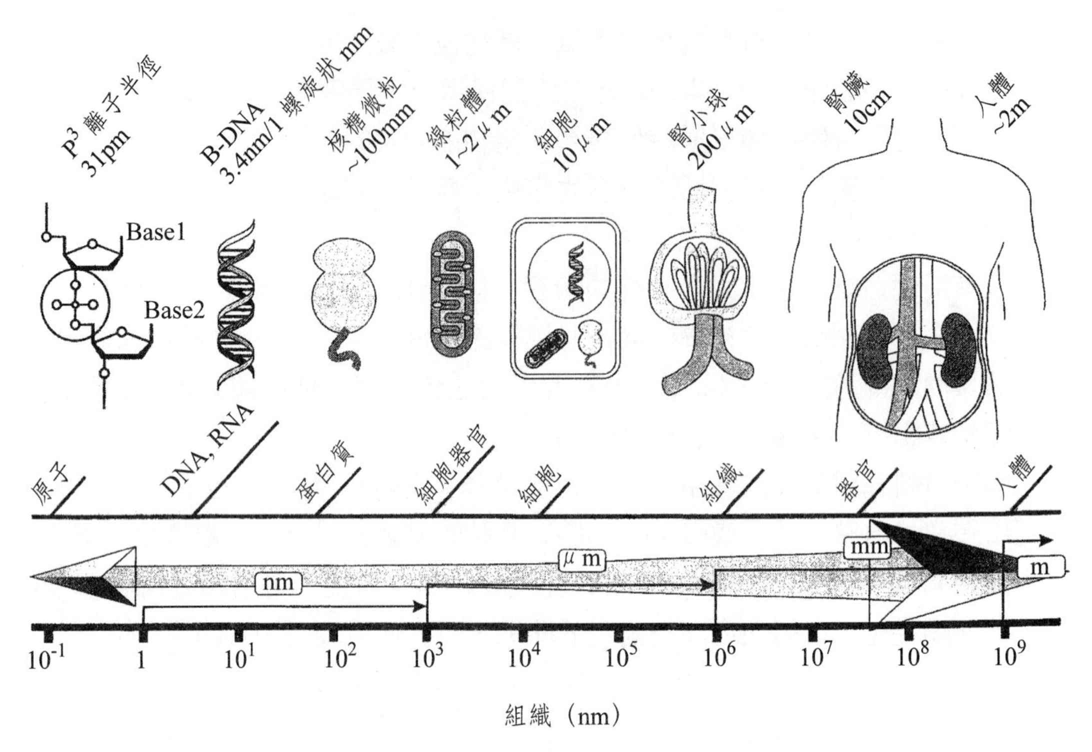

圖 8.20　人體各構成部分的尺寸分布

8.8　骨骼、筋和韌帶組織

8.8.1　成人股骨的縱斷面

骨組織由數種細胞成分和大量鈣化的細胞間質組成。骨基質骨的鈣化細胞間質又稱骨基質，由有機成分和無機成分構成。

(1) 有機成分：包括膠原纖維和無定形基質，約佔骨幹重的 35% ，是由骨細胞分泌形成。有機成分的 95% 是膠原纖維（骨膠纖維），主要由 I 型膠原蛋白（collagen）構成，還有少量 V 型膠原蛋白。無定形基質的含量只佔 5% ，呈凝膠狀，化學成分為糖胺多糖和蛋白質（protein）的複合物。糖胺多糖包括硫酸軟骨素、硫酸角質素和透明質酸等。而蛋白質成分中有些具有特殊作用，如骨黏連蛋白可將骨的無機成分與骨膠原蛋白結合起來；而骨鈣蛋白是與鈣結合的蛋白質，其作用與骨的鈣化及鈣的運輸有關，有機成分使骨具有韌性。

(2) 無機成分：主要為鈣鹽，又稱骨鹽，約佔骨幹重的 65%。主要成分是羥基磷灰石結晶 [$Ca_{10}(PO_4)_6(OH)_2$]，電鏡下，結晶體為細針狀，長約 10～20nm，它們緊密而有規律地沿著膠原纖維的長軸排列。骨鹽一旦與有機成分結合後，骨基質則十分堅硬，以適應其支持功能。

成熟骨組織的骨基質均以骨板的形式存在，即膠原纖維平行排列成層，並藉由無定形基質黏合在一起，其上有骨鹽沉積，形成薄板狀結構，稱為骨板。同一層骨板內的膠原纖維平行排列，相鄰兩層骨板內的纖維方向互相垂直，如同多層木質膠合板一樣，這種結構形式，能承受多方壓力，增強了骨的支持力。

由骨板逐層排列而形成的骨組織稱為板層骨。成人的骨組織幾乎都是板層骨。按照骨板的排列形式和空間結構不同，而分為骨鬆質和骨密質。骨鬆質構成扁骨的板障和長骨骨幹的大部分；骨密質構成扁骨的皮質、長骨骨幹的大部分和骨髓的表層。

覆蓋在長骨兩端的軟骨稱為關節軟骨，軟骨下方的一段區域稱為骺板，骺板處的軟骨細胞增殖形成軟骨細胞柱，並將成熟的細胞推向骨幹的中部。由於軟骨細胞的增大並死亡，該空間被新的骨細胞（成骨細胞）填充並佔據。新的血管又可滋養新的細胞，骨骼就是這樣生長的。骨在形成的過程中，無機物（主要為鈣鹽）沉積於膠原纖維形成的有機基質中。骨細胞形成骨膠原，同時促進鈣鹽沉積。根據激素（hormone，荷爾蒙）對人體需要的調節，骨內的小管可使鈣鹽從血管內流入或流出，這就是骨骼無機物的代謝。

8.8.2　鬆質骨、有皮外骨的顯微組織

鬆質骨是由接近桿狀或平板狀的骨小樑組成，骨小樑在三維空間呈連續性的交錯網路分布，構成了鬆質骨的顯微結構。近年來，隨著生物力學的研究，從宏觀逐漸深入至微觀，大量研究證實，鬆質骨的顯微結構是影響骨力學性能的重要因素。對骨質疏鬆的研究表明，現在唯一可用於臨床診斷骨質疏鬆症的影像學檢測手段即骨密度測量，因其無法檢測骨的顯微結構，而不足以評估骨的力學強度和預測骨質疏鬆性骨折的風險。因此，在骨生物力學和骨質疏鬆的相關研究領域，鬆質骨的顯微結構研究是一個不容忽視的重要內容。

軟骨組織由軟骨細胞、基質及纖維構成。根據軟骨組織所含纖維的不同，可將軟骨分為透明軟骨、纖維軟骨和彈性軟骨三種。其中以透明軟骨的分布較廣，結構也較典型。軟骨是具有某種程度硬度和彈性的支援器官。在脊椎動物中非常

發達，一般見於成體骨骼的一部分和呼吸道等管狀器官壁、關節的摩擦面等。發生初期骨骼的大部分一度由軟骨構成，後來被骨組織所取代。軟骨魚類的成體大部分骨骼也是軟骨。在無脊椎動物中，軟體動物頭足類的軟骨很發達。軟骨的周圍一般被覆以纖維結締組織的軟骨膜，它在軟骨被骨取代時，轉化為骨膜。軟骨是身體裡唯一不會發生癌變的組織。

8.8.3 腱、韌帶的宏觀圖像和微細組織

腱〔或稱肌腱（tendon）〕是一堅韌的結締組織帶，通常將肌肉連接到骨骼，並可承受張力。腱類似韌帶和筋膜，都是由膠原蛋白組成；不過，韌帶是連接骨骼，而筋膜則連接肌肉。肌腱與肌肉一起作用產生動作。

正常健康的腱大多是由平行的緊密膠原組成。腱大約 30% 是水，其餘組成如下：約 86% 的膠原蛋白、2% 彈性纖維、1%～5% 蛋白多醣和 0.2% 無機成分，如銅、錳和鈣。膠原部分是由 97%～98% 的 I 型膠原蛋白，與少量其它類型的膠原蛋白組成。

韌帶（ligament）連接骨與骨，為明顯的纖維組織，或附於骨的表面或與關節囊的外層融合，以加強關節的穩固性，以免損傷，相對肌腱連接的是骨和肌肉；韌帶還是支持內臟，富有堅韌性的纖維帶，多為增厚的腹膜皺襞，使內臟固定於正常位置或限制其活動範圍；此外還有為某些胚胎器官的殘存遺跡，如動脈導管韌帶。

韌帶來自於膠原。若韌帶超過其生理範圍地被彎曲（如扭傷），可以導致韌帶的延長或是斷裂。

8.8.4 韌帶、腱、軟骨的微結構

前交叉韌帶具有與其它結締組織類似的超微結構。它由多個纖維束組成，基本單位為膠原，250μm 至數毫米不等，被一層結締組織包繞，這層結締組織為腱圍。每個纖維束又由 3～20 個亞纖維束組成為腱鞘包繞。組成亞纖維束的是亞纖維束單位，直徑 100～250μm，由一層疏鬆結締組織包繞，即腱內膜（II 型膠原）。亞纖維束單位由直徑 1～20μm 膠原纖維組成。膠原纖維由直 25～250nm 膠原原纖維組成。膠原原纖維有兩種類型，一種為直徑 35nm 、50nm 或 75nm 不等，外形不規則，佔前交叉韌帶的 50.3%，由成纖維細胞分泌，可抵禦高應力；另一種為邊緣光滑，直徑統一（最大為 45nm），佔前交叉韌帶的 43.7% ，由纖維一

成軟骨細胞分泌，主要作用為維持韌帶三維結構組成。其餘 6% 為細胞和基質成分。

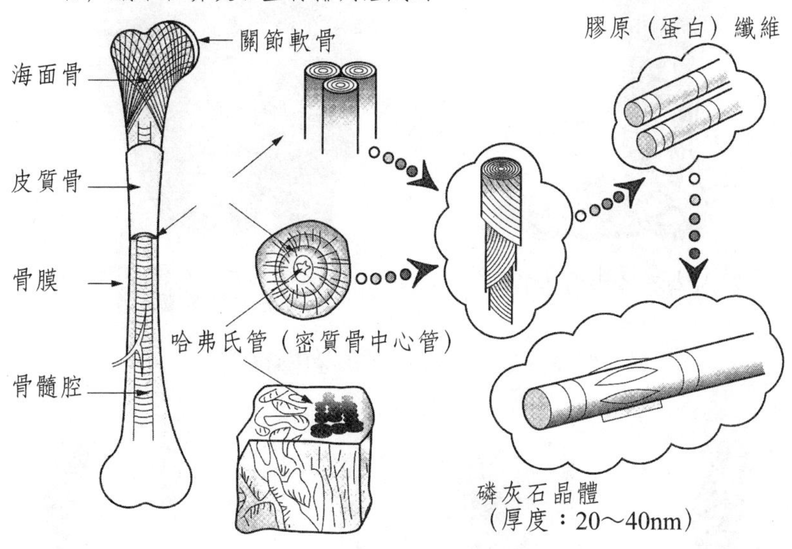

圖 8.21　骨的組織結構模式圖

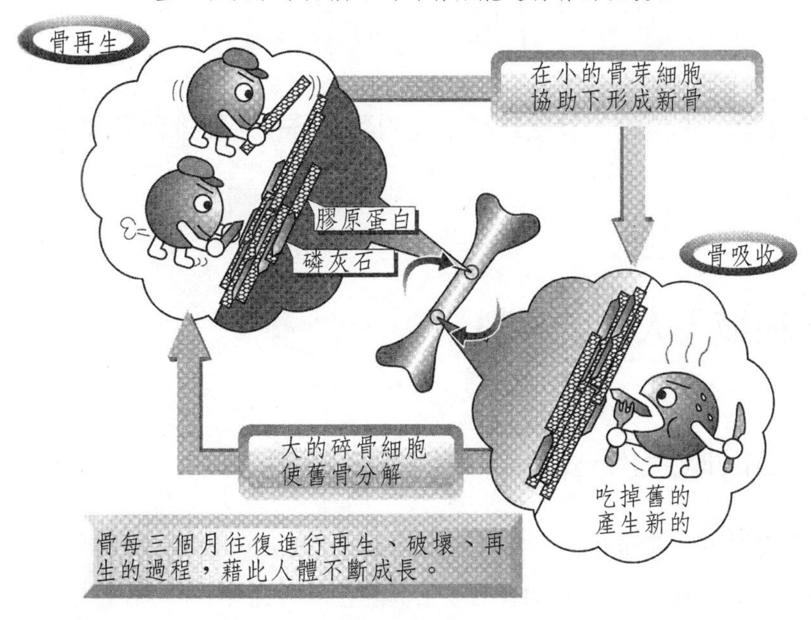

圖 8.22　骨的生長代謝模式圖

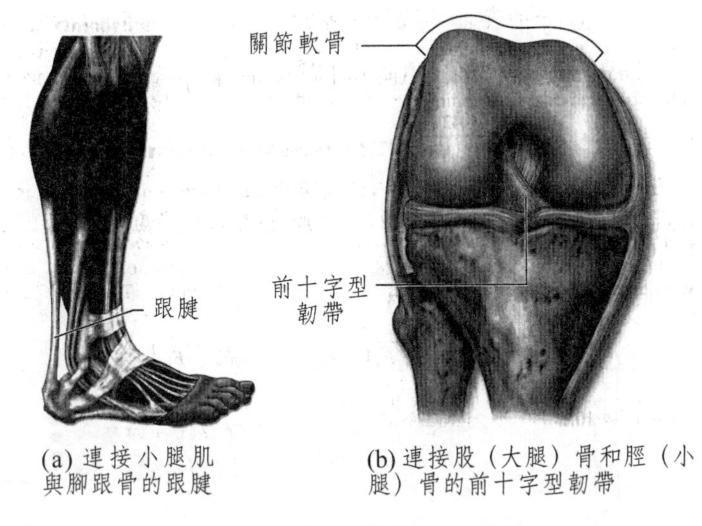

(a) 連接小腿肌與腳跟骨的跟腱

(b) 連接股（大腿）骨和脛（小腿）骨的前十字型韌帶

圖 8.23　腱和韌帶的宏觀圖像

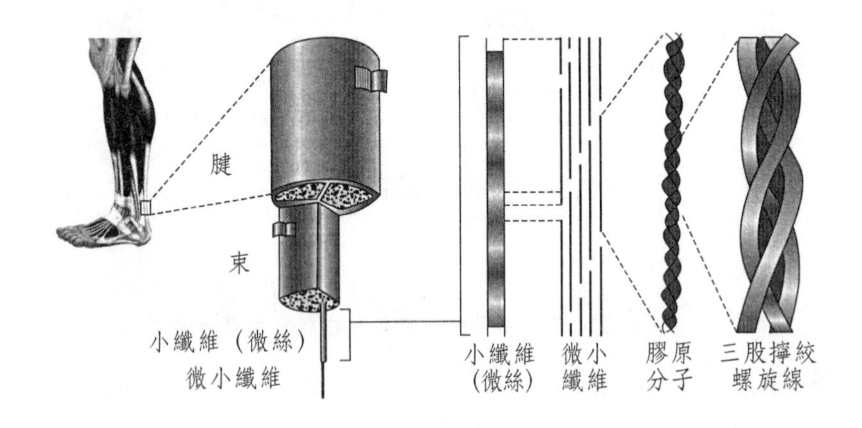

圖 8.24　形成韌帶和腱功能單元的膠原分子分層排列分解示意圖

8.9 各種植入人體的材料

8.9.1 人造的眼鏡內透鏡 —— 人工水晶體

在第二次世界大戰期間，英國醫生 Harold Ridley 觀察眼內濺入飛機座艙蓋碎片的飛行員時，發現用 PMMA 製成的艙蓋碎片在眼內沒有發生異物反應。它與人體組織有非常好的相容性，因而用此材料製造人工水晶體。他為人工晶體植入奠定了基礎。

人工水晶體（IOL, intraocular lens）是一種植入眼內的人工透鏡（artifical lens），產生取代天然晶狀體的作用。第一枚人工水晶體是由 John Pike 、John Holt 和 Hardold Ridley 於 1949 年 11 月 29 日共同設計的，Ridley 醫生在倫敦 St.Thomas 醫院為病人植入了首枚人工水晶體。

按照硬度分類，人工水晶體可以分為硬質人工水晶體和軟性人工水晶體。軟水晶體又可以分為丙烯酸類水晶體和矽凝膠類水晶體，是可摺疊水晶體。

玻璃也曾被用來製造人工水晶體的鏡片。玻璃的透明度好，屈光指數大。比 PMMA 優越的地方是它更耐久，而且可以耐受高壓消毒。但玻璃人工水晶體比較重，易導致鏡心偏移和脫位。近年來也用矽膠和水凝膠（hydrogels）製造人工水晶體。由於其質軟且具有充足的柔韌性，故又稱為軟性人工水晶體，可通過小切口植入眼內。水凝膠又根據聚合體中含水率的多少和其性質而分成兩種：聚甲基丙烯酸羥乙酯（PHEMA）和高含水率的水凝膠。目前在臨床上使用最廣泛的軟性人工水晶體是矽膠（silicone），其次是 PHEMA ，有摺疊式和非摺疊式。

8.9.2 人造心臟瓣膜

人造心臟瓣膜（heart valve prosthesis）是可植入心臟內代替心臟瓣膜（主動脈瓣、肺動脈瓣、三尖瓣、二尖瓣），能使血液單向流動，具有天然心臟瓣膜功能的人工器官。當心臟瓣膜病變嚴重而不能用瓣膜分離手術或修補手術恢復或改善瓣膜功能時，則須採用人工心臟瓣膜置換術。換瓣病例主要有風濕性心臟病、先天性心臟病、馬凡氏綜合症等。

人工瓣膜的類型有：機械瓣（mechanical prosthesis 或 mechanical heart valve）、球籠型瓣（caged ball valve）、碟型瓣（disk valve）、單葉傾碟瓣（tilting disk valve）、雙葉瓣（bileaflet valve）、組織瓣（生物瓣）（tissuevalve 或 bioprosthetic valve）、支架生物瓣（stent tissue valve）、無支架生物瓣（stentless tissue valve）、人體組織瓣（human tissue valve）、動物組織瓣（animal tissue valve）等。

8.9.3 鈷 — 鉻合金人造膝蓋替換件

人造膝蓋替換件，包括一個脛骨構件和一個股骨構件。脛骨構件相對於股骨構件，一方面可繞一基本水準的軸線轉動，以便腿部能夠進行彎曲和伸展運動，另一方面可繞一垂直軸線轉動，以使脛骨繞其軸線進行有限的轉動。人造膝蓋還有一個鞘銷，該鞘軸向滑動地安裝在為其轉動作支承的孔中。

人工膝關節通常使用骨水泥來固定，骨水泥很快變硬，立刻在植入物和骨骼間形成黏結。骨水泥在植入手術後不久就被固定，並能承受重力。還有非骨水泥固定，骨骼做好準備，植入物就被緊緊壓入。最大的植入物穩定性，經由骨骼生長融合到植入物的表面這種方式獲得。

人工膝關節構件使用具高度抗腐蝕性和優異的生物相容性材料。金屬構件以鈷－鉻合金製作。塑料構件，如支承板（或譯為「軸承座板」），以超高分子量聚乙烯（UHMWPE, ultra high molecular weight polyethylene）製造。生物誘導性的塗層在非骨水泥的固定中，促進了骨骼在植入物上的「長入」。

純鈦和鈦合金（Ti-6Al-4V）在人工膝關節中的使用量也很大。它的強度雖然不及鈷合金，但耐腐蝕性優異。與人體組織反應性低，相對密度較不鏽鋼和鈷合金小得多。

8.9.4 牙科植入構件和髖關節義肢

齒科材料是指以口腔醫療、修復、整形為目的，修補缺損的頜面部硬組織，以恢復其形態、功能和美觀，以及用於口腔預防保健和對畸形的矯治等醫療活動材料。

早期的牙科材料一般採用貴金屬合金，NiCr 合金和不鏽鋼等，但均存在著一些問題，如不具備優良的耐腐蝕性、有金屬味道等，不符合人們的要求。鈦及其合金具有良好的生物相容性和力學性能，耐腐蝕性和抗疲勞性好、強度高、品質輕，因而鈦合金在作為牙科材料方面越來越顯示出其優越性，並被廣泛應用於醫學臨床。

陶瓷材料是最自然逼真的牙體組織人工替代材料。除了美學性能之外，它還具有良好的生物相容性、耐磨性、蝕刻黏結性和低導熱性等。陶瓷材料可以製成全冠、貼面、全瓷固定局部義牙，以滿足醫學臨床的需求。但其最致命的弱點仍然是脆性較高。牙科鑄造陶瓷主要有雲母系鑄造陶瓷和磷酸鈣結晶類鑄造陶瓷兩類。

為了克服單純烤瓷材料強度不足、脆性較大的缺點，20 世紀 50 年代開發了金屬烤瓷材料，研製出金屬烤瓷修復體。它是在金屬冠核表面熔附一種線膨脹係數與其相匹配的金屬烤瓷材料，又稱為金屬烤瓷粉。烤瓷粉可分為釉瓷、體瓷、不透明瓷等。常用金合金、鈀銀合金、鎳鈷合金等作為烤瓷的金屬材料。

人工髖關節假體仿照人體髖關節的結構，將假體柄部插入股骨髓腔內，利用頭部與關節臼或假體金屬杯形成旋轉，實現股骨的屈伸和運動。

股骨頭柄採用鈦合金、鈷鉻鉬合金、超低碳不鏽鋼、奈米複合陶瓷材料製造，塑料內臼、髖臼採用無毒超高分子聚乙烯、陶瓷製造，金屬杯採用鈦合金（與鈦合金、鈷鉻鉬合金股骨頭柄配合）和超低碳不鏽鋼材料製造。

鈦合金產品毛胚採用熱等靜壓加工法，鈷鉻鉬合金採用鑄造加工法，不鏽鋼採用鍛造加工法，後經機器加工成形，並經過表面處理而製成。

(a) 手術前

(b) 手術後

圖 8.25　白內障（cataract）患者手術前後觀看效果的對比

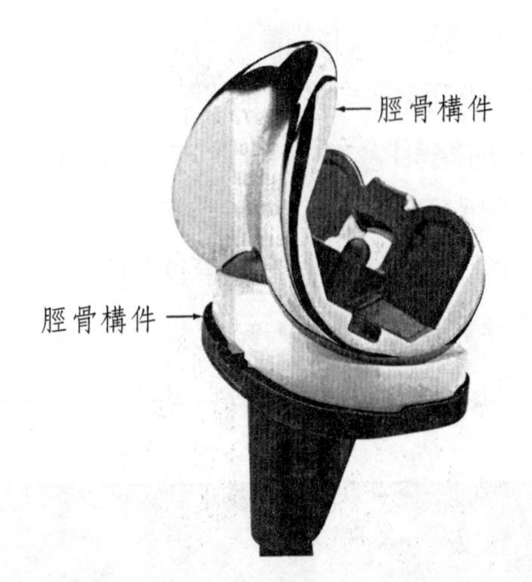

注意股骨構件坐落在脛骨構件之上。一個聚乙烯「軸承」表面將股骨構件和脛骨構件分開，從而減少了摩擦。

圖 8.26　一個鈷－鉻合金人造膝蓋替換件

思考題及練習題

8.1 何為複合材料？按基體類型，複合材料是如何分類？增強材料依形態又是如何分類？

8.2 在複合材料中，介面是如何定義的？介面在複合材料中有何效應？

8.3 何謂玻璃鋼？作為複合材料的纖維增強材料，為什麼有了物美價廉的玻璃纖維後，還要開發其它纖維呢？

8.4 有機纖維，如芳綸纖維、聚乙烯纖維等，可以與金屬基體或陶瓷基體複合嗎？為什麼？

8.5 各舉出一種現代聚合物基、金屬基、陶瓷基複合材料，並說明它們的用途。

8.6 大型客機波音 757-200 在何處使用了什麼類型的複合材料？最新型的波音 787 呢？

8.7 太空梭的前錐體是由什麼複合材料製作的，目的是什麼？

8.8 請分別畫出聚合物基複合材料及 C/C 複合材料的製作流程。

8.9 簡要說明金屬基複合材料的性能特點和存在的主要問題。

8.10 簡述陶瓷基複合材料的性能和應用。

8.11 請畫圖並解釋「人的骨骼是由不同尺寸的複合材料構成的」。

8.12 畫出小腿跟腱和韌帶的宏觀圖像及微觀組織。

8.13 何謂組織工程學？如何按組織工程學開發人工器官？

8.14 植入人體的人工關節應考慮哪些生物相容性問題？

參考文獻

[1] 馮慶玲，生物材料概論，北京：清華大學出版社，2009 年 9 月。
[2] 杜彥良，張光磊，現代材料概論，重慶：重慶大學出版社，2009 年 2 月。
[3] 雅菁，吳芳，周彩樓，材料概論，重慶：重慶大學出版社，2006 年 8 月。
[4] 王周讓，王曉輝，何西華，航空工程材料，北京：北京航空航太大學出版社，2010 年 2 月。
[5] 胡靜，新材料，南京：東南大學出版社，2011 年 12 月。
[6] 齊寶森，呂宇鵬，徐淑瓊，21 世紀新型材料，北京：化學工業出版社，2011 年 7 月。
[7] 杜雙明，王曉剛，材料科學與工程概論，西安：西安電子科技大學出版社，2011 年 8 月。
[8] 馬小娥，王曉東，關榮峰，張海波，高愛華，材料科學與工程概論，北京：中國電力出版社，2009 年 6 月。
[9] 王高潮，材料科學與工程導論，北京：機械工業出版社，2006 年 1 月。
[10] 周達飛，材料概論（第二版），北京：化學工業出版社，2009 年 2 月。
[11] 施惠生，材料概論（第二版），上海：同濟大學出版社，2009 年 8 月。
[12] William F. Smith, Javad Hashemi. Foundations of Materials Science and Engineering. 5th ed. New York, McGraw-Hill, Inco. Higher Education, 2010.
材料科學與工程基礎（第 5 版），北京：機械工業出版社，2011 年。

9 磁性及磁性材料

9.1 磁性源於電流
9.2 磁矩、磁導率和磁化率
9.3 過渡金屬元素 3d 殼層的電子結構與其磁性的關係
9.4 高磁導率材料、高矯頑力材料及半硬質磁性材料
9.5 亞鐵磁性和鐵氧體材料
9.6 鐵氧體硬磁材料的製作
9.7 硬磁鐵氧體和軟磁鐵氧體的磁學特性及應用
9.8 磁疇及磁疇壁的運動
9.9 磁滯迴線及其決定因素
9.10 永磁材料及其進展
9.11 釹鐵硼稀土永磁材料及製作技術
9.12 永磁材料的應用和退磁曲線
9.13 磁記錄材料
9.14 光磁記錄材料

9.1 磁性源於電流

9.1.1 「慈石招鐵，或引之也」

早在西元前 3 世紀，《呂氏春秋．季秋記》中就有「慈石招鐵，或引之也」的記述，形容磁石（magnet）對於鐵片猶如慈母對待幼兒一樣慈悲、慈愛。而今，漢語中「磁鐵（magnet）」中的「磁（magnetism）」，日語中「磁石」中的「磁」，即起源於當初的「慈」。

司馬遷在《史記》中，有黃帝在作戰中使用指南車的記述，如果確實，這可能是世界上關於磁石應用的最早記載。

西元 1044 年出版的北宋曾公亮《武經總要》中，描述了用人造磁鐵片製作指南魚的過程：將鐵片或者鋼片剪裁成魚狀，放入炭火燒紅，尾指北方斜放入水，便形成帶剩磁的指南針，可放在盛水的碗內，藉由剩磁與地磁感應作用而指南。《武經總要》記載該裝置與純機械的指南車並用於導航。宋朝的沈括在其 1088 年著述《夢溪筆談》中，是第一位準確描述地磁偏角（即磁北與正北間的差異）和利用磁化繡花針做成指南針的人，而朱彧在其 1119 年發表的《萍洲可談》中，則是第一位具體提到利用指南針在海上航行的人。有一種說法認為，馬可．波羅（Macro Polo）帶著中國人發明的羅盤（compass）返回歐洲，並對歐洲的航海業發揮了巨大作用。

指南針作為中國人引以為豪的四大發明之一，其中的關鍵就是磁性材料。

9.1.2 磁性源於電流，物質的磁性源於原子中電子的運動

早在 1820 年，丹麥科學家奧斯特（Oersted）就發現了電流的磁效應，第一次揭示了磁與電存在著聯繫，從而把電學和磁學聯繫起來。為了解釋永磁和磁化現象，安培提出了分子電流假說。安培（Ampere）認為，任何物質的分子中都存在著環形電流，稱為分子電流，而分子電流相當於一個基元磁體。當物質在宏觀上不存在磁性時，這些分子電流做的取向是無規則的，它們對外界所產生的磁效應互相抵消，故使整個物體不顯磁性。

在外磁場（magnetic field）作用下，等效於基元磁體的各個分子電流將傾向於沿外磁場方向取向（orientation），而使物體顯示磁性。這說明，磁性源於電流，而物質的磁性源於原子中電子的運動。

人們常用磁矩（magnetic moment）來描述磁性。運動的電子具有磁矩，電子磁矩由電子的軌道磁矩和自旋磁矩組成。在晶體中，電子的軌道磁矩受晶格（lattice）的作用，其方向是變化的，不能形成一個聯合磁矩，對外沒有磁性作用。因此，物質的磁性不是由電子的軌道磁矩引起，而是主要由自旋磁矩引起。每個電子自旋磁矩的近似值等於一個波耳磁子。波耳磁子是原子磁矩的單位。

因為原子核比電子約重 1840 倍左右，其運動速度僅為電子速度的幾千分之一，故原子核的磁矩僅為電子的千分之幾，可以忽略不計。孤立原子的磁矩決定於原子的結構。原子中如果有未被填滿的電子殼層，其電子的自旋磁矩未被抵消，原子就具有「永久磁矩」。

按物質對磁場的反應，其可分為四類：(1) 強烈吸引的物質：鐵磁性（包括亞鐵磁性）；(2) 輕微吸引的物質：順磁性，反鐵磁性（弱磁性）；(3) 輕微排斥的物質：抗磁性；(4) 強烈排斥的物質：完全抗磁性〔超導體（super-conductor）〕。

9.1.3　磁性分類及其產生機制

(1) 鐵磁性（ferro-magnetic）：對諸如 Fe、Co、Ni 等物質，在室溫下磁化率可達 10^{-3} 數量級，稱這類物質的磁性為鐵磁性。鐵磁性物質即使在較弱的磁場內，也可得到極高的磁化強度（magnetization），而且當外磁場移去後，仍可保留極強的磁性。其磁化率為正值，但當外場增大時，由於磁化強度迅速達到飽和，其 H 變小。鐵磁性物質具有很強的磁性，主要起因於它們具有很強的內部交換場。鐵磁物質的交換能為正值，而且較大，使得相鄰原子的磁矩平行取向（相應於穩定狀態），在物質內部形成許多小區域 —— 磁疇（magnetic domain）。每個磁疇大約有 10^{15} 個原子。這些原子的磁矩沿同一方向排列。

(2) 順磁性（para-magnetic）：順磁性物質的主要特徵是，不論外加磁場是否存在，原子內部存在永久磁矩。但在無外加磁場時，由於順磁物質的原子做無規則的熱振動，宏觀看來，沒有磁性；在外加磁場作用下，每個原子磁矩比較規則地取向，物質顯示極弱的磁性。磁化強度與外磁場方向一致、為正，而且嚴格地與外磁場 H 成正比。順磁性物質的磁性除了與 H 有關外，還依賴於溫度。其磁化率 H 與絕對溫度 T 成反比。順磁性物質的磁化率一般也很小，室溫下 H 約為 10^{-5}。一般含有奇數個電子的原子或分子，電子未填滿殼層的原子或離子，如 I_A 族、II_A 族及部分過渡元素（transition element）、稀土元素（rare earth element）、錒系元素，還有鋁、鉑等金屬，都屬於順磁物質。

(3) 反鐵磁性（anti-magnetic）：反鐵磁性是指由於電子自旋反向平行排列，

在同一子晶格中有自發磁化強度，電子磁矩是同向排列的；在不同子晶格中，電子磁矩反向排列。兩個子晶格中自發磁化強度大小相同，方向相反。反鐵磁性物質大都是非金屬化合物，如 MnO。不論在什麼溫度下，都不能觀察到反鐵磁性物質的任何自發磁化現象，因此其宏觀特性是順磁性的，M 與 H 處於同一方向，磁化率 H 為正值。溫度很高時，H 極小；溫度降低，H 逐漸增大。在一定溫度 T 時，H 達最大值。稱 T 為反鐵磁性物質的居禮點或尼爾點。對尼爾點存在的解釋是：在極低溫度下，由於相鄰原子的自旋完全反向，其磁矩幾乎完全抵消，故磁化率 H 幾乎接近於 0。當溫度上升時，使自旋反向的作用減弱、增加。當溫度升至尼爾點以上時，熱騷動的影響較大，此時反鐵磁體與順磁體有相同的磁化行為。

(4) 抗磁性（dia-magnetic）：當磁化強度 M 為負時，固體表現為抗磁性。Bi、Cu、Ag、Au 等金屬具有這種性質。在外磁場中，這類磁化了的介質內部磁感應強度，小於真空中的磁感應強度 M。抗磁性物質的原子（離子）的磁矩應為零，即不存在永久磁矩。當抗磁性物質放入外磁場中，外磁場使電子軌道改變，感生一個與外磁場方向相反的磁矩，表現為抗磁性。所以抗磁性來源於原子中電子軌道狀態的變化。抗磁性物質的抗磁性一般很微弱，磁化率 H 一般約為 -10^{-5}，注意其為負值。

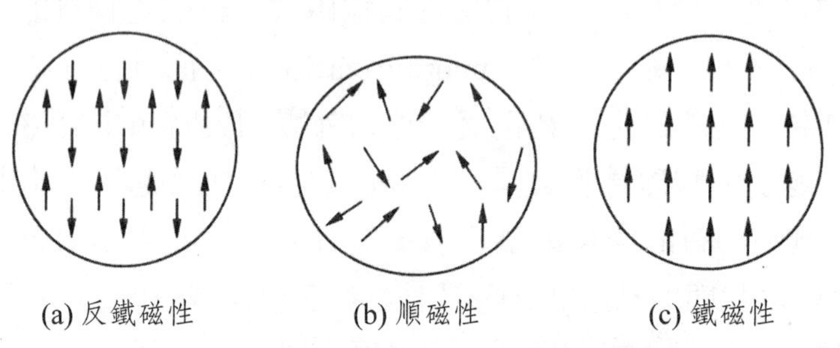

圖 9.1　物質磁性與原子磁矩的關係

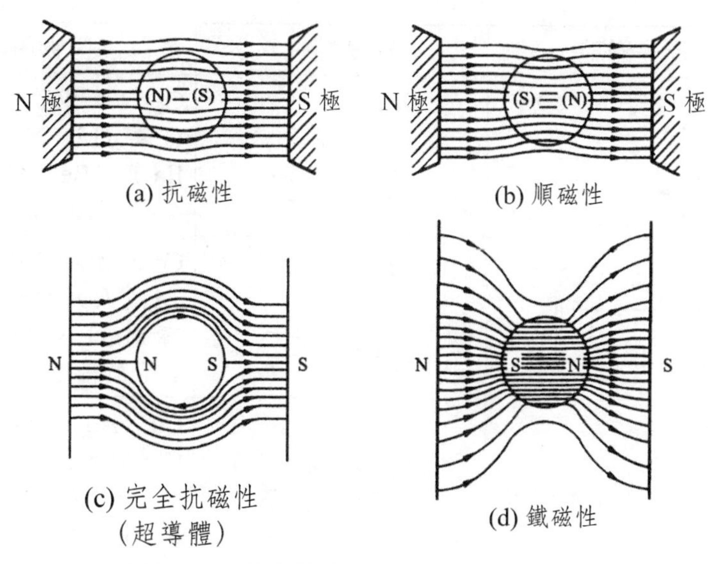

圖 9.2　磁力線在不同物質中的分布

表 9.1　磁學及電學各基本參數的類似性

磁學參數（磁路）		電學參數（電路）	
名稱	單位	名稱	單位
磁通量 Φ	Wb	電流強度 I	A
磁通密度 B	Wb/m^2	電流密度強度 J	A/m^2
磁場強度 H	A/m	電場強度 E	V/m
磁導率 μ	H/m	電導率 σ	
磁阻 R_m		電阻 R	Ω
磁勢 V_m	A	電動勢 V	V

表 9.2　磁性分類及其產生機制

分類		原子磁矩	***M-H*** 特性	物質實例
強磁性	鐵磁性			Fe、Co、Ni、Gd、Tb、Dy 等元素及其合金、金屬間化合物等 FeSi、NiFe、CoFe、SmCo、NdFeB、CoCr、CoPt 等
	亞鐵磁性			‧各種鐵氧體系材料（Fe、Ni、Co 氧化物） ‧Fe、Co 等與重稀土類金屬形成的金屬間化合物（TbFe 等）

分類		原子磁矩	*M-H* 特性	物質實例
弱磁性	順磁性		M, $\chi>0$, O, H	O_2、Pt、Rh、Pd 等 Ia 族（Li、Na、K 等） IIa 族（Be、Mg、Ca 等） NaCl、KCl 的 F 中心
	*反鐵磁性	A B A B	M, $\chi>0$, O, H	Cr、Mn、Nd、Sm、Eu 等 3d 過渡元素或稀土元素，還有 MnO、MnF_2 等合金金、化合物等
抗磁性		軌道電子的拉摩回旋運動	M, $\bar{\chi}\approx-10^{-5}$, O, H, $\chi<0$	Cu、Ag、Au C、Si、Ge、α-Sn N、P、As、Sb、Bi S、Te、Se F、Cl、Br、I He、Ne、Ar、Kr、Xe、Rn

* 單獨存在時不顯示鐵磁性，但與其它鐵磁性元素或鐵磁性元素構成的合金或化合物顯示出一定程度的鐵磁性。

9.2 磁矩、磁導率和磁化率

9.2.1 磁通密度、羅倫茲力和磁矩

磁通密度（magnetic flux density）是磁感應（magnetic induction）強度的一個別名。垂直穿過單位面積的磁力線（magnetic force line）條數叫做磁通量密度，簡稱磁通密度或磁密，它從數量上反映磁力線的疏密程度。磁場的強弱通常用磁感應強度 B 來表示，哪裡磁場越強，該處 B 的數值越大，磁力線就越密。

按照國際單位制，磁感應強度的單位是特斯拉（Tesla），其符號為 T。磁感應強度還有一個非國際單位制單位：高斯（Gauss），其符號為 Gs。1T = 10000 Gs。在處理與磁性有關問題時，除了要用到磁感應強度外，常常還要討論穿過一塊面積的磁力線條數，稱其為磁通量（magnetic flux），簡稱磁通，由 Φ 表示。磁通量的國際單位制的單位是韋伯（Wb, Weber），應廢除的常見計量單位是麥克斯韋（Maxwell）（Mx，$1\text{Mx}\approx10^{-8}\text{Wb}$）。如果磁場中某處的磁感應強度為 B，在該處有一與磁通垂直的面積 S，則穿過該面積的磁通量就是 $\Phi = BS$。注意：

若式中磁感應強度 B 的單位是 Gs，面積 S 的單位是 cm^2，則磁通量的單位 Mx；若式中磁感應強度 B 的單位是 T，面積 S 的單位是 m^2，則磁通量的單位是 Wb。

荷蘭物理學家羅倫茲（Lorentz, 1853～1928）首先提出了運動電荷產生磁場和磁場對運動電荷有作用力的觀點，為了紀念他，人們稱這種力為羅倫茲力。

表示羅倫茲力大小的公式為 $F = Qv \times B$。將左手掌攤平，讓磁力線穿過手掌心，四指表示正電荷運動方向，和四指垂直的大拇指所指方向即為羅倫茲力（Lorentz force）的方向。但須注意，運動電荷是正的，大拇指的指向即為羅倫茲力的方向。反之，如果運動電荷是負的，仍用四指表示電荷運動方向，那麼大拇指的指向之反方向，即為羅倫茲力方向。

羅倫茲力有以下性質：羅倫茲力方向總與運動方向垂直；羅倫茲力永遠不做功（在無束縛情況下）；羅倫茲力不改變運動電荷的速率和動能，只能改變電荷的運動方向使之偏轉。

磁矩（magnetic moment）是描述載流線圈或微觀粒子磁性的物理量。平面載流線圈的磁矩定義為 $m = iSn$。式中 i 為電流強度；S 為線圈面積；n 為與電流方向呈右手螺旋關係的單位向量。

9.2.2 磁導率和磁化率及溫度的影響

磁導率（magnetic permeability）是表徵磁介質磁性的物理量。常用符號 μ 表示，μ 為介質的磁導率，或稱絕對磁導率。μ 等於磁介質中磁感應強度 B 與磁場強度 H 之比，即 $\mu = B/H$。通常使用的是磁介質的相對磁導率 μ_r，其定義為磁導率 μ 與真空磁導率 μ_0 之比，即 $\mu_r = \mu/\mu_0$。相對磁導率 μ_r 與磁化率 χ 的關係是：$\mu_r = 1 + \chi$。

磁化率（magnetic susceptibility）是表徵磁介質屬性的物理量。常用符號 χ 表示，χ 等於磁化強度 M 與磁場強度 H 之比，即 $M = \chi H$。對於順磁質，$\chi > 0$；對於抗磁質，$\chi < 0$，兩種情況下 χ 的值都很小。對於鐵磁質，χ 很大，且 χ 的大小還與 H 有關（即 M 與 H 之間有複雜的非線性關係）。對於各向同性磁介質，χ 是標量；對於各向異性磁介質，磁化率是一個二階張量。

磁導率 μ、相對磁導率 μ_r 和磁化率 χ 都是描述磁介質磁性的物理量。

對於順磁質，$\mu_r > 1$；對於抗磁質，$\mu_r < 1$，但兩者的 μ_r 都與 1 相差無幾。在鐵磁質中，B 與 H 的關係是非線性的磁滯迴線（magnetic hysteresis loop），μ_r 不是常量，與 H 有關，其數值遠大於 1。

例如，如果我們說空氣（非鐵磁性材料）的磁導率是1，而鐵氧體的磁導率為

10000。即當比較時，可通過磁性材料的磁通密度是空氣的 10000 倍。

鐵磁體（ferro-magnet）的鐵磁性只在某一溫度 T_c 以下才表現出來，超過 T_c，由於物質內部熱騷動破壞電子自旋磁矩的平行取向，致使自發磁化強度變為 0，鐵磁性消失。溫度 T_c 稱為居禮點（Curie point）。在居禮點 T_c 以上，材料表現為強順磁性，其磁化率與溫度的關係服從居禮－外斯定律。有些氣體、液體和固體的順磁性磁化率 χ 與溫度 T 的關係，不符合居禮定律（$\chi = c/T$）的情況，而往往符合所謂居禮－外斯定律（Curie-Weiss law）：$\chi = c/(T + \Delta)$ ，式中 Δ 是常數。

9.2.3 亞鐵磁體及磁矩結構實例

亞鐵磁性（ferri-magnetic）指某些物質中大小不等的相鄰原子磁矩做反向排列，發生自發磁化（spontaneous magnetization）的現象。

在無外加磁場的情況下，磁疇內由於相鄰原子間電子的交換作用，或其它相互作用，使它們的磁矩在克服熱運動的影響後，處於部分抵消的有序排列狀態，以致還有一個合磁矩。當施加外磁場後，其磁化強度隨外磁場的變化與鐵磁性物質相似。亞鐵磁性與反鐵磁性具有相同的物理本質，只是亞鐵磁體中反平行的自旋磁矩大小不等，因而存在部分抵消不盡的自發磁矩，類似於鐵磁體。

由於組成亞鐵磁性物質的成分必須分別具有至少兩種不同的磁矩，只有化合物或合金才會表現出亞鐵磁性。常見的亞鐵磁性物質有尖晶（spinel）石結構的磁鐵礦（Fe_3O_4）、鐵氧體等。

9.2.4 元素的磁化率及磁性類型

3d 過渡族金屬（transition metal）的磁性，由於 3d 不成對電子運動的迴游性使軌道磁矩消失，而自旋磁矩起主導作用，但後面將要討論的稀土類金屬的磁性，一般以合金和化合物的形態顯示出鐵磁性。在這種情況下，處於 4f 軌道而受原子核束縛很強的內側不成對電子也起作用，從而軌道磁矩也會對磁性產生貢獻，並表現為各向異性能很強的鐵磁性。

常溫下稀土元素（rare earth element）屬於順磁物質（表現為磁力極小），低溫下，大多數稀土元素具有鐵磁性，尤其是中、重稀土的低溫鐵磁性更大，比如 Gd、Tb、Dy、Ho、Er。

稀土與 3d 過渡族金屬 Fe 、Co 、Ni 等可形成 3d-4f 二元系化合物，它們大多具有較強的鐵磁性，是稀土永磁材料的主要組成相，例如 $SmCo_5$、Sm_2Co_{17}。再加入第三個或更多的元素，則可形成三元和多元化合物，有的也具有鐵磁性，如 $Nd_2Fe_{14}B$，是釹鐵硼的基礎相。

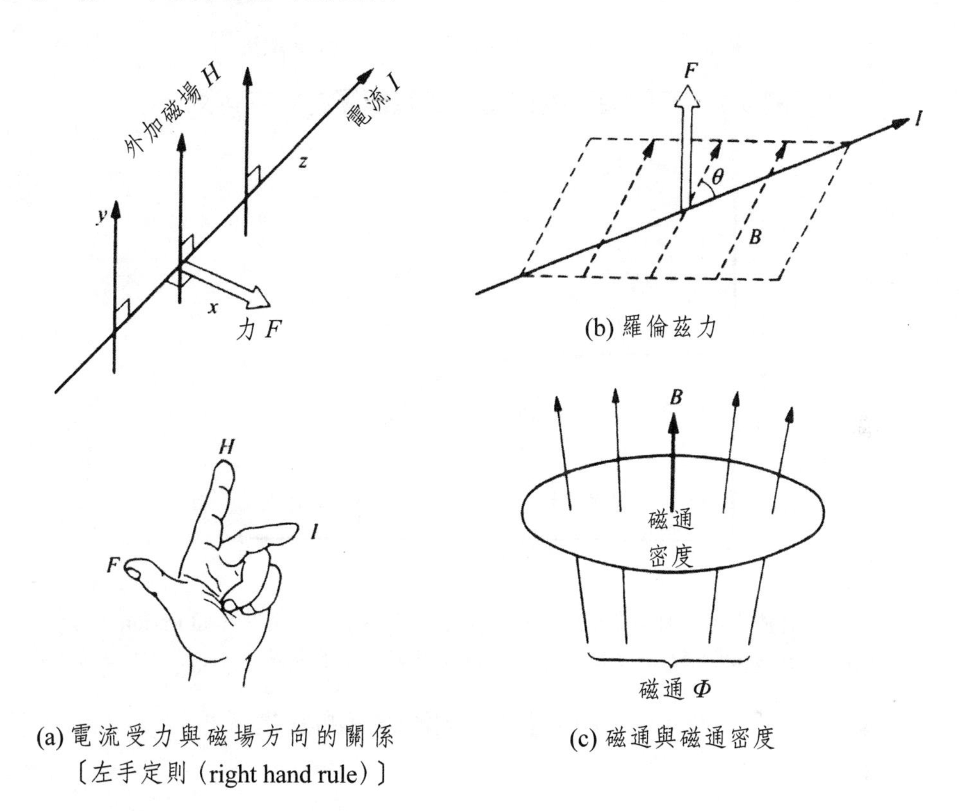

圖 9.3　磁通密度與羅倫茲力（Lorenctz force）

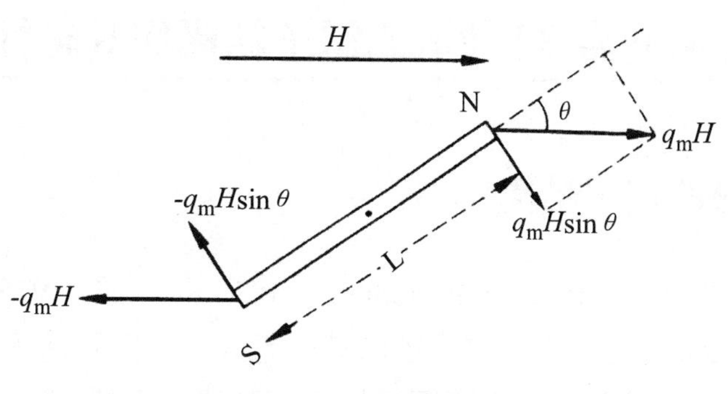

圖 9.4　磁矩的概念

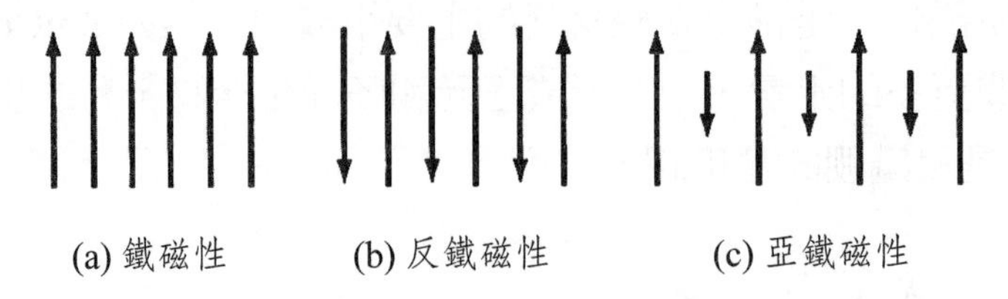

圖 9.5 不同類型磁性體中磁偶極子的定向排列

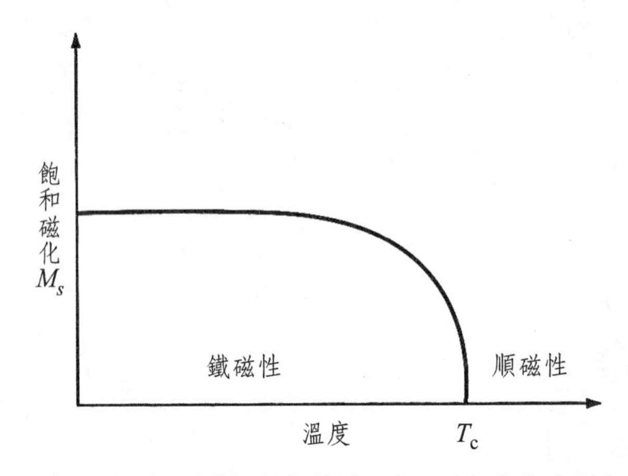

溫度對於鐵磁性材料（在低於其居禮溫度 T_c 時）飽和磁化（saturation magnetization）M_s 的影響，增加溫度使其磁矩隨機排列。

圖 9.6 鐵磁性材料居禮溫度的概念

9.3 過渡金屬元素 3d 殼層的電子結構與其磁性的關係

9.3.1 3d 殼層的電子結構

第四週期過渡元素（transition element）包括 Sc、Ti、V、Cr、Mn、Fe、Co、Ni、Cu、Zn。它們核外電子排佈有一定共性，內層電子排佈均為 $1s^22s^22p^63s^23p^6$ 閉殼層；外層電子排佈隨原子核電荷數增加而變化，表現在 3d 殼層上電子數依次增多。以 Fe 為例，其 $3d^6$ 軌道有 6 個電子佔據，但 $3d^6$ 軌道有 10 個位置（軌道數 5），因此為非閉殼層；$4s^2$ 軌道 2 個電子滿環，為閉殼層。

由此可見，Fe 的 3d 軌道為非閉殼層，尚有 4 個空餘位置。3d 軌道上，最多可以容納自旋磁矩（spin magnetic moment）方向向上的 5 個電子和向下的 5

個電子，但電子的排佈要服從包利不相容原理（Pauli exclusion principle）和洪德準則（Hund's rule），即一個電子軌道上可以同時容納一個自旋（spin）方向向上的電子和一個自旋方向向下的電子，但不可以同時容納 2 個自旋方向相同的電子。表中匯總了 3d 軌道的電子數及電子在該軌道的排佈方式。對於 Fe 來說，為了滿足洪德準則，電子可能的排佈方式是，5 個同方向的自旋電子和一個不同方向的電子相組合，二者相抵，剩餘的 4 個自旋磁矩對磁化產生貢獻。

實際上，由於 3d 軌道和 4s 軌道的能量十分接近，8 個電子有可能相互換位元。人們發現，按統計分布，3d 軌道上排佈 7.88 個電子，4s 軌道上排佈 0.12 個。因此，在對原子磁矩有貢獻的 3d 軌道上（4s 軌道電子容易成為自由電子，而不受局域原子核的束縛），同方向自旋電子排佈 5 個，異方向自旋電子排佈 2.88 個。這與按洪德準則給出的 3d 電子的排佈有較大出入。對於 Fe，3d 不成對電子數為 5 − 2.88 = 2.12 個，而洪德給出的數據為 4。與 Fe 同屬 3d 過渡族鐵磁性（ferromagnetic）金屬的 Co、Ni，其 3d 不成對電子數分別為 1.7 和 0.6，三者都比洪德準則預測的數據低得多。

但值得注意的是，這 10 種過渡元素中，鉻（Cr）和銅（Cu）的 3d 殼層電子數分別為 5、10，4s 殼層電子排佈為 $4s^1$，這是由於洪德準則的特例。

9.3.2　某些 3d 過渡族金屬原子及離子的電子排佈及磁矩

原子及離子的永磁矩（permanent magnetic moment）主要是由電子的自旋造成的，此外還有軌道磁矩（orbital magnetic moment）。

理論上，永磁矩 μ 與原子或離子中未成對電子數 n 有如下近似關係：

$$\mu = \sqrt{n(n+1)}\,\mu_B$$

式中，μ_B 的單位是波耳磁子（B.M., Bohr magneton），

$$1\text{B.M.} = \frac{e\hbar}{2mc}$$

式中，m 是電子品質，c 是真空中光速，$\hbar = h/2\pi$。物質磁矩的大小反映了原子或離子中未成對電子數目的多寡。

9.3.3 3d 原子磁交換作用能與比值 a/d 的關係

a/d 是某些 3d 過渡族元素的平衡原子間距 a 與其 3d 電子軌道直徑 d 之比，通過 a/d 的大小，可計算得知兩個近鄰電子接近距離（即 $r_{ab} - 2r$）的大小，進而由 Bethe-Slater 曲線得出交換積分 J 及原子磁交換能 E_{ex} 的大小。

原子磁交換作用能的海森伯格（Heisenberg）交換模型：

$$E_{ex} = -2J\sum_{i<k} S_i \cdot S_j$$

在此基礎上，奈爾（Néel）總結出各種 3d 、4d 及 4f 族金屬及合金的交換積分 J 與兩個近鄰電子接近距離的關係，即 Bethe-Slater 曲線。當電子的接近距離由大減小時，交換積分為正值並有一個峰值，Fe 、Ni 、Ni- Co 、Ni-Fe 等鐵磁性物質正處於此段位置。但當接近距離再減小時，則交換積分變為負值，Mn 、Cr 、Pt 、V 等反鐵磁物質正處於該段位置。當 $J > 0$ 時，各電子自旋的穩定狀態（E_{ex} 取極小值）是自旋方向一致平行的狀態，因而產生了自發磁矩。這就是鐵磁性的來源。當 $J < 0$ 時，則電子自旋的穩定狀態是近鄰自旋方向相反的狀態，因而無自發磁矩。這就是反鐵磁性。

9.3.4 Fe 的電子殼層和電子軌道，合金的磁性斯拉特 — 鮑林（Slater-Pauling）曲線

由週期表（periodic table）上相互接近的元素組成的合金，其平均磁矩是外層電子數的函數。將 3d 過渡族金屬二元合金的磁矩相對於每個原子平均電子數（e/a）的作圖，得到的曲線稱為 Slater-Pauling 曲線。

鐵磁性元素 Fe、Co、Ni 為 3d 過渡族元素的最後三個，其 3d 電子按洪德準則和包利不相容原則排佈，存在不成對電子，由此產生原子磁矩。實際上，對原子磁矩有貢獻的不成對電子數，Fe 為 2.12、Co 為 1.7、Ni 為 0.6。按每個原子磁矩產生的自發磁化（spontaneous magnetization）相比，鐵最大。斯拉特－鮑林曲線（Slater-Pauling Curve）清楚地表示了上述事實，該曲線給出了元素週期表中 Fe、Co、Ni 附近元素合金系統的有關資料。以 Fe-Co 系統為例，從 Fe 的 2.12 開始，隨著 Co 含量的增加，原子磁矩增加，成分正好為 $Fe_{70}Co_{30}$ 時取最大值，大約為 $2.5\mu_B$（μ_B 為波耳磁子），而後下降。根據 Slater-Pauling 曲線可以得出如下結論：

(1) 迄今為止，由合金化所能達到的原子磁矩，最大值約為 $2.5\mu_B$。

(2) 合金由週期率上相接近的元素組成時，其原子磁矩與合金元素無關，僅取決於平均電子數。

(3) 當比 Cr 的電子數少（3d 軌道電子數不足 5）時，不會產生鐵磁性。

表 9.3 3d 殼層的電子結構

	原子序數	21	22	23	24	25	26 ③	27 ③	28 ③	29	30
元素	元素名②	Sc^{3dT}	Ti^{3dT}	V^{3dT}	Cr^{3dT}	Mn^{3dT}	Fe^{3dT}	Co^{3dT}	Ni^{3dT}	Cu	Zn
	磁性	順磁性	順磁性	順磁性	反鐵磁性	反鐵磁性	鐵磁性	鐵磁性	鐵磁性	抗磁性	抗磁性
電子的殼層結構	殼層結構①	$3d4s^2$	$3d^24s^2$	$3d^24s^2$	$3d^54s^1$	$3d^54s^2$	$3d^64s^2$	$3d^74s^2$	$3d^84s^2$	$3d^{10}4s^1$	$3d^{10}4s^2$
	3d 電子數及其自旋排佈	↑	↑ ↑	↑ ↑ ↑	↑ ↑ ↑ ↑ ↑	↑ ↑ ↑ ↑ ↑	↑↓ ↑ ↑ ↑ ↑	↑↓ ↑↓ ↑ ↑ ↑	↑↓ ↑↓ ↑↓ ↑ ↑	↑↓ ↑↓ ↑↓ ↑↓ ↑↓	↑↓ ↑↓ ↑↓ ↑↓ ↑↓
	4s 殼層電子數	2	2	2	1	2	2	2	2	1	2

①每一種元素的 $1s^22s^22p^63s^23p^6$ 殼層均省略。
②上角標為 3dT 的元素稱為 3d 殼層過渡元素。
③鐵磁性元素晶體中不成對電子數的實測值，比洪德準則預測的要小。

表 9.4 3d 過渡族元素中性原子的磁矩

不成對的 **3d** 電子數	原子	總電子數	**3d** 軌道電子的排佈	**4s** 電子數
3	V	23	[↑] [↑] [↑] [ ] [ ]	2
5	Cr	24	[↑] [↑] [↑] [↑] [↑]	1
5	Mn	25	[↑] [↑] [↑] [↑] [↑]	2
4	Fe	26	[↑↓] [↑] [↑] [↑] [↑]	2
3	Co	27	[↑↓] [↑↓] [↑] [↑] [↑]	2
2	Ni	28	[↑↓] [↑↓] [↑↓] [↑] [↑]	2
0	Cu	29	[↑↓] [↑↓] [↑↓] [↑↓] [↑↓]	1

表 9.5　某些 3d 過渡族元素離子的電子排佈和離子磁距

離子	電子數	3d 軌道電子排佈					離子磁距（波耳磁子，Bohr magneton）
Fe^{3+}	23	↑	↑	↑	↑	↑	5
Mn^{2+}	23	↑	↑	↑	↑	↑	5
Fe^{2+}	24	↑↓	↑	↑	↑	↑	4
Co^{2+}	25	↑↓	↑↓	↑	↑	↑	3
Ni^{2+}	26	↑↓	↑↓	↑↓	↑	↑	2
Cu^{2+}	27	↑↓	↑↓	↑↓	↑↓	↑	1
Zn^{2+}	28	↑↓	↑↓	↑↓	↑↓	↑↓	0

表 9.6　在正尖晶石和反尖晶石鐵氧體中，每個分子的離子排列和淨磁距

鐵氧體	結構	四面體間隙佔位	八面體間隙佔位		淨磁矩 / μ_s / 分子
$FeO \cdot Fe_2O_3$	反尖晶石（spinel）	Fe^{3+} 5 ←	Fe^{2+} 4 →	Fe^{3+} 5 →	4
$ZnO \cdot Fe_2O_3$	正尖晶石	Zn^{2+} 0	Fe^{3+} 5 ←	Fe^{3+} 5 →	0

9.4　高磁導率材料、高矯頑力材料及半硬質磁性材料

9.4.1　何謂軟磁材料和硬磁材料

一般說來，名稱前面帶有「軟」和「硬」等字，往往指物理感觀上的軟和硬。例如棉（綿有軟之意）花是軟的，鋼（剛有硬之意）鐵是硬的。但「軟」和「硬」加在磁性材料名稱之前，專指其磁學特性的軟和硬。

在這裡，所謂「軟磁材料」（soft magnetic material），是指磁導率（permeability）非常高、矯頑力（coercive force）非常小的磁性材料。而且，軟磁材料主要用於線圈及變壓器等之鐵芯（core）等。

與之相對，所謂「硬磁材料」（hard magnetic material），是指磁通密度高、矯頑力非常大的磁性材料。而且，硬磁材料主要用於強力永磁體（permanent magnet）等。

軟磁材料即高磁導率材料。軟磁材料種類很多，用途很廣，具有五種主要的磁特性：

(1) 高的磁導率 μ。磁導率是對磁場回應靈敏度的量度；

(2) 低的矯頑力 H_c。顯示磁性材料既容易受外加磁場磁化，又容易受外加磁場或其它因素退磁，而且磁損耗也低；

(3) 高的飽和磁通密度 B_s 和高的飽和磁化強度 M_s。這樣較容易得到高的磁導率 μ 和低的矯頑力 H_c，也可以提高磁能密度；

(4) 低的磁損耗和電損耗。這就要求低的矯頑力 H_c 和高的電阻率（resistivity）；

(5) 高的穩定性。這就要求上述軟磁特性對於溫度和震動等環境因素有高的穩定性。

硬磁材料即高矯頑力材料，俗稱永磁材料、「磁鋼」（magnetic steel）等，具有四種主要的磁特性：

(1) 高的矯頑力 H_c。矯頑力是硬磁材料抵抗磁的和非磁的干擾，而保持其硬磁性的量度；

(2) 高的剩餘磁通密度（符號為 B_r）和高的剩餘磁化強度（符號為 M_r）。它們是具有空氣隙的硬磁材料氣隙中磁場強度之量度；

(3) 高的最大磁能積（magnetic energy product）。最大磁能積 $(BH)_{max}$ 是硬磁材料單位體積存儲和可利用的最大磁能量密度的量度；

(4) 高的穩定性。即對外加干擾磁場和溫度、震動等環境因素變化的高穩定性。

9.4.2 高磁導率材料

高磁導率材料即所謂的軟磁材料。其主要功能是導磁、電磁能量的轉換與傳輸。因此，要求這類材料有較高的磁導率和磁感應強度，同時磁滯迴線的面積或磁損耗要小。與永磁材料相反，其 B_r 和 ${}_bH_c$ 越小越好，但飽和磁感應強度 B_s 越大越好。表現為磁滯迴線（magnetic hysteresis loop）細而高。

軟磁材料大體上可分為三大類：(1) 合金薄帶或薄片：FeNi(Mo)、FeSi、FeAl 等；(2) 非晶態合金薄帶：Fe 基、Co 基、FeNi 基或 FeNiCo 基等配以適當的 Si、B、P 和其它摻雜元素，又稱磁性玻璃；(3) 磁介質（鐵粉芯）：FeNi(Mo)、FeSiAl、羰基（carbonyl group）鐵和鐵氧體等粉料，經電絕緣介質包覆和黏合後，按要求壓製成形。

軟磁材料的應用甚廣，主要用於磁性天線、電感器、變壓器、磁頭、耳機、繼電器、振動子、電視偏轉軛、電纜、延遲線、感測器、微波吸收材料、電磁鐵、加速器高頻加速腔、磁場探頭、磁性基片、磁場遮罩、高頻淬火聚能、電磁吸盤、磁敏元件（如磁熱材料作開關）等。

9.4.3 高矯頑力材料

高矯頑力材料即所謂的硬磁材料、永磁材料、磁鋼等。永磁材料一經外磁場磁化以後，即使在相當大的反向磁場作用下，仍能保持一部分或大部分原磁化方向的磁性。對這類材料的要求是剩餘磁感應（remanent magnetic induction）強度 B_r 高，矯頑力 $_bH_c$（即抗退磁能力）強，磁能積（BH）（即給空間提供的磁場能量）大，表現為磁滯迴線很粗。

永磁材料分合金、鐵氧體和金屬間化合物三大類。(1) 合金類：包括鑄造、燒結和可加工合金。鑄造合金的主要品種有：AlNi(Co)、FeCr(Co)、FeCrMo、FeAlC、FeCo(V)(W)；燒結合金有：Re-Co（Re 代表稀土元素）、Re-Fe 以及 AlNi(Co)、FeCrCo 等；可加工合金有：FeCrCo、PtCo、MnAlC、CuNiFe 和 AlMnAg 等，後兩種中，$_bH_c$ 較低者亦稱半永磁材料。(2) 鐵氧體（ferrite）類（硬磁鐵氧體）：主要成分為 MO · $6Fe_2O_3$，M 代表 Ba、Sr、Pb 或 SrCa、LaCa 等複合組分。(3) 金屬間化合物類：主要以 MnBi 為代表。

永磁材料（permanent magnetic material）有多種用途：(1) 基於電磁力作用原理的應用，主要有：揚聲器、話筒、電錶、按鍵、電機、繼電器、感測器（transducer）、開關等。(2) 基於磁電作用原理的應用主要有：磁控管和行波管等微波電子管、陰極射線管、鈦泵、微波鐵氧體元件、磁阻元件、霍爾元件（Hall device）等。(3) 基於磁力作用原理的應用主要有：磁軸承、選礦機、磁力分離器、磁性吸盤、磁密封、磁黑板、玩具、標牌、密碼鎖、影印機、控溫計等。其它方面的應用還有：磁療、磁化水、磁麻醉等。

根據使用的需要，永磁材料可有不同的結構和形態。有些材料還有各向同性和各向異性之別。

9.4.4 半硬質磁性材料

半硬磁性材料是指矯頑力 H_c 介於 800A/m～20kA/m 之間的永磁材料。其磁性能介於軟磁和硬磁之間。其特點是矯頑力值雖不高，但磁滯迴線方形度和矩形比 B_r/B_s 都較高。工作時靠外磁場改變其磁化狀態。材料種類多，多數塑性較好，可冷加工製成薄帶、細絲。按合金結構和熱處理分為三類：(1) 淬火硬化型馬氏體磁鋼有碳鋼、鉻鋼、鎢鋼和鈷鋼；(2) 熱處理相變型有鐵鈷釩、鐵錳、鐵鎳、鐵鈷鉬、鈷鐵系合金；(3) 鑄造彌散硬化型有鋁鎳鈷系合金等。

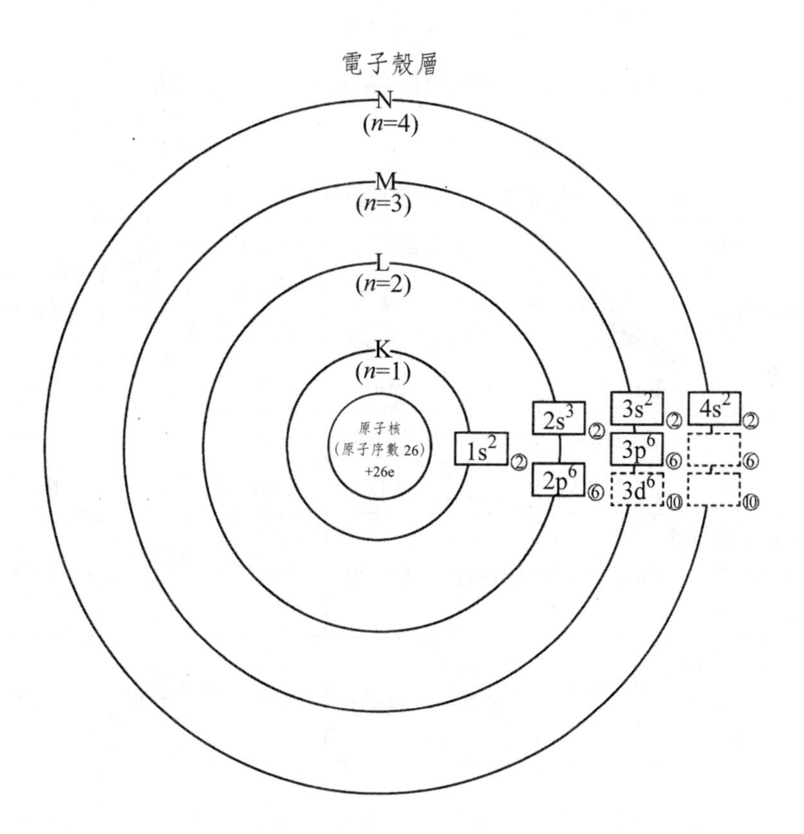

圖 9.7　Fe 的電子殼層、電子軌道以及合金的磁性

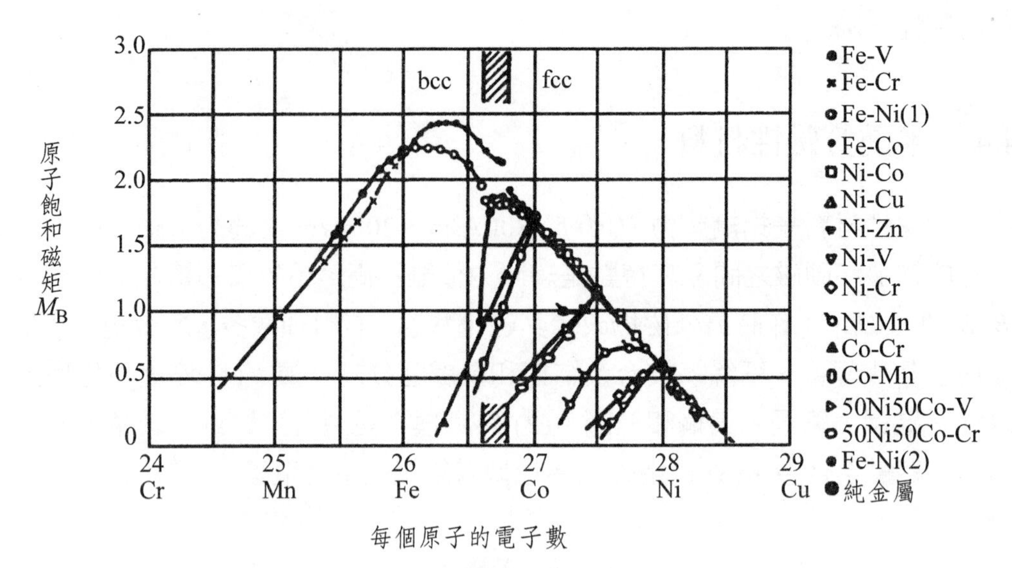

圖 9.8 合金的磁性（Slater-Pauling）曲線

表 9.7 主要的高磁導率材料

材料			磁導率		飽和磁通密度（B_r/T）	矯頑力（H_c/(A·m^{-1})）	電阻率（$\mu\Omega\cdot m$）	居禮溫度（T_c/℃）
系統	材料名稱	組成（質量比）	初始（μ_i）	最大（μ_{max}）				
鐵及鐵系合金	電工軟鐵	Fe	300	8000	2.15	64	0.11	770
	矽鋼	Fe-3Si	1000	30000	2.0	24	0.45	750
	鐵鋁合金	Fe-3. 5Al	500	19000	1.61	24	0.47	750
	Alperm（阿爾帕姆高磁導率鐵鎳合金）	Fe-16Al	3000	55000	0.64	3.2	1.53	
	Permendur（珀明德鐵鈷系高磁導率合金）	Fe-50Co-2V	650	6000	2.4	160	0.28	980
	仙台斯特合金（Sendust alloy）	Fe-9.5Si-5.5Al	30000	120000	1.1	1.6	0.8	500
坡莫合金	78 坡莫合金（permalloy）	Fe-78.5Ni	8000	100000	0.86	4	0.16	600
	超坡莫合金	Fe-79Ni-5Mo	100000	600000	0.63	0.16	0.6	400

材料			磁導率		飽和磁通密度 (B_r/T)	矯頑力 (H_c/(A · m^{-1}))	電阻率 ($\mu\Omega$ · m)	居禮溫度 (T_c/C)
系統	材料名稱	組成（質量比）	初始 (μ_i)	最大 (μ_{max})				
坡莫合金	Mumetal（鎳鐵銅系高磁導率合金）	Fe-77Ni-2Cr-5Cu	20000	100000	0.52	4	0.6	350
	Hardperm（鎳鐵鈮系高磁導率合金）	Fe-79Ni-9Nb	125000	500000	0.1	0.16	0.75	350
鐵氧體化合物	Mn-Zn 系鐵氧體	32MnO, 17ZnO 51Fe_2O_3	1000	4250	0.425	19.5	0.01～0.1Ω · m	185
	Ni-Zn 系鐵氧體	15NiO, 35ZnO 51Fe_2O_3	900	3000	0.2	24	10^3～10^7Ω · m	70
	Cu-Zn 系鐵氧體	22.5CuO 27.5ZnO 50Fe_2O_3	400	1200	0.2	40	約 10^3Ω · m	90
非晶態	金屬玻璃 2605SC	Fe-3B-2Si-0.5C	2500	300000	1.61	3.2	1.25	370
	金屬玻璃 2605S2	Fe-3B-5Si	5000	500000	1.56	2.4	1.30	415

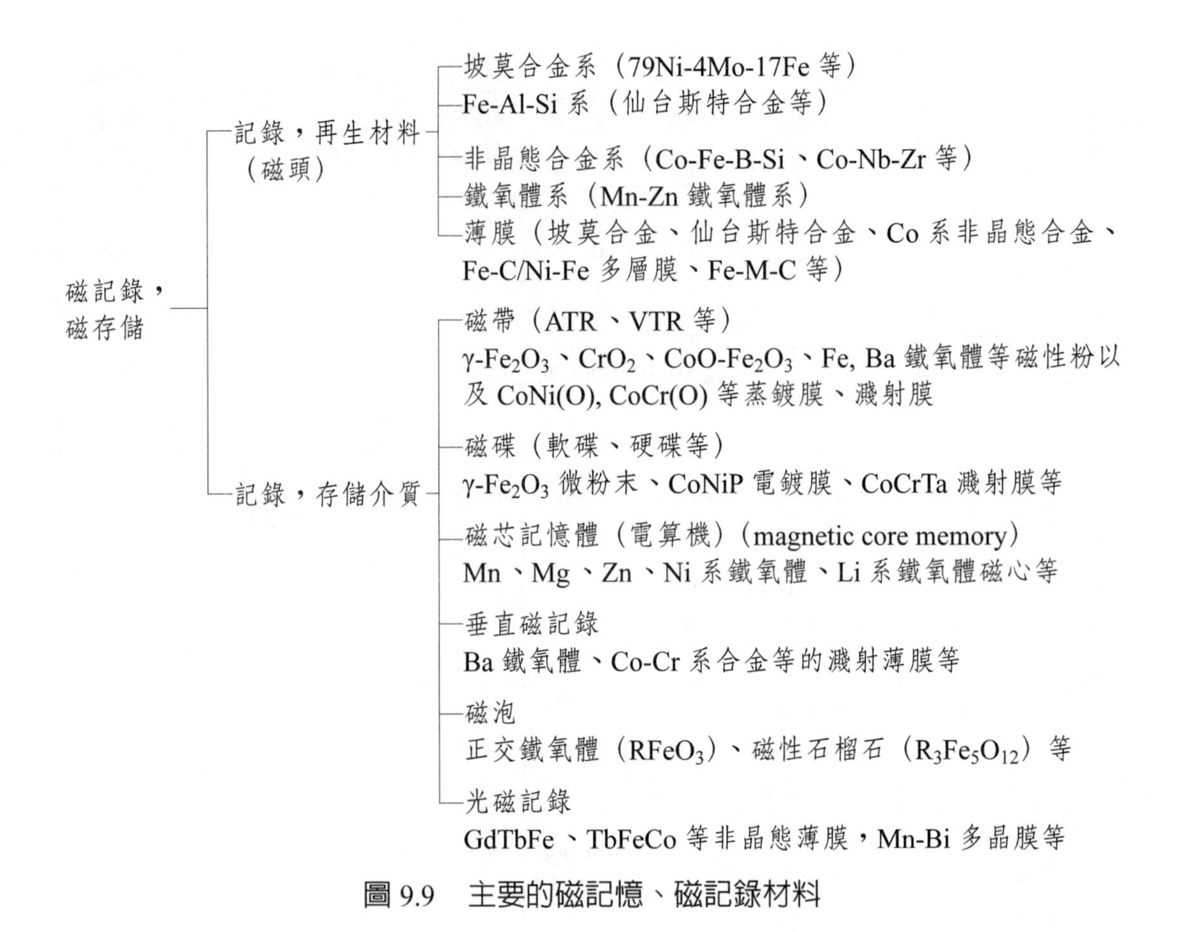

圖 9.9 主要的磁記憶、磁記錄材料

9.5 亞鐵磁性和鐵氧體材料

9.5.1 軟磁鐵氧體的晶體結構及正離子超相互作用模型

軟磁鐵氧體（soft magnetic ferrite）是以 Fe_3O_4（$FeO \cdot Fe_2O_3$，一個 Fe_3O_4 分子中含一個 Fe^{2+} 離子和二個 Fe^{3+} 離子）為主成分的亞鐵磁性（ferri magnetic）氧化物，它用製陶法製成，所以有「黑瓷」的俗稱。軟磁鐵氧體的晶體結構為尖晶石（spinel），屬於立方晶系（天然的尖晶石是 $MgAl_2O_4$）。尖晶石型的通式是 AB_2O_4，其中 A 是 +2 價離子，B 是 +3 價離子，有正尖晶石與反尖晶石型之分。軟磁材料中 +2 價離子有 Mn^{2+}、Zn^{2+}、Ni^{2+} 等，有時 +2 價離子是複合的，如 $Mg_{1-x}Mn_xFe_2O_4$，+3 價離子是鐵。這種尖晶石結構可以記作 $M^{2+}(Fe^{3+})_2O_4$，為正尖晶石型，其中 O^{2-} 佔據面心立方的位置，兩個 Fe^{3+} 離子填於 O^{2-} 形成的八面體空隙，一個 M^{2+}（其它金屬離子）填於四面體空隙，代表性物質有順磁性（para-magnetic）的 Zn 鐵氧體；若在正尖晶石型中，處於八面體間隙一半的 Fe^{3+} 與處於四面體間隙全部的 M^{2+} 互換位置，則形成了反尖晶石結構，習慣表示為 $Fe^{3+}(Fe^{3+}M^{2+})O_4$，代表性物質有 Mn-Zn 鐵氧體（ferrite）、Ni-Zn 鐵氧體、Cu-Zn 鐵氧體、磁鐵礦 Fe_3O_4 等，既有鐵磁性物質，也有亞鐵磁性物質。

軟磁鐵氧體晶體結構中存在正離子超相互作用。在一個晶面上可以看成晶體由兩種亞晶格組合而成，而由氧離子分開。氧離子在磁性相互作用中起媒介作用和傳遞作用，稱這種作用為超相互作用，或間接相互作用、超交換相互作用。

9.5.2 多晶鐵氧體的微細組織

多晶鐵氧體（ferrite）中存在大量磁疇，所謂磁疇（magnetic domain），是指鐵磁性和亞鐵磁性物質在居禮溫度（Curie temperature）以下，其內部所形成的自發磁化區，疇的尺寸從幾十奈米到幾釐米。在每一個疇內，電子的自旋磁矩平行排列（磁有序），達到飽和磁化的程度。疇與疇之間稱為疇壁，是自旋磁矩取向逐漸改變的過渡層，為高能量區，其厚度取決於交換能和磁結晶各向異性能平衡的結果，一般為 10^{-5}cm。對於多晶體來說，可能其中的每一個晶粒都是由一個以上的磁疇組成的。因此一個宏觀樣品中包含許許多多個磁疇。每一個磁疇都有特定的磁化方向，整塊樣品的磁化強度則是所有磁疇磁化強度的向量和。未經外磁場磁化時，磁疇的取向是無序的，因此磁疇的磁化向量之和為零，宏觀表現為無磁性。有外加磁場時，會發生疇壁的移動及磁疇內磁矩的轉向，即被磁化。而當外加磁場的大小和方向發生變化時，軟磁材料由於矯頑力較小，磁疇壁易移動，而材料中的非磁相顆粒和空洞之類的缺陷會限制磁疇壁的運動，從而影響材料的磁性。

9.5.3 軟磁鐵氧體的代表性用途

軟磁材料（soft nagnetic material）的特性是有較高的磁導率、較高的飽和磁感應強度、較小的矯頑力和較低的磁滯損耗（magnetic hysteresis loss）。這種材料在磁場作用下非常容易磁化，而取消磁場後又容易退磁化，致使磁滯迴線很窄。根據使用周波數範圍、要求特性，軟磁鐵氧體主要應用於通訊用線圈、各類變壓器、偏轉軛、天線、磁頭、隔離器、單向波導相位器和感溫開關等，表中列出軟磁鐵氧體的代表性用途。

軟磁鐵氧體需求量每年增速達 10% ，是品種最多、應用最廣、用量最大的一種磁性材料，也是電子資訊和家電工業等的重要基礎功能材料。

9.5.4 微量成分對 Mn-Zn 鐵氧體的影響效果

Mn-Zn 系鐵氧體（ferrite）具有高的起始磁導率，較高的飽和磁感應強度，在無線電中頻或低頻範圍有低的損耗，它是 1 兆赫茲以下頻段範圍磁性能最優良的鐵氧體材料。其內摻雜的微量成分影響效果舉例有：CaO 、SiO 可促進燒結，用於高性能鐵氧體的製作中。Ta_2O_3、ZrO_2 可抑制晶粒生長，用於需要較小晶粒、低損耗的材料，而 V_2O_5、Bi_2O_3、In_2O_3 可促進晶粒生長，用於需要較大晶粒、高磁導率的材料等等。

按晶格類型，鐵氧體磁性材料主要分為尖晶石鐵氧體、六方晶鐵氧體、石榴石（garnet）鐵氧體和鈣鈦礦型鐵氧體。尖晶石型鐵氧體的化學分子式為 MFe_2O_4，M 是指離子半徑與二價鐵離子相近的二價金屬離子 Mn^{2+} 、Zn^{2+} 、Cu^{2+} 、Ni^{2+} 、Mg^{2+} 、Co^{2+} 等，或平均化學價為二價的多種金屬離子組（如 $Li^{+0.5}Fe^{3+0.5}$）。使用不同的替代金屬，可以合成不同類型的鐵氧體（以 Zn^{2+} 替代 Fe^{2+} 所合成的複合氧化物 $ZnFe_2O_4$ 稱為鋅鐵氧體，以 Mn^{2+} 替代 Fe^{2+} 所合成的複合氧化物 $MnFe_2O_4$ 稱為錳鐵氧體）。通過控制替代金屬，可以達到控制材料磁特性的目的。由一種金屬離子替代而成的鐵氧體，稱為單組分鐵氧體。由兩種或兩種以上的金屬離子替代可以合成出雙組分鐵氧體和多組分鐵氧體。錳鋅鐵氧體〔$(Mn\text{-}Zn)Fe_2O_4$〕和鎳鋅鐵氧體〔$(Ni\text{-}Zn)Fe_2O_4$〕就是雙組分鐵氧體，而錳鎂鋅鐵氧體〔$(Mn\text{-}Mg\text{-}Zn)Fe_2O_4$〕則是多組分鐵氧體。磁鉛石型鐵氧體是與天然礦物 —— 磁鉛石 $Pb(Fe_{7.5}Mn_{3.5}Al_{0.5}Ti_{0.5})O_{19}$ 有類似晶體結構的鐵氧體，屬於六角晶系，分子式為 $MFe_{12}O_{19}$，M 為二價金屬離子 Ba^{2+} 、Sr^{2+} 、Pb^{2+} 等。通過控制替代金屬，可以獲得性能改善的多組分鐵氧體。鈣鈦礦型鐵氧體是指一種與鈣鈦礦（$CaTiO_3$）有類似晶體結構的鐵氧體，分子式為 $MFeO_3$，M 表示三價稀土金屬離子。其它金屬離子 M^{3+} 或（M^{2+}+M^{4+}）也可以置換部分 Fe^{3+}，組成複合鈣鈦礦型鐵氧體。另外，鐵氧體也屬於陶瓷材料，都具有陶瓷材料所具有的共性（原料便宜、儲量大、量輕耐用、耐蝕耐氧化等）。

表 9.8 軟磁鐵氧體的代表性用途

用途	使用周波數	鐵氧體的種類	要求的特性
通訊用線圈（coil）	1kHz～1MHz	MnZn	低損耗 低溫度係數 感抗調整
	0.5～80MHz	NiZn	
脈衝變壓器		MnZn NiZn	高磁導率 低損耗 低溫度係數
各種變壓器（transformer）	～300kHz	MnZn	高磁導率 高飽和磁通密度 低損耗
回檔變壓器	15.75kHz	MnZn	高磁導率 高飽和磁通密度 低電力損耗
偏轉軛	15.75kHz	MnZn MnMgZn NiZn	精密形狀 高磁導率 高電阻率
天線（antenna）	0.4～50MHz	NiZn	μQ 積大 溫度特性
中周變壓器	0.3～200MHz	NiZn	μQ 積大 溫度特性 感抗調整
磁頭	1kHz～10MHz	MnZn	高飽和磁通密度 高磁導率 耐磨損性
隔離器、單向波導相位器	30MHz～30GHz	MnAgAl YIG YIG	張量磁導率 飽和磁通密度 共振半高寬
感溫開關		MnCuZn	居禮溫度

表 9.9 微量成分對 Mn-Zn 鐵氧體的影響效果

群	代表性化合物	作用效果	備註
1 群	CaO、SiO_2	形成晶界高電阻層促進燒結	用於高性能鐵氧體的製造中，效果顯著
2 群	V_2O_5、Bi_2O_3、In_2O_3	促進晶粒生長	用於需要較大晶粒、要求高磁導率的材料

群	代表性化合物	作用效果	備註
3 群	Ta_2O_5、ZrO_2	抑制晶粒生長	用於需要較小晶粒、要求低損耗的材料
4 群	B_2O_3、P_2O_5	微量添加即能明顯促進晶粒生長；降低電阻率	即使添加 50×10^{-6} 左右，也有明顯效果
5 群	MoO_3、Na_2O	抑制第 4 群的效果	與第 4 群相互配合添加
6 群	SnO_2、TiO_2、Cr_2O_3、CoO、Al_2O_3、MgO、NiO、CuO	置換主成分，固溶於尖晶石晶格中	添加的目的是有選擇地控制飽和磁通密度、居禮溫度、溫度特性、熱膨脹係數等

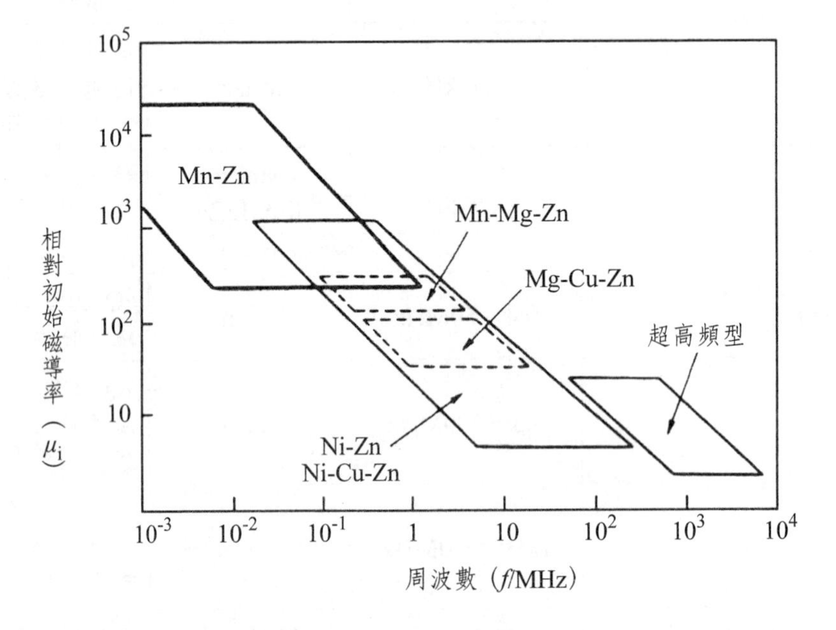

圖 9.10　主要軟磁鐵氧體的相對初始磁導率及使用周波數帶域

9.6　鐵氧體硬磁材料的製作

9.6.1　鐵氧體永磁體與各向異性鋁鎳鈷永磁體製作技術的對比

鐵氧體（ferrite）永磁體（permanent magnet）的製作主要是將氧化物粉末經過高溫燒結，然後再粉碎、造粒、整粒後壓縮成形，最後燒成。而各向異性鋁鎳鈷永磁體的製作，是將金屬材料熔煉、鑄錠、固溶化後再冷卻，經過一段時間後，再稍稍加工即可。在流程步驟上，前者的生產只需用到粉體的加工裝置（球磨機、砂磨機以及高溫預燒用迴轉窯等），後者的生產除需要高溫外，還需在磁場中冷卻處理，對設備的要求較高，需時也較長（時效處理需要在 600℃下保持 10 小時左右）。

9.6.2 鐵氧體磁性材料的分類

一提到鐵氧體，若泛泛而論，它屬於陶瓷類材料。但一說到陶瓷（ceramics），讀者可能馬上想到飯碗、茶杯之類。但鐵氧體屬於精細陶瓷，它與日用陶瓷的主要差別在於成分，即二者的構成材料不同。日用陶瓷一般是由優質的黏土、石英（quartz）和長石（feldspar）粉體，經混合燒結而成。與之相對，鐵氧體以氧化鐵為主成分，一般顯示亞鐵磁性。因此，作為與電力、電子相關的磁性材料而被廣泛使用。而且，這種鐵氧體按晶體結構不同，大體上可分為圖 9.13 中所示的三種類型：(1) 尖晶石鐵氧體；(2) 六方晶鐵氧體；(3) 石榴石鐵氧體。

首先討論尖晶石（spinel）鐵氧體，其晶體結構的化學組成式是 $A\text{-}Fe_2\text{-}O_4$（其中 A 代表 Co 、Mn 、Ni 、Cu 等）。而且，這種鐵氧體是最常見的鐵氧體，其中典型的有 Mn-Zn 鐵氧體、Ni-Zn 鐵氧體、Cu-Zn 鐵氧體等。其特徵是磁導率高，電阻大從而在磁性體中產生的渦流損失小。因此，這種鐵氧體作為高頻線圈及變壓器中的磁芯（magnetic core）材料，應用廣泛。

接著討論六方晶鐵氧體。這種鐵氧體具有磁鉛酸鹽（magneto-plumbite）型的六方晶型晶體結構，化學組成式是 $A\text{-}Fe_{12}\text{-}O_{19}$（其中 A 代表 Sr 、Ba 等）。這種鐵氧體又稱作磁鉛酸鹽型鐵氧體、M 型鐵氧體等，與前面談到的尖晶石鐵氧體相比，基於其六方結構，因此磁各向異性大，從而具有很大的矯頑力。代表性的六方晶鐵氧體中，鍶（Sr）鐵氧體和鋇（Ba）鐵氧體作為永磁體已有廣泛應用。

最後介紹石榴石（garnet）鐵氧體。這種鐵氧體具有石榴石型結構，化學組成式是 $R\text{-}Fe_5\text{-}O_{12}$（其中 R 代表稀土元素）。這種鐵氧體也稱為稀土類鐵石榴石，其典型代表是 YIG，即釔鐵石榴石，屬於軟磁材料。

9.6.3 鐵氧體永磁體的製作技術流程

為了製作鐵氧體永磁體，首先，將作為鐵氧體的起始原料而使用的原材料粉體，進行混合和分散。接下來是預燒，這是決定鐵氧體磁特性的重要的一道工序，在該工序中，將按預先設定的晶粒尺寸、分布狀態而製作原材料粉體，進行相互間的固相反應，由此獲得鍶（Sr）鐵氧體晶體：SrO ·$6Fe_2O_3$〔鋇（Ba）鐵氧體：BaO ·$6Fe_2O_3$〕。

再來是粉碎，在這道工序中，將預燒工序得到的預燒粒子（具有多個磁疇且尺寸為 5～10μm 左右的鐵氧體晶粒集合體）經一次粉碎、二次粉碎進行微細化，直到獲得尺寸為 1μm 程度的單磁疇粒子。此道工序與後續成形中的磁場取向及正燒（燒結）中晶體的緻密化具有很大的相關性。

再下一步是將微粒子狀的材料按乾式技術和濕式技術兩條技術路線進行。其中，在乾式技術中，將從二次粉碎機取出的與水混合的濕料，經乾燥機乾燥，成為粉末狀，再與尼龍等黏結劑均勻混合備用。

而在濕式技術中，將從二次粉碎機取出與混合的濕料，經脫水機濃縮，再進一步由混煉機均勻煉合。

接著是成形技術。在這道工序中，要將由乾式技術或濕式技術調整好的材料製成所要求的形狀，為此要採用預先製作的未用模具，並在磁場中成形。

而後是正燒（燒結）工序。在這道工序中，要將壓製成形的胚料由自動機排列，藉由傳送帶輸送到隧道式燒結爐中。隨著胚料在爐內通過，單磁疇內的粒子向發生再結晶（recrystallization），變為均勻的結晶組織。

最後還要進一步進行研削加工、清洗和乾燥工序。在此要對燒結體的尺寸偏差進行修正，對必要的部位進行精密加工等。

9.6.4　硬磁鐵氧體的晶體結構（六方晶）及在磁場中取向

即使是同樣的磁性材料，如果對磁疇內的小磁體（電子自旋）進行磁場取向，則材料的磁特性會得到顯著改善。這裡所謂磁場取向，是使磁性材料磁疇內的自旋，沿所定方向集中的成形過程。而且，在這種處理中要使用磁場成形機，以製作出具有方向性的磁性材料。

這種磁性材料的充磁要使用專用的充磁機，但由於充磁方向是由磁場取向決定的，因此，必須在與磁性材料的取向相同方向上充磁。磁場取向對於各向同性的情況，不需要進行磁場取向。而且，各向異性因磁性材料的固化方式不同而異，還可分為濕式各向異性和乾式各向異性兩大類。前者是在漿料狀的粒子狀態下，使結合方向趨向一致；後者是在粉末狀態下，使結晶方向趨於一致。

而且，濕式各向異性是藉由水分使磁性材料的微粉末固化成形時實現的，在燒結（sinter）過程中水分揮發，磁性材料逐漸密實，密度升高。其結果可以製作出磁性很強的永磁體。與之相對，乾式各向異性不是藉由水分，而是利用尼龍（nylon）等黏接劑（結合劑），在微粉末固化成形時實現的。由於黏接劑一直存在，磁性材料本身不能完全密實，密度難以提高，從而磁特性較低。

如此說來，磁場取向的目的，是在磁疇範圍內，使原子磁矩一致部分的自旋（spin）方向，按所定方向趨於一致。但在這種情況下，只是使磁疇內的自旋方向趨於統一，因此進行這種處理後的磁性材料，並不能直接變為永磁體。也就是說，在此階段，從磁性材料的整體看，其自旋方向仍是各式各樣的。為了製成完全的永磁體，在成形之後，還需要進行充磁處理。

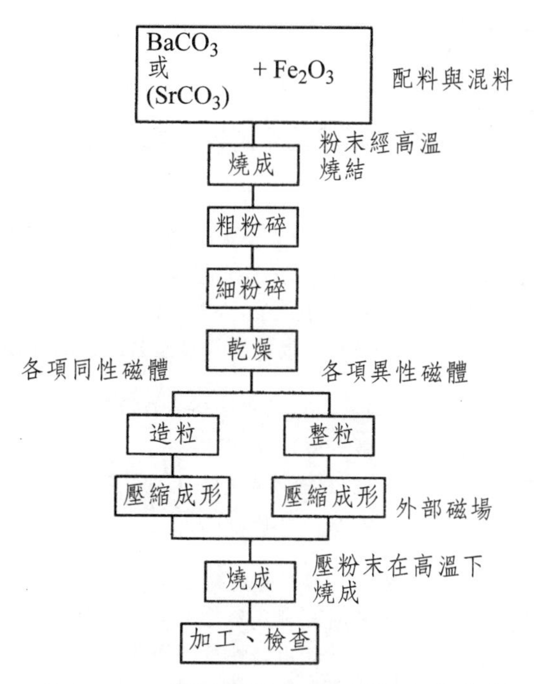

圖 9.11　鐵氧體永磁體的製作技術簡圖

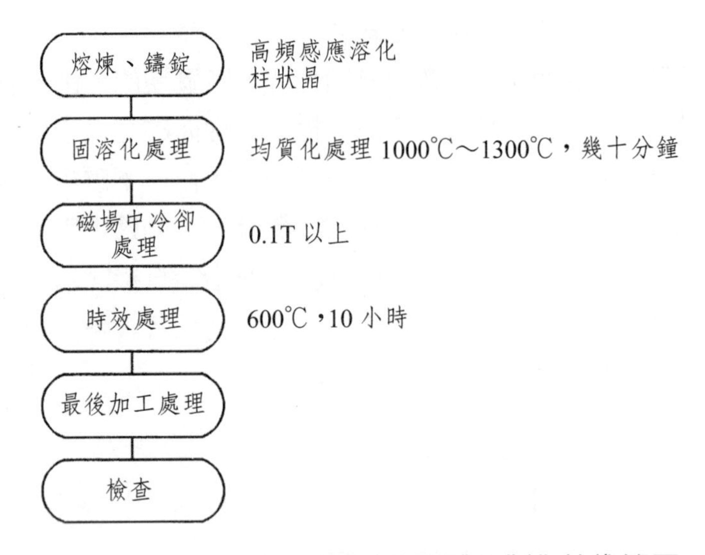

圖 9.12　各向異性鋁鎳鈷永磁體的製作技術簡圖

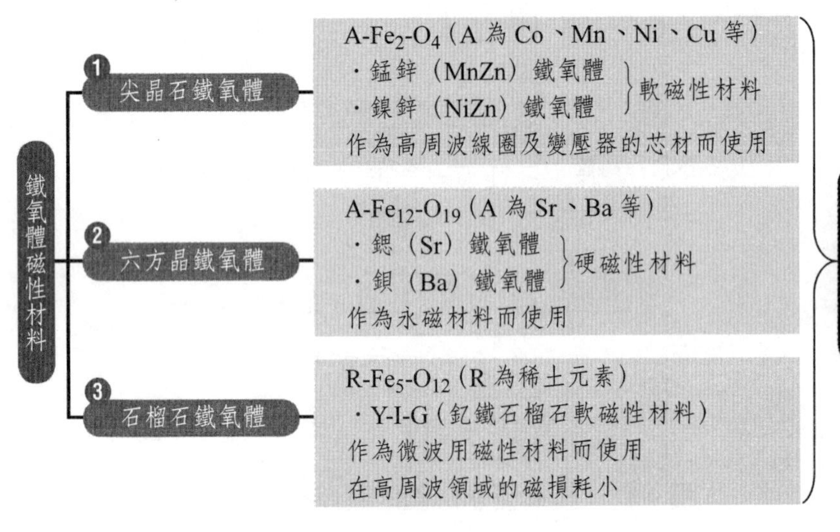

圖 9.13　鐵氧體磁性材料的分類

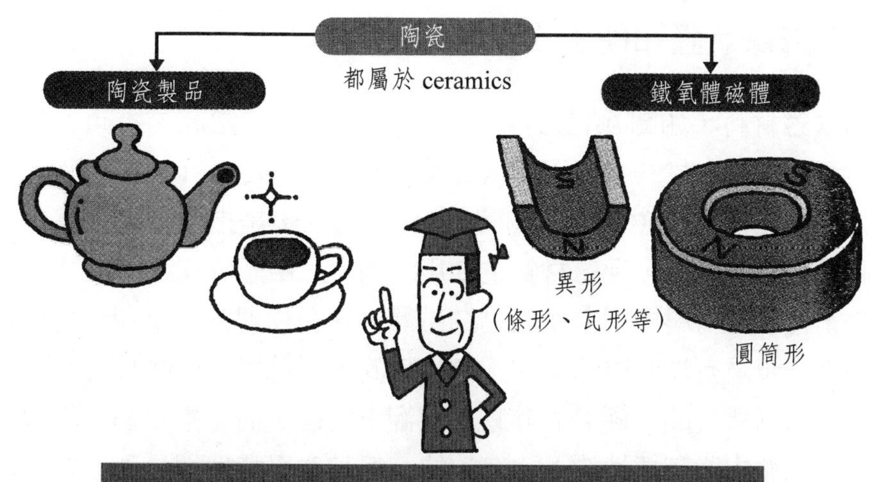

共性特徵

- 原料便宜，供應有保證
- 類似於陶器，量輕耐用，耐蝕性、耐氧化性強
- 製程簡易，製作方便
- 性似陶器，質地脆弱，容易破碎
- 固態成形製品，加工困難

圖 9.14　鐵氧體也屬於陶瓷材料之列

9.7　硬磁鐵氧體和軟磁鐵氧體的磁學特性及應用

9.7.1　常見軟磁合金材料的幾個選定磁性能

常見軟磁合金材料分為兩組，一組為 Fe 系合金，另一組為坡莫（Fe-Ni）合金（permalloy）。材料的磁學特性通過合金（alloy）化而改善的方面有：

(1) 電阻升高，鐵損得到改善；

(2) 可降低晶體磁各向異性常數和磁致伸縮（magnetostriction）常數，直至為零（由此也有可能使低磁場強度下的磁導率增大、矯頑力降低）。

但是，合金化也可能帶來不利的結果，如可使飽和磁通密度降低。

9.7.2 軟磁鐵氧體和硬磁鐵氧體

所謂軟磁材料，如圖 9.15(a) 所示，是指磁導率非常高、矯頑力非常小的磁性材料。而且，軟磁材料主要用於線圈及變壓器等的鐵芯（core）等。

與之相對，所謂硬磁材料，如圖 9.15(b) 所示，是指磁通密度高、矯頑力非常大的磁性材料。而且，硬磁材料主要用於強力永磁體等。

此外，在硬磁材料中還有所謂黏結磁體，它在物理感觀上卻是撓性的。在黏結磁體中進一步還有橡膠磁體，它不僅是軟的，而且還有橡膠特有的伸縮性。

因此，這裡所說的「硬」並非物理感觀上的硬，而是指磁學特性方面的硬。因此，黏結磁體中既有撓性的，也有軟的，但其磁學特性卻是硬（磁）的。

常用的軟磁鐵氧體是尖晶石鐵氧體〔圖 9.16(a)〕，其晶體結構的化學式可表示為 $A\text{-}Fe_2\text{-}O_4$。其特徵是磁導率高、電阻率大，作為高頻用磁性體產生的渦流損失小，因此多用於高頻線圈及變壓器用的磁芯材料。

常用的硬磁鐵氧體〔圖 9.16(b)〕具有磁鉛酸鹽（magneto-plumbite）型六方晶構造，化學式可表示為 $A\text{-}Fe_{12}\text{-}O_{19}$。這種鐵氧體稱為磁鉛酸鹽型鐵氧體，又稱為 M 型鐵氧體。與前面談到的尖晶石鐵氧體相比，由於磁性各向異性大，因此作為具有大矯頑力的強力型永磁體而使用。具代表性的有鍶鐵氧體和鋇鐵氧體。

9.7.3 硬磁鐵氧體的磁學特徵及應用領域

一般而言，在名稱前面帶有「硬」（hard）和「軟」（soft）等字，往往指感官印象或機械性能方面的，但對於鐵氧體來說，所表示的卻是磁學性能的差異。

那麼，磁性材料的「硬」和「軟」所指為何呢？所謂硬，指「硬」質磁性材料，表示它可以大量地存儲磁能（magnetic energy），換句話說，由其可以製造出強力永磁體。與之相對，所謂軟，指「軟」質磁性材料，表示它的磁導率高，可以透過大量的磁力線。若用磁滯迴線表示，所謂硬磁鐵氧體是指具有高磁通密度、高矯頑力等磁學特性的磁性材料。

順便指出，在硬磁材料中還有所謂黏結磁體，它在物理感觀上富於撓性。在黏結磁體中進一步還有橡膠磁體，它不僅是軟的，而且還有橡膠特有的伸縮性。

但是，這裡所謂的硬並非物理感觀上的硬，而特指磁學特性方面的「硬」。因此，黏結磁體是可撓性的，儘管它很軟，但磁性卻如圖 9.17 所示，表現出硬磁材料的特性。

但是，硬磁鐵氧體具有磁鐵鉛礦（magneto-plumbite）型晶體結構，化學式

為 $A\text{-}Fe_{12}\text{-}O_{19}$（其中 A 代表 Sr、Ba 等）。這種鐵氧體又稱為磁鐵鉛礦型鐵氧體、M 型鐵氧體等，它與尖晶石型鐵氧體（軟磁鐵氧體的代表）相比，由於磁各向異性大，因此具有大矯頑力，作為強力永磁體而使用。典型代表有鍶鐵氧體和鋇鐵氧體。特別是硬磁鐵氧體製作如同陶瓷那樣，先成形後燒結，可以預先形成各式各樣的形狀，便於大量製作複雜形狀的永磁體。圖 9.18 分類列出硬磁鐵氧體的應用領域。

9.7.4 軟磁鐵氧體的磁學特徵及應用領域

軟磁鐵氧體磁導率非常大而矯頑力非常小。

軟磁鐵氧體多採用尖晶石等晶體結構，化學式為 $A\text{-}Fe_2\text{-}O_4$（其中 A 代表 Co、Mn、Zn、Ni、Cu 等），其特徵是磁導率高、電阻率大，因此，磁性體中產生的損失小。再加上其成形特性好，因此作為高頻線圈及變壓器鐵芯材料〔磁芯（magnetic core）〕，在各種領域廣泛採用。

在磁芯用材料中，雖然也有低頻下使用的磁導率高、飽和磁通密度大的矽鋼片及坡莫合金（合金軟磁材料）等，但是，與軟磁鐵氧體比較，由於電阻率小，隨著使用頻率變高、渦流損失增加、效率變低。而且，渦流損失也會使永磁性發熱。

與之相對，軟磁鐵氧體屬於鐵的氧化物，磁性體的電阻率非常高，渦流損失很小。正因為具有這種特徵，軟磁鐵氧體特別適合用於高頻領域。特別是軟磁鐵氧體製作如同陶瓷那樣，先成形後燒結，可以預先形成各式各樣的形狀，便於大量製作複雜形狀的磁芯等。

順便指出，軟磁鐵氧體燒結體最初是以 CuZn 系為中心開始生產的，其後，荷蘭飛利浦公司開發出 NiZn 系，日本公司開發出 MnZn 系。隨著軟磁鐵氧體磁學性能的不斷提高，作為今日電子元件及電子產品的重要支撐，其產量不斷擴大。

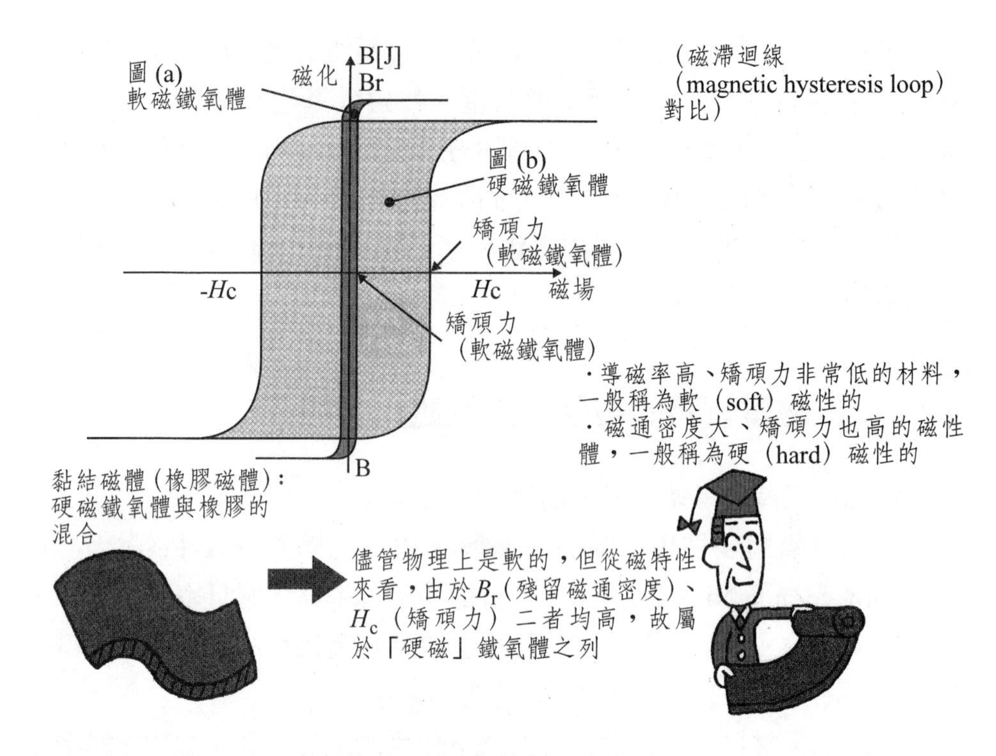

圖 9.15　軟磁鐵氧體和硬磁鐵氧體的特徵

(a) 軟磁鐵氧體

（以尖晶石鐵氧體為例）

化學式 A-Fe_2-O_4（其中 A 為 Co、Mn、Ni 等）
由於導磁率高、電阻率大，因此磁損耗及流過磁性體電流的電損耗小
主要用於線圈及變壓器的磁芯材料

(b) 硬磁鐵氧體

磁鉛酸鹽（magneto-plumbite）型六方晶構造化學式 A-Fe_{12}-O_{19}（其中，A 為 Sr、Ba 等）

與尖晶石鐵氧體相比，由於磁各向異性大，因此具有高矯頑力，屬於強力永磁體
代表性的有鍶（Sr）鐵氧體和鋇（Ba）鐵氧體

圖 9.16　軟磁鐵氧體和硬磁鐵氧體的特徵

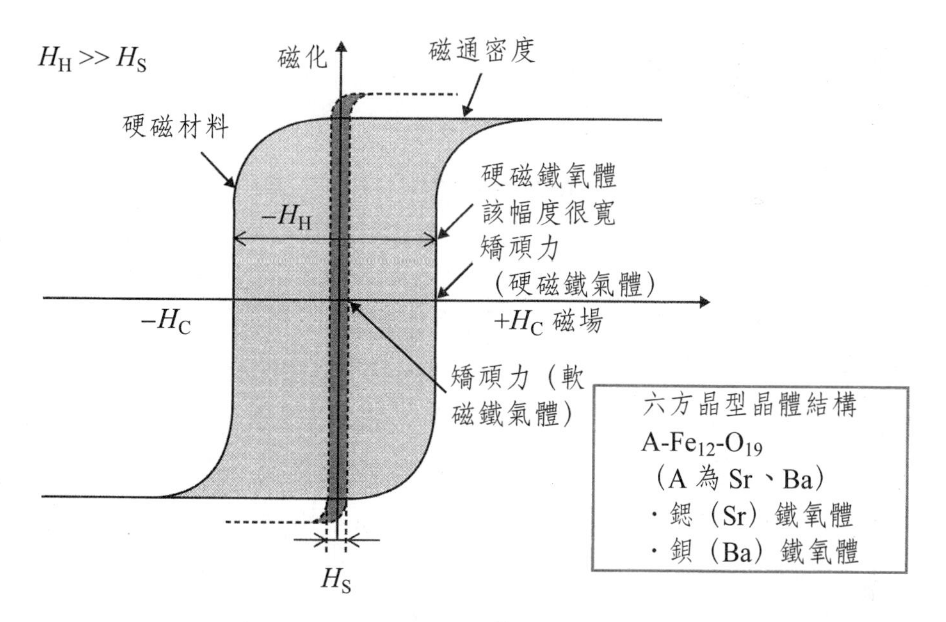

圖 9.17　硬磁鐵氧體的磁學特性

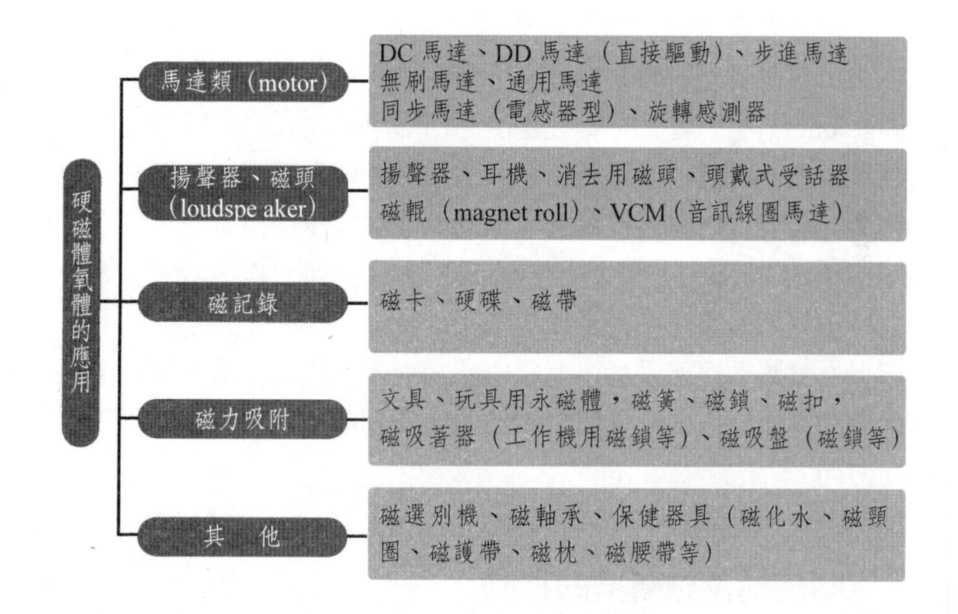

圖 9.18　硬磁鐵氧體的應用領域

9.8 磁疇及磁疇壁的運動

9.8.1 磁疇——所有磁偶極子（磁矩）同向排列的區域

法國科學家外斯（Weiss）系統地提出了鐵磁性假說：鐵磁物質內部存在很強的分子場，在分子場的作用下，原子磁矩趨於同向平行排列，及自發磁化至飽和，稱為自發磁化（spontaneous magnetization）；鐵磁體自發磁化成若干個小區域，這種自發磁化至飽和的小區域稱為磁疇（magnetic domain）。磁疇的磁化方向各不相同，其磁性彼此相互抵消，所以大塊鐵磁體對外不顯示磁性。

實驗證明，鐵磁性物質自發磁化的根源是原子磁矩，而且在原子磁矩中其主要作用的是電子自旋磁矩。原子的電子殼層中存在沒有被電子填滿的狀態，是產生鐵磁性的必要條件。另外，產生鐵磁性還要考慮形成晶體時，原子直接的互相鍵和的作用，是否對形成鐵磁性有利。原子互相接近形成分子時，電子雲要相互重疊，電子要相互交換位置。對於過渡族的金屬，原子的 3d 狀態和 s 狀態能量相差不大，電子雲也會重疊，引起 s 、d 電子的再分配。這種交換產生交換能（exchange energy），這種交換可能使得相鄰原子內 d 層未抵消的自旋磁矩同向排列起來。當磁性物質內部相鄰原子的電子交換積為正時，相鄰原子磁矩將同向平行排列，從而實現自發磁化。這種相鄰原子的電子交換效應，其本質仍是靜電力（electrostatic force）迫使電子自旋磁矩平行排列，其作用效果好像強磁場一樣。外斯分子場就是這樣得名。

磁疇以為實驗觀察所證實，有的磁疇大而長，稱為主疇，其自發磁化方向必定沿著晶體的易磁化方向。小而短的磁疇叫做副疇，其磁化方向不一定就是晶體的易磁化方向。

9.8.2 磁疇結構及磁疇壁的移動

隨著外部磁場強度的增加，磁化強度逐漸增加的行程稱為技術磁化過程。其中，磁疇壁移動和磁化旋轉是其主要機制。阻礙疇壁運動的因素有位錯（dislocation）及其它晶格缺陷、析出物以及其它夾雜物等，理論分析比較困難。但是，矯頑力 H_c 及磁導率 μ（或磁化率 λ）受加工及退火的影響十分明顯。這方面 20 世紀 40 年代發表的論文很多，隨著高技術的不斷湧現，正確理解磁疇模型變得越來越重要。

相鄰磁疇的界限稱為磁疇壁，主要可以分為兩種：180° 和 90°。磁疇壁是一個過渡區，具有一定是厚度。磁疇的磁化方向在疇壁處不能突然轉一個很大的角度，而是經過疇壁一定厚度逐步轉過去的，即在這個過渡區中原子磁矩是逐步改變方向的。疇壁內部的能量總比疇內高，壁的厚薄和面積大小都使它具有一定能量。

磁疇的形狀尺寸、疇壁的類型與厚度總稱為磁疇結構。同一磁性材料，如果磁疇結構不同，則其磁化行為也不同，所以磁疇結構不同是鐵磁性物質磁性千差萬別的原因之一。磁疇結構受到交換能、各向異能、磁彈性能、磁疇壁能、退磁能的影響。平衡狀態時的磁疇結構，這些能量之和應具有最小值。

根據自發磁化理論，在冷卻到居禮點（Curie point）以下而不受外磁場作用的鐵磁晶體中，由於交換作用，使得整個晶體自發磁化達到飽和，顯然地，磁化方向應該沿著晶體的易軸，因為這樣交換能和磁晶能才都處於最小值。但因晶體有一定的大小與形狀，整個晶體均勻磁化的結果必然產生磁極，磁極的退磁場卻為系統增加了一部分退磁能。對於「單疇」，從能量觀點，把磁體分為 n 個區域時，退磁能降為原來的 $1/n$，減少退磁能是分疇的基本動力。但由於兩個相鄰磁疇間存在疇壁，又需要增加一定的疇壁能，因此自發磁化區域的劃分不能無限小，而是以疇壁能及退磁能相加等於極小值為條件。為了降低能量，晶體邊緣表面附近為封閉磁疇，它們使得退磁能降為零。一個系統從高磁能的飽和組態變為低磁能的分疇組態，從而導致系統能量降低的可能性是形成磁疇結構的原因。

對於多晶體來說，晶界、第二相、晶體缺陷、夾雜、應力、成分的不均勻性等，對疇結構有顯著的影響。每一個晶粒會包含許多疇，在一個磁疇內，磁化強度一般都沿著晶體的易磁化方向。對於非織構的多晶體，各晶粒的取向是不同的，因此在不同晶粒內部磁疇的取向是不同的。為了減少退磁場能，在夾雜物附近會出現附加疇。在平衡狀態時，疇壁一般都跨越夾雜物。

9.8.3　順應外磁場的磁疇生長、長大和旋轉，不順應的磁疇收縮

順應外磁場的磁疇靜磁能（static magnetic energy）最小，由於技術磁化而生長、長大。

在外加磁場的作用下，磁疇壁的遷移使得各個磁疇的磁矩方向轉到外磁場的方向。具體過程是，在未加外磁場時，材料是自發磁化形成兩個磁疇，磁疇壁通過夾雜相。當外磁場逐漸增加時，與外磁場方向相同的那個磁疇的壁將有所移動，壁移動的過程，就是壁內原子的磁矩依次轉向的過程，最後可能變成幾段圓

弧線，但它暫時還離不開夾雜物。如果此時取消外磁場，疇壁又會遷移到原位，因為原位狀態能量低。這是可遷移階段。

對於 A、B 兩個磁偶極子（magnetic dipole），若剛開始處於一種穩定狀態，則兩者順應磁場方向。如果磁場轉過 90°，這時兩者的互相作用勢能發生了變化，導致兩者距離變小，便是隨著磁化狀態的變化而產生的磁致收縮。從磁疇角度來看，這種與磁場的不順應會導致磁疇的收縮。

9.8.4 外加磁場增加時，磁疇的變化規律 —— 順者昌，逆者亡

在可遷移階段之後，外加磁場繼續增加時，疇壁會脫離夾雜物而遷移到兩夾雜物之間的地方，為了處於穩態，又會自動遷移到下一排夾雜物的位置。疇壁的這種遷移，不會因為磁場的取消而自動遷回原來的位置，為不可逆遷移。磁矩暫態轉向易磁化方向。結果是整個材料成為一個大磁疇，其磁化強度方向是晶體易磁化方向。

繼續增加外磁場，則促使整個磁疇的磁矩方向轉向外磁場方向，稱為疇的旋轉。結果是磁疇的磁化強度方向與外磁場方向平行，材料宏觀磁性最大，以後再增加磁場，材料的磁化強度也不會增加。

隨著外磁場的增加，在磁場中靜磁能最小的疇開始長大，「吃掉」能量上不利的疇，最後是磁疇的磁矩方向與外磁場的方向一致，材料磁化達到飽和。

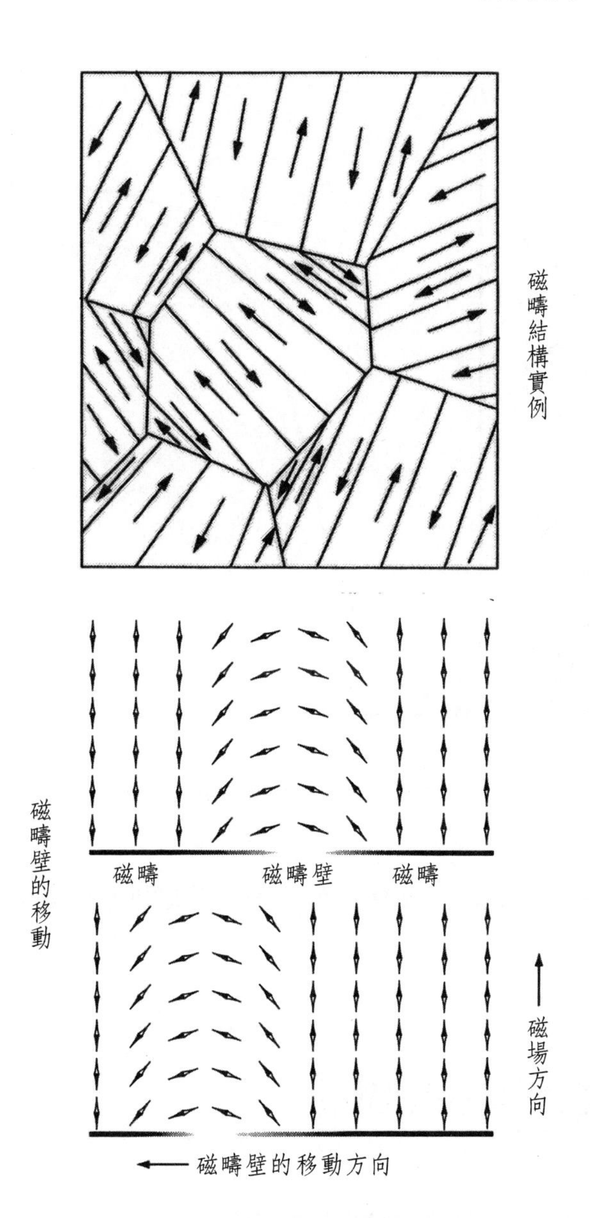

圖 9.19　磁疇結構及磁疇壁的移動

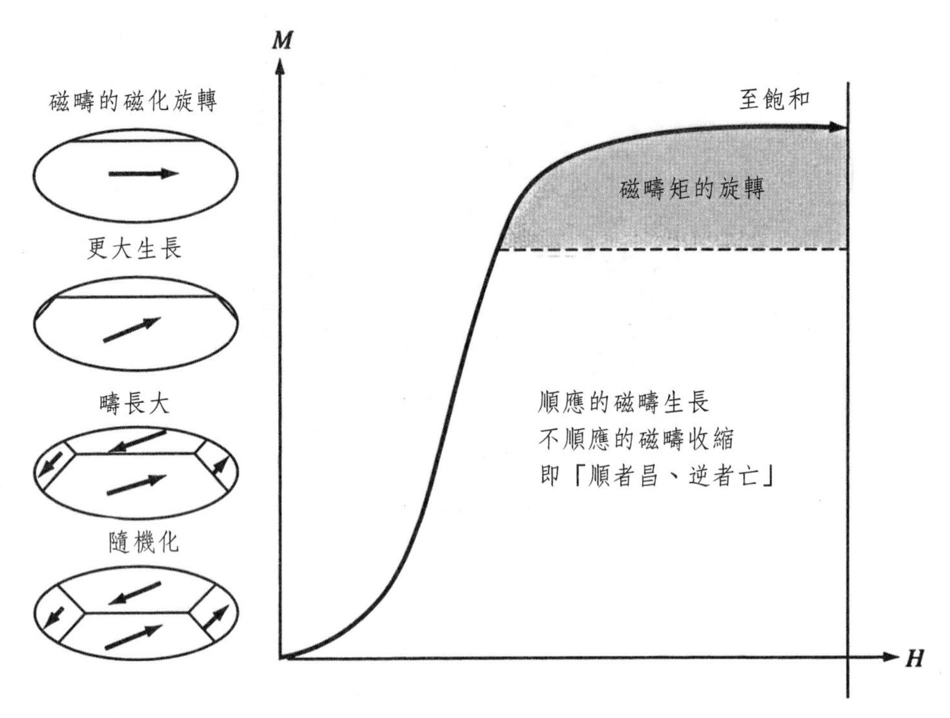

當一個消磁的鐵磁性材料被外加磁場磁化並達到飽和的過程中，磁疇的生長、旋轉和長大。

圖 9.20 順應外磁場的磁疇生長、長大和旋轉，不順應的磁疇收縮

9.9 磁滯迴線及其決定因素

9.9.1 磁滯迴線的描畫及磁滯迴線的意義

當鐵磁質達到磁飽和狀態後，如果減小磁化場 H，介質的磁化強度 M（或磁感應強度 B）並不沿著起始磁化曲線減小，M（或 B）的變化滯後於 H 的變化。這種現象叫磁滯（magnetic hysteresis）。在磁場中，鐵磁體的磁感應強度與磁場強度的關係可用曲線來表示，當磁化磁場作週期的變化時，鐵磁體中的磁感應強度與磁場強度的關係是一條閉合線，這條閉合線叫做磁滯迴線（magnetic hysteresis loop）。

由於磁性材料對外加磁場作用的磁滯現象，磁性材料在磁場中反覆正向、反向磁化時會發熱，這些熱量的產生，當然由外加磁場來付出，磁性材料在反覆磁

化過程中，能力損耗的大小直接和磁滯迴線所包圍的面積大小成正比。

對於一般鐵磁材料，測量磁滯迴線主要是測量靜態的飽和態磁滯迴線，迴線上有材料 B_r 、H_c 和飽和 B_s ，這幾個非常有效的磁性靜態參數，讓使用者對材料的判斷有非常大的作用。另外，對鐵磁材料，還有初始磁導率 μ_i 、最大磁導率 μ_m ，這些靜態參數也比較重要。

9.9.2 軟磁材料和硬磁材料的磁滯迴線

所謂軟磁材料是指磁導率非常高、矯頑力非常小的磁性材料。而且，軟磁材料主要用於線圈及變壓器等的鐵芯（core）等。

與之相對，所謂硬磁材料是指磁通密度高、矯頑力非常大的磁性材料。而且，硬磁材料主要用於強力永磁體等。

那麼，磁性材料的「硬」和「軟」所指為何呢？所謂硬，指「硬」質磁性材料，表示它可以大量地存儲磁能，換句話說，由其可以製造出強力永磁體。與之相對，所謂軟，係指「軟」質磁性材料，表示它的磁導率高，可以透過大量的磁力線。若用磁滯迴線表示，所謂硬磁鐵氧體指具有高磁通密度、高矯頑力等磁學特性的磁性材料。

磁性材料按照磁化後去磁的難易程度，可分為軟磁性材料和硬磁性材料。磁化後容易去掉磁性的物質叫軟磁材料，不容易去磁的物質叫硬磁材料。一般來講，軟磁性材料剩磁較小，硬磁性材料剩磁較大。

軟磁材料的特點是磁導率大、矯頑力小（H_c 約為 1A/m），因此磁滯迴線呈細長狀；硬磁材料的特點是矯頑力大（$H_c > 100$A/m），因此磁滯迴線較寬，所圍的面積較大。

9.9.3 鐵磁體的磁化及磁疇、磁疇壁結構

鐵磁體由上述稱為磁疇的小磁體構成。容易理解，在消磁狀態，由於小磁體隨機取向，其磁化彼此相抵消，總體磁化為零。如圖 9.22(a) 所示的狀態，自發磁化 M_s 平均總和為零。設想在圖中所示方向施加弱磁場，磁化方向與該磁場方向接近的磁疇將逐漸擴大，磁疇壁相應移動。圖 9.22(b) 表示了磁疇壁的結構，疇壁中原子磁矩逐漸向外磁場方向轉化，對於鐵來說，其厚度大約為 100 到幾十個原子層。圖 9.22(a) 中只表示了磁化強度（M）－磁場強度（H）曲線的第一象限部分。M-H 曲線或 B-H 曲線的全部即為圖 9.22 所示的磁滯迴線（hysteresis loop），又稱履歷曲線。*M-H*、*B-H* 關係不唯一，這也是鐵磁體的特徵之一。

磁化效應（magnetization effect）是用磁鐵將鐵變得有磁性的效應。鐵均有磁性，只因內部分子結構淩亂，正負兩極互相抵消，故顯示不出磁性。若用磁鐵引導後，鐵分子就會變得有序，從而產生磁性，此一現象就是磁化效應。磁化就是物體從不表現磁性變為具有一定的磁性，其根本原因是物質內原子磁矩按同一方向整齊排列。

所謂磁疇（magnetic domain），是指磁性材料內部的一個個小區域，每個區域內部包含大量原子，這些原子的磁矩都像一個個小磁鐵那樣整齊排列，但相鄰的不同區域之間，原子磁矩排列的方向不同。各個磁疇之間的交介面稱為磁疇壁。宏觀物體一般總是具有很多磁疇，因此，磁疇的磁矩方向各不相同，結果相互抵消，向量和為零，整個物體的磁矩為零，它也就不能吸引其它磁性材料。也就是說，磁性材料在正常情況下並不對外顯示磁性。只有當磁性材料被磁化以後，它才能對外顯示出磁性。

9.9.4 鐵磁體的磁滯迴線及磁疇壁移動模式

下面進一步討論磁滯（magnetic hysteresis）現象。如圖 9.22(a)a 區域所示，當磁場很弱時，隨磁場強度增加，磁化強度變大；反之，磁化強度減小；$H = 0$時，$M = 0$。在該範圍內，二者的關係是可逆的。此時磁疇也能恢復到原來狀態。磁感應強度 B 與磁場強度 H 間也有相同的關係。在此範圍內，$\triangle B / \triangle H = \mu_i$ 稱為初始磁導率，它是表徵軟磁性的重要特徵之一。

隨著磁場強度（magnetic field）增加，磁化強度由 a 經 b 到達 c 區域，並在 d 點達到飽和，稱此時的磁化強度為飽和磁化強度 M_s，它是鐵磁體極為重要的特性之一。在區域 b，隨磁場強度增加，磁疇的疇壁移動，磁疇增大。

下面討論退磁過程。如圖 9.22(a) 所示，若從飽和磁化強度 M_s 處，減小外加磁場，曲線將從 d 變到 e，即當 $H = 0$，外加磁場強度為零時，磁化強度 M_r（$= B_r$）並不等於零。稱 M_r 為剩餘磁化強度，它是重要的磁學參數。特別是，外加反向磁場並使其逐漸增加，如圖 9.22 中第二象限退磁曲線所示，*M-H*，*B-H* 曲線逐漸達到 f 點，即磁化強度及磁感應強度達到零。稱此時對應的磁場強度為矯頑力（coercive force）H_c（又稱抗磁力、保磁力），其大小對磁學應用很重要。對於永磁材料來說，第二象限的退磁曲線極為重要。矯頑力有 ${}_BH_c$，${}_MH_c$ 之說，前者稱為磁感矯頑力，後前者稱為內稟矯頑力。但通常多用磁感矯頑力 ${}_BH_c$。

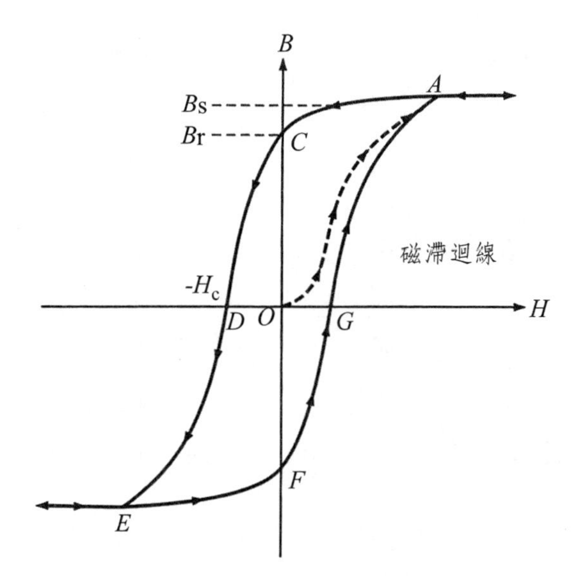

對於某一磁性材料磁感應強度（magnetic induction）*B* 相對於外加磁場強度 *H* 的閉合迴線。曲線 OA 描繪出了退磁（demagnetization）試樣磁化時的最初 *B*-*H* 關係。迴圈起磁和退磁至飽和磁感應描繪出磁滯迴線 *ACDEFGA*。

圖 9.21　磁滯迴線的描畫及磁滯迴線的意義

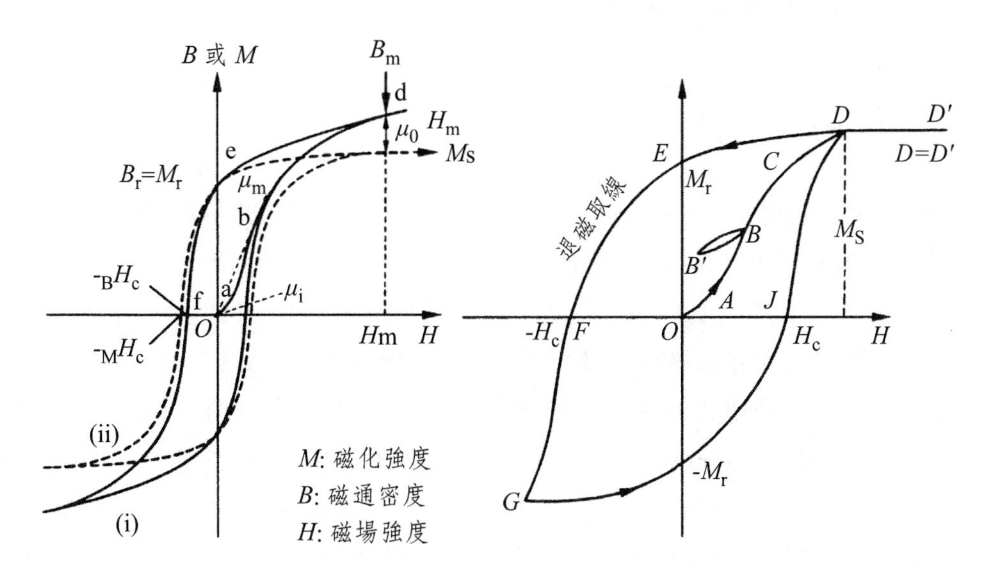

(a) 磁滯迴線　　(b) 不連續磁化

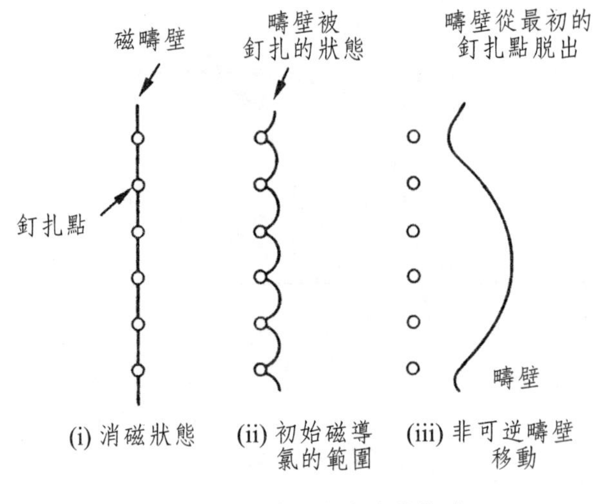

(c) 不連續磁疇壁移動模型

圖 9.22　鐵磁體的磁滯迴線及磁疇壁移動模式

9.10　永磁材料及其進展

9.10.1　高矯頑力材料的進步

人們認識永磁體（permanent magnet）源於天然磁鐵，即磁鐵礦（magnetite）（Fe_3O_4）的發現。但它的磁力很弱，現在作為永磁體鮮有使用。另一方面，人工製造的實用永磁體是 20 世紀初登場的。特別是 1910～1930 年前後 KS 鋼、MK 鋼的出現，在實用永磁體的進步道路上邁出堅實的步伐。

以此為始，隨著時間推移，又先後發明了鋁鎳鈷、鐵氧體、釤鈷、釹鐵硼永磁，其最大磁能積（magnetic energy product）$(BH)_{max}$ 如圖 9.23 所示，不斷提高。

鋁鎳鈷永磁是由金屬鋁、鎳、鈷、鐵和其它微量金屬元素構成的一種合金。依其金屬成分的構成不同，磁性能不同，從而用途也不同。鋁鎳鈷（alnico）永磁有兩種不同的生產技術：鑄造和燒結。鑄造技術可以加工生產成不同的尺寸和形狀，與鑄造技術相比，燒結產品侷限於小的尺寸，毛胚產品尺寸公差小，而鑄造製品的可加工性好。在永磁材料中，鑄造鋁鎳鈷永磁有著最低可逆溫度係數，工作溫度可高達 500℃以上。

稀土永磁材料是指稀土金屬和過渡族金屬形成的合金經一定的工藝製成的，先後經歷了第一代（$RECo_5$）、第二代（RE_2TM_{17}）和第三代稀土永磁材料（NdFeB）。新的稀土過渡金屬系和稀土鐵氮系永磁合金材料正在開發研製中，有可能成為新一代稀土永磁合金。

9.10.2 從最大磁能積 $(BH)_{max}$ 看永磁材料的進展

利用退磁曲線（de-magnetization curve）可以依據 $(BH)_{max}$ 確定各種永磁體的最佳形狀。在最佳狀態下，再根據能獲得磁場的大小來比較不同永磁體的強度。即：$(BH)_{max}$ 最高的磁體，產生同樣磁場所需的體積最小；而在相同體積下，$(BH)_{max}$ 最高磁體獲得的磁場最強。因此，$(BH)_{max}$ 是評價永磁體強度的最主要指標。

從永磁材料的發展歷史來看，19 世紀末使用的碳鋼，最大磁能積（magnetic energy product）$(BH)_{max}$ 不足 1MGOe（兆高奧）。經過一個世紀的發展，永磁體材料先後階段升級，至今最大磁能積已達到 50MGOe（$400kJ/m^3$）的水準。

鋁鎳鈷系永磁合金是以鐵、鎳、鋁為主要成分，還含有銅、鈷、鈦等元素的永磁合金。具有高剩磁和低溫度係數，磁性穩定等特徵。分鑄造合金和粉末燒結合金兩種。20 世紀 30～60 年代應用較多，現多用於儀表工業中製造磁電系儀表、流量計（flow-meter）、微特電機、繼電器（relay）等。

永磁鐵氧體主要有鋇鐵氧體和鍶鐵氧體，其電阻率高、矯頑力大，能有效地應用在大氣隙磁路中，特別適於作小型發電機和電動機的永磁體，但其最大磁能積較低，溫度穩定性差，質地較脆、易碎，不耐衝擊振動，不宜作測量儀表及有精密要求的磁性元件。

稀土永磁材料。主要是稀土鈷永磁材料和釹鐵硼永磁材料。前者是稀土元素鈰、鐠、鑭、釹等和鈷形成的金屬間化合物，其磁能積可達碳鋼的 150 倍、鋁鎳鈷永磁材料的 3～5 倍、永磁鐵氧體的 8～10 倍，溫度係數低、磁性穩定，矯頑力高達 800kA/m。

9.10.3 實用永磁體的種類及特性範圍

一般說來，所謂優良的永磁體（permanent magnet）是指對鐵等吸引力很強的永磁體，但若略加詳細地說明，應該是殘留磁通密度、矯頑力均大，且溫度特性優秀的永磁體。作為附加要求，還應具有堅固且優良的加工特徵、盡量小型、輕量、低價格等優勢。

但在現實中，完全滿足這些條件的永磁體等是不存在的。例如，磁力強的往往溫度相關性大，而磁力弱的往往價格才低。結果是優點和缺點往往相互折衷（trade-off）存在。因此，實際在選擇永磁體時，往往要根據使用目的、性能要求，價格因素等選擇最合適的品種。

為此，需要對主要的永磁體及其性能有概要性的了解。圖 9.24 匯總了主要永磁體的種類及其主要特徵。如圖 9.24 所示，無論哪種永磁體都有長有短，並不存在全能冠軍。

下面再比較永磁體的強度指標，即按不同永磁體的剩餘磁通密度 B_r 和矯頑力 H_c，如圖 9.25 所示，將其範圍表示在相應的座標系中。圖 9.25 所表示的永磁體特性，越靠近縱軸的上側，剩餘磁通密度 B_r 越大，而越靠近橫軸的右側，矯頑力 H_c 越高。

從圖中可以看出，Ne-Fe-B 永磁體的 B_r 和 H_c 都是很高的。而且，儘管鋁鎳鈷永磁體的剩餘磁通密度 B_r 很高，但矯頑力 H_c 卻相當低。

由於矯頑力小的鋁鎳鈷永磁體容易退磁，因此在製成磁迴路（元件）之後，必須對其充磁（後充磁）。與之相對，由於鐵氧體永磁及稀土永磁（釹系永磁、釤系永磁）的矯頑力大，永磁體單體也可以先充磁。如此看來，根據圖 9.24、圖 9.25 的資訊進行綜合判斷，對於一般應用來說，鐵氧體永磁屬於現有使用永磁體中，性能價格比相當優秀的一類。

9.10.4 永磁體的歷史變遷

釹鐵硼（Nd-Fe-B）具有極高的磁能積（大約 400kJ/m^3）和矯頑力（850kA/m），是 20 世紀永磁材料最重要的進展。而且，釤中混入氮的 Sm-Fe-N 合金射出成形黏結磁體也已出現，從而進一步擴大了永磁體的應用範圍。這種永磁體不僅具有與釤鈷合金相匹敵的磁能積，由於是黏結磁體，既可用剪刀等剪斷又能彎曲甚至摺疊。因此，一改傳統永磁體易破損易斷裂的缺點，在強振動、易跌落等環境下也可安心使用。由於質地柔軟且富伸縮性，作為墊圈等橡膠永磁體也有廣泛應用。

在不到 100 年的較短時期內，永磁材料獲得飛躍性進展，進而對電子設備的小型化、高性能化做出巨大貢獻。

從材料類型講，鐵氧體（ferrite）是陶瓷的一種，更像早期的陶器。因此質地脆弱、易破損斷裂，具有陶瓷固有的缺點。但是，由於原材料價格低廉且供應有保證，且具有輕量、耐腐蝕性優良等諸多優點，直至今日仍有大量應用。順便指出，1950 年飛利浦（Philips）公司成功開發出的結晶磁各向異性大的鋇鐵氧體，仍然是今天大量使用的鐵氧體永磁體的原型。

500
300
200
100
50
30
20
10
5
3
2
最大磁能積 $(BH)_{max}$/kJ/m^3
T: Co, Fe, Cu, Zr
Nd・Fc・B
Sm_2T_{17}
Sm-Co_5
柱狀晶
Pt-Co
各向異
鋁鎳鈷
AlNiCo DG
NKS
MK 鋼
KS 鋼
白金・鈷
W・Cr 鋼
特殊鋼
鋁鎳鈷
稀土類合金
1900
1920
1940
1960
1980

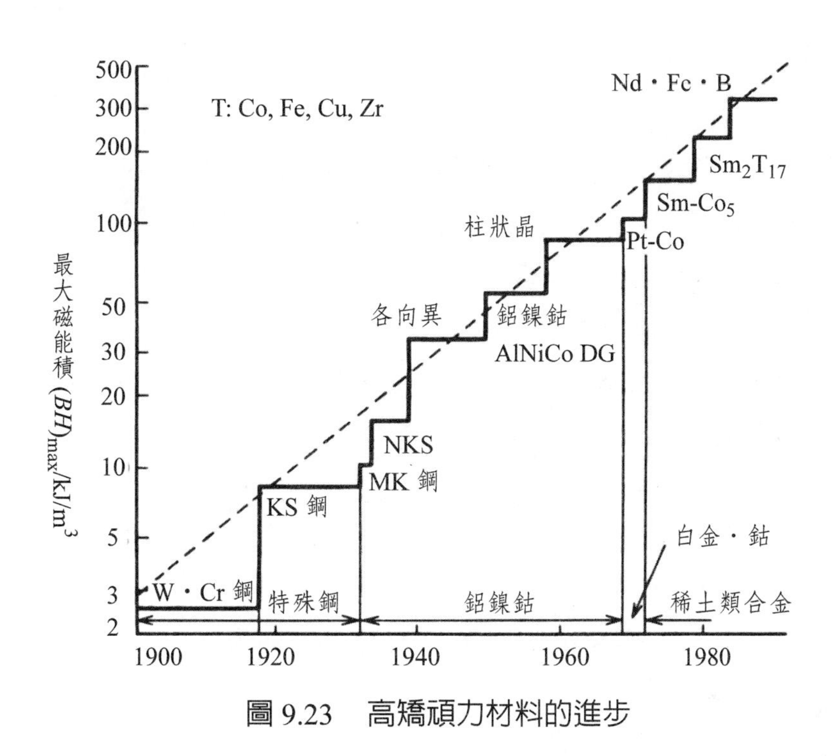

圖 9.23　高矯頑力材料的進步

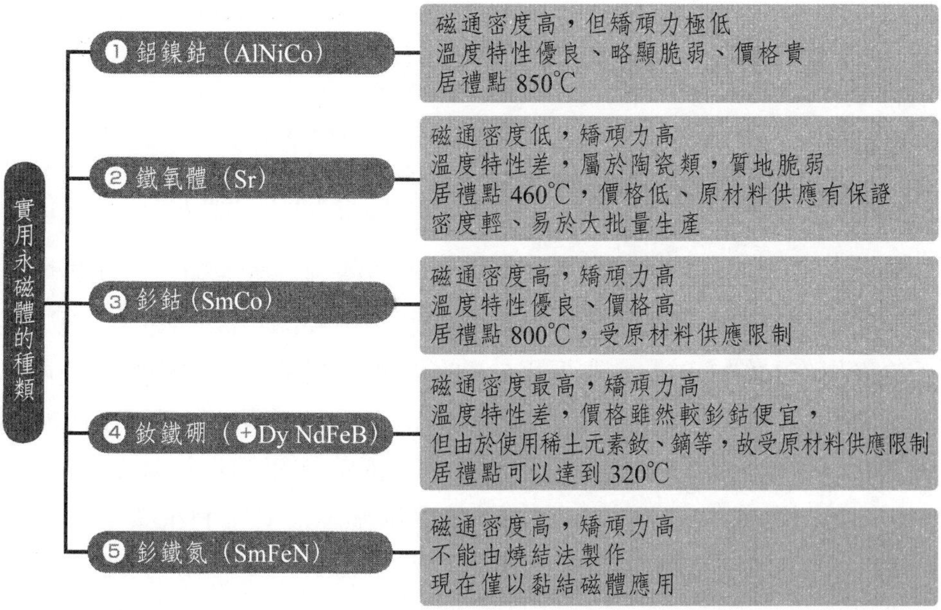

實用永磁體的種類
❶ 鋁鎳鈷（AlNiCo）
磁通密度高，但矯頑力極低
溫度特性優良、略顯脆弱、價格貴
居禮點 850℃
❷ 鐵氧體（Sr）
磁通密度低，矯頑力高
溫度特性差，屬於陶瓷類，質地脆弱
居禮點 460℃，價格低、原材料供應有保證
密度輕、易於大批量生產
❸ 釤鈷（SmCo）
磁通密度高，矯頑力高
溫度特性優良、價格高
居禮點 800℃，受原材料供應限制
❹ 釹鐵硼（⊕Dy NdFeB）
磁通密度最高，矯頑力高
溫度特性差，價格雖然較釤鈷便宜，
但由於使用稀土元素釹、鏑等，故受原材料供應限制
居禮點可以達到 320℃
❺ 釤鐵氮（SmFeN）
磁通密度高，矯頑力高
不能由燒結法製作
現在僅以黏結磁體應用

圖 9.24　實用永磁體的種類及其特徵

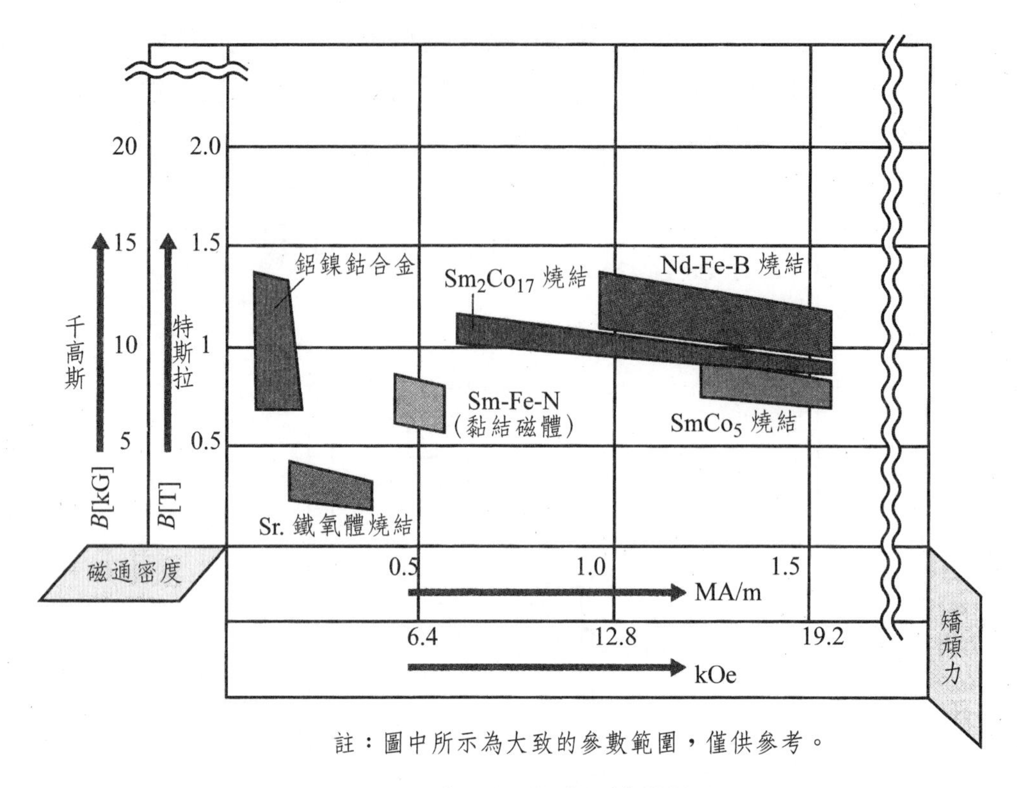

圖 9.25　實用永磁體的特性範圍

9.11　釹鐵硼稀土永磁材料及製作技術

9.11.1　Nd-Fe-B 系燒結磁體的製作技術及金相組織

按製造方法不同，釹鐵硼（Nd-Fe-B）永磁體分為兩大類：一類是燒結永磁體，另一類是超急冷永磁體。前者多為塊體狀，主要滿足高矯頑力、高磁能積的要求；後者用作黏結永磁體，主要用於電子、電氣設備的小型化應用領域。製造 Nd-Fe-B 燒結永磁體的技術流程如圖 9.26 所示。Nd-Fe-B 系燒結磁體的製作一般技術流程為：合金熔煉→凝固→粗粉碎→細粉碎（平均粒徑數 μm）→磁場中壓縮成形（實現磁各向異性）→燒結（真空或氬氣氛，約 1100℃）→時效熱處理（600℃左右）→表面處理。

其典型的化學成分比為 $Nd_{15}Fe_{77}B_8$，如圖 9.27 所示，$Nd_2Fe_{14}B$（稱為 T_1 的鐵磁性相）為主相，非磁性 $Nd_{1.1}Fe_4B_4$ 相（稱為 T_2 相）及富 Nd 相圍在主相的

晶粒邊界。在實際應用中，為了提高該系列的熱穩定性，往往添加適量的 Dy 置換 Nd；為了改善其另一個缺點，即 Nd 相的耐蝕性很差，往往採取用 Co 置換部分 Fe 等方法。

Nd-Fe-B 分為磁性相（T_1）和非磁性相（T_2），磁性相又稱富 Nd 相。前者的成分為 $Nd_2Fe_{14}B$ ，後者成分為 $Nd_{1.1}Fe_4B_4$。T_1 相、T_2 相的晶粒典型尺寸約 $10\mu m$。

9.11.2 Nd-Fe-B 系快淬磁體的製作技術及金相組織

製作高性能的 Nd-Fe-B 燒結（sinter）和黏結磁體，製粉是極其關鍵的一個環節。磁粉的最終性能與粉末的微觀組織形貌、晶粒的大小、晶粒的完整性、雜質含量、氧含量密切相關；從磁體成形來看，磁粉的形狀、細微性及細微性分布、鬆裝密度、壓胚密度、理論密度、流動性、取向度、磁性能等，也會影響到磁體的性能。而這兩方面的參數都由製粉的方法來決定。Nd-Fe-B 燒結磁體要求磁粉是取向良好的單疇（single domain）粉末，即粉末細微性小、分布窄、呈單晶體、具有較好的球形度、顆粒表面缺陷較少、氧的品質分數不高於 1500×10^{-6}，吸附氣體量和夾雜盡可能減少。黏結磁體則要求粉末具有良好的穩定性、表面完整、具有高的剩磁、良好的流動性和恰當的粉末配比，以獲得高的粉末／黏接劑充填率，對於各向異性磁粉要求具有良好的取向性。

Nd-Fe-B 製粉方法較多，但歸結起來都是將原料各組分通過熔煉方法製得具有高度磁晶各向異性的 Nd-Fe-B 金屬間化合物，再經過物理或者物理化學方法破碎成合適細微性的粉末。Nd-Fe-B 製粉技術的革新，沿著運用 $Nd_2Fe_{14}B$ 金屬間化合物的硬脆物理性質（普通盤磨、氣流磨），到引入快速凝固技術、稀土金屬的氫化反應技術此一方向發展。

黏結 NdFeB 磁粉的製作主要有熔體快淬法、氣噴霧法、機械合金化法（MA, mechanical alloy）和氫處理法（HDDR, Hydrogen Disproportionation Desorption Recombination），其中以 MQ 法和 HDDR 法的使用最為廣泛。

超急冷法處理下的 $Nd_2Fe_{14}B$ 晶粒平均粒徑約為 50nm ，燒結法處理下的 $Nd_2Fe_{14}B$ 晶粒平均粒徑約 $10\mu m$ ，HDDR 處理法處理下的 $Nd_2Fe_{14}B$ 晶粒平均粒徑約 $0.3\mu m$。

9.11.3 一個 $Nd_2Fe_{14}B$ 單胞內的原子排佈

$Nd_2Fe_{14}B$ 相具有正方晶格，空間群 P42/pm ，晶格常數（lattice constant）a = 0.882nm ，b = 1.224nm ，具有單軸各向異性。每個單胞含有 4 個分子式的 68 個原子。它們分別在 9 個晶位上：Nd 原子佔據（4f 、4g）兩個晶位，Fe 原子佔據（$16k_1$、$16k_2$、$8j_1$、$8j_2$、4e 、4c）6 個晶位，B 原子佔據（4g）一個晶位。其中，$8j_2$ 晶位上的 Fe 原子處於其它 Fe 原子組成的六稜錐的頂點，其最近鄰 Fe 原子數最多，對磁性有很大影響。4e 和 $16k_1$ 晶位上的 Fe 原子組成三稜柱（三角柱），B 原子大概處於稜柱的中央，通過稜柱的三個側面與最近鄰的 3 個 Nd 原子相連，這個三稜柱使 Nd 、Fe 、B 三種原子組成晶格的骨架，具有連接 Nd-B 原子層上下方 Fe 原子的作用。

9.11.4 稀土元素 4f 軌道以外的電子殼層排列與其磁性的關係

稀土元素（rare earth element）週期系 B Ⅲ族中原子序數為 21、39 和 57～1 的 17 種化學元素統稱。其中原子序數為 57～71 的 15 種化學元素，又統稱為鑭系元素。稀土元素包括鈧、釔、鑭、鈰、鐠、釹、鉕、釤、銪、釓、鋱、鏑、鈥、鉺、銩、鐿、鑥，分為輕稀土元素和重稀土元素。

「輕稀土元素」指原子序數較小的鈧 Sc 、釔 Y 和鑭 La 、鈰 Ce 、鐠 Pr 、釹 Nd 、鉕 Pm 、釤 Sm 、銪 Eu 。「重稀土元素」指原子序數比較大的釓 Gd 、鋱 Tb 、鏑 Dy 、鈥 Ho 、鉺 Er 、銩 Tm 、鐿 Yb 、鑥 Lu 。

稀土金屬（rare earth metal）的磁性主要與其未充滿的 4f 殼層有關，金屬的晶體結構也影響著它們的磁性變化。由於稀土金屬的 4f 電子處在內層，其金屬態的 $5d^1$、$6s^2$ 電子為傳導電子，因此大多數稀土金屬（除了 Sm 、Eu 、Yb 外）的有效磁矩與失去 $5d^1$、$6s^2$ 電子的三價離子磁矩幾乎相同。

在常溫下稀土金屬均為順磁（para-magnetic）物質，其中 La 、Yb 、Lu 的磁矩（magnetic moment）< 1 。隨著溫度的降低，它們會發生有順磁性變為鐵磁性或反鐵磁性的有序變化。有序狀態的自旋（spin）不是一簡單的平行或反平行方式取向，而以捲線型或螺旋型結構取向。一些重稀土元素（如 Tb 、Dy 、Ho 、Er 、Tm 等）在較低溫度是由反鐵磁性轉變為鐵磁性，而 Gd 則是由順磁性直接轉變為鐵磁性。

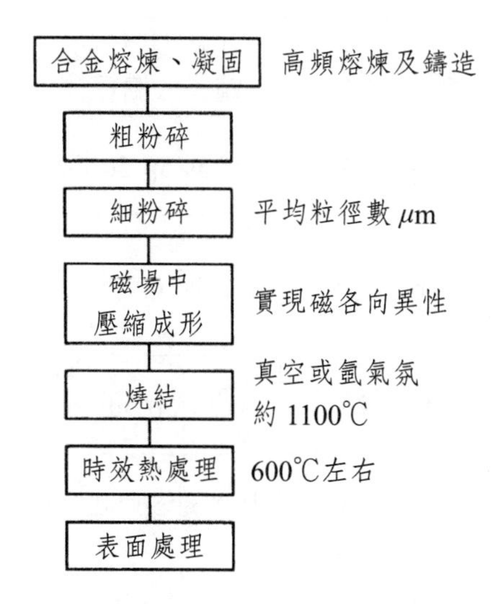

圖 9.26　Nd-Fe-B 系燒結磁體的製作流程

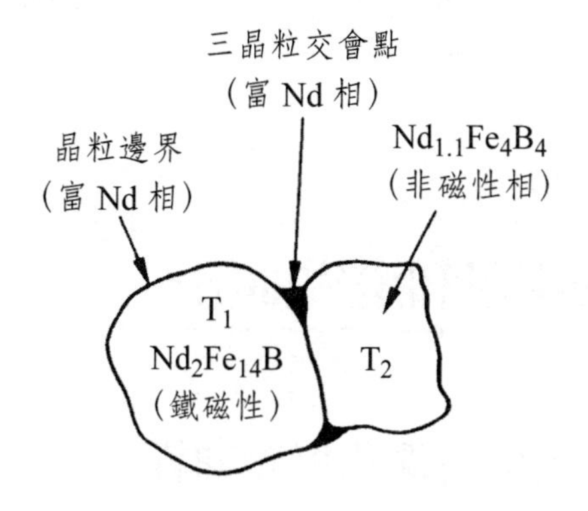

T_1 相、T_2 相晶粒的典型尺寸約 10μm

圖 9.27　$Nd_{15}Fe_{77}B_8$ 燒結磁體的金相組織示意

表 9.10　4f 軌道以外的電子殼層排列

	原子序數	元素（符號）	4f 軌道以外的電子殼層結構	磁性及應用
輕稀土元素（永磁體的重要元素）	58	Ce（鈰）	$4f^1 5s^2 5p^6 5d^1 6s^2$	反鐵磁性（anti-ferro-magnetic）
	59	Pr（鐠）	$4f^{(3)} 5s^2 5p^6 5d^{(0)} 6s^2$	反鐵磁性
	60	Nd（釹）	$4f^4 5s^2 5p^6 5d^0 6s^2$	反鐵磁性
	62	Sm（釤）	$4f^6 5s^2 5p^6 5d^0 6s^2$	反鐵磁性
	63	Eu（銪）	$4f^7 5s^2 5p^6 5d^0 6s^2$	反鐵磁性

	原子序數	元素（符號）	4f 軌道以外的電子殼層結構	磁性及應用
重稀土元素（磁記錄介質的重要元素）	64	Gd（釓）	$4f^7 5s^2 5p^6 5d^1 6s^2$	鐵磁性（ferro-magnetic）
	65	Tb（鋱）	$4f^8 5s^2 5p^6 5d^1 6s^2$	鐵磁性→螺旋磁性（spiral magnetic）（反鐵磁性）
	66	Dy（鏑）	$4f^9 5s^2 5p^6 5d^{(1)} 6s^2$	鐵磁性→螺旋磁性（反鐵磁性）
	67	Ho（鈥）	$4f^{(10)} 5s^2 5p^6 5d^{(1)} 6s^2$	鐵磁性→螺旋磁性（反鐵磁性）
	68	Er（鉺）	$4f^{(11)} 5s^2 5p^6 5d^{(1)} 6s^2$	鐵磁性→螺旋磁性（反鐵磁性）
	69	Tm（銩）	$4f^{13} 5s^2 5p^6 5d^0 6s^2$	鐵磁性→螺旋磁性（反鐵磁性）

9.12 永磁材料的應用和退磁曲線

9.12.1 永磁材料的磁化曲線和退磁曲線

所謂磁化曲線（magnetization curve），即是表徵物質磁化強度或磁感應強度與磁場強度的依賴關係曲線。

磁性材料是由鐵磁性物質或亞鐵磁性物質組成的，在外加磁場 H 作用下，必有相應的磁化強度 M 或磁感應強度 B，它們隨磁場強度 H 的變化曲線稱為磁化曲線（M-H 或 B-H 曲線）。磁化曲線一般來說是非線性的，具有兩個特點：磁飽和現象及磁滯現象。即當磁場強度 H 足夠大時，磁化強度 M 達到一個確定的飽和值 M_s，繼續增大 H，M_s 保持不變；以及當材料的 M 值達到飽和後，外磁場 H 降低為零時，M 並不恢復為零，而是沿 M_sM_r 曲線變化。材料的工作狀態相當於 M-H 曲線或 B-H 曲線上的某一點，該點常稱為工作點（operation point）。

而在永磁材料的磁性曲線中重要的是其處於第二（或第四）象限的磁滯迴線部分，即介於剩餘磁通密度 B_b 和矯頑力 $-H_c$ 之間的部分，又稱退磁曲線。設此曲線上各點座標為 B_d、H_d，則 B_d 與 H_d 的乘積稱磁能積，B_d H_d 與 B 的關係曲線稱磁能積曲線。此兩條曲線的 B_d 、H_c 和（BH）是永磁材料最重要的三個磁性參數。

9.12.2 反磁場 $\mu_0 H_d$ 與永磁體內的磁通密度 B_c

反磁場（anti-magnetic field）$\mu_0 H_d$ 是由 J 和反磁場係數 N_d 按關係 $\mu_0 H_d = -N_d J$ 決定的。式中，μ_0 為真空中的磁導率 $4\pi\times10^{-7}$H/m ，負號表示反磁場的方向與永磁體的磁化方向相反。反磁場係數 N_d 的大小因永磁體的形狀不同而變化。

例如，對於圓柱或旋轉橢球體來說，設長為 L ，直徑為 D ，其形狀隨比值 L/D 而變化。當 $L/D = 0$ 時，為無限薄磁體，其 $N_d = 1$；相反地，當 L 很長時，$N_d = 0$；對於球體來說，$N_d = 1/3$ 。隨著磁體的尺寸比變大，反磁場係數變小，從而反磁場變小。這有點類似於使兩個條形磁鐵的 N 極與 S 極接近的情況，兩級的間隔越窄，吸引力越強，間隔越寬，吸引力越短。

正是由於上述反磁場的存在，造成可從磁體取出的磁場變低，但並非僅僅如此。反磁場的存在還會造成磁極化強度 J 本身的下降。

在永磁體磁性材料中，按習慣都採用磁通密度 B ，B 中即含有外加磁場的貢獻，又含有反磁場的貢獻。據此，考慮到反磁場 $\mu_0 H_d$ ，磁體的磁場可用磁通密度表示為 $B_d = J_d + \mu_0 H_d$ 或 $B_d = (1 - N_d)J_d$ 。即：B_d 可以用 J_d 和 N_d 表示。從 $N_d = 0\sim1$ 的變化過程中，構成了 $B_d - \mu_0 H$ 的曲線，稱此為退磁曲線。顯然，因磁體形狀不同，其形成的磁場會發生變化。

還應指出，$B_d/\mu_0 H_d$ 為磁穿透係數（magnetic penetration coefficient）p ，對於長形磁體來說，H_d 小從而 p 高，B_d 取 $B_r = H_r$ 附近的值；對於 p 係數小的形狀的磁體，B_d 要比 B_r 的值小得多。例如，對於薄板磁體，沿厚度方向即使被磁化，由於 $N_d = 1$，則 B_d 也幾乎等於 0，儘管是磁體，卻難以發揮永磁體的功能；但是，對部分的微小面積磁化，只要保證磁化方向在相對較長的方向，由於 N_d 較小，該微小部分也可以發揮永磁體的功能。

9.12.3 退磁曲線與最大磁能積的關係

關於最大磁能積，可以這樣來理解。$(BH)_{max}$ 退磁曲線上任何一點的 B 和 H 的乘積，即代表了磁鐵在氣隙空間所建立的磁能量密度，即氣隙單位體積的靜磁能量，由於這項能量等於磁鐵 B_m 與 H_m 的乘積 BH ，因此稱為磁能積（magnetic energy product），磁能積隨 B 而變化的關係曲線稱為磁能積曲線，其中一點對應

的 B_d 和 H_d 乘積有最大值，稱為最大磁能積 $(BH)_{max}$。

對於永磁體來說，單位體積磁場取最大的形狀是確定的。該形狀隨著由退磁曲線所表示的永磁體的磁學特性不同而異，但永磁體單位體積磁場能取最大值的形狀，與其單位體積的磁場取最大的形狀是一致的。即反磁場與永磁體工作點磁通密度 B_d 之間相互作用的磁場能與 B_dH_d 的乘積成比例。若某一形狀對應的單位體積磁場能取最大，則其對應的磁場也取最大值。

如果永磁體的尺寸比取 $(BH)_{max}$ 的形狀，則能保證該永磁體單位體積的磁場能為最大。如上所述，可以根據 $(BH)_{max}$ 確定各種永磁體的最佳形狀。在最佳形狀下，根據能獲得磁場的大小來比較不同永磁體的強度。即 $(BH)_{max}$ 最高的磁體，產生同樣磁場所需的體積最小；而在相同體積下，$(BH)_{max}$ 最高的磁體獲得的磁場最強。因此，$(BH)_{max}$ 是評價永磁體強度的最主要指標。

而 $(BH)_{max}$ 則可在退磁曲線上找到，也就是說退磁曲線上能夠找到最佳的形狀。

9.12.4 馬達使用量多少是高級轎車性能的重要參數

起動機（starter）又叫馬達（motor），它由直流電動機產生動力，經啟動齒輪（gear）傳遞動力給飛輪齒環，帶動飛輪、曲軸轉動而起動發動機。眾所周知，發動機（generator）的啟動需要外力的支援，汽車啟動機就是在扮演著這個角色。大體上說，起動機用三個部件來實現整個啟動過程。直流電動機引入來自蓄電池（storage battery）的電流，並且使起動機的驅動齒輪產生機械運動；傳動機構將驅動齒輪嚙合入飛輪齒圈，同時能夠在發動機啟動後自動脫開；起動機電路的通斷則由一個電磁開關來控制。其中，電動機是起動機內部的主要部件。

而汽車上所需的馬達個數，可以作為衡量其性能的重要指標。

由於汽車工業已經成為國民經濟發展的第五大支柱產業，它的發展必將帶動一系列的產業，包括磁性材料行業。稀土永磁電機的最大應用市場之一是汽車工業。汽車工業也是釹鐵硼永磁應用最多的領域之一。在每輛汽車中，一般可以有幾十個部位要使用永磁電機，如電動座椅、電動後照鏡、電動天窗、電動雨刷、電動門窗、空調器等隨著汽車電子技術要求的不斷提高，其使用電機的數量將越來越多。

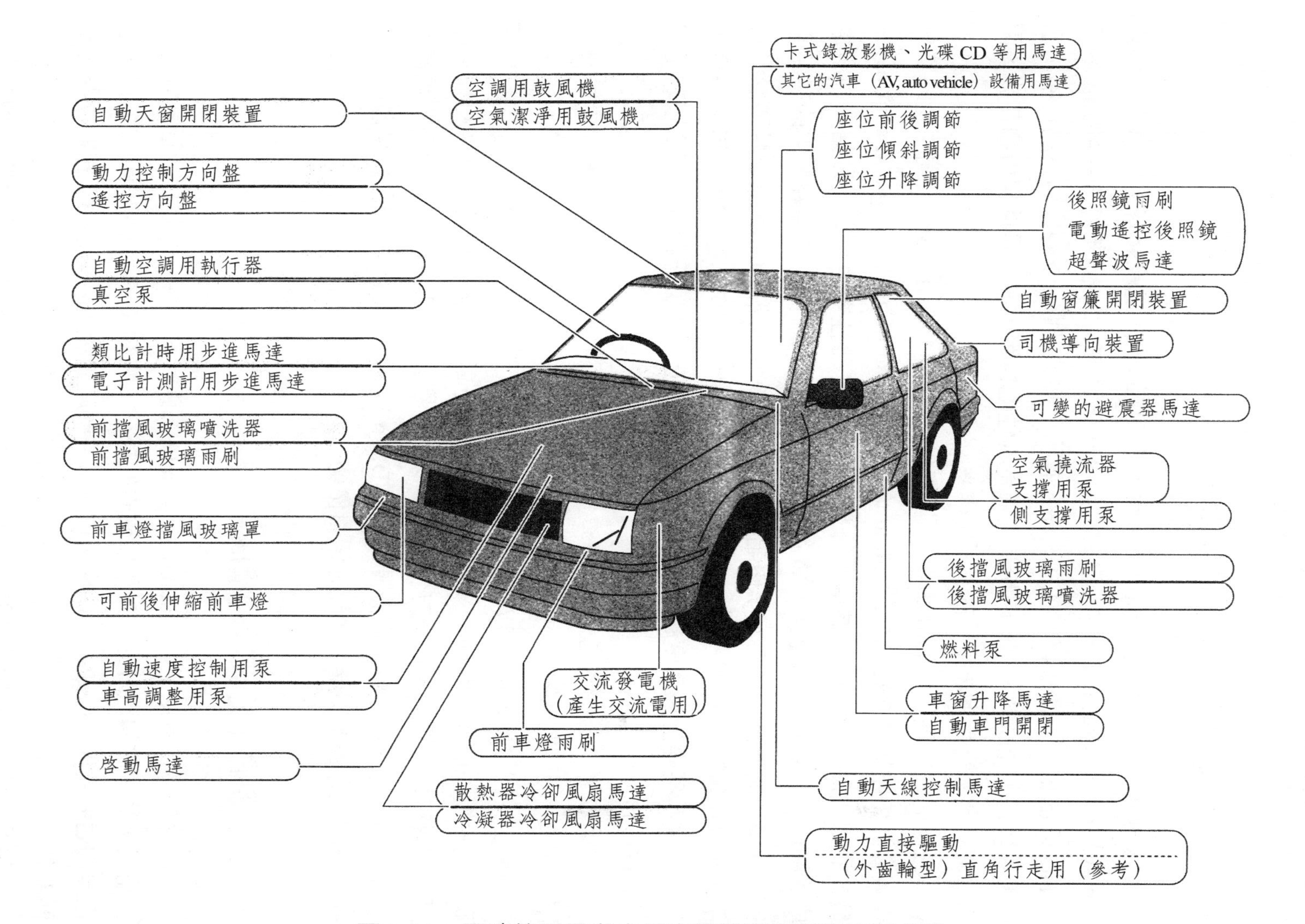

圖 9.28 馬達使用量多少是高級轎車性能的重要參數

9.13 磁記錄材料

9.13.1 磁記錄密度隨年代的推移

1898 年，丹麥工程師 Paulsen 利用可磁化的鋼絲記錄聲音，發明了磁記錄（magnetic recording）技術。1932 年 Ruben 用 Fe_3O_4 粉末和黏合劑塗成磁帶（magnetic tape）。1954 年 M.Cameras 發明了製造針狀 γ-Fe_2O_3 磁粉的技術，隨後漸漸代替了粒狀的 Fe_3O_4 磁粉，使磁帶的性能穩定，易於長期使用和存放，價格低廉，為磁記錄迅速發展打下了基礎。

最早的電腦硬碟（hard disk）是 20 世紀 50 年代末由 IBM 公司生產的隨機存取會計和控制法 RAMAC（random access method of accounting and control）。最初的幾代硬碟採用的存儲媒介，是將 γ-Fe_2O_3 磁性顆粒散布在黏結劑中所形成的顆粒膜，利用環形磁頭的電磁感應效應來實現讀寫，磁性顆粒中的磁矩平行於硬碟表面方向，稱為水準磁記錄方式。之後，用連續 CoCr 基磁性薄膜替代了 γ-Fe_2O_3 顆粒膜，進一步提高了水準磁記錄的性能和密度。2005 年，垂直磁記錄方式的硬碟記錄密度超過 130Gb/in^2，已接近水準磁記錄方式的超順磁極限（150Gb/in^2）。

縱觀硬碟的發展歷程，從 1957 年第一代體積龐大、價格昂貴、存儲容量限於 5Mb 、記錄面密度為 2kb/in^2 的「IBM 305 RAMAC」，到現今直徑 3.5 英寸或更小、記錄面密度達 178 Gb/in^2（實驗室中已超過 600 Gb/in^2）的大容量硬碟，在短短 50 多年時間內，硬碟記錄密度已提高逾億倍！同時，硬碟這種磁記錄方式具有性能可靠、使用方便、成本低廉、易於保存和適合次數極多的重複寫入等特點，從而使它較之固態硬碟（SSD, solid state disk）、快閃記憶體（flash memory）、光碟等存儲方式具有絕對優勢。

9.13.2 硬碟記錄裝置的構成

硬碟記錄裝置由磁頭（magnetic head）、碟片、主軸、電機、介面及其它附件組成，其中磁頭碟片元件是構成硬碟的核心，它封裝在硬碟的淨化腔體內，包括浮動磁頭元件、磁頭驅動機構、碟片、主軸驅動裝置及前置讀寫控制電路等幾個部分。

磁頭元件是硬碟中最精密的部位之一，它由讀寫磁頭、傳動手臂、傳動軸三部分組成。磁頭的作用就類似於在硬碟盤體上進行讀寫的「筆尖」，通過全封閉式的磁阻感應讀寫，將資訊記錄在硬碟內部特殊的介質上。硬碟磁頭的發展先後經歷了「亞鐵鹽類磁頭」、「MIG 磁頭」和「薄膜磁頭」、「MR 磁頭」（磁阻磁頭）等幾個階段。前三種傳統的磁頭技術都是採取讀寫合一的電磁感應式磁頭，造成硬碟在設計方面的侷限性。第四種磁阻磁頭在設計方面引入了全新的分離式磁頭結構，寫入磁頭仍沿用傳統的磁感應磁頭，而讀取磁頭則應用了新型的 MR 磁頭，即所謂的感應寫入、磁阻讀取，針對讀寫的不同特性分別進行優化，以達到最好的讀、寫性能。現在的磁頭實際上是整合技術製成的多個磁頭組合，它採用了非接觸式頭、盤結構，加電後在高速旋轉的磁片表面移動，與碟片之間的間隙只有 0.1～0.3μm，這樣可以獲得很好的資料傳輸率。

硬碟的碟片大都是由金屬薄膜磁片構成，這種金屬薄膜磁碟（magnetic disk）較之普通的金屬磁片，具有更高的剩磁和高矯頑力，因此也被大多數硬碟廠商所普遍採用。除金屬薄膜磁片以外，目前已有一些硬碟廠商開始嘗試使用玻璃作為磁盤基片。

9.13.3 垂直磁記錄及其材料

1979 年岩崎俊一等人研製雙層薄膜（Co-Cr 與 Fe-Ni）磁記錄介質獲得成功，這被認為對垂直磁記錄的研究有關鍵意義作用。

垂直磁記錄（magnetic recording）得名於所記錄的磁信號，是垂直於磁記錄介質表面。或者說，被記錄信號所磁化的「小磁體」，是處在磁介質厚度方向上。它跟目前常用的縱向磁記錄相比，具有兩個極為突出的特點：一是隨著記錄波長的縮短，即記錄密度的提高，它幾乎不存在自退磁效應，退磁場為零。二是它不存在環形磁化現象，因此，它可以有極高的磁記錄線密度。

在水準磁記錄介質中，隨著磁密度的增加，退磁場增強，形成環形磁矩（circular magnetic moment），導致讀出信號嚴重衰減；而在垂直磁記錄介質中，兩個相鄰的、反向排佈的磁記錄單元會由於靜磁相互作用而變得更穩定。此外，由於垂直磁記錄中採用單極寫磁頭結合軟磁層（SUL）的寫入方式，使得寫入場極其梯度有效增加，有利於高密度資料寫入。

9.13.4 熱磁記錄及其材料

對於垂直磁記錄技術，隨著面密度增長到 600Gb/in^2，要想進一步突破 1Tb/in^2 的目標，以 $CoCrPt\text{-}SiO_2$ 為磁記錄介質同樣會面臨熱穩定性問題。熱穩定性極限與 K_uV/k_BT 成正比（K_u 為磁晶各向異性係數，V 為晶粒或記錄單元體積，k_B 為玻耳茲曼常數 1.38×10^{-23}J/K ，T 為絕對溫度），因此，克服熱干擾的方法是在垂直磁記錄方式的基礎上，改進材料性能，引進新的記錄技術，即增大 K_u 或 V。具體包括：採用 K_u 大的 $L1_0$-FePt 材料作為記錄介質，並將雷射（laser）加熱與磁性寫入結合，即採用熱輔助磁記錄方式（heat-assisted magnetic recording, HAMR）解決寫入問題；或者製作體積 V 均勻的比特圖形介質（bit patterned media, BPM），材料為 $L1_0$-FePt 或 CoCrPt 基薄膜。

熱輔助磁記錄利用了鐵磁介質的溫度對磁化的影響，採用加溫的方法改善存儲介質寫入時特性的技術。記錄介質在升溫後矯頑力下降，以便來自磁頭的磁場改變記錄介質的磁化方向，從而實現資料記錄。與此同時記錄單元也迅速冷卻下來，使寫入後的磁化方向得到保存。

磁記錄存在「三難點」（trilemma）之說，分別為寫能力（write-ability）、信噪比（singnal-to-noise-ratio, SNR）和熱衰減（thermal decay）。這三個要素之間相互制約、相互影響，是研究改善磁記錄技術的基礎和著手點。人們預測下一代磁記錄方式的發展方向，主要有疊層瓦片式存儲（shingled recording）、圖形介質存儲（bit patterned media）、熱輔助磁存儲（heat assisted magnetic recording）。而這些可能的磁記錄方式中，垂直磁記錄的本質並沒有改變，而寫入磁頭仍將使用單極型。

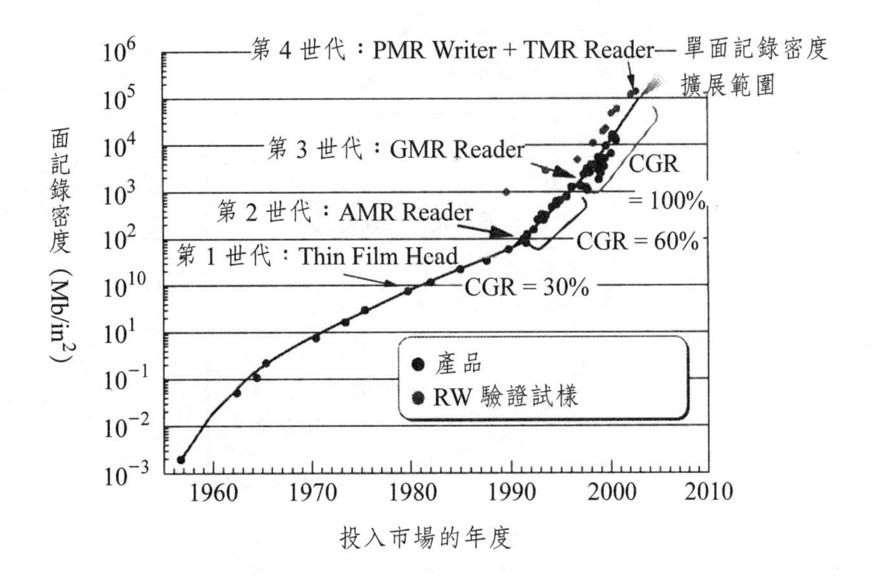

Thin Film Head：薄膜磁頭

AMR Reader：各向異性磁阻磁頭

GMR Reader：巨磁電阻，讀出磁頭

PMR Writer+TMR Reader：垂直磁記錄寫入磁頭＋隧道磁阻讀取磁頭

CGR：colossal giant magnetoresistance 龐巨磁阻

RW 驗證：Read/Write

T：tuannl

C：colossal

A：anisotropy

G：giant

圖 9.29 單面記錄密度隨年代的推移

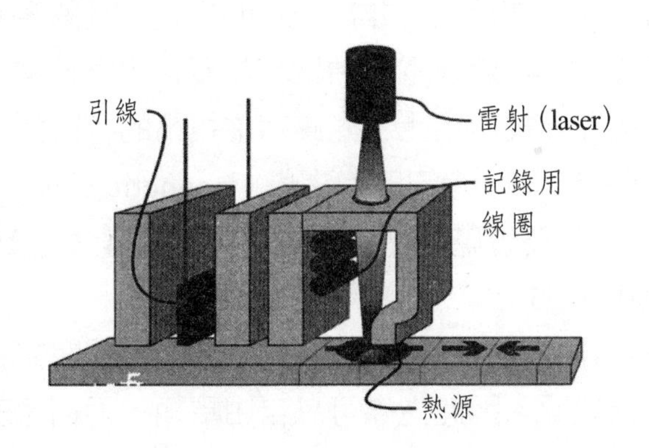

圖 9.30 通常溫度下可讀出寫入資料的介質

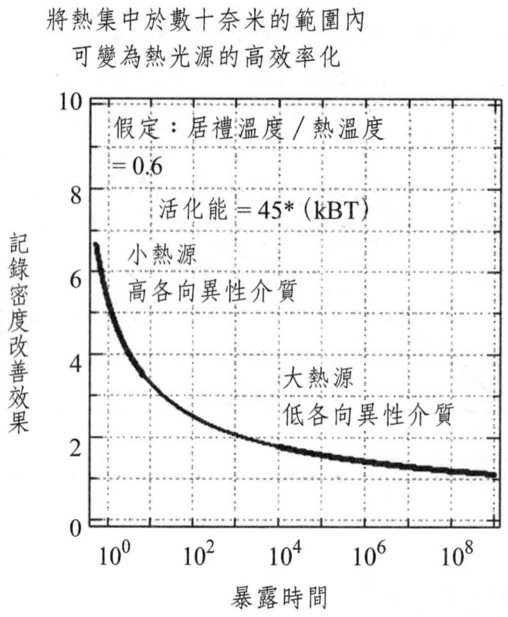

將熱集中於數十奈米的範圍內
可變為熱光源的高效率化

假定：居禮溫度／熱溫度
= 0.6
活化能 = 45* (kBT)
小熱源
高各向異性介質
大熱源
低各向異性介質

記錄密度改善效果

10
8
6
4
2
0

10^0 10^2 10^4 10^6 10^8

暴露時間

圖 9.31　高記錄密度用單一道次的熱磁記錄方式

9.14　光磁記錄材料

9.14.1　光碟與磁片記錄特性的對比

光碟（optical disk）存儲具有非常優良的性能，且隨著其性能的不斷提高和性價比的改進，近幾年已在消費電子領域和計算機中獲得廣泛應用，佔據了相當大的市場份額。與磁存儲技術相比，光碟存儲技術的特點如下：

(1) 存儲密度高。光碟的道密度比磁碟（magnetic disk）高十幾倍。

(2) 存儲壽命長。只要光碟存儲介質穩定，一般壽命在 10 年以上，而磁存儲的資訊一般只能保存 3～5 年。

(3) 非接觸式讀寫。光碟中雷射（laser）頭與光碟間約有 1～2 釐米距離，雷射頭不會磨損或劃傷碟面，因此光碟可以自由更換。而高密度的磁片機，由於磁頭飛行高度（只有幾微米）的限制，較難更換磁片。

(4) 信息的載噪比（carrier to noise ratio）高。載噪比為載波電平與雜訊電平之比，以分貝（dB）表示。光碟的載噪比可達到 50 分貝以上，而且經過多次讀寫不降低。因此經光碟多次讀出的音質和圖像的清晰度，是磁片和磁帶無法比擬的。

(5) 資訊位元的價格低。由於光碟的存儲密度高，而且唯讀式光碟如 CD（compact disk）或 LV 唱片可以大量複製，它的資訊位元價格是磁記錄（magnetic recording）的幾十分之一。

(6) 讀取速度受限。光碟在具有 1Gb 以上容量時，其記錄讀出速度一般為 400～800kb/s，與同一水準的磁片速度相比要慢得多。讀取速度的瓶頸問題，限制了光碟性能的發揮。

(7) 光碟在擦拭（erase）、重寫（re-write）的性能上，遠不能與磁片競爭。

9.14.2 光碟資訊存儲的記錄原理

光碟存儲技術是利用雷射在介質上寫入並讀出資訊。這種存儲介質最早是非磁性的，以後發展為磁性介質。在光碟上寫入的資訊不能抹掉，是不可逆的存儲介質。用磁性介質進行光存儲記錄時，可以抹去原來寫入的資訊，並能夠寫入新的資訊，可擦可寫反覆使用。

有一類非磁性記錄介質，經雷射（laser）照射後可形成小凹坑（pit），每一凹坑為一位元資訊。這種介質的吸光能力強、熔點較低，在雷射光束的照射下，其照射區域由於溫度升高而被熔化，在介質膜張力的作用下，熔化部分被拉成一個凹坑，此凹坑可用來表示一位元資訊。因此，可根據凹坑和未燒蝕區對光反射能力的差異，利用雷射讀出資訊。

工作時，將主機送來的資料經編碼（encode）後送入光調製器（optical modulator），調製雷射源輸出光束的強弱，用以表示資料 1 和 0；再將調製後的雷射光束通過光路寫入系統到物鏡聚焦，使光束成為 1 大小的光點射到記錄介質（recording mediam）上，用凹坑代表 1，無坑代表 0。讀取資訊時，雷射光束的功率為寫入時功率的 1/10 即可。讀光束為未調製的連續波，經光路系統後，也在記錄介質上聚焦成小光點。無凹處入射光大部分返回；凹處由於坑深，使得反射光與入射光抵消而不返回。如此，根據光束反射能力的差異將記錄在介質上的「1」和「0」資訊讀出。製作時，先在有機玻璃碟基上做出導向溝槽，溝間距約 1.65μm，同時做出道位址、磁區位址和索引（index）資訊等，然後在盤基上蒸發一層碲硒膜。系統中有兩個雷射源，一個用於寫入和讀出資訊，另一個用於抹除資訊。

碲硒薄膜構成光吸收層，當雷射照射膜層接近熔化而迅速冷卻時，形成很小的晶粒，它對雷射的反射能力比未照射區小得多，因而可根據反射光強度的差別，來區分是否已記錄資訊。

記錄資訊的抹除，可採用低功率的雷射長時間照射記錄資訊部位來進行。

9.14.3 光碟記錄、再生系統

可擦除重寫的光碟記憶體中，接近商品化的記錄機制主要有光磁記錄與非晶態↔晶態轉換記錄兩種。兩者相比，又以光磁記錄更為成熟，並且可能最早實用化。

所謂光磁記錄（optical magnetic recording）就是在磁化方向一致的記錄介質上，被雷射照射的局部溫度上升到居禮點（Curie point）時，在一個恆定的外部磁場作用下，使原來與外部磁場方向相反的磁化方向 M 在局部範圍轉向外磁場的方向。這樣在讀出時，用偏振雷射（polarized laser）照射在不同磁化方向的磨蹭上。由於克爾效應（Kerr effect）（反射光檢出）或法拉第效應（Faraday effect）（透射光檢出），其反射光或透射光將因局部範圍的磁化方向與一般方向相反，其偏振方向旋轉角度為二倍克爾旋轉角。如此在通過檢偏鏡時，光強將產生變化而讀出資訊。而需再生時，只需將光碟重新磁化。

9.14.4 資訊存儲的競爭

目前電腦存儲系統的性能遠遠不能滿足許多實際應用的需求，因而如何建立高性能的存儲系統，成為人們關注的焦點，從而極大地推動了新的和更好的存儲技術發展，並導致了存儲區域網路（network）、網路附屬存放裝置、磁碟陣列等存放裝置的出現。資訊存儲技術旨在研究大容量資料存儲的策略和方法，其追求的目標在於擴大存儲容量、提高存取速度、保證資料的完整性和可靠性、加強對資料（檔）的管理和組織等。如今，在科技發展的推動下，除了傳統的半導體存儲，磁存儲與光存儲外，磁碟陣列技術與網路存儲技術也開始逐步發展，在資訊儲存的競爭大流下，資訊儲存技術或許即將進入新的時代。

現存的幾種資訊存儲方式 —— 磁存儲、光存儲、半導體存儲等，各有優缺點，各有各的應用領域。目前還看不出誰代替誰的明顯趨勢。以半導體固態存儲（solid state disk, SSD）為例，它是通過對電晶體導通與否的控制來實現 0 和 1 的記錄，它的每個記錄單元即一個電晶體。可想而知，電晶體的大小直接決定了存儲的密度。雖然多層記錄可以提高記錄密度，但是多層單元之間的相互影響，

會導致存儲資料的長期不穩定性。因此磁記錄作為一個較為成熟的記錄方式，將仍有很大的發展前景。

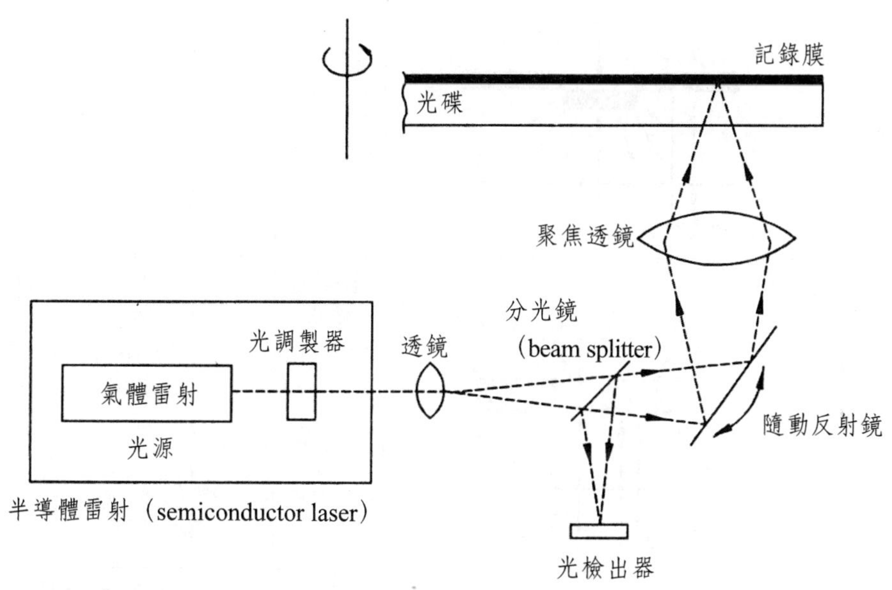

(a) 光學系統基本構成

		半導體雷射器⊖	氣體雷射器（gas laser）	
			Ar 離子	**He-Ne**
功能		記錄／再生	記錄	再生
波長（μm）		0.78～0.83	0.458	0.633
直接調制		可	不可	不可
光出力 (mW)	記錄	20～30	～300	－
	再生	1～10	－	～5
偏光特性		直線	直線	直線／橢圓

⊖ 由一個半導體雷射即可完成記錄、再生、消除等，而且還能實現直接調製。因此，半導體雷射器正成為光磁記錄的主要雷射光源。

(b) 光源用雷射的特性實例

圖 9.32 光碟記錄、再生系統的概念

表 9.11 各類光碟記錄、再生、擦除的原理及主要記錄材料

光碟類型	記錄	再生	消除	主要的記錄材料
再生專用或直讀型	(a) 形成溝槽（凹坑） 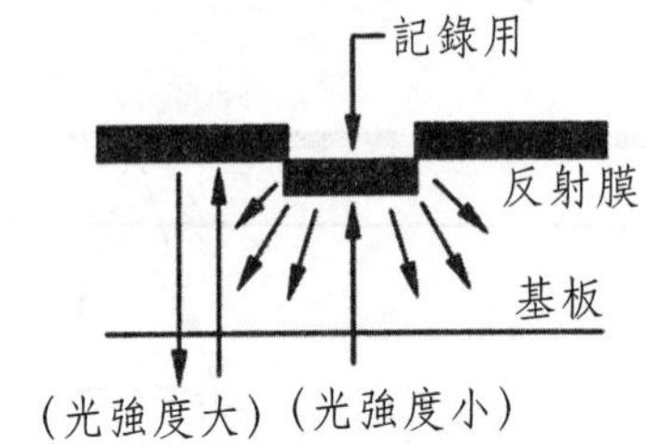 記錄用 反射膜 基板 （光強度大）（光強度小）	光強度變化	—	反射膜 Al
一次寫入型	(b) 開孔 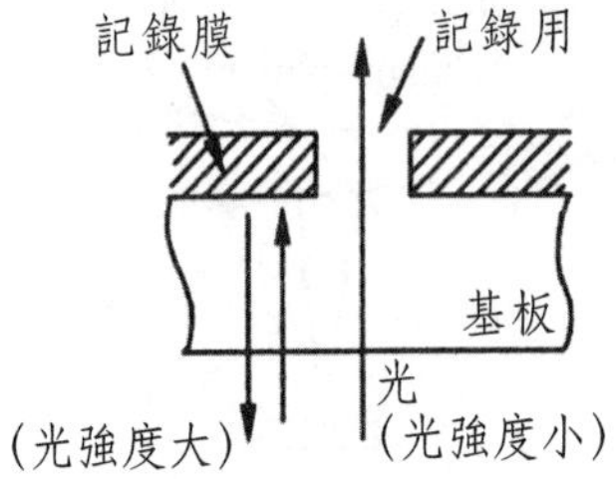 記錄膜 記錄用 基板 光 （光強度大） （光強度小）	光強度變化	—	①長壽命（100 年左右） ② Te-Se 系、Te-C 濺射膜、花青染料
	(c) 內部變形 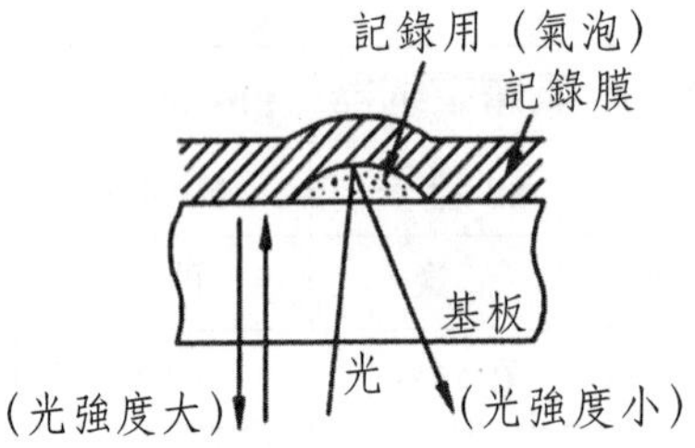 記錄用（氣泡） 記錄膜 基板 光 （光強度大） （光強度小）	光強度變化	—	金屬反射膜：Au、Al 色素膜：花青染料
	(d) 發生相變 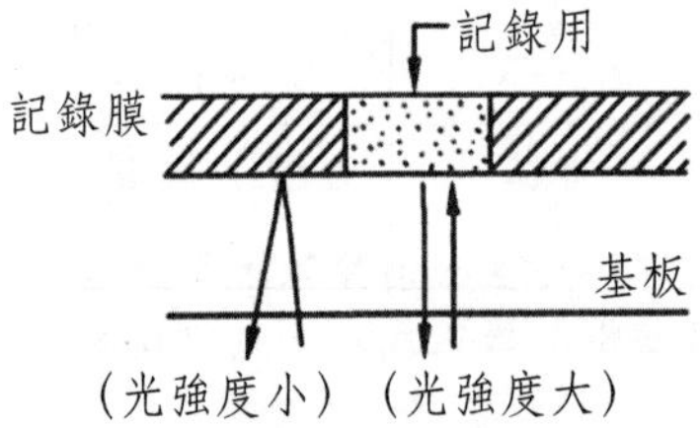 記錄用 記錄膜 基板 （光強度小）（光強度大）	光強度變化	—	$TeO_x + Pb$
	(e) 相互擴散 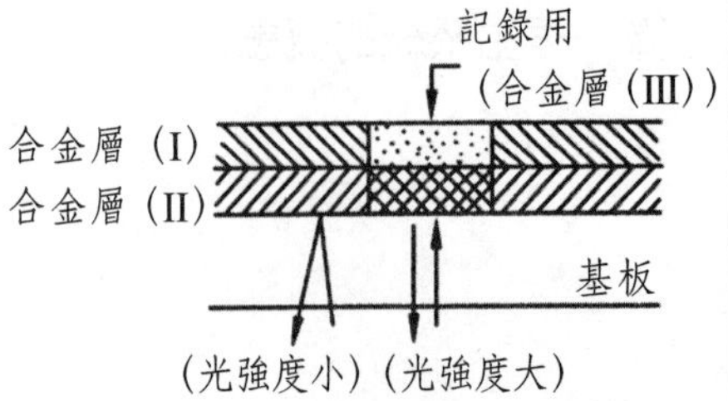 記錄用 （合金層（III）） 合金層（I） 合金層（II） 基板 （光強度小）（光強度大）	光強度變化	—	①長壽命 ②記錄層：Bi_2Te_3〔合金層（I）〕 反射、隔熱層：Sb_2Se_3〔合金層（II）〕

思考題及練習題

9.1　物質按其磁性狀態可分為哪幾類？各有什麼磁性表現？

9.2　磁性產生的根本原因是什麼？分析 Fe、Co、Ni 具有鐵磁性的原因。

9.3　什麼是軟磁材料，什麼是硬磁材料？各舉出兩例。

9.4　舉出軟磁鐵氧體和硬磁鐵氧體的實例，它們各取何種晶體結構？說出各自的應用。

9.5　何謂磁疇？決定鐵磁疇結構的能量類型有哪幾種？

9.6　外加磁場增加時，磁疇會如何變化？變化難易程度與哪些因素有關？

9.7　描繪鐵磁體的磁滯迴線。為什麼由不連續磁化得到的磁滯迴線更「粗」些？

9.8　非晶合金高導磁率薄帶是由何種材料以何種方法製取的？試與普通軟磁材料做全面對比。

9.9　敘述硬磁材料的發展過程。試對各種硬磁材料進行對比。

9.10　針對 Nd-Fe-B 永磁體，請寫出鐵磁性相的化學式，並畫出其晶體結構。Nd-Fe-B 永磁體中添加 Dy 的目的是什麼？

9.11　對於 Nd-Fe-B 永磁體，採用哪些措施可進一步提高矯頑力？

9.12　何謂黏結磁體？它有什麼有缺點，是如何製造的？

9.13　說明匯總軟磁和硬磁材料在各類電機上的應用。

9.14　說明匯總軟磁和硬磁材料在磁記錄領域的應用。

參考文獻

[1] 田民波，磁性材料，北京：清華大學出版社，2001。

[2] 小沼稔，磁性材料，工學图書株式會社，1996 年 4 月。

[3] 本間基文，日口章，磁性材料読本，工業調查會，1998 年 3 月。

[4] Donald R. Askeland, Pradeep P. Phulé. The Science and Engineering of Materials. 4th ed. Brooks/Cole, Thomson Learning, Inco., 2003.
材料科學與工程（第 4 版），北京：清華大學出版社，2005 年。

[5] Michael F Ashby, David R H Jones. Engineering Materials 1——An Introduction to Properties, Applications and Design. 3rd ed. Elsevier Butterworth-Heinemann, 2005.
工程材料 (1)—— 性能、應用、設計引論（第 3 版），北京：科學出版社，2007 年。

[6] William F. Smith, Javad Hashemi. Foundations of Materials Science and Engineering. 5th ed. New York, McGraw-Hill, Inco. Higher Education, 2010。
材料科學與工程基礎（第 5 版），北京：機械工業出版社，2011 年。

[7] 谷腰欣司，フェライトの本，日刊工業新聞社，2011 年 2 月。

[8] 谷腰欣司，モータの本，日刊工業新聞社，2002 年 5 月。

[9] Sam Zhang. Hand of Nanostructured Thin Films and Coatings——Functional Properties. CRC Press, Taylor & Francis Group, 2010.
奈米結構的薄膜和塗層 —— 功能特性，北京：科學出版社，2011 年。

[10] Form R.M. Rose, L.A. Shepard, J. Wulff, “Structure and Propertles of Materlais,” vol. UV: “Electronic Properties,” Wiley 1966, p.193.

10 薄膜材料及薄膜製造技術

10.1　薄膜的定義和薄膜材料的特殊性能
10.2　獲得薄膜的三個必要條件
10.3　薄膜是如何沉積的
10.4　電漿與薄膜沉積
10.5　物理氣相沉積（PVD）(1)—— 眞空蒸鍍
10.6　物理氣相沉積（PVD）(2)—— 離子鍍和雷射熔射
10.7　物理氣相沉積（PVD）(3)—— 濺射鍍膜
10.8　物理氣相沉積（PVD）(4)—— 磁控濺鍍靶
10.9　化學氣相沉積（CVD）(1)—— 原理及設備
10.10　化學氣相沉積（CVD）(2)—— 各類 CVD 的應用
10.11　電鍍薄膜
10.12　反應離子刻蝕（RIE）和反應離子束刻蝕（RIBE）
10.13　平坦化技術

10.1 薄膜的定義和薄膜材料的特殊性能

10.1.1 薄膜的應用就在我們身邊

當今資訊（information）社會，人們透過電視機、收音機、手機、網路等，可即時看到或聽到世界上所發生的「鮮」、「活」新聞，如同長了千里眼、順風耳。之所以能做到這一點，首先需要攝影機、數位相機、答錄機、存儲裝置等採集圖像及聲音資訊，並對其進行編輯加工。更重要的是，需要由微波（microwave）、光纜（optical cable）、通信衛星（communication satellite）、電腦等構成的網路，通過天線及光纜等，將這些網際網路（internet）與一般家庭、辦公室、車輛等交通工具相連接，構成通信網路。在上述採集、處理資訊及通信網路設備中，都需要數量巨大的元件、電子迴路、積體電路等。而薄膜（thin film）技術是製作這些元件、電子迴路、積體電路的基礎。

我們現在所用的家用電器，如電視機、空調、電炊具、洗衣機，都具有遙控功能，採用筆記型電腦（note book computer）及手機等便攜終端設備，於出差或上班地點也能操作上述家電設備，這種系統有些已達到實用化。今後，隨著網路的進展擴充以及數位（digital）家電價格的繼續下降，這種遠距離控制系統會逐漸普及。按計劃、遠距離、隨心所欲地操縱自宅家務，已不是遙不可及的事情。如果著眼於未來，那麼接近人類步行方式的機器人（robot）、能表現感情的機器人，也將紛紛登場。不久的將來，隨著具有更優秀的控制能力，具有與人類相同五官能力的機器人開發成功，它們可以在從事家務上大大減輕人類的負擔。屆時，可代替人工作的機器人將出現在我們面前。為實現這些夢想，薄膜也起著舉足輕重的作用。

10.1.2 薄膜形成方法——乾法成膜和濕法成膜

若按薄膜形成的環境和採用的介質（原料）進行分類，薄膜形成有乾法成膜和濕法成膜之分：前者是在氣相環境中，成膜源於氣體；後者是在液相環境中，成膜源於溶液。

電鍍（electro-plating）是最常用的濕法成膜技術。它是以被鍍件金屬為陰極（cathode），在外電流作用下，使鍍液中欲鍍金屬的陽離子（cation）沉積在被鍍件金屬表面上的成膜方法。電鍍層常用於防護、裝飾、耐磨、抗高溫氧化、導電、磁性、焊接、修復等用途。濕法成膜技術成熟、價格低廉，其主要問題是鍍液對環境的污染。

乾法成膜即氣相沉積，它是利用氣相中發生的物理、化學過程，在材料表面形成具有特殊性能的金屬或化合物薄膜。乾法成膜又分為物理氣相沉積法和化學氣相沉積法兩種。與濕法成膜相比，乾法成膜耗材少、基板材料不受限制、成膜均勻緻密、與基體附著力強，特別是無污染、環境友好，廣泛用於包裝、光學、微電子、顯示器等領域。

在大型積體電路（LSI, large scale integrared circuit）及微機電系統（MEMS, micro electro-mechanical system）等領域，往往需要藉由微細加工，將薄膜加工成特定圖形，所採用的刻蝕技術可以看作是成膜技術的反面。這種加工也有濕法刻蝕和乾法刻蝕之分。濕法成膜與乾法成膜各有長處和短處，並無先進和落後之分。在許多應用中可以截長補短、相互代替。例如，在積體電路（IC）加工中，得益於水溶液電鍍銅代替真空蒸鍍鋁技術以及乾法刻蝕代替濕法刻蝕，使其特徵線寬由深次微米（deep sub-micron）順利進入到 100nm，甚至更精細的水準。

10.1.3 物理吸附和化學吸附

氣體與固體的結合分為化學結合（或化學吸附）和物理結合（或物理吸附）兩種。化學結合的典型實例是燃燒，燃燒時伴隨著大量放熱；水氣在窗玻璃上凝結為水，是物理結合的例子，這時伴隨著讓人難以感覺到的少量放熱。

物理吸附（physical adsorption）和化學吸附（chemical adsorption）的機制，通常用「鍵」理論來解釋。化學吸附的情況，物體表面的原子鍵不飽和，它們與接近表面的原子或分子組成一次鍵（電子共價鍵、離子鍵、原子鍵、金屬鍵等）的形式實現結合；物理吸附時，物體表面的原子鍵是飽和的，從而表面是非活性的，與接近表面的原子、分子只是以凡得瓦力（van der Waals force）（分子力）、電偶極子或電四極子等靜電相互作用（二次鍵）而吸附。氣體分子和固體表面之間因引力作用而互相接近，接近至一定距離，斥力又會起作用，而且這個斥力隨著距離的變小而急劇增加。

化學吸附往往首先需要外界提供能量加以啟動，一旦開始便會發生較之物理吸附更為激烈的化學反應，分子也會發生化學變化。一般說來，與表面接近的分子首先發生物理吸附，一旦由於某種原因而獲得足夠能量而越過臨界點（critical point），則發生化學吸附，與此同時，放出大量的熱。薄膜與基板的結合，除了物理吸附和化學吸附之外，還有機械錨連和相互擴散等。

10.1.4 薄膜的定義和薄膜材料的特殊性能

相對於三維塊體材料，從一般意義上講，所謂膜，由於其厚度很薄，可以看作是物質的二維形態。在膜中又有薄膜和厚膜之分。薄膜和厚膜如何劃分，有下面一些見解。

按膜厚對膜的經典分類，小於 1μm 為薄膜，大於 10μm 為厚膜。這種分法並非盡然。

按製作方法分類，由塊體材料製作的，例如經軋製、捶打、碾壓等為厚膜；而由膜的構成物（species）逐層堆積而成的為薄膜。

按膜的存在形態分類，只能成形於基體之上的為薄膜（包覆膜）；不需要基體而能獨立成形的為厚膜（自立膜，如銅箔、塑料薄膜等）。

薄膜、塗層、和層等表示準二維系統的重要一類，其特徵是，一維（厚度）遠小於另外兩維（膜面）。薄膜材料有別於塊體材料的許多特殊性能，即源於其薄（包括奈米薄膜）。薄膜材料的特殊性能包括：(1) 由於表面能影響使熔點降低；(2) 干涉效應引起光的選擇性透射和反射；(3) 表面上由於電子的非彈性散射使電導率發生變化；(4) 平面磁各向異性的產生；(5) 表面能階的產生；(6) 由於量子尺寸效應（quantum size effect），引起輸運現象的變化等。此外，成膜過程往往會造成異常結構、特殊的表面形貌、非化學計量（stoichemistry）特性和內應力等。

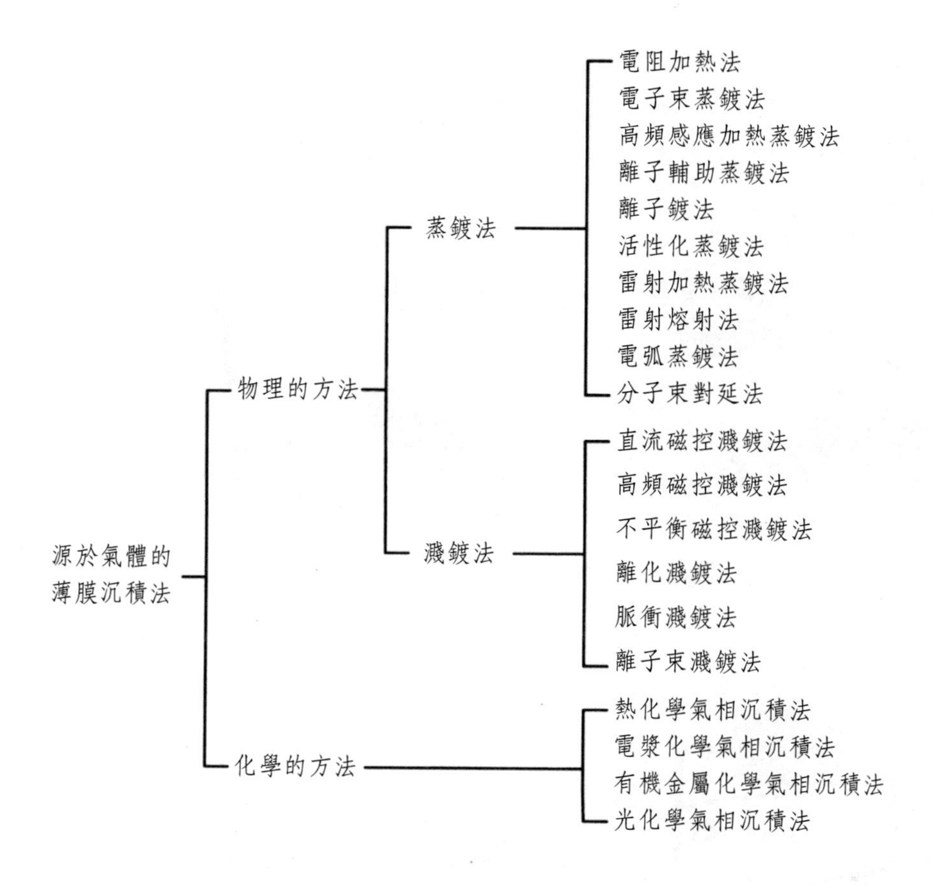

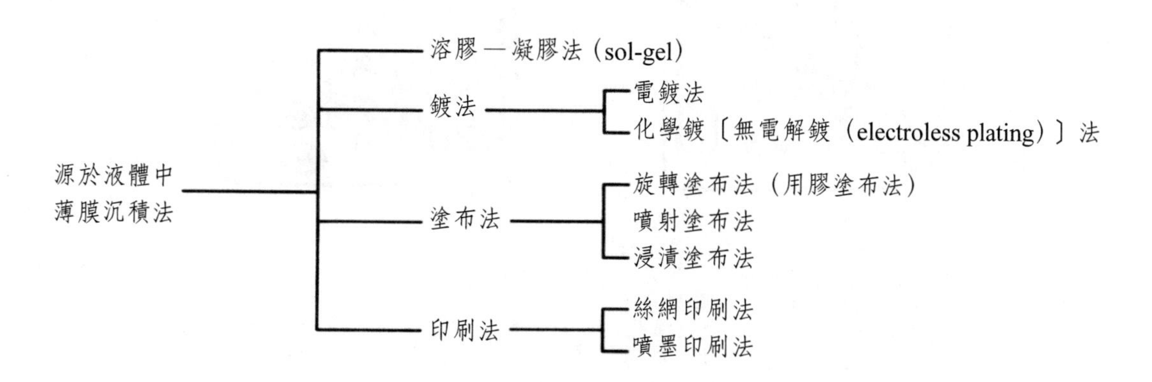

圖 10.1 薄膜的各種形成方法

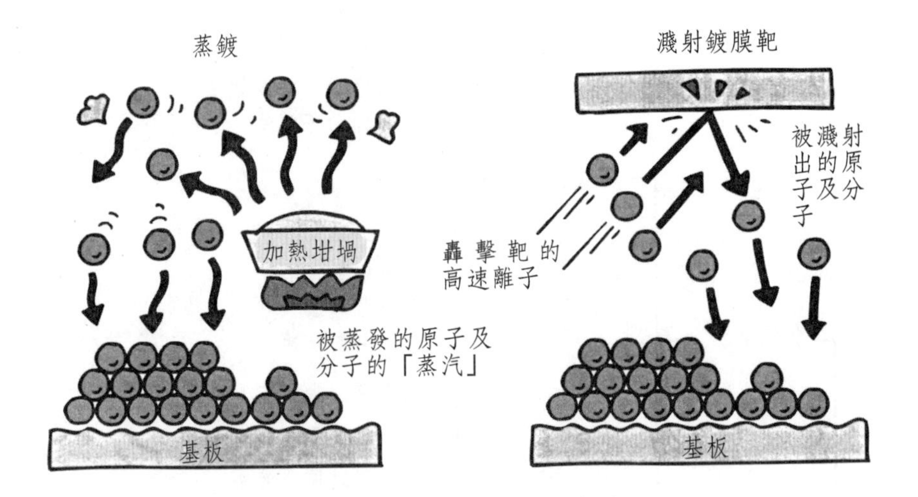

圖 10.2　乾法成膜技術

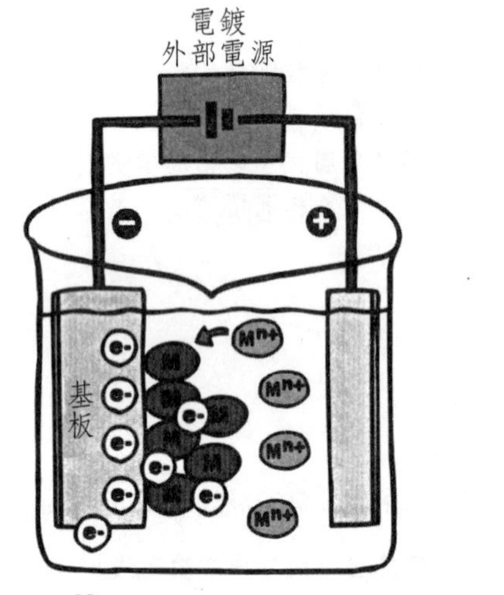

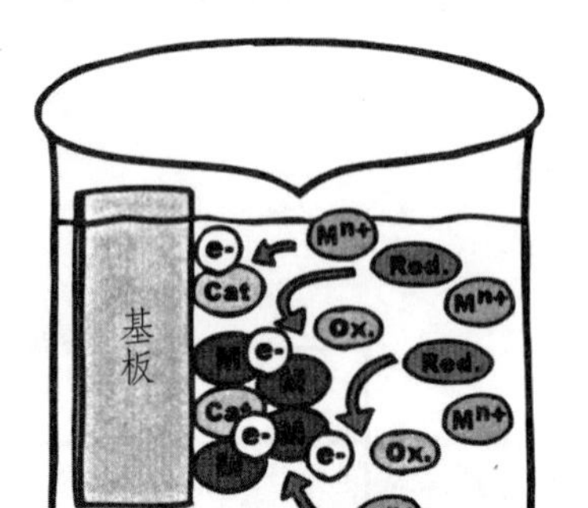

M^{N+}：金屬離子
e^-：電子
M：析出的金屬原子
Red：用於化學鍍的還原劑分子
O_X：利用電子放出反應（氧化反應）而發生變化後的還原劑分子
Cat：引起還原劑分子發生反應的觸媒（活性金屬）

圖 10.3　濕法成膜技術

10.2 獲得薄膜的三個必要條件

10.2.1 獲得薄膜的三個必要條件 —— 熱的蒸發源、冷的基板和真空環境

薄膜的氣相沉積（vapor deposition）一般需要三個基本條件：熱的氣相源、冷的基板和真空環境。

在寒冷的冬天，玻璃窗上往往結霜；人們一進入溫暖的房間，鏡片上會結霧氣。不妨將上述「霜」和「露」看作氣相沉積的「膜」，火爐上沸騰水壺中冒出的蒸汽則是「熱的氣相源」，冰冷的窗玻璃和鏡片則是「冷的基板」。那麼，為什麼真空環境也是薄膜氣相沉積的必要條件呢？

一般說來，工業上利用真空基於下述幾條理由：(1) 化學非活性；(2) 熱導低；(3) 與殘留氣體分子間的碰撞少；(4) 壓力低等。薄膜沉積中採用真空環境的理由有：(1) 減少蒸發物質被散射，提高成膜速率；(2) 防止鍍料、被蒸發原子以及膜層的氧化；(3) 提高膜層純度；(4) 減少氣體混入；(5) 提高膜層與基板之間的附著力；(6) 提高膜層的結晶品質及表面光潔度。

採用熱的蒸發源（evaporation source）之理由：提供足夠的熱量，使蒸發源中的鍍料汽化或昇華（sublimation）；在蒸發源溫度下，被蒸發材料有較高的飽和蒸汽壓；在蒸發源溫度下，被蒸發原子以較高的能量沉積在基板上。採用冷的基板的理由：基板作為薄膜沉積的襯底，其主要作用是實現氣相到固相的冷凝，冷的基板便於吸收熱量，防止再蒸發。試想，若基板的溫度等於或高於蒸發源的溫度，薄膜不僅不能沉積，甚至還要減薄。

10.2.2 物理氣相沉積和化學氣相沉積

在真空環境下，作為薄膜原料的氣化源方式有多種，而從薄膜形成過程中有無發生化學反應，可分為化學氣相沉積和物理氣相沉積兩大類，而後者又包括真空蒸鍍、離子鍍、濺射鍍膜等三種，分別介紹如下：

(1) 真空蒸鍍法（vacuum evaporation）：通過加熱使鍍料蒸發，鍍料以分子或原子的形態飛出，並在基板上附著沉積而形成薄膜。

(2) 離子鍍法（IP, ion plating）：在基板和氣化源之間透過不同方法（如直流二極放電或高頻放電）形成電漿，使氣氛中的氬及被蒸發原子部分離子化。基板

上加有負電壓，使被加速的離子碰撞基板。這種伴隨有離子轟擊的薄膜沉積方法即為離子鍍。

(3) 濺射（sputtering）鍍膜法：作為汽化源的靶材上加有負電壓，藉由氣體放電產生電漿，其中產生的離子（通常是氬離子）激烈碰撞靶材，並使靶中的原子或分子被濺射出。被濺射出原子或分子的速度，比蒸發原子的高幾十倍，因此膜層的附著力強，且可進行反應濺射（reactive sputtering）。由於靶材可以做得較大，除了膜層分布均勻外，還可長期使用，特別適合連續性生產。

(4) 化學氣相沉積法（CVD, chemical vapor deposition）：使含有薄膜中應有元素的氣體，例如製作矽（Si）薄膜時採用矽烷（SiH_4），輸送至被加熱到攝氏數百度高溫的基板表面，藉由熱分解、氧化、還原、置換等反應沉積薄膜的方法。由於是高溫下的反應，故可以形成品質良好的薄膜，但不能採用塑料等耐熱性差的基板。由於 CVD 法的反應壓力較高，工件背面及深孔中也能成膜。

10.2.3 眞空的定義 —— 壓強低、分子密度小、平均自由程大

最早使真空（vacuum）成為「眼見為實」的是義大利的托里查里（Torricelli）。他用 1m 左右長的管子裝滿水銀，在堵住管口的情況下，將其倒立於水銀槽中。托里查里發現，一旦打開管口，水銀便會立即下降，而且水銀在高度為 760 釐米左右時便不再下降。由於開始管中的水銀是滿的，即使打開管口，空氣也不會進入管中。那麼，水銀下降後管子上方留出的空間是什麼呢？托里查里將這種「什麼也不存在的空間」解釋為「真空」。這是發生於 1643 年的事。

隨著此後的科學進步，人們逐步認識到，托里查里的所謂「真空」並非「真的空」，其中至少含有水蒸氣及水銀蒸汽等。現在一般將真空定義為「由低於一個大氣壓的氣體所充滿的特定空間狀態。」此定義看起來粗糙，實則很科學。

如此看來，人的呼吸是靠提升肋骨使肺擴張，致使肺中的壓力比大氣壓低，從而使空氣吸入，此時肺中也可以稱作是真空了。

實用上可達到的最高真空度是 1×10^{-8}Pa 左右。即使在這種狀態下，每毫升中的氣體分子數（分子密度）也在 355 萬個左右。而且，這些氣體分子在彼此不斷碰撞中，在空間內快速飛行。在 25℃的條件下，從一次碰撞到下一次碰撞飛行距離的平均值〔平均自由程（mean free path）〕大約為 509km ，這相當於北京到大連或北京到青島的距離。

1 毫升中有 355 萬個氣體分子，而在 509 km 的飛行距離中才碰撞一次，這聽起來似乎很矛盾。其原因在於分子實在是太小了。實際上，形成一個高真空遠

不是一件容易的事。

10.2.4　氣體分子的運動速率、平均動能和入射壁面的頻度

真空泛指低於一個大氣壓的氣體狀態。與普通的大氣狀態相比，分子密度較為稀薄，從而氣體分子與氣體分子、氣體分子與器壁之間的碰撞機率要低些。

真空中的殘餘氣體可以按理想氣體來處理。所謂理想氣體（ideal gas），是除了氣體分子之間的彈性碰撞，不考慮分子之間相互作用的氣體。關於理想氣體，下述幾點需要理解和記憶。

(1) 理想氣體在平衡狀態服從理想氣體狀態方程，在相同壓強和溫度下，各種氣體單位體積所含分子數相同；對於混合氣體，總壓強等於分壓強之和。

(2) 理想氣體分子熱運動服從馬克士威速率分布定律（Maxwell velocity distribution law），由此可求出最可幾速率$v_p=\sqrt{2kT/m}=\sqrt{2RT/\mu}$、算術平均速率$\bar{v}=\sqrt{8kT/\pi m}=\sqrt{8RT/\pi\mu}$、平方根速率$\sqrt{\overline{v^2}}=\sqrt{3kT/m}=\sqrt{3RT/\mu}$，且有$\sqrt{\overline{v^2}}>\bar{v}>v_p$；無論那種速度，都隨溫度的增加而增加，隨氣體分子品質的增加而減小。

(3) 按均方根速率（root mean square speed）（更接近實際情況）算出的氣體分子熱運動平均動能 $E = 3/2 \cdot kT$。

(4) 對於 25℃的空氣，平均自由程 $\lambda[cm] \approx 5\times10^{-3}/p[toor] = 0.667/p[Pa]$。

(5) 單位時間內，碰撞於器壁單位面積上的分子數（入射壁面的頻度）$J = nv/4$。

(6) 分子從表面的反射按克努曾定律，碰撞於固體表面的分子其飛離表面的方向與飛來的方向無關，而是呈餘弦分布的方式漫反射。

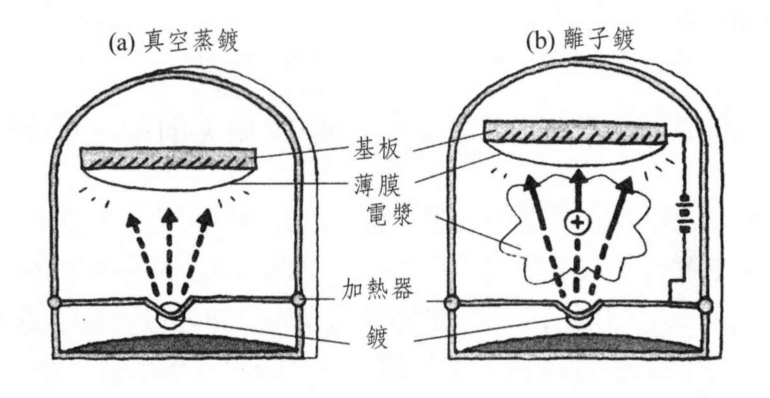

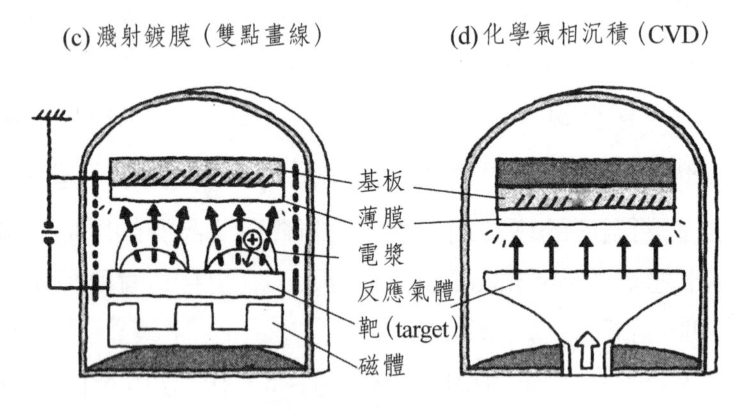

圖 10.4 各種薄膜沉積的汽化源

圖 10.5 一個大氣壓的不同表述方法

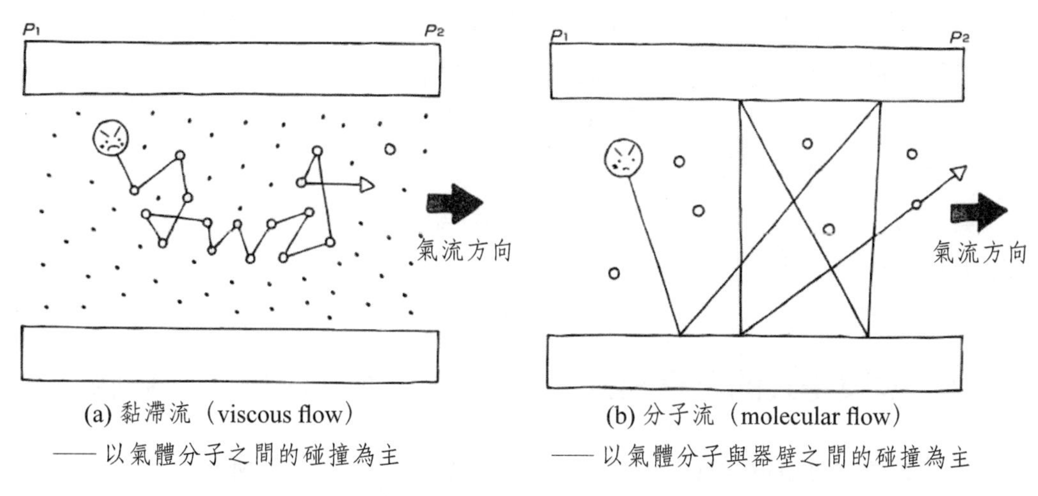

圖 10.6 氣體的流動方式與分子密度密切相關

10.3 薄膜是如何沉積的

10.3.1 薄膜的生長過程

若用噴霧器在玻璃上噴霧形成水滴，最初水滴細小且稀疏；隨著水滴數量不斷增加，不久相鄰的水滴相互接觸、合併而長大；合併的水滴逐漸成長為島，島與島間形成海峽；島與島合併，最後鋪展至整個玻璃表面。若用電子顯微鏡（electron microscope）觀察普通薄膜的生長模式，則與此相同。水滴相當於從源（汽化源）飛出的薄膜材料的原子、分子，而玻璃相當於基板。

當薄膜的平均厚度達到 5nm（約原子直徑 10 倍）左右時，可以在基板上看到小的晶核（crystal nucleus）；這種晶核（如同液滴）合併，形成島（厚度為 8nm 時）；這種島相互接觸、合併，依次形成島－峽結構（厚度為 11～15nm 時）、彼此分割的湖泊結構、微孔結構；不久成長為連續的薄膜結構（厚度為 22nm 時）。薄膜生長的初期按液體的模式生長，由於急劇冷卻，島的周圍呈液－固混合存在的生長模式。

那麼，在形成晶核前的過程又是如何呢？原子以高速在真空中飛來並與基板發生碰撞。一部分被反射，但大部分到達基板面及其附近。原子將熱傳給基板致使其本身溫度下降，但仍像氣體或液體那樣自由運動，進而構成原子對或團簇的形式。它們被基板表面上存在的原子大小量級凹坑、稜角、臺階等稱為捕獲中心的位置所捕獲，成為薄膜生長的晶胚。晶胚吸收遲到的原子及鄰近晶胚的一部分或全體，構成一個整體。達到 10 個原子以上，便構成穩定晶核，表現為顯微照片上的小點。這樣的生長稱為成核、長大方式，這是薄膜生長最常見的模式。

另一方面，稱基板面上逐層生長的方式為層狀生長。只有基板為單晶體，才容易生長成單晶薄膜。

10.3.2 薄膜生長的三種模式 —— 島狀、層狀、層狀 + 島狀

從熱力學（thermo-dynamics）來講，薄膜生長採取何種模式，取決於襯底的表面能、沉積薄膜的表面能、沉積薄膜與襯底間介面能三者之間的相互關係。一般說來，薄膜生長有以下三種方式：

(1) 島狀生長（Volmer-Weber 型）模式：成膜初期按三維成核方式，生長為一個個孤立的島，再由島合併成薄膜，例如 SiO_2 基板上的 Au 薄膜。此一生長模式表明，被沉積物質的原子或分子更傾向於彼此相互鍵合起來，而避免與襯底原子鍵合，即被沉積物質與襯底之間的浸潤性較差。

(2) 層狀生長（Frank-van der Merwe 型）模式：從成膜初期開始，一直按二維層狀生長，例如矽基板上的矽薄膜。當被沉積物質與襯底之間浸潤性很好時，被沉積物質的原子更傾向於與襯底原子鍵合。因此，薄膜從成核階段開始，即採取二維擴展模式。顯然，只要在隨後的過程中，沉積物原子間的鍵合傾向仍大於形成外表面的傾向，則薄膜生長將一直保持這種層狀生長模式。

(3) 先層狀而後島狀的複合生長（Stranski-Krastanov 型）模式：又稱為層狀一島狀中間生長模式。在成膜初期，按二維層狀生長，形成數層之後，生長模式轉化為島狀模式。例如 Si 基板上的 Ag 薄膜。導致這種生長模式的轉變，可能與：①已沉積膜層（已作為基板表面）的表面能；②正沉積膜層的表面能；③二者介面點陣常數匹配狀況（介面能）等變化有關，致使開始時層狀生長的自由能較低，但其後島狀生長在能量上變得更為有利。

10.3.3 多晶薄膜的結構及熱處理的改善

相對於薄膜材料（thin film material）而言，作為其構成材料的塊狀原物質，稱為塊體材料。例如，相對於鋁薄膜，普通的鋁材稱為鋁塊體。日常生活中見到的鋁、鐵、不鏽鋼等，多以塊體材料的形式存在，它們一般是由礦石提取金屬，

去除雜質，添加必要的合金元素，最終製成產品。這種塊體材料的內部缺陷一般是非常少的。由氣相沉積法沉積的薄膜又是如何呢？

薄膜生長過程可比作乘客（原子及分子）擠公共汽車。剛上車的要尋找座位，已有座位的要更換更好的座位，由於秩序混亂，免不了擁擠和碰撞。這相當於原子排列缺乏規則性，得到的是充滿缺陷的膜層。在這種情況下，如果汽車開動（相當於熱處理），乘客反倒會逐步安頓下來。這相當於原子規則排列，得到的是缺陷較少的多晶膜。

在薄膜內部，存在大量這樣的缺陷和畸變等。為了追求元件的輕薄短小化，薄膜的厚度往往在微米甚至奈米級，這就對薄膜提出更高的要求。為使薄膜達到接近塊體材料的性能，要採取各種手段（主要是熱處理），使缺陷減低到最小。

10.3.4　如何獲得理想的單晶薄膜

薄膜按其晶體結構，有單晶（single crystal）、多晶（poly crystal）、非晶（amorphous）薄膜之分。單晶薄膜需要在單晶基板上通過磊晶（epitaxy）的方法才能做出。藉由磊晶生長的薄膜稱為磊晶膜。所謂磊晶，是指在單晶基板上按特定的方位（晶面、晶向）生長出單晶薄膜，若薄膜與基板為相同材料，則為同質磊晶（homo-epitaxy）；若薄膜與基板為不同材料，則為異質磊晶（hetero-epitaxy）。

如何才能獲得理想的磊晶膜呢？(1) 首先，作為單晶基板的表面要「新鮮」（清潔）。基板表面上不能吸附各式各樣的氣體及雜質等，最好是在高真空條件下使基板單晶解理（劈開），在露出新鮮表面的同時，進行薄膜沉積；(2) 溫度要高。對於不同金屬（不限於金屬），一般在某一溫度之上才能形成磊晶膜，稱此溫度為該材料的磊晶溫度；(3) 盡量高的真空度。以防被沉積原子氧化，保證被沉積材料清潔，防止氣體混入。(4) 沉積速率（薄膜的生長速度）要低。配合前幾個因素，以便沉積原子有足夠的空間、時間和活力，通過擴散、遷移、重排等，實現有序化排列。

獲得單晶薄膜（single crystal thin film）的磊晶方法有：(1) 分子束磊晶（MBE, molecular beam epitaxy）；(2) 金屬有機物化合物氣相沉積（MOCVD, metal organic chemical vapor deposition）；(3) 脈衝雷射沉積（PLD, pulsed laser deposition）；(4) 電子束沉積（EBD, electron beam deposition）；(5) 原子束沉積（ABD, atomic beam dopositim）；(6) 早期還有電泳沉積、化學氣相沉積、液相磊晶法等。

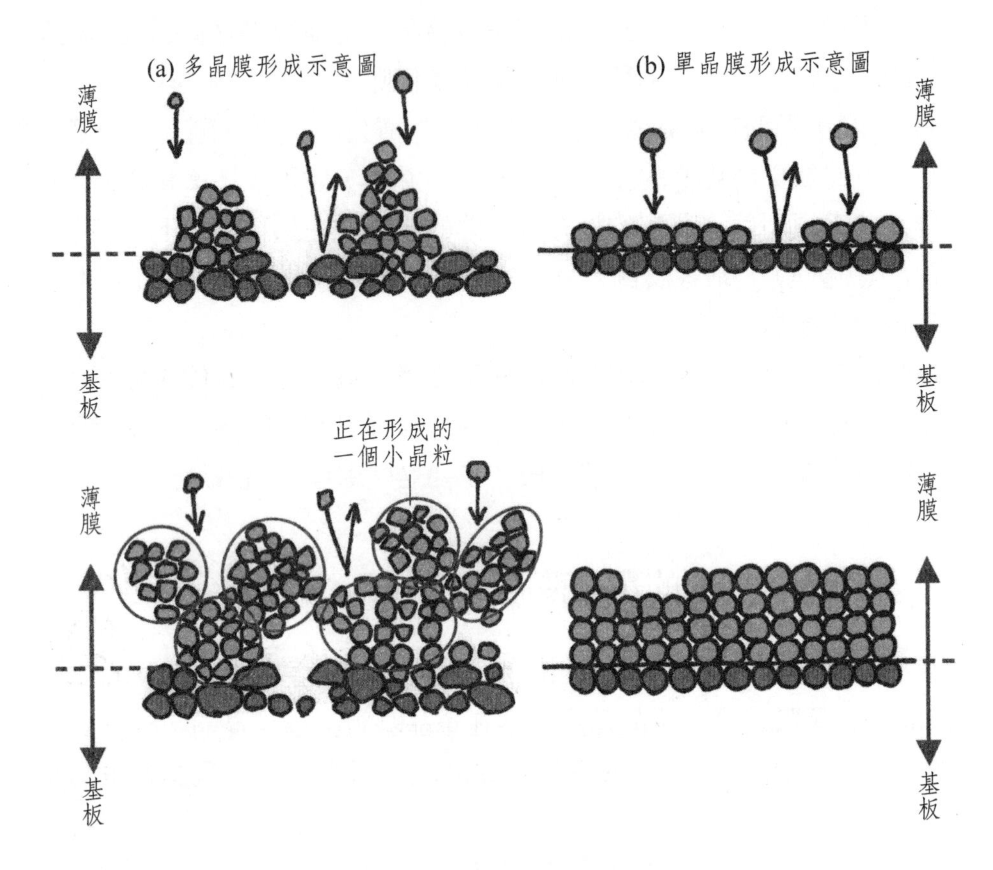

圖 10.7　多晶膜與單晶膜

表 10.1　幾種金屬的沸點、熔點及製膜時的基板溫度

金屬	沸點（℃）	熔點（℃）	一般製膜時的基板溫度（℃）
鋁（Al）	1,800	660	常溫～300
金（Au）	2,680	1,063	常溫～300
鎢（W）	4,000	3,600	常溫～300
（水）	(100)	(0)	（常溫）

圖 10.8　多晶薄膜的結構及熱處理的改善

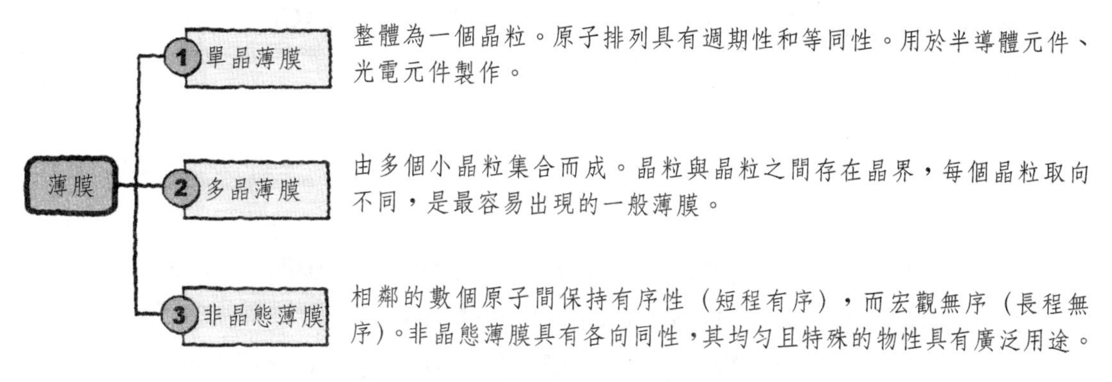

薄膜
1 單晶薄膜
整體為一個晶粒。原子排列具有週期性和等同性。用於半導體元件、光電元件製作。
2 多晶薄膜
由多個小晶粒集合而成。晶粒與晶粒之間存在晶界，每個晶粒取向不同，是最容易出現的一般薄膜。
3 非晶態薄膜
相鄰的數個原子間保持有序性（短程有序），而宏觀無序（長程無序）。非晶態薄膜具有各向同性，其均勻且特殊的物性具有廣泛用途。

圖 10.9　薄膜依晶體結構的分類

10.4　電漿與薄膜沉積

10.4.1　電漿的特性參數

電漿又叫做電漿（plasma），由原子的部分電子被剝離或原子被電離產生，是由相等的正負帶粒子組成的氣態物質。它廣泛存在於宇宙中，除固、液、氣態之外，常被視為物質的第四態。廣義上，電漿可定義為：帶正電的粒子與帶負電的粒子具有幾乎相同的密度，整體呈電中性狀態的粒子集合體。按電離程度，電漿可分為部分電離、弱電離電漿和完全電離電漿兩大類。前者氣體中大部分為中性粒子，只有部分或極少量中性粒子被電離；後者氣體中幾乎所有中性粒子都被電離（ionization），而呈離子態、電子態，帶電粒子密度 10^{10}～10^{15} 個／cm^3。

在薄膜技術中，所利用的幾乎都是部分電離及弱電離電漿，由氣體放電產生，故稱其為氣體放電電漿。在這種離子體中，只要電離度達到 1%，其導電率就與完全電離電漿相同。在電漿中，除了離子、電子之外，還有處於激發狀態的原子、分子以及由分子離解而形成的活性基（radical）。此外，被激發原子和分子等在返回基態的過程（回復）中，會產生原子固有的發光。同時，在電漿中或反應器壁面上，也不斷發生著離子與電子間的複合。電漿則處於上述電離與複合的平衡狀態。

電漿是一種很好的導電體，利用經過巧妙設計的磁場，可以捕捉、移動和加速電漿。電漿具有很高的電導率，與電磁場存在極強的耦合作用。電漿主要的特性參數有氣體離化率，電子、離子密度，電子、離子溫度，電漿頻率和德拜長度（Debye length）等。但是根據氣體放電的形式不同，比如 ICP、CCP、微波等，所關注特性參數的側重點也不盡相同。

10.4.2 薄膜沉積中的電漿

現代薄膜沉積與電漿密不可分。電漿的產生方法有圖中所示的五種類型。

(1) 二極放電型。採用 10.5.1 節所述的氣體放電，是最早採用的方法。由於結構簡單，可以形成大面積的電漿，已廣泛用於濺射鍍膜、乾法刻蝕、化學氣相沉積等。缺點是工作壓力相對較高，低於 1Pa 難以產生氣體放電。

(2) 熱電子放電型。由熱陰極發生的大量熱電子在向陽極運動的過程中，與氣體分子發生碰撞而產生電漿。這種方法是為了降低二極放電型的放電氣壓而開發的。缺點是熱陰極易與氧等發生反應，壽命較短，反應產物會造成真空氣氛沾污等。

(3) 磁控放電型。利用靶表面互相垂直的電磁場，使二次電子在靶表面做圓滾線運動，提高濺射效率。可顯著降低二極放電型的放電氣壓。由於不採用熱陰極，故在氧、氯等活性氣體中也可使用。已廣泛用於濺射鍍膜，與化學氣相沉積一起，已成為薄膜製作的主要方式。

(4) 無電極（electroless）放電型。在石英管等絕緣管的外部繞以高頻線圈，由於高頻感應在內部形成電漿。通過對放電空間中高頻波放射方法的改進，已取得重大進展。由於在電漿空間中無金屬電極（electrode），幾乎不會發生金屬被濺射而造成的污染。已廣泛用於乾法刻蝕、化學氣相沉積等。

(5)ECR 放電型。在共振室中送入微波，調整軸向磁場強度和微波的頻率，使二者達到最佳化，引起內部的電子迴旋共振（electron cyclotron resonance, ECR），可在低壓力下獲得高密度電漿。也可採用冷陰極，已廣泛用於濺射鍍膜、乾法刻蝕等。

電漿的應用已涵蓋廣闊的領域。電漿的研究正集中於高密度、低壓力、大面積、均勻化等方面。

10.4.3　離子參與的薄膜沉積法及沉積粒子的能量分布

在理想氣體中，氣體分子熱運動的平均動能 $E = 3/2 \cdot kT$。在室溫（300K）下，E 僅為約 0.04eV，即使是在熱蒸發溫度（例如 2000K）之下，E 也只有約 0.26 eV。熱蒸發原子以這樣低的能量沉積在基板上，往往達不到理想的附著力。使離子參與薄膜沉積過程，既可提高沉積原子的能量又可以增加其活性，不僅能提高膜層的附著力，還可藉由氣相化學反應沉積化合物薄膜。

例如，離子鍍（ion plating）是在被鍍基板上加負偏壓，在一定放電壓力下，藉由氣體放電產生電漿，使蒸發原子部分電離，同時產生許多高能量的中性原子。這樣，在負偏壓作用下，離子以很高的能量沉積在基板上。

10.4.4　超淨工作間（無塵室）

普通實驗條件下，在玻璃表面上形成薄膜後，若向著太陽仔細觀看，則會發現不少透光小洞，稱此為針孔（pinhole）。對於薄膜製作者來說，針孔可謂大敵，因為針孔往往造成致命的斷線。針孔產生的原因，幾乎都是存在於基板上的固體沾污（顆粒、灰塵等）。

製作薄膜的房間需要用篩檢程式（filter）將灰塵（dust）去除，以保證成膜環境清潔。1 級表示在每立方米的空間中，0.3μm 的灰塵要在 1 個以下、0.1μm 的灰塵要在 10 個以下。

為保持清潔度，使房間中不發生灰塵是第一要務。由於灰塵易動，一處發出的灰塵會污染整個房間。人是產生灰塵的最大原因。因此，身著無塵服，實現無人化是重要的防塵措施。此外，還要將普通紙改為塑料紙，由鉛筆改為原子筆等。

對於真空（vacuum）裝置，例如油回轉泵等運動部分，也要置於超淨工作間的外面。對於不能外設的情況，要用特殊管路將泵排出之混有油污小顆粒的尾氣排出室外。即使真空室中，也存在由於薄膜剝離、掉落而造成的灰塵。這些灰塵若不徹底去除，當真空閥（vacuum valve）快速開啟時，會在真空室（vacuum chamber）中產生紊流，造成灰塵泛起，成為針孔的原因。即使超淨工作間中使用的水、化學藥品等，也必須去除灰塵。這些是實現超高密度化、超密度化的前提。

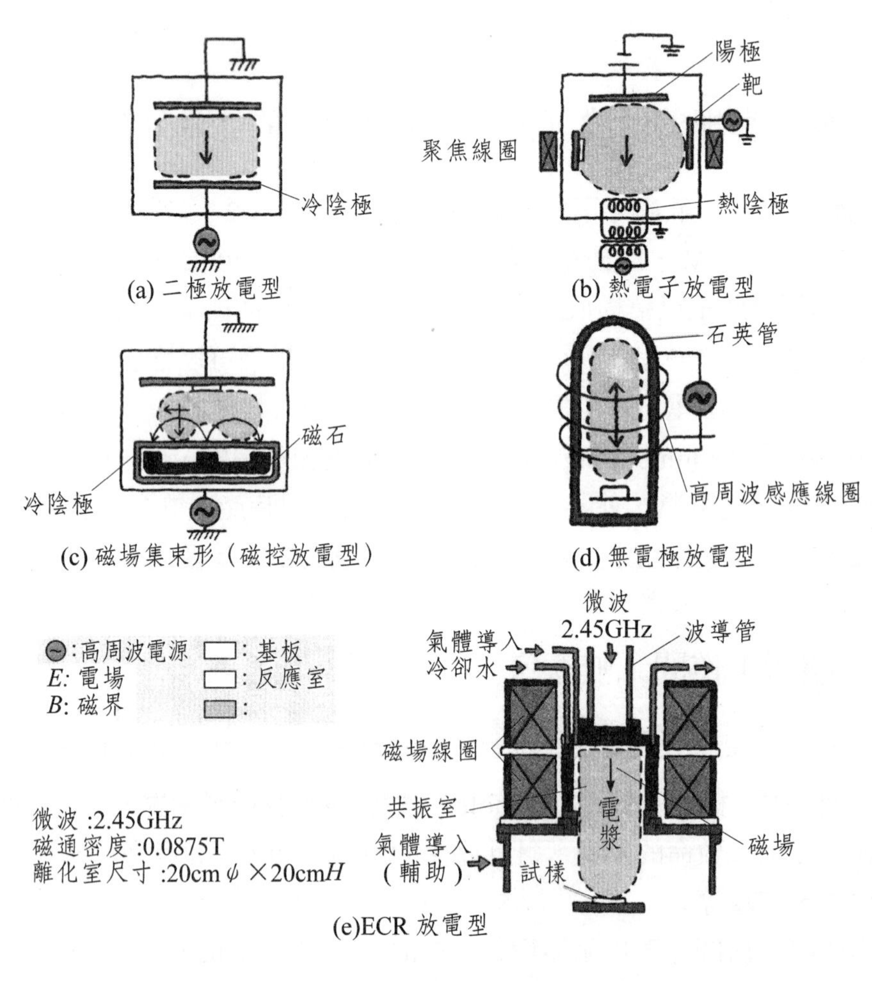

圖 10.10　形成電漿的幾種基本方式

表 10.2 電漿的基本構成形式、工作壓力範圍及主要用途

基本構成形式	工作壓力範圍 / Pa	主要用途						備註
		濺鍍	離子鍍	CVD	乾法刻蝕	電漿聚合	表面處理	
二極放電型	100～1	○	△	◎	◎	○	◎	大型電極用
熱電子放出型	100～0.01		◎					熱陰極的壽命存在問題
磁控放電型	$10\sim10^{-8}$	◎		△	○		△	可期待獲得高密度
無電極放電型	$10^{3}\sim0.1$			◎	◎	◎	○	可期待獲得高密度
ECR 放電型	1～0.001	○		○	◎			低壓、高密度

表 10.3 離子參與的沉積法示意圖及沉積粒子的能量分布

方法	裝置示意圖	粒子的能量分布
分子束磊晶	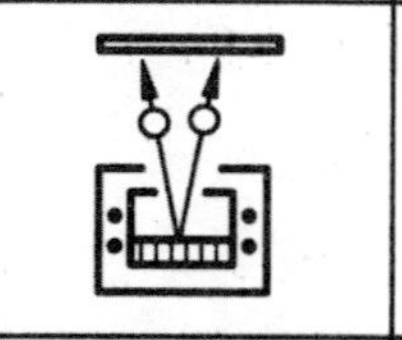	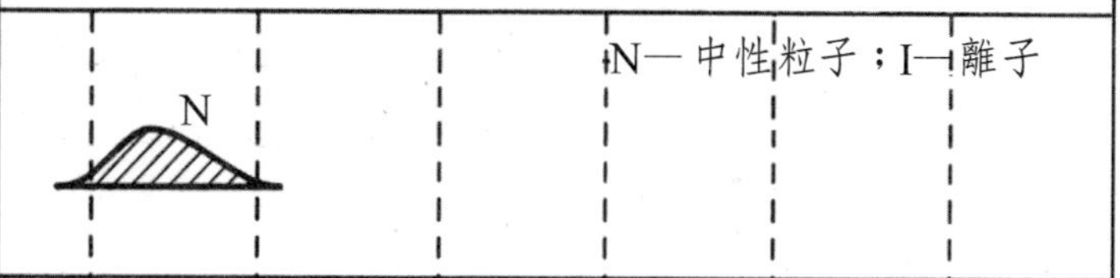 N一中性粒子；I一離子 N
磁控濺射	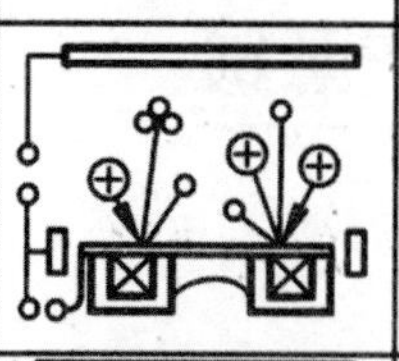	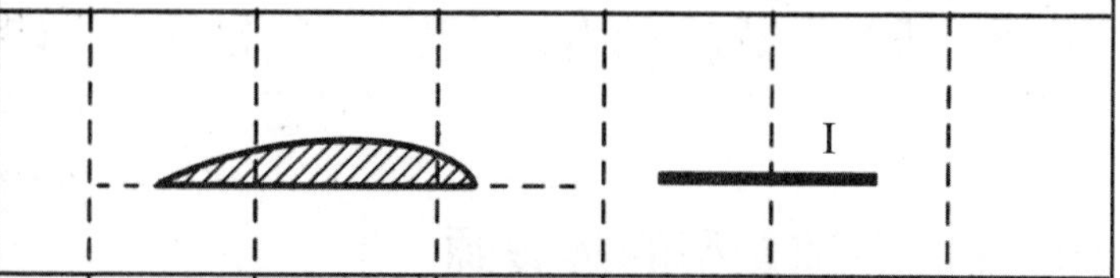 I
離子鍍	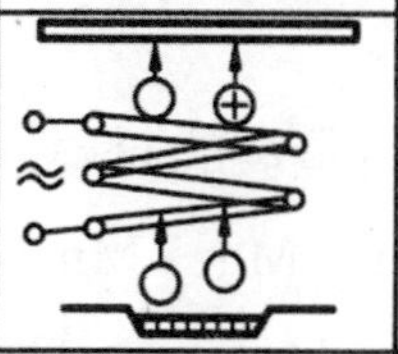	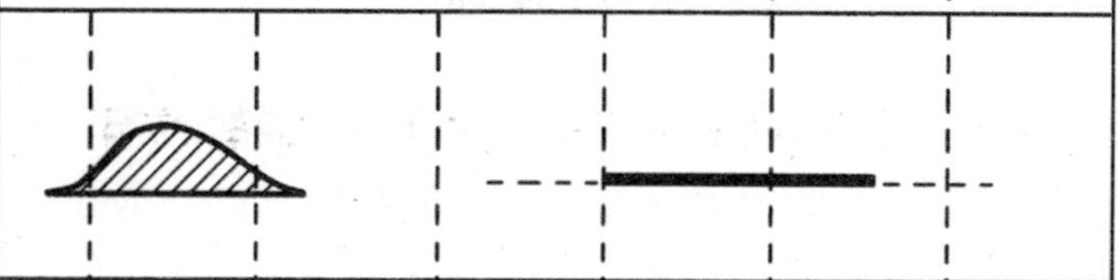
離子束沉積	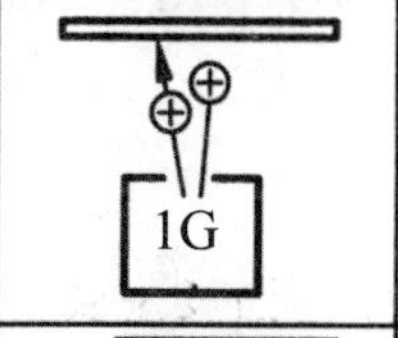 1G	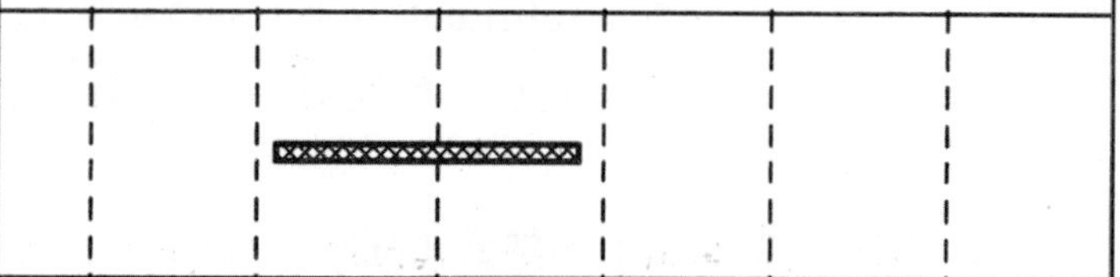
離子束濺射	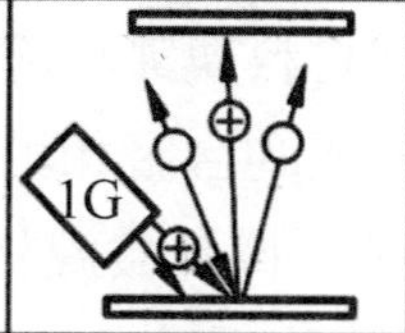 1G	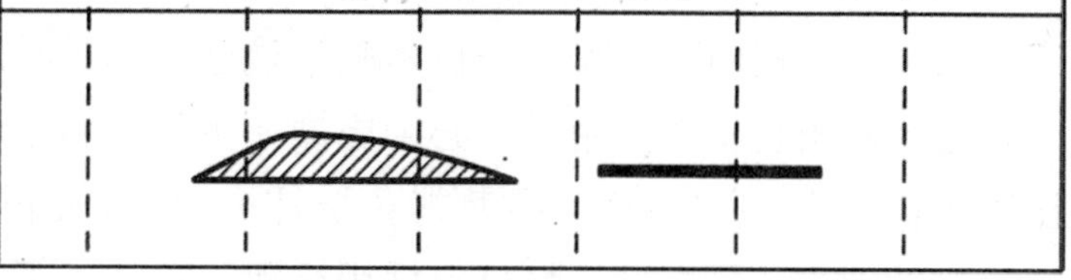

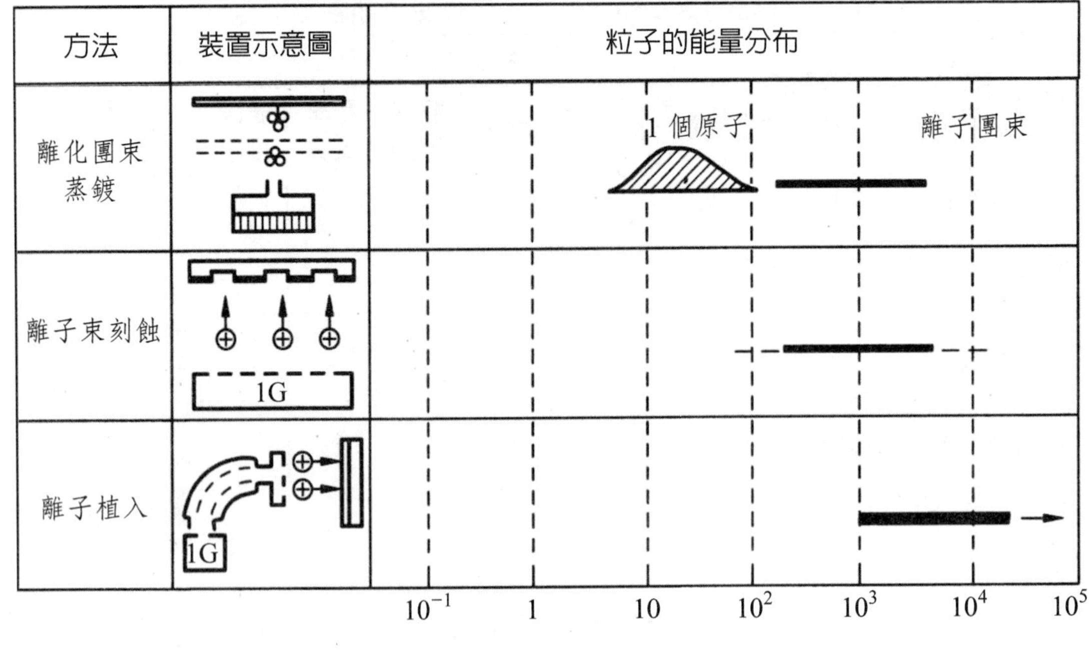

IG：ion gun 離子槍

10.5 物理氣相沉積（PVD）(1)——真空蒸鍍

10.5.1 各種類型的蒸發源

為了使蒸汽壓達到 1Pa（10^{-2}torr）量級，需要將待蒸發的材料（鍍料）加熱到比熔點稍高的溫度。當然，有的物質（Cr、Mo、Si、Mg、Mn 等）在比熔點低的溫度下就發生昇華（sublimation），而有的物質（Al、In、Ga 等）在比熔點高得多的溫度下才能昇華。一般說來，要獲得高蒸發速率，就需要加熱到更高的溫度。

為了加熱，需要利用加熱絲（細絲）、板（蒸發舟）、容器〔坩堝（crucible）〕等，其上放置鍍料。可是，一旦這些坩堝之類的蒸發源材料與鍍料起反應，形成了合金，就再也不能使用了，必須更換。另外，若以形成的合金和坩堝材料蒸發出來，還會降低膜的純度。要想避免這種情況，需要正確選擇蒸發源材料和形狀。

一般說來，蒸發低熔點材料採用電阻蒸發法；蒸發高熔點材料，特別是在純度要求很高的情況下，則選用能量密度高的電子束蒸發法；當蒸發速率大時，可考慮採用高頻法。此外，近年還開發出脈衝雷射法、反應蒸鍍法、空心陰極電子束法等。

10.5.2 電阻加熱蒸發源

電阻蒸發（resistance evaporation）源通常適用於熔點（melting point）低於 1500℃的鍍料。燈絲和蒸發舟等加熱體所需電功率一般為（150～500）A×10V，為低電壓大電流方式。通過電流的焦耳熱（Joule heat）使鍍料熔化、蒸發或昇華。電阻蒸發源採用 W、Ta、Mo、Nb 等難熔金屬（用於 Ag、Al、Cu、Cr、Au、Ni 等蒸發），有時也用 Fe、Ni、鎳鉻合金（用於 Bi、Cd、Mg、Pb、Sb、Se、Sn、Ti 等蒸發）和 Pt（Cu）等，做成適當的形狀，其上裝上鍍料，讓電流通過，對鍍料進行直接加熱蒸發；或者把待蒸發材料放入 Al_2O_3、BeO 等坩堝中進行間接加熱蒸發。電阻蒸發源的形狀隨要求不同各異。

通常對電阻蒸發源的要求有：(1) 熔點要高；(2) 飽和蒸汽壓要低，以防止和減少在高溫下蒸發源材料會隨蒸發材料而成為雜質進入蒸鍍膜層中；(3) 化學性能穩定，在高溫下不應與蒸發材料發生化學反應；(4) 具有良好的耐熱性，功率密度變化較小；(5) 原料豐富，經濟耐用。

電阻蒸發源結構簡單，造價低廉，操作方便，使用相當普遍；但加熱所達最高溫度有限、蒸發速率較低、蒸發面積大、不適用於高純和高熔點物質的蒸發。

10.5.3 電子束蒸發源

電子束蒸發（electron beam evaporation）克服了一般電阻加熱蒸發的許多缺點，特別適合製作高熔點薄膜材料和高純薄膜材料。

熱電子由燈絲（filament）發射後，被加速陽極（anode）加速，獲得動能轟擊到處於陽極的被蒸發材料上，使其加熱汽化，而實現蒸發鍍膜。若不考慮發射電子的初速度，被電場加速後的電子動能為 $1/2 \cdot mv^2$，它應與初始位置時電子的電勢能相等，即 $1/2 \cdot mv^2 = eU$。其中，m 是電子質量（9.1×10^{-31}kg）；e 是電子電量（1.6×10^{-16}C）；U 是加速電壓（V）。由此得出電子轟擊鍍料的速度 $v = 5.93\times10^5 U$（m/s）。假如 $U = 10$kV，則電子速度可達 6×10^4km/s。這樣高速運動的電子流，在一定的電磁場作用下，匯聚成束轟擊到蒸發材料表面，動能變為熱能。電子束的功率 $W = neU$。其中，n 是電子流量（s^{-1}）；$I = ne$ 是電子束的束流強度（A）。若 t 為束流作用的時間（s），則其產生的熱量為 Q (J) = $0.24Wt$。

在加速電壓很高時，由上式所產生的熱能足以使鍍料氣化蒸發，從而成為真空技術中的一種良好熱源。電子束蒸發的優點為：

(1) 電子束轟擊熱源的束流密度高，能獲得遠比電阻加熱源更大的能量密度。可在一個不太大的面積上達到 10^4～10^9W/cm^2 的功率密度，因此可以使高熔點（可高達 3000℃以上）材料蒸發，並且能有較高的蒸發速率。例如可蒸發 W 、Mo 、Ge 、SiO_2 、Al_2O_3 等。

(2) 鍍料置於水冷銅坩堝內，可避免容器材料的蒸發，以及容器材料與鍍料之間的反應，這對提高鍍膜的純度（purity）極為重要。

(3) 熱量可直接加熱到蒸發材料表面，因此熱效率高，熱傳導和熱輻射的損失少。

10.5.4 e 型電子槍的結構和工作原理

電子束蒸發源所採用電子槍（electron gun），按電子束聚焦方式的不同分類為：直式電子槍、環槍（電偏轉）、e 型槍（磁偏轉）。實際上，後者多為採用。

e 型電子槍即 270° 偏轉的電子槍，它克服了直槍的缺點，是目前所用的較多電子束蒸發源。熱電子由燈絲發射後，被陽極加速。在與電子束垂直的方向設置均勻磁場。電子在正交電磁場的作用下受羅倫茲力（Lorentz force）的作用偏轉 270° ，e 型槍因此得名。e 型槍的優點是正離子（positive ion）的偏轉方向與電子的偏轉方向相反，因此可以避免直槍中正離子對鍍層的污染。

電子槍一般在高真空條件下才能正常發射電子束。若真空度太低，電子束在運動過程中會與氣體分子發生碰撞，使後者電離，將電子槍陰陽極之間的空隙擊穿，使電子槍不能正常發射電子。

e 型槍電子束蒸發源的優點：直接加熱、能量密度大、效率高、可蒸發高熔點材料；電子束焦斑大小可調，位置可控制；燈絲有遮罩保護，不受污染，壽命長；水冷坩堝，避免反應、不易污染，提高薄膜純度；成膜品質較好。缺點為：要求高真空、設備成本高；裝置複雜、殘餘氣體和部分蒸汽電離、對薄膜性能產生影響。

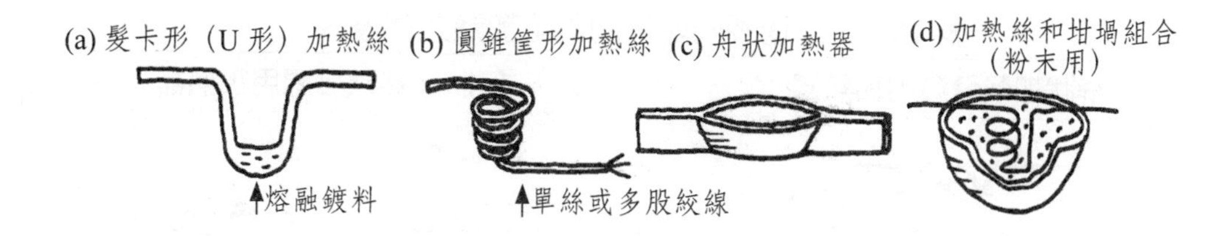

圖 10.11 通電加熱型蒸發源

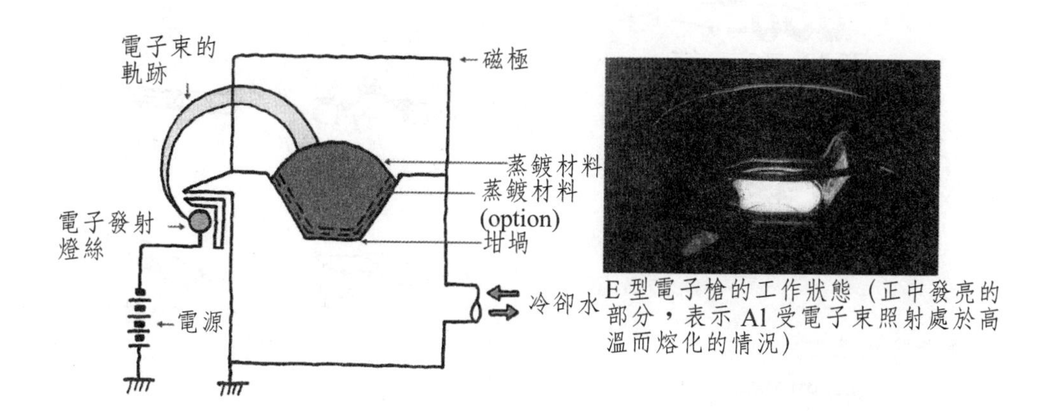

圖 10.12 E 形電子槍原理圖

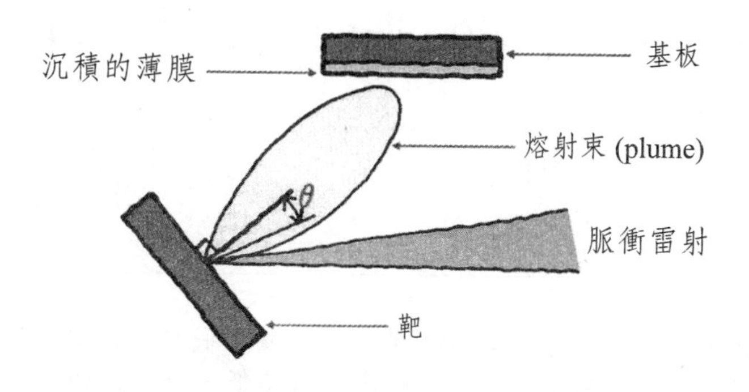

圖 10.13 雷射熔射蒸發源

表 10.4 各種不同類型的電阻加熱式蒸發源

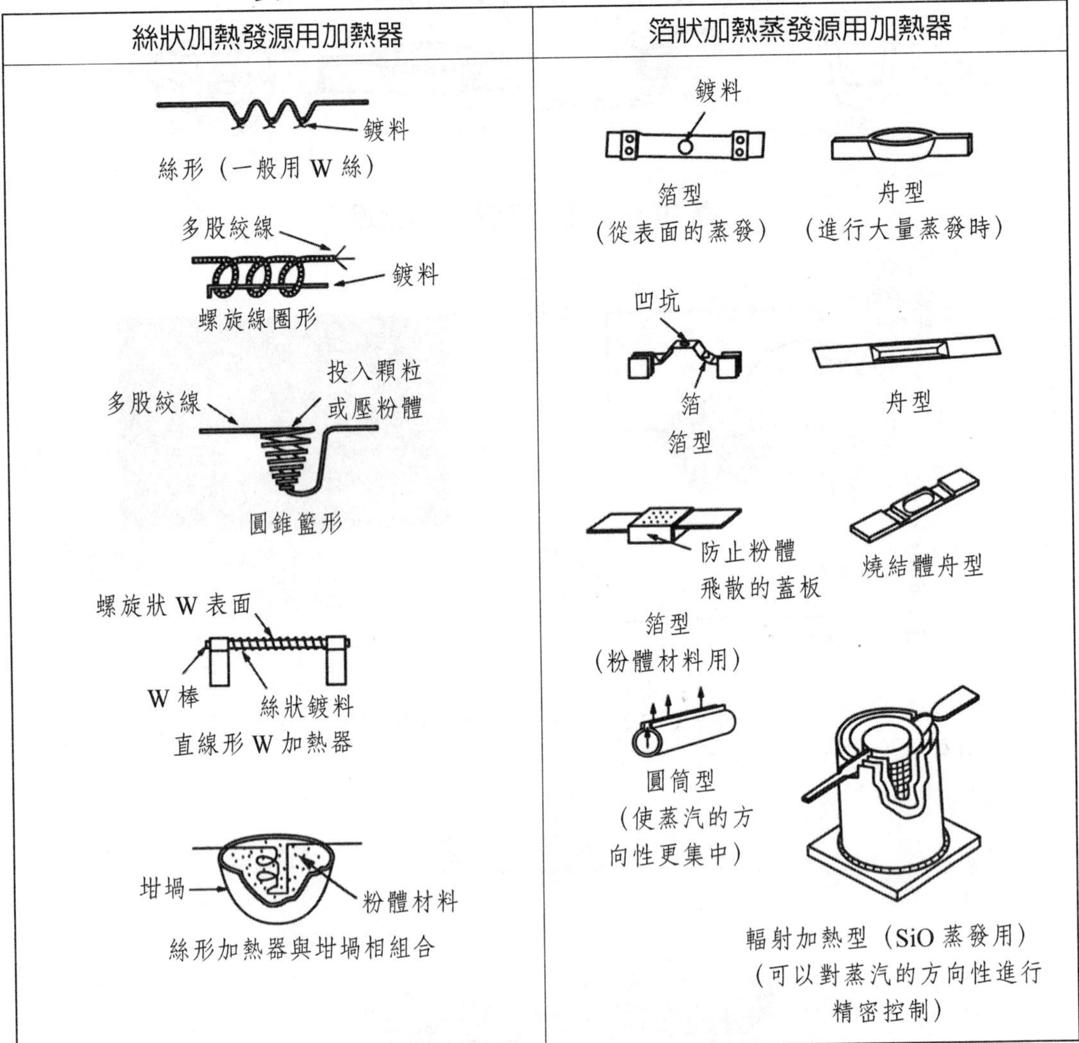

說明：

(1) 電阻蒸發源通常適用於熔點低於 1500℃的鍍料。採用低電壓大電流供電方式。

(2) 對電阻蒸發源材料的要求有：熔點高、飽和蒸汽壓低、化學性能穩定，在高溫下不與被蒸發材料發生化學反應，耐熱性好，原料豐富。

(3) 常用的蒸發源材料有 W、Mo、Ta 等難熔金屬，或耐高溫的金屬氧化物、陶瓷以及石墨坩堝。

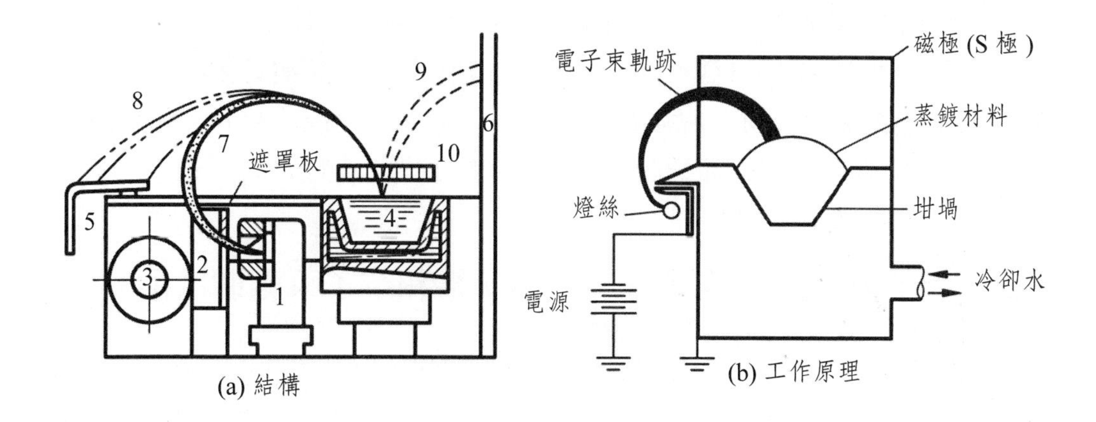

1：發射體；2：陽極；3：電磁線圈；4：水冷坩堝；5：收集極；6：吸收極
7：電子軌跡；8：正離子軌跡；9：散射電子軌跡

圖 10.14　e 型電子槍的結構和工作原理

10.6　物理氣相沉積（PVD）(2) —— 離子鍍和雷射熔射

10.6.1　如何實現膜厚均勻性

由蒸發源（evaporation source）飛出的原子或分子，在真空中以聲速沿直線前進。其前進方向，或說發射特性，依源的不同而異。U 字型燈絲的情況，熔融的材料為球狀，由此如同點光源發出的光那樣，向著四面八方，按空間均等飛行，稱此為點源。

另一方面，在採用舟狀燈絲的情況，蒸發材料僅在舟的上方飛出，受加熱器（舟型）的影響，蒸發材料難以在水平方向飛出。稱此為小平面源。從小平面源飛出蒸發材料量的空間分布不均等，設飛出方向與表面垂線所成角度為 Φ，則飛出量與 $\cos\Phi$ 成正比。源的正上方 $\cos 0 = 1$；45° 方向 $\cos 45° = 0.7$，為正上方的 70%；而在水平方向 $\cos 90° = 0$，即飛出蒸發材料量為 0。

現在，看一看源上方距源中心為 h 的平面上的膜厚分布。若源正上方的膜厚為 t_0，則 Φ 角（表現為 δ/h，δ 為離開源中心的水平距離）處於對應的相對膜厚 t/t_0。打一個比方，在點光源的上方隔著一張紙看，可發現中心亮而周圍逐漸變暗。這說明簡單地按平面狀來布置基板，難以實現均勻的膜厚。

通常藉由以下措施實現膜厚均勻化：(1) 採用行星式（planetary）基板托架，在托架公轉的同時，基板自轉；(2) 蒸發源環形配置；(3) 蒸發源固定，基片旋轉方式；(4) 對於薄膜狀基材，幅度很寬的情況，可採用平行放置的細長平面蒸發源，或者上、下並行放置平面蒸發源，使基膜在中間沿 y 軸方向行走而成膜。

10.6.2 離子參與的薄膜沉積 —— 離子鍍和離子束輔助沉積

有離子（ion）參與的氣相沉積可明顯改善膜層的附著強度。離子鍍（ion plating）就是其中之一。由源發出的原子或分子在飛行途中一部分被電離（ionization），由於電場加速，使其速度達到原來的數萬倍、數百萬倍，以很高的能量碰撞基板。在成膜過程中還有轟擊效果，可明顯改善膜層的結晶性。離子鍍有下述四種類型：

(1) 直流二極型：保持鐘罩內為 1Pa 左右的真空，使放置鍍料的蒸發舟為陽極（anode），在基板上施加數千伏特的負高壓，由於氣體放電，基板被電漿所包圍。當被蒸發鍍料的原子及分子在電漿中通過時，電漿中的高速電子與其碰撞，使原子中的電子碰出而被電離，形成正離子（cation）。這些正離子在電漿中被電場加速，在與作為負極的基板激烈碰撞的同時而成膜。

(2) 高頻型：在直流二極型的基板和蒸發源之間置入射頻（RF, radio frequency）線圈，在壓力下降一個數量級（真空度提高一個數量級）的氣氛下，也可以放電鍍膜。

(3) 離化團簇型：將加熱器蒸發的材料通過坩堝上方的小孔噴出，並採用熱陰極（cathode）發出的電子使其離化，向著負電位元的基板被加速，在碰撞基板的同時成膜。

(4) 熱陰極型：不是採用團簇而是採用原子或分子的形式被離化沉積。

還有多種藉由離子的沉積方法，將其統稱為離子輔助沉積〔見圖 10.22〕。其中，(a) 為蒸鍍的同時用離子束（ion beam）照射，(b) 為使蒸鍍的材料作為離子束，(c) 為用離子束濺射靶材而製作薄膜。圖 10.23 表示使用離子對基板及薄膜的表面進行改性的方法（表面改性）。(a) 例如採用氧離子就可以在表面形成氧化膜；(b) 使做成的薄膜與母材混合；(c) 是與圖 10.22(a) 相同的方法。採用這些方法可獲得附著強度更好的薄膜。

10.6.3 脈衝雷射熔射

在氧化物高溫超導膜研究如火如荼之時，如何保證薄膜材料與源材料的組成一致成為極重要的課題。即使今天，像鐵電體（ferro-electric）等要嚴格保持其組成不變的材料很多，為此所採用的方法是可實現暫態蒸發的脈衝雷射熔射（pulsed laser ablation, PLA）。

用雷射束（laser beam）照射靶（欲形成薄膜的材料），則產生稱作熔射束的發光，並由其在基板上形成薄膜。眾所周知，雷射的能量密度極高，一個脈衝瞬間即可在照射位置產生高溫，使鍍料蒸發。這與板狀材料的閃蒸法十分類似，從而可獲得組成變化小的薄膜。這種脈衝也可以在 1s 內發射數千次，由此製作出連續的薄膜。

由這種方法做出的高溫超導體（high temperature super-conductor）膜 YBaCuO（釔鋇銅氧）的膜厚和組成比，同與靶表面法線所成角度的關係。膜厚分布與 θ 角的關係中可明顯看出，與 B 表示的微小平面源發射特性服從餘弦定律相較，A 表示出尖銳的指向性（$\cos\theta$）。這說明脈衝雷射熔射的蒸發並不是按微小平面源進行的。估計蒸發的熔孔方式進行的。詳細的機制可考慮如下：(1) 由於吸收雷射，鍍料局部溫度急劇上升；(2) 急劇升溫導致材料的急劇液化、汽化。局部表面由於輻射冷卻及材料的汽化熱，造成其溫度比其內部低（內部的溫度高）；(3) 比最表面溫度高的局部發生爆炸，此時，最表面層等低溫層也會被吹起。

組成隨 θ 角的變化關係，發現在指向性銳（θ 角小）的範圍內，可以製作出組成變化小的薄膜。

PLA 的設備昂貴，操作也不太容易，這是脈衝雷射熔射法的缺點。

10.6.4 磁性膜和 ITO 透明導電膜

音響、影片、電腦等用的磁帶、磁片等，使金屬磁性體蒸鍍製作的磁性膜。

對磁性體外加磁場，磁性體被磁化（magnetization）。一旦磁化，即使外磁場變為 0，仍有磁化殘留。磁場強度（H）從 0 到施加的各種數值時，其所對應的磁化狀態，表現為一迴線，稱其為磁滯迴線。隨著磁場逐漸變強，磁化強度移動達到飽和。由此，H 朝著減小的方向變化，即使 $H = 0$，仍殘留大小為 B_r 的磁化（殘留磁化強度）。因此，若加反向磁場，對應的磁場大小殘留磁化消失，達到逆飽和，減弱反向磁場，經 f 、g 、b 描出一條完整的迴線。迴線中 d 點所

對應的磁場 H_c，由於表示保持殘留磁化強度的能力，故稱其為矯頑力（coercive force）。對於硬磁材料來說，矯頑力越大越好。這是由於對於永磁體及磁記憶裝置來說，即使施加逆磁場，其磁性也不會消除。磁性膜（Ni）的矯頑力與膜厚的關係。從希望矯頑力與膜厚無關而保持一定的要求來看，B-47 和 74 較好。二者對應 p/r，即蒸鍍時的壓力／蒸鍍速度之比值較小的情況。另一方面，B-83（真空度低）的情況從 B 到 C 的膜厚下矯頑力大，這也有利用價值。它是由反應蒸鍍法得到的。

微電腦、電腦、手機等顯示器以及液晶電視，都要使用既透明又導電的薄膜。按一般常識，透明的材料往往不導電，但由銦（In）和錫（Sn）的氧化物（ITO），就可以實現既透明又導電。隨著 SnO_2 添加率的變化，光的透射率在可見光波長範圍內的變化。可以看出，在添加量為 2.5%～5% 範圍時，透射率最高。薄膜電阻與添加量的關係，可以看出，在添加量為 2.5%～5% 範圍時，電阻率也最低。這說明該範圍的添加量適合於透明導電膜。

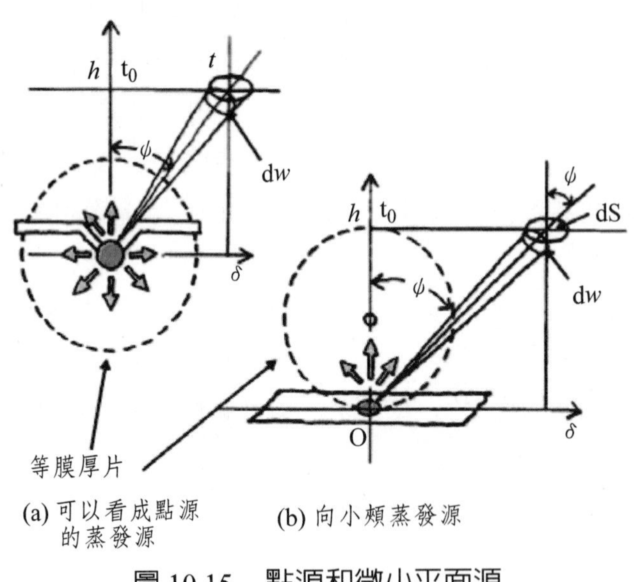

圖 10.15　點源和微小平面源

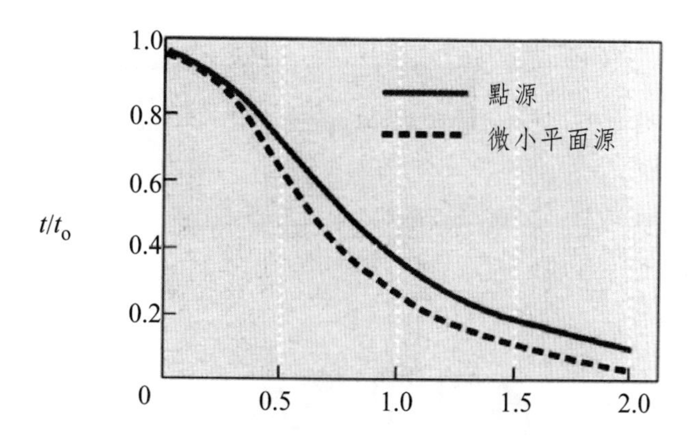

t_o 為蒸發源正上方的膜層厚度，h 為距蒸發源的高度，δ 為距蒸發源的距離（$\delta/h = 1$ 表示與高度相同的距離位置）

圖 10.16 利用點源及微小平面源蒸鍍薄膜的膜厚分布

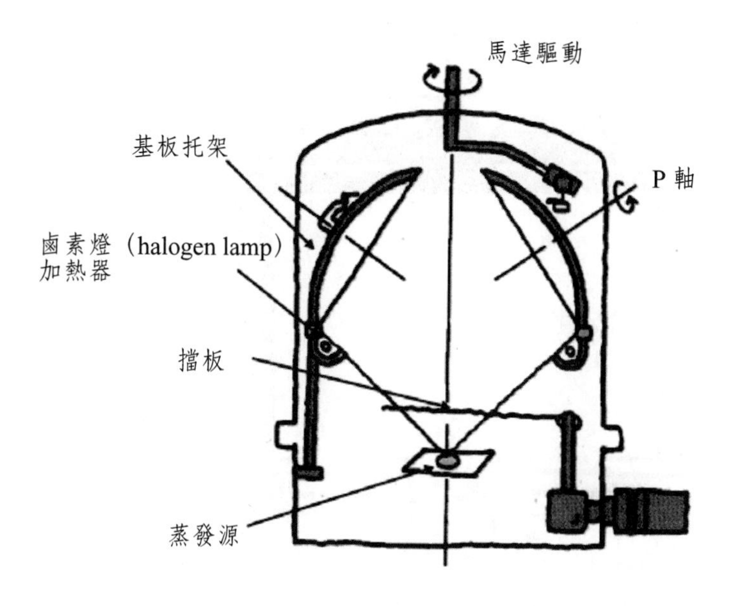

圖 10.17 行星式基片托架

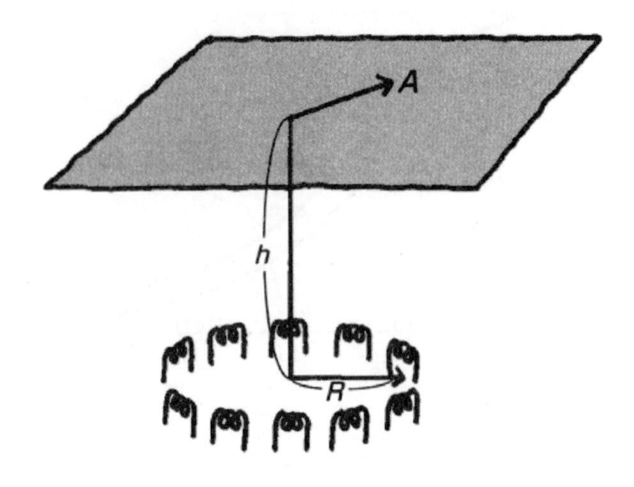

圖 10.18　環型源

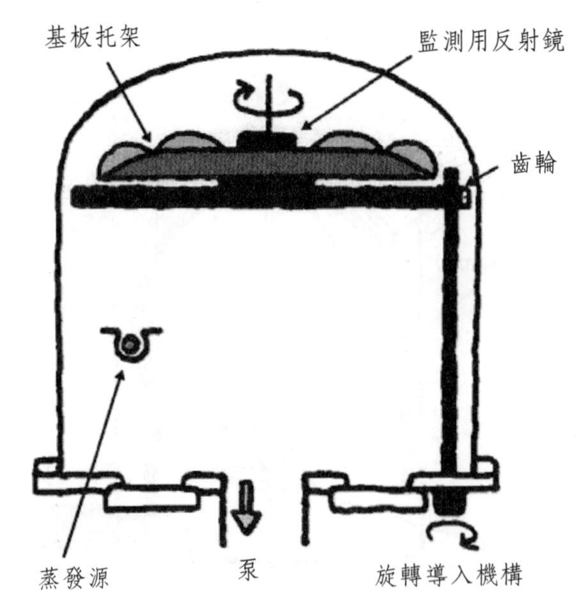

圖 10.19　基片旋轉的環型源

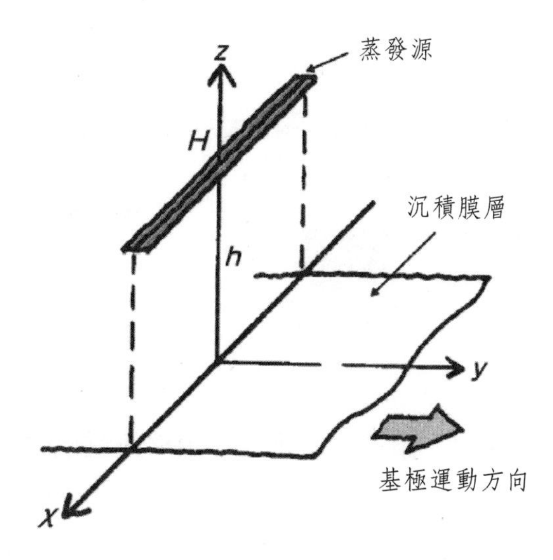

圖 10.20 與基片平行放置的細長平面蒸發源

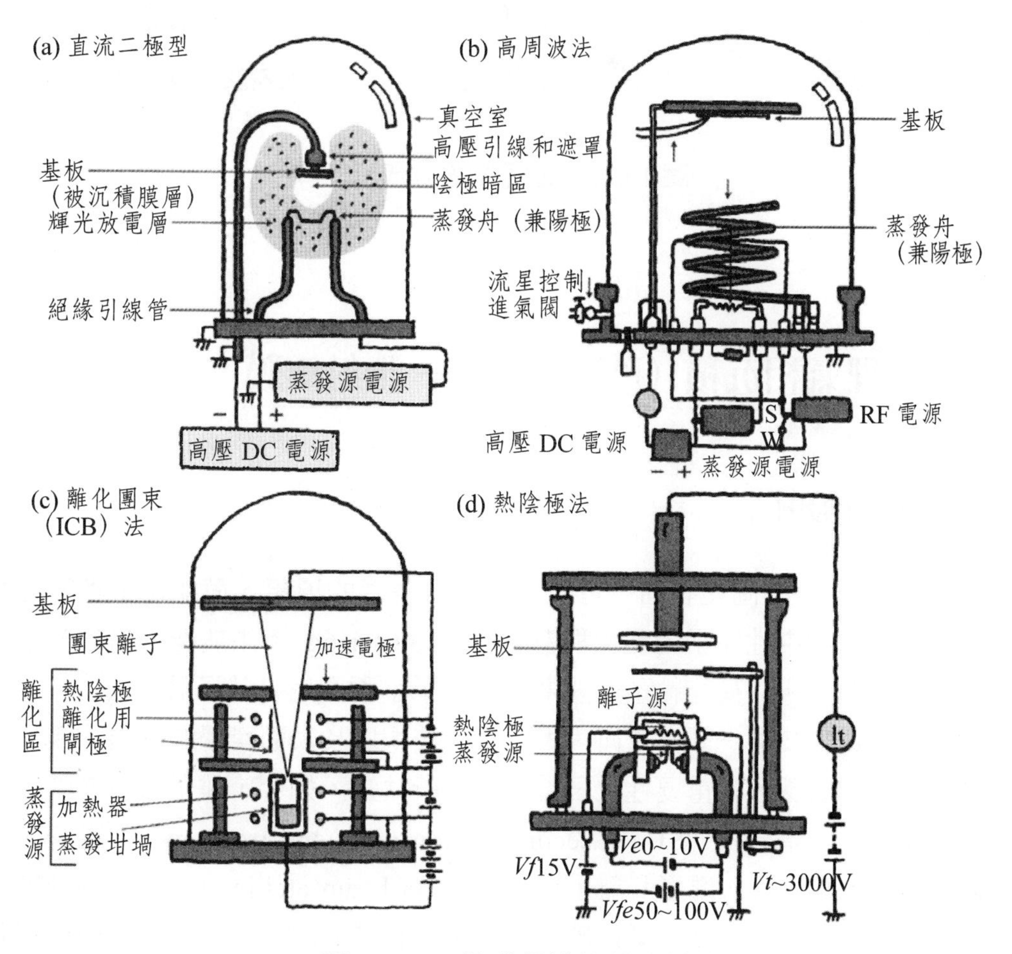

圖 10.21 各式各樣的離子鍍法

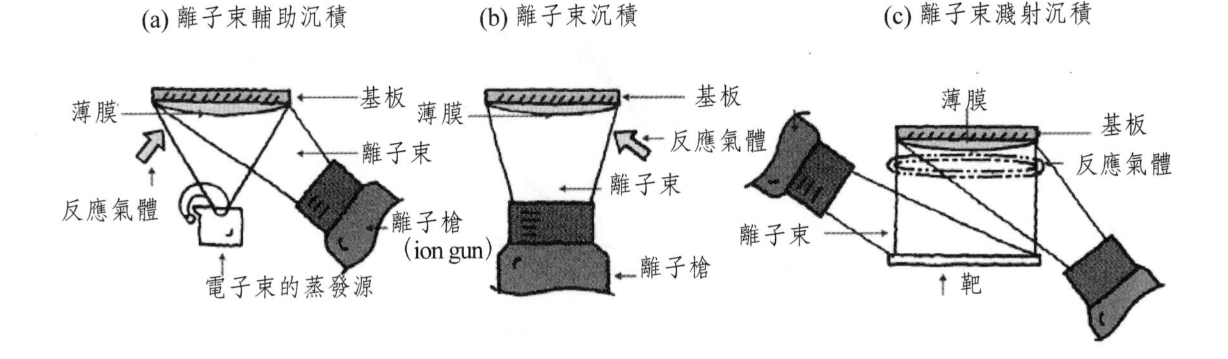

圖 10.22　離子束（輔助）蒸鍍與離化團束鍍

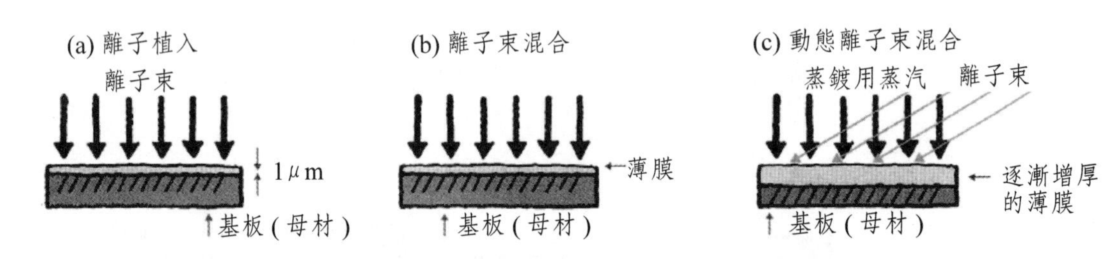

圖 10.23　離子束表面改性

10.7　物理氣相沉積（PVD）(3) —— 濺射鍍膜

10.7.1　何謂濺射？

離子（ion）轟擊固體表面，可能引發各式各樣的現象。荷能粒子轟擊固體表面，打出離子和中性原子的現象稱為濺射（sputtering）。由於離子易於在電磁場中加速或偏轉，所以荷能粒子一般為離子，稱這種濺射為離子濺射（ion sputtering）。隨著真空技術、薄膜技術、表面分析技術以及表面科學的發展。離子濺射的用途越來越廣泛，其重要性也日益為人們所共知。如今，離子濺射在濺射離子源、二次離子質譜分析（SIMS, secondary ion mass spectroscopy）、離子束分析、濺射鍍膜、離子鍍、離子和離子束刻蝕（ion beam etching）、表面微細加工等領域有廣泛的應用。同時，濺射理論在分析核材料的輻照損傷、防止融合反應器中的電漿沾污、研究離子植入、離子束混合等方面，也有重要意義。離子濺射理論經歷了漫長的發展過程。

相對於一個入射離子所濺射出的原子數成為濺射產額 *S*。發現在離子能量低於 15eV 左右時，濺射產額幾乎不能被發現，該值稱為濺射臨限值（threshold）能量。

濺射產額與入射離子種類相關，也與被濺射靶材按元素週期表呈現週期性關係。

10.7.2 濺射鍍膜的主要方式

濺射鍍膜的方式有多種，表 10.5 中列出至今常使用的主要方式。其中 (1)～(5) 是在電極上採取措施，(6)～(9) 是在濺射鍍膜技術上採取措施，具體簡述如下。

(1) 二極濺射：構造簡單，在大面積的基板上可以製取均勻的薄膜，缺點是放電需要高電壓且濺射壓力高（真空度低）；(2) 三極或四極濺射：由於採用了熱電子發射電極等，故可實現低氣壓、低電壓濺射，放電電流和轟擊靶的離子能量可獨立調節控制，缺點是靶的面積難以做大，且熱陰極在反應氣體中容易燒損；(3) 磁控濺射（高速低溫濺射）：可實現低氣壓、低電壓濺射，放電電流和轟擊靶的離子能量可獨立調節控制；(4) 對向靶濺射：可以對磁性材料進行高速低溫濺射；(5) 電子迴旋共振 ECR（electron cyclotron resonance）濺射：採用 ECR 電漿，可在高真空中進行各種濺射沉積；(6) 射頻濺射：可製取絕緣體如石英、玻璃、氧化鋁，也可濺射鍍製金屬膜；(7) 自濺射：濺射時不用氬氣，沉積速率高，被濺射原子飛行軌跡成束狀；(8) 反應濺射（reactive sputtering）：製作陰極物質的化合物薄膜；(9) 離子束濺射：在高真空下，利用離子束濺射鍍膜，是非電漿狀態下的成膜過程。

10.7.3 射頻濺鍍

用交流電源代替直流電源就構成了交流濺射系統，由於常用交流電源的頻率在射頻（RF）段，如 13.56MHz，所以稱為射頻濺射。在直流射頻裝置中如果使用絕緣材料靶時，轟擊靶面的正離子會在靶面上累積，使其帶正電，靶電位從而上升，使得電極間的電場逐漸變小，直至輝光放電（glow discharge）熄滅和濺射停止。所以，直流濺射裝置不能用來濺射沉積絕緣介質薄膜。為了濺射沉積絕緣材料，人們將直流電源換成交流電源。由於交流電源的正負性發生週期交替，當濺射靶處於正半周時，電子流向靶面，中和其表面積累的正電荷，並且積累電子，使其表面呈現負偏壓，導致在射頻電壓的負半週期時，吸引正離子轟擊靶材，從而實現濺射。由於離子比電子品質大、遷移率（mobility）小，不像電子那樣很快地向靶表面集中，所以靶表面的點位上升緩慢。由於在靶上會形成負偏壓，所以射頻濺射裝置也可以濺射導體靶。在射頻濺射裝置中，電漿中的電子容易在射頻場中吸收能量並在電場內振盪，因此，電子與工作氣體分子碰撞並使其電離產生離子的概率變大，故使得擊穿電壓、放電電壓及工作氣壓顯著降低。

10.7.4 磁控濺鍍

為了提高濺射過程的電漿密度，通常是設法延長二次電子飛向陽極的路徑，以增加其與氣體分子產生碰撞電離的概率，磁控濺射（magnetron sputtering）就是最行之有效的方法。磁控濺射的基本原理是在陰極靶表面上方形成一個正交電磁場。當濺射產生的二次電子（secondary electron）在陰極位元降區內被加速為高能電子後，並不直接飛向陽極，而是在正交電磁場作用下做來回震盪、近似擺線的運動。在運動中高能電子不斷與氣體分子發生碰撞，並向後者轉移能量，使之電離而本身變為低能電子。這些低能電子最終沿磁力線飄移到陰極附近的輔助陽極而被吸收，從而避免了高能電子對基板的強烈轟擊，消除了二極濺射中基板被轟擊加熱和被電子輻射引起損傷的根源。

為用磁控濺射法製作薄膜，首先對含有磁控電極和基板在內的濺鍍室進行良好的真空排氣。此後，在排氣狀態下導入氬氣等，並按所定的壓力（濺射壓力），邊調整邊導入。達到規定壓力，並對基板進行加熱和表面處理後，在靶上施加電壓引發氣體放電，濺射開始。基板上若有薄膜形成，表面顏色會有變化。磁控濺射的放電形貌，沿靶表面磁場通道，顯示出一個明亮的環形放電軌道。

定義單位時間內，薄膜的生長厚度為濺鍍速率，放電電流越大，則濺鍍速率越大。注意縱軸為對數座標，可以看出，在不很高的電壓下，磁控法可以獲得比其它方法高得多的放電電流密度。

磁控濺射中靶材被濺射刻蝕（sputtering etching）的情況。由於放電呈環狀，靶材表面也相應地按環形溝狀被濺射刻蝕。被濺射刻蝕最深的部位被稱為刻蝕溝。刻蝕溝的存在，意味著靶材的利用率不佳，對於貴金屬及高純度材料等高價材料，此一問題更需要解決。為了提高利用率，可採用使靶背面的磁鐵運動，如此，整個靶表面均可以被濺射。採用這種措施，與磁鐵固定的情況做比較，靶材的利用率可以提高 2～3 倍，靶材的三分之二左右均可變為薄膜。

為製作大型平板電視中所需的各種薄膜，需要採用數米見方的大型平面靶，為使整個靶表面均勻刻蝕，使靶背面的磁鐵左右上下運動。

表 10.5　濺射鍍膜的各種方式

序號	濺射方式	濺射電源	Ar 氣壓①／Pa（或 torr）	特徵	原理圖
1	二極濺射	DC1～7kV 0.15～1.5mA/cm^2 RF0.3～10 kW 1～10W/cm^2	$1.33(10^{-2})$	構造簡單，在大面積的基板上可以製取均勻的薄膜，放電電流隨氣壓和電壓的變化而變化	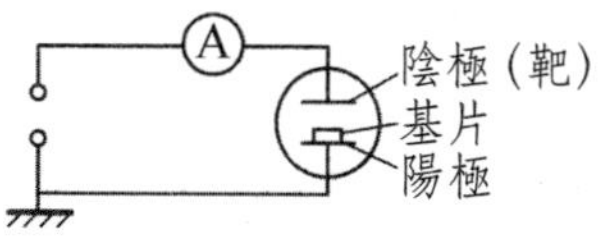 A 陰極（靶） 基片 陽極 陰極和陽極（基片）也有採用同軸圓柱結構的
2	三極或四極濺射	DC0～2kV RF0～1kV	6.65×10^{-2}～1.33×10^{-1} （5×10^{-4}～1×10^{-3}）	可實現低氣壓、低電壓濺射，放電電流和轟擊靶的離子能量可獨立調節控制，可自動控制靶的電流，也可進行射頻濺射	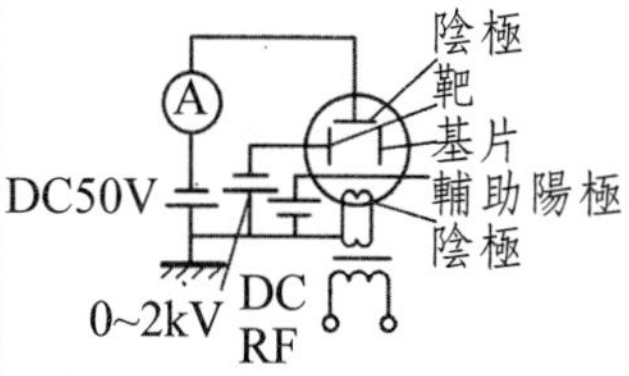 A 陰極 靶 基片 輔助陽極 陰極 DC50V 0~2kV DC RF
3	磁控濺射（高速低溫濺射）	0.2～1kV （高速低溫） 3～30W/cm^2	10～10^{-6} （約 10^{-1}～10^{-8}）	在與靶表面平行的方向上施加磁場，利用電場和磁場相互垂直的磁控管原理減少電子對基板的轟擊（降低基板溫度），使高速濺射成為可能。對 Cu 來說，濺射沉積速率為 1.8μm/min 時，溫升為 2°C/μm。Cu 的自濺射可在 10^{-6}Pa(10^{-8} torr) 的低壓下進行	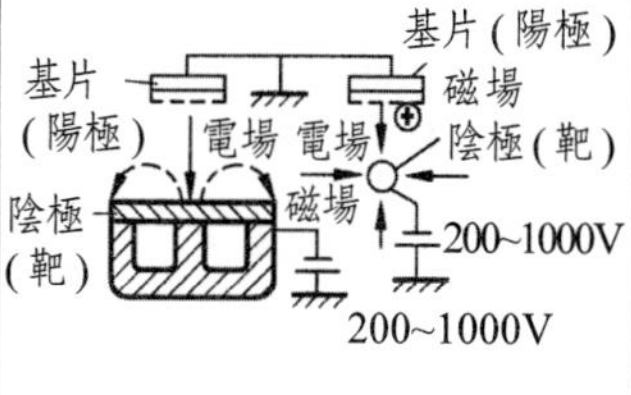 基片（陽極） 磁場 基片（陽極） 電場 電場 陰極（靶） 陰極（靶） 磁場 200~1000V 200~1000V

序號	濺射方式	濺射電源	Ar 氣壓① / Pa（或 torr）	特徵	原理圖
4	對向靶濺射	可採用磁控靶 DC 或 RF0.2～1kV 3～30W/cm^2	1.33×10^{-1}～ 1.33×10^{-3} (10^{-3}～10^{-5})	兩個靶對向布置，在垂直於靶的表面方向加上磁場，基板位於磁場之外。可以對磁性材料進行高速低溫濺射	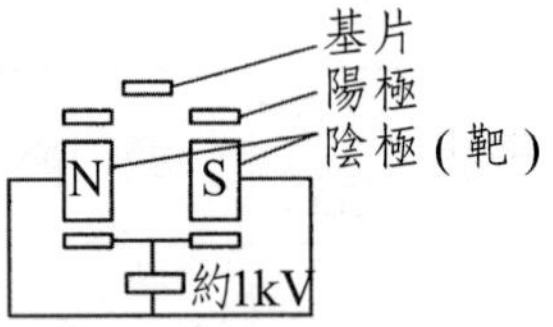 基片 陽極 陰極（靶） N S 約1kV
5	ECR濺射	0～數千伏	1.33×10^{-3}(10^{-5})	採用 ECR 電漿，可在高真空中進行各種濺射沉積，靶可以做得很小	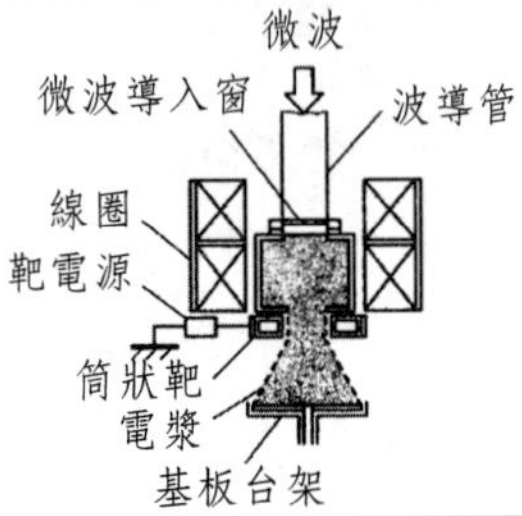 微波 微波導入窗 波導管 線圈 靶電源 筒狀靶 電漿 基板台架
6	射頻濺射	FR0.3～10kV 0～2kW	1.33×(10^{-2})	開始是為了製取絕緣體，如石英、玻璃、Al_2O_3 的薄膜而研製的，也可濺射鍍製金屬膜。靶表面加磁場可以進行磁控射頻濺射	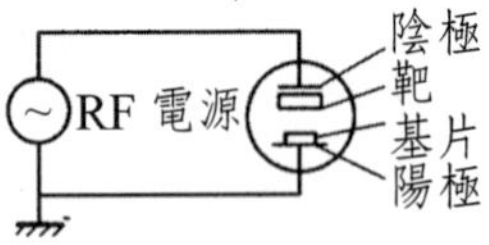 RF 電源 陰極 靶 基片 陽極
7	自濺射	靶表面的磁通密度 50mT，7～10A（ϕ 100mm 靶）	≈0〔起動時 1.33×10^{-1} (10^{-3})〕	濺射時不用氬氣，沉積速率高（達數 μm/min），被濺射原子飛行軌跡呈束狀（便於大深徑比微細孔的埋入），目前僅限於 Cu、Ag 的自濺射	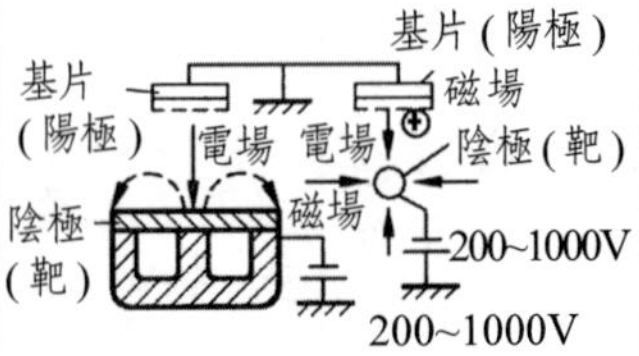 基片（陽極） 基片（陽極） 磁場 電場 電場 陰極（靶） 磁場 陰極（靶） 200~1000V 200~1000V

序號	濺射方式	濺射電源	Ar 氣壓① / Pa（或 torr）	特徵	原理圖
8	反應濺射	DC0.2～7kV RF0.3～10kV	在 Ar 中混入適量的活性氣體，例如 N_2、O_2 等，分別製取 TiN、Al_2O_3	製作陰極物質的化合物薄膜，例如，若陰極（靶）是鈦，可以製作 TiN、TiC	從原理上講，上述各種方案都可以進行反應濺射
9	離子束濺射	引出電壓 0.5～2.5kV，離子束流 10～50mA	離子源系統 10^{-2}～10^{2}，濺射室 3×10^{-3}	在高真空下，利用離子束濺射鍍膜，是非電漿狀態下的成膜過程，還可以進行反應離子束濺射	基片 靶 離子源

①括號中的數據單位為 Torr

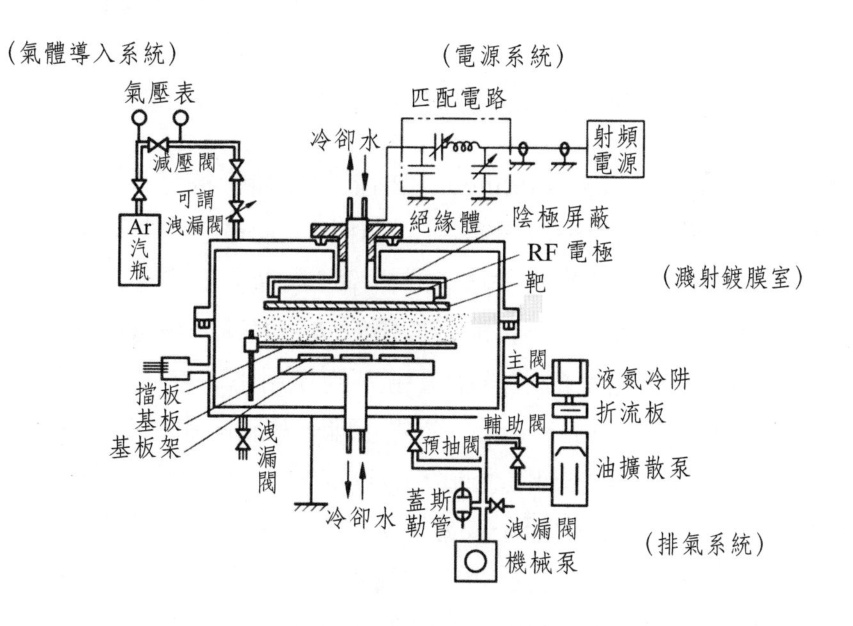

圖 10.24 射頻濺射裝置基本結構

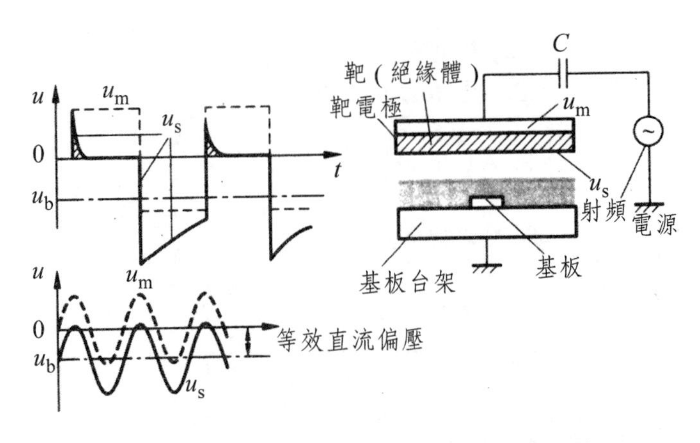

圖 10.25 射頻濺射絕緣靶形成介質膜的原理

10.8 物理氣相沉積（PVD）(4) —— 磁控濺鍍靶

10.8.1 平面磁控濺鍍源和濺鍍靶

磁控濺射（magnetron sputtering）包括很多種類。各有不同工作原理和應用物件。但有一共同點：利用磁場與電場交互作用，使電子在靶表面附近成螺旋狀運行，從而增大電子撞擊氬氣產生離子的概率。所產生的離子在電場作用下撞向靶面從而濺射出靶材。可以分為直流磁控濺射法和射頻磁控濺射法。

磁控濺射的工作原理是指電子在電場 E 的作用下，在飛向基片過程中與氬原子發生碰撞，使其電離（ionization）產生正離子和新的電子；新電子飛向基片，Ar 離子在電場作用下加速飛向陰極靶，並以高能量轟擊靶表面，使靶材發生濺射。在濺射粒子中，中性的靶原子或分子沉積在基片上形成薄膜，而產生的二次電子（secondary electron）會受到電場和磁場作用，產生 E（電場）$\times B$（磁場）所指的方向飄移，簡稱 $E\times B$ 飄移，其運動軌跡近似一條擺線。若為環形磁場則電子就以近似擺線形式在靶表面做圓周運動，它們的運動路徑不僅很長，而且被束縛在靠近靶表面的電漿區域內，並且在該區域中電離出大量的 Ar 來轟擊靶材，從而實現了高的沉積速率。隨著碰撞次數的增加，二次電子的能量消耗殆盡，逐漸遠離靶表面，並在電場 E 的作用下最終沉積在基片上。由於該電子的能量很低，傳遞給基片的能量很小，致使基片溫升較低。磁控濺射是入射粒子和靶的碰撞過程。入射粒子在靶中經歷複雜的散射過程，和靶原子碰撞，把部分動量傳給靶原子，此靶原子又和其它靶原子碰撞，形成極聯過程。在這種極聯過程中，某些表面附近的靶原子獲得向外運動的足夠動量，離開靶被濺射出來。

10.8.2 大量生產用流水線型濺鍍裝置

大量生產用流水線型濺鍍裝置，廣泛用於平板玻璃、塑料薄膜、織物等金屬化。濺鍍機由真空室、排氣系統、濺射源和控制系統組成。濺射源又分為電源和濺射靶（sputter target）。磁控濺射靶分為平面型和圓柱型，其中平面型分為矩型和圓型，靶材料利用率 30%～40% ，圓柱型靶材料利用率大於 50%。濺射電源用於導體靶的有：直流（DC）、射頻（RF）、脈衝（pulse）等。用於導體靶的直流電源多為 800～1000V。用於非導體靶的射頻電源多為 13.56MHz。最新發展出的脈衝電源既可以用於導體靶，又可用於非導體靶。

濺鍍時須控制參數，包括：濺射電流、電壓或功率、以及濺鍍壓力。若各參數皆穩定，可由鍍膜時間近似估計膜厚。

10.8.3 鋁合金的濺鍍

在 1980 年以前，積體電路（IC, integrated circuit）中的鋁（Al）佈線都是由真空蒸鍍法製作的。當時的最小加工尺寸〔特徵線寬（feature line width）〕為 2.5μm ，為了提高整合度，需要解決：(1) 臺階覆蓋度要好，(2) 不發生由於電遷移引發的斷線，(3) 佈線的壽命要長等。當時，人們認為鋁合金的濺射膜有希望解決這些問題，並進行了實用化實驗，但由於遇到 (1) 鍵合困難，(2) 難以刻蝕等缺點而未能實現。但人們在實驗中推測，這些問題的產生與濺射前的排氣真空度不良有關。當時有一個錯誤的觀點，認為反正濺射時要通入 0.1Pa 的氬氣，基礎真空達到 10^{-4}Pa 也就足夠了。

於是，以提高電遷移耐性為目的，採用含矽 2% 的鋁合金，在達到超高真空（10^{-6}Pa 以下）的基礎真空條件下再進行濺射鍍膜。由此得出下述結果。

(1) 膜層的鏡面反射率與氧、氮、水蒸氣等雜質氣體的混入率密切相關，從混入率超過 0.1% 起，鏡面反射率急劇下降。從真空蒸鍍的經驗看，鏡面反射率好的膜層，其鍵合特性和刻蝕特性均好。因此，為了獲得良好的鍵合特性，雜質氣體的混入率要控制在 0.1% 以下（真空度越高越優）。

(2) 基板溫度達到 150℃以上製膜，膜層的顯微硬度在 50 左右而保持一定。膜的顯微硬度若在 50 以下，則鍵合的不良率幾乎為 0。

(3) 膜層固有電阻從 150℃左右起與基板溫度無關，而保持一定。在此溫度以下，電阻變高。因此，需要在此以上的溫度濺射鍍膜。

藉由上述措施，今天採用鋁合金濺射膜製作佈線的 IC 已廣泛應用。

10.8.4 Ta 膜、TaN 膜的濺鍍

鉭（Ta）為化學活性很強的金屬，製作鉭的薄膜需要在良好的真空條件下進行。而且鉭的熔點很高（2990℃），除濺鍍之外，很難用其它方法成膜。

在製作 Ta 的薄膜時，需注意各種反應氣體混入以及氣體壓力與所形成薄膜的電阻率的關係。引人注目的是，與氮反應所產生的氮化鉭（TaN）膜，即使氮氣的量發生變化，卻存在電阻率不變化的區域。

在 N_2 分壓為 $(4\sim13)\times10^{-2}$Pa 區域，薄膜的電阻溫度係數 TCR（temperature coefficient of resistance），溫度變化 1℃時電阻的變化率、電阻率 ρ、強制壽命試驗得到的電阻變化 $\triangle R$，都顯示出穩定值。

由氮化鉭製作的電阻膜極為穩定，隨時間的變化小，在室溫（25℃）中，若在一般條件下使用，10 年後的電阻值變化可推定在 +0.05% 以內。

這種氮化鈦薄膜，藉由陽極氧化法在常溫這種電解液中進行氧化，利用氧化膜還可對電阻值進行精密調整，製作電容器。

在生產氮化鉭膜的連續濺鍍裝置中，N_2 流入量與作為性能指標的 TCR 關係測試結果。相對於流量，TCR 有一平坦區域，此為電阻率不變化的區域。這說明，若在該領域中導入氮氣，即使發生少許的流量變化，也可進行穩定的生產，這特別適合大量生產。

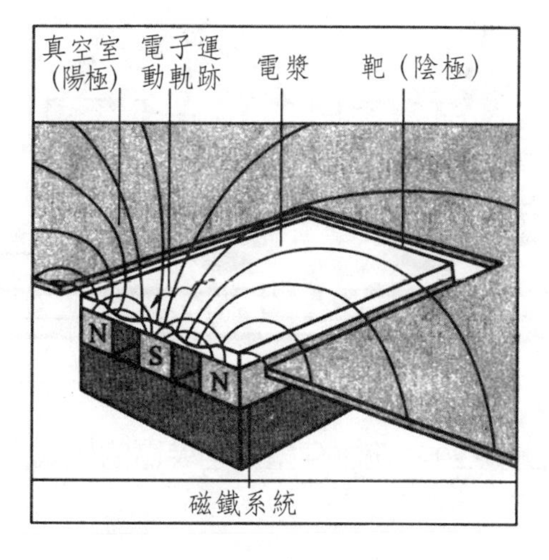

圖 10.26 平面磁控濺射源布置

(a) 圓型靶

(b) 矩型靶

圖 10.27 濺射靶的外觀

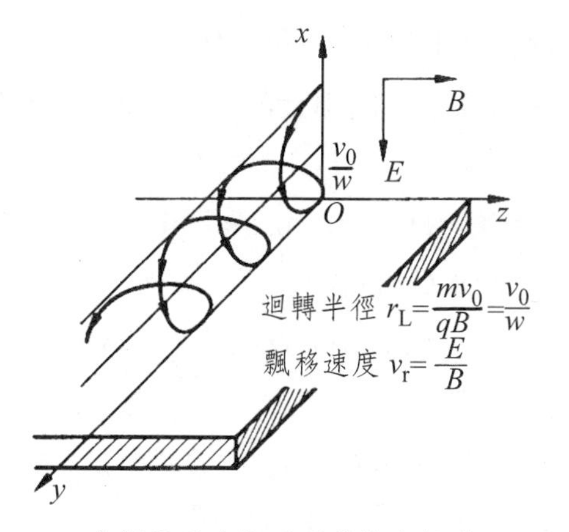

(a) 分析電子在靶面運動的座標系

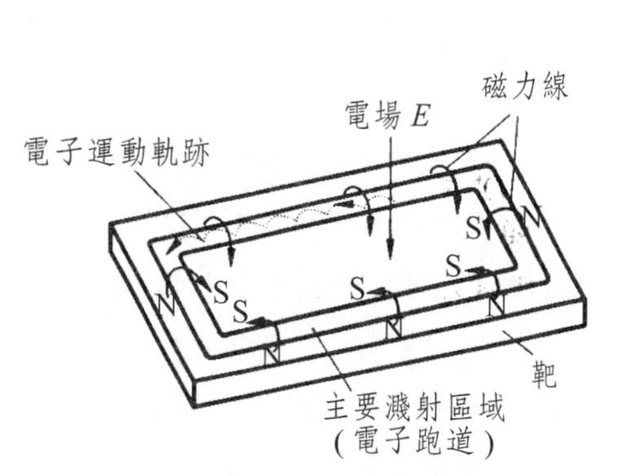

(b) 二次電子沿環型跑道作旋輪線運動

圖 10.28 磁控濺射中二次電子在電場和磁場共同作用下的運動軌跡

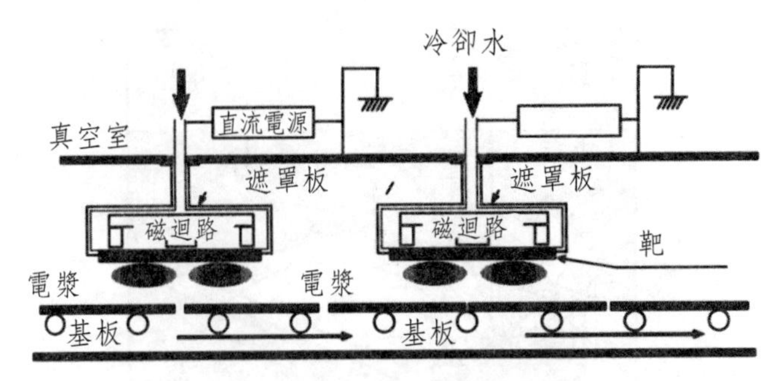

圖 10.29 流水線型濺射裝置的模式圖

10.9 化學氣相沉積（CVD）(1) —— 原理及設備

10.9.1 何謂化學氣相沉積

化學氣相沉積（chemical vapor deposition，簡稱 CVD）是反應物質（reactant）在氣態條件下發生化學反應，生成固態物質沉積在加熱的固態基體表面，進而製得固體材料的技術。它本質上屬於原子範疇的氣態傳質過程。與之相對的是物理氣相沉積（PVD）。

一般情況下，為引起氣相間的化學反應，猶如乾柴點火，需要對反應系統輸入反應活化能（activatin energy）。依提供反應活化能的方式不同，化學氣相沉積分為各種不同類型。升高溫度，以熱提供活化能的為熱 CVD（即一般所說的 CVD），採用電漿的是電漿增強 CVD（PECVD），採用光的是光 CVD（photo-CVD）。

根據反應室的壓力可分為常壓 CVD（NP-CVD, NP: normal pressure）和低壓 CVD（LP: low pressure-CVD）。最早是從常壓 CVD 開始的。此後，為了改善沉積膜的厚度分布、電阻率分布及提高生產效率，逐步開發出低壓 CVD。進一步為了實現元件製程的低溫化，又開發出電漿增強 CVD。

在 CVD 中，把含有要生成膜材料的揮發性化合物（稱為源）汽化，或者使之與氫、氮等載帶氣體混合，盡可能均勻地送到加熱至高溫的基片上，在基片上進行分解、還原、氧化、置換等化學反應，並在基片上形成薄膜。作為源氣體，常使用鹵化物（halide）、有機化合物等。基板上例如發生下述反應：(1) 製作 Si 薄膜的熱分解反應：$SiH_4 \rightarrow Si + 2H_2$；(2) 製作 Si 薄膜的還原反應：$SiCl_4 + 2H_2 \rightarrow Si + 4HCl$；(3) 製作 SiO_2 薄膜的氧化反應：$SiH_4 + O_2 \rightarrow SiO_2 + 2H_2$；(4) 製作 Cr 薄膜的置換反應：$CrCl_3 + Fe \rightarrow Cr + FeCl_3$ 等。

10.9.2 熱 CVD、PECVD 和光 CVD

熱 CVD 具有下述特長：(1) 由於是表面反應，因此覆蓋特性好，小而深的孔中也能塗敷；(2) 高溫下成膜，膜層的附著強度高、延展性好、應變小；(3) 膜層的生長速度快；(4) 採用多種成分的氣體可以製作合金膜及多組分的組合膜；(5) 能方便地製取 TiC、SiC、BN 等耐磨性、耐蝕性優良的超硬膜。

另一方面，熱 CVD 在高溫下成膜，耐熱性差的基板難以承受，還有不適合製作高純度膜等優點。

熱 CVD 裝置的心臟是反應器。反應器的種類繁多，但主要有表 10.6 所示的幾種。電漿增強 CVD、光 CVD 基本上也採用這些形式。配置這些反應器的關鍵是，一次裝入反應器（reactor）的晶圓等被處理的基板要盡量多；加熱器布置要保證基板溫度恆定、均勻而且可調；源氣體在各基板表面要分配均勻；反應尾氣要迅速擴散排除。

圖 10.30 是電漿增強 CVD 裝置，其用意是降低溫度而反應能正常進行。藉由在基板前面形成 (a) 二極放電、(b) 無極放電形成電漿，可實現 PCVD 反應。例如沉積氮化矽的情況，從熱 CVD 的 750℃下降到 250℃，PCVD 反應照樣進行。圖 10.31 是為了防止電漿中電子和離子對基板的轟擊，而藉由光促進化學反應的光 CVD 裝置。其中，(a) 為雷射描畫成膜，(b) 為一次成膜。

10.9.3 矽系薄膜的 CVD

矽系薄膜在積體電路（IC）、液晶顯示器（LCD, liquid crystal display）用薄膜電晶體等領域，均有極廣泛的應用。

單晶矽（single crystal silicon）膜通常是製作 IC 等使用的基板，即矽晶圓上藉由磊晶生長得到。晶圓也是由矽單晶棒經切割、研磨製作的，但其中含有缺陷。而由熱 CVD 法製作的單晶膜，缺陷要少得多。採用的方法有矽烷（SiH_4）的高溫熱分解和四氯化矽（$SiCl_4$）的氫還原等。

多晶矽膜是由矽烷熱分解形成的，多用於 IC 中電晶體的閘極、佈線等。

矽氧化膜是在矽烷中加氧氣，由氧化法製作的，其特點是反應溫度低。還有以氬為載送氣體（carrier gas），由一氧化碳及二氧化碳在 700～900℃比較高的溫度下經氧化製作的。

氮化矽膜可由二氯二氫矽（SiH_2Cl_2）及矽烷經氮化製作。氮化矽膜作為保護用膜層及技術過程中的掩模，具有舉足輕重的作用。

以上是藉由熱 CVD 的薄膜製作方法，但利用上節提到的 PCVD 法，可以實現低溫化。特別是氮化矽膜，在 450～550℃相對較低的溫度即可形成。通過矽烷的電漿分解，也可以製作非晶矽（a-Si）（amorphous silicon）膜。

隨著 IC 的高密度化，電容器等也必須超小型化。HSG（hemispherical grained ，半球形）矽膜就是用於這種目的的膜層。在矽的基板上，依次沉積矽的氮化膜或非晶矽膜，使矽烷（SiH_4）氣體短時間內分解而成核，獲得凹凸半球形表面積大的膜層。

10.9.4　金屬及導體的 CVD

電子元件的佈線多使用金屬及多晶矽（poly-crystal silicon）薄膜。金屬薄膜以濺鍍法製作為主流，但以 CVD 法製作的金屬薄膜（金屬 CVD）製作佈線之研究也正取得進展中。表 10.7 列出 CVD 法製作的金屬、導體種類及其所使用的源氣體等概要。

鎢薄膜已成功用於佈線與佈線間連接用的鎢塞（W plug）。採用的方法有兩種，一種是僅在矽基板上生長薄層的選擇生長法，另一種是不管基板為何種材料，都沉積同樣膜層的掩蓋（blanket）生長法。後者生長速度快，刻蝕掉不需要的部分即可使用。

鋁膜也可以由氯化物製作，但主要由有機化合物（organic compound）在比較低的溫度下由分解法製作。圖 10.32 表示在反應氣體導入途中使其熱活化等，並使之反應成膜的裝置。採用這種裝置在單晶矽基板面上磊晶生長的鋁膜，耐電遷移（EM, ectro-migration）性優良，但是，由於在絕緣膜上未能生長成單晶膜，故仍未達到實用化。

與鋁膜相比，銅的 CVD 膜具有電阻率低、耐電遷移性好等優點。採用圖 10.33 下所示的裝置，以同圖中所示的有機化合物為原料，在 150～300℃溫度、13～ 650Pa 壓力下，由熱分解反應即可形成。最近，通過提高基板表面的源氣體流速、減少反應氣體滯留損失用的漏斗型氣體導向罩〔圖 10.34(a)〕。圖

10.34(b) 是由這種方式實現的埋入。現在，儘管銅薄膜沉積以電鍍為主流，但在需要佈線的絕緣物表面要想電鍍，必須先沉積一層能導電的打底。由於電鍍受此限制，估計早晚會被 CVD 法所取代。

所謂阻擋金屬層，是為了防止鋁與銅間、矽與矽氧化物間易於擴散而設置的擴散防止膜（阻擋層），最常使用的是鈦及鉭的氮化物。

表 10.6 CVD 反應器的實例

形式	a	b	c	d	e
分類	批量 橫形	批量 縱形	批量 輻射形	單片式	連續式
加熱方式	IR（紅外線） 電阻加熱	IR（紅外線） 電阻加熱	燈	電阻加熱 IR IR（燈）	電阻加熱 IR（燈）
應用實例	摻雜氧化物 Si_3N_4 多晶 Si	低溫氧化膜 多晶 Si（RF） Si_3N_4 膜	磊晶膜生長	低溫氧化膜、 Si_3N_4 金屬（W） 磊晶膜生長	低溫氧化膜
裝置示意圖	矽晶片 舟 容器	矽晶片 容器 均熱板	矽晶片 容器	矽晶片 容器	矽晶片 鏈式傳送帶
工作壓力	LP	NP LP	LP	LP	NP

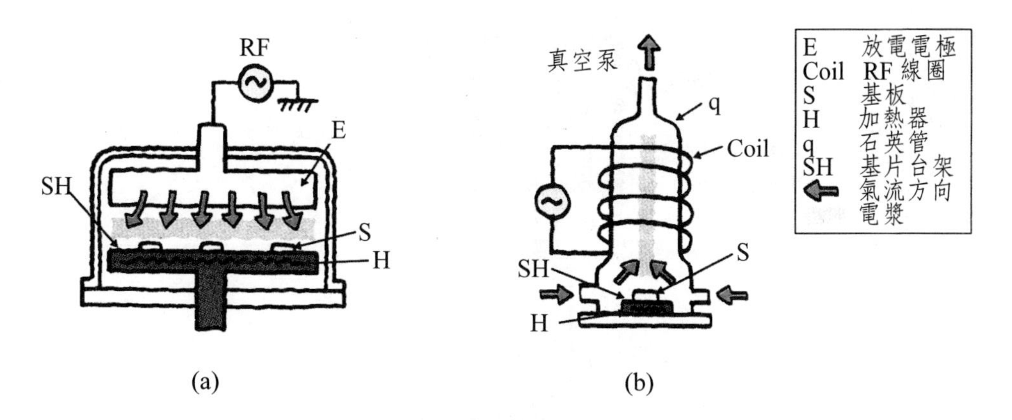

圖 10.30 電漿 CVD 裝置的基本構成範例

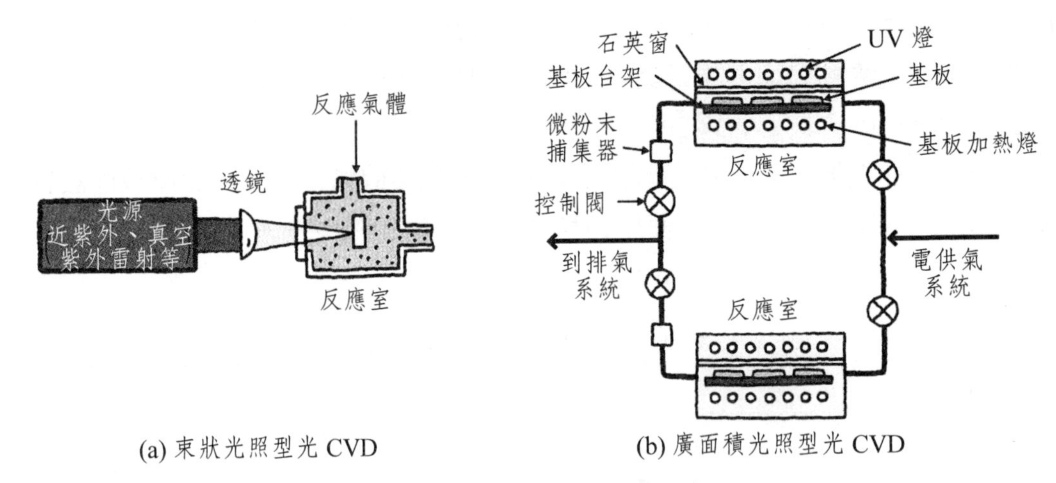

(a) 束狀光照型光 CVD　　(b) 廣面積光照型光 CVD

圖 10.31　光 CVD 的原理示意圖

表 10.7　金屬及導體的 CVD

用途	薄膜	源氣體	反應溫度	反應壓力（Pa）
佈線	W	WFe	200～300℃（選擇生長） 300～500℃（一樣生長）	0.1～100
	Al	$(i\text{-}C_4H_9)_3Al$、$(CH_3)_2AlH$	250～270℃	10～300
	Cu	Cu (hfac) tmvs、$Cu\ (hfac)_2$	100～300℃	10～500
阻擋金屬層	TiN	$TiCl_4 + NH_3$、$Ti\ (N(CH_3)_2)_4 + NH_3$	450～700℃，≈ 400℃	10～100

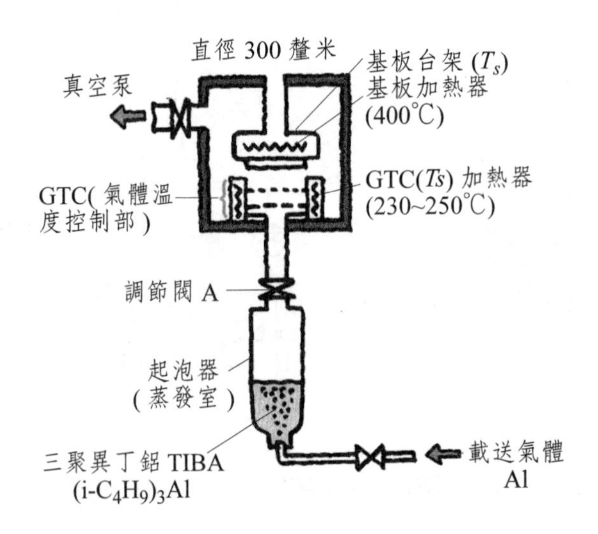

圖 10.32　熱活化 CVD、GTC-CVD 裝置

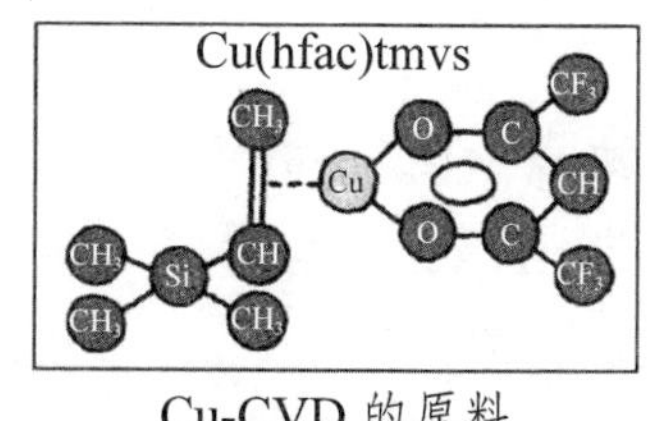

Cu-CVD 的原料

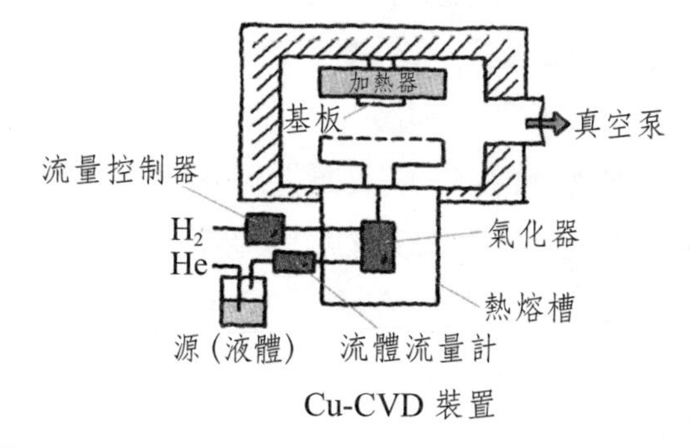

Cu-CVD 裝置

圖 10.33 Cu-CVD 的原料與 Cu-CVD 裝置的實例

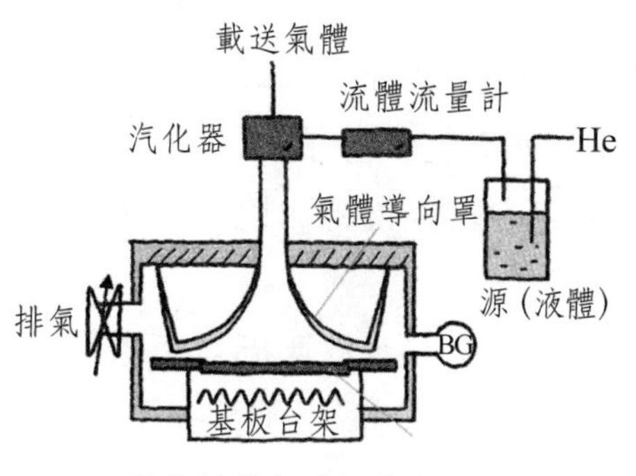

(a) 試用倒漏斗形氣體導向罩的 Cu-CVD 裝置

(b) 對 φ0.22、深徑比（aspect ratio）為 7 的孔，在 180℃、210Pa、30nm/min 埋入得到的斷面（白：SiO_2、黑：Cu、灰：Si）

圖 10.34 Cu-CVD 裝置的最新方式

10.10 化學氣相沉積（CVD）(2) —— 各類 CVD 的應用

10.10.1 高介電常數膜和低介電常數膜的 CVD

CVD 法的特徵之一是，可以沉積合金及多組分的膜層。正是基於此，CVD 法廣泛用於製作高介電常數（high-*k*, *k*: dielectric constant）和低介電常數（low-

k）的膜層。

high-k 膜用於超 LSI 中極微小電容器的製作。上節談到的 HSG 膜，即是適應高密度化的進展，使電容器盡量減少佔表面積所採用的對策。電容器的容量 $C = \varepsilon_r\ \varepsilon_0 S/t$。其中，$\varepsilon_r$ 是相對介電常數（relative dielectric constant），ε_0 是真空介電常數，S 是電容器的面積，t 是絕緣層的厚度。絕緣層的厚度 t 由於維持耐壓的要求而不能太小。表面積 S 由於高密度化的要求，也只能小、不能大。眼下的出路只有採用相對介電常數 ε_r 大的膜層。

表 10.8 表示高介電常數膜層製作方法概要。最初是矽氧化物 SiO_2 膜（ε_r = 4），接著是採用與矽氮化物 SiN 膜構成三明治結構的膜層（ε_r = 8）。而後多採用氧化鉭 Ta_2O_5 的膜（ε_r = 24）。目前正在開發 BST（$BaSrTiO_x$）、PLZT（PbLaZr TiO_x）等，所謂鐵電體（ferro-electric）類相對介電常數極大的膜層。如何提高這些膜層的結晶性是開發重點。

低介電常數膜層的需求在於佈線中信號的高速（高頻）化進展。圖 10.35 表示細長延伸，彼此靠得很近的兩條佈線間的簡單類比電路。當有高速信號輸入時，要求該電路：(1) 信號延遲要小，(2) 信號失真要低，(3) 兩條佈線間盡可能不發生串擾（cross-talk）。要滿足這些要求，RC 越小越好。為了減小 RC ，R 和 C 都要減小。真空的介電常數 ε_0 = 1，但真空中難以佈線，因此需要尋找相對介電常數 ε_r 接近 1 的材料。

表 10.9 表示低介電常數膜層的開發概要。其中涉及無機、有機等各種類型的材料。「製作材料者製作技術」，材料的突破意味技術的跨越。

10.10.2 液晶電視用的非晶矽（a-Si）薄膜

在 21 世紀初，由於液晶電視在相應速度、視角、對比度、彩度等方面取得突破性進展，再加上液晶輕量薄型、低功耗的優點，目前液晶電視處於無以倫比的地位。

液晶電視（liquid crystal television）的每個次圖元（sub-pixel）中，都設有一個採用非晶矽（a-Si）的薄膜電晶體，用於主動驅動。為了提高圖像解析度（resolution），薄膜電晶體的數量飛躍性地增加（已有 4k×8k 產品）。為此，薄膜電晶體需要尺寸縮小，數密度增加。

目前採取的技術是先由電漿 CVD 法製作大面積的均質 a-Si 薄膜，再由其製作薄膜電晶體。隨著液晶顯示器的多功能化，由於 a-Si 材料只能形成 n 型而不能形成 p 型，a-Si 的電子遷移率（electron mobility）太低等，a-Si 材料與 IC 電路不相容的矛盾日益突出。理想的情況是採用單晶矽膜，但製作如此大面積的單晶矽膜談何容易。因此，當下的目標是採用單晶與非晶中間的多晶矽薄膜。

但是，製作大面積的多晶矽薄膜並非容易做到。目前採用的方法是先製好 a-Si 膜之後，再藉由雷射照射實現多晶矽化。存在的問題是，由矽烷電漿分解得到的 a-Si 中，在製作過程中會進入最多達 40% 的氫。當雷射照射 a-Si 時，被照射的部分液化，其再次固化時變成多晶矽。但此時，會發生氫沸騰冒泡現象。因此，人們對低含氫量的 a-Si 進行了不懈的開發，通過 400～500℃較高溫度下電漿 CVD，已達到降低氫含有率的明顯效果。

另外，不用電漿照射，而採用鎢絲（tungsten filament）的觸媒反應使矽烷分解，在 300℃左右較低的溫度下，就可以獲得氫含量 3% 以下的 a-Si 膜。

CVD 的研究正針對滿足將來高密度 IC 的需要，如何做出極薄且可靠性高的氧化膜。再在別的電漿室中使矽烷分解，但僅向基板引出活性基，以形成氧化矽（SiO_2）膜，這種極薄的膜層漏電流（leakage current）極小，品質很高。

10.10.3 由表面改性形成薄膜

在基板上塗敷薄膜，不免會有薄膜剝離脫落的擔心。如果藉由表面改性，由基板「長出」薄膜，薄膜與基板有機地連接在一起，則不會有薄膜剝離脫落的擔心。

圖 10.36 表示用於表面改性的裝置實例。(a) 為反應室橫向、基板縱向並排放置的方式；(b) 為反應室縱向、基板橫向並排放置的方式。由於後者反應器內部的氣流和溫度分布均勻、污染物的發生少，因此這種縱形方式正成為主流。

圖 10.37 僅取出這些裝置的供氣方式分別表示。(a) 使高純度的去離子水（de-ionized water）蒸發，將其水蒸氣導入由均熱管等加熱的基板（wafer）表面，進行氧化，若是矽基板，則形成 SiO_2 膜；(b) 在上述工程中進一步導入氧氣；(c) 只利用氧進行氧化的方式。在 (c) 中，若用氮氣，例如藉由反應式 $3Si + 4NH_3 \longrightarrow Si_3N_4 + 6H_2$，即可在矽基板上生長出氮化膜。同樣，採用碳素系氣體，例如藉由反應式 $Si + CH_4 \rightarrow SiC + 2H_2$，則可得到碳化膜。

表 10.10 是這些表面改性方式的匯總。若想高速氧化，可採用水蒸氣的方式；在重視電氣特性而進行氧化、氮化時，可採用乾式氧系或臭氧（ozone, O_3）系的方式。若採用電漿的離子氧化、氮化、碳化法（圖 10.38），則可在 100～300℃的低溫下成膜。

10.10.4 TFT LCD 中應用的各種膜層

薄膜電晶體液晶顯示器（thin film transistor liquid crystal display, TFT LCD）廣泛應用於手機螢幕，電腦、電視顯示器以及大型投影設備中，它具有輕、薄的特點，加上完美的畫面及快速的相應特徵，充分迎合了當今顯示器設備的發展需求。

TFT LCD 的製作技術包括基板清洗、成膜、微影照相、檢查修復等，其中成膜方式可分為化學成膜和物理成膜兩大類，物理成膜的主要方法為濺射，用於製作合金模；化學成膜則主要應用 CVD 成膜技術生成非金屬膜。此處只介紹 CVD 技術下生成的各種膜層。

TFT LCD 中的閘極絕緣膜是通過常壓 CVD 技術製得，有時用它在閘極與玻璃基板之間形成保護底層，這種薄膜的特點是階梯覆蓋（step coverage）性良好，層間絕緣性能好。而低壓 CVD 技術常用來製作高溫多晶矽 TFT LCD 膜，包括 poly-Si 形成用的 a-Si（非晶矽）薄膜、閘極絕緣用的矽氧化膜（SiO_2）、閘極的 n^+-poly-Si、層間絕緣膜（SiO_2）薄膜等。

表 10.8 高介電常數膜層的 CVD 生長

薄膜	源	反應溫度 基板溫度 （℃）	基板	相對介 電常數
SiO_2* 矽氧化物	SiH_4（矽烷）+ O_2 $SiCl_4$	≈ 400 600～1000	Si	4
SiN 矽氮化物	SiH_2Cl_2（二氯二氫矽） NH_4	600～800	Si	8
Ta_2O_5 氧化鉭	$Ta(OC_2H_5)_5 + O_2$	400～500	SiO_2	20～28
BST $(BaSr)TiO_3$	$Ba(DPM)_2$ (bis dipivaloylmethanats) $Sr(DPM)_2$ (bis (DPM) strontium) $TiO(DPM)_2$ (titanyl bis (DPM))、 O_2 有機溶劑：四氫呋喃 THF (tetrahydrofuran:C_4H_8O)	420	Pt/SiO_2/ Si	150～200
PLZT (Lanthamun modified lead zicronate titanate)	$Pb(C_2H_5)$ $La(C_{11}H_{19}O_2)_3$ $Zr(C_{11}H_{19}O_2)_4$ $Ti(i\text{-}OC_3H_7)_4$	500～700	Pt/SiO_2/ Si	500～1500

* 由熱氧化製造的居多

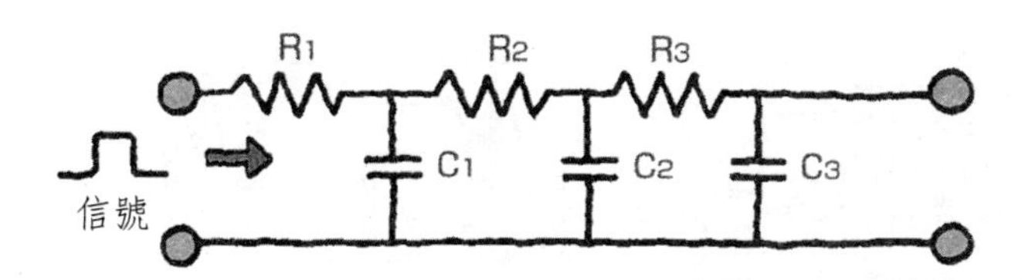

由於信號通過 R1 時要對 C1 充電，通過 R2 時要對 C2 充電，如此這樣向前傳輸，則 C×R 越大，信號延遲越嚴重

圖 10.35　電阻為 R、線間靜電電容為 C 的佈線示意圖

表 10.9　低介電常數材料和 SiN、SiO_2

分類	名稱	結構式及模式圖	介電常數	形成方法
LK 矽氧烷系（SiO 系）	添加 F 的 SiO_2 FSG ① SiOF	$[-Si(F)(O)-O-Si(O)(O)-O-]_n$	＞3.5	CVD
	○無機 SOG HSQ ②	$[-Si(H)(O)-O-Si(O)(O)-O-]_n$	2.7～3.5	甩膠塗數
	○有機 SOG ③ MSQ ④、MHSQ	$[-Si(CH_3)(O)-O-Si(O)(O)-O-]_n$	2.8～2.9	甩膠塗數
	乾凝膠 xerogel	多孔結構 與有機 SOG 的成分相同	1.5～3	甩膠塗數＋特殊乾燥＋疏水化處理
LK 有機樹脂系（C 系）	○非氟系芳香族樹脂 Flare^{TM}, Silk^{TM} ⑤ PIQ^{TM}, BCB ⑥	$[-O-C_6H_4-Ar-C_6H_4-O-Ar'-O-]_n$ ⑦	2.7～3.0	甩膠塗數
	非晶態碳系氟樹脂系		2.4～2.7	CVD
	PTFE 系氟樹脂系	$[-CF_2-C_6H_4-CF_2-]_n$ 等	2.0～2.4	CVD 甩膠塗數

註：○表示有希望的低介電常數材料；LK 是低介電常數的簡稱：① FSG（fluorinated silica glass）指氟化石英玻璃；② HSQ（hydrogen siloequioxane）指氫矽氧氮烷；③ spin-on glass 指玻璃上甩膠塗數；④ hydrogen silsesquioxane 指氫矽三氧化二烷；⑤ silicon low k polymer 指矽 LK 聚合物；⑥ BCB（benzocy-clobutene）指聯二苯環丁二烯；⑦ Ar、Ar' 表示烯丙基。

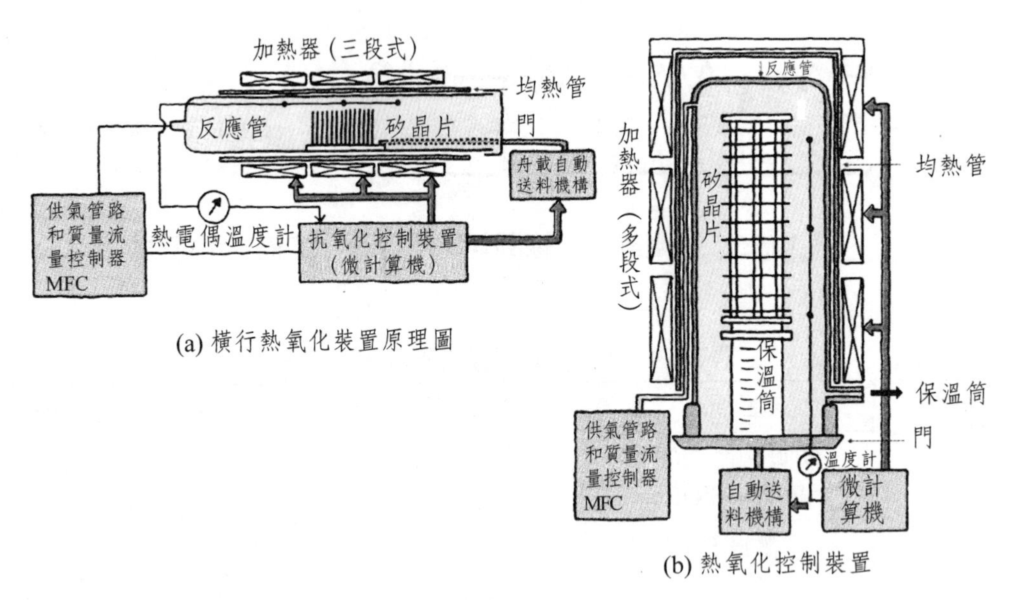

(a) 橫行熱氧化裝置原理圖

(b) 熱氧化控制裝置

圖 10.36 熱氧化裝置的實例

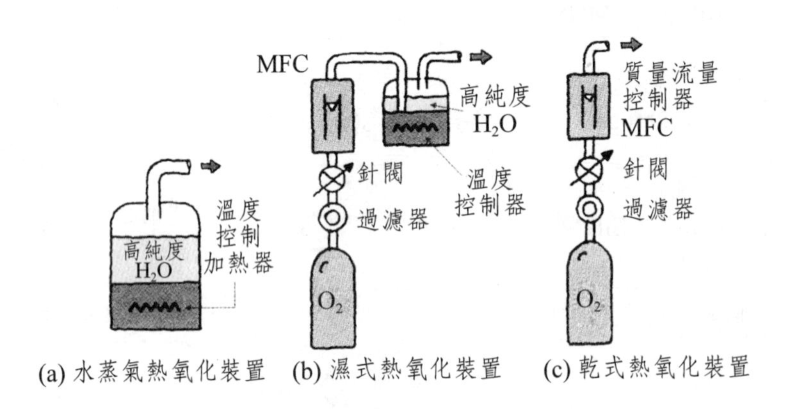

(a) 水蒸氣熱氧化裝置 (b) 濕式熱氧化裝置 (c) 乾式熱氧化裝置

圖 10.37 熱氧化裝置的供氣方式

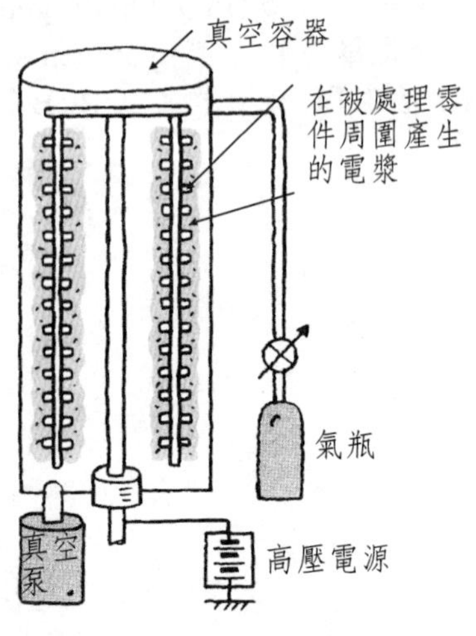

圖 10.38 離子氮化法

表 10.10 氧化、氮化等表面處理法

		方法	反應系	備註
氧化膜	熱氧化	水蒸氣氧化	100% H_2O 、H_2O/Ar 、1000℃	氧化速率大
		濕式氧化	H_2O/O_2、1000℃	絕緣強度優
		乾式氧化	O_2、1000℃	藉由添加 H_2 而增速，添加 HCl 等使 MOS 穩定
		高壓氧化	H_2/O_2 或 O_2	10～20 個大氣壓。適用於厚膜
		稀釋中氧化	$O_2 + N_2$ 那樣對 O_2 進行稀釋	適用於極薄氧化膜
		$H_2 + O_2$ 燃燒	$H_2 + O_2 \rightarrow H_2O$	
	其它	電漿氧化	O_2 電漿	利用電漿，可降低氧化溫度（600℃）
		活性基氧化	O 、O_2 活性基	實現原子水準的平坦化
氧氮化膜（熱）		氧化→氮化 氮化→氧化	氧化→氮化 氮化→氧化	可達 5nm 以下，對提高閘氧化膜的可靠性有效
氮化膜		乾式氮化	N_2 or NH_3、KCN or NaCN	適用於中碳低合金鋼（氮化鋼）
		電漿氮化	N_2、NH_3 / 載送氣體	基板（工件）為陰極，鋼的表面氮化

10.11 電鍍薄膜

10.11.1 電鍍技術的新生 —— 電鍍 Cu 膜用於積體電路佈線製作

在真空沉積鋁薄膜時，一旦真空變差，鋁膜品質馬上下降，或表面變黑或出現彩虹般的光暈。能否在水溶液中製作出性能良好的薄膜呢？這是人們長期以來夢寐以求的。幸好，在 1997 年 9 月發布了「IBM 公司在 IC 銅佈線中成功採用電鍍（electro-plating）銅膜」此一振奮人心的消息。特別是微細孔中電鍍銅膜埋入也極為成功。至此，電鍍技術獲得新生，同時開創了 IC 製作技術的新紀元。

電鍍技術按大的分類如圖 10.39 所示，屬於濕法成膜技術，與之相對的是乾式成膜技術，後者包括真空蒸鍍、離子鍍、濺射鍍膜等。

電鍍是採用電解液（electrolyte）的鍍膜技術。圖 10.40 以電鍍銅為例，表示電鍍的原理。電鍍液應選擇適於電鍍的材料。例如，電鍍銅時採用硫酸銅（$CuSO_4$）等含銅的化合物，這與氣相沉積法相似。鍍液中要加入的添加劑及平滑劑（leveker）等屬於各個廠家的技術祕密（know-how）。將電極放入電解液中，一旦有電流流動，作為陽離子（cation）的 Cu^{++} 流向負極〔陰極（cathode）〕，便在此處沉積。陽極（anode）處有 SO_4^{2-} 及 OH^- 等陰離子（anion）流入，使陽極的銅溶出。

化學鍍（chemical plating）是不採用電解液的濕法鍍膜技術。通過銀鏡反應製作鏡子所採用的就是化學鍍。將清洗乾淨的玻璃板，放入由硝酸銀的氨水溶液（銀離子）和福馬林（formalin）、葡萄糖（glucose）等還原劑組成的化學鍍液中，在玻璃板表面產生氫氣的同時析出銀膜，即得到銀鏡。

化學鍍的突出優點是在絕緣物上也可成膜，自 1946 年前後開始，成為急速發展的領域，在磁碟、磁頭以及塑料成形品金屬化等方面應用廣泛。

10.11.2 電鍍膜生長過程分析

圖 10.41 是將圖 10.40 所示銅電鍍膜生長的陰極表面情況，放大到原子尺度的模式圖。在電鍍液中，離子與水分子構成團簇，形成水化離子。後者藉由擴散、泳動、對流、攪拌、電氣力的作用等，向電極附近移動。一旦到達被稱為亥姆霍茲二重層之原子尺度（0.2～0.3nm）寬度的層內，水化離子在強電場作用下被加速，其中的水分子被剝離掉而只剩下 Cu^{++} 離子，後者進一步被加速。途中，Cu^{++} 離子從陰極引出電荷而變成中性，並向鍍面碰撞。由於碰撞的銅原子仍帶有一定的能量，因此在鍍面上運動，與其它原子構成原子對，成核並長大。

圖 10.42 是鐵板上電鍍金時，鍍層生長階段的示意圖。電鍍時間 (a) 為 1s 、(b) 為 4s 、(c) 為 7s 、(d) 為 30s 。這種生長過程與 10.3.1 一節所示的真空中成核長大過程極為相似。這說明鍍液中的薄膜生長與真空中的薄膜生長以同樣方式進行。為什麼二者方式相同？為什麼銅膜不會被水等氧化呢？

在接近圖 10.41 所示鍍面（陰極）的亥姆霍茲（Helmoltz）二重層，在原子尺度的距離上加有幾伏的電壓，但其電場強度極高，達到 10^9V/m 的程度。在此強電場中，作為鍍液中的陽離子 Cu^{++} 和 H^+ 朝陰極方向加速。另一方面，作為負離子而氧化性很強的 SO_4^{2-} 及 OH^- 等朝反方向加速，從鍍面附近被排除。

也就是說，在鍍面近距離內，氧化性離子被排除、還原性離子被集中的亥姆霍茲二重層是一個強還原性的空間。在此空間中，銅離子被還原為銅而生長為電鍍膜。這好比方是，表面上看儘管是在氧和水中生長，而實際上是在氫等還原性很強的氣體中生長。電鍍膜光澤明亮也基於此。

10.11.3 精密電鍍技術

印刷線路板（PCB, printed circuit board）佈線用電鍍銅，磁碟、磁頭用的磁性膜，超大型積體電路超微細孔埋入用的電鍍銅等，用於高技術領域的電鍍技術總稱為精密電鍍。

精密電鍍的一種方式框架電鍍法，是將由光阻製作的框架覆蓋在基板上，將電鍍液注入框架中央的凹槽，形成薄膜迴路，進行位置更加精準、技術更加精密的電鍍。電鍍後，由於框架由光阻（photoresist）膠製成，在曝光後框架的溶解性發生改變，經適當的溶劑處理即可去除，簡單易行，又可達到精密電鍍的目的。

攪拌電鍍法在電鍍銅時應用最為普遍。在鍍銅過程中需要不停地用空氣進行攪拌，因為化學鍍銅液在工作中會產生氧化亞銅微粒，這種微粒對鍍液有害，採用空氣攪拌可將氧化亞銅重新化成可溶性的二價銅離子，氧化亞銅減少，鍍液穩定性提高。另外，採用空氣攪拌可使沉銅過程中產生並附著在鍍件表面的微細氫氣泡，迅速脫離鍍件表面，逸出液面，減少鍍層氣泡的可能性，獲得更加緻密、結合力良好的鍍層。還有，在不工作時，空氣攪拌葉可防止化學鍍銅溶液分解。

空氣攪拌電鍍法已被諸多廠家運用於生產流水線上，取得較明顯的技術效果。該技術體系是採用印刷電路板在磁鐵或線圈的作用下來回移動，攪拌導槽中的溶液，使孔內的溶液得到及時交換，同時又採用高酸低銅的電解液，通過提高酸濃度增加溶液的電導率，降低銅濃度達到減小孔內溶液的歐姆電阻，並藉助優良的添加劑配合，確保高縱橫比印刷線路板電鍍的可靠性和穩定性。

根據電解液的特性，孔底電鍍法要使得深孔電鍍達到技術要求，就必須限制電流密度的取值，原因是歐姆電阻（ohmic resistance）的直接影響，而不是物質的傳遞。重要的是確保孔內要有足夠的電流，使電極反應的控制區擴大到整個孔內表面，也使銅離子很快的轉化成金屬銅，為此應把常規使用的電流密度值降低到 50%，使電鍍通孔內的過電位比高電流密度電鍍時，可以獲得更足夠的電流。

10.11.4　電解銅箔製作方法

電解銅箔生產製程簡單，主要製程有三道：溶銅生箔、表面處理和產品分切。其生產過程看似簡單，卻是集電子、機械、電化學為一體，並且是對生產環境要求極為嚴格的一個生產過程。

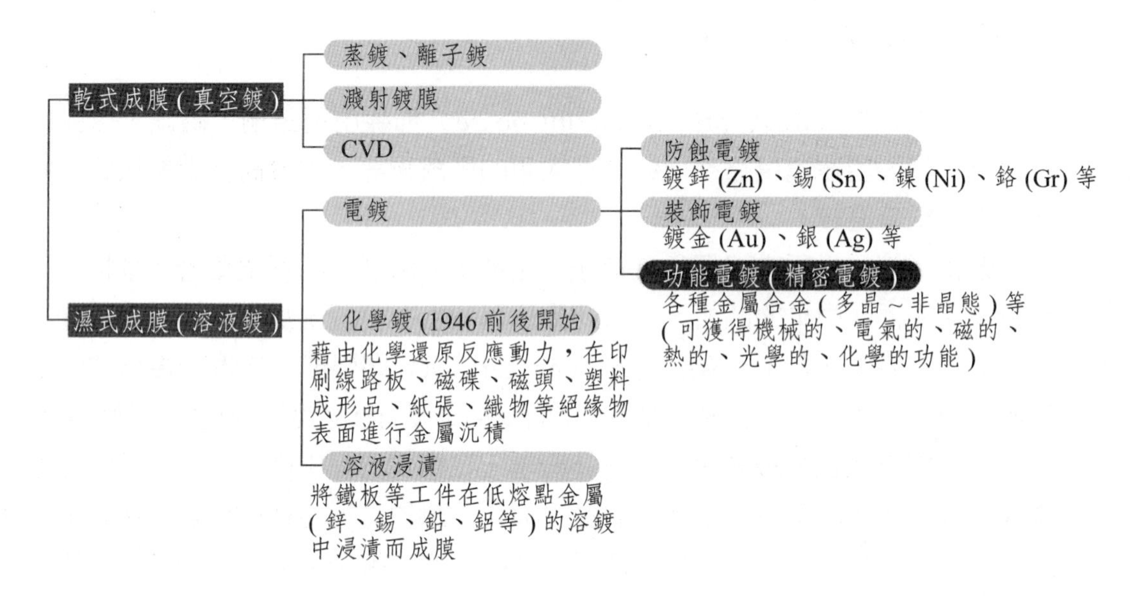

圖 10.39　電鍍（廣義）的種類

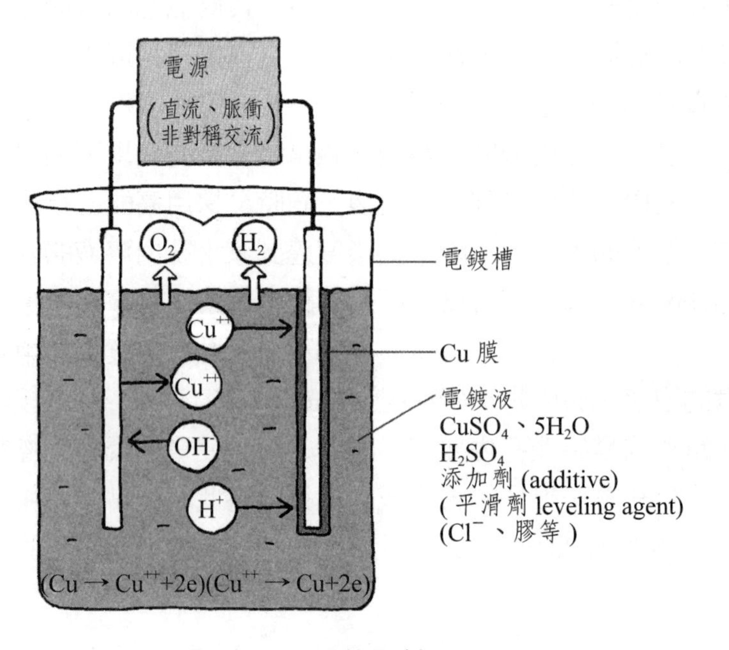

圖 10.40　銅的電鍍

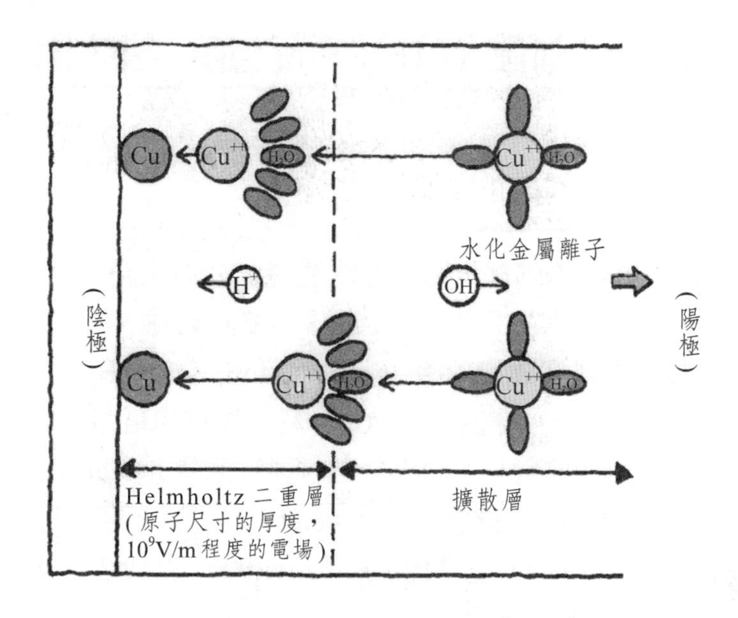

圖 10.41 電鍍膜的析出，陰極附近的反應狀況

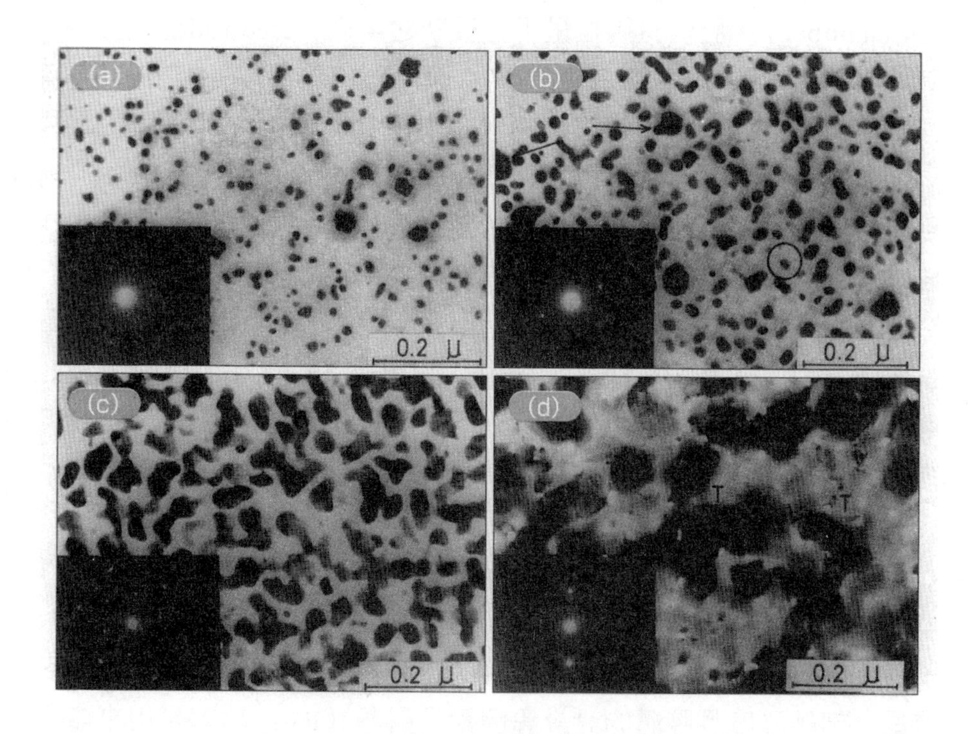

圖 10.42 電鍍膜的成核與長大

10.12 反應離子刻蝕（RIE）和反應離子束刻蝕（RIBE）

10.12.1 反應離子刻蝕的原理

乾法刻蝕是因應大型積體電路（LSI）生產需要而被開發出的精細加工技術，它具有各向異性的特點，在最大限度上保證了縱向刻蝕，還控制了橫向刻蝕。目前流行的典型設備為反應離子刻蝕（reactive ion etch, RIE）系統。它已被廣泛應用於微處理器（CPU）、存儲（DRAM）和各種邏輯電路（logic circuit）的製造中。其分類按照刻蝕的材料，分為介電材料刻蝕（dielectric etch）、多晶矽刻蝕（poly-silicon etch）和金屬刻蝕（metal etch）。反應離子刻蝕技術的刻蝕精度，主要是用保真度（profile）、選擇比（selectivity）、均勻性（uniformity）、刻蝕速率（etch rate）等參數來衡量。

反應離子刻蝕系統（reactive ion etching）中，包含了一個高真空的反應腔（reaction chamber），腔內有兩個呈平行板狀之電極（electrode）。其中一個電極與腔壁接地，另一個電極則接在射頻產生器上。由於此型態的刻蝕系統可藉由存在電極表面及電漿間的電位差來加速離子，使其產生方向性並撞擊待刻蝕物表面，因此刻蝕過程中包含了物理及化學反應。通過物理濺射實現縱向刻蝕，同時應用化學反應來達到所要求的選擇比，從而很好地控制了保真度。刻蝕氣體（主要是含 F 基和 Cl 基的氣體）在高頻電場（頻率通常為 13.56MHz）作用下產生輝光放電（glow discharge），使氣體分子或原子發生電離，形成「電漿」（plasma）。在電漿中，包含正離子（ion^{+}）、負離子（ion^{-}）、游離基（radical）和自由電子（e）。游離基在化學上是很活潑的，它與被刻蝕的材料發生化學反應，生成能夠由氣流帶走的揮發性化合物，從而實現化學刻蝕。

10.12.2 如何確定 RIE 的刻蝕條件

離子刻蝕（ion etching）製程參數一般包括了射頻（RF）功率、壓力、氣體種類及流量、刻蝕溫度及腔體的設計等因素。射頻（RF）功率是用來產生電漿及提供離子能量的來源，因此功率的改變將影響電漿中離子的密度及撞擊能量，從而改變刻蝕的結果。壓力也會影響離子的密度及撞擊能量，另外也會改變化學聚合的能力；刻蝕反應物滯留在腔體內的時間正比於壓力的大小，一般說來，延長反應物滯留的時間，將會提高化學刻蝕的機率，並提高聚合速率。氣體流量的大小會影響反應物滯留在腔體內的時間；增加氣體流量將加速氣體的分布，並可提供更多未反應的刻蝕反應物，因此可降低負載效應（loading effect）；改變氣體流量也會影響刻蝕速率。原則上溫度會影響化學反應速率及反應物的吸附係數（adsorption coefficient），提高晶圓溫度將使得聚合物的沉積速率降低，導致側壁的保護減低，但表面在刻蝕後會較為乾淨；增加腔體的溫度可減少聚合物沉積於管壁的機率，以提升刻蝕製程的再現性。晶圓背部氦氣迴圈流動可控制刻蝕時晶圓的溫度與溫度的均勻性，以免光阻燒焦或刻蝕輪廓變形。

10.12.3 利用極細的離子束修理掩模和晶片的故障

電路圖形越是微細化，越容易發生斷路和短路故障，前者該有導體的地方沒有，後者不該有導體的地方卻有了。若 IC 製品的內部發現這樣的不良部位，必當廢棄。但是對於掩模這樣僅有一層的情況，可利用由液體金屬離子源取出離子束，藉由離子束刻蝕對故障進行修理。所謂離子束刻蝕，是使離子形成束狀（在飛行方向進行聚焦的離子流）進行刻蝕的技術。

作為液體金屬離子源這種技術中的一種，其基本構成由一個尖端半徑為幾奈米的金屬針（或毛細管，capillary），和為了其前端被熔融金屬浸潤而設的加熱器及熔融金屬微滴組成，由此尖端即可引出細的離子束。由於離子材料可以由金屬熔體不間斷地供給補充，故可以長時間使用。這種束同電子顯微鏡（electron microscope）一樣可以與透鏡（lens）組合進行聚焦，例如可以獲得 40nm 以下的極細離子束。這樣得到的離子束稱為聚焦離子束（focused ion beam, FIB）。

在有鹵素氣體存在的條件下用這種 FIB 照射試樣，則只有照射的部位被刻蝕。利用非活性氣體的濺射，也可以進行刻蝕，藉此可以削除短路部分。而且，通過選擇熔融金屬種類改變束的條件，由其照射析出金屬形成薄膜，藉此可以修補斷路部分。

這種技術也可以用於製品的故障診斷。要想修復故障，首先必須判斷是斷路還是短路。FIB 像探針那樣，通過探測斷面形狀進行診斷。

10.12.4 平坦化 —— 實現微細化至關重要的技術

為了提高電子元件的性能，相同面積內的元件數按每三年四倍的速度增加（摩爾定律）。與此相應，元件的尺寸（面積）也縮小為二分之一。但這只是對平面而言。在厚度方向按比例縮小會出現問題。

例如，絕緣膜為保持耐壓，無論如何也需要一定程度的厚度。儘管電子元件中所使用的電壓，高的也在 5V 上下，但是，就是這 5V 的電壓，施加在 5μm 厚度與施加在 5 釐米厚度相比，前者的電場強度要提高 1000 倍。這樣，材料的耐壓裕度便蕩然無存。實際上，即使厚度減半，絕緣耐壓的可靠性便難以保證。

佈線也是一樣。在截面積 1μm×1μm 的佈線中流過 1mA 的微弱電流，若等量地換算到截面積 1cm×1cm 的佈線中，則要流過 10 萬安培的巨大電流。在這種情況下，必須考慮由於電遷移引起的斷線。

表 10.11　反應離子刻蝕（RIE）中所使用的反應氣體

材料	反應氣體
poly-Si	Cl_2, Cl_2/HBr, Cl_2/O_2, CF_4/O_2, SF_6, Cl_2/N_2, Cl_2/HCl, $HBr/Cl_2/SF_6$
Si	SF_6, C_4F_8, $CBrF_3$, CF_4/O_2, Cl_2, $SiCl_4/Cl_2$, $SF_6/N_2/Ar$, $BCl_3/Cl_2/Ar$
Si_3N_4	CF_4, CF_4/O_2, CF_4/H_2, CHF_3/O_2, C_2F_6, $CHF_3/O_2/CO_2$, CH_2F_2/CF_4
SiO_2	CF_4, $C_4F_8/O_2/Ar$, $C_5F_8/O_2/Ar$, $C_3F_8/O_2/Ar$, C_4F_8/CO, CHF_3/O_2, CF_4/H_2
Al	BCl_3/Cl_2, $BCl_3/CHF_3/Cl_2$, $BCl_3/CH_2/Cl_2$, BBr_3/Cl_2, $BCl_3/Cl_2/N_2$, SiO_4/Cl_2
Cu	Cl_2, $SiCl_4/Cl_2/N_2/NH_3$, $SiCl_4/Ar/N_2$, $BCl_3/SiCl_4/N_2/Ar$, $BCl_3/N_2/Ar$
Ta_2O_5	$CF_4/H_2/O_2$
TiN	$CF_4/O_2/H_2/NH_3$, C_2F_6/CO, CH_3F/CO_2, $BCl_3/Cl_2/N_2$, CF_4
SiOF(FSG)	$CF_4/C_4F_8/CO/Ar$

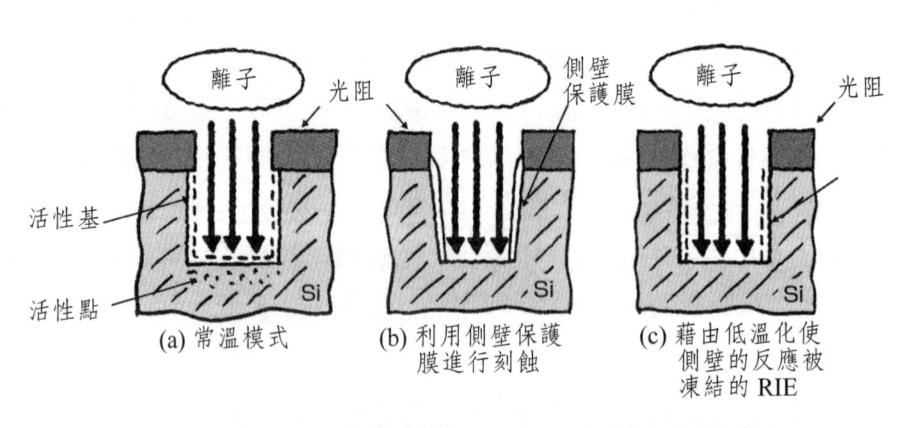

圖 10.43　反應離子刻蝕（RIE）的工作模式

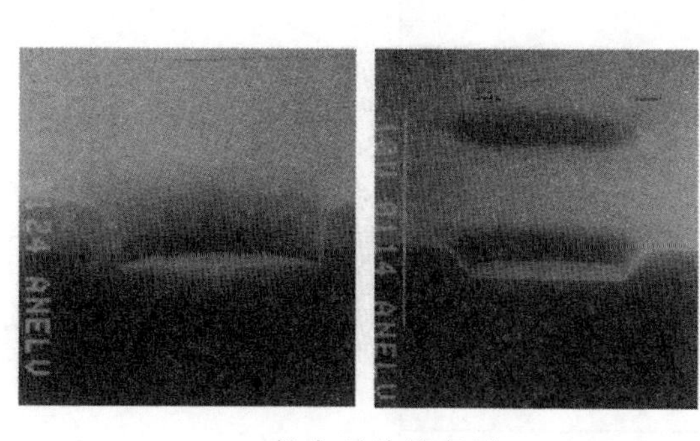

(a) 錐度刻蝕的實例

(b) 溝槽刻蝕的實例

圖 10.44　反應離子刻蝕（RIR）樣品實例

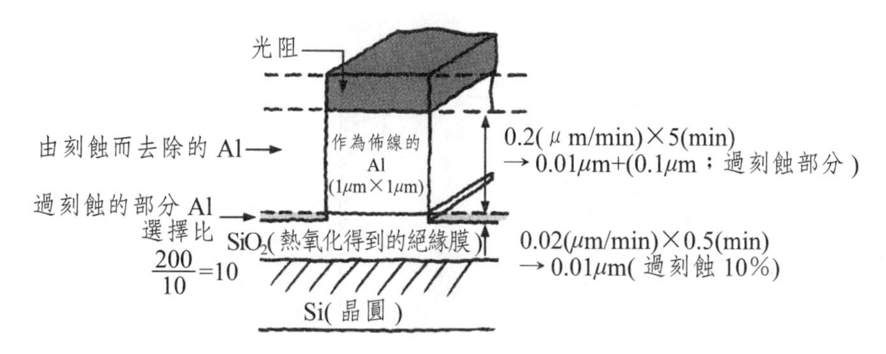

圖 10.45　刻蝕的選擇比和過刻蝕現象

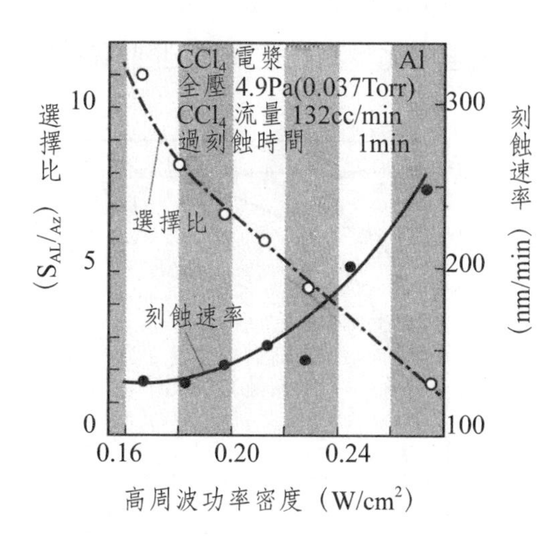

圖 10.46　刻蝕選擇比及刻蝕速率與功率密度的關係

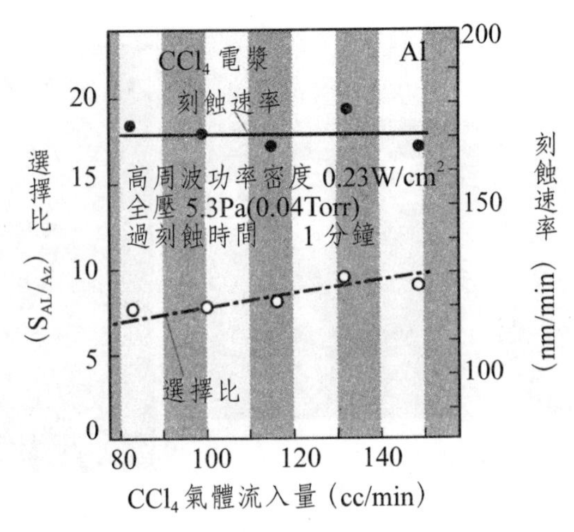

圖 10.47 刻蝕選擇比及刻蝕速率與刻蝕氣體流量的關係

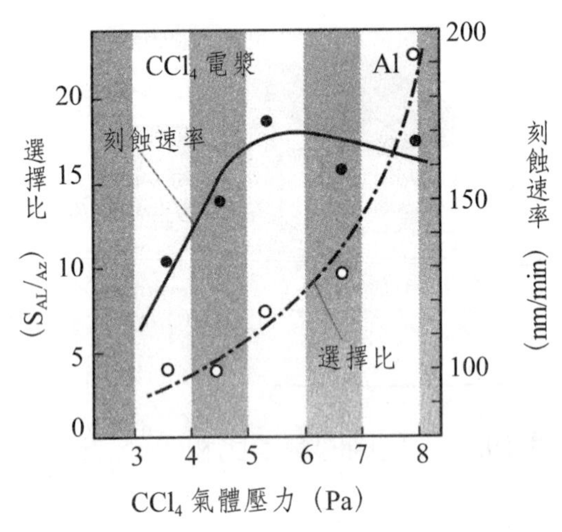

圖 10.48 刻蝕選擇比及刻蝕速率與刻蝕氣體壓力的關係

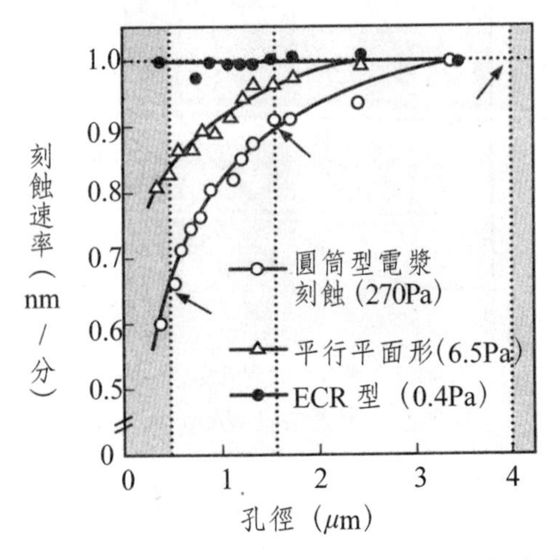

圖 10.49 採用各種刻蝕方法刻蝕微細孔時，刻蝕速率與孔性的相關性

10.13 平坦化技術

10.13.1 表面無凹凸的平坦化膜製作

許多平坦化（planarization）技術都曾在IC技術中得到應用，如基於沉積技術的選擇沉積、旋塗玻璃（spin-on glass, SOG）、低壓CVD（chemical vapor deposition）、電漿增強CVD、偏壓濺射和屬於結構型的濺射反向刻蝕（etch back）、電子迴旋共振（electron cyclotron resonance）、熱回流（thermal reflow）、沉積一刻蝕一沉積等，但是，這些技術都是屬於局部平坦化技術，不能做到全域平坦化，為此必須發展新的全域平坦化技術。

在積體電路（IC）製造中，化學機械拋光（CMP）技術在單晶矽襯底和多層金屬互連結構的層間全域平坦化方面得到了廣泛應用，成為製造主流晶片的關鍵技術之一。近年來，人們在不斷完善CMP技術的同時，又開發出固結磨料CMP、無磨料CMP、電化學機械平坦化、無應力拋光、接觸平坦化和等離子輔助化學蝕刻等幾種新的平坦化技術。

10.13.2 如何製作絕緣材料的平坦化膜

從最尖端的邏輯LSI來看，隨著閘電路規模的增大，佈線層數勢必逐漸增加。除佈線層數增加外，微細化也使佈線間隔變窄，致使佈線寄生容量增大，這會導致信號延遲、信號失真以及交叉雜訊（cross talk）的發生。為了解決這一問題，邏輯LSI廠商大多首先在90nm技術上使低介電常數材料SiOCH的low-*k*膜達到實用水準，然後在65nm以後，於low-*k*膜中導入擴散有空孔的多孔膜（分子細孔膜）。但是，這樣一來機械強度和絕緣耐久性就會下降，從而使這種多孔膜難以應用於32nm技術邏輯LSI。

從生產與設計兩個方面追求使用銅和低介電常數膜，從而達到多層佈線的高速化，已受到重視。迄今主要通過改善生產技術來實現高速化。今後，除了生產技術外，設計技巧也需改進。通過準確提取佈線的寄生分量，盡量減少多餘的設計估計值，把佈線本來具有的性能優勢最大限度地發揮出來，就能實現晶片運行最快速化。

10.13.3 利用 CMP 技術實現全域平坦化

20 世紀 60 年代以前，半導體基片拋光大都採用機械拋光技術，化學機械拋光技術（chemical mechanical polishing, CMP）於 1965 年 Walsh 和 Herzog 首次提出，之後被逐漸應用。在半導體行業中，CMP 最早應用於 IC 矽晶片襯底的拋光。1990 年，IBM 公司率先提出了 CMP 全域平坦化技術，並於 1991 年成功應用於 64Mb DRAM 的生產中，在此之後，CMP 技術得到快速發展。CMP 技術可以有效地兼顧表面的全域和局部平坦度，目前，它不僅在材料製作階段用於加工單晶矽襯底，更主要用來對多層佈線金屬互連結構中層間電介質（inter-level dielectric, ILD）、淺溝槽隔離（shallow trench isolation, STI）、絕緣體、導體和鑲嵌金屬（W 、Al 、Cu 、Au）等進行拋光，實現每層的全域平坦化，成為製造主流 IC 晶片的關鍵技術之一。

在大馬士革（damascene）結構的互連技術中，CMP 技術要滿足：(1) 對 Cu 的磨蝕損傷很小；(2) 對介質和 Cu 無腐蝕；(3) 對小尺寸圖形不敏感；(4) 在金屬和介質介面有好的技術停止特性。實際上，拋光技術用來拋光矽單晶片已有數十年，但是拋光介質層與其不同。單晶片表面的拋光只利用機械摩擦使表面形成鏡面，不需要精確控制被去掉表面物質的厚度。而介質層的 CMP 技術的目的是去掉光阻，並使整個晶片（wafer）表面均勻平坦，同時還要避免層間介質表面的機械損傷，其精度控制要求更高。

雙大馬士革（dual damascence）技術是 Cu 互連技術普遍採用的技術，具有互連引線溝槽與互連通孔同時沉積填充的特點，而且只需要進行導電金屬層的 CMP 技術，所以減少了互連技術的步驟和時間，使製造成本得以降低。

雙大馬士革技術的具體步驟：(1) 沉積第 1 層電介質層，進行化學機械拋光（最終的厚度就是通孔的深度）；(2) 進行氮化物的沉積；(3) 微影照相形成通孔圖形；(4) 通孔圖形刻蝕；(5) 沉積第 2 層電介質層，進行化學機械拋光（最終的厚度是金屬線的深度）；(6) 微影照相形成通孔和金屬互連線的圖形；(7) 刻蝕電介質層；(8) 沉積阻擋層；(9) 填充 Cu 金屬；(10)CMP 加工 Cu 金屬層。

在雙大馬士革技術中，通孔和引線填充沉積同時進行，填充金屬層之前，首先要形成通孔（via）和引線的圖形。由於在 0.18μm 以下技術中，存在微影照相技術的套刻和對準誤差，將會造成通孔電阻的增加或產率的損失，所以需要對這種不重疊現象設置較高的容限。目前的技術方案主要有：自對準的雙大馬士革結構技術、通孔先形成的雙大馬士革結構技術和溝槽先形成的雙大馬士革技術。

10.13.4 積體電路（LSI）中多層佈線間的連接

使用上述技術製作導通栓（conduct plug）的技術過程，是用於元件及佈線間的接觸，通過埋入方式而製作的導體栓。無論採用何種方式，都要在左上角所示絕緣物的孔中埋入導體，完成右上角所示的佈線及柱塞（導通柱）

由刻蝕製孔，首先利用電漿等清洗導通孔的內表面。藉由孔中 W 的選擇性生長實現埋孔。為防止佈線材料與導通柱材料間發生擴散，在導通柱表面濺射沉積一層 TiN 阻障層（barrier layer），再在其上濺射沉積作為佈線材料的鋁，最後完成導通柱和佈線過程。在清洗導通孔後，先在孔底濺射沉積一層 Ti 膜，經熱處理形成鈦的合金（TiSi），以消除自然氧化膜。這是因為在底部存在矽（Si）的情況，表面上說不定會存在自然氧化膜，這種氧化膜就有可能形成局部電容。在鈦合金膜的表面濺射沉積 TiN 阻擋膜，全面生長埋入 W ，將不要的部分反向刻蝕去除，再濺射鋁膜完成導通柱和佈線過程。在沉積阻擋金屬膜之後，藉由鋁的回流埋入完成導通柱和佈線過程。在沉積 TiN 的阻擋金屬膜時，不是採用濺射而是採用 CVD 法，並將 TiN 埋入。

隨著元件的高密度化，層間接觸導體直徑已小到 0.1μm 以下。幾種應對措施，是沿用傳統技術而失敗的例子，或是將佈線預先用較氧化矽（SiO_2）刻蝕選擇比高的氮化矽（Si_3N_4）覆蓋，在其上沉積氧化矽。這樣，通過開較大的孔，可以自動對準接觸。或是在佈線後做成大的墊，利用較大尺寸的接觸來佈線。

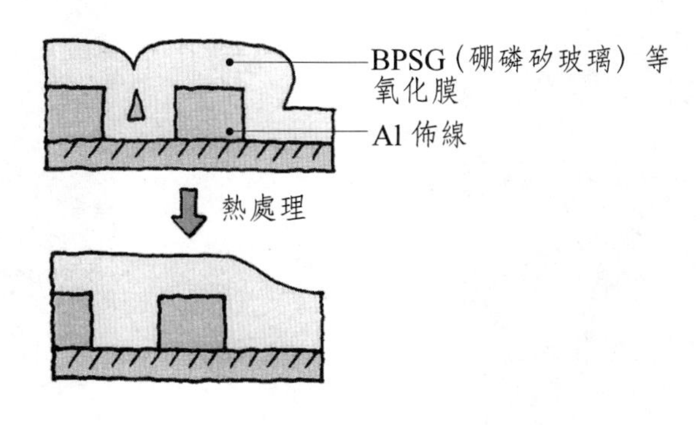

圖 10.50 利用回流實現平坦化

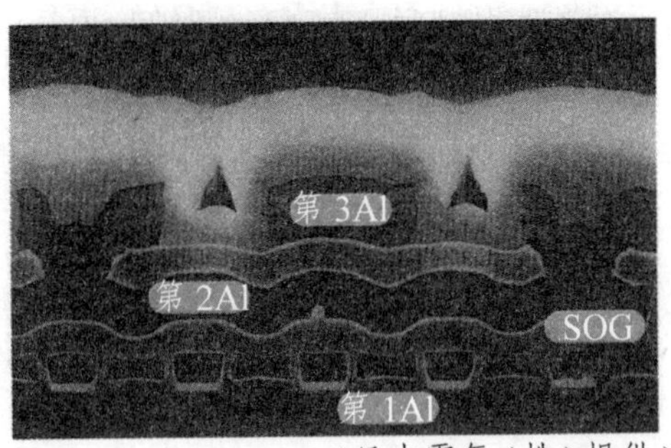

（日本電氣（株）提供）

圖 10.51　利用旋塗玻璃（spin on glass）SOG 平坦化法製作的 3 層 Al 佈線

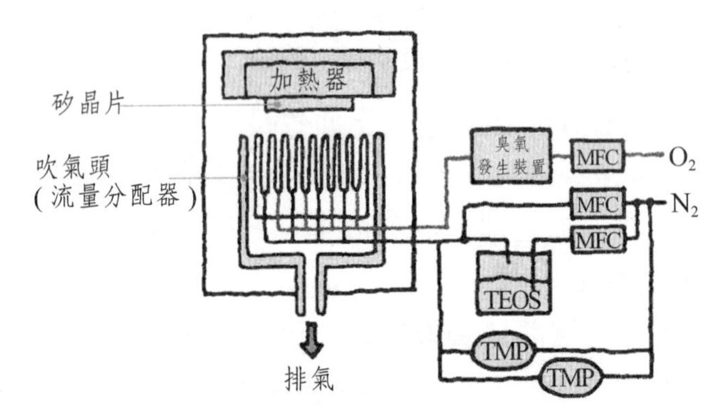

圖 10.52　利用 TEOS 和 O_3 生長 SiO_2 薄膜的裝置

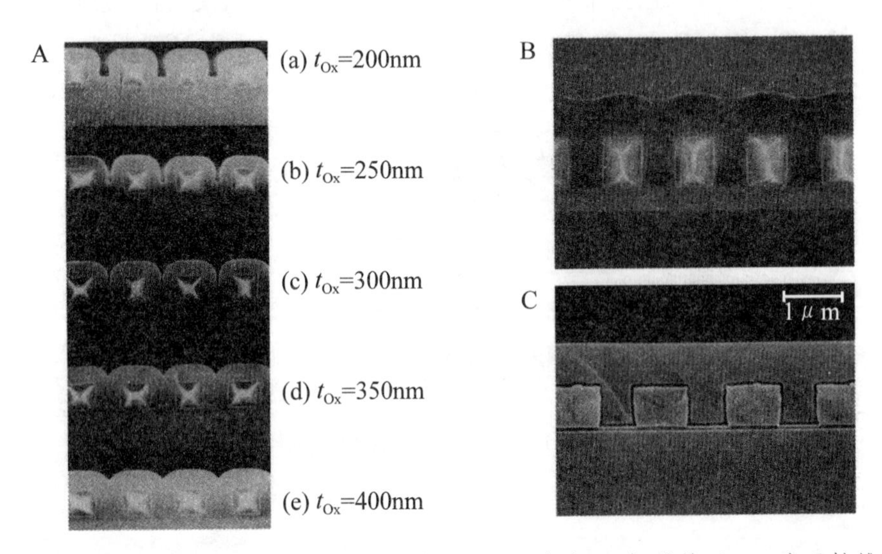

A 和 B 表示生長溫度 400℃，形成無摻雜 SiO_2 膜（NSG）的情況，C 表示摻雜硼 (B) 和磷 (P) 的 SiO_2 膜（BPSG），成膜後，在 900℃氮氣氣氛中進行 30min 的熱處理，實現回流平坦化的情況，tox 表示全厚度。

圖 10.53　O_3-TEOS 進行絕緣膜生長

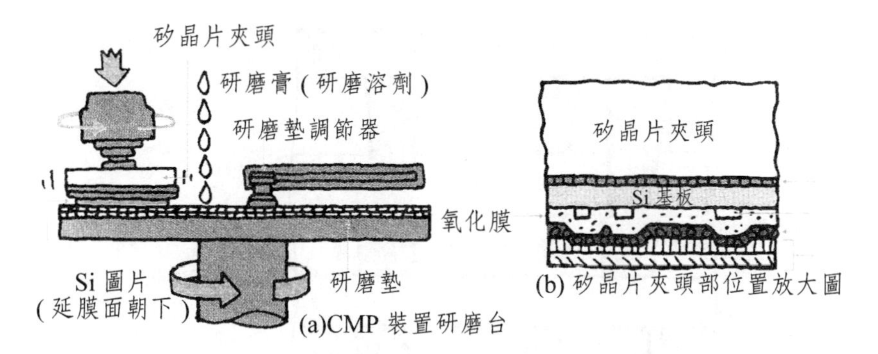

圖 10.54 CMP 的工作原理圖

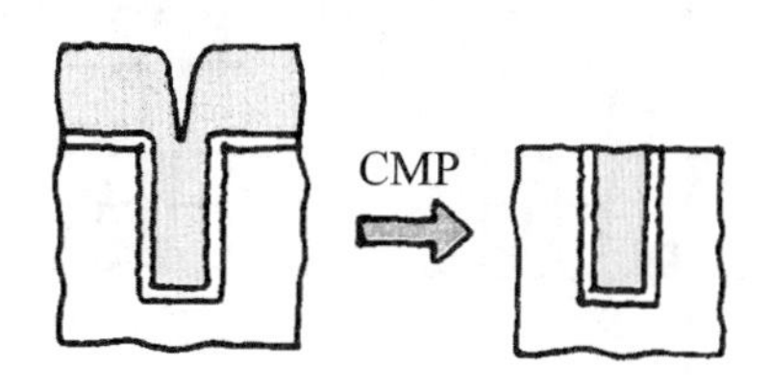

圖 10.55 鑲嵌法（damascene）實現平坦化

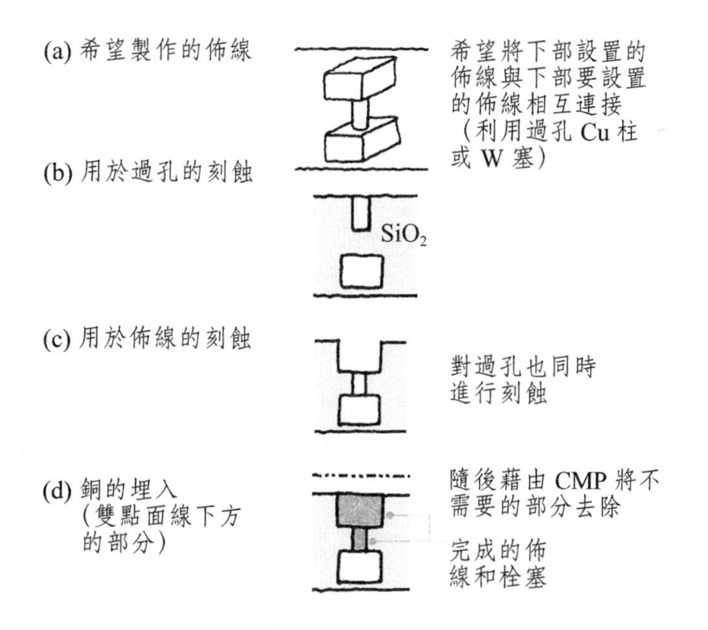

圖 10.56 雙大馬士革平坦化法示意

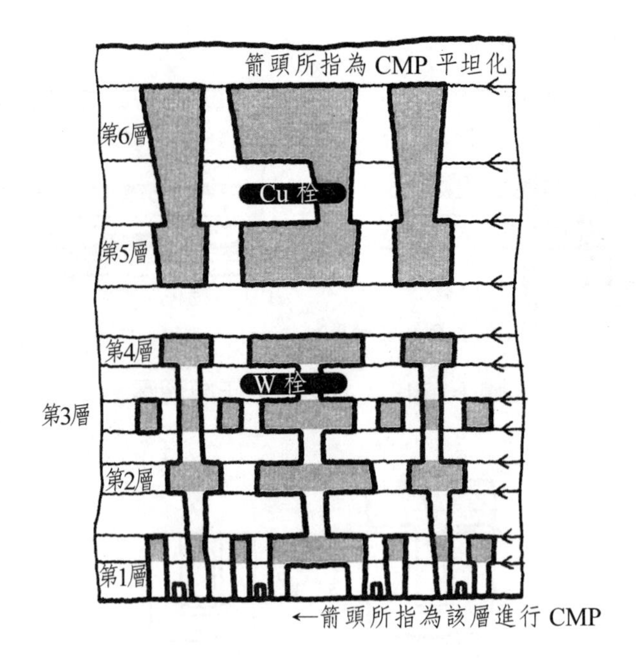

圖 10.57　採用 CMP 實現平坦化的多層佈線實例

思考題及練習題

10.1 寫出薄膜的定義。薄膜材料具有哪些特殊性能？氣相沉積薄膜需要哪三個必要條件？

10.2 求 0℃時空氣分子的均方根速率及一個大氣壓下的平均自由程。計算中取空氣的摩爾質量（mole mass）為 29g，空氣分子的平均直徑為 3.74×10^{-10}m。

10.3 估算 20℃、1000℃、2000℃時，氣體分子的平均動能（eV 表示）。

10.4 證明單位時間內，碰撞於單位面積上的氣體分子數 $\Gamma = 1/4 \cdot n\bar{v}$。

10.5 畫出示意圖說明旋片式機械泵、羅茨泵（Roots pump）、擴散泵的工作原理。

10.6 畫出 e 型電子槍真空蒸鍍金屬薄膜的裝置示意圖。

10.7 畫出低氣壓氣體放電的伏安特性曲線，指出每個放電區域的特點。

10.8 離子轟擊固體表面會發生哪些現象？請說明並畫圖表示。何謂濺射產額？濺射產額與哪些因素有關？

10.9 何謂磁控濺射，畫出磁控靶的濺射原理。

10.10 舉例說明 CVD 的 5 種基本反應。電漿 CVD（PCVD）與熱 CVD 相比，在原理上有什麼差別，有哪些優越性？

10.11 何謂同質磊晶和異質磊晶？何謂 MOCVD 和 MBE？

10.12 畫出絲網印刷工作原理，並指出其成膜過程。

10.13 試比較乾法刻蝕和濕法刻蝕的優缺點。試比較物理乾法刻蝕和化學乾法刻蝕的機制。

10.14 常用的 RIE 有哪幾種類型？請解釋 RIE 中增強各向異性刻蝕的機制。

參考文獻

[1] 田民波，劉德令，薄膜科學與技術手冊（上、下冊），北京：機械工業出版社，1991。
[2] 田民波，薄膜技術與薄膜材料，北京：清華大學出版社，2006。
[3] 田民波編著，顏怡文修訂，薄膜技術與薄膜材料，臺北：臺灣五南圖書出版有限公司，2007。
[4] 田民波，李正操，薄膜技術與薄膜材料，北京：清華大學出版社，2011。
[5] 權田俊一，監修，21 世紀版：薄膜作製応用ハンドブック。エヌ・ティー・エス，2003 年。
[6] 唐偉忠，薄膜材料製作原理、技術及應用（第 2 版），北京：冶金工業出版社，2003。
[7] 麻蒔立男，超微細加工の本，日刊工業新聞社，2004。
[8] 麻蒔立男，薄膜の本，日刊工業新聞社，2002。
[9] 麻蒔立男，薄膜作成の基礎（第 3 版），日刊工業新聞社，2000。
[10] 平尾孝，吉田哲久，早川茂，薄膜技術の新潮流。工業調查會，1997。
[11] 伊藤昭夫，薄膜材料入門，東京棠華房，1998。
[12] 井上泰宣，鎌田喜一郎，濱崎勝義，薄膜物性入門，內田老鶴圃，1994。
[13] 岡本幸雄，プラズマプロセシングの基礎，電気書院。1997。
[14] 小林春洋，スパッタ薄膜基礎と応用，日刊工業新聞社，1998。
[15] 高村秀一，プラズマ理工學入門，森北出版株式會社，1997。
[16] 飯島徹穂，近藤信一，青山隆司，はじめてのプラズマ技術，工業調查會，1999。

國家圖書館出版品預行編目資料

材料學概論／田民波著. ——初版. ——臺北市：五南, 2015.02
面； 公分
ISBN 978-957-11-7920-9（平裝）
1.工程材料
440.3 103023734

5DI0

材料學概論

作　　者 — 田民波（26.3）
校 訂 者 — 張勁燕
發 行 人 — 楊榮川
總 編 輯 — 王翠華
主　　編 — 王者香
責任編輯 — 石曉蓉
封面設計 — 小小設計有限公司
出 版 者 — 五南圖書出版股份有限公司
地　　址：106台北市大安區和平東路二段339號4樓
電　　話：(02) 2705-5066　　傳　　真：(02) 2706-6100
網　　址：http://www.wunan.com.tw
電子郵件：wunan@wunan.com.tw
劃撥帳號：01068953
戶　　名：五南圖書出版股份有限公司
台中市駐區辦公室/台中市中區中山路6號
電　　話：(04) 2223-0891　　傳　　真：(04) 2223-3549
高雄市駐區辦公室/高雄市新興區中山一路290號
電　　話：(07) 2358-702　　傳　　真：(07) 2350-236
法律顧問　林勝安律師事務所　林勝安律師
出版日期　2015年2月初版一刷
定　　價　新臺幣750元

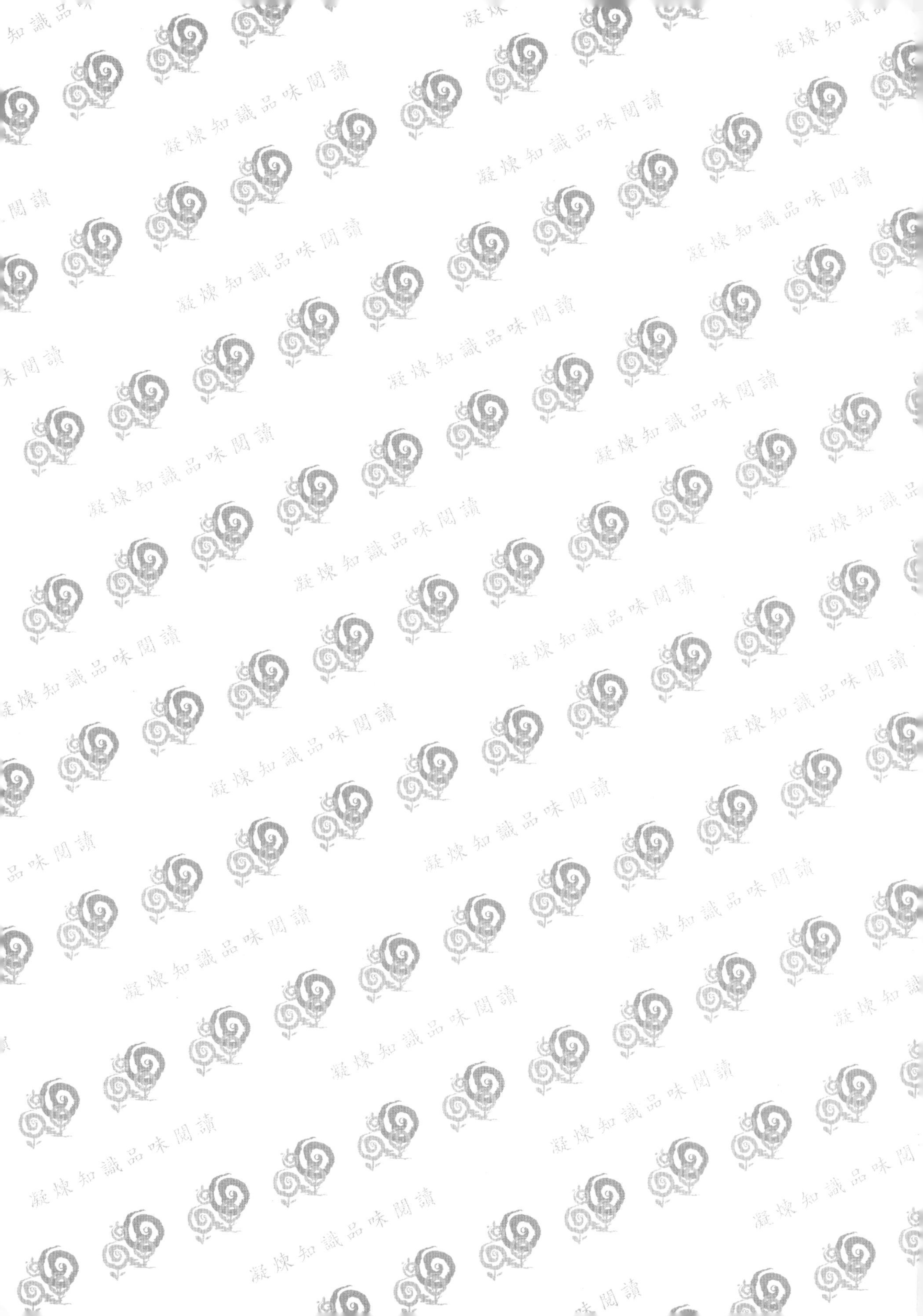